达芬奇影视调色全面精通

素材剪辑＋高级调色＋视频特效＋后期输出＋案例实战

周玉姣◎编著

清华大学出版社
北京

内 容 简 介

本书从两条线出发，帮助读者全面精通达芬奇视频的调色、剪辑与特效处理等。

一条线是纵向技能线，通过20多个抖音调色视频、50多个专家指点、160多个经典技能实例、290多分钟高清视频、1470多张图片全程图解，帮助读者掌握DaVinci Resolve16软件视频调色的核心技法，如视频剪辑、色彩校正、降噪处理、蒙版遮罩、混合器调色、色轮调整、选区抠像、节点调色、曲线调色、模糊虚化以及特效应用等。

另一条线是横向案例线，通过10章专题内容、3大实战案例，对各种类型的视频素材进行后期调色与剪辑制作，如抖音视频、四季美景、风光视频、旅游视频、古风人像、夜景视频以及人像视频调色——《花季少女》、日景调成夜景——《汽车展示》和网红青橙色调——《江边夜景》等。用户学后可以融会贯通、举一反三，轻松地完成自己的视频调色作品。

本书既适合广大影视制作、调色处理相关人员，如调色师、影视制作人、摄影摄像后期编辑、广电的新闻编辑、节目栏目编导、独立制作人等学习阅读，也可作为高等院校影视调色相关专业的辅导教材，相信读者阅读后一定会有收获。

图书在版编目(CIP)数据

达芬奇影视调色全面精通：素材剪辑＋高级调色＋视频特效＋后期输出＋案例实战 / 周玉姣编著. —北京：清华大学出版社，2021.4（2023.5重印）

ISBN 978-7-302-57201-5

Ⅰ. ①达… Ⅱ. ①周… Ⅲ. ①调色—图像处理软件 Ⅳ. ①TP391.413

中国版本图书馆CIP数据核字(2020)第260205号

责任编辑：韩宜波
封面设计：杨玉兰
责任校对：王明明
责任印制：沈 露
出版发行：清华大学出版社
网 址：http://www.tup.com.cn，http://www.wqbook.com
地 址：北京清华大学学研大厦A座 邮 编：100084
社 总 机：010-83470000 邮 购：010-62786544
投稿与读者服务：010-62776969，c-service@tup.tsinghua.edu.cn
质量反馈：010-62772015，zhiliang@tup.tsinghua.edu.cn
印 装 者：小森印刷（北京）有限公司
经 销：全国新华书店
开 本：190mm×260mm 印 张：19 字 数：462千字
版 次：2021年4月第1版 印 次：2023年5月第6次印刷
定 价：99.00 元

产品编号：088264-01

前言
PREFACE

写作驱动

本书是初学者全面学习 DaVinci Resolve 16 的经典畅销教程。本书从实用角度出发，对软件中的工具、按钮、菜单、命令等内容进行了详细解说，帮助读者全面精通软件。本书在介绍软件功能的同时，还精心安排了 160 个具有针对性的实例，其中讲解了 20 多个抖音热门调色视频的制作方法，帮助读者轻松掌握软件的具体应用和使用技巧，做到学用结合。并且，全部实例都配有视频教学录像，详细地演示案例制作过程。

达芬奇影视调色全面精通

分为

纵向技能线

视频剪辑 色彩校正 降噪处理

窗口蒙版 抠像调色 节点调色

特效应用 字幕动画 背景音效

横向案例线

抖音视频 风光视频 旅游视频

延时视频 婚纱视频 古风影调

夜景调色 人像调色 网红调色

本书特色

1. 20 多个抖音调色视频：本书精选了 20 多个抖音热门调色视频的制作技巧，简单易学，适合学有余力的读者深入钻研。读者只要熟练掌握基本的操作，开拓思维，就可以在现有的实操基础上有一定的进阶。

2. 50 多个专家指点放送：作者在编写本书时，将平时工作中总结的各方面软件的实战技巧、设计经验等毫无保留地奉献给读者，不仅大大丰富和提高了本书的含金量，更方便读者提升运用软件的实战技巧与经验，从而大大提高读者的学习与工作效率。

3. 130 多个快捷键应用：为了使读者将所学的知识技能更好地融会贯通于实践工作中，本书特意汇总了 130 多个快捷键的应用及说明，包括项目文件的快捷设置、视频修剪快捷操作、视频标记快捷设置、时间线面板快捷设置、显示预览快捷设置以及调色节点快捷设置等，帮助读者快速精通 DaVinci Resolve 16 软件的实用操作。

4. 160个技能实例奉献：本书结合大量的技能实例讲解软件，共计160个，包括软件的基本操作、素材剪辑、一级调色、二级调色、节点调色、色彩校正、背景抠像、风格处理、影调调色、特效添加以及输出交付等内容，帮助读者从新手入门到后期精通，招招干货，全面吸收，让学习更高效。

5. 290多分钟的视频演示：本书中的软件操作技能实例，全部录制了带语音讲解的视频，时间长度达290分钟（近5个小时），重现了书中所有的实例操作，读者可以结合书本练习，也可以独立地观看视频演示，像看电影一样进行学习，让学习更加轻松。

6. 420多个素材效果奉献：随书附送的资源中包含290多个素材文件，130多个效果文件。其中素材涉及四季美景、婚纱视频、抖音视频、古风人像、古城夜景、星空视频、烟花晚会、专题摄影、延时视频、旅游照片、家乡美景以及特色建筑等，应有尽有，供读者选用。

7. 1470多张图片全程图解：本书采用1470多张图片对软件技术、实例讲解、效果展示进行全程式的图解。通过这些大量清晰的图片，让实例的内容变得更加通俗易懂，读者可以一目了然，快速领会，举一反三，制作出更多精彩的视频文件。

特别提醒

直接打开附送下载资源中的项目时，预览窗口中会显示“离线媒体”提示文字，这是因为每个用户安装的DaVinci Resolve 16软件以及素材与效果文件的路径不一致，这属于正常现象，用户只要将这些素材重新与素材文件夹中的相应文件链接即可。用户也可以将随书附送下载资源复制至电脑中，当需要某个VSP文件时，第一次链接成功后，就将项目文件进行保存或导出，后面打开就不需要再重新链接了。

如果用户将资源文件复制到电脑磁盘中直接打开资源文件，则会出现无法打开的情况。此时需要注意，打开附送的素材效果文件前，需要先将资源文件中的素材和效果全部复制到电脑的磁盘中，在文件夹上单击鼠标右键，在弹出的快捷菜单中选择“属性”选项，打开“文件夹属性”对话框，取消选中“只读”复选框，然后再重新通过DaVinci Resolve 16打开素材和效果文件，就可以正常使用文件了。

本书作者

本书由周玉姣编著，其他参与编写的人员还有刘华敏等人，在此表示感谢。由于作者知识水平有限，书中难免有不妥和疏漏之处，恳请广大读者批评、指正。

本书提供了大量技能实例的素材文件和效果文件，扫一扫下面的二维码，推送到自己的邮箱后下载获取。

素材

效果

编　者

目录

CONTENTS

第 4 章 粗调：对画面进行一级调色

第 5 章 细调：对局部进行二级调色

第 6 章 进阶：通过节点对视频调色

第 7 章 应用：使用特效及影调调色

第1章 启蒙：初识 DaVinci Resolve 16

章前知识导读

达芬奇是一款专业的影视调色剪辑软件，它的英文名称为 DaVinci Resolve，集视频调色、剪辑、合成、音频、字幕于一体，是常用的视频编辑软件之一。本章将带领读者认识 DaVinci Resolve 16 的功能及面板等内容。

新手重点索引

- 影调调色的基本操作
- 安装、启动与退出 DaVinci Resolve 16
- 软件界面初始参数设置
- 认识 DaVinci Resolve 16 的工作界面

效果图片欣赏

1.1 安装、启动与退出 DaVinci Resolve 16

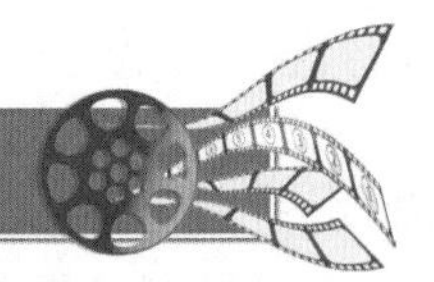

用户在学习 DaVinci Resolve 16 之前，需要对软件的系统配置有所了解，以及掌握软件的安装、启动与退出方法，这样才有助于更进一步地学习该软件。本节主要介绍安装、启动与退出 DaVinci Resolve 16 软件的操作方法。

1.1.1 安装软件：安装 DaVinci Resolve 16

安装 DaVinci Resolve 16 之前，用户需要检查一下计算机是否装有低版本的达芬奇程序，如果有，需要将其卸载后再安装新版本。另外，在安装 DaVinci Resolve 16 之前，必须先关闭其他所有的应用程序，包括病毒检测程序等，如果有应用程序仍在运行，则会影响 DaVinci Resolve 16 的正常安装。下面介绍安装 DaVinci Resolve 16 的操作方法。

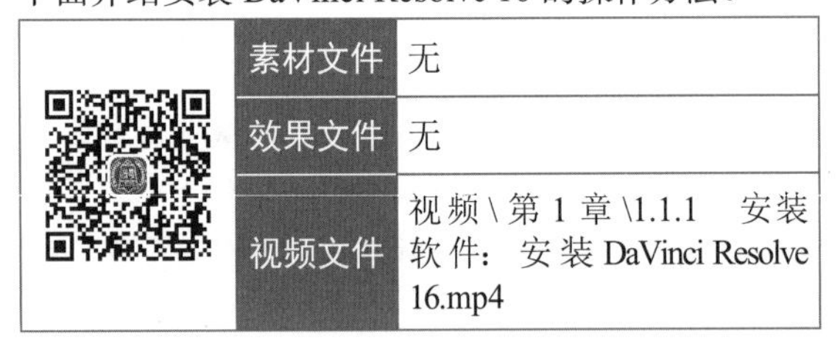

	素材文件	无
	效果文件	无
	视频文件	视频\第 1 章\1.1.1 安装软件：安装 DaVinci Resolve 16.mp4

【操练＋视频】
——安装软件：安装 DaVinci Resolve 16

STEP 01 将 DaVinci Resolve 16 安装程序复制到计算机中，进入安装文件夹，选择并双击安装文件，如图 1-1 所示。

图 1-1 双击安装文件

STEP 02 弹出启动安装程序对话框，单击 Install 按钮，如图 1-2 所示。

STEP 03 进入软件安装欢迎界面，单击 Next 按钮，如图 1-3 所示。

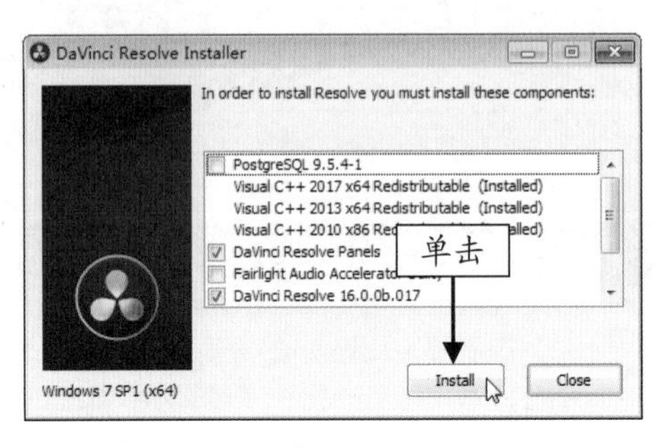

图 1-2 单击 Install 按钮

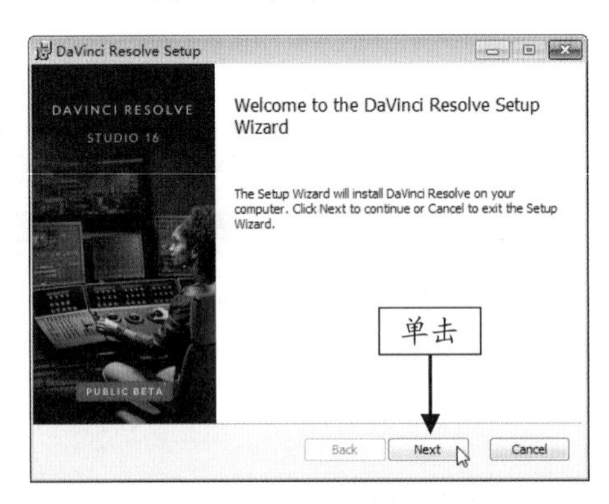

图 1-3 单击 Next 按钮

STEP 04 进入软件协议内容页面，在其中选中 I accept the terms in the License Agreement 复选框，如图 1-4 所示。

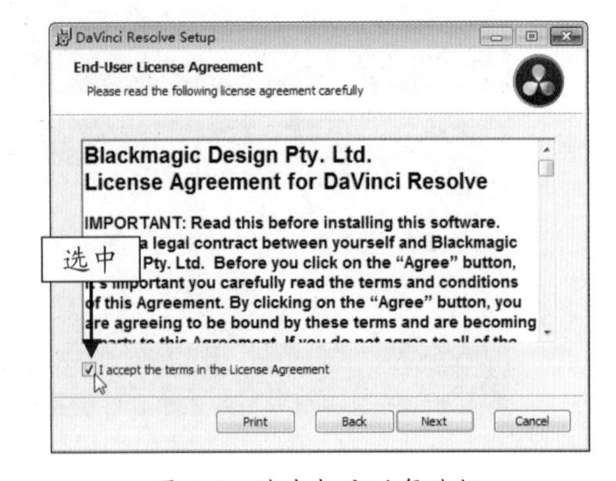

图 1-4 选中相应的复选框

STEP 05 单击 Next 按钮，进入下一个页面，在其中显示了软件的安装位置（这里不建议用户修改，避免安装后无法正常启动软件），单击 Next 按钮，如图 1-5 所示。

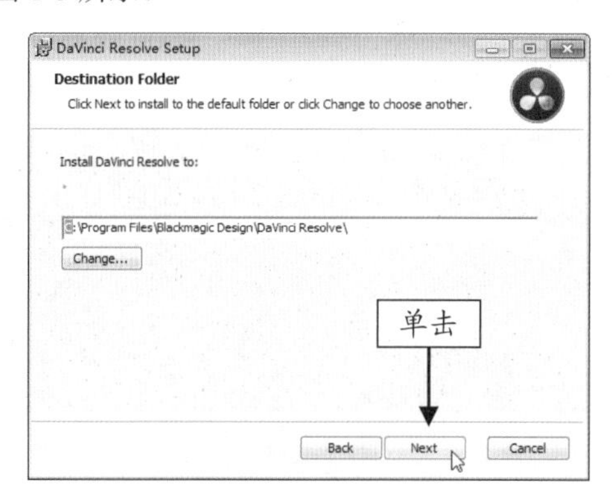

图 1-5　单击 Next 按钮

STEP 06 进入软件的准备安装页面，单击 Install 按钮，如图 1-6 所示，即可开始安装 DaVinci Resolve 16 软件。

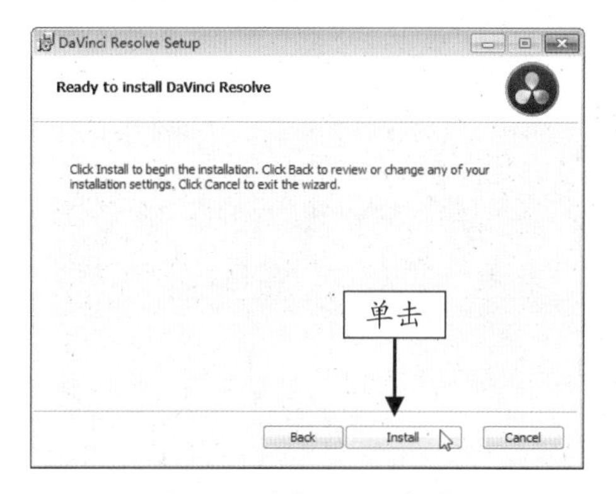

图 1-6　单击 Install 按钮

STEP 07 在软件安装加载页面中，显示了安装进度，提示用户正在安装，如图 1-7 所示。

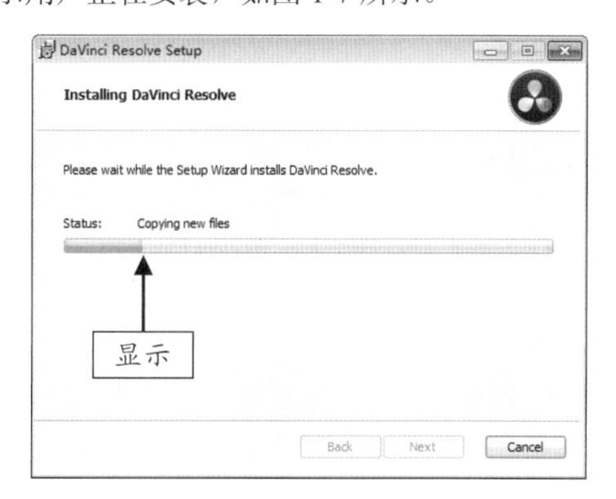

图 1-7　显示安装进度

STEP 08 稍等片刻，待软件安装完成后，进入下一个页面，提示软件已经安装成功，单击 Finish 按钮即可完成操作，如图 1-8 所示。

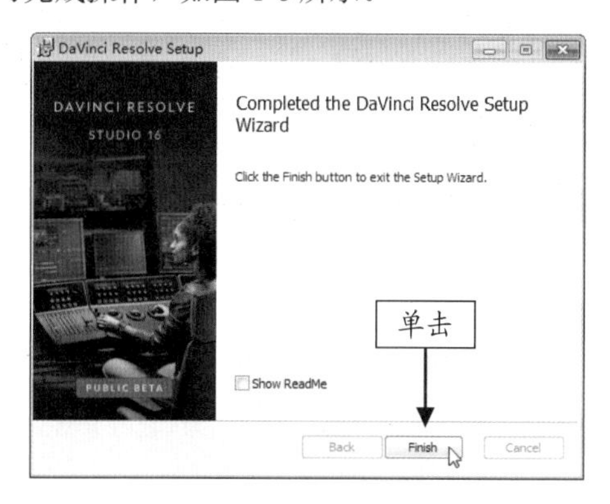

图 1-8　单击 Finish 按钮

1.1.2　开始使用：启动 DaVinci Resolve 16

使用 DaVinci Resolve 16 对素材进行调色之前，首先需要启动 DaVinci Resolve 16 应用程序。下面介绍启动 DaVinci Resolve 16 的操作方法。

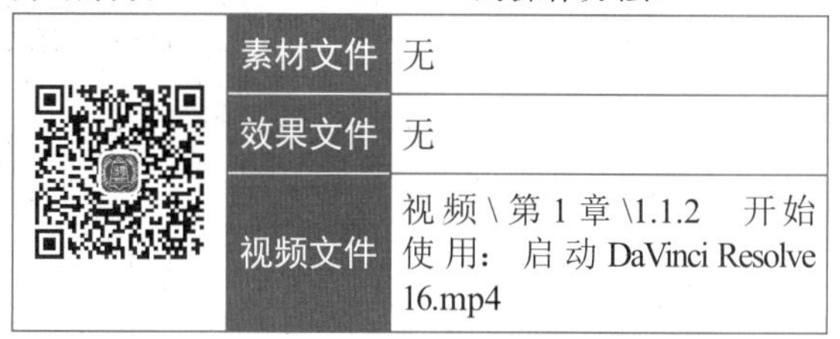

	素材文件	无
	效果文件	无
	视频文件	视频\第 1 章\1.1.2　开始使用：启动 DaVinci Resolve 16.mp4

【操练 + 视频】
——开始使用：启动 DaVinci Resolve 16

STEP 01 在桌面上的达芬奇快捷方式图标上双击鼠标左键，如图 1-9 所示。

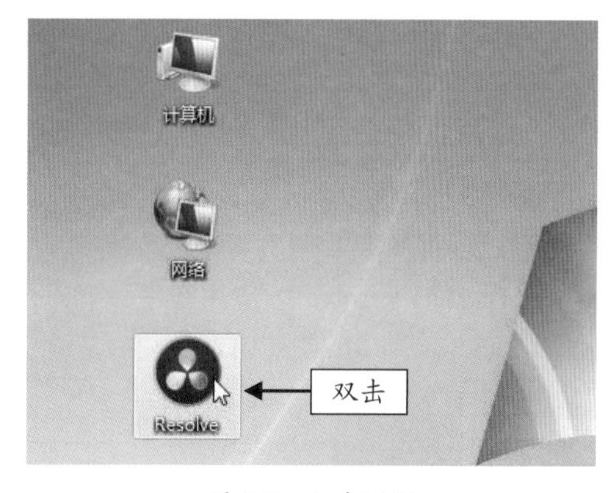

图 1-9　双击图标

STEP 02 执行操作后，进入 DaVinci Resolve 16 启动界面，如图 1-10 所示。

图 1-10　进入启动界面

STEP 03 稍等片刻，弹出项目管理器，双击“未命名项目”图标，如图 1-11 所示。

STEP 04 打开软件界面，进入 DaVinci Resolve 16 工作界面，如图 1-12 所示。

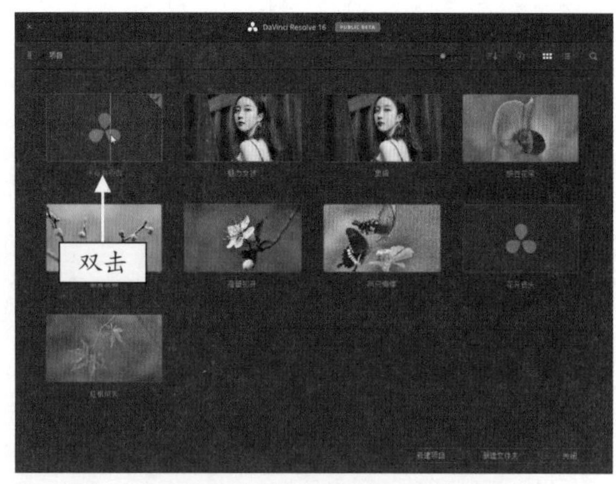

图 1-11　双击“未命名项目”图标

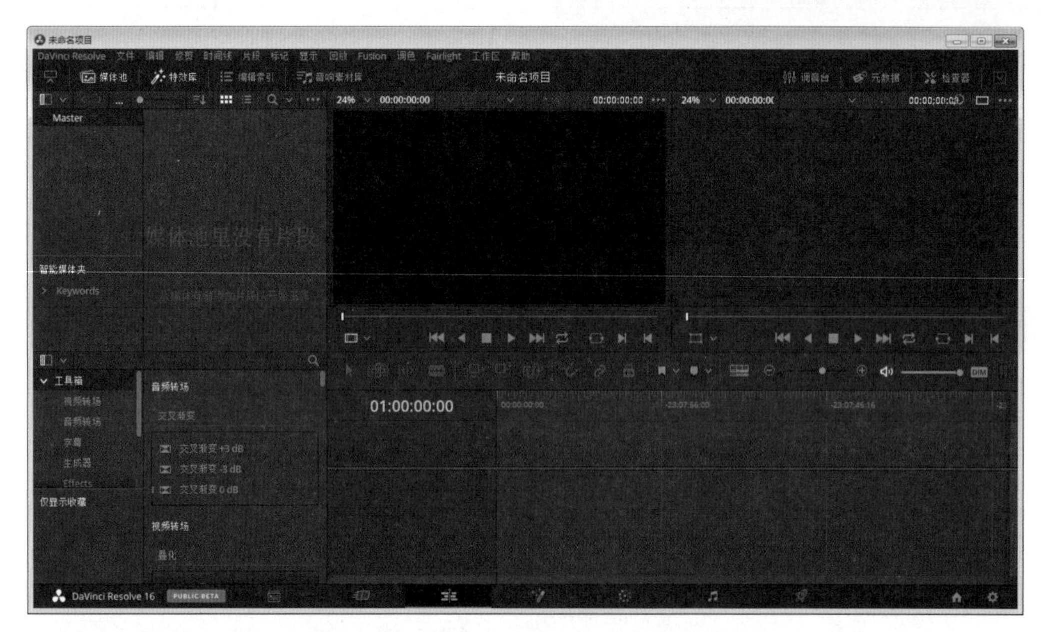

图 1-12　DaVinci Resolve 16 工作界面

1.1.3　结束使用：退出 DaVinci Resolve 16

当用户运用 DaVinci Resolve 16 完成调色后，为了节约系统内存空间、提高系统运行速度，此时可以退出 DaVinci Resolve 16 应用程序。下面介绍退出 DaVinci Resolve 16 的操作方法。

	素材文件	无
	效果文件	无
	视频文件	视频\第 1 章\1.1.3　结束使用：退出 DaVinci Resolve 16.mp4

【操练 + 视频】
——结束使用：退出 DaVinci Resolve 16

STEP 01 进入达芬奇“剪辑”步骤面板，选择菜单栏中的 DaVinci Resolve | “退出 DaVinci Resolve”命令，如图 1-13 所示，执行上述操作后，即可退出 DaVinci Resolve 16。

STEP 02 除了运用上述方法可以退出 DaVinci Resolve 16外，还可以单击工作界面右上角的“关闭”按钮，如图 1-14 所示，关闭工作界面。

图 1-13　选择“退出 DaVinci Resolve”命令

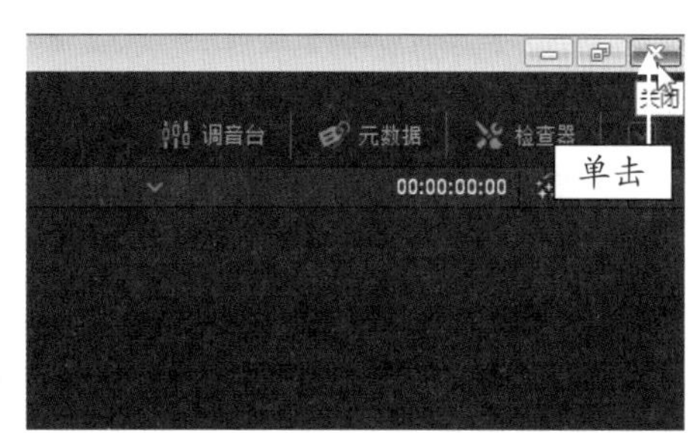

图 1-14　单击“关闭”按钮

1.2 软件界面初始参数设置

用户安装好 DaVinci Resolve 16 后，首次打开软件时，需要对软件界面的初始参数进行设置，以方便后期对软件的操作。本节主要向用户介绍如何设置软件界面的语言、项目帧率与分辨率等初始参数。

1.2.1　偏好设置：设置软件界面的语言

首次启动 DaVinci Resolve 16 时，软件界面的语言默认是英文，为了方便用户操作，在偏好设置预设面板中，用户可以设置软件界面为简体中文。

在 User 选项面板中，展开 UI Settings 面板，单击 Language 右侧的下三角按钮，在弹出的列表框中，选择“简体中文”选项，如图 1-15 所示。执行操作后，单击 Save 按钮，重启 DaVinci Resolve 16 后，即可将界面语言设置为简体中文。

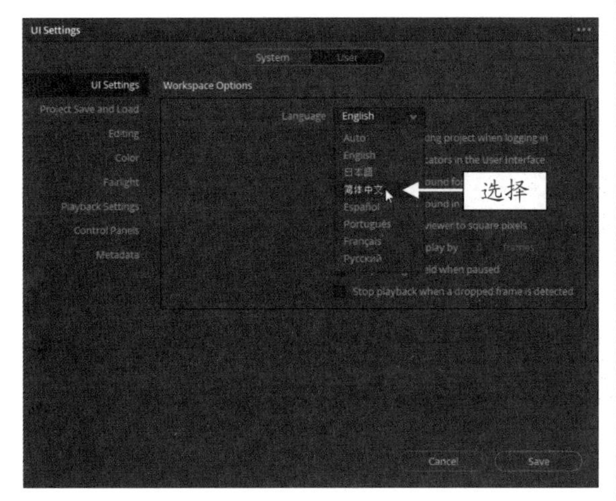

图 1-15　选择“简体中文”选项

如果用户在打开软件后，需要再次打开偏好设置预设面板，可以在工作界面中，选择 DaVinci Resolve命令，在弹出的快捷菜单中，选择“偏好设置”选项，如图 1-16 所示。执行操作后，即可打开偏好设置预设面板，如图 1-17 所示。

图 1-16　选择“偏好设置”选项

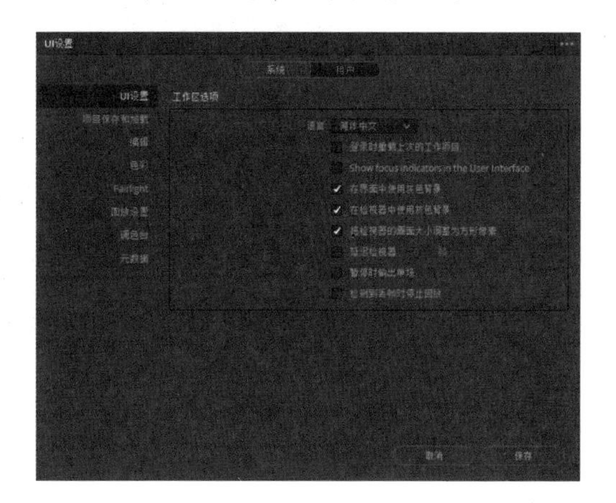

图 1-17　预设面板

1.2.2 项目设置：设置帧率与分辨率参数

在软件中，用户可以选择“文件”|“项目设置”命令，打开“项目设置”对话框，在“主设置”选项卡中，可以设置时间线分辨率、像素宽高比、时间线帧率、回放帧率、视频格式、SD 配置、数据级别、视频位深以及监视器缩放比例等。

如图 1-18 所示为“项目设置：Untitled Project”对话框，用户可以在其中根据需要，设置帧率与分辨率参数。

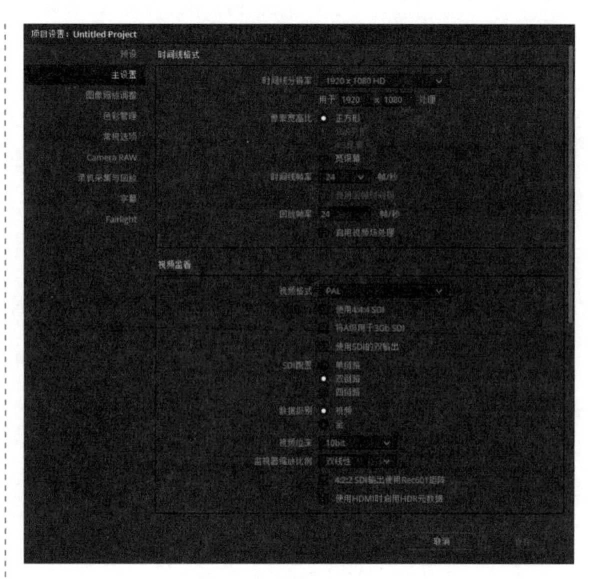

图 1-18 “项目设置：Untitled Project”对话框

1.3 认识 DaVinci Resolve 16 的工作界面

DaVinci Resolve 是一款 Mac 和 Windows 都适用的双操作系统软件，DaVinci Resolve 于 2019 年更新至 DaVinci Resolve 16 版本，虽然对系统的配置要求较高，但 DaVinci Resolve 16 有着强大的兼容性，还提供了多种操作工具，将剪辑、调色、特效、字幕、音频等实用功能集于一身，是许多剪辑师、调色师都十分青睐的影视后期剪辑软件之一。本节主要介绍 DaVinci Resolve 16 的工作界面。如图 1-19 所示，为 DaVinci Resolve 16“剪辑”工作界面。

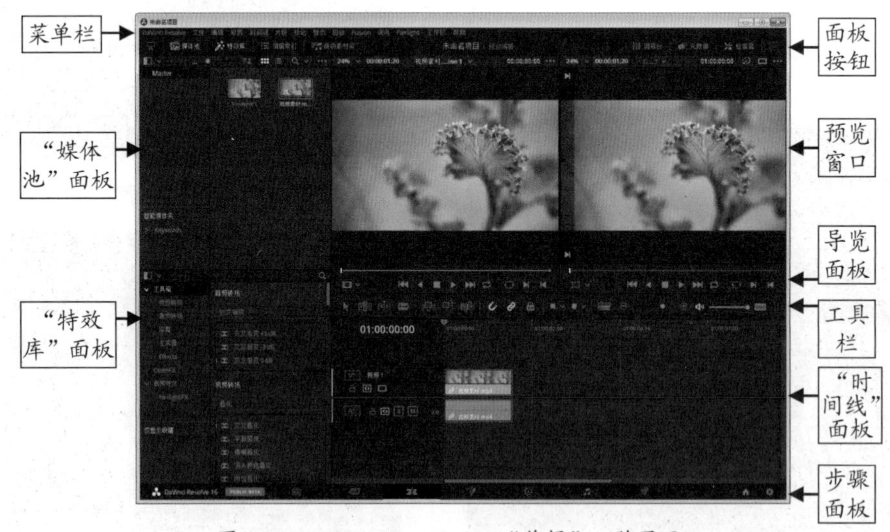

图 1-19 DaVinci Resolve 16“剪辑”工作界面

1.3.1 认识步骤面板

在 DaVinci Resolve 16 中，一共有 7 个步骤面板，分别为媒体、Cut、剪辑、Fusion、调色、Fairlight

以及交付，单击相应的标签按钮，即可切换至相应的步骤面板，如图 1-20 所示。

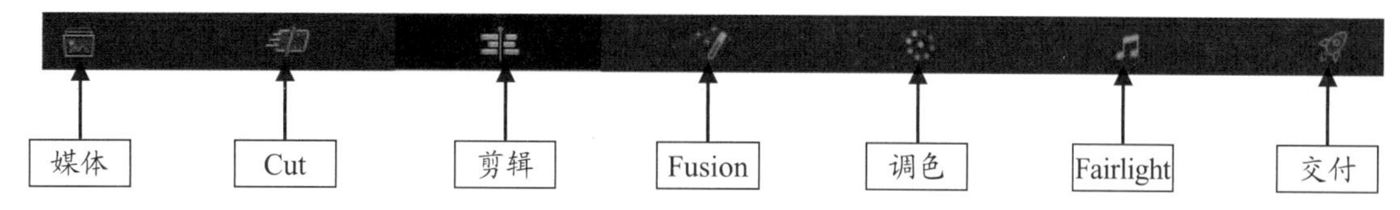

图 1-20 步骤面板

1. “媒体”步骤面板

在达芬奇界面下方单击“媒体”按钮，即可切换至“媒体”步骤面板，在其中可以导入、管理、克隆媒体素材文件，以及查看媒体素材的属性信息等。

2. Cut 步骤面板

单击 Cut 按钮，即可切换至 Cut 步骤面板。Cut 步骤面板是 DaVinci Resolve 16 新增的一个剪切步骤面板，跟“剪辑”步骤面板的功能有些类似，用户可以在其中进行编辑、修剪以及添加过渡转场等操作，适用于笔记本电脑用户快速编辑剪片。

3. “剪辑”步骤面板

“剪辑”步骤面板是达芬奇默认打开的工作界面，在其中可以导入媒体素材、创建时间线、剪辑素材、制作字幕、添加滤镜、添加转场、标记素材入点和出点以及双屏显示素材画面等。

4. Fusion 步骤面板

在 DaVinci Resolve 16 中，Fusion 步骤面板主要用于动画效果的处理，包括合成、绘图、粒子以及字幕动画等，还可以制作出电影级视觉特效和动态图形动画。

5. “调色”步骤面板

DaVinci Resolve 16 中的调色系统，是该软件的特色功能，在 DaVinci Resolve 16 工作界面下方的步骤面板中，单击“调色”按钮，即可切换至“调色”工作界面。在“调色”工作界面中，提供了 Camera Raw、色彩匹配、色轮、RGB 混合器、运动特效、曲线、限定器、窗口、跟踪器、模糊、关键帧和示波器等功能面板，用户可以在相应的面板中对素材进行色彩调整、一级调色、二级调色和降噪等操作，最大程度地满足用户对影视素材的调色需求。

6. Fairlight 步骤面板

单击 Fairlight 按钮，即可切换至 Fairlight(音频) 步骤面板，在其中用户可以根据需要调整音频效果，包括音调匀速校正和变速调整、音频正常化、3D 声像移位、混响、嗡嗡声移除、人声通道和齿音消除等。

7. “交付”步骤面板

影片编辑完成后，在“交付”面板中可以进行渲染输出设置，将制作的项目文件输出为 MP4、MOV、EXR、IMF 等格式文件。

1.3.2 认识媒体池

在 DaVinci Resolve 16 剪辑界面左上角的工具栏中，单击“媒体池”按钮，即可展开“媒体池”工作面板，其中显示了添加的媒体素材以及媒体素材管理文件夹，如图 1-21 所示。

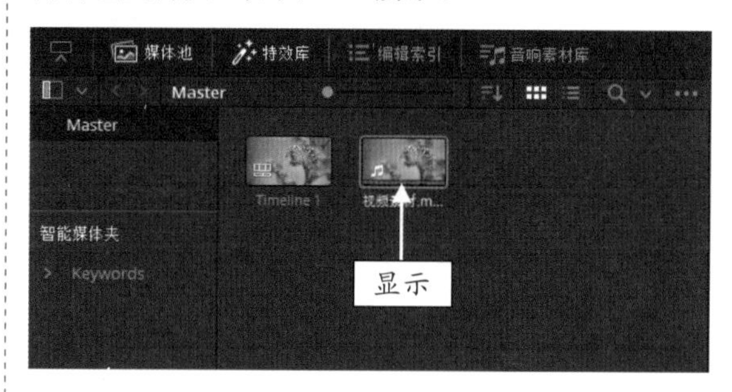

图 1-21 剪辑界面：“媒体池”面板

在下方的步骤面板中，单击“媒体”按钮，即可切换至“媒体”步骤面板，该面板中的“媒体池”如图 1-22 所示。两个界面中的“媒体池”是可以通用的。

图 1-22 “媒体”步骤面板中的“媒体池”面板

1.3.3 认识特效库

在剪辑界面左上角的工具栏中，单击“特效库”按钮，即可展开“特效库”工作面板，其中为用户提供了转场、滤镜、字幕、音效、生成器等特效，如图 1-23 所示。

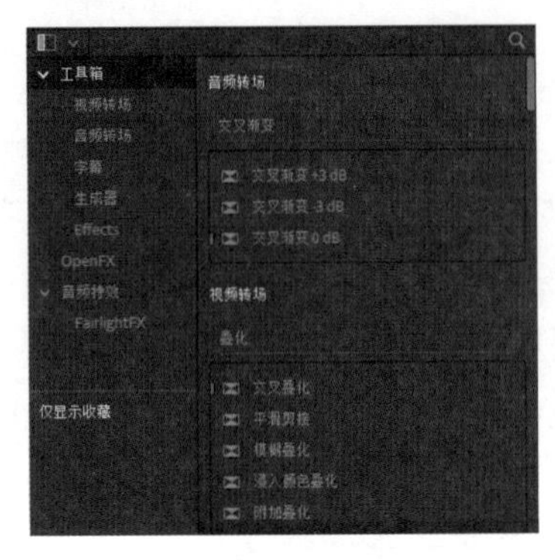

图 1-23 “特效库”面板

1.3.4 认识监视器

在 DaVinci Resolve 16 剪辑界面中，单击“检视器”面板右上角的单屏按钮，即可使预览窗口以单屏显示，此时单屏按钮转换为双屏按钮。

在系统默认情况下，“监视器”面板的预览窗口以双屏显示，如图 1-24 所示。

左侧的屏幕为媒体池素材预览窗口，用户在选择的素材上，双击鼠标左键，即可在媒体池素材预览窗口中显示素材画面；右侧的屏幕为时间线效果预览窗口，拖曳时间线滑块，即可在时间线效果预览窗口中显示滑块所至位置的素材画面。

在导览面板中，单击相应的按钮，用户可以执行变换、剪切、缩放、标注、多机位、快进播放、正反方向播放、停止播放、循环播放、标记入出点等操作。

图 1-24 “监视器”面板

1.3.5 认识时间线

“时间线”面板是 DaVinci Resolve 16 中进行视频、音频编辑的重要工作区之一，在面板中可以轻松实现对素材的剪辑、插入以及调整等操作，如图 1-25 所示。

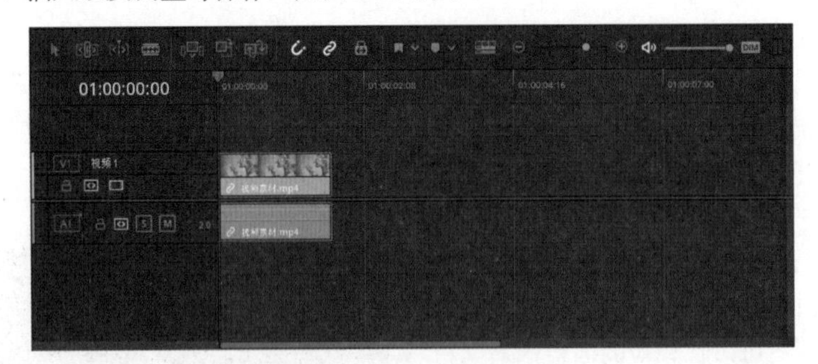

图 1-25 “时间线”面板

1.3.6 认识调音台

在 DaVinci Resolve 16“剪辑”工作界面的右上角，单击“调音台”按钮，即可展开“调音台”

工作面板，在其中用户可以执行编组音频、调整声像、动态音量等操作，如图 1-26 所示。

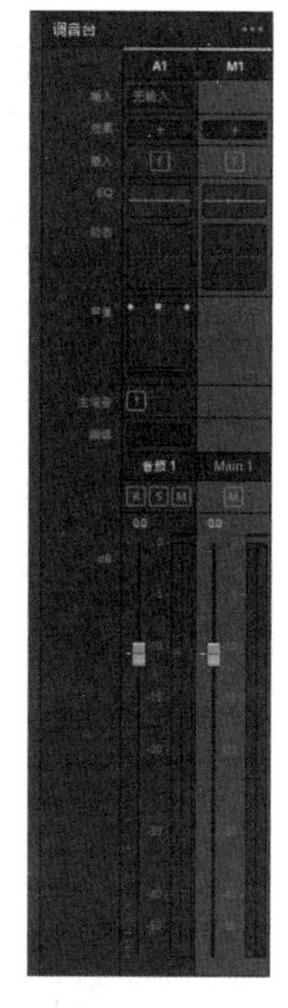

图 1-26　“调音台”面板

1.3.7　认识元数据

在剪辑界面右上角的工具栏中，单击“元数据”按钮，即可展开“元数据”工作面板，其中显示了媒体素材的时长、帧率、位深、数据级别、尺寸大小、格式等数据信息，如图 1-27 所示。

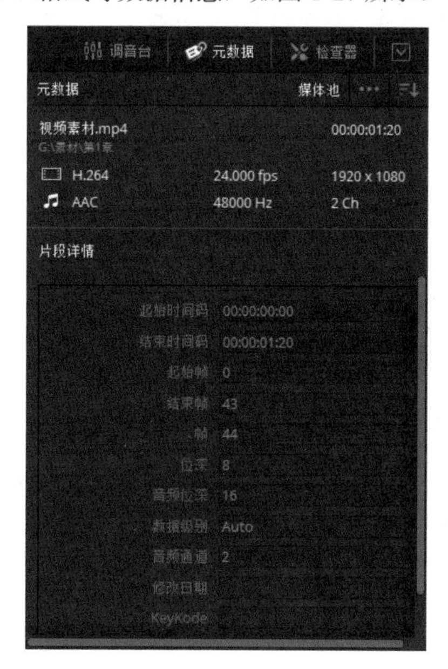

图 1-27　“元数据”面板

1.3.8　认识检查器

在“剪辑”步骤面板的右上角单击“检查器”按钮，即可展开“检查器”面板，“检查器”面板的主要作用是针对“时间线”面板中的素材进行基本处理。如图 1-28 所示为“检查器”|“视频”选项面板，由于“时间线”面板中只置入了一个视频素材，因此面板上方仅显示了“视频”和“音频”两个标签，单击相应的标签即可打开相应的面板。如图 1-29 所示，为打开的“音频”选项面板。在打开的面板中，用户可以根据需要设置属性参数，对“时间线”面板中选中的素材进行基本处理。

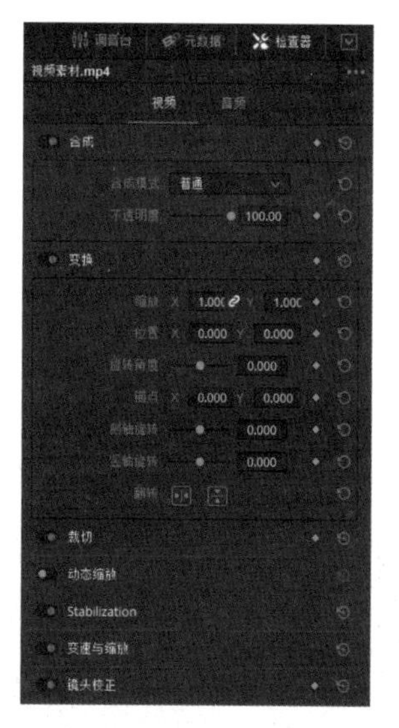

图 1-28　“视频”选项面板

图 1-29　“音频”选项面板

1.4 影调调色的基本操作

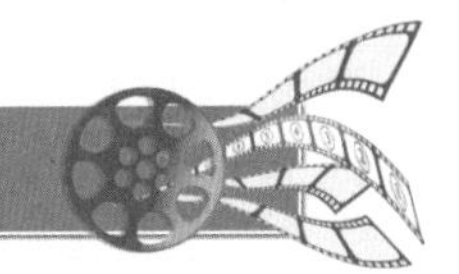

色彩在影视视频的编辑中是必不可少的一个重要元素，合理的色彩搭配总能为视频增添几分亮点。由于素材在拍摄和采集的过程中，经常会遇到一些很难控制的环境光照，使拍摄出来的源素材色感欠缺、层次不明。因此，需要用户通过后期调色来弥补前期拍摄的不足。下面主要介绍在 DaVinci Resolve 16 中进行影视调色的基本操作。

1.4.1 明暗对比：调整对比度

对比度是指图像中阴暗区域最亮的白与最暗的黑之间不同亮度范围的差异。下面介绍调整画面对比度的操作方法。

	素材文件	素材 \ 第 1 章 \ 红枫似火 .mp4
	效果文件	效果 \ 第 1 章 \ 红枫似火 .drp
	视频文件	视频 \ 第 1 章 \1.4.1　明暗对比：调整对比度 .mp4

【操练 + 视频】
——明暗对比：调整对比度

STEP 01 进入“剪辑”步骤面板，在“时间线”面板中插入一段视频素材，如图 1-30 所示。

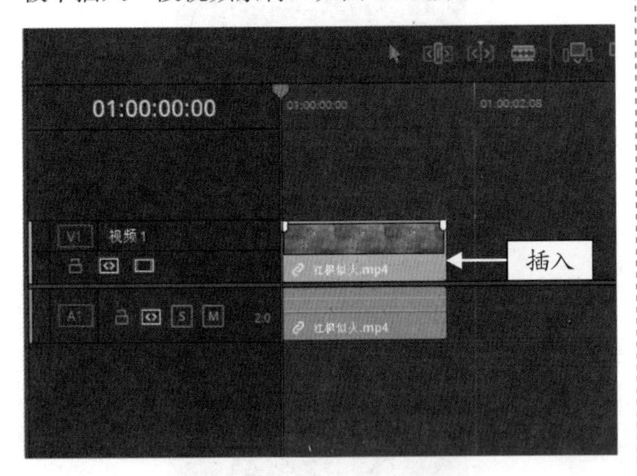

图 1-30　插入一段视频素材

STEP 02 在预览窗口中可以预览插入的素材的画面效果，如图 1-31 所示。

图 1-31　预览画面效果

STEP 03 切换至“调色”步骤面板，展开“色轮”面板，在“对比度”数值框中，输入参数为 1.500，如图 1-32 所示。

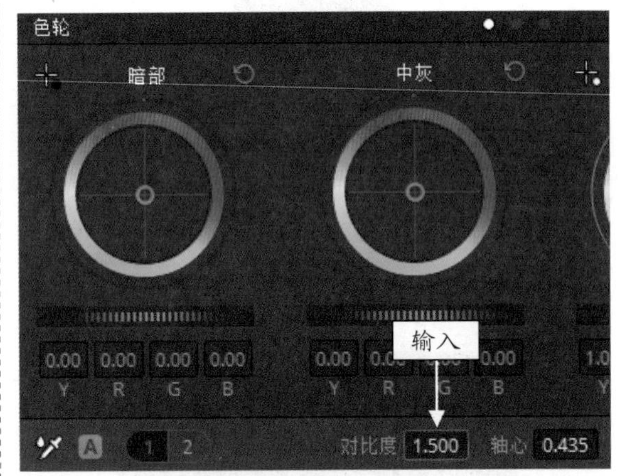

图 1-32　输入参数

STEP 04 执行上述操作后，即可在预览窗口中预览调整对比度后的画面效果，如图 1-33 所示。

图 1-33　调整对比度后的画面效果

1.4.2　色彩饱和：调整饱和度

饱和度是指色彩的鲜艳程度，并由颜色的波长来决定。从色彩的成分来讲，饱和度取决于色彩中含色成分与消色成分之间的比例。含色成分越多，饱和度则越高；反之，消色成分越多，则饱和度越低。下面介绍调整画面饱和度的操作方法。

	素材文件	素材 \ 第 1 章 \ 花开枝头 .mp4
	效果文件	效果 \ 第 1 章 \ 花开枝头 .drp
	视频文件	视频 \ 第 1 章 \1.4.2　色彩饱和：调整饱和度 .mp4

【操练 + 视频】
——色彩饱和：调整饱和度

STEP 01 进入“剪辑”步骤面板，在“时间线”面板中插入一段视频素材，如图 1-34 所示。

图 1-34　插入一段视频素材

STEP 02 在预览窗口中可以预览插入的素材画面效果，如图 1-35 所示。

图 1-35　预览画面效果

STEP 03 切换至“调色”步骤面板，展开“色轮”面板，在“饱和度”数值框中，输入参数为 80.00，如图 1-36 所示。

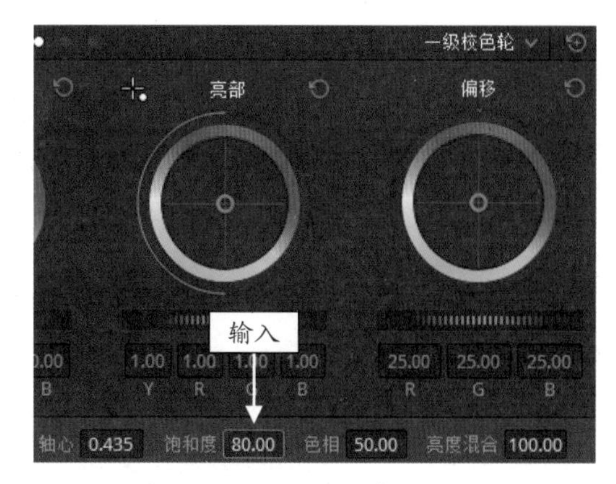

图 1-36　输入参数

STEP 04 在预览窗口中，即可预览调整饱和度后的画面效果，如图 1-37 所示。

图 1-37　调整饱和度后的画面效果

1.4.3　降噪处理：调整画面噪点

我们在拍摄照片或者录视频时，会发现画面上出现颗粒感的情况，这个就是噪点，通常感光度过高、锐化参数过大、相机温度过高以及曝光时间太长等都会导致拍摄的素材画面出现噪点。下面介绍降噪处理的方法。

	素材文件	素材 \ 第 1 章 \ 两只蝴蝶 .mov
	效果文件	效果 \ 第 1 章 \ 两只蝴蝶 .drp
	视频文件	视频 \ 第 1 章 \1.4.3　降噪处理：调整画面噪点 .mp4

【操练 + 视频】
——降噪处理：调整画面噪点

STEP 01 进入“剪辑”步骤面板，在“时间线”面板中插入一段视频素材，如图 1-38 所示。

STEP 02 在预览窗口中可以预览插入的素材画面效果，如图 1-39 所示。

图 1-38　插入一段视频素材

图 1-39　预览画面效果

STEP 03 切换至“调色”步骤面板，展开“运动特效”面板，在“空域阈值”选项区下方的“亮度”和“色度”数值框中，均输入参数 100.00，如图 1-40 所示。

图 1-40　输入参数

STEP 04 在预览窗口中，即可预览降噪后的画面效果，如图 1-41 所示。

图 1-41　降噪后的画面效果

1.4.4　细节调整：调整中间调

色阶的范围值为 0~256，图像像素值接近 0 的区域定义为暗部区域，图像像素值接近 128 的区域定义为中间调区域，图像像素值接近 256 的区域定义为高光区域，调整中间调区域的细节可以使画面更加细腻。下面介绍调整中间调区域的细节的操作方法。

	素材文件	素材 \ 第 1 章 \ 蓓蕾初开 .mp4
	效果文件	效果 \ 第 1 章 \ 蓓蕾初开 .drp
	视频文件	视频 \ 第 1 章 \1.4.4　细节调整：调整中间调 .mp4

【操练 + 视频】
——细节调整：调整中间调

STEP 01 进入“剪辑”步骤面板，在“时间线”面板中插入一段视频素材，如图 1-42 所示。

图 1-42　插入一段视频素材

STEP 02 在预览窗口中可以预览插入的素材画面效果，如图 1-43 所示。

图 1-43　预览画面效果

STEP 03 切换至“调色”步骤面板，展开“色轮”面板，在“中间调细节”数值框中，输入参数为 -100.00，如图 1-44 所示。

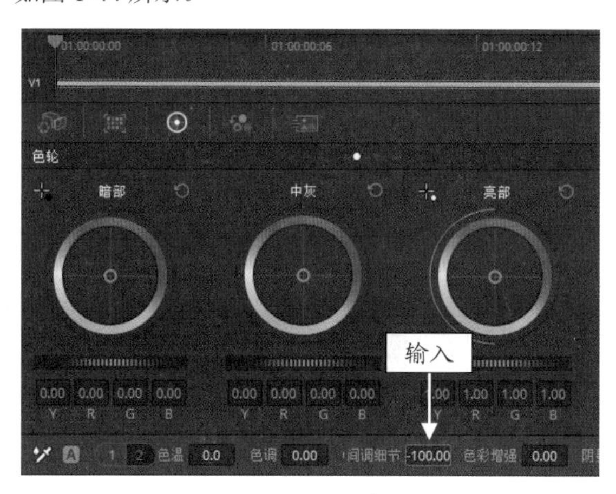

图 1-44　输入参数

STEP 04 在“节点”面板中，选中 01 节点，单击鼠标右键，在弹出的快捷菜单中，选择“添加节点”|“添加串行节点”命令，如图 1-45 所示。

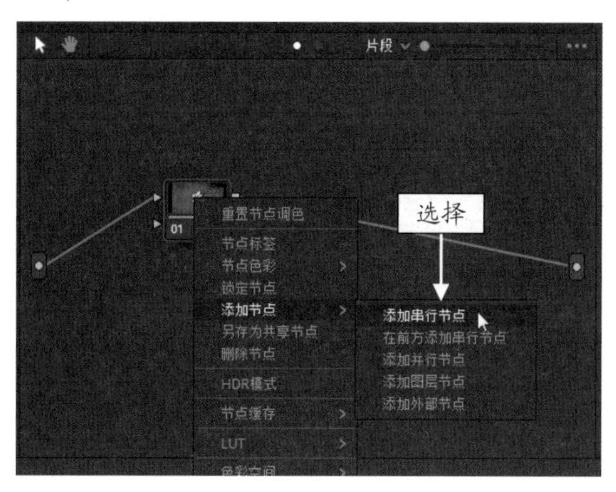

图 1-45　选择“添加串行节点”命令

STEP 05 执行操作后，即可添加一个编号为 02 的调色节点，如图 1-46 所示。

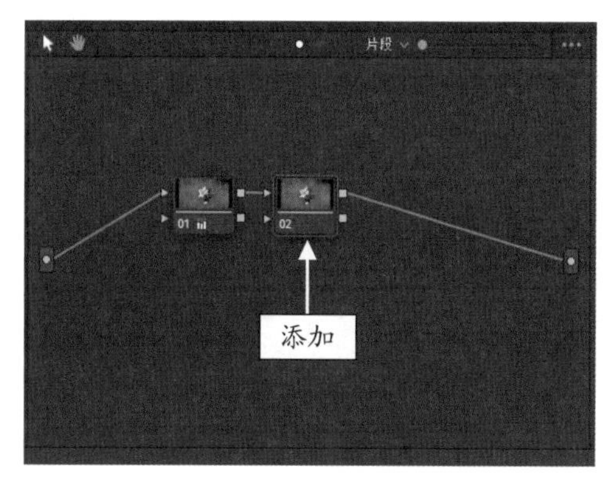

图 1-46　添加 02 调色节点

STEP 06 用与上述同样的方法，展开“色轮”面板，在“中间调细节”数值框中输入参数为 -100.00，在预览窗口中，即可预览调整中间调细节后的画面效果，如图 1-47 所示。

图 1-47　调整中间调细节后的画面效果

1.4.5　色彩平衡：调整白平衡

白平衡是指红、绿、蓝三基色混合生成后的白色平衡指标。在 DaVinci Resolve 16 中，应用“白平衡”吸管工具，在预览窗口中的图像画面中吸取白色或灰色的色彩偏移画面，即可调整画面白平衡，还原图像色彩。下面介绍调整画面白平衡和色温的操作方法。

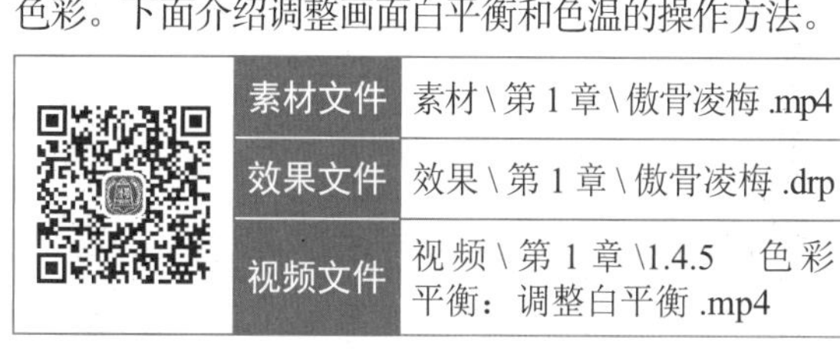

	素材文件	素材 \ 第 1 章 \ 傲骨凌梅 .mp4
	效果文件	效果 \ 第 1 章 \ 傲骨凌梅 .drp
	视频文件	视频 \ 第 1 章 \1.4.5　色彩平衡：调整白平衡 .mp4

【操练 + 视频】
——色彩平衡：调整白平衡

STEP 01 进入“剪辑”步骤面板，在“时间线”面板中插入一段视频素材，在预览窗口中可以预览插入的素材画面效果，如图 1-48 所示。

图 1-48　预览画面效果

STEP 02 切换至“调色”步骤面板，展开“色轮”面板，单击下方的“白平衡”吸管工具，如图 1-49 所示。

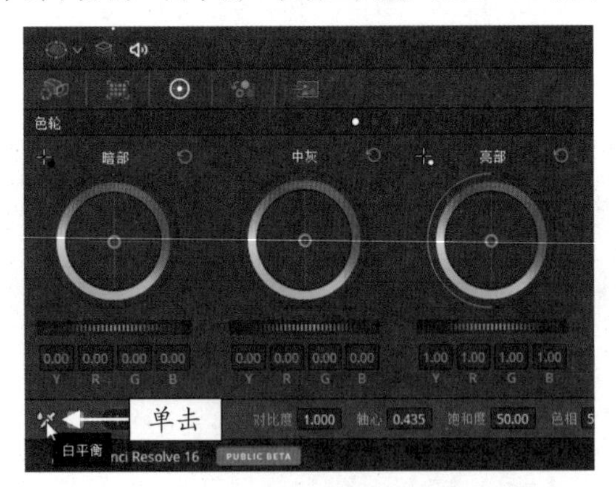

图 1-49　单击“白平衡”吸管工具

STEP 03 鼠标指针随即变为白平衡吸管样式，在预览窗口中的素材图像上单击鼠标左键，吸取画面中的色彩，如图 1-50 所示。

图 1-50　吸取画面中的色彩

STEP 04 在预览窗口中，即可预览调整白平衡后的画面效果，如图 1-51 所示。

图 1-51　调整白平衡后的画面效果

1.4.6　局部替换：替换局部色彩

在 DaVinci Resolve 16 中，应用限定器创建色彩选区，通过调整色相参数，可以将选定的色彩进行颜色替换，从而达到色彩转换的效果。下面介绍替换画面中的局部色彩的操作方法。

	素材文件	素材 \ 第 1 章 \ 豌豆花朵 .mp4
	效果文件	效果 \ 第 1 章 \ 豌豆花朵 .drp
	视频文件	视频 \ 第 1 章 \1.4.6　局部替换：替换局部色彩 .mp4

【操练 + 视频】
——局部替换：替换局部色彩

STEP 01 进入“剪辑”步骤面板，在“时间线”面板中插入一段视频素材，在预览窗口中可以预览插入的素材画面的效果，如图 1-52 所示。

图 1-52　预览画面效果

STEP 02 切换至“调色”步骤面板，单击“限定器”按钮，展开 HSL 限定器面板，在“选择范围”选项区中，单击“拾色器”按钮，如图 1-53 所示。

STEP 03 执行操作后，光标随即转换为滴管工具，移动光标至“监视器”面板，在面板上方单击“突出显示”按钮，如图 1-54 所示。

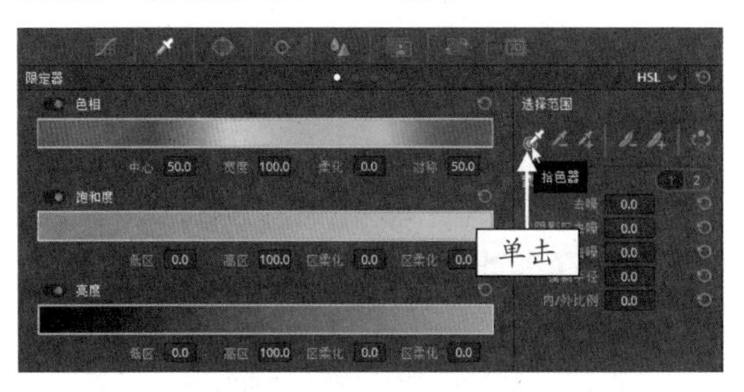

图 1-53　单击“拾色器”按钮

图 1-54　单击“突出显示”按钮

STEP 04 在预览窗口中，按住鼠标左键拖曳滴管工具选取色彩区域，如图 1-55 所示。

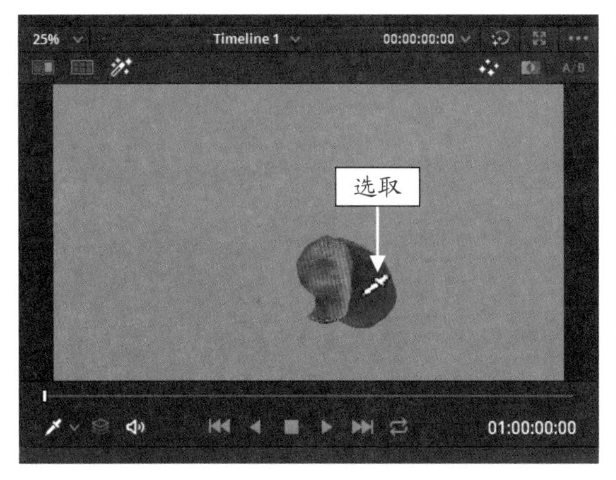

图 1-55　选取色彩区域

专家指点

在“监视器”面板中单击“突出显示”按钮，可以使被选取的色彩区域突出显示在画面中，未被选取的区域将会呈灰色显示。

STEP 05 展开“色轮”面板，在“色相”数值框中，输入参数为 61.00，如图 1-56 所示。

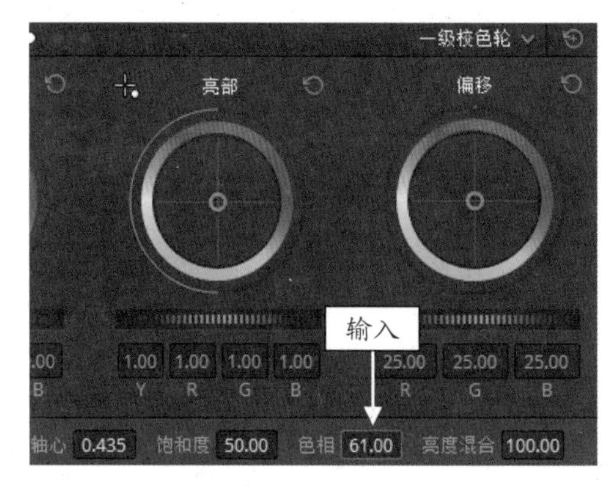

图 1-56　输入参数

STEP 06 切换至“剪辑”步骤面板，在预览窗口中即可查看替换局部色彩后的画面效果，如图 1-57 所示。

图 1-57　替换局部色彩后的画面效果

1.4.7　去色处理：调整单色调

对画面进行去色或单色处理主要是将素材画面转换为灰度图像，制作黑白图像效果。下面介绍对画面去色，一键将画面转换为黑白色的操作方法。

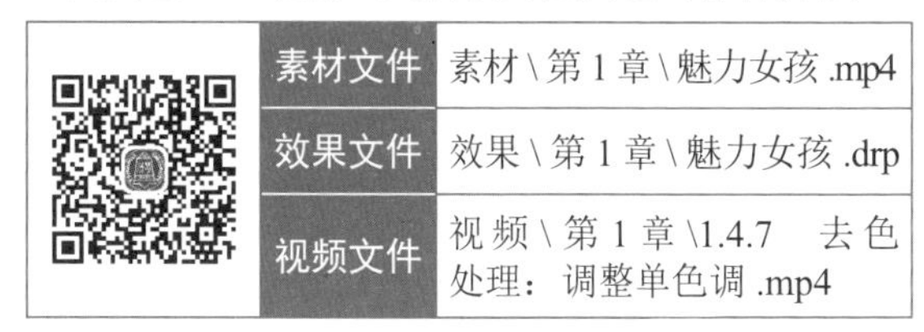

素材文件	素材 \ 第 1 章 \ 魅力女孩 .mp4
效果文件	效果 \ 第 1 章 \ 魅力女孩 .drp
视频文件	视频 \ 第 1 章 \1.4.7　去色处理：调整单色调 .mp4

【操练 + 视频】
——去色处理：调整单色调

STEP 01 进入“剪辑”步骤面板，在“时间线”面板中插入一段视频素材，如图 1-58 所示。

STEP 02 在预览窗口中可以预览插入的素材画面的效果，如图 1-59 所示。

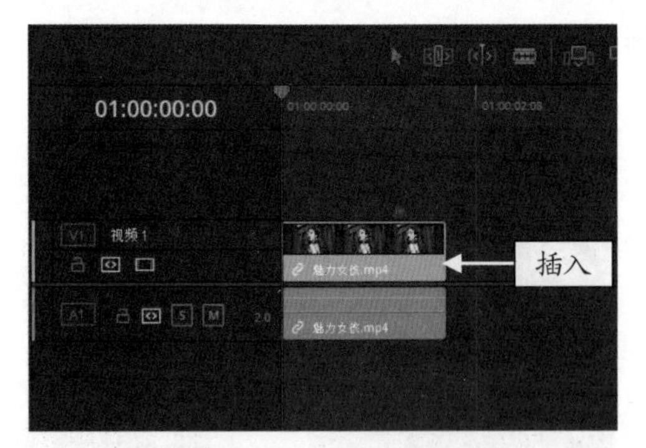

图 1-58　插入一段视频素材

图 1-59　预览画面效果

STEP 03 切换至“调色”步骤面板，进入“RGB 混合器”面板，在面板下方选中“黑白”复选框，如图 1-60 所示。

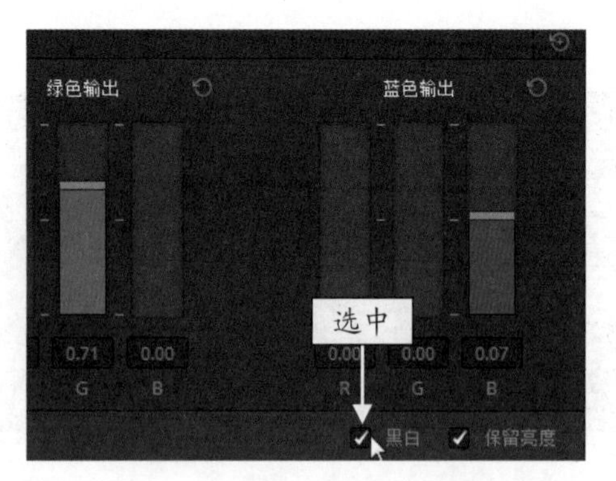

图 1-60　选中“黑白”复选框

STEP 04 执行上述操作后，在预览窗口中，即可预览制作的黑白图像画面的效果，如图 1-61 所示。

图 1-61　预览图像效果

第2章

基础：掌握软件的基本操作

章前知识导读

DaVinci Resolve 16有着丰富的功能面板，在开始学习这款软件之前，读者应该积累一定的基础入门知识，这样有助于后面的学习。本章主要介绍DaVinci Resolve 16的基本操作，帮助用户更好地掌握软件。

新手重点索引

- 掌握项目文件的基本操作
- 导入媒体素材文件
- 替换和链接素材文件
- 时间线与轨道的管理

效果图片欣赏

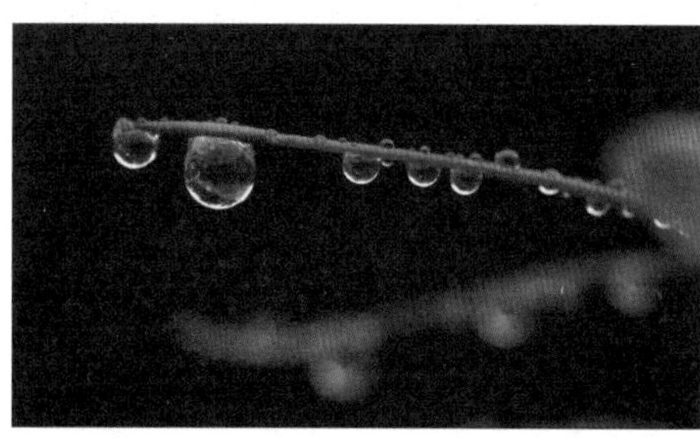

2.1 掌握项目文件的基本操作

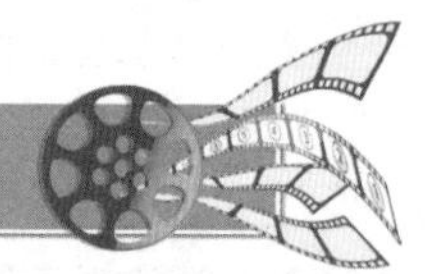

使用 DaVinci Resolve 16 编辑影视文件，需要创建一个项目文件才能对视频、照片、音频进行编辑。下面主要介绍 DaVinci Resolve 16 中有关项目的基本操作方法，包括新建项目、打开项目、保存项目、关闭项目等基础操作。

2.1.1 创建项目：新建一个工作项目

启动 DaVinci Resolve 16 后，会弹出一个"项目"管理器面板，单击"新建项目"按钮，如图 2-1 所示，即可新建一个项目文件。此外，用户还可以在项目文件已创建的情况下，通过"新建项目"命令，创建一个工作项目，下面介绍具体的操作步骤。

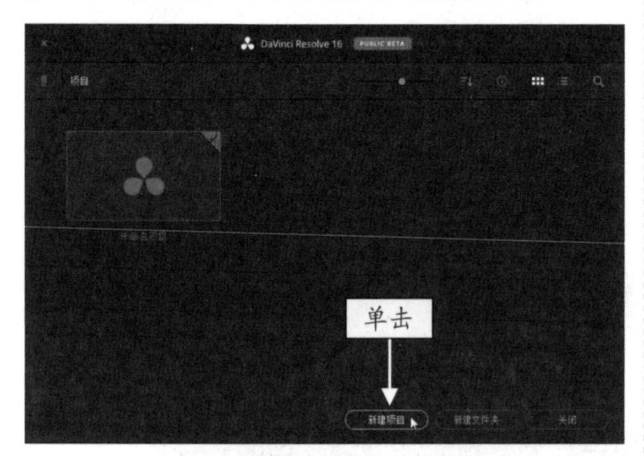

图 2-1 "项目"管理器面板

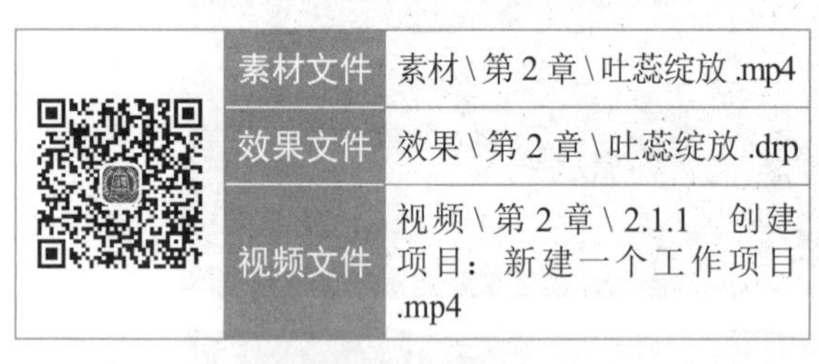

	素材文件	素材 \ 第 2 章 \ 吐蕊绽放 .mp4
	效果文件	效果 \ 第 2 章 \ 吐蕊绽放 .drp
	视频文件	视频 \ 第 2 章 \ 2.1.1 创建项目：新建一个工作项目 .mp4

【操练 + 视频】
——创建项目：新建一个工作项目

STEP 01 进入"剪辑"步骤面板，在菜单栏中选择"文件"|"新建项目"命令，如图 2-2 所示。

STEP 02 弹出"新建项目"对话框，在文本框中输入项目名称，单击"创建"按钮，如图 2-3 所示。

STEP 03 在计算机文件夹中，选择需要的素材文件，并将其拖曳至"时间线"面板中，添加素材文件，如图 2-4 所示。

STEP 04 执行操作后，即可自动添加视频轨和音频轨，并在"媒体池"面板中显示添加的媒体素材。在预览窗口中，可以预览添加的素材画面，如图 2-5 所示。

图 2-2 选择"新建项目"命令

图 2-3 单击"创建"按钮

图 2-4 添加素材

图 2-5 预览素材画面

专家指点

当用户正在编辑的文件没有进行保存操作时，在新建项目的过程中，会弹出提示信息框，提示用户当前编辑项目未被保存。单击“保存”按钮，即可保存项目文件；单击“不保存”按钮，将不保存项目文件；单击“取消”按钮，将取消项目文件的新建操作。

2.1.2　创建时间线：新建一个时间线

在“时间线”面板中，用户可以对添加到视频轨中的素材进行剪辑、分割等操作。除了通过拖曳素材至“时间线”面板新建时间线外，还可以通过“媒体池”面板新建一个时间线。下面介绍具体的操作步骤。

	素材文件	素材 \ 第 2 章 \ 黑色蝴蝶 .mp4
	效果文件	效果 \ 第 2 章 \ 黑色蝴蝶 .drp
	视频文件	视频 \ 第 2 章 \2.1.2　创建时间线：新建一个时间线 .mp4

【操练 + 视频】
——新建时间线：新建一个时间线

STEP 01 进入“剪辑”步骤面板，在“媒体池”面板中，单击鼠标右键，在弹出的快捷菜单中选择“时间线” | “新建时间线”命令，如图 2-6 所示。

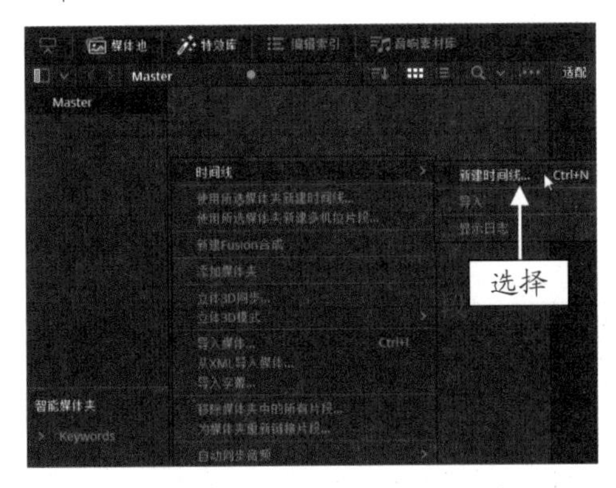

图 2-6　选择“新建时间线”命令

STEP 02 弹出“新建时间线”对话框，在“时间线名称”文本框中可以修改时间线名称，单击“创建”按钮，如图 2-7 所示。

STEP 03 完成操作后，即可添加一个时间线，在计算机文件夹中，选择需要的素材文件，并将其拖曳至视频轨中，添加素材文件，如图 2-8 所示。

图 2-7　单击“创建”按钮

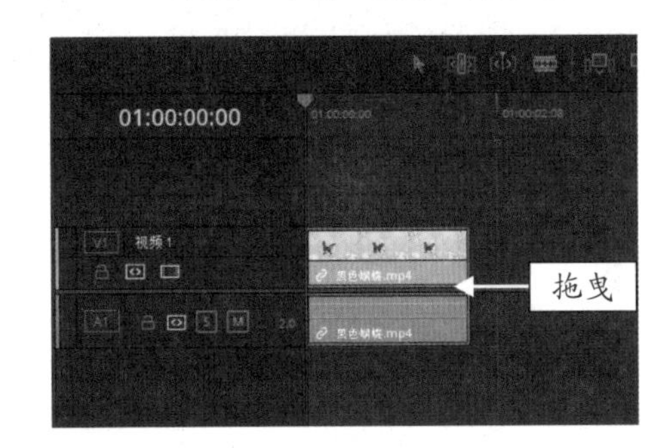

图 2-8　添加素材

STEP 04 在预览窗口中，可以预览添加的素材文件的画面，如图 2-9 所示。

图 2-9　预览素材效果

2.1.3　打开项目：打开使用过的项目文件

在 DaVinci Resolve 16 中，当用户需要打开使用过的项目文件时，可以通过“项目管理器”面板来实现。下面介绍具体的操作步骤。

	素材文件	素材 \ 第 2 章 \ 漫步花林 .drp
	效果文件	无
	视频文件	视频 \ 第 2 章 \2.1.3　打开项目：打开使用过的项目文件 .mp4

【操练 + 视频】
——打开项目：打开使用过的项目文件

STEP 01 在工作界面的右下角，单击“项目管理器”按钮，如图 2-10 所示。

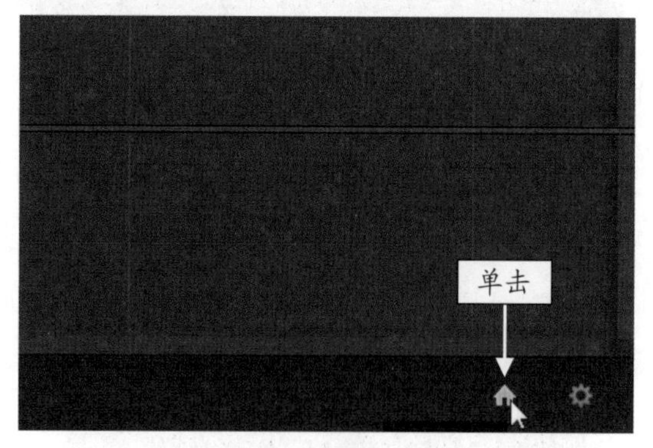

图 2-10　单击“项目管理器”按钮

STEP 02 弹出“项目管理器”面板，选中“漫步花林”项目图标，双击鼠标左键或单击鼠标右键，在弹出的快捷菜单中，选择“打开”命令，如图 2-11 所示。

图 2-11　选择“打开”命令

STEP 03 操作完成后，即可打开使用过的项目文件，在预览窗口中，可以查看打开项目文件的效果，如图 2-12 所示。

图 2-12　查看效果

2.1.4　保存项目：保存编辑完成的项目文件

在 DaVinci Resolve 16 中编辑视频、图片、音频等素材后，可以将正在编辑的素材文件及时保存，保存后的项目文件会自动显示在“项目管理器”面板中，用户可以在其中打开保存好的项目文件，继续编辑项目中的素材。下面介绍保存项目文件的操作方法。

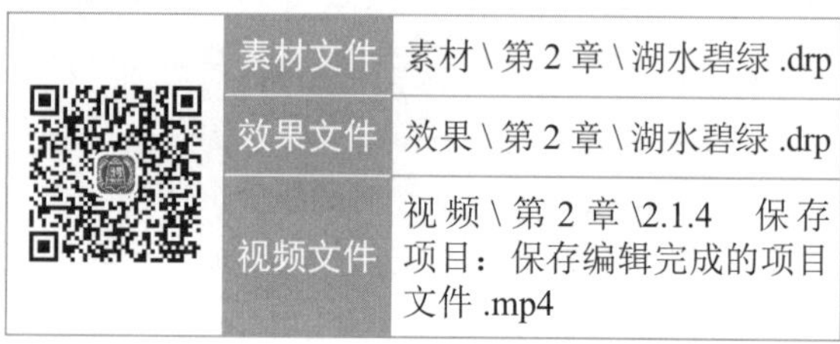

	素材文件	素材 \ 第 2 章 \ 湖水碧绿 .drp
	效果文件	效果 \ 第 2 章 \ 湖水碧绿 .drp
	视频文件	视频 \ 第 2 章 \2.1.4　保存项目：保存编辑完成的项目文件 .mp4

【操练 + 视频】
——保存项目：保存编辑完成的项目文件

STEP 01 打开一个项目文件，在预览窗口中，可以查看打开项目文件的效果，如图 2-13 所示。

图 2-13　查看效果

STEP 02 待素材编辑完成后，选择“文件”|“保存项目”命令，如图 2-14 所示。执行操作后，即可保存编辑完成的项目文件。

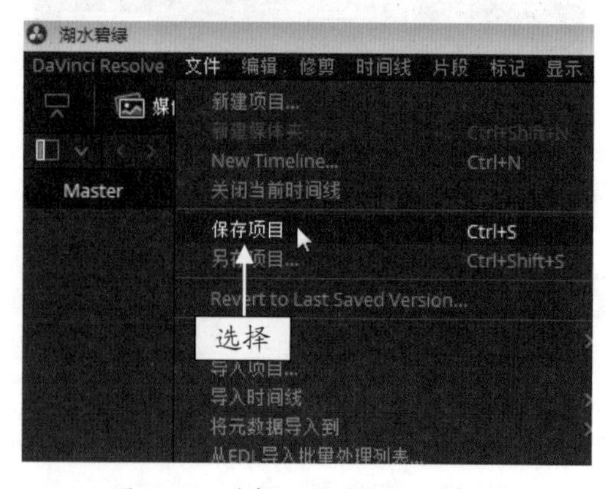

图 2-14　选择“保存项目”命令

专家指点

按 Ctrl ＋ S 组合键，也可以快速保存项目文件。

2.1.5　关闭项目：对编辑完成的项目进行关闭

当用户将项目文件编辑完成后，在不退出软件的情况下，可以在“项目管理器”面板中将项目关闭。下面介绍具体的操作步骤。

	素材文件	素材 \ 第 2 章 \ 雨后滴露 .drp
	效果文件	效果 \ 第 2 章 \ 雨后滴露 .drp
	视频文件	视频 \ 第 2 章 \2.1.5　关闭项目：对编辑完成的项目进行关闭 .mp4

【操练 + 视频】
——关闭项目：对编辑完成的项目进行关闭

STEP 01　打开一个项目文件，在预览窗口中可以查看打开项目文件的效果，如图 2-15 所示。

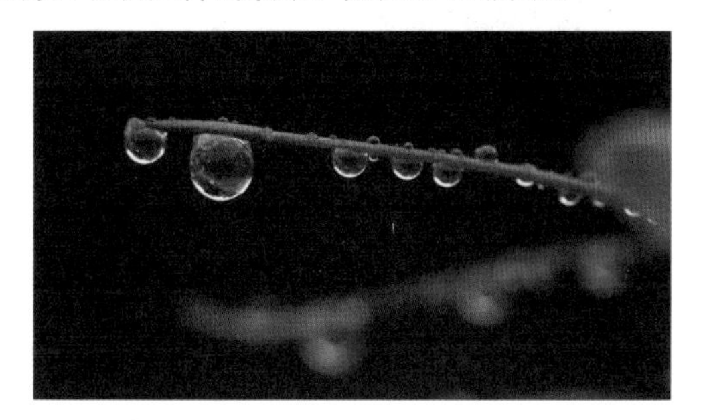

图 2-15　查看打开项目文件的效果

STEP 02　在工作界面的右下角，单击“项目管理器”按钮，如图 2-16 所示。

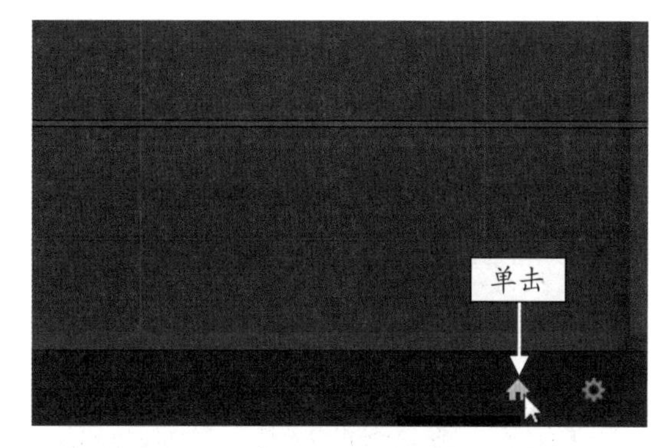

图 2-16　单击“项目管理器”按钮

STEP 03　弹出“项目管理器”面板，选中“雨后滴露”项目图标，单击鼠标右键，在弹出的快捷菜单中，选择“关闭”命令，如图 2-17 所示，即可关闭项目文件。

图 2-17　选择“关闭”命令

2.2　导入媒体素材文件

在 DaVinci Resolve 16 的“剪辑”步骤面板中，用户可以添加各种不同类型的素材。本节主要介绍导入视频、导入音频、导入图片、导入字幕以及导入项目的操作方法。

2.2.1　导入视频：在媒体池中添加一段视频

在 DaVinci Resolve 16 中，用户可以将视频素材导入“媒体池”面板中，并将视频素材添加到时间线中。下面介绍具体的操作步骤。

	素材文件	素材 \ 第 2 章 \ 小小蜻蜓 .mp4
	效果文件	效果 \ 第 2 章 \ 小小蜻蜓 .drp
	视频文件	视频 \ 第 2 章 \2.2.1　导入视频：在媒体池中添加一段视频 .mp4

【操练 + 视频】
——导入视频：在媒体池中添加一段视频

STEP 01 新建一个项目文件，在“媒体池”面板中单击鼠标右键，在弹出的快捷菜单中，选择“导入媒体”命令，如图 2-18 所示。

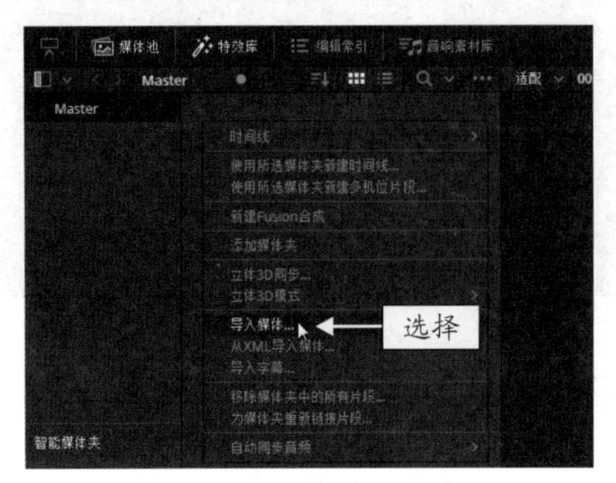

图 2-18　选择“导入媒体”命令

STEP 02 弹出“导入媒体”对话框，在文件夹中选择需要导入的视频素材，如图 2-19 所示。

图 2-19　选择视频素材

STEP 03 双击鼠标左键或单击“打开”按钮，即可将视频素材导入“媒体池”面板中，如图 2-20 所示。

图 2-20　导入视频素材

STEP 04 选择“媒体池”面板中的视频素材，按住鼠标左键将其拖曳至“时间线”面板中的视频轨中，如图 2-21 所示。

图 2-21　拖曳视频至“时间线”面板中

STEP 05 执行上述操作后，按空格键即可在预览窗口中预览添加的视频素材，效果如图 2-22 所示。

图 2-22　预览视频素材效果

2.2.2　导入音频：在媒体池中添加一段音频

在 DaVinci Resolve 16 中，通过菜单命令，可以将音频素材导入媒体池面板中，并将媒体素材添加到时间线中。下面介绍具体的操作步骤。

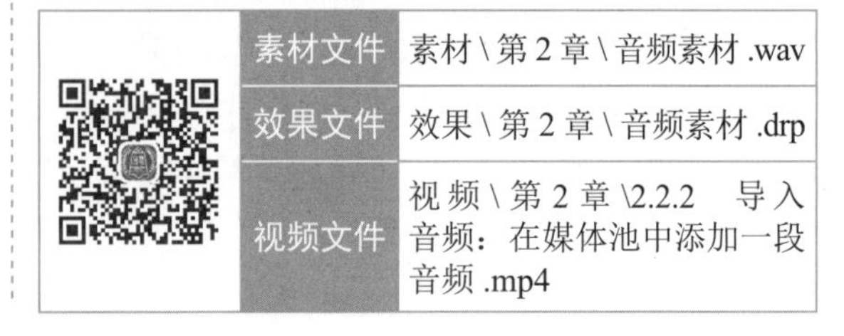

	素材文件	素材 \ 第 2 章 \ 音频素材 .wav
	效果文件	效果 \ 第 2 章 \ 音频素材 .drp
	视频文件	视频 \ 第 2 章 \2.2.2　导入音频：在媒体池中添加一段音频 .mp4

【操练 + 视频】
——导入音频：在媒体池中添加一段音频

STEP 01 进入“剪辑”步骤面板，新建一个项目文件，选择“文件”|“导入文件”|“导入媒体”命令，如图 2-23 所示。

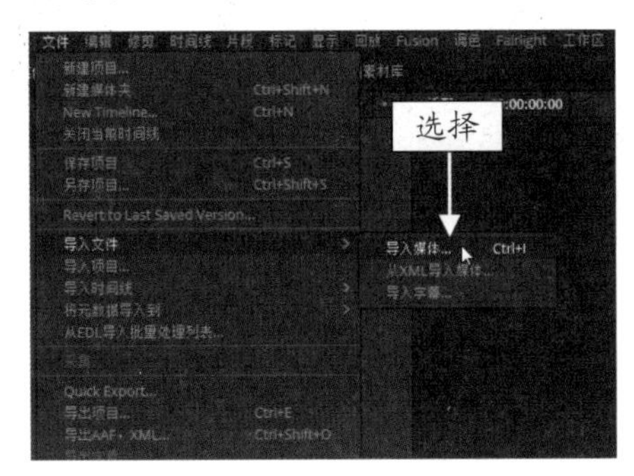

图 2-23　选择“导入媒体”命令

STEP 02 弹出“导入媒体”对话框，在文件夹中，选择需要导入的音频素材文件，如图 2-24 所示。

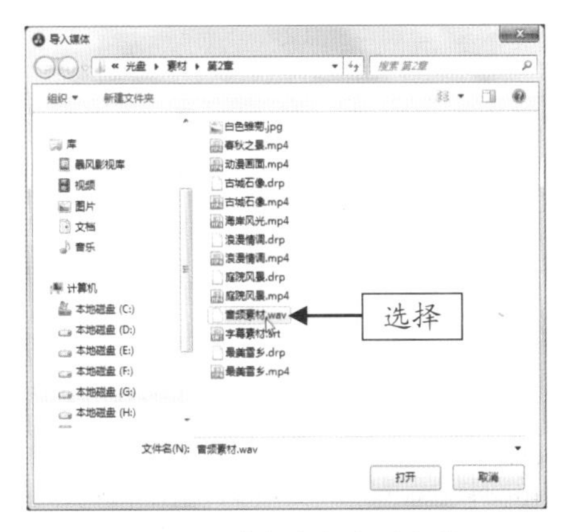

图 2-24　选择音频素材文件

STEP 03 双击鼠标左键或单击“打开”按钮，即可将音频素材导入媒体池，如图 2-25 所示。

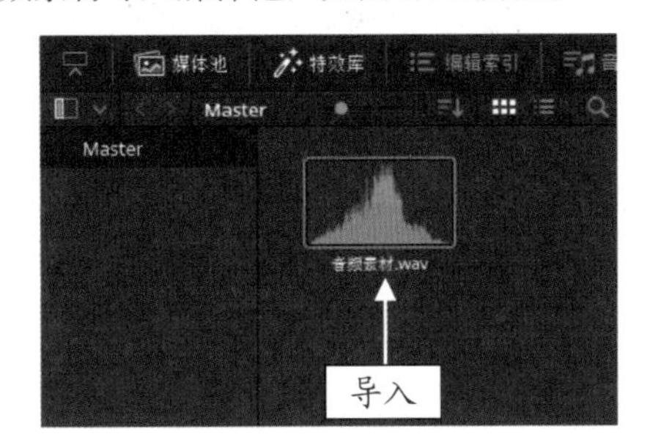

图 2-25　导入音频素材

STEP 04 选择“媒体池”面板中的音频素材，将其拖曳至“时间线”面板中的音频轨上，如图 2-26 所示。执行操作后，即可完成导入音频素材的操作。

图 2-26　拖曳音频至音频轨中

2.2.3　导入图片：在时间线中添加一张图片

在 DaVinci Resolve 16 中，通过拖曳的方式，可以将图片素材导入“媒体池”面板中，并将媒体素材添加到时间线中。下面介绍具体的操作步骤。

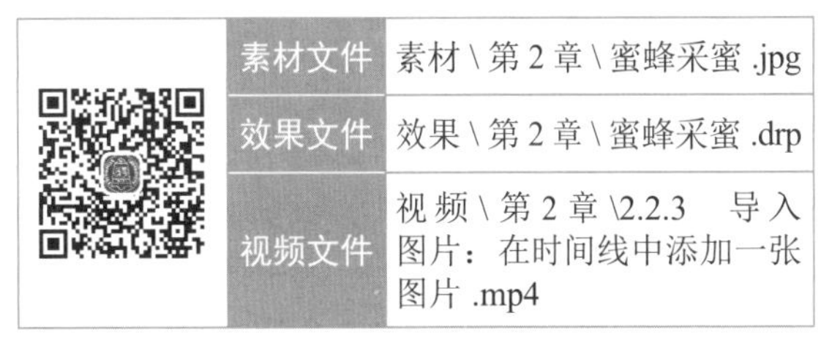

	素材文件	素材 \ 第 2 章 \ 蜜蜂采蜜 .jpg
	效果文件	效果 \ 第 2 章 \ 蜜蜂采蜜 .drp
	视频文件	视频 \ 第 2 章 \2.2.3　导入图片：在时间线中添加一张图片 .mp4

【操练 + 视频】
——导入图片：在时间线中添加一张图片

STEP 01 新建一个项目文件，在计算机文件夹中，选择一张图片素材，并拖曳至“媒体池”面板中，如图 2-27 所示。执行操作后，即可在“媒体池”面板中导入一张图片。

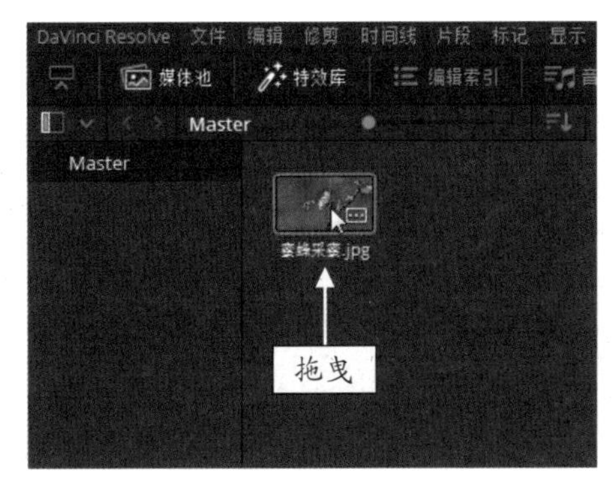

图 2-27　拖曳图片素材

STEP 02 选择“媒体池”面板中的图片素材，将其拖曳至“时间线”面板的视频轨中，在预览窗口中，可以查看添加的图片素材效果，如图 2-28 所示。

图 2-28　查看效果

专家指点

在文件夹中选中素材后，按住鼠标左键将其拖曳至“剪辑”界面中的“时间线”面板中，即可添加图片素材，此时媒体池也会显示添加的素材文件。

2.2.4　导入字幕：在媒体池中添加一个字幕

在 DaVinci Resolve 16 中，用户可以将字幕素材导入“媒体池”面板中，并将字幕素材添加到时间线中。下面介绍具体的操作步骤。

	素材文件	素材 \ 第 2 章 \ 紫色小花 .drp
	效果文件	效果 \ 第 2 章 \ 紫色小花 .drp
	视频文件	视频 \ 第 2 章 \2.2.4　导入字幕：在媒体池中添加一个字幕 .mp4

【操练 + 视频】
——导入字幕：在媒体池中添加一个字幕

STEP 01 打开一个项目文件，在预览窗口中可以查看项目文件的效果，如图 2-29 所示。

图 2-29　查看效果

STEP 02 在“媒体池”面板中，单击鼠标右键，在弹出的快捷菜单中，选择“导入字幕”命令，如图 2-30 所示。

图 2-30　选择“导入字幕”命令

STEP 03 弹出“选择要导入的文件”对话框，在文件夹中选择需要导入的字幕素材，如图 2-31 所示。

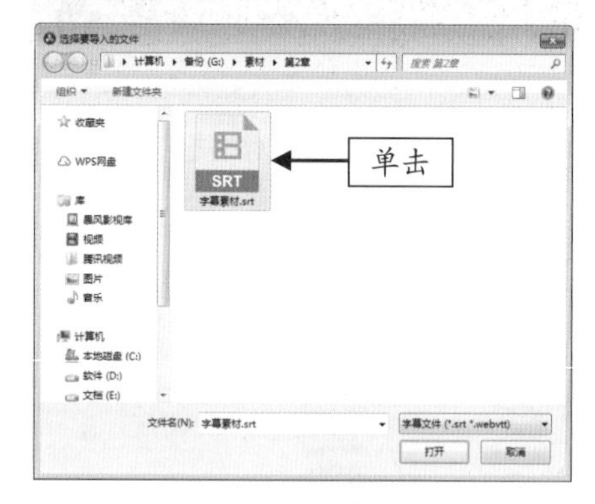

图 2-31　选择字幕素材

STEP 04 双击鼠标左键或单击“打开”按钮，即可将字幕素材导入“媒体池”面板中，如图 2-32 所示。

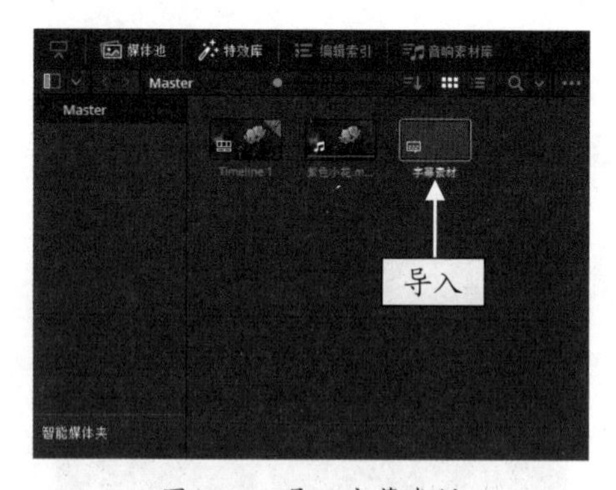

图 2-32　导入字幕素材

STEP 05 在时间线左侧的轨道面板中的空白位置处，单击鼠标右键，在弹出的快捷菜单中，选择“添加字幕轨道”命令，如图 2-33 所示。

STEP 06 执行操作后，即可添加一条字幕轨道，如图 2-34 所示。

图 2-33　选择“添加字幕轨道”命令

图 2-34　添加一条字幕轨道

STEP 07 选择“媒体池”面板中的字幕素材，按住鼠标左键将其拖曳至“时间线”面板中的字幕轨中，如图 2-35 所示。

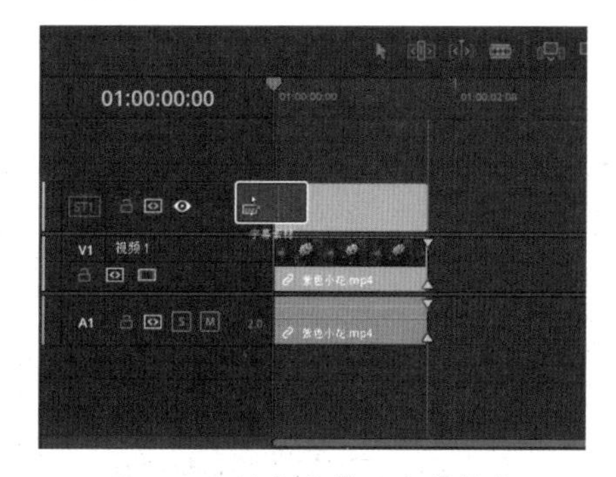

图 2-35　拖曳字幕至字幕轨中

STEP 08 执行上述操作后，按空格键即可在预览窗口中播放视频画面，最终效果如图 2-36 所示。

图 2-36　预览视频效果

2.2.5　导入项目：在项目管理器中添加项目

当用户不小心在项目管理器中将制作好的项目文件删除后，可以重新导入项目文件，下面介绍具体的操作步骤。

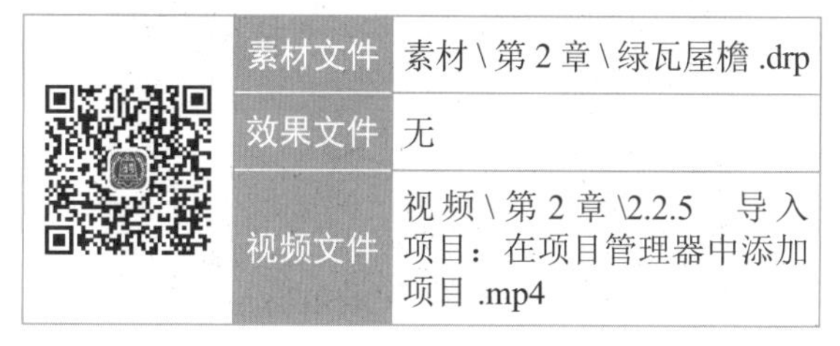

	素材文件	素材 \ 第 2 章 \ 绿瓦屋檐 .drp
	效果文件	无
	视频文件	视频 \ 第 2 章 \2.2.5　导入项目：在项目管理器中添加项目 .mp4

【操练 + 视频】
——导入项目：在项目管理器中添加项目

STEP 01 进入“剪辑”步骤面板，在菜单栏中选择“文件”|“导入项目”命令，如图 2-37 所示。

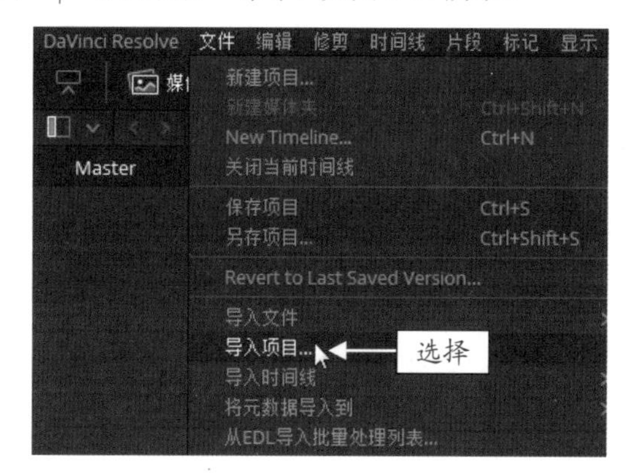

图 2-37　选择“导入项目”命令

STEP 02 弹出“导入项目文件”对话框，在其中选择制作好的项目文件，如图 2-38 所示。双击鼠标左键或单击“打开”按钮，即可导入项目文件。

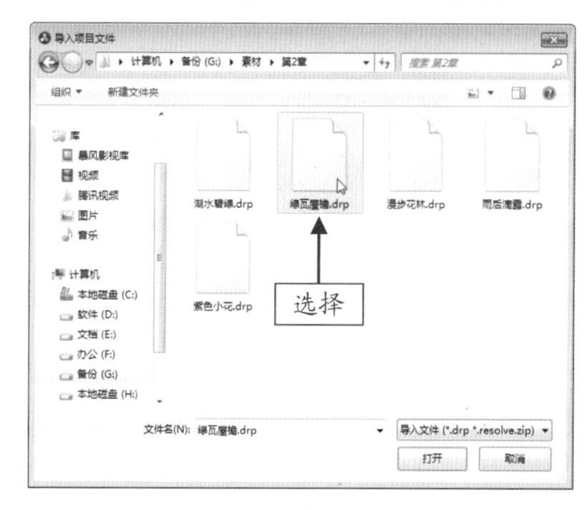

图 2-38　选择项目文件

STEP 03 执行上述操作后，在工作界面的右下角，单击“项目管理器”按钮，如图 2-39 所示。

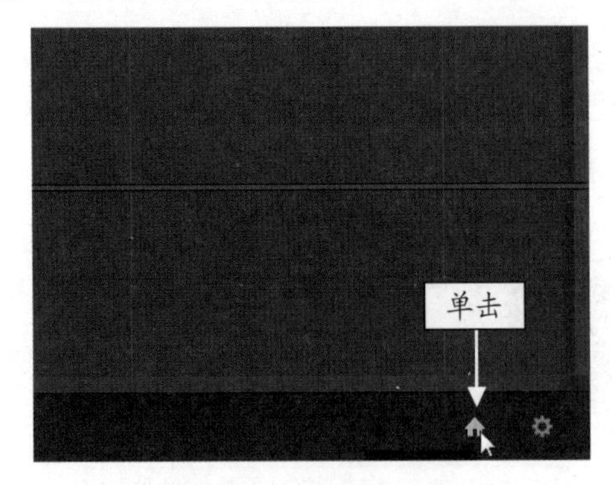

图 2-39 单击“项目管理器”按钮

STEP 04 进入“项目管理器”面板，即可查看导入的项目文件，如图 2-40 所示。

STEP 05 在导入的项目文件上，双击鼠标左键，即可打开项目文件，在预览窗口中预览视频效果，如图 2-41 所示。

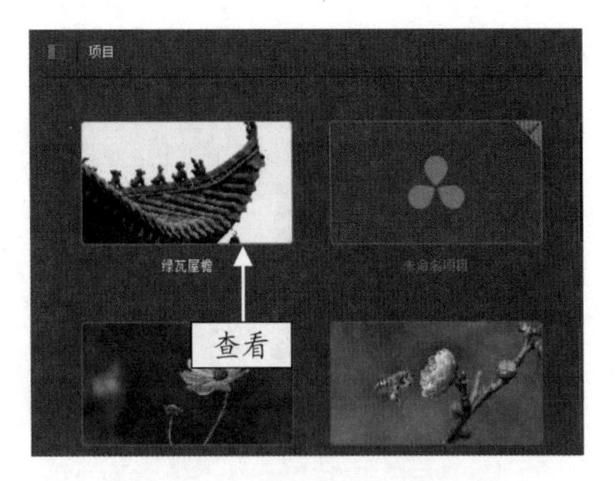

图 2-40 查看导入的项目文件

图 2-41 预览视频效果

2.3 替换和链接素材文件

在使用 DaVinci Resolve 16 对视频素材进行编辑时，用户可以根据编辑需要对素材进行替换和链接等。本节主要介绍替换与链接视频素材的操作方法。

2.3.1 替换素材：替换选择的媒体素材

在达芬奇“剪辑”步骤面板中编辑视频时，用户可以根据需要对素材文件进行替换操作，使制作的视频更加符合用户的需求。下面介绍替换素材文件的操作方法。

素材文件	素材 \ 第 2 章 \ 雨后荷花 .drp
效果文件	效果 \ 第 2 章 \ 雨后荷花 .drp
视频文件	视频 \ 第 2 章 \2.3.1 替换素材：替换选择的媒体素材 .mp4

【操练 + 视频】
——替换素材：替换选择的媒体素材

STEP 01 打开一个项目文件，如图 2-42 所示。

STEP 02 在“媒体池”面板中，选择需要替换的素材文件，如图 2-43 所示。

图 2-42 打开一个项目文件

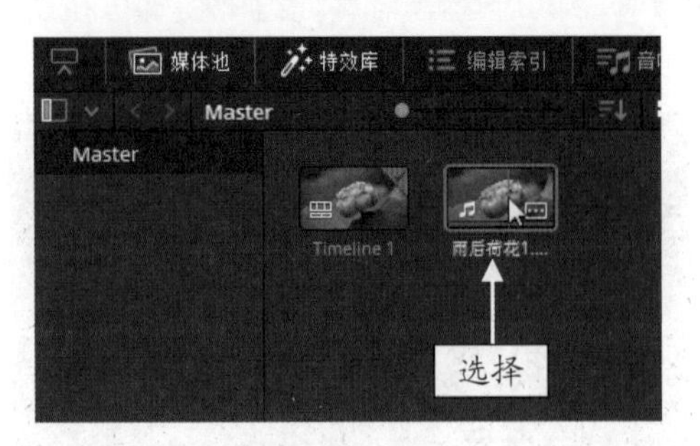

图 2-43 选择需要替换的素材文件

STEP 03 单击鼠标右键，在弹出的快捷菜单中，选择“替换所选片段”命令，如图 2-44 所示。

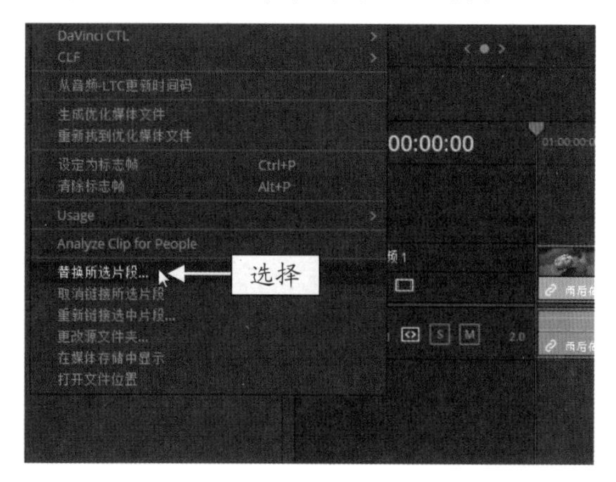

图 2-44　选择“替换所选片段”命令

STEP 04 弹出“替换所选片段”对话框，在其中选中需要替换的视频素材，如图 2-45 所示。

图 2-45　选中需要替换的视频素材

> **专家指点**
>
> 用户还可以在“时间线”面板中选中视频素材，在“媒体池”面板中，导入需要替换的素材文件，然后在菜单栏中选择“编辑”|“替换”命令，即可替换“时间线”面板中的视频素材。

STEP 05 双击鼠标左键或单击“打开”按钮，即可替换“时间线”面板中的视频文件，如图 2-46 所示。

STEP 06 在预览窗口中，可以预览替换的素材画面效果，如图 2-47 所示。

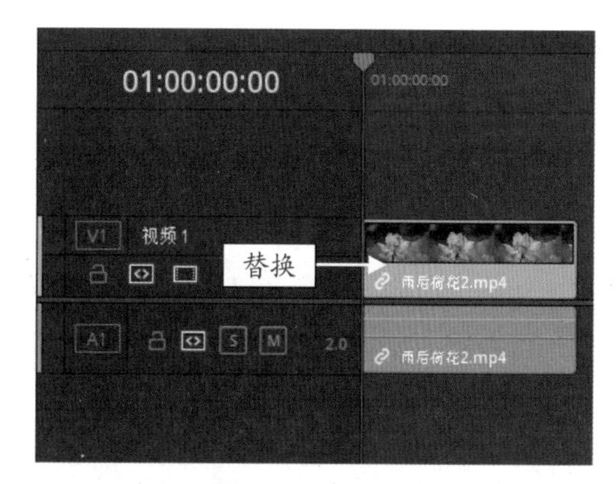

图 2-46　替换视频文件

图 2-47　预览替换的素材画面效果

2.3.2　取消链接：离线处理选择的素材

在 DaVinci Resolve 16 的“剪辑”步骤面板中，用户还可以离线处理选择的视频素材。下面介绍具体的操作步骤。

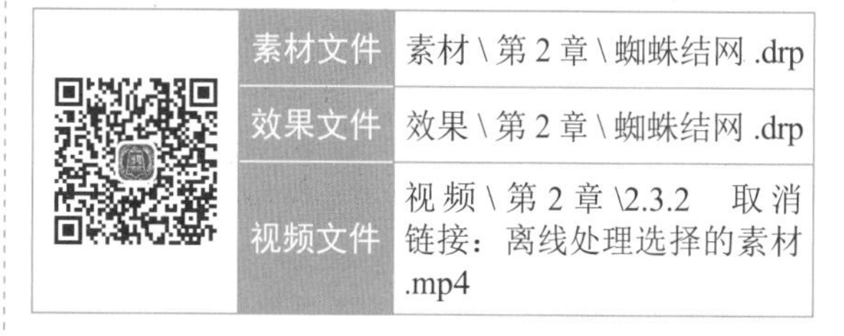

	素材文件	素材 \ 第 2 章 \ 蜘蛛结网 .drp
	效果文件	效果 \ 第 2 章 \ 蜘蛛结网 .drp
	视频文件	视频 \ 第 2 章 \2.3.2　取消链接：离线处理选择的素材 .mp4

【操练 + 视频】

——取消链接：离线处理选择的素材

STEP 01 打开一个项目文件，如图 2-48 所示。

STEP 02 在“媒体池”面板中，选择需要离线处理的素材文件，如图 2-49 所示。

STEP 03 单击鼠标右键，在弹出的快捷菜单中，选择“取消链接所选片段”命令，如图 2-50 所示。

STEP 04 执行操作后，即可离线处理所选的视频素材，如图 2-51 所示。

图 2-48　打开一个项目文件

图 2-49　选择需要离线处理的素材文件

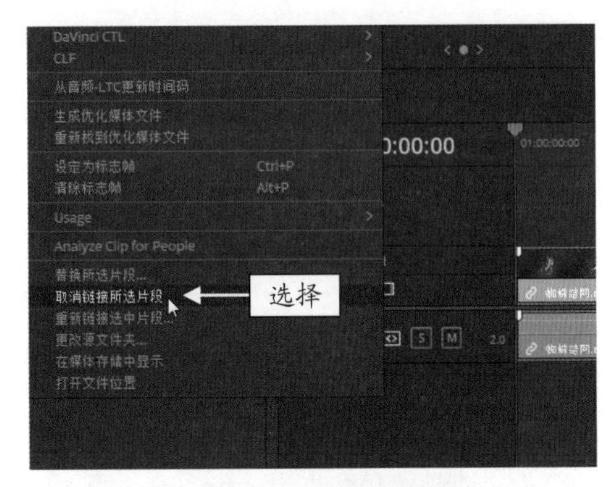

图 2-50　选择“取消链接所选片段”命令

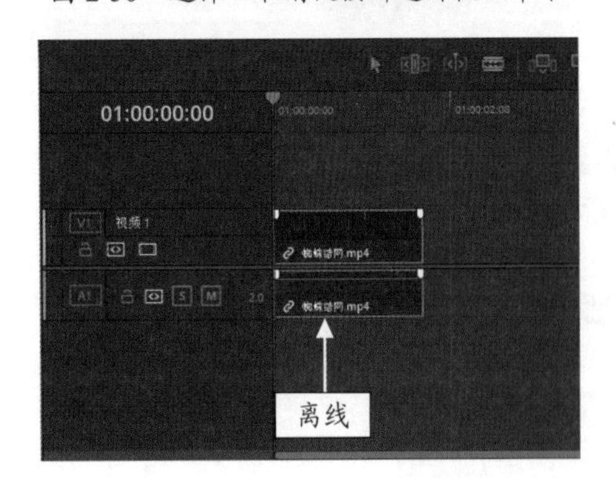

图 2-51　离线处理视频素材

STEP 05 预览窗口中，会显示“离线媒体”的警示文字，如图 2-52 所示。

图 2-52　显示“离线媒体”警示文字

2.3.3　重新链接：链接离线的媒体素材

在 DaVinci Resolve 16 的“剪辑”步骤面板中，用户将视频素材离线处理后，需要重新链接离线的视频素材。下面介绍具体的操作方法。

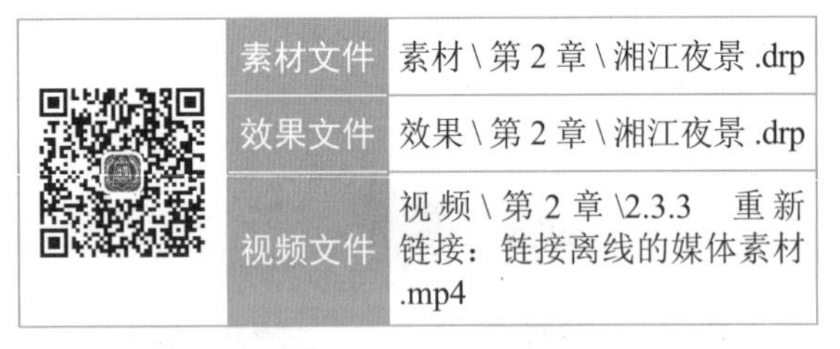

素材文件	素材 \ 第 2 章 \ 湘江夜景 .drp
效果文件	效果 \ 第 2 章 \ 湘江夜景 .drp
视频文件	视频 \ 第 2 章 \2.3.3　重新链接：链接离线的媒体素材 .mp4

【操练 + 视频】
——重新链接：链接离线的媒体素材

STEP 01 打开一个项目文件，如图 2-53 所示。

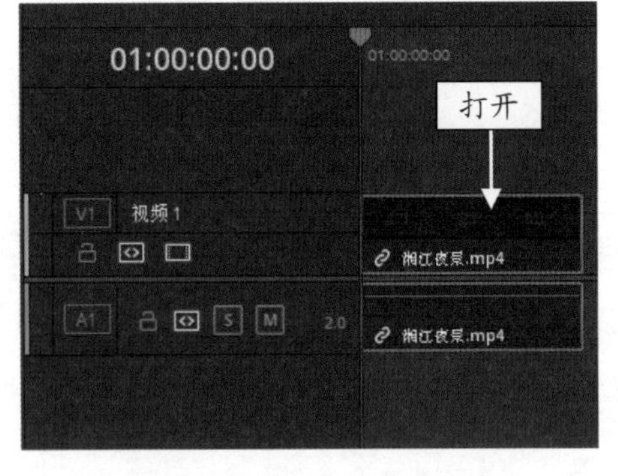

图 2-53　打开一个项目文件

STEP 02 在“媒体池”面板中，选择离线的素材文件，如图 2-54 所示。

STEP 03 单击鼠标右键，在弹出的快捷菜单中，选择“重新链接选中片段”命令，如图 2-55 所示。

STEP 04 弹出“选择源文件夹”对话框，在其中选择链接素材所在的文件夹，如图 2-56 所示。

图 2-54　选择离线的素材文件

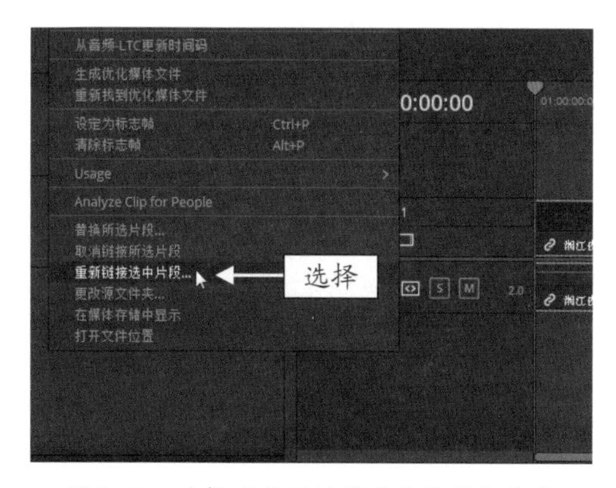

图 2-55　选择“重新链接选中片段”命令

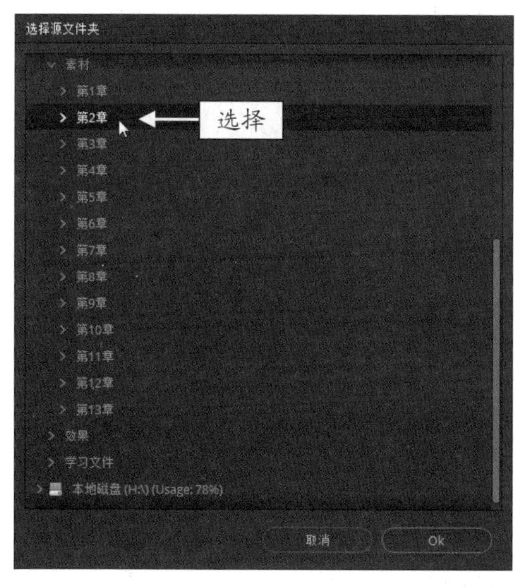

图 2-56　选择链接素材所在文件夹

STEP 05 单击 Ok 按钮，即可自动链接视频素材，如图 2-57 所示。

STEP 06 在预览窗口中，即可查看重新链接的素材画面效果，如图 2-58 所示。

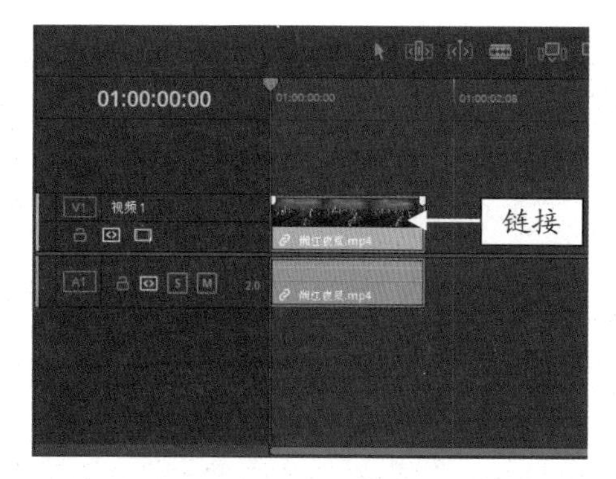

图 2-57　自动链接视频素材

图 2-58　查看重新链接的素材画面效果

2.3.4　移除素材：删除选择的媒体素材

在 DaVinci Resolve 16 中删除“媒体池”面板中的素材文件有以下三种方法。

1. 通过快捷键

在“媒体池”面板中，选中需要删除的素材文件，在键盘上按 Delete 键即可删除所选素材片段。

专家指点

在“时间线”面板中，选中轨道上的素材文件，按 Delete 键即可快速删除“时间线”面板中选择的素材文件。

2. 通过快捷菜单

在“媒体池”面板中，选中需要删除的素材文件，单击鼠标右键，在弹出的快捷菜单中，选择“移除所选片段”命令，如图 2-59 所示，即可删除选择的媒体素材。

3. 通过菜单命令

在“媒体池”面板中，选中需要删除的素材文件，在菜单栏中选择“编辑”|“删除所选”命令，如图 2-60 所示，即可删除选择的媒体素材。

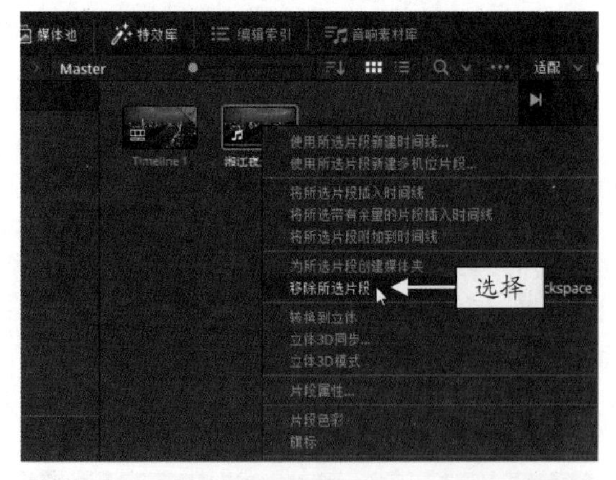

图 2-59 选择“移除所选片段”命令

图 2-60 选择“删除所选”命令

专家指点

在“媒体池”面板中删除选择的素材后，“时间线”面板中的素材文件会离线处理。

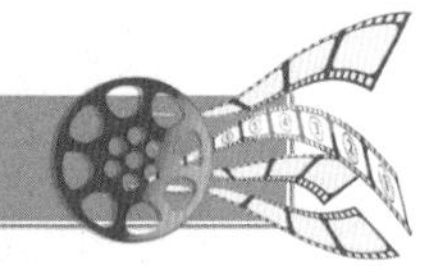

2.4 时间线与轨道的管理

在达芬奇的“时间线”面板中，提供了插入与删除轨道的功能，用户可以在时间线轨道面板中，单击鼠标右键，在弹出的快捷菜单中，选择相应的选项，直接对轨道进行添加或删除等操作。本节主要介绍管理时间轴轨道的方法。

2.4.1 管理轨道：控制时间线视图显示

在时间线轨道面板中，通过调整轨道大小，可以控制时间线显示的视图尺寸，下面介绍具体的操作方法。

	素材文件	素材 \ 第 2 章 \ 冬日梅花 .drp
	效果文件	无
	视频文件	视频 \ 第 2 章 \2.4.1 管理轨道：控制时间线视图显示 .mp4

【操练 + 视频】
——管理轨道：控制时间线视图显示

STEP 01 打开一个项目文件，将鼠标移至轨道面板的轨道线上，此时鼠标指针呈双向箭头形状，如图 2-61 所示。

STEP 02 按住鼠标左键向上拖曳，即可调整“时间线”面板中的视图尺寸，如图 2-62 所示。

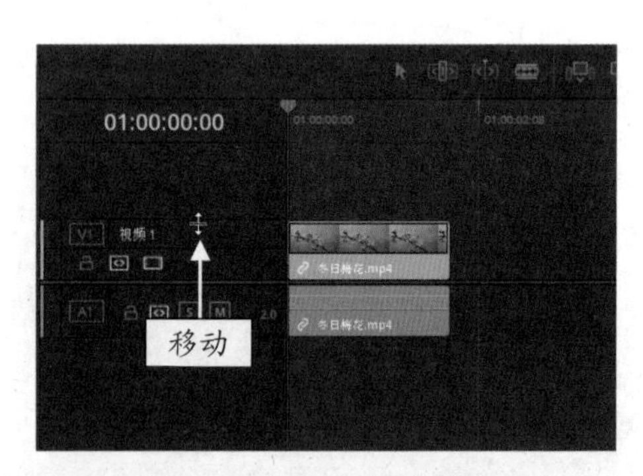

图 2-61 移动鼠标至轨道线上

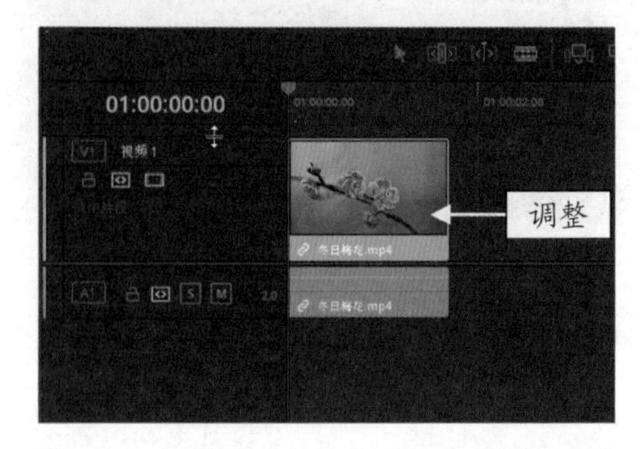

图 2-62 调整“时间线”面板中的视图尺寸

2.4.2　控制轨道：禁用与激活轨道信息

在时间线轨道面板中，用户可以禁用或激活时间线轨道中的素材文件，下面介绍具体的操作方法。

素材文件	素材 \ 第 2 章 \ 狗尾草 .drp
效果文件	无
视频文件	视频 \ 第 2 章 \2.4.2　控制轨道：禁用与激活轨道信息 .mp4

【操练 + 视频】
——控制轨道：禁用与激活轨道信息

STEP 01 打开一个项目文件，进入达芬奇“剪辑”步骤面板，在预览窗口中可以查看打开的项目文件效果，如图 2-63 所示。

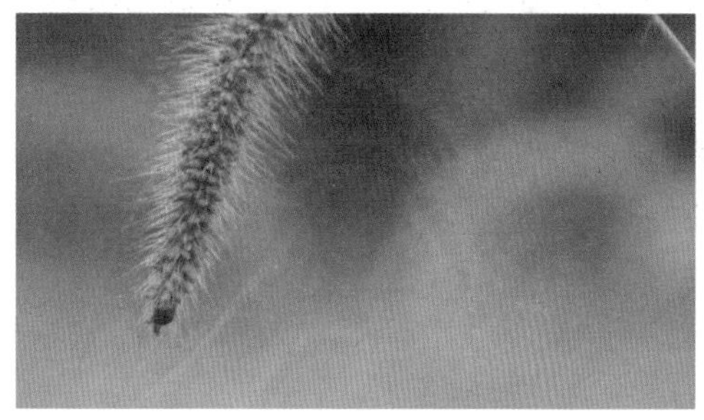

图 2-63　查看打开的项目文件效果

STEP 02 在轨道面板中，单击视频轨道禁用图标按钮，即可禁用视频轨道上的素材，如图 2-64 所示。

STEP 03 执行上述操作后，预览窗口中的画面将无法进行播放，再次单击该图标按钮，即可激活轨道素材信息，如图 2-65 所示。

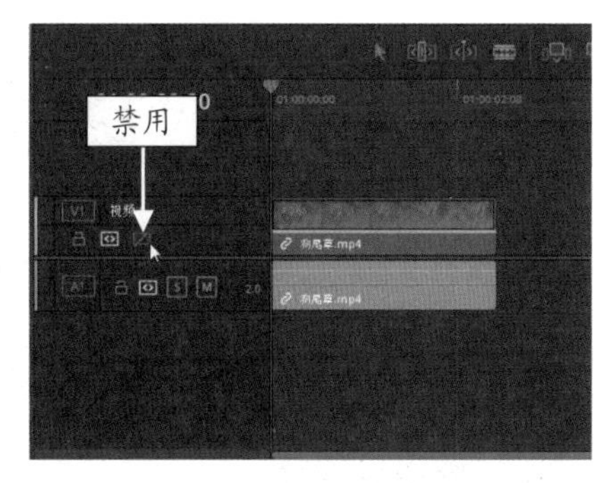

图 2-64　禁用轨道素材

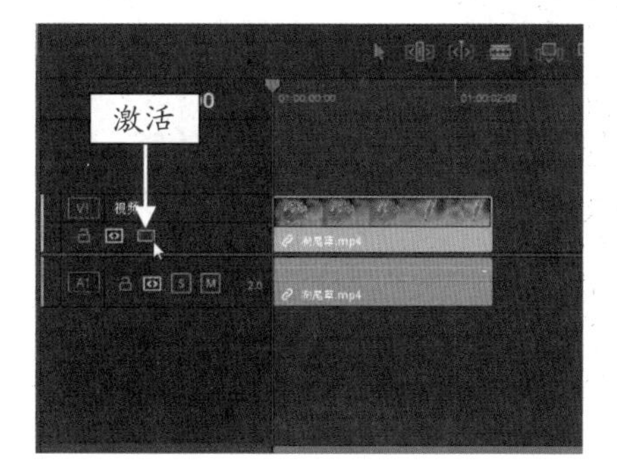

图 2-65　激活轨道素材

2.4.3　设置轨道：更改轨道的颜色显示

在达芬奇“时间线”面板中，视频轨道上的素材默认显示为浅蓝色，用户可以通过设置轨道面板，更改轨道上素材的颜色显示，下面介绍具体的操作步骤。

素材文件	素材 \ 第 2 章 \ 枝头雀鸟 .drp
效果文件	无
视频文件	视频 \ 第 2 章 \2.4.3　设置轨道：更改轨道的颜色显示 .mp4

【操练 + 视频】
——设置轨道：更改轨道的颜色显示

STEP 01 打开一个项目文件，在“时间线”面板中，可以查看视频轨道上素材显示的颜色，如图 2-66 所示。

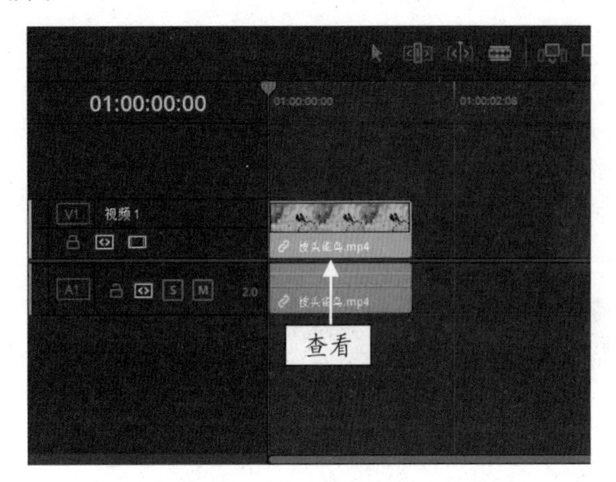

图 2-66　查看视频轨道上素材显示的颜色

STEP 02 在视频轨道面板上，单击鼠标右键，在弹出的快捷菜单中，选择“更改轨道色彩” | “橘黄”选项，如图 2-67 所示。

图 2-67　选择“橘黄”选项

专家指点

用户还可以用同样的方法，在音频轨道上单击鼠标右键，在弹出的快捷菜单中，选择“更改轨道色彩”选项，在弹出的子菜单中，选择需要更改的颜色后，即可修改音频轨道上素材显示的颜色。

STEP 03 执行上述操作后，即可更改轨道上素材显示的颜色，如图 2-68 所示。

图 2-68　更改轨道上素材显示的颜色

2.4.4　移动轨道：上移或下移轨道素材

在 DaVinci Resolve 16 中，当视频轨道有一条以上时，可以上下移动素材的轨道位置，下面介绍具体的操作方法。

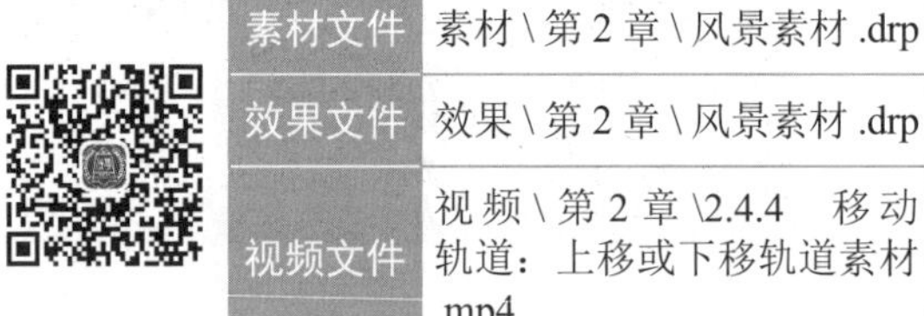

素材文件	素材 \ 第 2 章 \ 风景素材 .drp
效果文件	效果 \ 第 2 章 \ 风景素材 .drp
视频文件	视频 \ 第 2 章 \2.4.4　移动轨道：上移或下移轨道素材 .mp4

【操练 + 视频】
——移动轨道：上移或下移轨道素材

STEP 01 打开一个项目文件，如图 2-69 所示。

图 2-69　打开一个项目文件

STEP 02 在 V2 轨道面板上，单击鼠标右键，在弹出的快捷菜单中，选择“上移轨道”命令，如图 2-70 所示。

STEP 03 执行操作后，即可将 V2 轨道上的素材移动至 V3 轨道上，如图 2-71 所示。

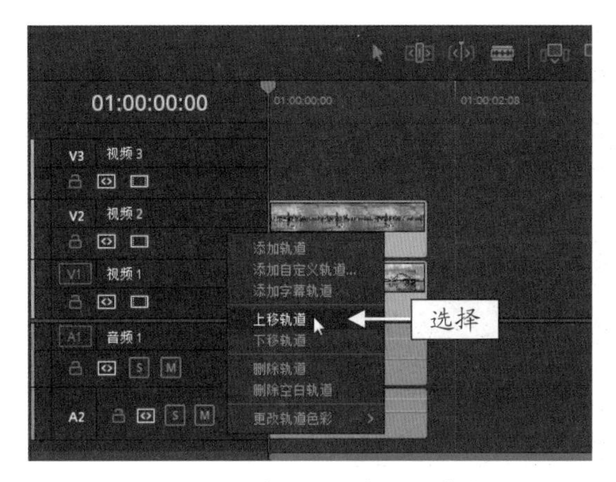

图 2-70　选择“上移轨道”命令

图 2-71　移动轨道素材

2.4.5　删除轨道：删除空白或无用轨道

在“时间线”面板中编辑素材后，用户可以删除空白或无用的轨道，在删除轨道的同时，亦可清除轨道上无用的素材文件。下面介绍具体的操作的方法。

	素材文件	素材 \ 第 2 章 \ 江景风光 .drp
	效果文件	效果 \ 第 2 章 \ 江景风光 .drp
	视频文件	视频 \ 第 2 章 \2.4.5　删除轨道：删除空白或无用轨道 .mp4

【操练 + 视频】
——删除轨道：删除空白或无用轨道

STEP 01 打开一个项目文件，如图 2-72 所示。

STEP 02 在轨道面板上，单击鼠标右键，在弹出的快捷菜单中，选择“删除空白轨道”命令，如图 2-73 所示。

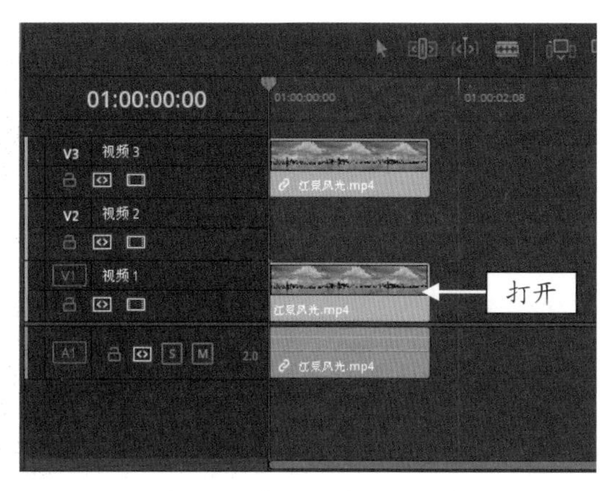

图 2-72　打开一个项目文件

图 2-73　选择“删除空白轨道”命令

STEP 03 执行操作后，即可将“时间线”面板中的空白轨道删除，如图 2-74 所示。

STEP 04 在 V2 轨道面板上，单击鼠标右键，在弹出的快捷菜单中，选择“删除轨道”命令，如图 2-75 所示。

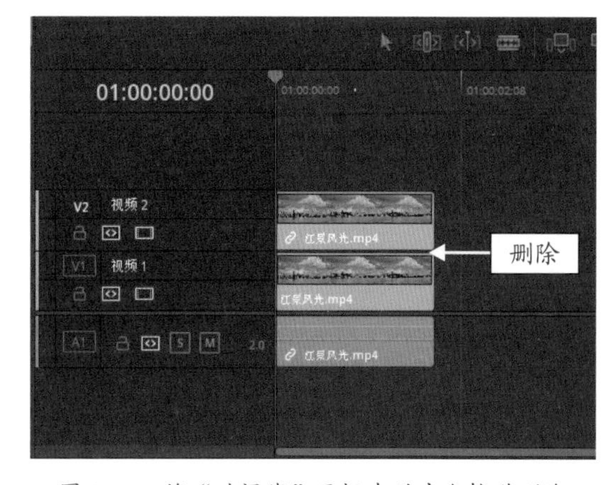

图 2-74　将“时间线”面板中的空白轨道删除

图 2-75　选择“删除轨道”命令

STEP 05 执行操作后，即可删除 V2 轨道，如图 2-76 所示。

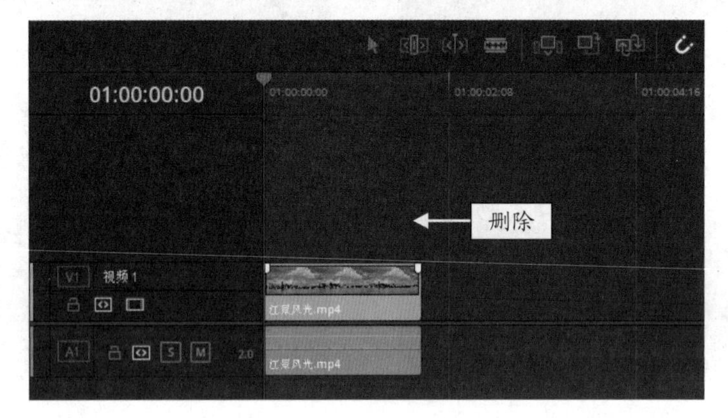

图 2-76　删除 V2 轨道

第3章

剪辑：调整与编辑项目文件

章前知识导读

在 DaVinci Resolve 16 中，用户可以对素材进行相应的编辑，使制作的影片更加生动、美观。在本章中主要介绍播放、复制、编组、剪辑、标记以及修剪等内容。通过对本章的学习，用户可以熟练编辑、调整各种媒体素材。

新手重点索引

- 素材文件的基本操作
- 编辑与调整素材文件
- 掌握视频修剪模式
- 编辑素材的时长与速度

效果图片欣赏

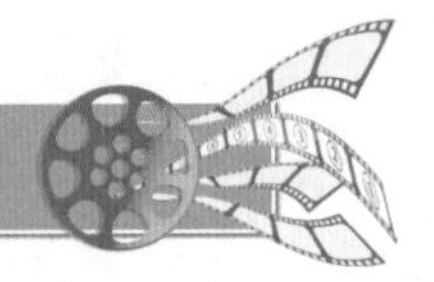

3.1 素材文件的基本操作

在 DaVinci Resolve 16 中，用户需要了解并掌握素材文件的基本操作，包括播放素材、复制素材、全选素材、插入素材等内容。

3.1.1 播放素材：在监视器中播放视频文件

在达芬奇“剪辑”步骤面板中的“监视器”面板中，用户可以通过单击导览面板中的按钮，在“监视器”面板中播放视频文件。如图 3-1 所示，为剪辑界面中的“监视器”面板。

图 3-1 “监视器”面板

在导览面板中，各按钮的含义如下。

❶ 停止并前往开始位置：单击该按钮，可以停止播放，并快速跳转至开始位置处。

❷ 倒放：单击该按钮，即可从片尾方向开始播放素材。

❸ 停止：单击该按钮，即可停止正在播放的素材。

❹ 正放：单击该按钮，即可从片头方向开始播放素材。

❺ 停止并前往最后一个位置：单击该按钮，可以停止播放，并快速跳转素材至结束位置处。

❻ 循环 / 取消循环：单击该按钮，即可使播放中的素材连续循环播放。

> **专家指点**
>
> 用户还可以按键盘上的空格键，即可开始播放素材。

3.1.2 复制素材：制作与前一个相同的素材

在 DaVinci Resolve 16 中编辑视频效果时，如果一个素材需要使用多次，这时可以使用“复制”和“粘贴”命令来实现。下面介绍复制素材文件的操作方法。

素材文件	素材 \ 第 3 章 \ 一片芦苇 .drp
效果文件	效果 \ 第 3 章 \ 一片芦苇 .drp
视频文件	视频 \ 第 3 章 \3.1.2　复制素材：制作与前一个相同的素材 .mp4

【操练 + 视频】
——复制素材：制作与前一个相同的素材

STEP 01 打开一个项目文件，进入达芬奇“剪辑”步骤面板，在预览窗口中可以查看项目效果，如图 3-2 所示。

图 3-2　查看项目效果

STEP 02 在“时间线”面板中，选中视频素材，如图 3-3 所示。

图 3-3　选中视频素材

STEP 03 在菜单栏中，选择“编辑”|“复制”命令，如图 3-4 所示。

图 3-4　选择“复制”命令

STEP 04 在“时间线”面板中，移动时间指示器至相应位置，如图 3-5 所示。

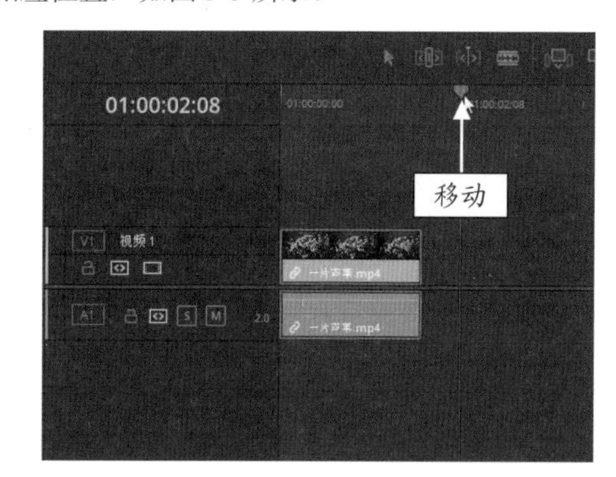

图 3-5　移动时间指示器

STEP 05 在菜单栏中，选择“编辑”|“粘贴”命令，如图 3-6 所示。

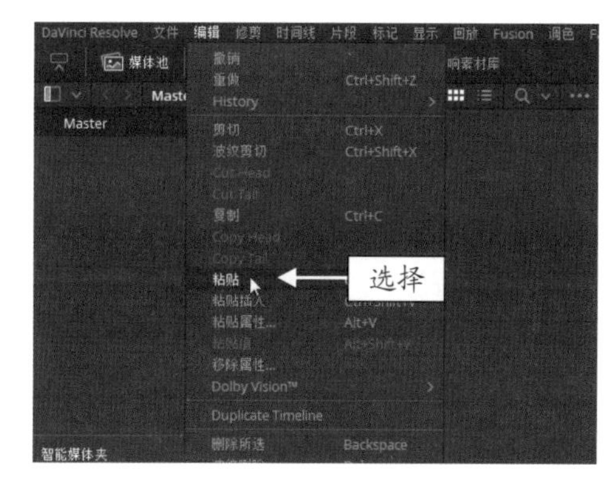

图 3-6　选择“粘贴”命令

STEP 06 执行操作后，在“时间线”面板中的时间指示器位置，粘贴复制的视频素材，此时时间指示器会自动移至粘贴素材的片尾处，如图 3-7 所示。

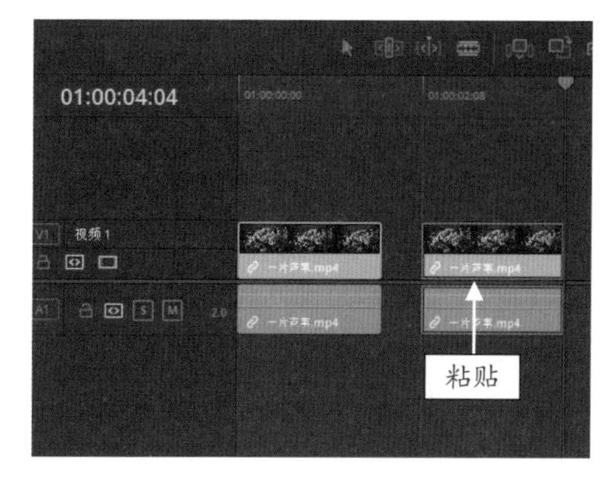

图 3-7　粘贴复制的视频素材

专家指点

用户还可以通过以下两种方式复制素材文件。

- 快捷键：选择时间线面板中的素材，按Ctrl + C组合键，复制素材后，移动时间指示器至合适位置，按Ctrl + V组合键，即可粘贴复制的素材。
- 快捷菜单：选择“时间线”面板中的素材，单击鼠标右键，在弹出的快捷菜单中，选择“复制”命令，即可复制素材，然后移动时间指示器至合适位置，在空白位置处单击鼠标右键，在弹出的快捷菜单中，选择“粘贴”命令，即可粘贴复制的素材。

3.1.3 全选素材：同时选中多个素材文件

在“时间线”面板中，用户可以通过以下4种方法同时选中多个素材文件。

1. 应用Ctrl键

在“时间线”面板中，按住Ctrl键的同时单击鼠标左键，即可逐个选中轨道上的素材文件。

2. 应用Shift键

在“时间线”面板中，选中轨道上的第一个素材文件，按住Shift键的同时单击鼠标左键选中轨道上最后一个素材文件，即可全部选中轨道上的多个素材文件。

3. 应用Ctrl+A组合键

在“时间线”面板中，按Ctrl+A组合键，即可选中“时间线”面板中的全部素材文件。

4. 应用菜单命令

除了应用快捷键全选素材文件外，用户还可以通过菜单命令选中多个素材文件，下面介绍具体的操作步骤。

	素材文件	素材\第3章\水上建筑.drp
	效果文件	无
	视频文件	视频\第3章\3.1.3 全选素材：同时选中多个素材文件.mp4

【操练 + 视频】
——全选素材：同时选中多个素材文件

STEP 01 打开一个项目文件，如图3-8所示。

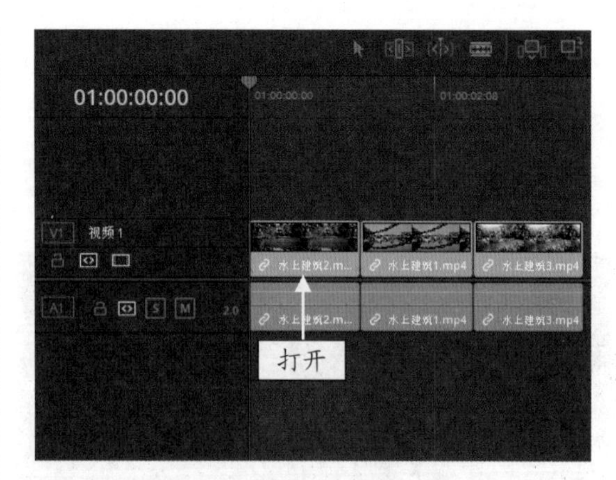

图3-8 打开一个项目文件

STEP 02 在菜单栏中，选择“编辑”|“全选”命令，如图3-9所示。

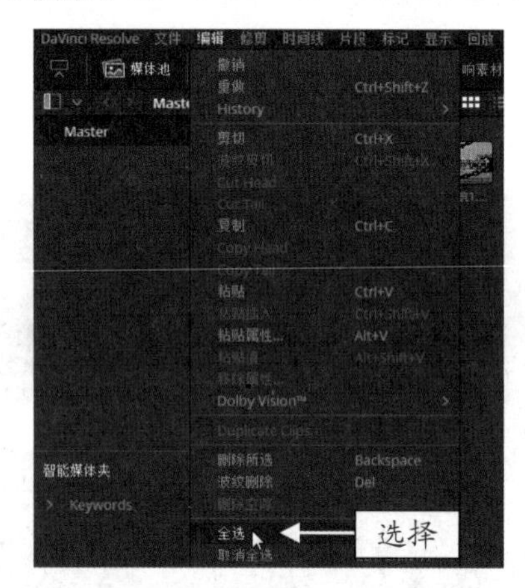

图3-9 选择“全选”命令

STEP 03 执行操作后，即可全选“时间线”面板中的3个视频素材，如图3-10所示。

图3-10 全选视频素材

3.1.4 插入素材：在原素材中间插入新素材

在DaVinci Resolve 16中，支持用户在原素材中间插入新素材的功能，方便用户编辑素材文件，下面介绍具体的操作步骤。

	素材文件	素材 \ 第 3 章 \ 景点游玩 .drp
	效果文件	效果 \ 第 3 章 \ 景点游玩 .drp
	视频文件	视频 \ 第 3 章 \3.1.4　插入素材：在原素材中间插入新素材 .mp4

【操练 + 视频】

——插入素材：在原素材中间插入新素材

STEP 01 打开一个项目文件，进入达芬奇“剪辑”步骤面板，移动时间指示器至 01:00:01:20 位置处，如图 3-11 所示。

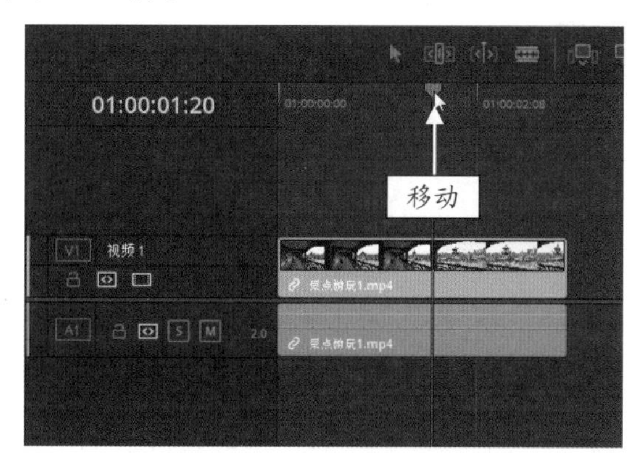

图 3-11　移动时间指示器

STEP 02 在“媒体池”面板中，选择“景点游玩 2.mp4”视频素材，如图 3-12 所示。

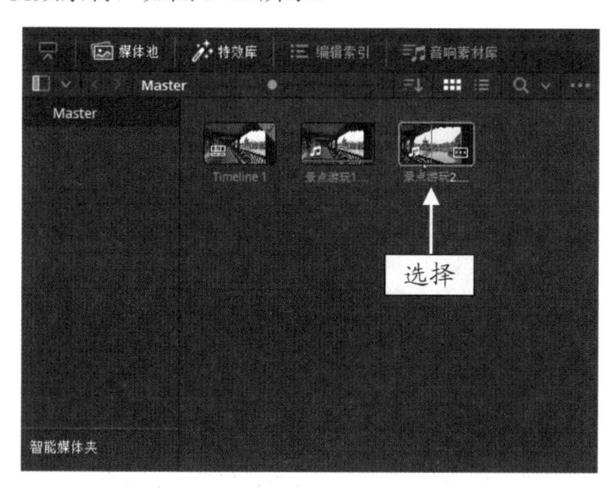

图 3-12　选择视频素材

STEP 03 在“时间线”面板上方的工具栏中，单击“插入片段”按钮，如图 3-13 所示。

STEP 04 执行上述操作后，即可将“媒体池”面板中的视频素材插入到“时间线”面板的时间指示器位置处，如图 3-14 所示。

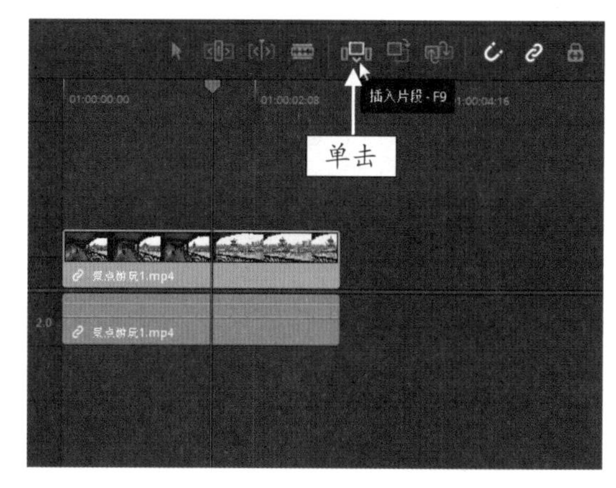

图 3-13　单击“插入片段”按钮

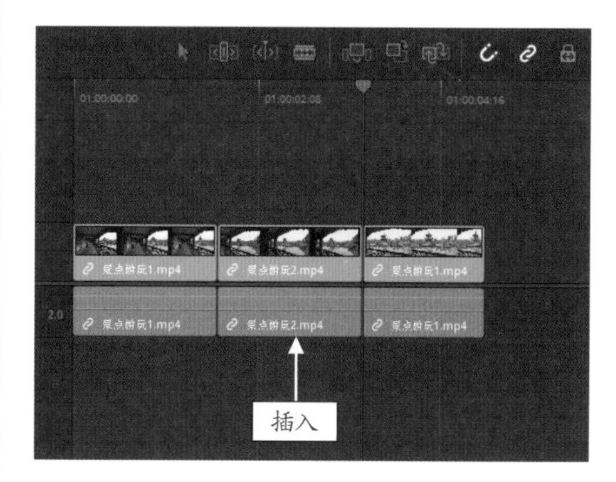

图 3-14　插入视频素材

> **专家指点**
>
> 将时间指示器移动至视频中间的任意位置，插入素材片段后，视频轨中的视频会在插入新的素材片段的同时分割为两段视频素材。

STEP 05 将时间指示器移动至视频轨的开始位置处，在预览窗口中，单击“正放”按钮，查看视频的效果，如图 3-15 所示。

图 3-15　查看视频效果

图 3-15 查看视频效果(续)

3.1.5 自动附加：在时间线末端插入新素材

在 DaVinci Resolve 16 中，通常在“时间线”面板中添加素材文件都是通过拖曳的方式。下面介绍通过菜单命令将素材文件添加到时间线末端的操作方法。

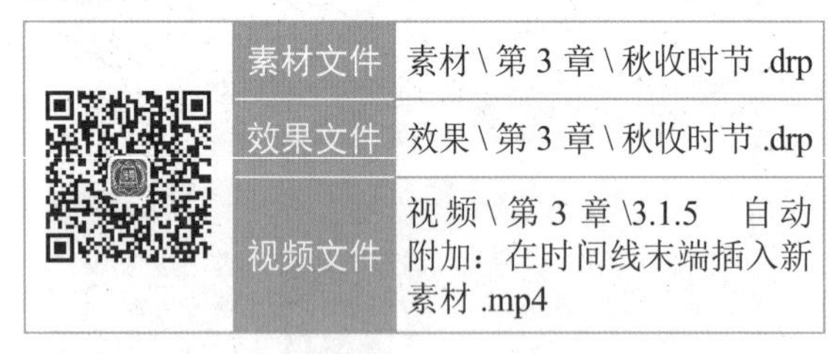

	素材文件	素材\第 3 章\秋收时节.drp
	效果文件	效果\第 3 章\秋收时节.drp
	视频文件	视频\第 3 章\3.1.5 自动附加：在时间线末端插入新素材.mp4

【操练 + 视频】
——自动附加：在时间线末端插入新素材

STEP 01 打开一个项目文件，如图 3-16 所示。

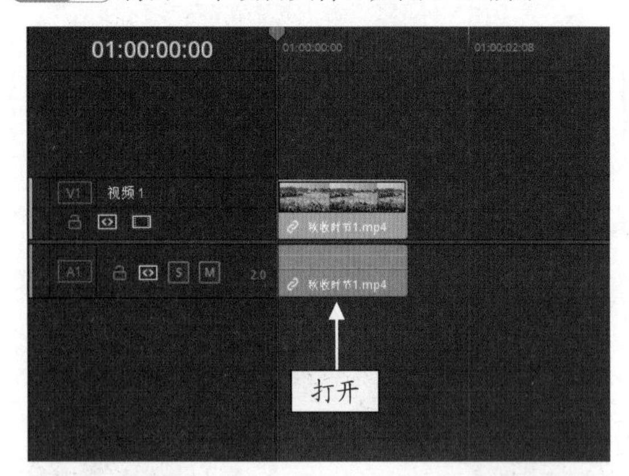

图 3-16 打开一个项目文件

STEP 02 在“媒体池”面板中，选择“秋收时节 2.mp4”视频素材，如图 3-17 所示。

STEP 03 在菜单栏中，选择“编辑”|“附加到时间线末端”命令，如图 3-18 所示。

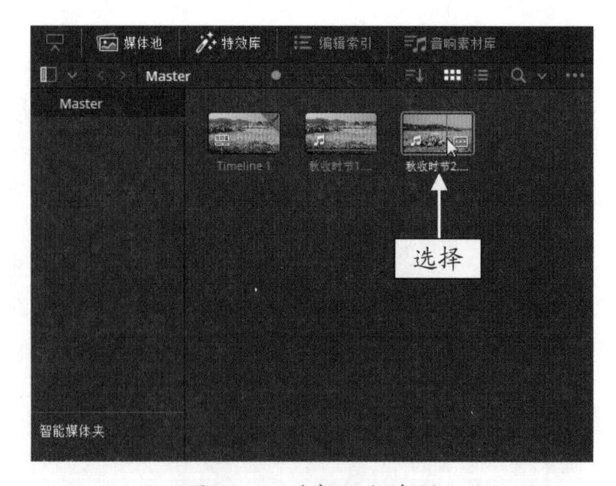

图 3-17 选择视频素材

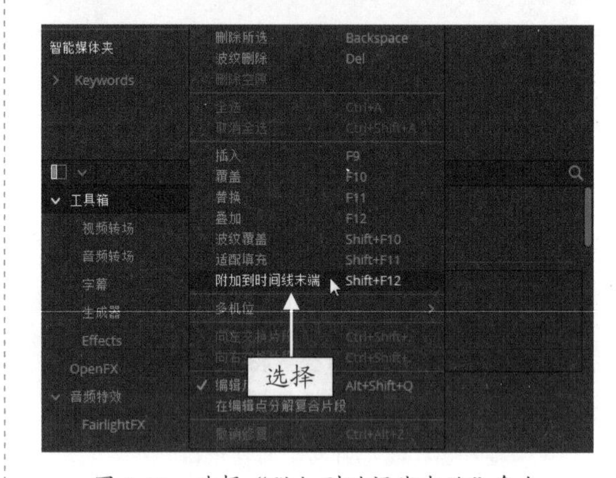

图 3-18 选择“附加到时间线末端”命令

STEP 04 执行操作后，即可将所选素材自动添加到时间线末端位置，如图 3-19 所示。

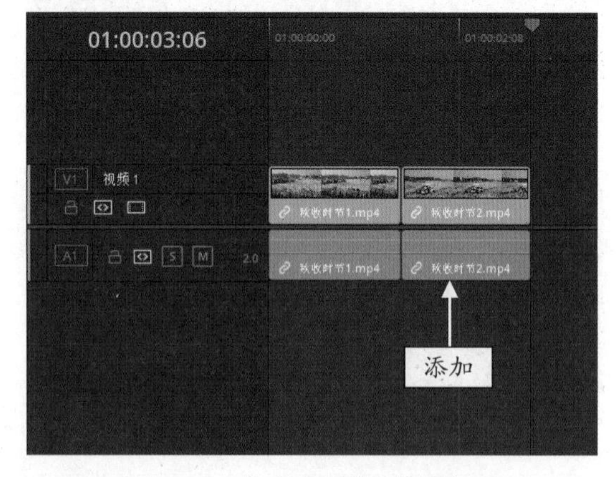

图 3-19 自动添加到时间线末端

STEP 05 在预览窗口中，即可查看添加的视频效果，如图 3-20 所示。

图 3-20　查看添加的视频效果

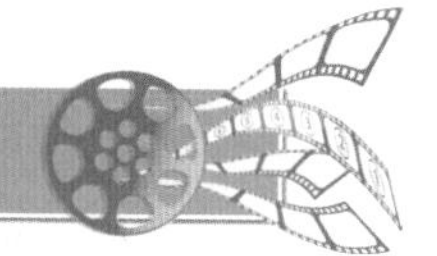

3.2 编辑与调整素材文件

在 DaVinci Resolve 16 中，可以对视频素材进行相应的编辑与调整，其中包括标记素材、覆盖素材以及适配填充等几种常用的视频素材编辑方法。下面主要介绍编辑与调整视频素材的具体操作方法。

3.2.1　标记素材：快速切换至标记的位置

在达芬奇“剪辑”步骤面板中，标记主要用来记录视频中的某个画面，使用户更加方便地对视频进行编辑。下面介绍添加标记并快速切换至标记位置的操作方法。

	素材文件	素材 \ 第 3 章 \ 荷塘长廊 .drp
	效果文件	效果 \ 第 3 章 \ 荷塘长廊 .drp
	视频文件	视 频 \ 第 3 章 \3.2.1　标 记 素材：快速切换至标记的位置 .mp4

【操练 + 视频】
——标记素材：快速切换至标记的位置

STEP 01 打开一个项目文件，进入达芬奇“剪辑”步骤面板，如图 3-21 所示。

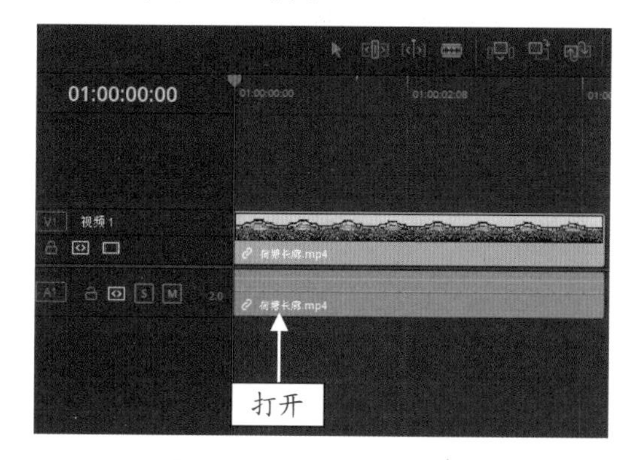

图 3-21　打开一个项目文件

STEP 02 将时间指示器移动至 01:00:01:00 位置处，如图 3-22 所示。

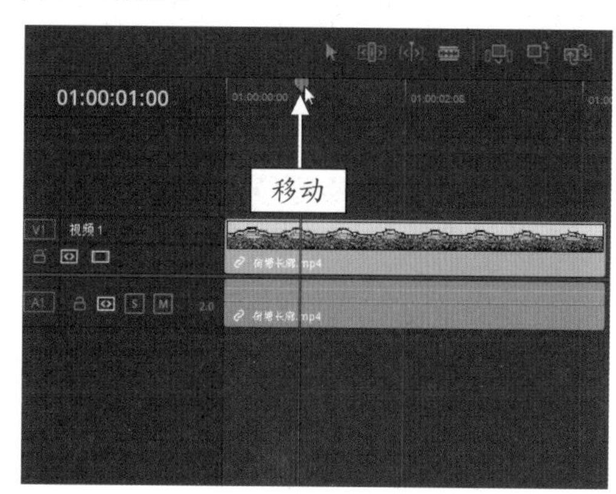

图 3-22　移动时间指示器

STEP 03 在“时间线”面板的工具栏中，单击“标记”下拉按钮，在弹出的列表框中，选择“蓝”选项，如图 3-23 所示。

STEP 04 执行操作后，即可在 01:00:01:00 位置处，添加一个蓝色标记，如图 3-24 所示。

STEP 05 将时间指示器移动至 01:00:04:00 位置处，如图 3-25 所示。

STEP 06 用与上同样的方法，在 01:00:04:00 位置处，再次添加一个蓝色标记，如图 3-26 所示。

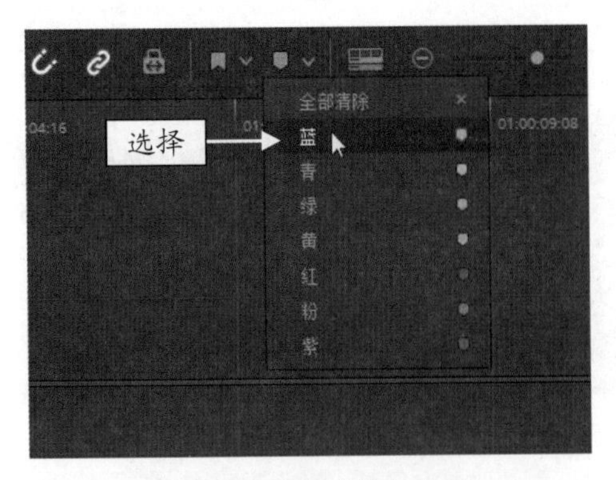

图 3-23　选择“蓝”选项

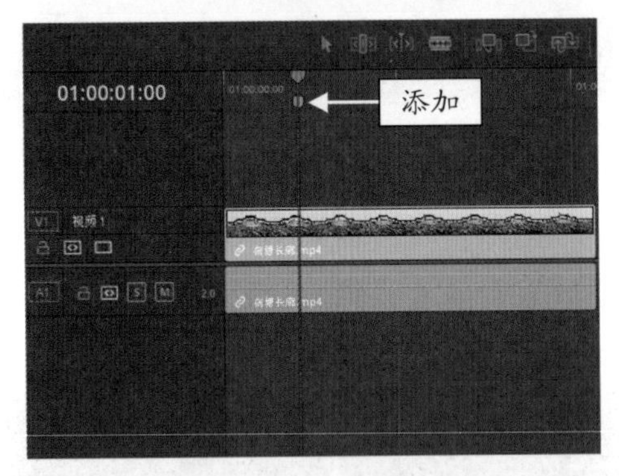

图 3-24　添加一个蓝色标记

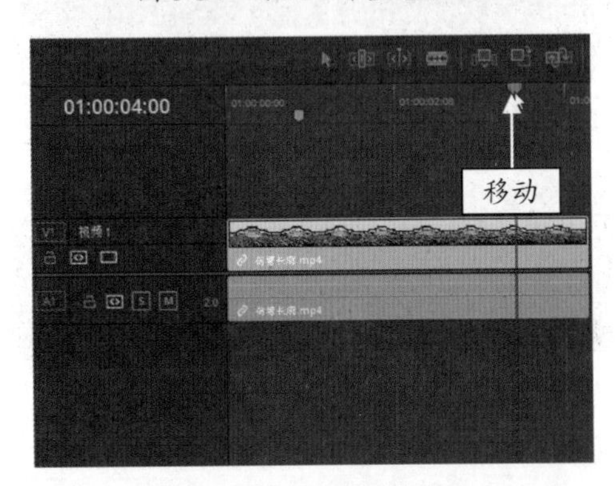

图 3-25　移动时间指示器

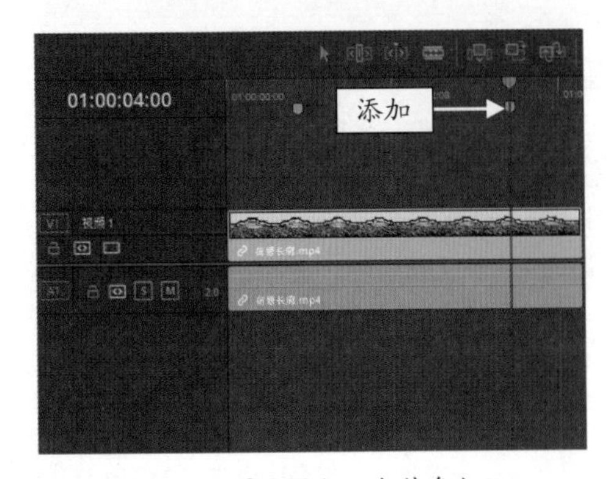

图 3-26　再次添加一个蓝色标记

STEP 07 将时间指示器移动至开始位置处，在时间标尺的任意位置处，单击鼠标右键，在弹出的快捷菜单中，选择“到下一个标记”命令，如图 3-27 所示。

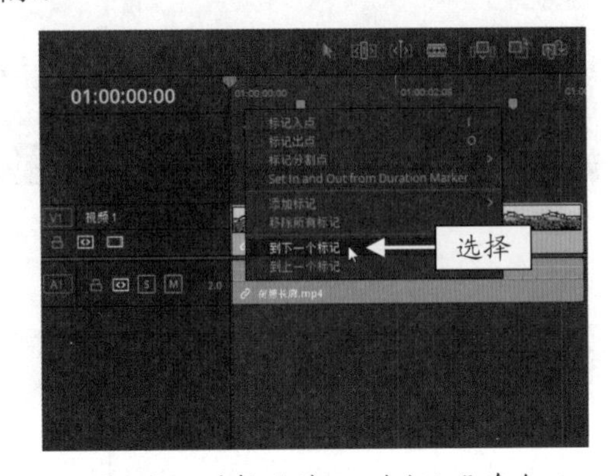

图 3-27　选择“到下一个标记”命令

STEP 08 执行操作后，即可切换至第一个素材标记处，如图 3-28 所示。

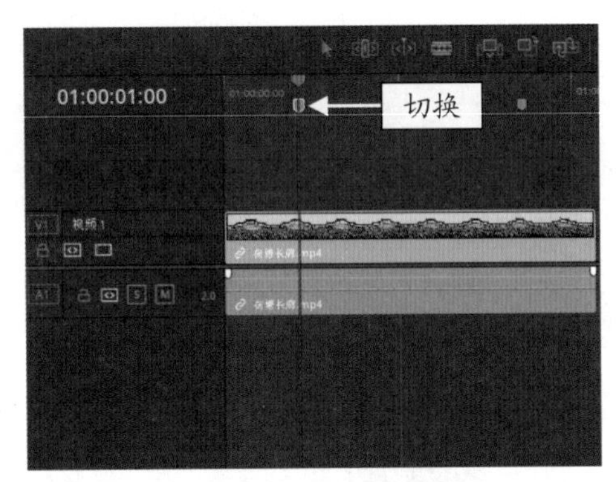

图 3-28　切换至第一个素材标记处

STEP 09 在预览窗口中，即可查看第一个标记处的素材画面，如图 3-29 所示。

图 3-29　查看第一个标记处的素材画面

STEP 10 用与上述同样的方法，切换至第二个标记处，并在预览窗口中，查看第二个标记处的素材画面，如图 3-30 所示。

图 3-30 查看第二个标记处的素材画面

3.2.2 覆盖素材：覆盖轨道中的素材片段

当原视频素材中有部分视频片段不需要时，用户可以使用达芬奇软件的“覆盖片段”功能，用一段新的视频素材覆盖原素材中不需要的部分，不需要剪辑删除，也不需要替换，就能轻松处理。下面介绍覆盖素材文件的操作方法。

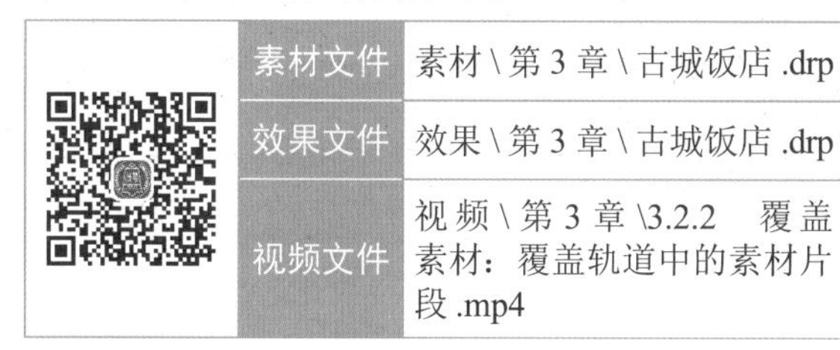

	素材文件	素材 \ 第 3 章 \ 古城饭店 .drp
	效果文件	效果 \ 第 3 章 \ 古城饭店 .drp
	视频文件	视频 \ 第 3 章 \3.2.2 覆盖素材：覆盖轨道中的素材片段 .mp4

【操练 + 视频】
——覆盖素材：覆盖轨道中的素材片段

STEP 01 打开一个项目文件，时间线面板如图 3-31 所示。

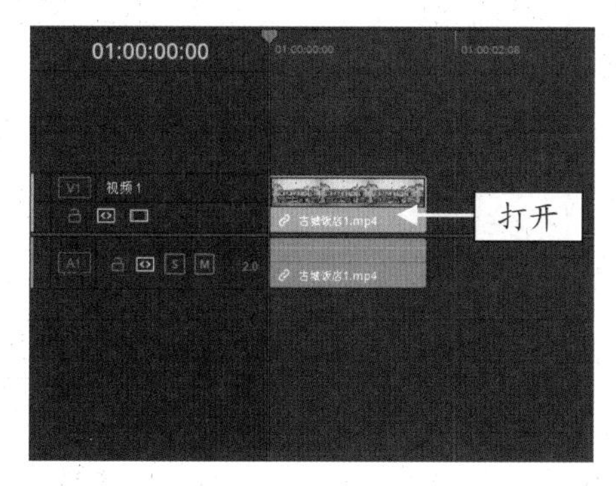

图 3-31 打开一个项目文件

STEP 02 在预览窗口中，可以预览打开的项目效果，如图 3-32 所示。

STEP 03 将时间指示器移动至 01:00:01:10 位置处，如图 3-33 所示。

STEP 04 在“媒体池”面板中，选择一个视频素材文件（此处也可以用图片素材，主要根据自己的制作需来进行剪辑），如图 3-34 所示。

图 3-32 预览打开的项目效果

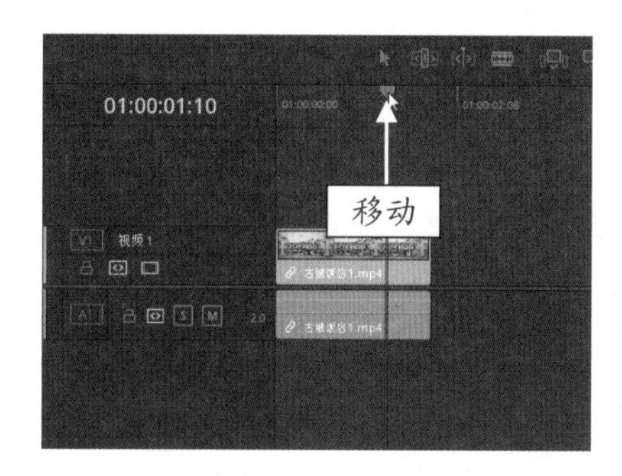

图 3-33 移动时间指示器

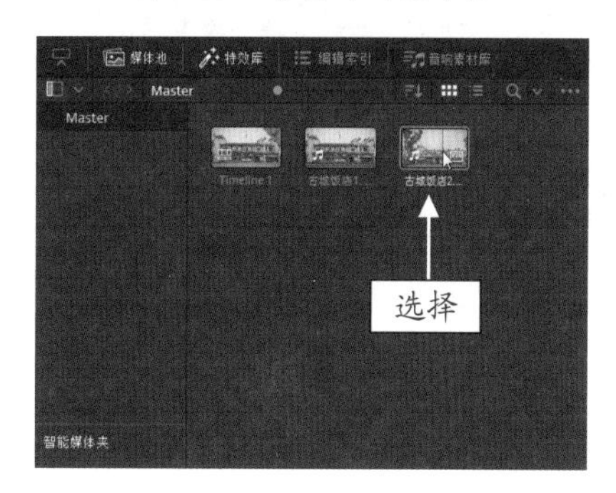

图 3-34 选择视频素材文件

STEP 05 然后在“时间线”面板的工具栏中，单击“覆盖片段”按钮，如图 3-35 所示。

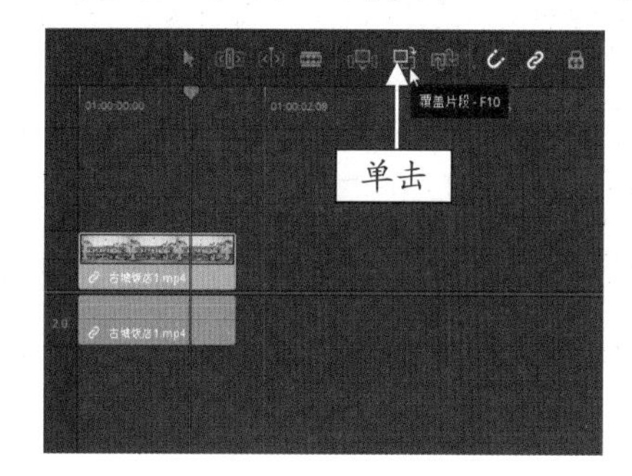

图 3-35 单击“覆盖片段”按钮

STEP 06 执行操作后，即可在视频轨中插入所选的视频素材，如图 3-36 所示。

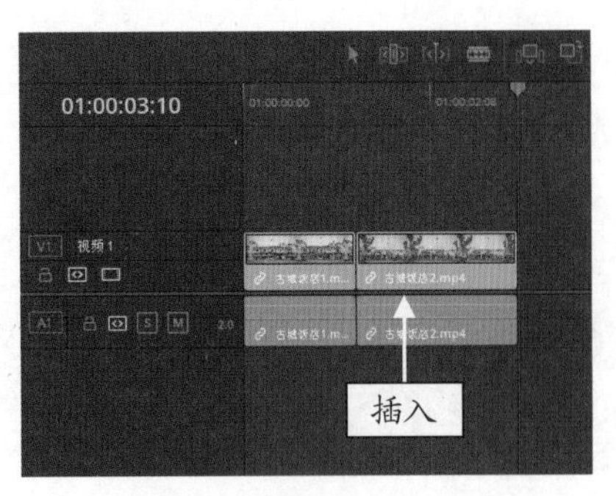

图 3-36　插入所选的视频素材

STEP 07 执行操作后，即可完成对视频轨中原素材部分视频片段的覆盖，在预览窗口中，可以查看覆盖片段的画面效果，如图 3-37 所示。

图 3-37　查看覆盖片段的画面效果

3.2.3　适配填充：在轨道空白处填补素材

在“时间线”面板中，当用户将几段视频中的某一段视频素材删除后，需要将一段新的视频素材置入被删的空白位置处时，可能会出现素材时长不匹配的问题，如图 3-38 所示。

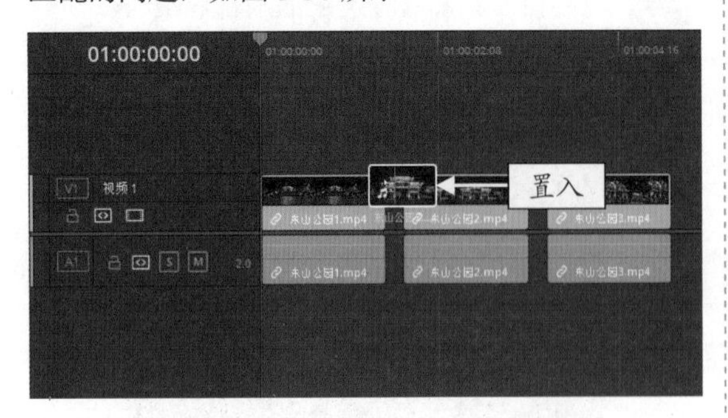

图 3-38　将素材置入空白位置

此时，用户可以使用适配填充功能，将视频自动变速，拉长或压缩视频的时长，填充至空白位置处。下面介绍适配填充素材文件的操作方法。

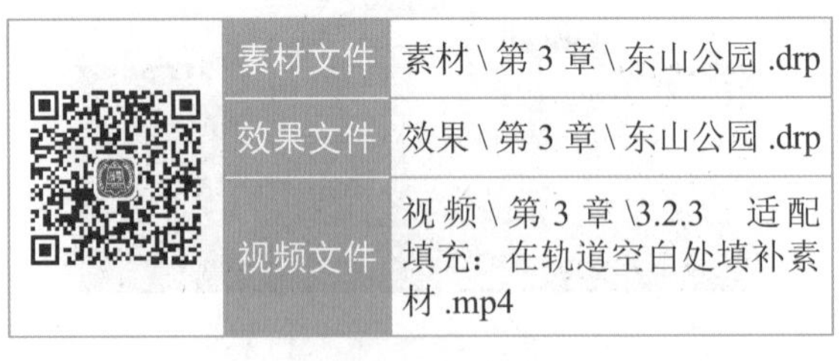

	素材文件	素材 \ 第 3 章 \ 东山公园 .drp
	效果文件	效果 \ 第 3 章 \ 东山公园 .drp
	视频文件	视频 \ 第 3 章 \3.2.3　适配填充：在轨道空白处填补素材 .mp4

【操练 + 视频】
——适配填充：在轨道空白处填补素材

STEP 01 打开一个项目文件，时间线面板如图 3-39 所示。

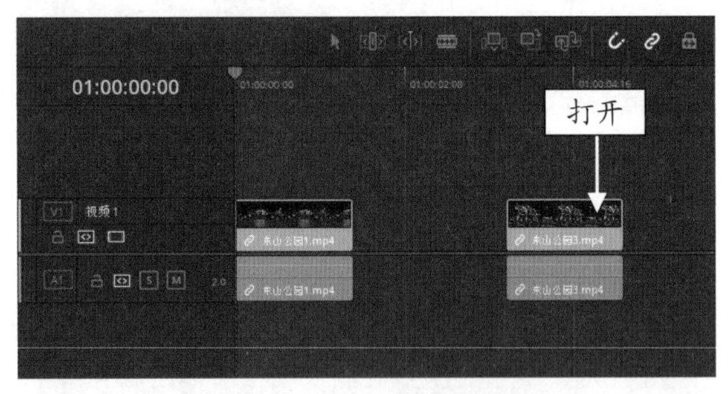

图 3-39　打开一个项目文件

STEP 02 在预览窗口中，可以预览打开的项目文件的效果，如图 3-40 所示。

图 3-40　预览打开的项目文件的效果

STEP 03 将时间指示器移至第 1 段视频的结束位置处，如图 3-41 所示。

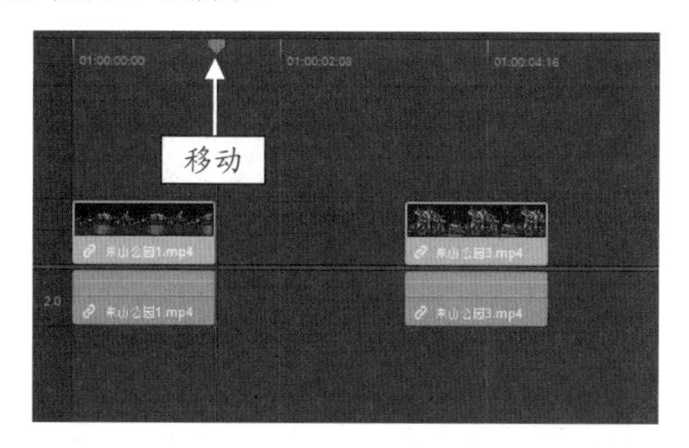

图 3-41　移动时间指示器

STEP 04 在媒体池中，选择需要适配填充的视频素材，如图 3-42 所示。

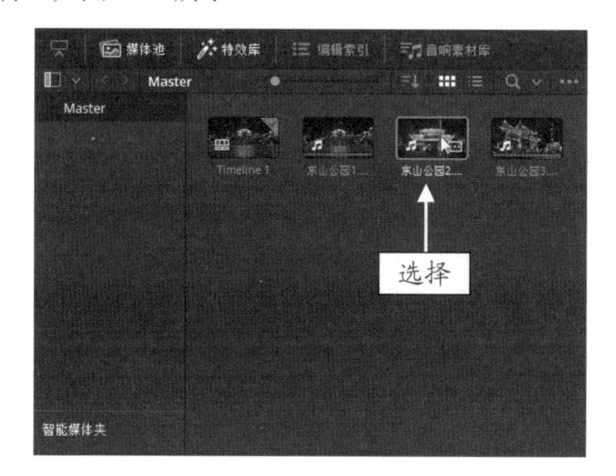

图 3-42　选择视频素材文件

STEP 05 在菜单栏中，选择“编辑”|“适配填充”命令，如图 3-43 所示。

STEP 06 执行操作后，即可在视频轨中的空白位置处适配填充所选视频，如图 3-44 所示。

STEP 07 在预览窗口中，可以查看填充后的视频画面效果，如图 3-45 所示。

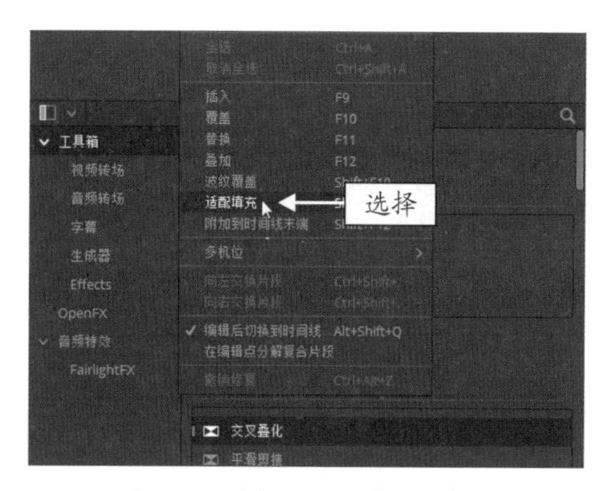

图 3-43　选择“适配填充”命令

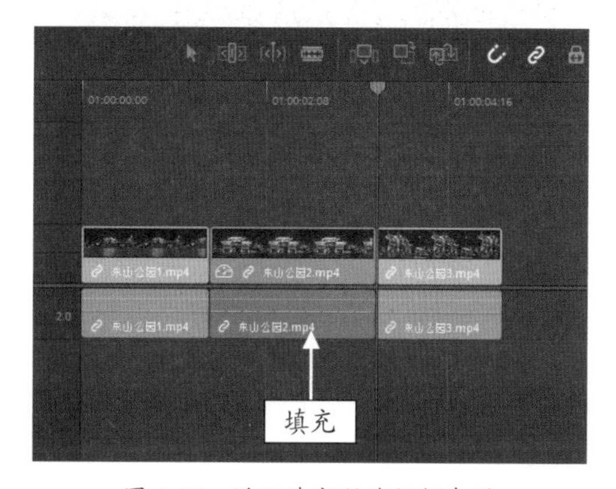

图 3-44　适配填充所选视频素材

图 3-45　查看视频画面效果

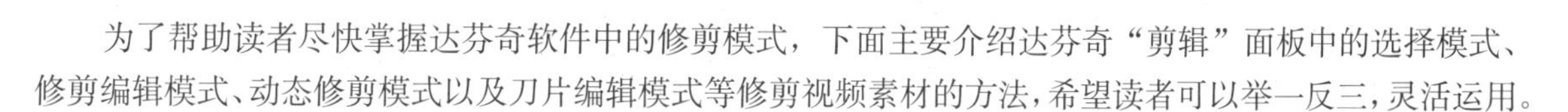

3.3　掌握视频修剪模式

为了帮助读者尽快掌握达芬奇软件中的修剪模式，下面主要介绍达芬奇“剪辑”面板中的选择模式、修剪编辑模式、动态修剪模式以及刀片编辑模式等修剪视频素材的方法，希望读者可以举一反三，灵活运用。

3.3.1　选择模式：用选择工具剪辑视频素材

在“时间线”面板的工具栏中，应用“选择模式”工具可以修剪素材文件的时长区间。下面介绍应用“选择模式”工具修剪视频素材具体的操作方法。

	素材文件	素材 \ 第 3 章 \ 零陵古城 .drp
	效果文件	效果 \ 第 3 章 \ 零陵古城 .drp
	视频文件	视频 \ 第 3 章 \3.3.1　选择模式：用选择工具剪辑视频素材 .mp4

【操练 + 视频】
——选择模式：用选择工具剪辑视频素材

STEP 01 打开一个项目文件，时间线面板如图 3-46 所示。

图 3-46　打开一个项目文件

STEP 02 在预览窗口中，可以预览打开的项目效果，如图 3-47 所示。

图 3-47　预览打开的项目效果

STEP 03 在“时间线”面板中，单击“选择模式”工具，移动鼠标至素材的结束位置处，如图 3-48 所示。

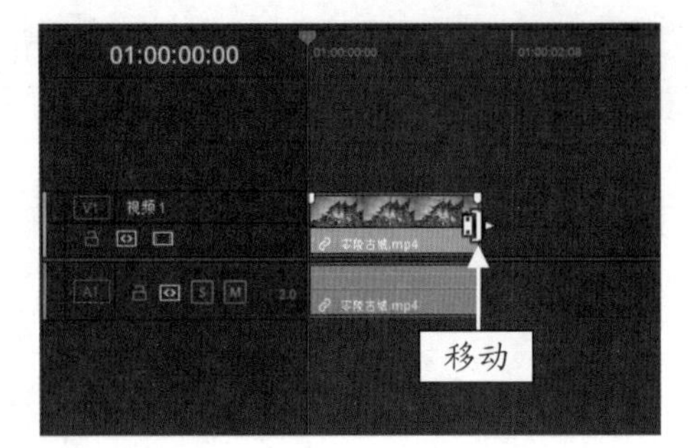

图 3-48　移动鼠标至结束位置处

STEP 04 当光标呈修剪形状时，按住鼠标左键并向左拖曳，如图 3-49 所示。至合适位置处释放鼠标左键，即可完成修剪视频时长区间的操作。

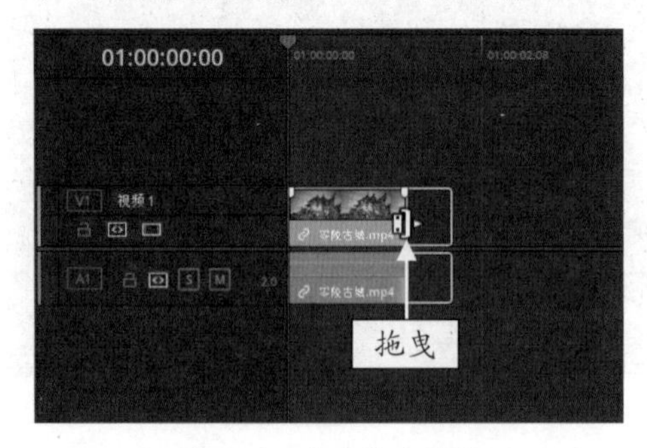

图 3-49　向左拖曳光标

3.3.2　修剪编辑模式：用修剪工具剪辑视频

在达芬奇软件中，修剪编辑模式在剪辑视频时非常实用，用户可以在固定的时长中，通过拖曳视频素材，更改视频素材的起点和结束点，选取其中的一段视频片段。例如，固定时长为 3 秒，完整视频时长为 10 秒，用户可以截取其中任意 3 秒视频片段作为保留素材。下面介绍应用修剪编辑模式剪辑视频素材的操作方法。

	素材文件	素材 \ 第 3 章 \ 冬日枝桠 .drp
	效果文件	效果 \ 第 3 章 \ 冬日枝桠 .drp
	视频文件	视频 \ 第 3 章 \3.3.2　修剪编辑模式：用修剪工具剪辑视频 .mp4

【操练 + 视频】
——修剪编辑模式：用修剪工具剪辑视频

STEP 01 打开一个项目文件，时间线面板如图 3-50 所示。

图 3-50　打开一个项目文件

STEP 02 在预览窗口中，可以预览打开的项目文件的效果，如图 3-51 所示。

图 3-51　预览打开的项目文件的效果

STEP 03 选择第 2 段视频素材，在“时间线”面板的工具栏中，单击“修剪编辑模式”工具，如图 3-52 所示。

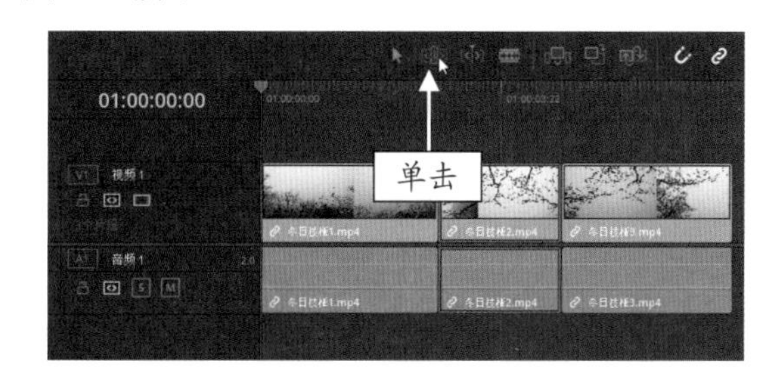

图 3-52　单击“修剪编辑模式”工具

STEP 04 将光标移至第 2 段视频素材的图像显示区，此时光标呈修剪状态，效果如图 3-53 所示。

图 3-53　移动光标至素材图像显示区

STEP 05 单击鼠标左键，在轨道上会出现一个白色方框，表示视频素材的原时长，如图 3-54 所示。

图 3-54　单击鼠标左键

STEP 06 根据需要向左或向右拖曳视频素材，这里向右拖曳，在红色方框内会显示视频内容图像，如图 3-55 所示。

图 3-55　拖曳视频素材

STEP 07 同时，预览窗口中也会根据修剪片段显示视频起点和终点的图像，效果如图 3-56 所示。待释放鼠标左键后，即可截取满意的视频素材。

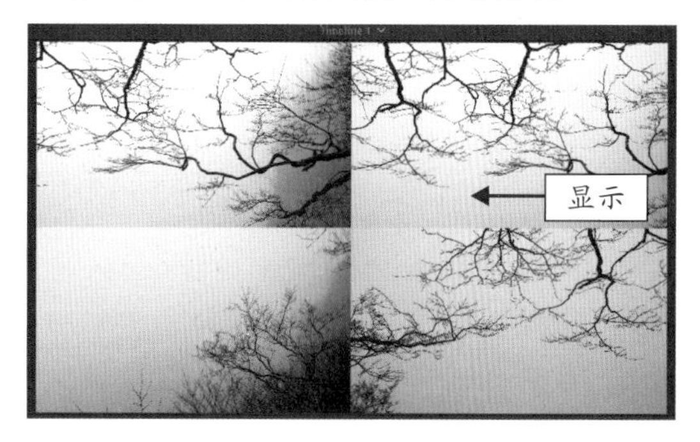

图 3-56　显示视频起点和终点的图像

3.3.3 动态修剪模式 1：通过滑移剪辑视频

在 DaVinci Resolve 16 中，动态修剪模式有两种操作方法，分别是滑移和滑动两种剪辑方式，用户可以通过按 S 键进行切换。滑移功能的作用与上一例中所讲的一样，这里不再赘述，下面主要介绍具体的操作方法。在用户学习如何使用达芬奇中的动态修剪模式之前，首先需要了解一下预览窗口中倒放、停止、正放的快捷键，分别是 J、K、L 键，用户在操作时，如果快捷键失效，建议打开英文大写功能再按相应的快捷键。下面介绍通过滑移功能剪辑视频素材的操作方法。

素材文件	素材 \ 第 3 章 \ 海岸风光 .drp
效果文件	效果 \ 第 3 章 \ 海岸风光 .drp
视频文件	视频 \ 第 3 章 \3.3.3　动态修剪模式 1：通过滑移剪辑视频 .mp4

【操练 + 视频】
——动态修剪模式 1：通过滑移剪辑视频

STEP 01 打开一个项目文件，时间线面板如图 3-57 所示。

图 3-57　打开一个项目文件

STEP 02 在预览窗口中，可以预览打开的项目文件的效果，如图 3-58 所示。

图 3-58　预览打开的项目文件的效果

STEP 03 在“时间线”面板的工具栏中，单击“动态修剪模式（滑动）-W”工具，此时时间指示器显示为黄色，如图 3-59 所示。

STEP 04 在工具按钮上，单击鼠标右键，在弹出的列表框中，选择“滑移”选项，如图 3-60 所示。

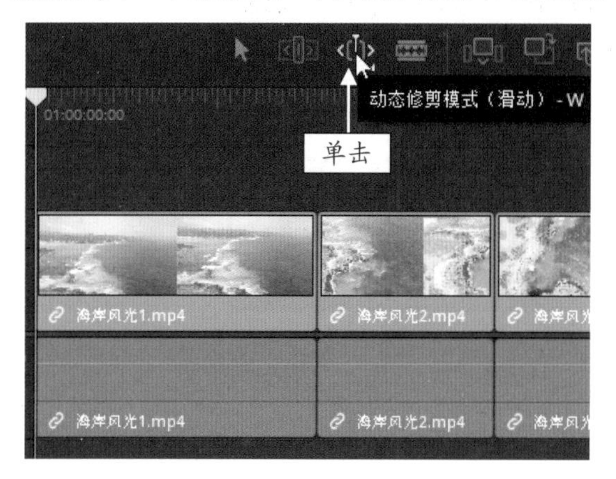

图 3-59　单击“动态修剪模式（滑动）-W”工具

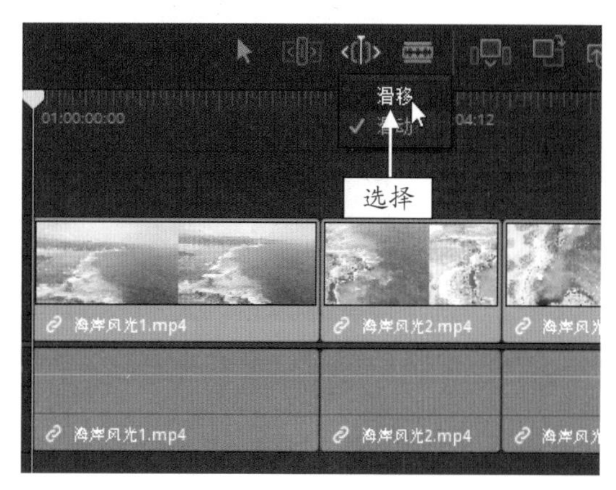

图 3-60　选择“滑移”选项

STEP 05 在视频轨中选中第 2 段视频素材，如图 3-61 所示。

STEP 06 按倒放快捷键 J 或按正放快捷键 L，在红色固定区间内左右移动视频片段，按停止快捷键 K 暂停，通过滑移选取视频片段，如图 3-62 所示。

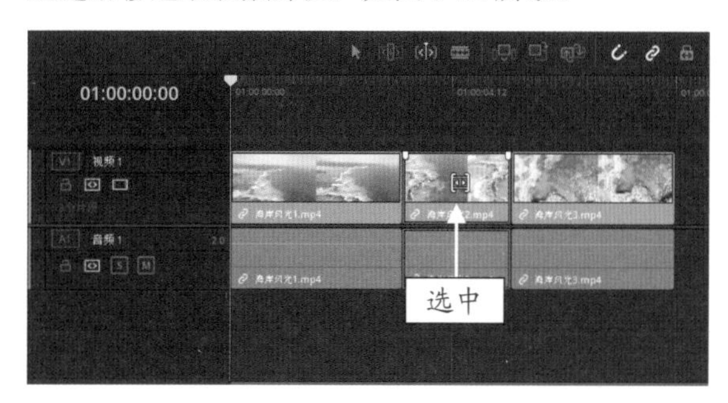

图 3-61　选中第 2 段视频素材

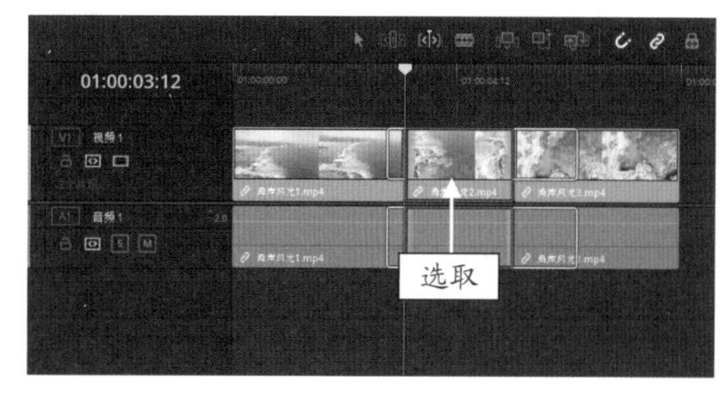

图 3-62　选取视频片段

3.3.4　动态修剪模式 2：通过滑动剪辑视频

下面要介绍的是第 2 种动态修剪视频的方法，通过滑动功能修剪与指定的视频素材相邻的素材时长。下面介绍通过滑动功能剪辑视频素材的操作方法。

	素材文件	素材 \ 第 3 章 \ 沙滩美景 .drp
	效果文件	效果 \ 第 3 章 \ 沙滩美景 .drp
	视频文件	视频 \ 第 3 章 \3.3.4　动态修剪模式 2：通过滑动剪辑视频 .mp4

【操练 + 视频】

——动态修剪模式 2：通过滑动剪辑视频

STEP 01 打开一个项目文件，在“时间线”面板的工具栏中，单击“选择模式 -A”按钮，切换为选择模式，如图 3-63 所示。

STEP 02 在预览窗口中，可以预览打开的项目文件的效果，如图 3-64 所示。

图 3-63 单击“选择模式 -A”按钮

图 3-64 预览打开的项目文件的效果

STEP 03 在菜单栏中选择“修剪”|“动态修剪模式”命令，如图 3-65 所示。

STEP 04 时间指示器显示为黄色后，按 S 键切换“动态剪辑模式”为“滑动剪辑模式”，如图 3-66 所示。

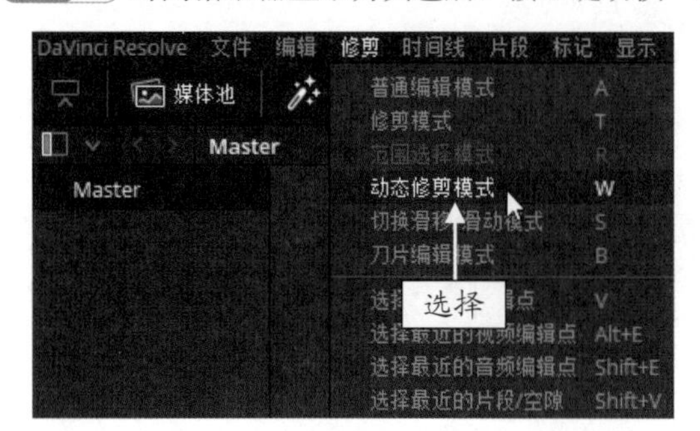

图 3-65 选择“动态修剪模式”命令

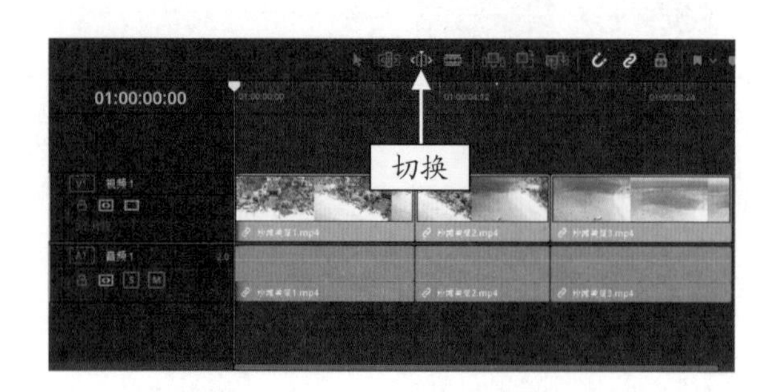

图 3-66 切换为“滑动剪辑模式”

STEP 05 在视频轨中选中第 2 段视频素材，如图 3-67 所示。

STEP 06 按倒放快捷键 J 或按正放快捷键 L 左右移动视频片段，按停止快捷键 K 暂停，即可剪辑相邻的两段视频的时长，如图 3-68 所示。

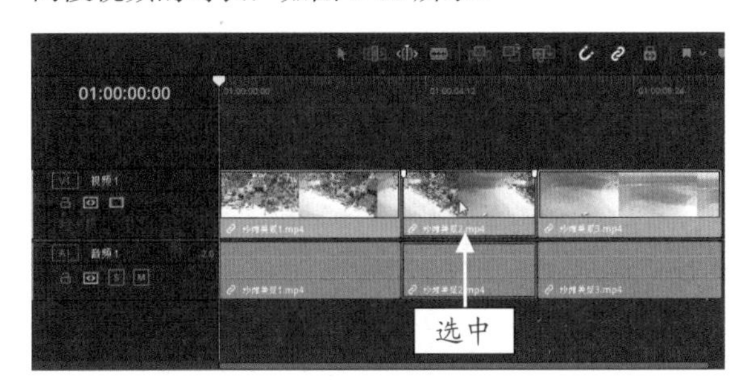

图 3-67　选中第 2 段视频素材

图 3-68　剪辑相邻的两段视频的时长

3.3.5　刀片编辑模式：用刀片分割素材片段

在“时间线”面板中，用工具栏中的刀片工具，即可将素材分割成多个素材片段，下面介绍具体的操作方法。

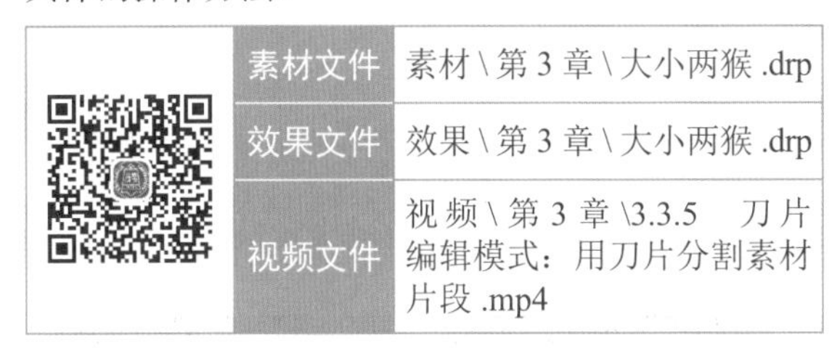

	素材文件	素材 \ 第 3 章 \ 大小两猴 .drp
	效果文件	效果 \ 第 3 章 \ 大小两猴 .drp
	视频文件	视频 \ 第 3 章 \3.3.5　刀片编辑模式：用刀片分割素材片段 .mp4

【操练 + 视频】
——刀片编辑模式：用刀片分割素材片段

STEP 01 打开一个项目文件，进入达芬奇“剪辑”步骤面板，如图 3-69 所示。

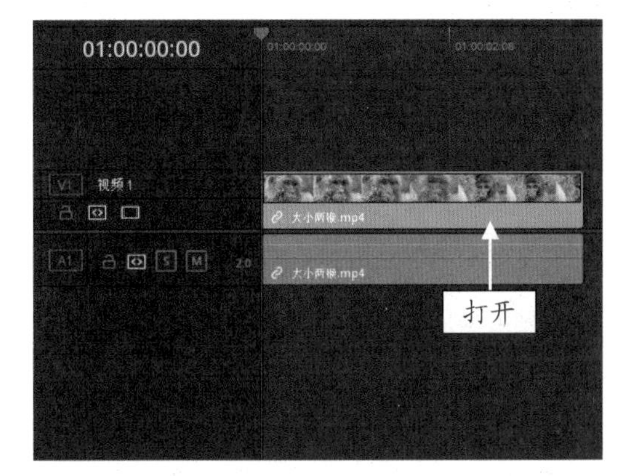

图 3-69　打开一个项目文件

STEP 02 在“时间线”面板中，单击“刀片编辑模式”按钮，如图 3-70 所示，此时鼠标指针变成了刀片工具图标。

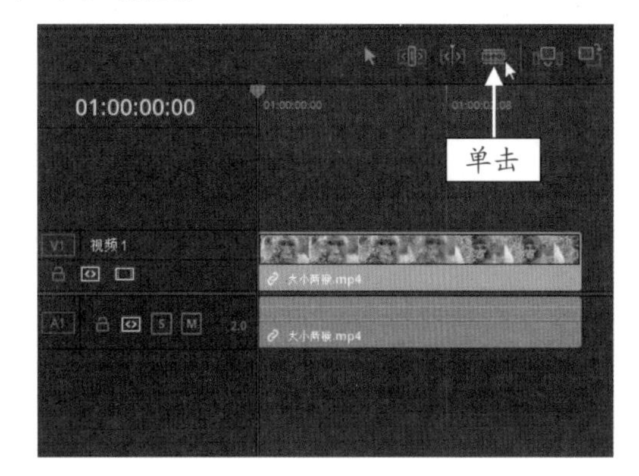

图 3-70　单击“刀片编辑模式”按钮

STEP 03 在视频轨中，应用刀片工具，在视频素材上的合适位置处，单击鼠标左键，即可将视频素材分割成两段，如图 3-71 所示。

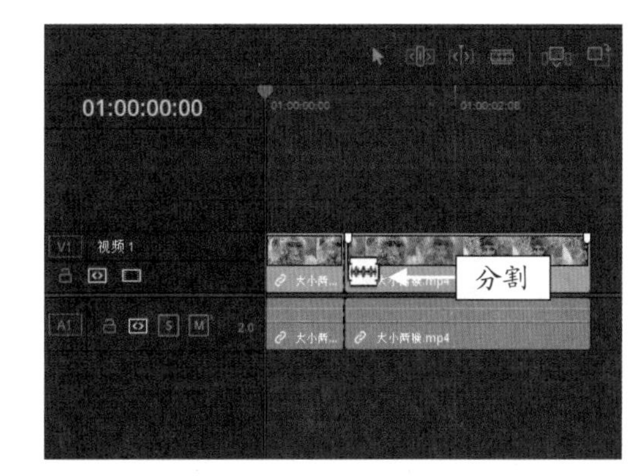

图 3-71　分割两段视频素材

STEP 04 再次在其他合适的位置处单击鼠标左键，即可将视频素材分割成多个视频片段，如图 3-72 所示。

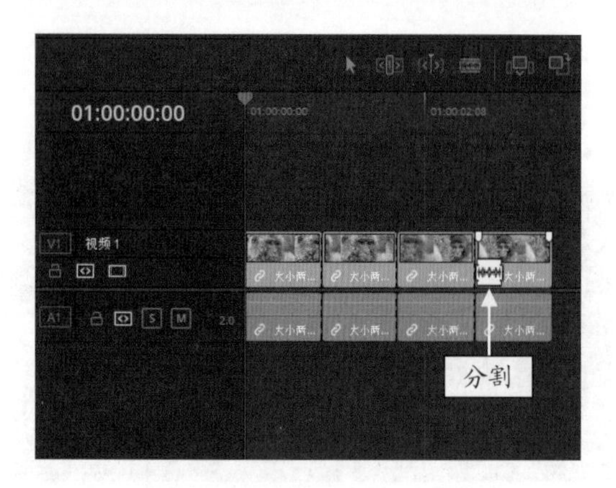

图 3-72　分割成多个视频素材

STEP 05 删除第 2 段和第 4 段片段，将时间指示器移动至视频轨的开始位置处，在预览窗口中，单击“正放”按钮，查看视频效果，如图 3-73 所示。

图 3-73　查看视频效果

3.4　编辑素材的时长与速度

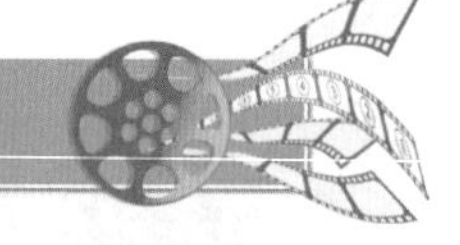

在 DaVinci Resolve 16 中，将素材添加到“时间线”面板中后，用户可以对素材的区间时长和播放速度进行相应的调整。下面介绍编辑素材区间时长与播放速度的方法。

3.4.1　更改时长：修改素材的时间长短

在 DaVinci Resolve 16 中编辑视频素材时，用户可以调整视频素材的区间长短，使调整后的视频素材可以更好地适用于所编辑的项目，下面介绍具体的操作方法。

	素材文件	素材 \ 第 3 章 \ 玫瑰花香 .drp
	效果文件	效果 \ 第 3 章 \ 玫瑰花香 .drp
	视频文件	视频 \ 第 3 章 \3.4.1　更改时长：修改素材的时间长短 .mp4

【操练 + 视频】
——更改时长：修改素材的时间长短

STEP 01 打开一个项目文件，进入达芬奇“剪辑”步骤面板，如图 3-74 所示。

图 3-74　打开一个项目文件

STEP 02 在“时间线”面板中，选中素材文件，单击鼠标右键，在弹出的快捷菜单中，选择“更改片段时长”命令，如图 3-75 所示。

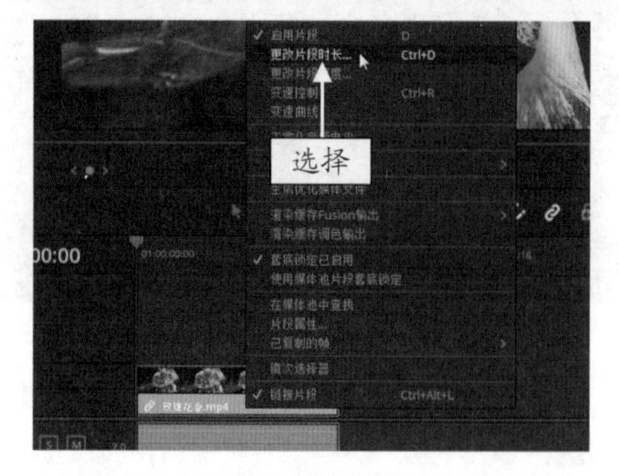

图 3-75　选择“更改片段时长”命令

STEP 03 弹出相应的对话框，在“时长”文本框中显示了素材原来的区间时长，如图 3-76 所示。

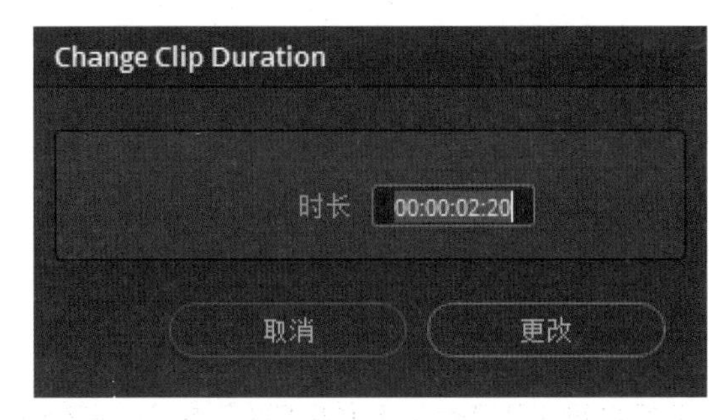

图 3-76　弹出相应的对话框

STEP 04 在“时长”文本框中修改时长为 00:00:02:00，如图 3-77 所示。

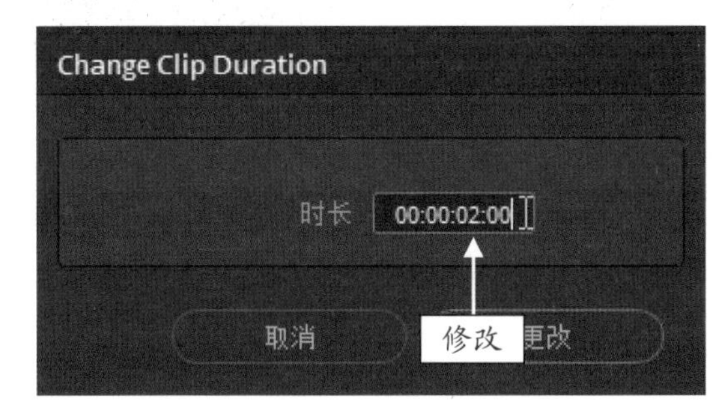

图 3-77　修改时长

STEP 05 单击“更改”按钮，即可在“时间线”面板中查看修改时长后的素材效果，如图 3-78 所示。

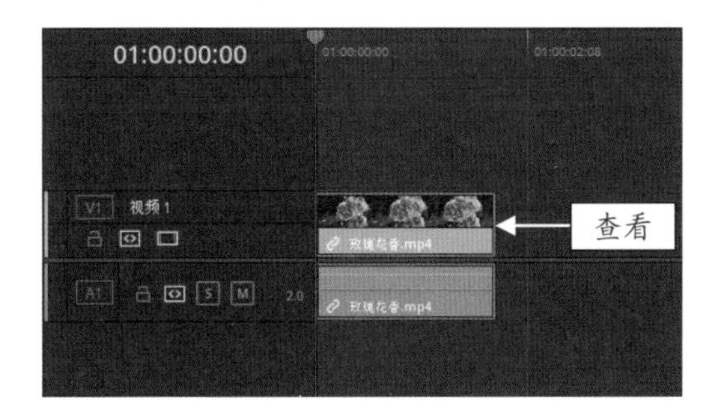

图 3-78　查看修改时长后的素材效果

3.4.2　更改速度：修改素材的播放速度

使用 DaVinci Resolve 16 中的“更改片段速度”功能，可以使用慢动作唤起视频中的剧情，或加快实现独特的缩时效果。下面介绍修改素材播放速度的操作方法。

	素材文件	素材 \ 第 3 章 \ 古建城楼 .drp
	效果文件	效果 \ 第 3 章 \ 古建城楼 .drp
	视频文件	视频 \ 第 3 章 \3.4.2　更改速度：修改素材的播放速度 .mp4

【操练 + 视频】
——更改速度：修改素材的播放速度

STEP 01 打开一个项目文件，进入达芬奇“剪辑”步骤面板，如图 3-79 所示。

图 3-79　打开一个项目文件

STEP 02 在“时间线”面板中，选中素材文件，单击鼠标右键，在弹出的快捷菜单中，选择“更改片段速度”命令，如图 3-80 所示。

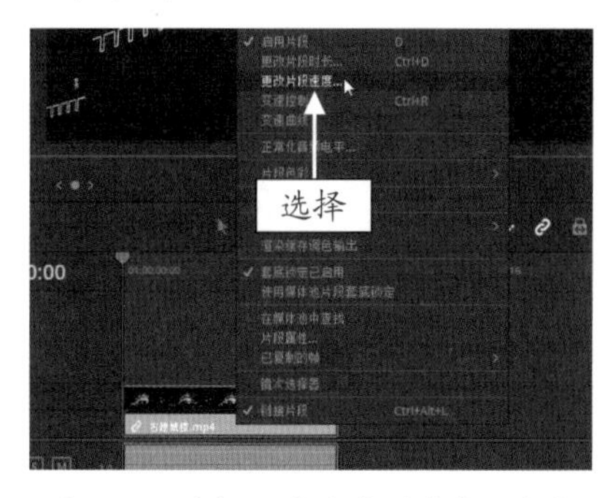

图 3-80　选择“更改片段速度”命令

STEP 03 弹出“更改片段速度”对话框，如图 3-81 所示。

图 3-81　“更改片段速度”对话框

STEP 04 在“速度”文本框中修改参数为 150.00，如图 3-82 所示。

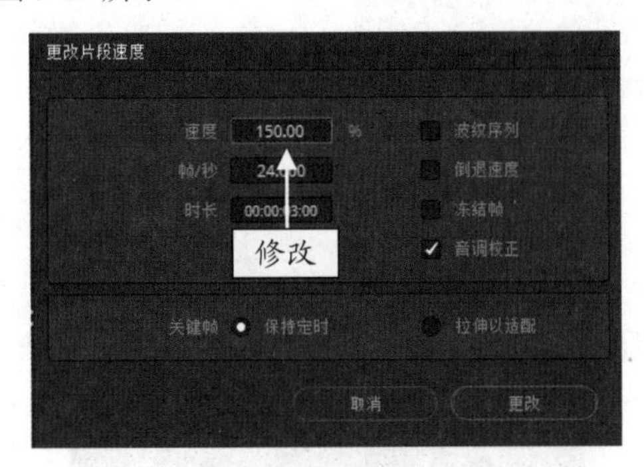

图 3-82　修改参数

STEP 05 单击“更改”按钮，即可将素材的播放速度调快，此时“时间线”面板中的素材时长也相应地缩短了，如图 3-83 所示。

STEP 06 在预览窗口中，可以查看更改速度后的画面效果，如图 3-84 所示。

图 3-83　“时间线”面板显示

图 3-84　查看更改速度后的画面效果

第4章

粗调：对画面进行一级调色

章前知识导读

色彩在影视视频的编辑中，往往可以给观众留下更好的印象，并在某种程度上抒发一种情感。但由于素材在拍摄和采集的过程中，经常会遇到一些很难控制的环境光照，使拍摄出来的源素材色感欠缺、层次不明。本章将详细介绍应用达芬奇软件对视频画面进行一级调色的制作技巧。

新手重点索引

- 认识示波器与灰阶调节
- 对画面进行色彩校正
- 使用色轮的调色技巧
- 使用 RGB 混合器来调色
- 使用运动特效来降噪

效果图片欣赏

4.1 认识示波器与灰阶调节

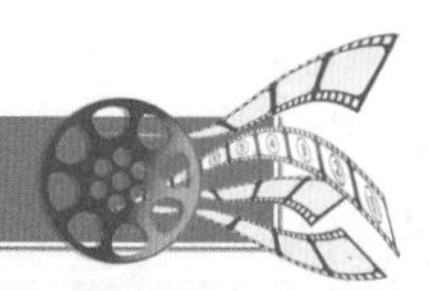

示波器是一种可以将视频信号转换为可见图像的电子测量仪器，它能帮助人们研究各种电现象的变化过程，观察各种不同信号幅度随时间变化的波形曲线。灰阶是指显示器黑与白、明与暗之间亮度的层次对比。下面介绍在达芬奇中的几种示波器查看模式。

4.1.1 认识波形图示波器

波形图示波器主要用于检测视频信号的幅度和单位时间内所有脉冲扫描图形，让用户看到当前画面亮度信号的分布情况，用来分析画面的明暗和曝光情况。

波形图示波器的横坐标表示当前帧的水平位置，纵坐标在NTSC制式下表示图像每一列的色彩密度，单位是IRE；在PAL制式下则表示视频信号的电压值。在NTSC制式下，以消隐电平0.3V为0IRE，将0.3～1V进行10等分，每一等分定义为10IRE。

下面介绍在DaVinci Resolve 16中，如何查看波形图示波器。

	素材文件	素材\第4章\奇山峻岭.drp
	效果文件	无
	视频文件	视频\第4章\4.1.1 认识波形图示波器.mp4

【操练+视频】
——认识波形图示波器

STEP 01 打开一个项目文件，效果如图4-1所示。

图4-1 打开一个项目文件

STEP 02 在步骤面板中，单击“调色”按钮，如图4-2所示。

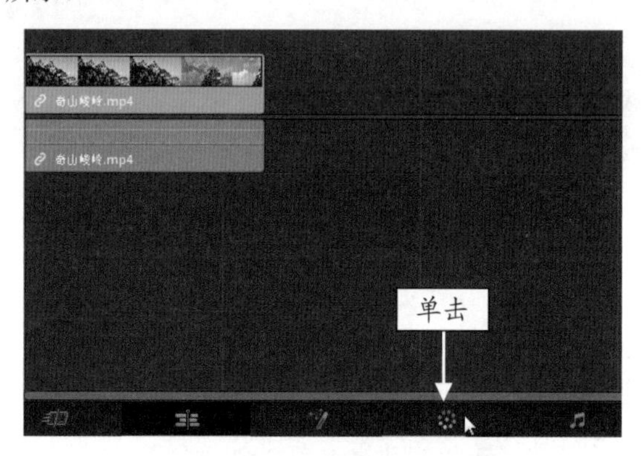

图4-2 单击“调色”按钮

STEP 03 执行操作后，即可切换至“调色”步骤面板，如图4-3所示。

图4-3 切换至“调色”步骤面板

STEP 04 在工具栏中，单击“示波器”按钮，如图4-4所示。

STEP 05 执行操作后，即可切换至“示波器”显示面板，如图4-5所示。

STEP 06 在示波器窗口栏的右上角，单击下拉按钮，在弹出的列表框中，选择“波形图”选项，如图4-6所示。

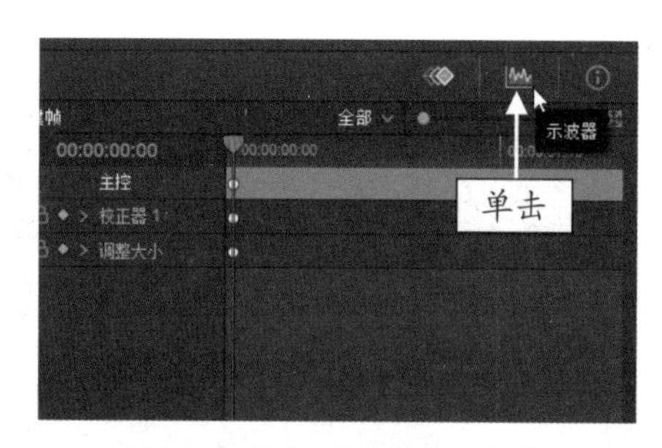

图 4-4　单击“示波器”按钮

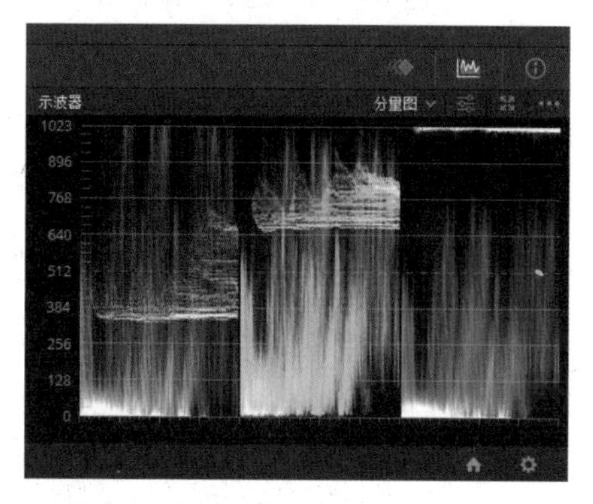

图 4-5　切换至“示波器”显示面板

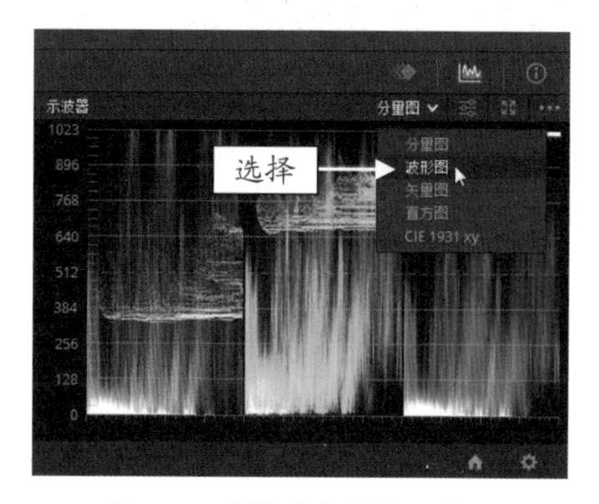

图 4-6　选择“波形图”选项

STEP 07 执行操作后，即可在下方面板中查看视频画面的颜色分布情况，如图 4-7 所示。

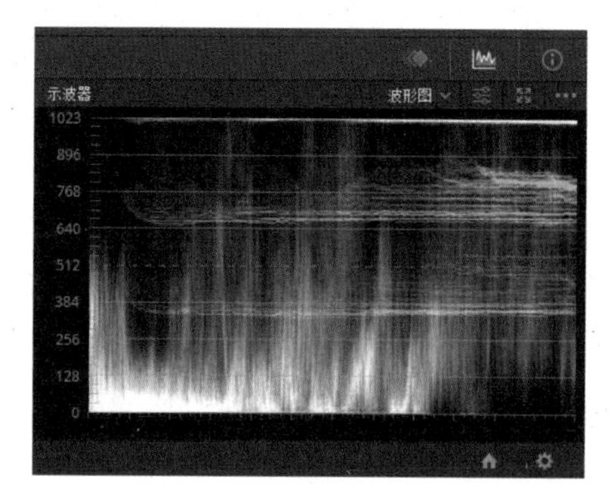

图 4-7　查看视频画面的颜色分布情况

专家指点

用户可以用同样的方法，切换不同类别的示波器，以便查看、分析画面色彩的分布状况。

4.1.2　认识分量图示波器

分量图示波器其实就是将波形图示波器分为红、绿、蓝（RGB）三色通道，将画面中的色彩信息直观地展示出来。通过分量图示波器，用户可以分析观察图像画面的色彩是否平衡。

如图 4-8 所示，下方的阴影位置波形基本一致，即表示色彩无偏差，色彩比较统一；上方的高光位置可以明显看到蓝色通道的波形要高，红色通道的波形偏弱，且整体波形不一，即表示图像高光位置出现色彩偏移，整体色调偏蓝色。

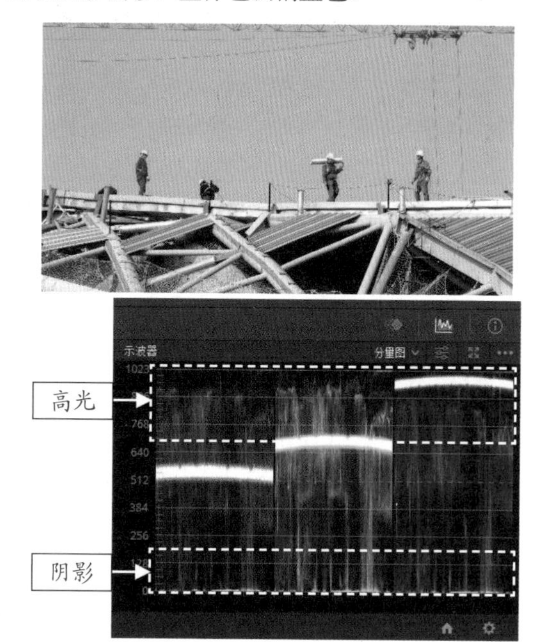

图 4-8　分量图示波器的颜色分布情况

4.1.3　认识矢量图示波器

矢量图是一种检测色相和饱和度的工具，它以极坐标的方式显示视频的色度信息。矢量图中矢量的大小，也就是某一点到坐标原点的距离，代表颜色饱和度。

圆心位置代表色饱和度为 0，因此黑白图像的色彩矢量都在圆心处，离圆心距离越远，饱和度越高，如图 4-9 所示。

图 4-9　矢量图示波器色彩矢量分布情况

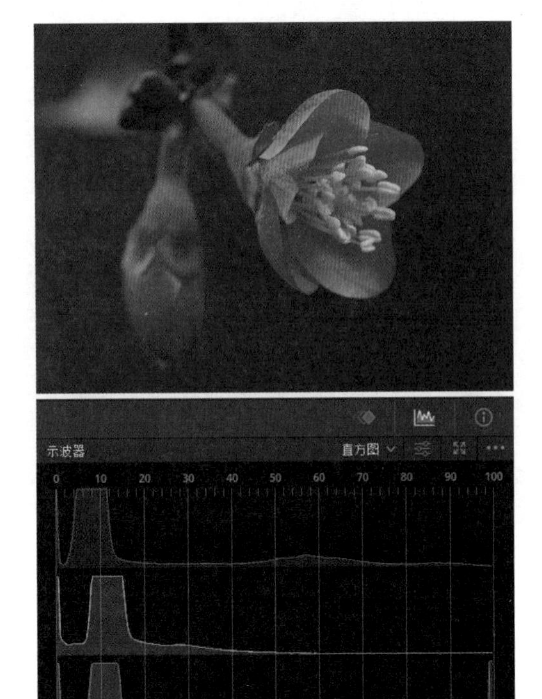

图 4-10　画面亮度过低

专家指点

矢量图上有一些虚方格，广播标准彩条颜色都落在相应虚方格的中心。如果饱和度向外超出相应虚方格的中心，就表示饱和度超标（广播安全播出标准），必须进行调整。对于一段视频来讲，只要色彩饱和度不超过由这些虚方格围成的区域，就可以认为色彩符合播出标准。

4.1.4　认识直方图示波器

直方图示波器可以查看图像的亮度与结构，用户可以利用直方图分析图像画面中的亮度是否超标。

在达芬奇软件中，直方图呈横纵轴进行分布，横坐标轴表示图像画面的亮度值，左边为亮度最小值，波形像素越高则图像画面的颜色越接近黑色；右边为亮度最大值，画面色彩更趋近于白色。纵坐标轴表示图像画面亮度值位置的像素占比。

当图像画面中的黑色像素过多或亮度较低时，波形会集中分布在示波器的左边，如图 4-10 所示。

当图像画面中的白色像素过多或亮度较高时，波形会集中分布在示波器的右边，如图 4-11 所示。

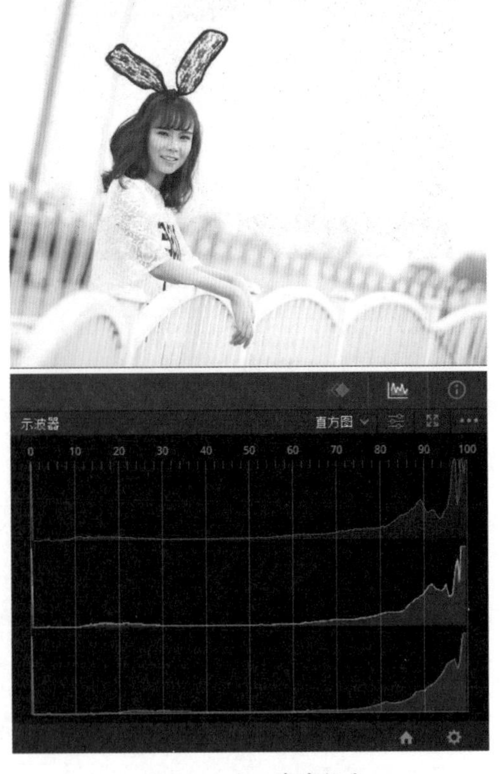

图 4-11　画面亮度较高

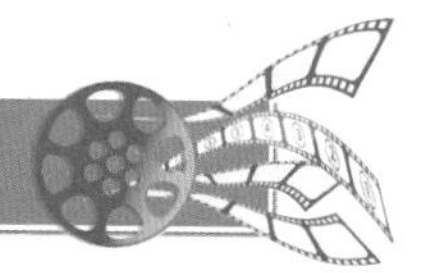

4.2 对画面进行色彩校正

在视频制作过程中，由于电视系统能显示的亮度范围要小于计算机显示器的显示范围，一些在电脑屏幕上鲜亮的画面也许在电视机上将出现细节缺失等影响画质的问题，因此专业的制作人员必须知道应根据播出要求来控制画面的色彩。本节主要介绍运用达芬奇软件。

4.2.1 调整曝光：制作云端之上视频效果

当素材亮度过暗或者过高时，用户可以在 DaVinci Resolve 16 中，通过调节“亮度”参数来调整素材的曝光。下面介绍图像曝光的调整方法。

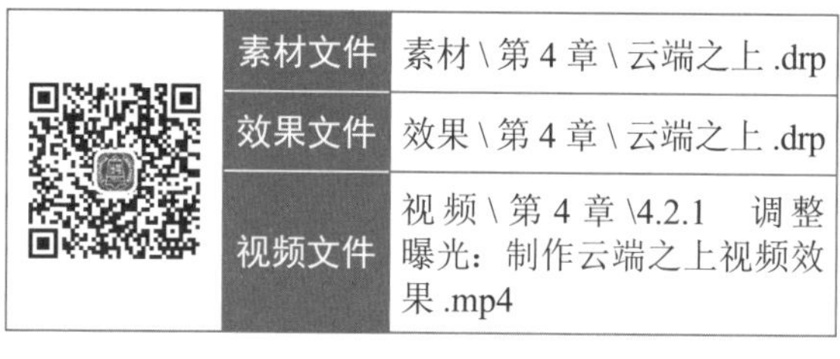

素材文件	素材 \ 第 4 章 \ 云端之上 .drp
效果文件	效果 \ 第 4 章 \ 云端之上 .drp
视频文件	视频 \ 第 4 章 \4.2.1　调整曝光：制作云端之上视频效果 .mp4

【操练 + 视频】

——调整曝光：制作云端之上视频效果

STEP 01 打开一个项目文件，如图 4-12 所示。

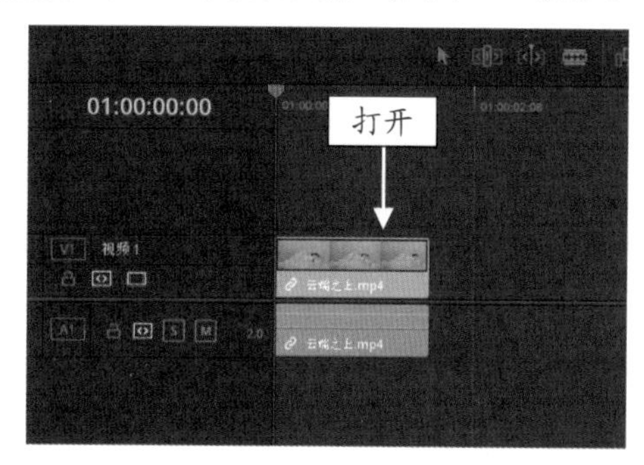

图 4-12　打开一个项目文件

STEP 02 在预览窗口中，可以查看打开的项目效果，如图 4-13 所示，可以看到视频画面缺少曝光度，整体画面亮度偏暗。

图 4-13　查看打开的项目文件的效果

STEP 03 切换至“调色”步骤面板，在左上角单击 LUT 按钮，展开 LUT 滤镜面板，该面板中的滤镜样式可以帮助用户校正画面色彩，如图 4-14 所示。

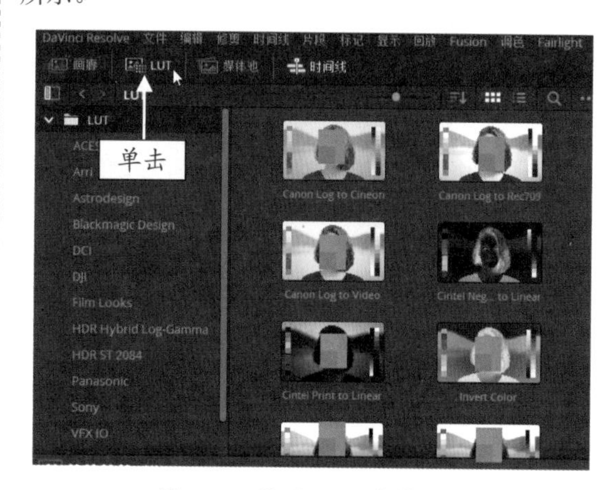

图 4-14　展开 LUT 滤镜面板

STEP 04 在下方的选项面板中，选择 Blackmagic Design 选项，展开相应的选项卡，在其中选择第 8 个滤镜样式，如图 4-15 所示。

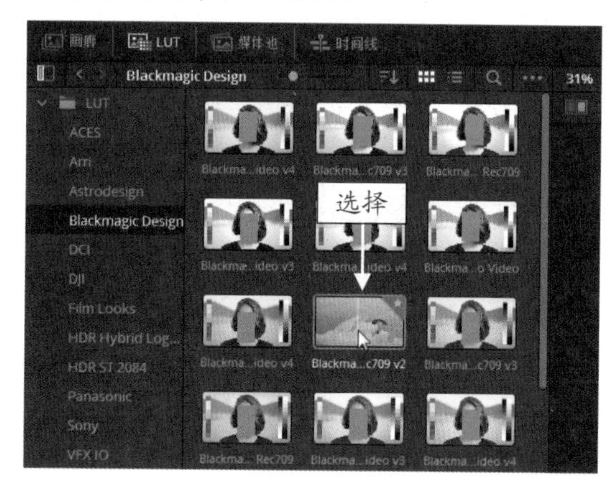

图 4-15　选择第 8 个滤镜样式

STEP 05 按住鼠标左键并拖曳至预览窗口的图像画面上，释放鼠标左键即可将选择的 LUT 滤镜样式添加至视频素材上，如图 4-16 所示。

图 4-16　拖曳 LUT 滤镜样式

STEP 06 执行操作后，即可在预览窗口中查看色彩校正后的效果，如图 4-17 所示。

图 4-17　查看色彩校正后的效果

STEP 07 在“时间线”面板下方的工具栏中单击“色轮”按钮，展开“色轮”面板，如图 4-18 所示。

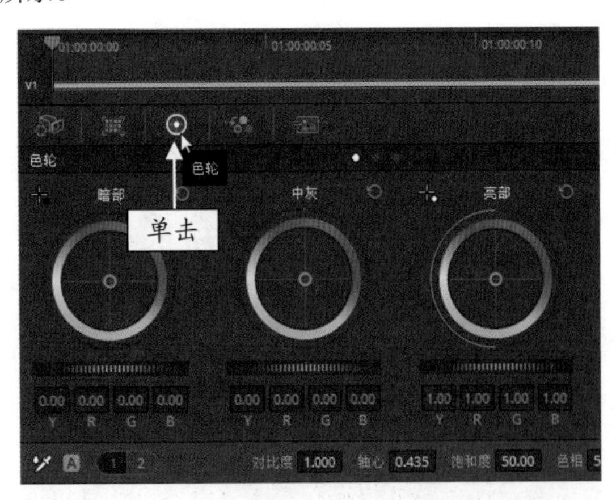

图 4-18　展开“色轮”面板

STEP 08 单击“亮度”下方的轮盘并向右拖曳，直至 YRGB 参数值均显示为 1.20，如图 4-19 所示。

STEP 09 执行上述操作后，即可提高亮度值，从而调整画面曝光，在预览窗口即可查看最终效果，如图 4-20 所示。

图 4-19　调整亮度参数值

图 4-20　查看调整后的效果

4.2.2　色彩平衡：制作红色蜻蜓视频效果

当图像出现色彩不平衡的情况时，有可能是因为摄影机的白平衡参数设置错误，或者因为天气、灯光等因素造成了色偏。在达芬奇软件中，用户可以根据需要应用自动平衡功能，调整图像色彩平衡。下面介绍自动平衡图像色彩的操作方法。

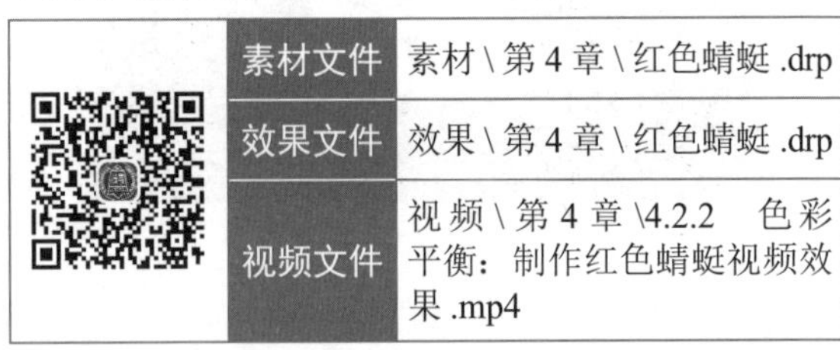

	素材文件	素材 \ 第 4 章 \ 红色蜻蜓 .drp
	效果文件	效果 \ 第 4 章 \ 红色蜻蜓 .drp
	视频文件	视频 \ 第 4 章 \4.2.2　色彩平衡：制作红色蜻蜓视频效果 .mp4

【操练 + 视频】
——色彩平衡：制作红色蜻蜓视频效果

STEP 01 打开一个项目文件，如图 4-21 所示。

STEP 02 在预览窗口中，可以查看打开的项目文件的效果，如图 4-22 所示。

STEP 03 切换至“调色”步骤面板，打开“色轮”面板，在面板下方单击“自动平衡”按钮，如图 4-23 所示。

STEP 04 执行上述操作后，即可自动调整图像色彩平衡，在预览窗口中可以查看调整后的图像效果，如图 4-24 所示。

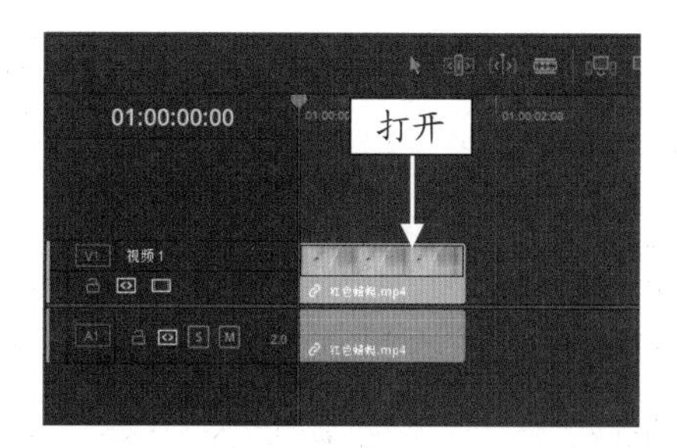

图 4-21　打开一个项目文件

图 4-22　查看打开的项目文件的效果

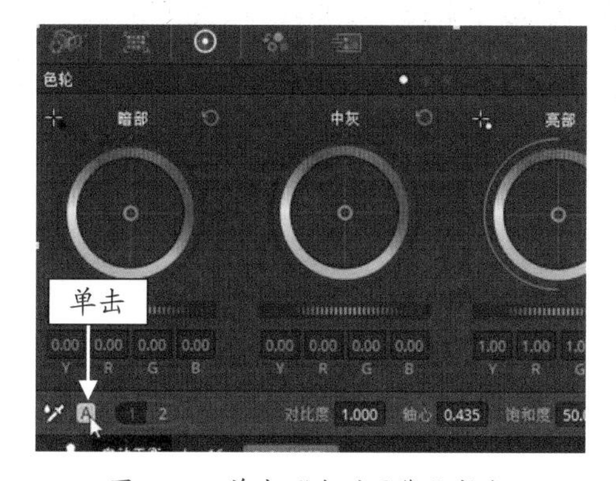

图 4-23　单击“自动平衡”按钮

图 4-24　查看调整后的效果

4.2.3　镜头匹配：制作花与花苞视频效果

达芬奇拥有镜头自动匹配功能，对两个片段进行色调分析，将会自动匹配效果较好的视频片段。镜头匹配是每一个调色师的必学基础课，也是调色师经常会遇到的难题。对一个单独的视频镜头调色可能还算容易，但要对整个视频色调进行统一调色就相对较难了，这需要用到镜头匹配功能进行辅助调色。下面介绍具体的操作方法。

	素材文件	素材 \ 第 4 章 \ 花与花苞 .drp
	效果文件	效果 \ 第 4 章 \ 花与花苞 .drp
	视频文件	视频 \ 第 4 章 \4.2.3　镜头匹配：制作花与花苞视频效果 .mp4

【操练 + 视频】
——镜头匹配：制作花与花苞视频效果

STEP 01 打开一个项目文件，如图 4-25 所示。

图 4-25　打开一个项目文件

STEP 02 在预览窗口中，可以查看打开的项目效果，其中，第 1 个视频素材画面色彩已经调整完成，可以将其作为要匹配的目标片段，如图 4-26 所示。

图 4-26　查看打开的项目效果

STEP 03 切换至“调色”步骤面板，在“片段”面板中，选择需要进行镜头匹配的第2个视频片段，如图4-27所示。

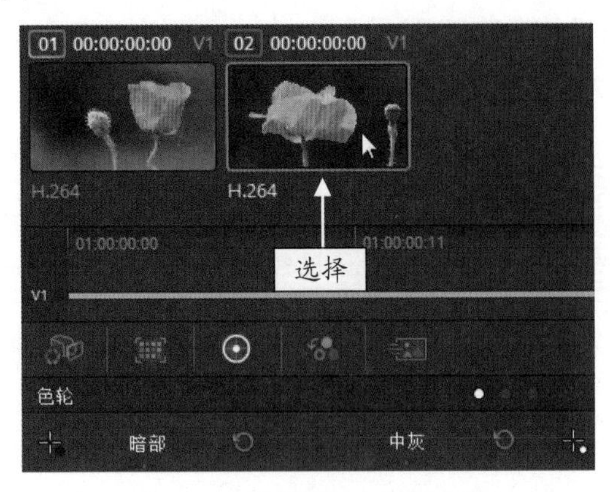

图 4-27　选择第 2 个视频片段

STEP 04 然后在第1个视频片段上，单击鼠标右键，在弹出的快捷菜单中，选择“与此片段进行镜头匹配”命令，如图4-28所示。

STEP 05 执行上述操作后，即可在预览窗口中，预览第2段视频镜头匹配后的画面效果，如图4-29所示。

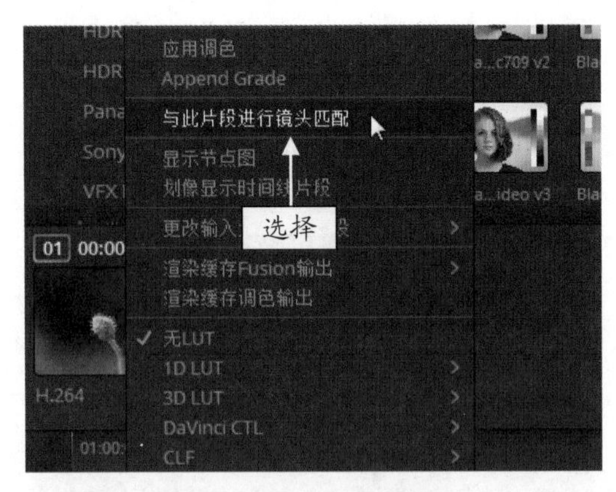

图 4-28　选择“与此片段进行镜头匹配”命令

图 4-29　预览镜头匹配后的画面效果

4.3 使用色轮的调色技巧

在达芬奇“调色”步骤面板的“色轮”面板中，有3个模式面板供用户调色，分别是一级校色轮、一级校色条以及Log模式，下面介绍这3种调色技巧。

4.3.1 一级校色轮：制作风景秀丽视频效果

在达芬奇“色轮”面板的“一级校色轮”选项面板中，一共有4个色轮通道，如图4-30所示。

图 4-30　“一级校色轮”选项面板

从左往右分别是暗部、中灰、亮部以及偏移，顾名思义，它们分别用来调整图像画面的阴影部分、中间灰色部分、高亮部分以及色彩偏移部分。

每个色轮都是按YRGB来分区块，往上为红色、往下为绿色、往左为黄色、往右为蓝色。用户可以通过两种方式进行调整操作，一种是拖曳色轮中间的白色圆圈，往需要的色块方向进行调节；另一种是左右拖曳色轮下方的轮盘进行调节。这两种方法都可以配合示波器或者查看预览窗口中的图像画面来确认色调是否合适，调整完成后释放鼠标即可。下面通过实例介绍具体的操作方法。

素材文件	素材\第4章\风景秀丽.drp
效果文件	效果\第4章\风景秀丽.drp
视频文件	视频\第4章\4.3.1　一级校色轮：制作风景秀丽视频效果.mp4

【操练 + 视频】
——一级校色轮：制作风景秀丽视频效果

STEP 01 打开一个项目文件，如图 4-31 所示。

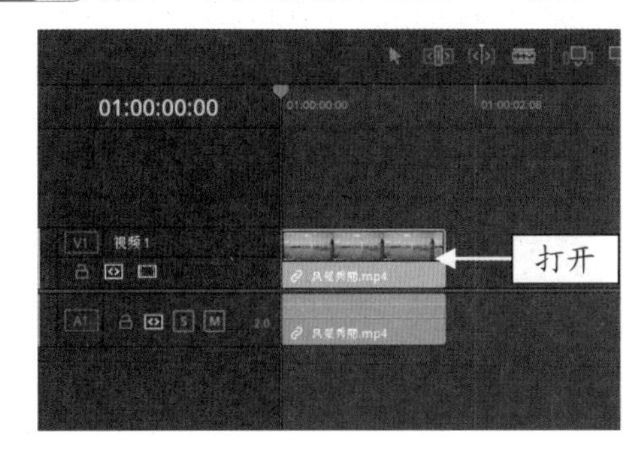

图 4-31　打开一个项目文件

STEP 02 在预览窗口中，可以查看打开的项目效果，如图 4-32 所示，需要将画面中的暗部调亮，并调整整体色调偏蓝。

图 4-32　查看打开的项目效果

STEP 03 切换至“调色”步骤面板，展开“色轮”|“一级校色轮”面板，将鼠标移至“暗部”色轮下方的轮盘上，按住鼠标左键并向右拖曳，直至色轮下方的 YRGB 参数均显示为 0.05，如图 4-33 所示。

图 4-33　调整“暗部”色轮参数

STEP 04 然后单击“偏移”色轮中间的圆圈，按住鼠标左键并向右边的蓝色区块拖曳，至合适位置后释放鼠标左键，调整偏移参数，如图 4-34 所示。

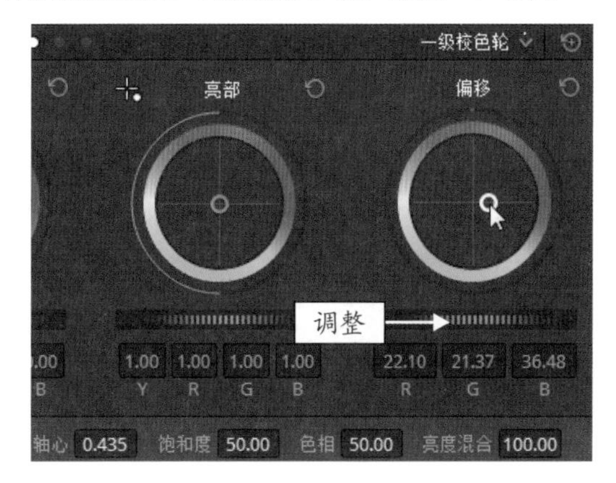

图 4-34　调整“偏移”色轮参数

STEP 05 执行操作后，即可在预览窗口中查看最终效果，如图 4-35 所示。

图 4-35　查看最终效果

4.3.2　一级校色条：制作古城一角视频效果

在达芬奇“色轮”面板的“一级校色条”选项面板中，一共有 4 组色条通道，如图 4-36 所示。

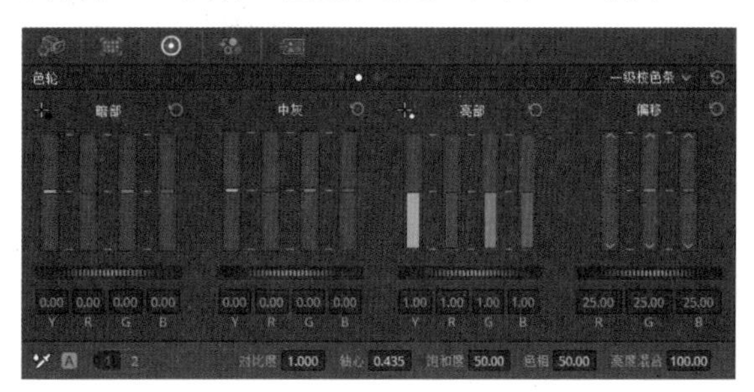

图 4-36　“一级校色条”选项面板

其作用与“一级校色条”选项面板中的色轮作用是一样的，并且与色轮是联动关系，当用户调整色轮中的参数时，色条参数也会随之改变，反过来也是一样，当用户调整色条参数时，色轮下方的 YRGB 参数也会随之改变。

色条有单独的 YRGB 参数通道，可以通过色条下方的轮盘进行整体调整，也可以单独调整 YRGB 通道中某一条通道的参数。相对来说，通过色条进行色彩校正会更加准确，配合示波器可以帮助用户快速校正色彩。下面通过实例介绍具体的操作方法。

	素材文件	素材 \ 第 4 章 \ 古城一角 .drp
	效果文件	效果 \ 第 4 章 \ 古城一角 .drp
	视频文件	视频 \ 第 4 章 \4.3.2　一级校色条：制作古城一角视频效果 .mp4

【操练 + 视频】
——一级校色条：制作古城一角视频效果

STEP 01 打开一个项目文件，如图 4-37 所示。

图 4-37　打开一个项目文件

STEP 02 在预览窗口中，可以查看打开的项目文件的效果，需要将画面中的冷色调调整为暖色调，如图 4-38 所示。

图 4-38　查看打开的项目效果

STEP 03 切换至"调色"步骤面板，在"色轮"面板中，单击面板右上角的下拉按钮，在弹出的列表框中，选择"一级校色条"选项，如图 4-39 所示。

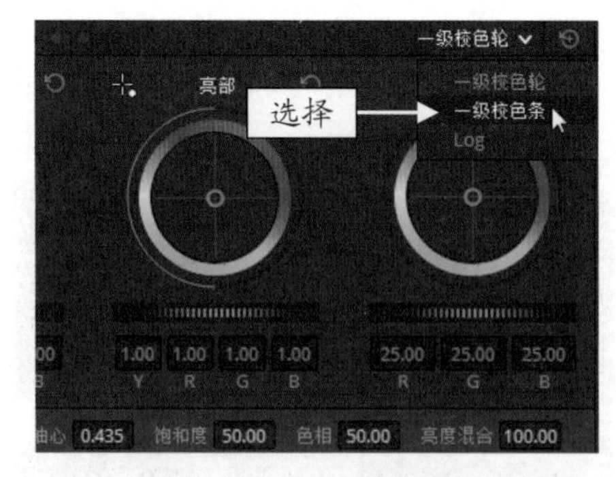

图 4-39　选择"一级校色条"选项

STEP 04 将鼠标移至"暗部"色条下方的轮盘上，按住鼠标左键并向右拖曳，直至下方的 YRGB 参数均显示为 0.04，如图 4-40 所示。

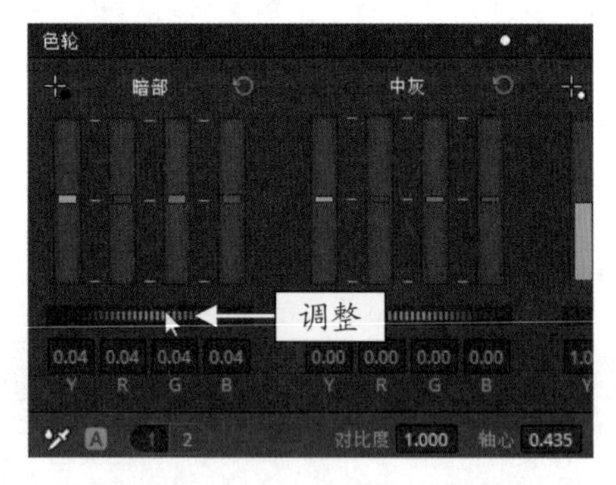

图 4-40　调整"暗部"色条参数

专家指点

用户在切换"一级校色条"选项面板时，除了通过"色轮"面板右上角的下拉菜单外，还可以单击"色轮"面板上方中间位置的第 2 个圆圈进行切换。

STEP 05 将鼠标移至"亮度"色条中的 Y 通道，按住鼠标左键并向上拖曳，直至参数显示为 1.20，如图 4-41 所示。

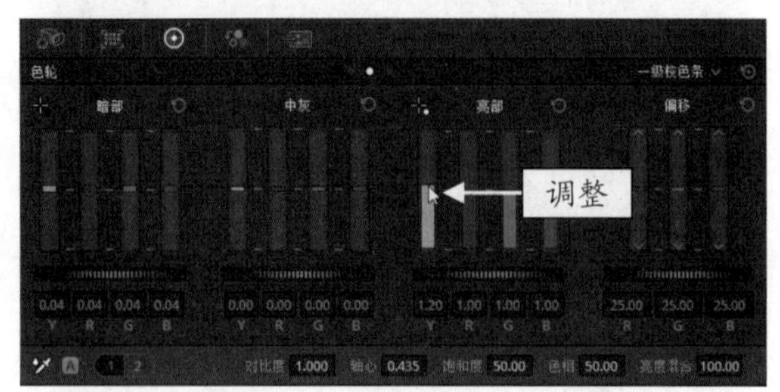

图 4-41　调整"亮度"色条 Y 通道的参数

STEP 06 用同样的方法调整 R 通道的参数为 1.40，如图 4-42 所示。

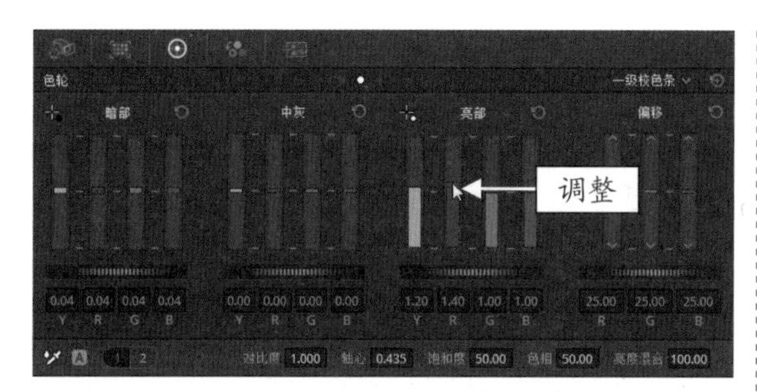

图 4-42　调整“亮度”色条 R 通道的参数

STEP 07 继续用同样的方法，调整“偏移”色条中的 R 通道参数为 36.0，如图 4-43 所示。

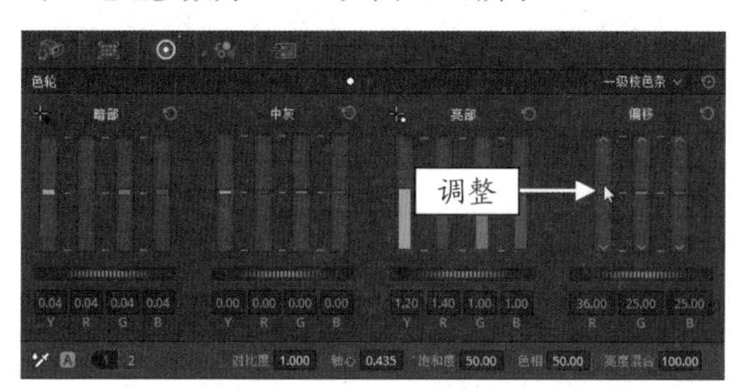

图 4-43　调整“偏移”色条参数

专家指点

用户在调整参数时，如需恢复数据重新调整，可以单击每组色条（或色轮）右上角的恢复重置按钮，快速恢复素材的原始参数。

STEP 08 执行操作后，即可在预览窗口中查看最终效果，如图 4-44 所示。

图 4-44　查看最终效果

4.3.3　Log 模式：制作万里星空视频效果

Log 模式可以保留图像画面中暗部和亮部的细节，为用户后期调色提供了很大的空间。在达芬奇“色轮”面板的 Log 选项面板中，一共有 4 个色轮，分别是阴影、中间调、高光以及偏移，如图 4-45 所示。

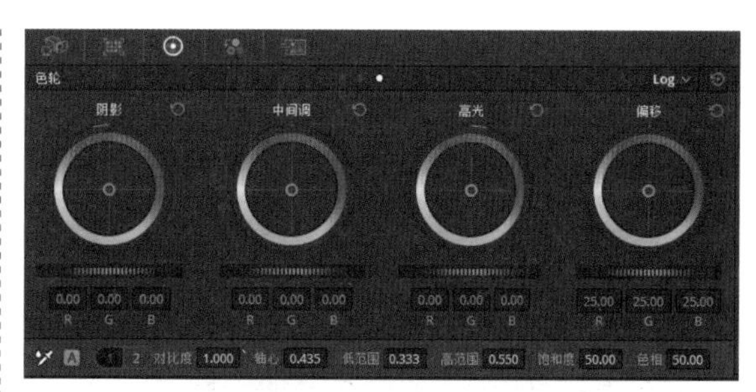

图 4-45　Log 选项面板

用户在应用 Log 模式进行调色时，可以展开示波器面板查看图像波形状况，配合示波器对图像素材进行调色处理。下面通过实例介绍应用 Log 模式调色的操作方法。

<table>
<tr><td rowspan="3"></td><td>素材文件</td><td>素材 \ 第 4 章 \ 万里星空 .drp</td></tr>
<tr><td>效果文件</td><td>效果 \ 第 4 章 \ 万里星空 .drp</td></tr>
<tr><td>视频文件</td><td>视频 \ 第 4 章 \4.3.3　Log 模式：制作万里星空视频效果 .mp4</td></tr>
</table>

【操练 + 视频】
——Log 模式：制作万里星空视频效果

STEP 01 打开一个项目文件，如图 4-46 所示。

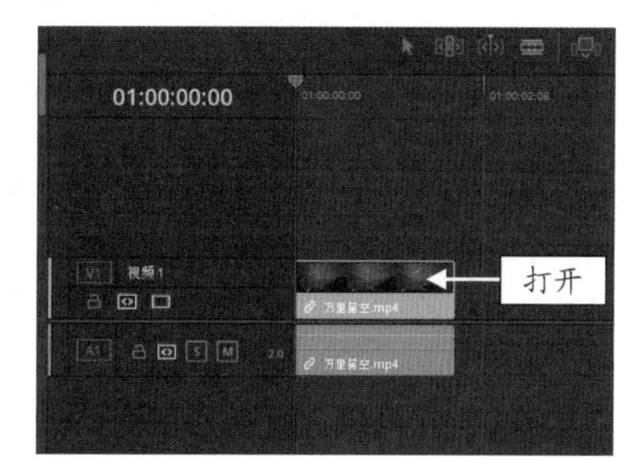

图 4-46　打开一个项目文件

STEP 02 在预览窗口中，可以查看打开的项目效果，如图 4-47 所示。

图 4-47　查看打开的项目效果

STEP 03 切换至“调色”步骤面板，展开“分量图-示波器”面板，在其中可以查看图像RGB波形状况，如图4-48所示，可以看到蓝色波形偏高。

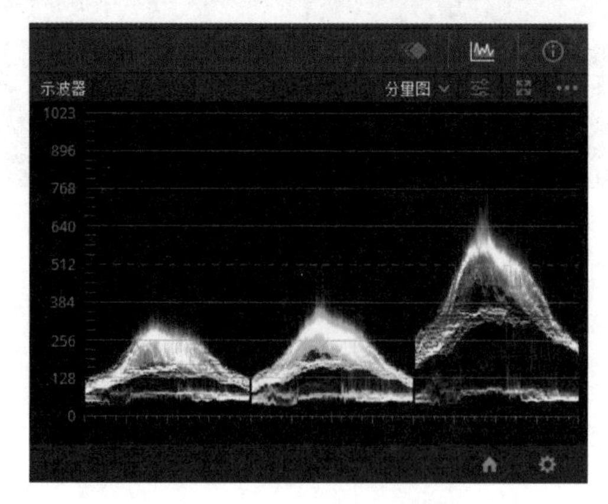

图4-48 查看图像RGB波形状况

STEP 04 在“色轮”面板中，单击面板右上角的下拉按钮，在弹出的快捷菜单中，选择Log选项，如图4-49所示。

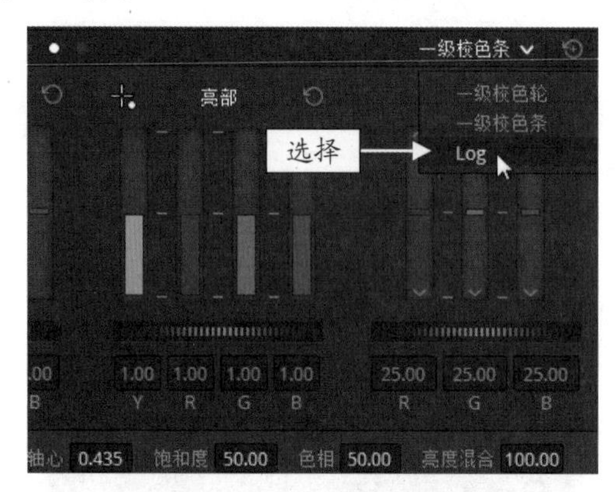

图4-49 选择Log选项

STEP 05 切换至Log选项面板，首先将素材的阴影部分降低，将鼠标移至“阴影”色轮下方的轮盘上，按住鼠标左键并向左拖曳，直至色轮下方的RGB参数均显示为-0.04，如图4-50所示。

图4-50 调整“阴影”参数

STEP 06 然后调整高光部分的光线，将“高光”色轮中心的圆圈往红色区块方向拖曳，直至RGB参数分别显示为2.46、-0.57、-1.00，释放鼠标左键，提高红色亮度，使画面中的光线呈红色调，如图4-51所示。

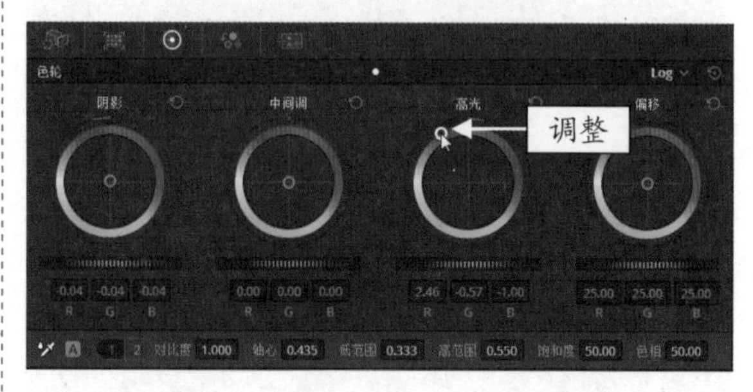

图4-51 调整“高光”色轮参数

STEP 07 然后向右拖曳“中间调”色轮下方的轮盘，直至RGB参数均显示为0.15，如图4-52所示。

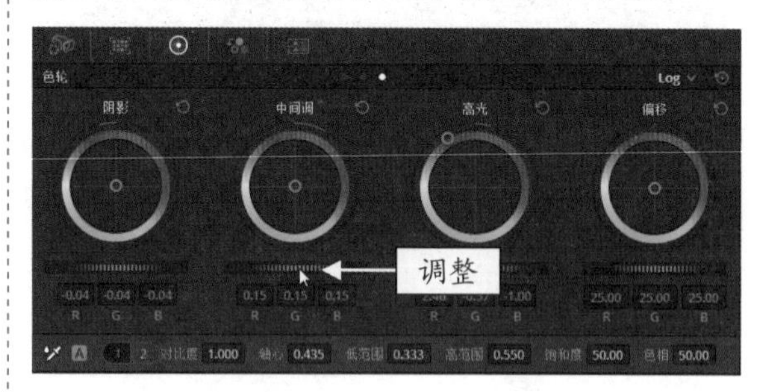

图4-52 调整“中间调”色轮参数

STEP 08 执行上述操作后，拖曳“偏移”色轮中间的圆圈，直至RGB参数显示为31.45、23.61、19.07，如图4-53所示。

图4-53 调整“偏移”色轮参数

STEP 09 执行上述操作后，示波器中的蓝色波形明显降低了，如图4-54所示。

STEP 10 在预览窗口中，可以查看调整后的视频画面效果，如图4-55所示。

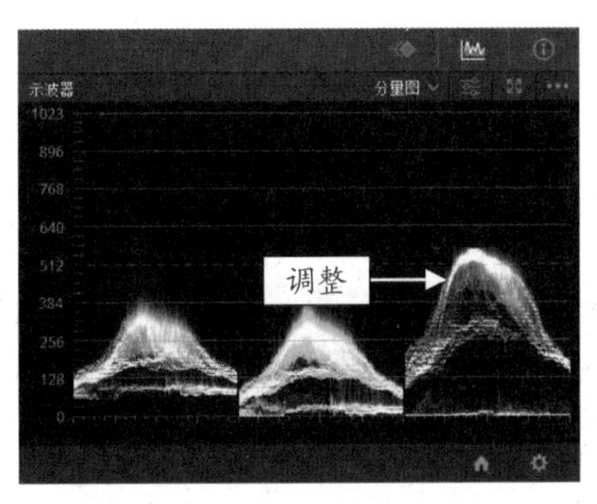

图 4-54　查看调整后显示的波形状况

图 4-55　查看调整后的视频画面效果

4.4 使用 RGB 混合器来调色

在“调色”步骤面板中，RGB 混合器非常实用，在 RGB 混合器面板中，有红色输出、绿色输出、蓝色输出 3 组颜色通道，每组颜色通道都有 R、G、B 3 个滑块控制条，可以帮助用户针对图像画面中的某一个颜色进行准确调节时不影响画面中的其他颜色。RGB 混合器还具有为黑白的单色图像调整 RGB 比例参数的功能，并且在默认状态下，会自动开启“保留亮度”功能，保持颜色通道调节时亮度值不变，为用户后期调色提供了很大的创作空间。

4.4.1　红色输出：制作古城夜景视频效果

在 RGB 混合器中，红色输出颜色通道的 3 个滑块控制条的默认比例为 R1：G0：B0，当增加 R 滑块控制条时，面板中 G 滑块和 B 滑块控制条的参数并不会发生变化，但用户可以在示波器中看到 G、B 的波形会等比例混合下降。下面通过实例介绍红色输出颜色通道的操作方法。

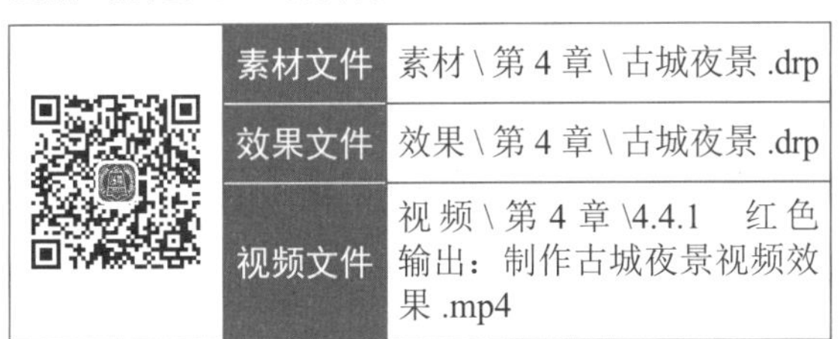

素材文件	素材 \ 第 4 章 \ 古城夜景 .drp
效果文件	效果 \ 第 4 章 \ 古城夜景 .drp
视频文件	视频 \ 第 4 章 \4.4.1　红色输出：制作古城夜景视频效果 .mp4

【操练 + 视频】
——红色输出：制作古城夜景视频效果

STEP 01 打开一个项目文件，如图 4-56 所示。

图 4-56　打开一个项目文件

STEP 02 在预览窗口中，可以查看打开的项目效果，如图 4-57 所示，需要加重图像画面中的红色色调。

图 4-57　查看打开的项目文件的效果

STEP 03 切换至“调色”步骤面板，在示波器中查看图像 RGB 波形状况，如图 4-58 所示，可以看到绿色波形和蓝色波形的波峰要高过红色波形。

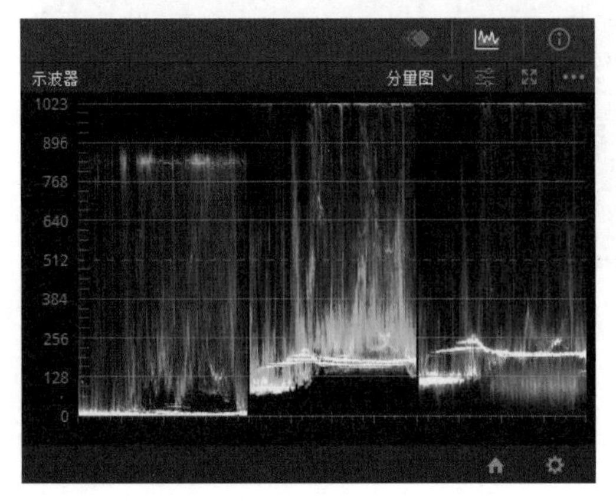

图 4-58　查看图像 RGB 波形状况

STEP 04 在时间线下方面板中，单击“RGB 混合器”按钮，切换至“RGB 混合器”面板，如图 4-59 所示。

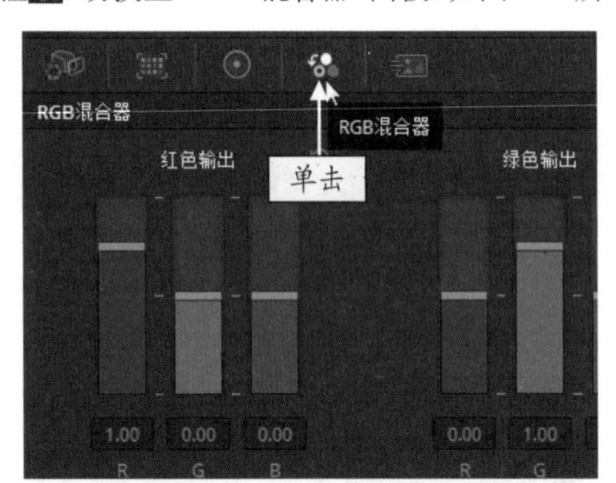

图 4-59　单击“RGB 混合器”按钮

STEP 05 将鼠标移至“红色输出”颜色通道 R 控制条的滑块上，按住鼠标左键并向上拖曳，直至 R 参数显示为 1.21，如图 4-60 所示。

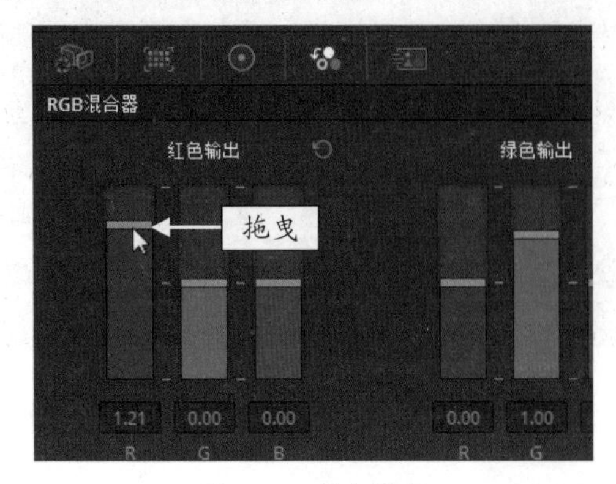

图 4-60　拖曳滑块

STEP 06 然后在示波器中，可以看到红色波形波峰上升后，与绿色和蓝色波形波峰基本持平，如图 4-61 所示。

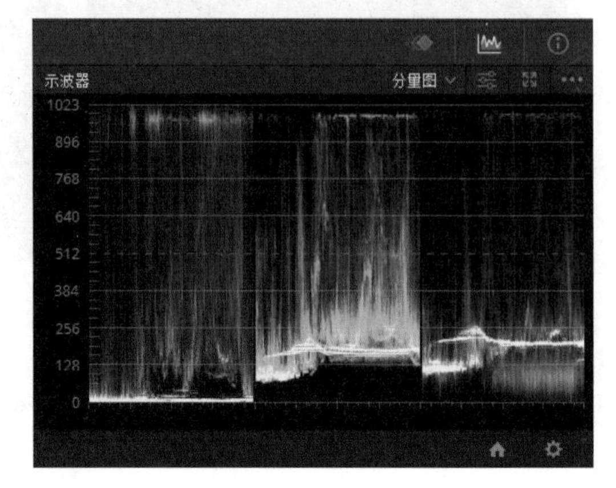

图 4-61　示波器波形状况

STEP 07 执行操作后，即可在预览窗口中查看视频效果，如图 4-62 所示。

图 4-62　查看视频效果

4.4.2　绿色输出：制作藏于叶下视频效果

在 RGB 混合器中，绿色输出颜色通道的 3 个滑块控制条的默认比例为 R0：G1：B0，当图像画面中的绿色成分过多或需要在画面中增加绿色色彩时，便可以通过 RGB 混合器中的绿色输出通道调节图像画面色彩。下面通过实例介绍绿色输出颜色通道的操作方法。

	素材文件	素材 \ 第 4 章 \ 藏于叶下 .drp
	效果文件	效果 \ 第 4 章 \ 藏于叶下 .drp
	视频文件	视频 \ 第 4 章 \4.4.2　绿色输出：制作藏于叶下视频效果 .mp4

【操练 + 视频】
——绿色输出：制作藏于叶下视频效果

STEP 01 打开一个项目文件，如图 4-63 所示。

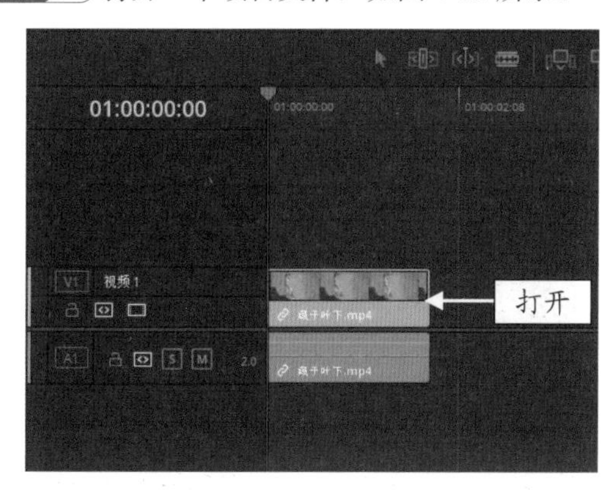

图 4-63　打开一个项目文件

STEP 02 在预览窗口中，可以查看打开的项目文件的效果，如图 4-64 所示，图像画面中绿色的成分过多，需要降低绿色输出。

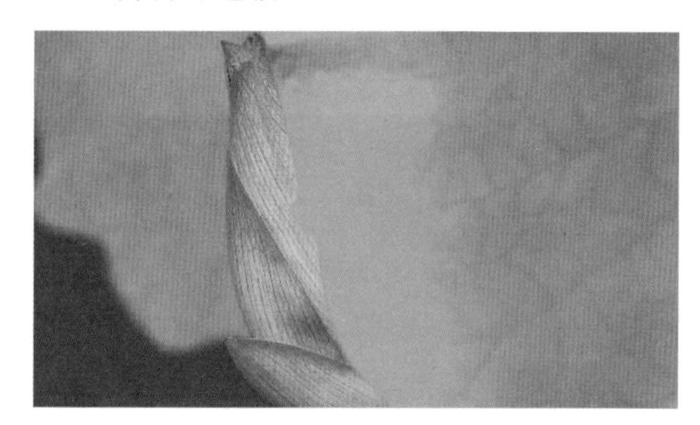

图 4-64　查看打开的项目文件的效果

STEP 03 切换至“调色”步骤面板，在示波器中查看图像 RGB 波形状况，如图 4-65 所示，可以看到绿色波形比较集中，且红色波形与绿色波形波峰基本持平，蓝色波形波峰最低。

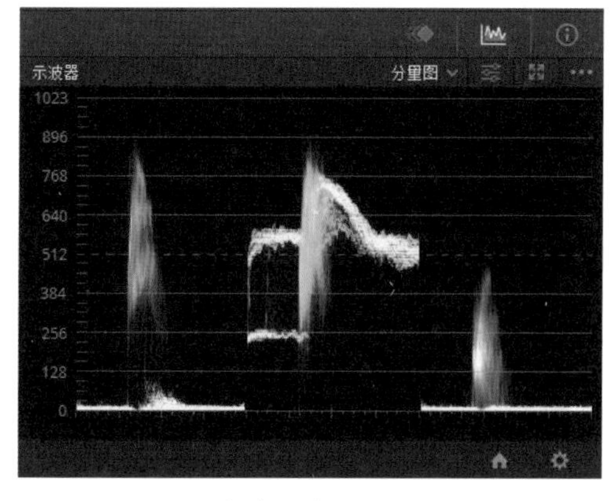

图 4-65　查看图像 RGB 波形状况

STEP 04 切换至“RGB 混合器”面板，将鼠标移至“绿色输出”颜色通道 G 控制条的滑块上，按住鼠标左键并向下拖曳，直至 G 参数显示为 0.56，如图 4-66 所示。

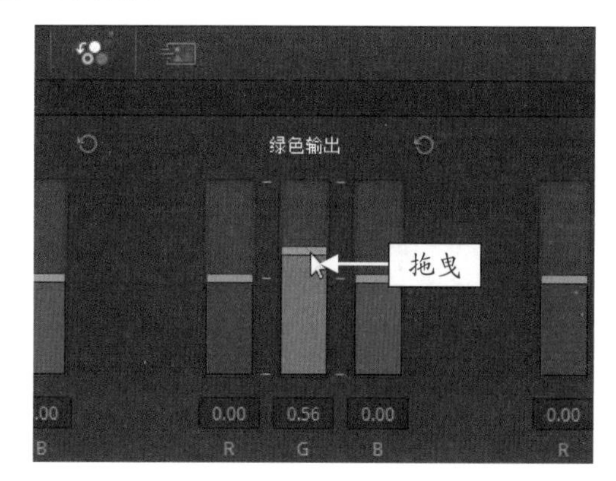

图 4-66　拖曳滑块

STEP 05 执行上述操作后，在示波器中，可以看到在降低了绿色值后，红色波形和蓝色波形明显增高，如图 4-67 所示。

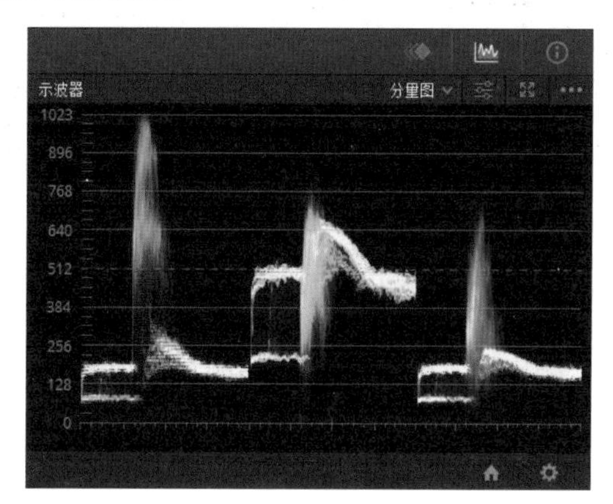

图 4-67　示波器波形状况

STEP 06 在预览窗口中查看制作的视频效果，如图 4-68 所示。

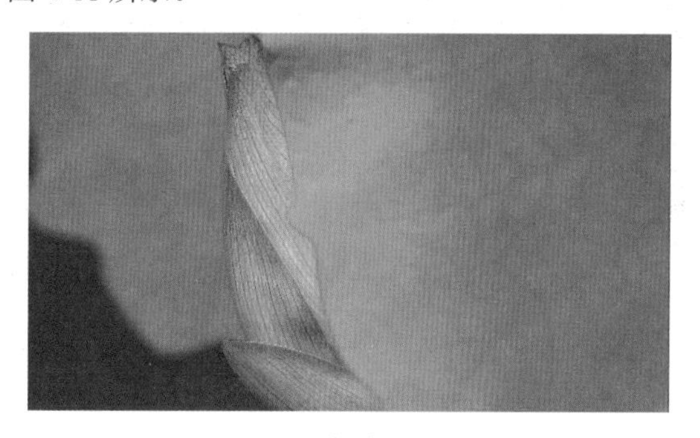

图 4-68　查看视频效果

4.4.3　蓝色输出：制作桥上风景视频效果

在 RGB 混合器中，蓝色输出颜色通道的 3 个滑块控制条的默认比例为 R0 ：G0 ：B1，红绿蓝三色，不同的颜色搭配可以调配出多种自然色彩，例如红绿搭配会变成黄色，若想降低黄色浓度，可以适当地提高蓝色色调混合整体色调。下面通过实例介绍蓝色输出颜色通道的操作方法。

	素材文件	素材 \ 第 4 章 \ 桥上风景 .drp
	效果文件	效果 \ 第 4 章 \ 桥上风景 .drp
	视频文件	视频 \ 第 4 章 \4.4.3　蓝色输出：制作桥上风景视频效果 .mp4

【操练 + 视频】
——蓝色输出：制作桥上风景视频效果

STEP 01 打开一个项目文件，如图 4-69 所示。

图 4-69　打开一个项目文件

STEP 02 在预览窗口中，可以查看打开的项目文件的效果，如图 4-70 所示，图像画面有点偏黄，需要提高蓝色输出平衡图像画面色彩。

图 4-70　查看打开的项目文件的效果

STEP 03 切换至“调色”步骤面板，在示波器中查看图像 RGB 波形状况，如图 4-71 所示，可以看到红色波形与绿色波形基本持平，而蓝色波形的阴影部分与前面两道波形基本一致，但是蓝色高光部分明显比红绿两道波形要低。

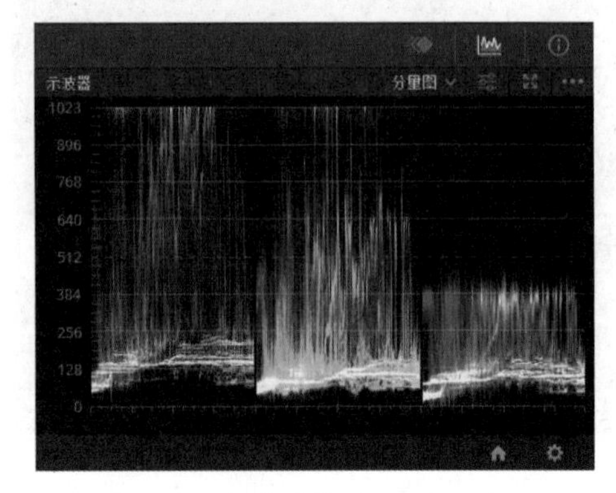

图 4-71　查看图像 RGB 波形状况

STEP 04 切换至“RGB 混合器”面板，将鼠标移至“蓝色输出”颜色通道控制条的滑块上，按住鼠标左键并向上拖曳，直至 RGB 参数显示为 0.26、0.26、2.00，如图 4-72 所示。

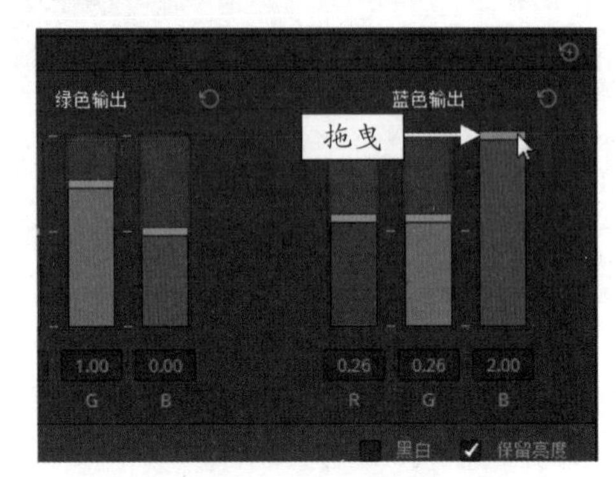

图 4-72　拖曳滑块

STEP 05 执行上述操作的同时，在示波器中可以查看蓝色波形的涨幅状况，如图 4-73 所示。

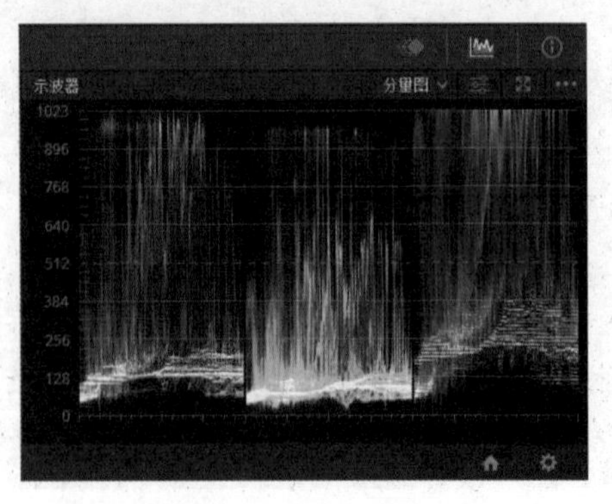

图 4-73　示波器波形状况

STEP 06 然后在预览窗口中查看制作的视频效果，如图 4-74 所示。

图 4-74　查看视频效果

4.5 使用运动特效来降噪

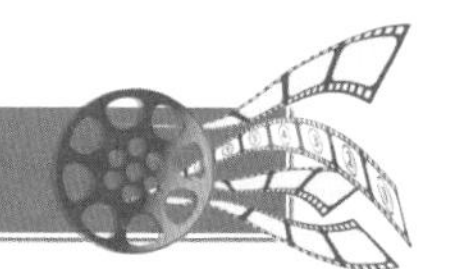

噪点是图像中的凸起粒子，是比较粗糙的部分像素，在感光度过高、曝光时间太长等情况下会使图像画面产生噪点，要想获得干净的图像画面，用户可以使用后期软件中的降噪工具。在 DaVinci Resolve 16 中，用户可以通过“运动特效”功能进行降噪，该功能主要基于 GPU（单芯片处理器）进行分析运算的。如图 4-75 所示，为“运动特效”面板。在“运动特效”面板中，降噪功能主要分为“时域降噪”和“空域降噪”两部分，下面介绍“运动特效”功能面板及其使用方法。

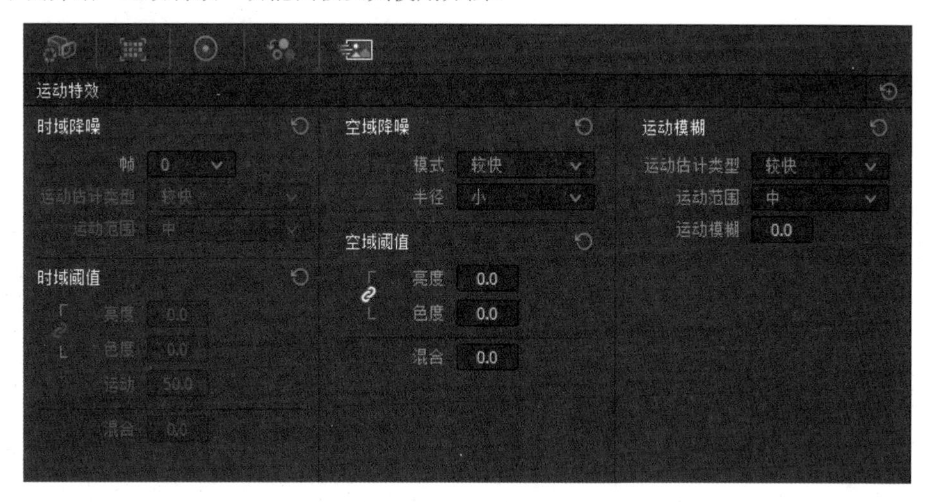

图 4-75　“运动特效”面板

4.5.1　时域降噪：制作港风人像视频效果

时域降噪主要根据时间帧进行降噪分析，在“时域降噪”选项区中，当“帧”为 0 时，面板为不可操作状态，单击“帧”右侧的下拉按钮，弹出列表框，在其中可以选择相应帧选项，如图 4-76 所示。执行操作后即可使面板呈可操作状态，调整“时域阈值”选项区下方的相应参数，在分析当前帧的噪点时，还会分析前后帧的噪点，对噪点进行统一处理，从而消除帧与帧之间的噪点。

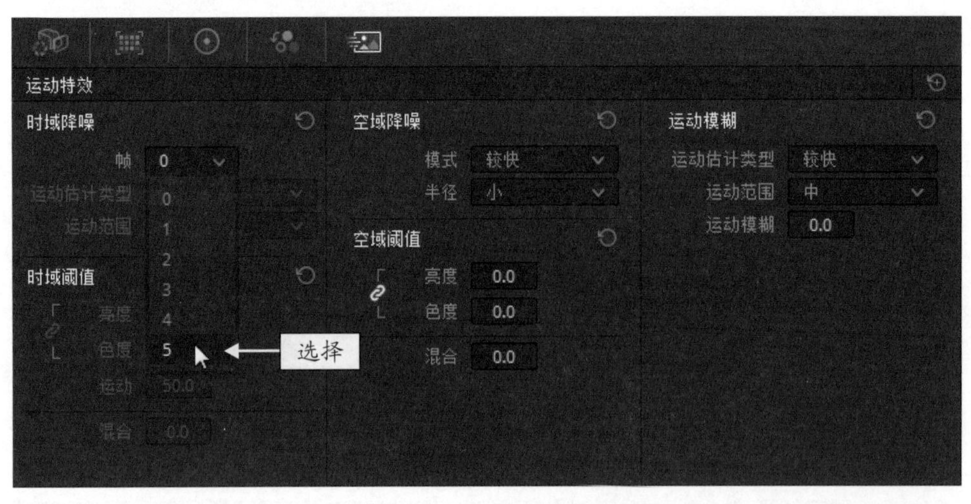

图 4-76 选择相应帧选项

下面介绍应用“时域降噪”功能消除画面噪点的操作步骤。

	素材文件	素材 \ 第 4 章 \ 港风人像 .drp
	效果文件	效果 \ 第 4 章 \ 港风人像 .drp
	视频文件	视频 \ 第 4 章 \4.5.1 时域降噪：制作港风人像视频效果 .mp4

【操练 + 视频】

——时域降噪：制作港风人像视频效果

STEP 01 打开一个项目文件，如图 4-77 所示。

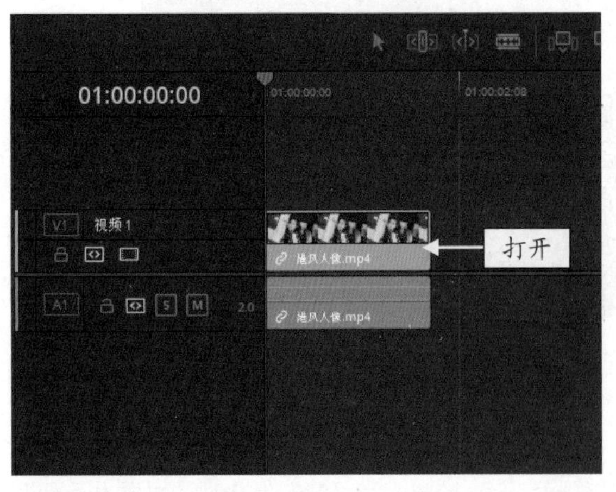

图 4-77 打开一个项目文件

STEP 02 在预览窗口中，可以查看打开的项目文件的效果，如图 4-78 所示。

STEP 03 切换至“调色”步骤面板，单击“运动特效”按钮，展开“运动特效”面板，如图 4-79 所示。

图 4-78 查看打开的项目文件的效果

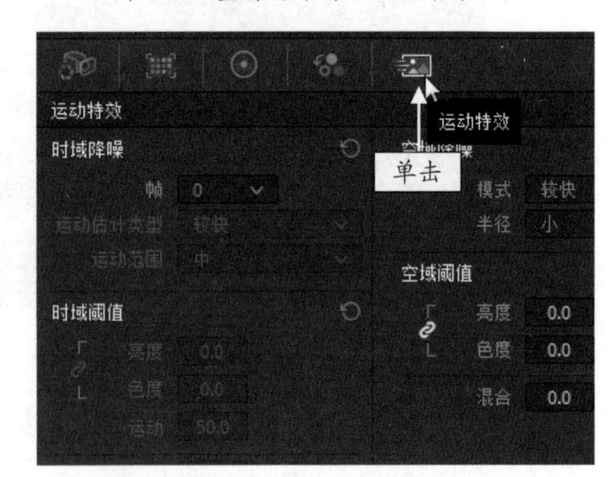

图 4-79 单击“运动特效”按钮

STEP 04 在“时域降噪”选项区中，单击“帧”右侧的下拉按钮，弹出列表框，在其中可以选择 5 选项，如图 4-80 所示。

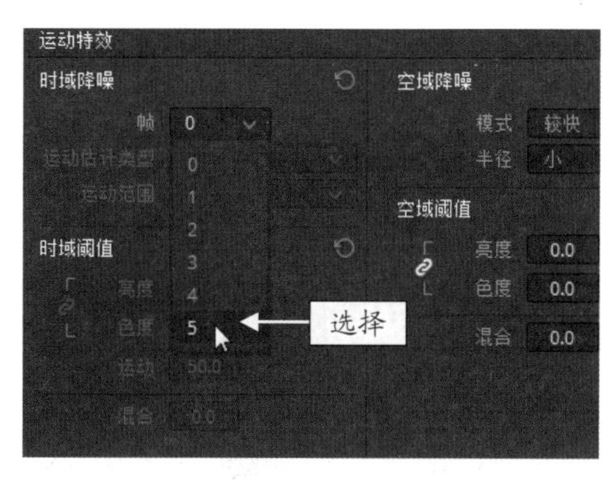

图 4-80 选择 5 选项

STEP 05 在“时域阈值”选项区中，设置“亮度”“色度”以及“运动”参数均为 100.0，如图 4-81 所示。

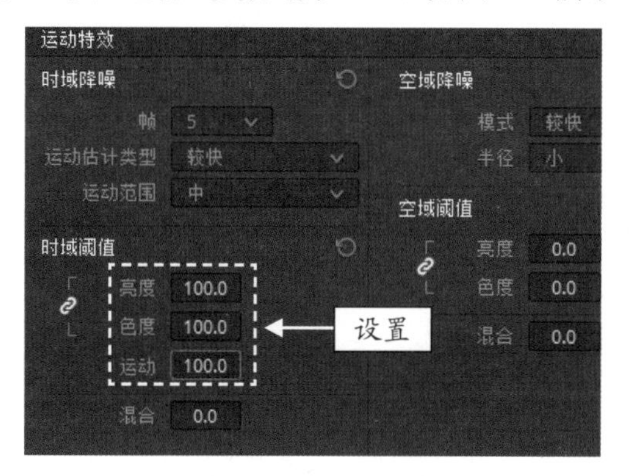

图 4-81 设置相应的参数

STEP 06 执行操作后，在预览窗口中查看时域降噪处理的效果，如图 4-82 所示。

图 4-82 查看时域降噪处理的效果

专家指点

这里需要注意的是，“亮度”和“色度”为联动链接状态，当用户修改二者其中一个的参数值时，另一个的参数也会修改为一样的参数值，只有单击按钮，断开链接才能单独设置“亮度”和“色度”的参数值。

4.5.2 空域降噪：制作古典女郎视频效果

空域降噪主要是对画面空间进行降噪分析，不同于时域降噪会根据时间对一整段素材画面进行统一处理，空域降噪只对当前画面进行降噪，当下一帧画面播放时，再对下一帧进行降噪。下面介绍应用“空域降噪”功能消除画面噪点的操作方法。

素材文件	素材 \ 第 4 章 \ 古典女郎 .drp
效果文件	效果 \ 第 4 章 \ 古典女郎 .drp
视频文件	视频 \ 第 4 章 \4.5.2 空域降噪：制作古典女郎视频效果 .mp4

【操练 + 视频】
——空域降噪：制作古典女郎视频效果

STEP 01 进入“剪辑”步骤面板，在“时间线”面板中插入一段视频素材，如图 4-83 所示。

图 4-83 插入一段视频素材

STEP 02 在预览窗口中可以预览插入的素材画面的效果，如图 4-84 所示。

图 4-84 预览画面效果

STEP 03 切换至“调色”步骤面板，展开“运动特效”面板，在“空域阈值”选项区下方的“亮度”

和"色度"数值框中，输入参数均为100.00，如图4-85所示。

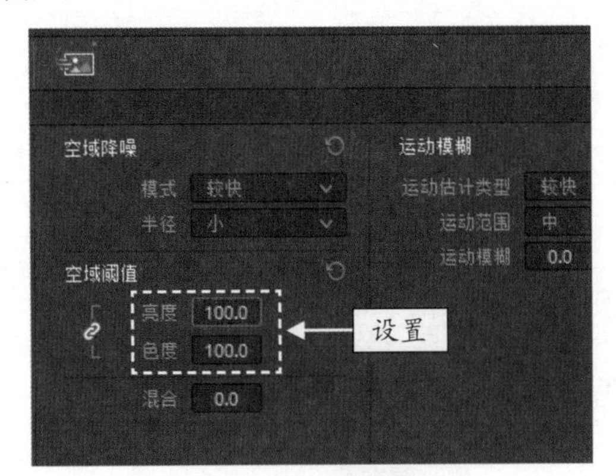

图 4-85　输入参数

STEP 04 在预览窗口中，即可预览空域降噪"较快"模式降噪后的画面效果，如图4-86所示。

图 4-86　"较快"模式降噪后的画面效果

STEP 05 单击"模式"右侧的下拉按钮，在弹出的列表框中，选择"加强"选项，如图4-87所示。

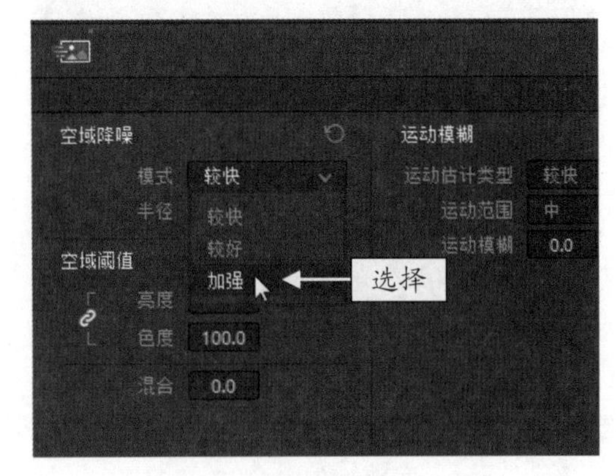

图 4-87　选择"加强"选项

STEP 06 在预览窗口中，即可预览空域降噪"加强"模式降噪后的画面效果，如图4-88所示。

图 4-88　"加强"模式降噪后的画面效果

第5章 细调：对局部进行二级调色

章前知识导读

每种颜色所包含的意义和向观众传达的情感都是不一样的，只有对颜色有所了解，才能更好地使用达芬奇软件进行后期调色。本章主要介绍对素材图像的局部画面进行二级调色，相对一级调色来说，二级调色更注重画面中的细节处理。

新手重点索引

- 什么是二级调色
- 创建选区进行抠像调色
- 使用跟踪与稳定功能来调色
- 使用“模糊”功能虚化视频画面
- 使用曲线功能来调色
- 创建窗口蒙版局部调色
- 使用 Alpha 通道控制调色的区域

效果图片欣赏

5.1 什么是二级调色

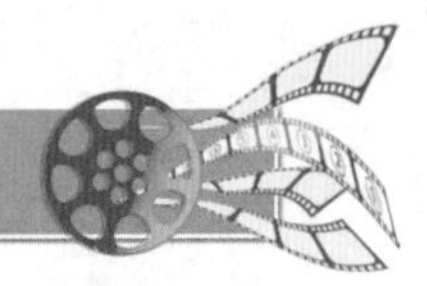

什么是二级调色？在回答这个问题之前，首先需要大家理解一下一级调色。在对素材图像进行调色操作前，需要对素材图像进行一个简单的勘测，比如图像是否有过度曝光、灯光是否太暗、是否偏色、饱和度浓度如何、是否存在色差、色调是否统一等，用户针对上述问题对素材图像进行曝光、对比度、色温等校色调整，便是一级调色。

二级调色则是在一级调色处理的基础上，对素材图像的局部画面进行细节处理，比如物品颜色突出、肤色深浅、服装搭配、去除杂物、抠像等细节，并对素材图像的整体风格进行色彩处理，保障整体色调统一。如果一级调色进行校色调整时没有处理好，会影响到二级调色。因此，用户在进行二级调色前，一级调色可以处理的问题，不要留到二级调色时再处理。

5.2 使用曲线功能来调色

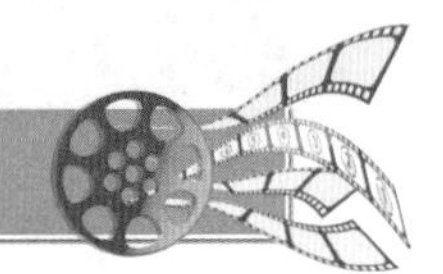

在 DaVinci Resolve 16 中，“曲线”面板中共有 6 个调色操作模式，如图 5-1 所示。其中“自定义”曲线模式可以在图像色调的基础上进行调节，而另外 5 种曲线调色模式则主要通过色相、饱和度以及亮度 3 种元素进行调节。下面介绍应用曲线功能调色的操作方法。

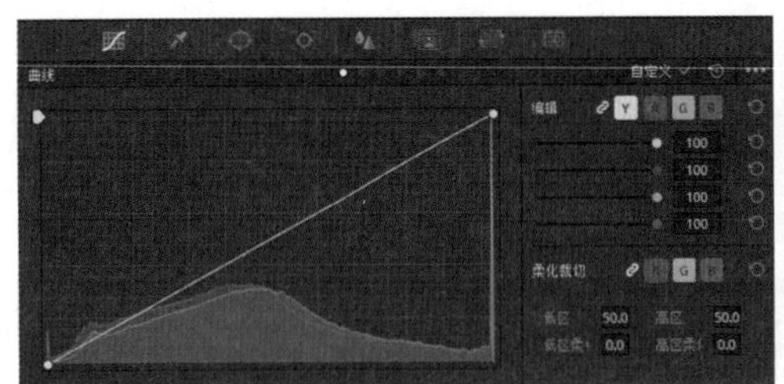

自定义模式面板

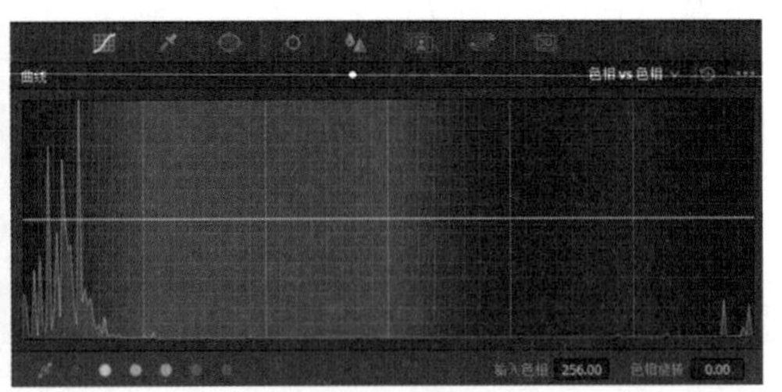

色相 vs 色相模式面板

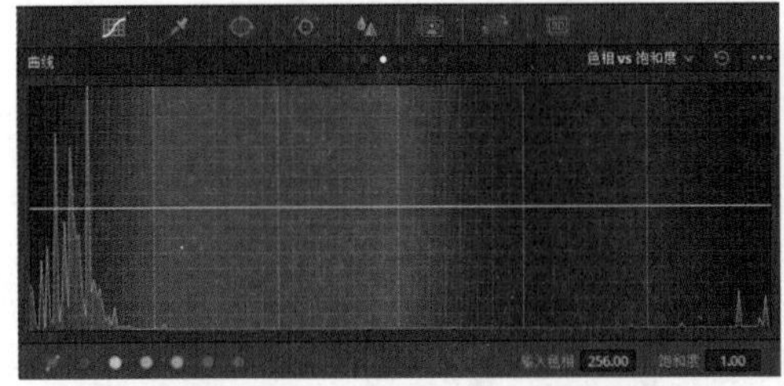

色相 vs 饱和度模式面板

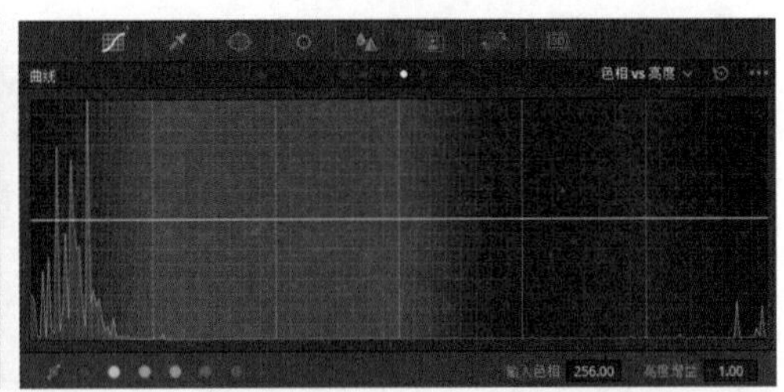

色相 vs 亮度模式面板

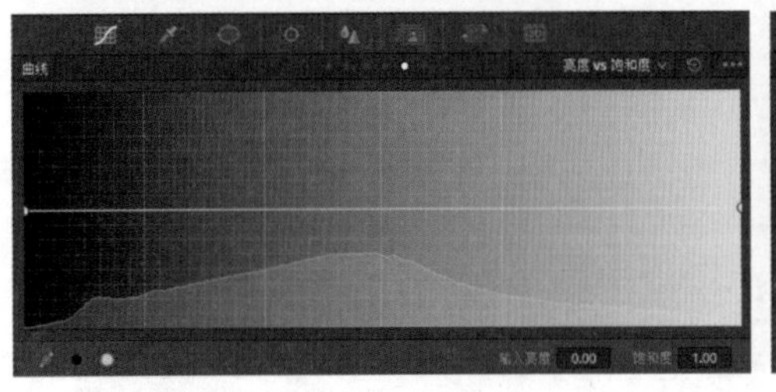

亮度 vs 饱和度模式面板

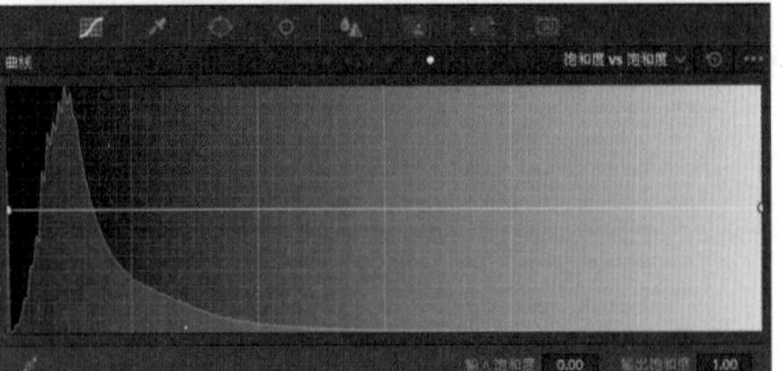

饱和度 vs 饱和度模式面板

图 5-1　曲线调色模式

5.2.1　曲线调色 1：使用自定义调色

“自定义”曲线模式面板主要由两个版块组成：

- 左边是曲线编辑器。横坐标轴表示图像的明暗亮度，最左边为暗（黑色），最右边为明（白色），纵坐标轴表示色调。编辑器中有一根对角白线，在白线上单击鼠标左键可以添加控制点，以此线为界线，往左上范围拖曳添加的控制点，可以提高图像画面的亮度，往右下范围拖曳添加的控制点，可以降低图像画面的亮度，用户可以理解为左上为明，右下为暗。当用户需要删除控制点时，在控制点上单击鼠标右键即可。
- 右边是曲线参数控制器。在曲线参数控制器中，有 YRGB 4 个颜色按钮，分别对应按钮下方的 4 个曲线调节通道，用户可以通过左右拖曳 YRGB 通道上的圆点滑块调整色彩参数。在面板中有一个联动按钮，默认状态下该按钮是开启状态，当用户拖曳任意一个通道上的滑块时，会同时调整改变其他 3 个通道的参数，用户只有将联动按钮关闭，才可以在面板中单独选择某一个通道进行调整操作。在下方的柔化裁切区，用户可以通过输入参数值或单击参数文本框后，向左拖曳降低数值或向右拖曳提高数值，调节 RGB 柔化高低。

在“曲线”面板中拖曳控制点，只会影响到与控制点相邻的两个控制点之间的那段曲线，用户通过调节曲线位置，可以调整图像画面中的色彩浓度和明暗对比度。下面通过实例介绍应用“自定义”曲线编辑器的操作方法。

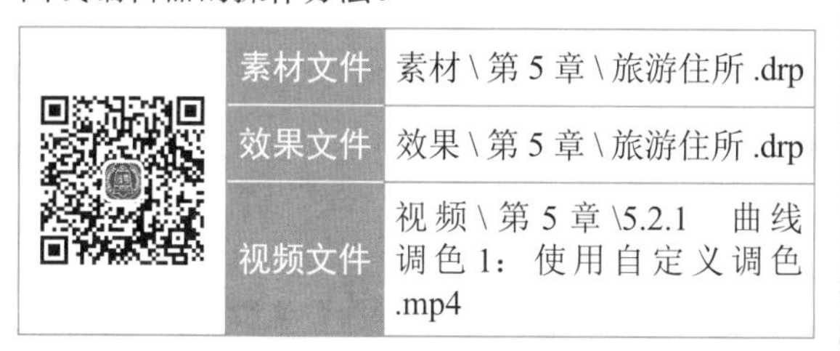

素材文件	素材 \ 第 5 章 \ 旅游住所 .drp
效果文件	效果 \ 第 5 章 \ 旅游住所 .drp
视频文件	视频 \ 第 5 章 \5.2.1　曲线调色 1：使用自定义调色 .mp4

【操练 + 视频】
——曲线调色 1：使用自定义调色

STEP 01 打开一个项目文件，如图 5-2 所示。

STEP 02 在预览窗口中，查看打开的项目效果，需要将画面中的颜色调浓，如图 5-3 所示。

STEP 03 切换至“调色”步骤面板，在左上角单击 LUT 按钮，展开 LUT 面板，在下方的选项面板中，展开 Blackmagic Design 选项卡，选择第 8 个模型样式，如图 5-4 所示。

图 5-2　打开一个项目文件

图 5-3　查看打开的项目效果

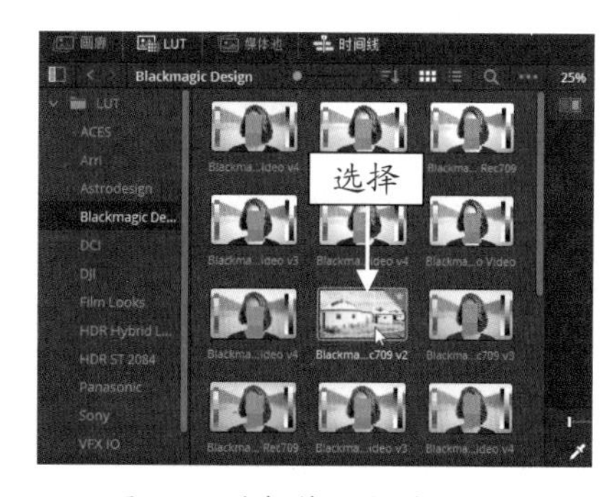

图 5-4　选择第 8 个模型样式

STEP 04 按住鼠标左键并拖曳至预览窗口的图像画面上，释放鼠标左键，即可将选择的模型样式添加至视频素材上，色彩校正效果如图 5-5 所示。图像画面校正后的色彩相对要浓郁一些，但天空的颜色比较偏青色，且云朵层次不够明显，需要将天空颜色调蓝的同时，对下方房屋草地部分不造成太大的影响。

STEP 05 展开“曲线”面板，在自定义曲线编辑器中的合适位置处，单击鼠标左键添加一个控制点，如图 5-6 所示。

图 5-5　色彩校正效果

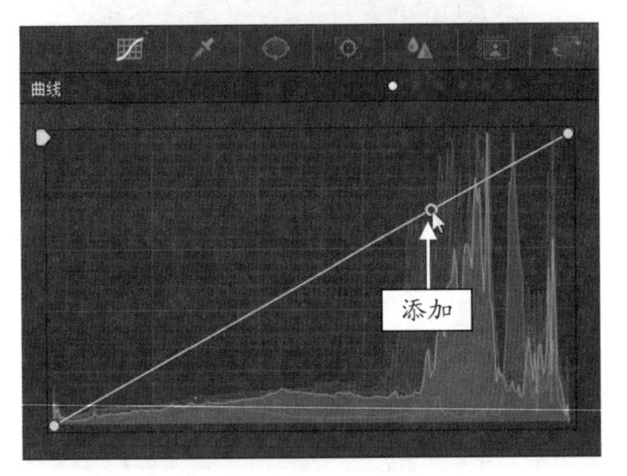

图 5-6　添加一个控制点

STEP 06 按住鼠标左键向下拖曳，同时观察预览窗口中画面色彩的变化，至合适位置处释放鼠标左键，如图 5-7 所示。

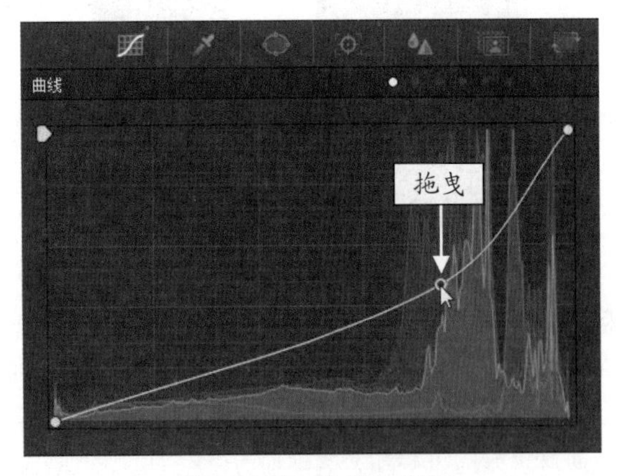

图 5-7　向下拖曳控制点

STEP 07 执行操作后，预览窗口中的显示效果如图 5-8 所示，画面中上面的天空部分调蓝了，但是下面的部分变暗了，需要微调一下暗部的亮度。

STEP 08 在编辑器左边的合适位置处，继续添加一个控制点，并拖曳至合适位置处，如图 5-9 所示。

图 5-8　显示效果

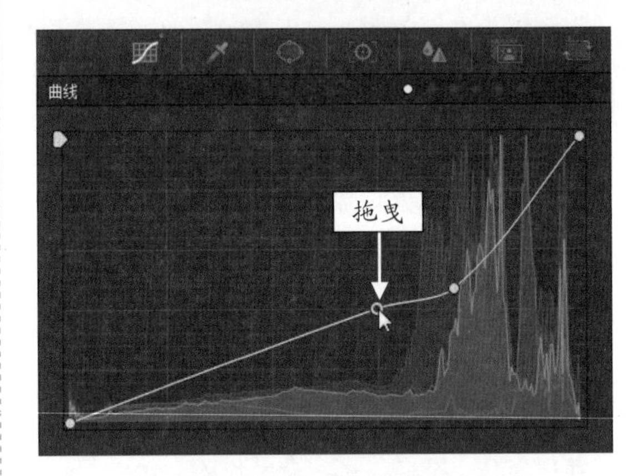

图 5-9　添加第 2 个控制点

STEP 09 执行上述操作后，即可在预览窗口中查看最终效果，如图 5-10 所示。

图 5-10　查看最终效果

5.2.2　曲线调色 2：使用“色相 vs 色相”调色

在“色相 vs 色相”面板中，曲线为横向水平线，从左到右的色彩范围为红、绿、蓝、红，曲线左右两端相连为同一色相，用户可以通过调节控制点，将素材图像画面中的色相改变成另一种色相，下面介绍具体的操作步骤。

	素材文件	素材 \ 第 5 章 \ 植物盆栽 .drp
	效果文件	效果 \ 第 5 章 \ 植物盆栽 .drp
	视频文件	视频 \ 第 5 章 \5.2.2　曲线调色 2：使用“色相 vs 色相”调色 .mp4

【操练 + 视频】
——曲线调色 2：使用“色相 vs 色相”调色

STEP 01 打开一个项目文件，如图 5-11 所示。

图 5-11　打开一个项目文件

STEP 02 在预览窗口中，可以查看打开的项目文件的效果，画面中的盆栽绿意盎然，需要通过色相调节，将表示春天的绿色，改为表示秋天的黄色，如图 5-12 所示。

图 5-12　查看打开的项目文件的效果

STEP 03 切换至“调色”步骤面板，在“曲线”面板中单击右上角的下拉按钮，弹出列表框，选择“色相 vs 色相”选项，如图 5-13 所示。

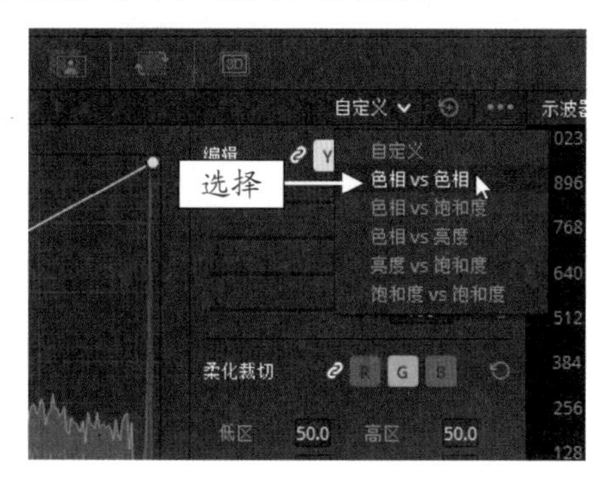

图 5-13　选择“色相 vs 色相”选项

STEP 04 切换至“色相 vs 色相”面板，在面板下方单击绿色矢量色块，如图 5-14 所示。

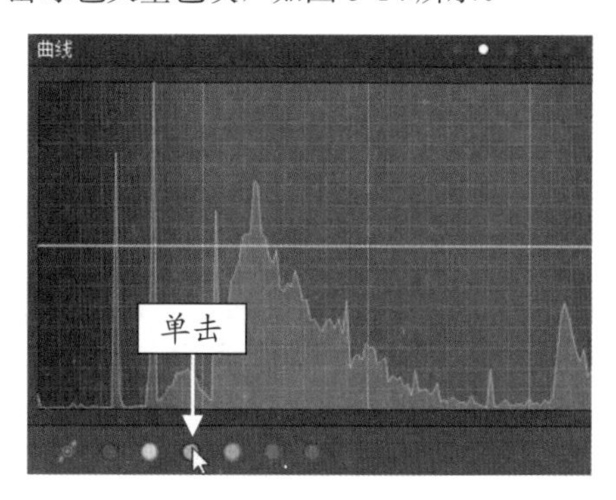

图 5-14　单击绿色矢量色块

STEP 05 执行操作后，即可在编辑器中的曲线上添加 3 个控制点，选中左边第 2 个控制点，如图 5-15 所示。

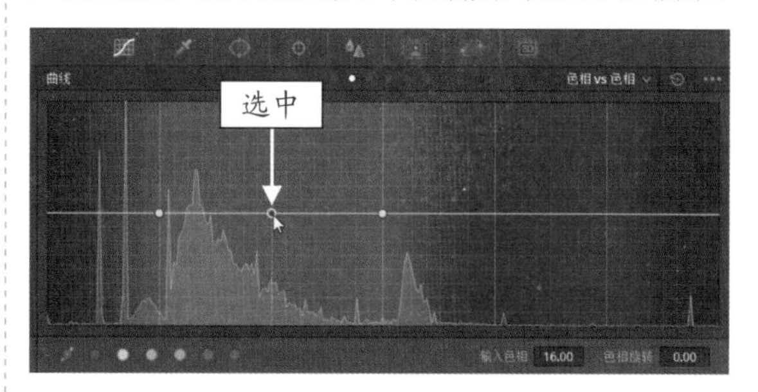

图 5-15　选中左边第 2 个控制点

STEP 06 长按鼠标左键并向上拖曳选中的控制点，如图 5-16 所示，至合适位置处释放鼠标左键。

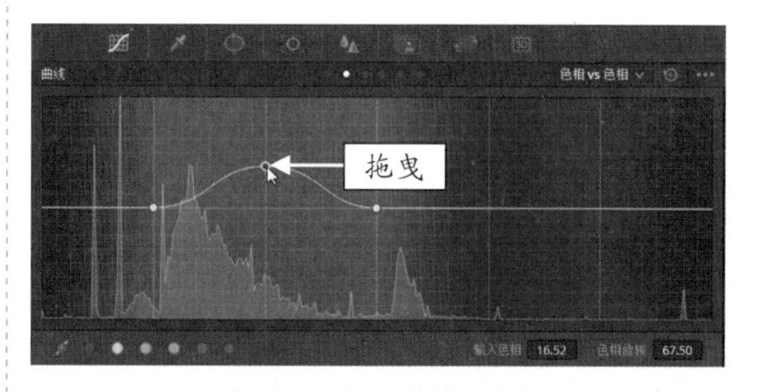

图 5-16　向上拖曳控制点

专家指点

在“色相 vs 色相”面板下方，有 6 个矢量色块，单击其中一个颜色色块，在曲线编辑器中的曲线上会自动在相应颜色色相范围内添加 3 个控制点，两端的两个控制点用来固定色相边界，中间的控制点用来调节。当然，两端的两个控制点也是可以进行调节的，用户可以根据需求调节相应的控制点。

STEP 07 执行上述操作后，即可改变图像画面中的色相，在预览窗口中，可以查看色相转变效果，如图 5-17 所示。

图 5-17 查看色相转变效果

5.2.3 曲线调色 3：使用“色相 vs 饱和度”调色

“色相 vs 饱和度”曲线模式，其面板与“色相 vs 色相”曲线模式相差不大，但制作的效果却是不一样的，“色相 vs 饱和度”曲线模式可以校正图像画面中色相过度饱和或欠缺饱和的状况，下面介绍具体的操作步骤。

	素材文件	素材 \ 第 5 章 \ 花与蜜蜂 .drp
	效果文件	效果 \ 第 5 章 \ 花与蜜蜂 .drp
	视频文件	视频 \ 第 5 章 \5.2.3 曲线调色 3：使用“色相 vs 饱和度”调色 .mp4

【操练 + 视频】
——曲线调色 3：使用“色相 vs 饱和度”调色

STEP 01 打开一个项目文件，如图 5-18 所示。

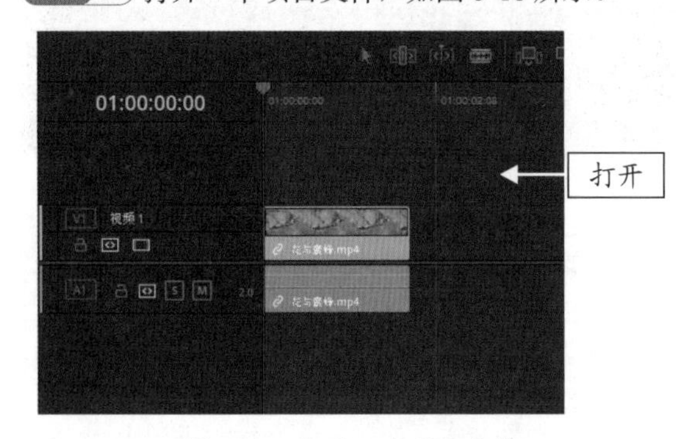

图 5-18 打开一个项目文件

STEP 02 在预览窗口中，可以查看打开的项目文件的效果，需要提高花朵的饱和度，并且不影响图像画面中的其他色调，如图 5-19 所示。

图 5-19 查看打开的项目文件的效果

STEP 03 切换至“调色”步骤面板，在“曲线”面板中单击右上角的下拉按钮，弹出列表框，选择“色相 VS 饱和度”选项，如图 5-20 所示。

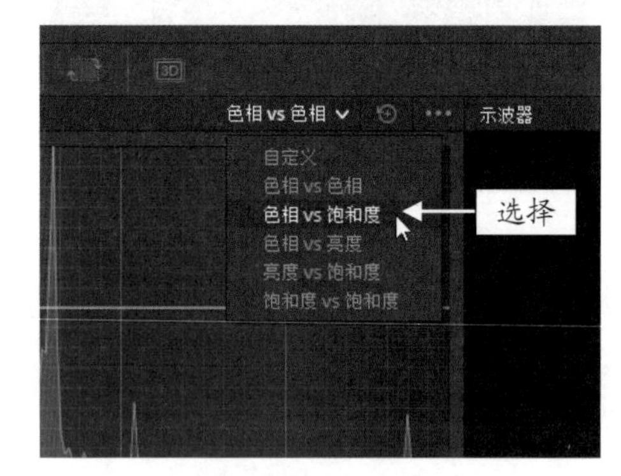

图 5-20 选择“色相 vs 饱和度”选项

STEP 04 展开“色相 vs 饱和度”面板，在面板下方单击红色矢量色块，如图 5-21 所示。

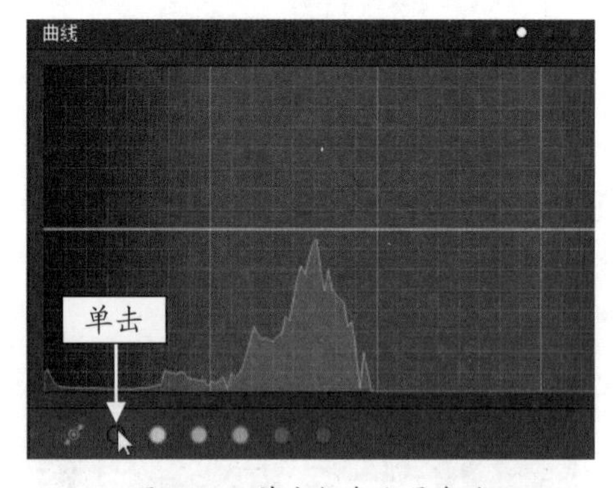

图 5-21 单击红色矢量色块

STEP 05 执行操作后，即可在编辑器中的曲线上添加 3 个控制点，选中左边的第 1 个控制点，如图 5-22 所示。

STEP 06 长按鼠标左键并向上拖曳选中的控制点，至合适位置后释放鼠标左键，如图 5-23 所示。

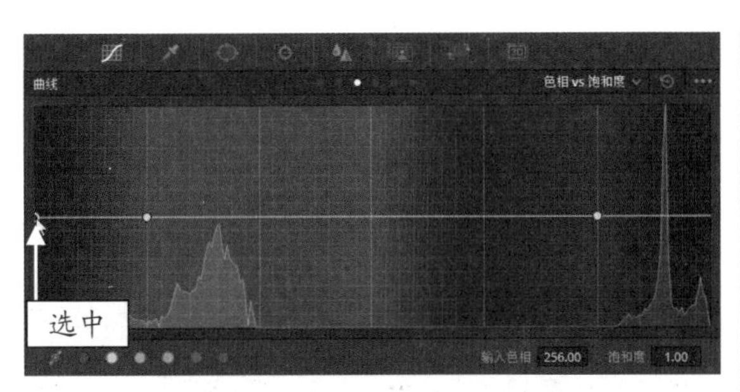

图 5-22　选中左边第 1 个控制点

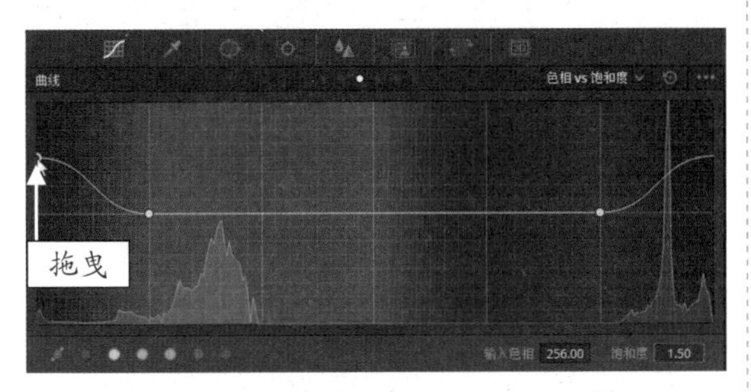

图 5-23　向上拖曳控制点

STEP 07 执行上述操作后，即可在预览窗口中，查看校正“色相 vs 饱和度”后的效果，如图 5-24 所示。

图 5-24　查看校正“色相 vs 饱和度”的效果

5.2.4　曲线调色 4：使用“色相 vs 亮度”调色

使用“色相 vs 亮度”曲线模式调色，可以降低或提高指定色相范围元素的亮度，下面通过实例操作进行介绍。

	素材文件	素材 \ 第 5 章 \ 灯火辉煌 .drp
	效果文件	效果 \ 第 5 章 \ 灯火辉煌 .drp
	视频文件	视频 \ 第 5 章 \5.2.4　曲线调色 4：使用“色相 vs 亮度”调色 .mp4

【操练 + 视频】
——曲线调色 4：使用“色相 vs 亮度”调色

STEP 01 打开一个项目文件，如图 5-25 所示。

STEP 02 在预览窗口中，可以查看打开的项目文件的效果，画面中显示的橙红色灯光亮度比较偏暗，其色相范围处于红色元素和黄色元素之间，需要提高该色相范围元素的亮度，如图 5-26 所示。

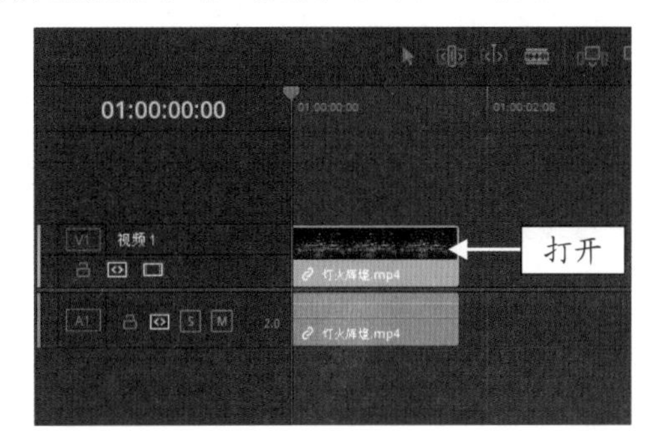

图 5-25　打开一个项目文件

图 5-26　查看打开的项目文件的效果

STEP 03 切换至“调色”步骤面板，在“曲线”面板中单击右上角的下拉按钮，弹出列表框，选择“色相 vs 亮度”选项，如图 5-27 所示。

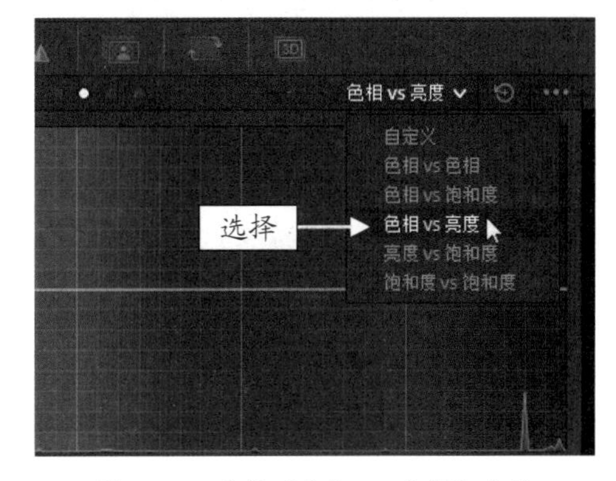

图 5-27　选择“色相 vs 亮度”选项

STEP 04 展开“色相 vs 亮度”面板，在面板下方单击黄色矢量色块，如图 5-28 所示。

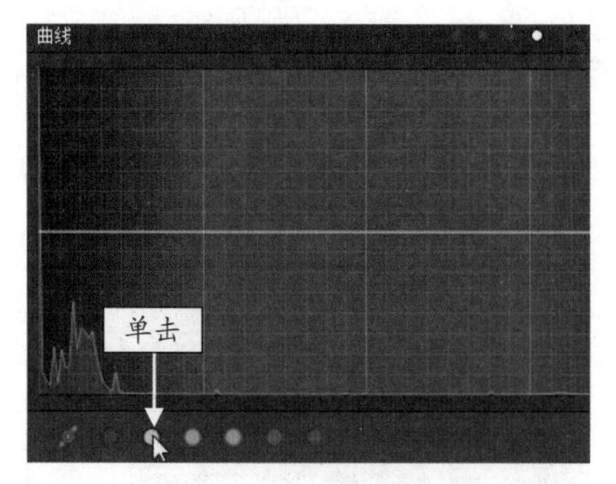

图 5-28 单击黄色矢量色块

STEP 05 执行操作后，即可在编辑器中的曲线上添加 3 个控制点，移动鼠标至第 3 个控制点上，如图 5-29 所示，单击鼠标右键移除控制点。

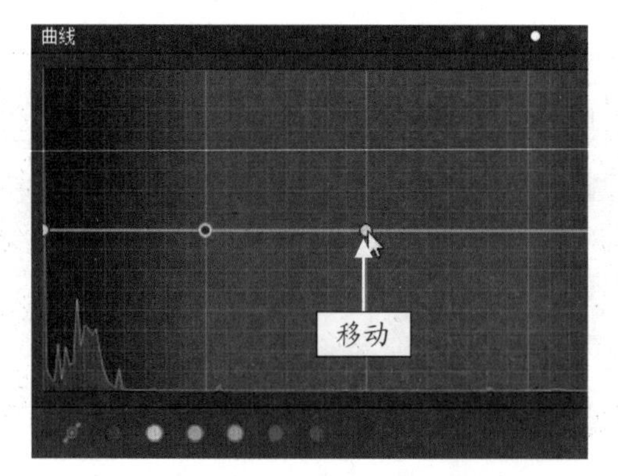

图 5-29 移动鼠标至第 3 个控制点上

STEP 06 然后在两个控制点之间的曲线线段上，单击鼠标左键添加一个控制点，如图 5-30 所示。

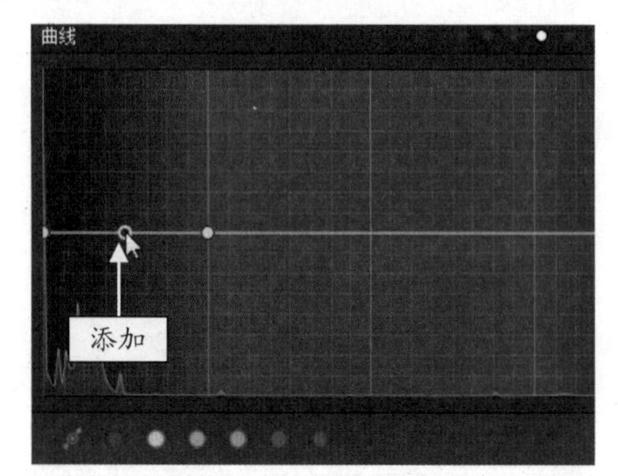

图 5-30 添加一个控制点

STEP 07 选中添加的控制点并向上拖曳，直至下方面板中“输入色相”参数显示为 286.39、“亮度增益”参数显示为 1.50，如图 5-31 所示。

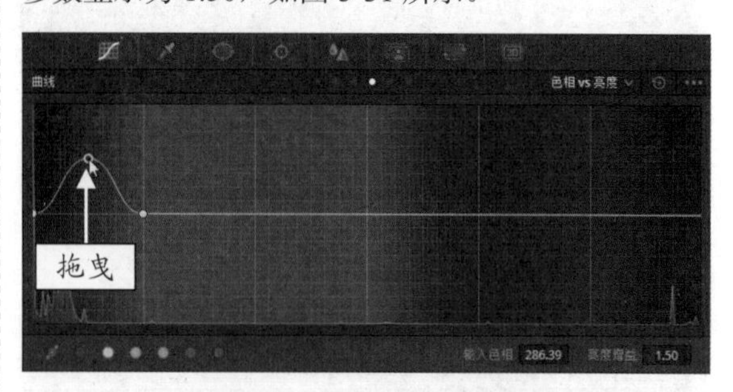

图 5-31 向上拖曳控制点

STEP 08 执行上述操作后，即可在预览窗口中，查看色相范围元素提亮后的效果，如图 5-32 所示。

图 5-32 查看色相范围元素提亮后的效果

5.2.5 曲线调色 5：使用“亮度 vs 饱和度”调色

“亮度 vs 饱和度”曲线模式主要是在图像原本的色调基础上进行调整，而不是在色相范围的基础上进行调整。在“亮度 vs 饱和度”面板中，横轴的左边为黑色，表示图像画面的阴影部分，横轴的右边为白色，表示图像画面的高光位置，以水平曲线为界，上下拖曳曲线上的控制点，可以降低或提高指定位置的饱和度。使用“亮度 vs 饱和度”曲线模式调色，可以根据需求在画面的阴影处或明亮处调整饱和度，下面通过实例操作进行介绍。

素材文件	素材 \ 第 5 章 \ 山顶风景 .drp
效果文件	效果 \ 第 5 章 \ 山顶风景 .drp
视频文件	视频 \ 第 5 章 \5.2.5 曲线调色 5：使用“亮度 vs 饱和度”调色 .mp4

【操练 + 视频】
——曲线调色 5：使用“亮度 vs 饱和度”调色

STEP 01 打开一个项目文件，如图 5-33 所示。

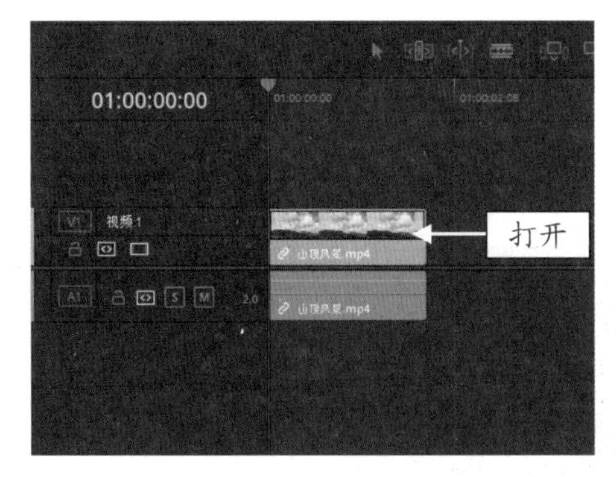

图 5-33　打开一个项目文件

STEP 02 在预览窗口中，可以查看打开的项目文件的效果，需要将画面中高光部分的饱和度提高，如图 5-34 所示。

图 5-34　查看打开的项目文件的效果

STEP 03 切换至“调色”步骤面板，展开“亮度 vs 饱和度”曲线面板，按住 Shift 键的同时，在水平曲线上单击鼠标左键添加一个控制点，如图 5-35 所示。

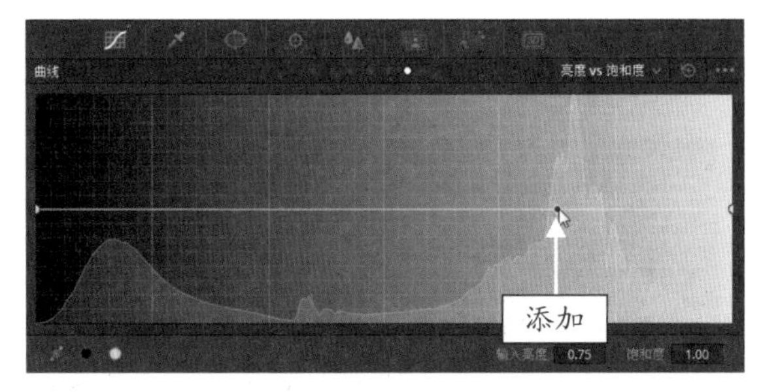

图 5-35　添加一个控制点

专家指点

在“曲线”面板中，添加控制点的同时按住 Shift 键，可以防止添加控制点时移动位置。

STEP 04 然后选中添加的控制点并向上拖曳，直至下方面板中“输入亮度”参数显示为 0.75、“饱和度”参数显示为 2.00，如图 5-36 所示。

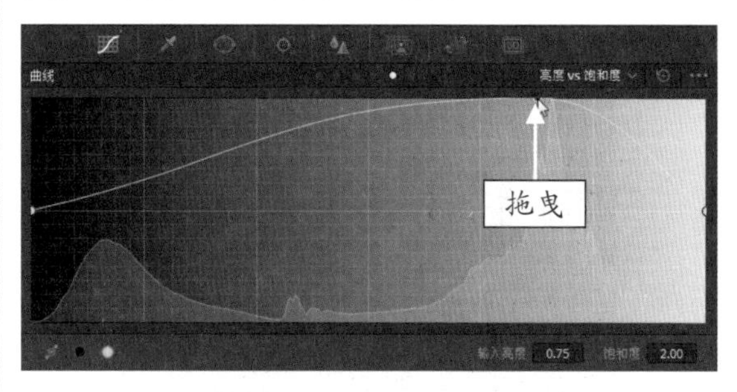

图 5-36　向上拖曳控制点

STEP 05 在预览窗口中，查看天空提高饱和度后的效果，如图 5-37 所示。

图 5-37　查看天空提高饱和度后的效果

5.2.6　曲线调色 6：使用“饱和度 vs 饱和度”调色

“饱和度 vs 饱和度”曲线模式也是在图像原本的色调基础上进行调整，主要用于调节图像画面中过度饱和或者饱和度不够的区域。在“饱和度 vs 饱和度”面板中，横轴的左边为图像画面中低饱和区，横轴的右边为图像画面中高饱和区，以水平曲线为界，上下拖曳曲线上的控制点，可以降低或提高指定区域的饱和度。

使用“饱和度 vs 饱和度”曲线模式调色，可以根据需求在画面的高饱和区或低饱和区调节饱和度，并且不会影响到其他部分，下面通过实例操作进行介绍。

	素材文件	素材 \ 第 5 章 \ 花丛一片 .drp
	效果文件	效果 \ 第 5 章 \ 花丛一片 .drp
	视频文件	视频 \ 第 5 章 \5.2.6　曲线调色 6：使用“饱和度 vs 饱和度”调色 .mp4

【操练 + 视频】——曲线调色 6：使用“饱和度 vs 饱和度”调色

STEP 01 打开一个项目文件，如图 5-38 所示。

图 5-38 打开一个项目文件

STEP 02 在预览窗口中，可以查看打开的项目文件的效果，画面中的花朵和花茎相对来说花茎为低饱和度状态，需要在不影响花朵的情况下，提高花茎的饱和度，如图 5-39 所示。

图 5-39 查看打开的项目文件的效果

STEP 03 切换至“调色”步骤面板，展开“饱和度 vs 饱和度”曲线面板，按住 Shift 键的同时，在水平曲线的中间位置单击鼠标左键添加一个控制点，以此为分界点，左边为低饱和区，右边为高饱和区，如图 5-40 所示。

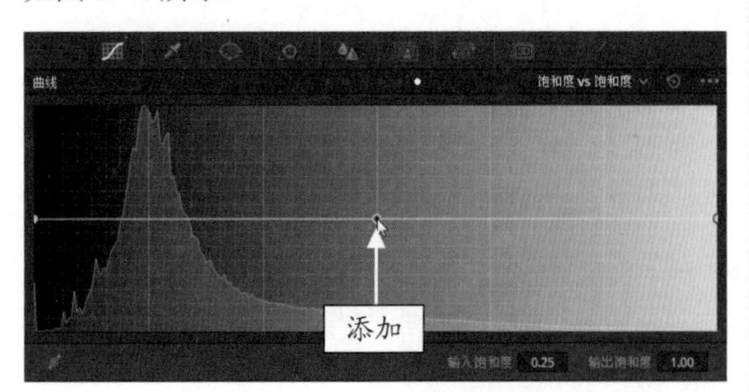

图 5-40 添加一个控制点

> **专家指点**
>
> 在“饱和度 vs 饱和度”面板编辑器的水平曲线上添加一个控制点作为分界点，方便用户在调节低饱和区时，不会影响到高饱和区的曲线，反之亦然。

STEP 04 在低饱和区的曲线线段上单击鼠标左键，再次添加一个控制点，如图 5-41 所示。

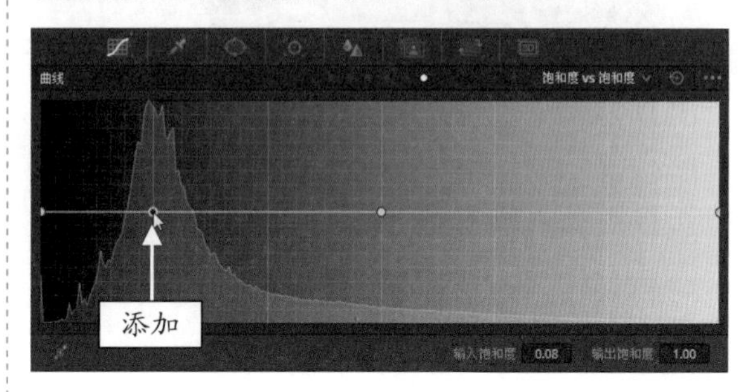

图 5-41 再次添加一个控制点

STEP 05 选中添加的控制点并向上拖曳，直至下方面板中“输入饱和度”参数显示为0.08、“输出饱和度”参数显示为 1.70，如图 5-42 所示。

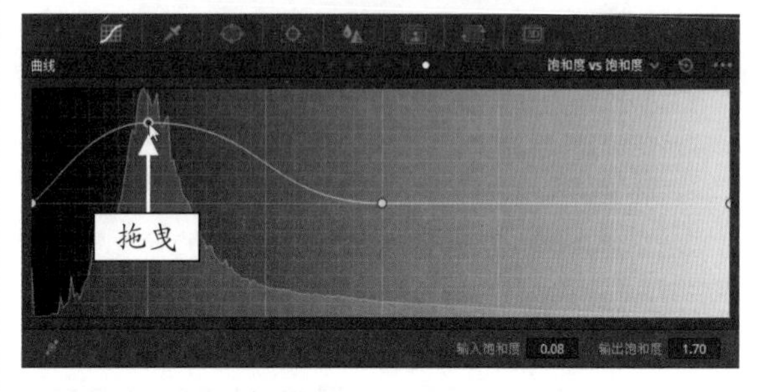

图 5-42 向上拖曳控制点

STEP 06 执行上述操作后，即可在预览窗口中查看图像画面提高饱和度后的效果，如图 5-43 所示。

图 5-43 查看画面提高饱和度后的效果

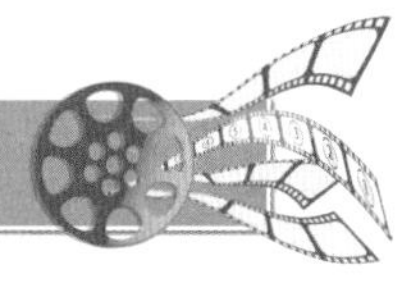

5.3 创建选区进行抠像调色

对素材图形进行抠像调色，是二级调色必学的一个环节。DaVinci Resolve 16 为用户提供了限定器功能面板，其中包含 4 种抠像操作模式，分别是 HSL 限定器、RGB 限定器、亮度限定器以及 3D 限定器，可以帮助用户对素材图像创建选区，把不同亮度、不同色调的部分画面分离出来，然后根据亮度、风格、色调等需求，对分离出来的部分画面进行针对性的色彩调节。

5.3.1 选区调色 1：使用 HSL 限定器抠像调色

HSL 限定器主要通过“拾色器”工具根据素材图像的色相、饱和度以及亮度进行抠像。当用户使用“拾色器”工具在图像上进行色彩取样时，HSL 限定器会自动对选取部分的色相、饱和度以及亮度进行综合分析。下面通过实例操作介绍使用 HSL 限定器创建选区抠像调色的方法。

	素材文件	素材 \ 第 5 章 \ 多肉植物 .drp
	效果文件	效果 \ 第 5 章 \ 多肉植物 .drp
	视频文件	视频 \ 第 5 章 \5.3.1　选区调色 1：使用 HSL 限定器抠像调色 .mp4

【操练 + 视频】
——选区调色 1：使用 HSL 限定器抠像调色

STEP 01 打开一个项目文件，如图 5-44 所示。

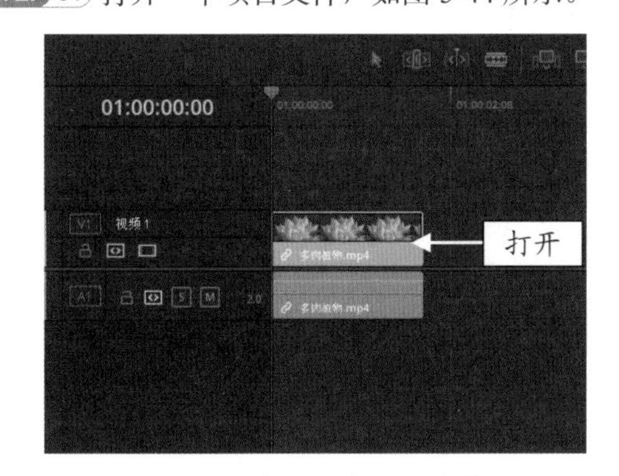

图 5-44　打开一个项目文件

STEP 02 在预览窗口中，可以查看打开的项目文件的效果，需要在不改变画面中其他部分的情况下，将红色背景改成绿色背景，如图 5-45 所示。

STEP 03 切换至“调色”步骤面板，单击“限定器”按钮，如图 5-46 所示，展开 HSL 限定器面板。

图 5-45　查看打开的项目文件的效果

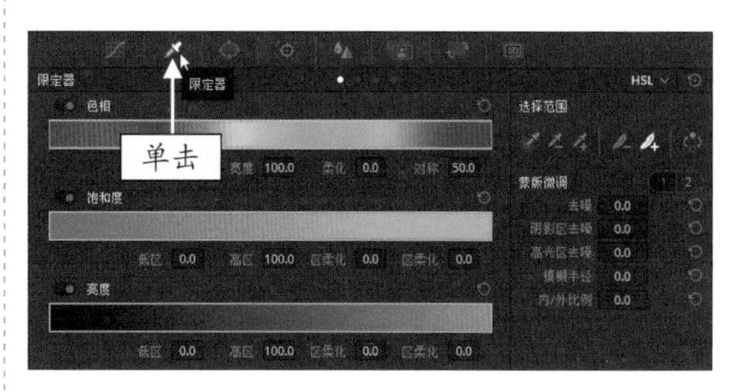

图 5-46　单击“限定器”按钮

STEP 04 在“选择范围”选项区中，单击“拾色器”按钮，如图 5-47 所示。执行操作后，光标随即转换为滴管工具。

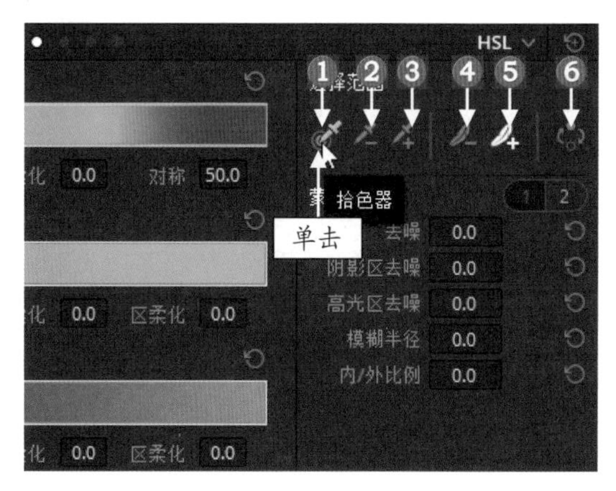

图 5-47　单击“拾色器”按钮

专家指点

在“选择范围”选项区中共有6个工具按钮，作用分别如下。

❶“拾色器”按钮：单击“拾色器”按钮，光标即可变为滴管工具，可以在预览窗口中的图像素材上，单击鼠标左键或拖曳光标，对相同颜色进行取样抠像。

❷“减少色彩范围”按钮：其操作方法与“拾色器”工具一样，可以在预览窗口中的抠像上，通过单击或拖曳光标减少抠像区域。

❸“增加色彩范围”按钮：其操作方法与“拾色器”工具一样，可以在预览窗口中的抠像上，通过单击或拖曳光标增加抠像区域。

❹“减少柔化边缘”按钮：单击该按钮，在预览窗口中的抠像上，通过单击或拖曳光标减弱抠像区域的边缘。

❺“增强柔化边缘”按钮：单击该按钮，在预览窗口中的抠像上，通过单击或拖曳光标优化抠像区域的边缘。

❻“反转”按钮：单击该按钮，可以在预览窗口中反选未被选中的抠像区域。

STEP 05 移动光标至“监视器”面板，单击“突出显示”按钮，如图5-48所示。此按钮可以使被选取的抠像区域突出显示在画面中，未被选取的区域将会以灰白色显示。

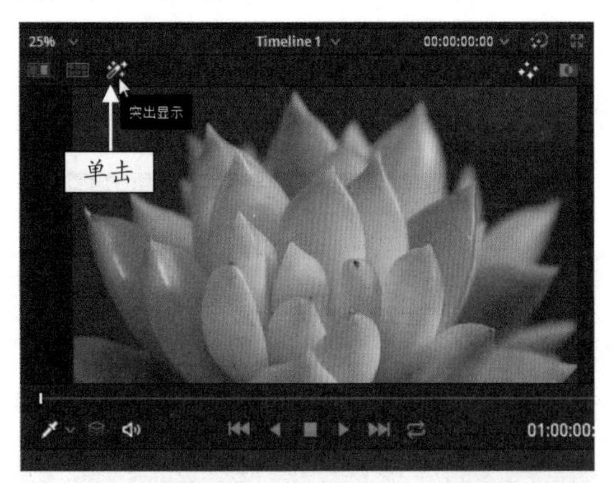

图5-48 单击“突出显示”按钮

STEP 06 在预览窗口中按住鼠标左键，拖曳光标选取红色区域，未被选取的区域画面以灰白色显示，如图5-49所示。然后在“限定器”面板中设置“去噪”参数为43.0。

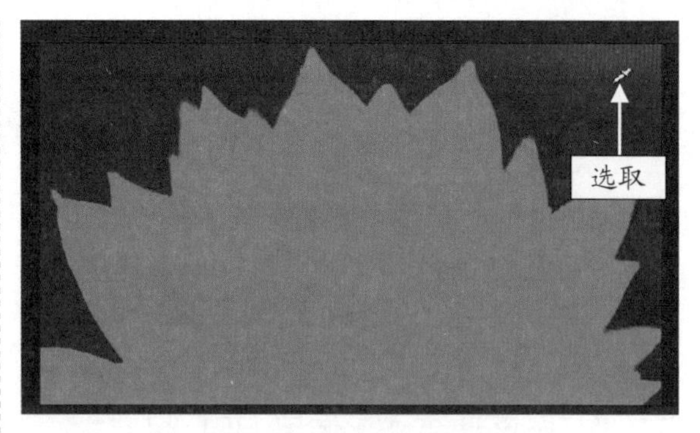

图5-49 选取红色区域

STEP 07 完成抠像后，切换至“色相vs色相”曲线面板，单击蓝色矢量色块，在曲线上添加3个控制点，选中左边第1个控制点，按住鼠标左键向下拖曳，直至“输入色相”参数显示为258.00、“色相旋转”参数显示为-180.00，如图5-50所示。

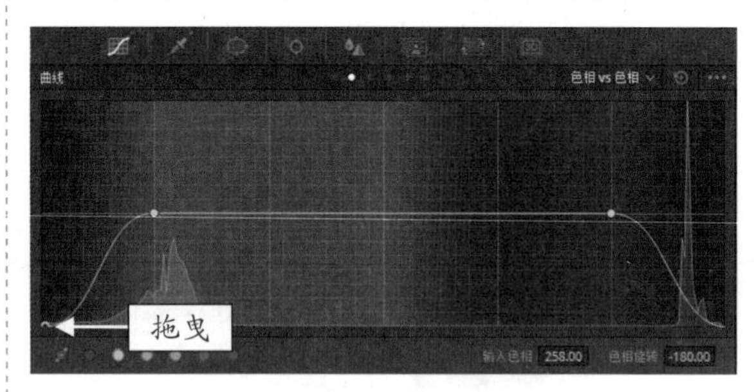

图5-50 拖曳控制点调整色相

STEP 08 执行上述操作后，即可将红色背景改为绿色背景，再次单击“突出显示”按钮，恢复未被选取的区域画面，查看最终效果，如图5-51所示。

图5-51 查看最终效果

5.3.2 选区调色2：使用RGB限定器抠像调色

RGB限定器主要根据红、绿、蓝3个颜色通道的范围和柔化进行抠像的。它可以更好地帮助用户解决图像上 RGB 色彩分离的情况，下面通过实例操作进行介绍。

	素材文件	素材 \ 第 5 章 \ 山上风景 .drp
	效果文件	效果 \ 第 5 章 \ 山上风景 .drp
	视频文件	视频 \ 第 5 章 \5.3.2　选区调色 2：使用 RGB 限定器抠像调色 .mp4

【操练 + 视频】
——选区调色 2：使用 RGB 限定器抠像调色

STEP 01 打开一个项目文件，如图 5-52 所示。

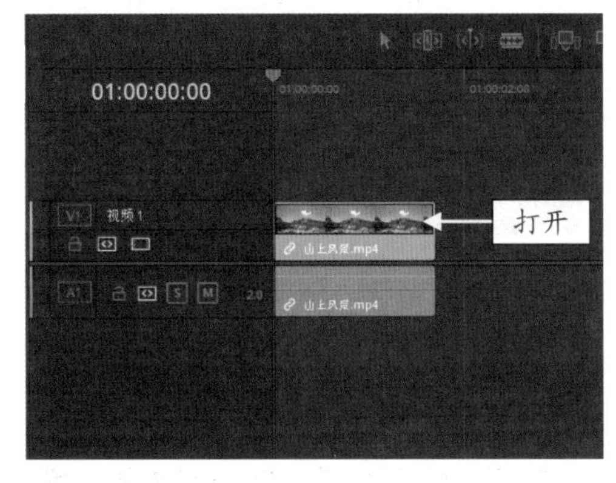

图 5-52　打开一个项目文件

STEP 02 在预览窗口中，可以查看打开的项目文件的效果，需要提高画面中天空的饱和度，如图 5-53 所示。

图 5-53　查看打开的项目文件的效果

STEP 03 切换至“调色”步骤面板，展开“限定器”面板，单击面板上方正中间位置的第 2 个圆圈，即可切换至 RGB 限定器选项面板，如图 5-54 所示。

STEP 04 在面板的“选择范围”选项区中，单击“拾色器”按钮，如图 5-55 所示。

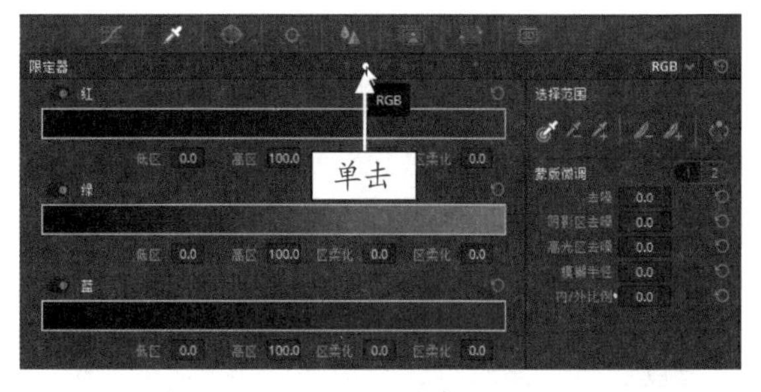

图 5-54　切换至 RGB 选项面板

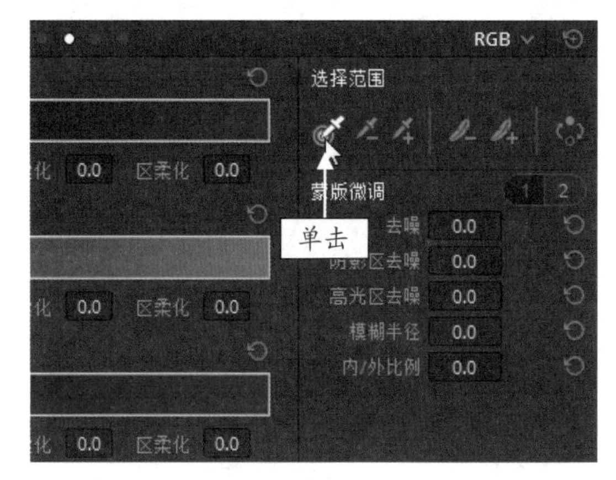

图 5-55　单击“拾色器”按钮

STEP 05 移动光标至“监视器”面板，单击“突出显示”按钮，如图 5-56 所示。

图 5-56　单击“突出显示”按钮

STEP 06 在预览窗口中，按住鼠标左键拖曳光标，选取天空区域画面，此时，未被选取的区域画面呈灰白色，如图 5-57 所示。

STEP 07 完成抠像后，切换至“色轮”面板，在面板下方设置“饱和度”参数为 100.00，如图 5-58 所示。

STEP 08 执行上述操作后，再次单击“突出显示”按钮，恢复未被选取的区域画面，查看最终效果，

如图 5-59 所示。

图 5-57　选取蓝色海水区域画面

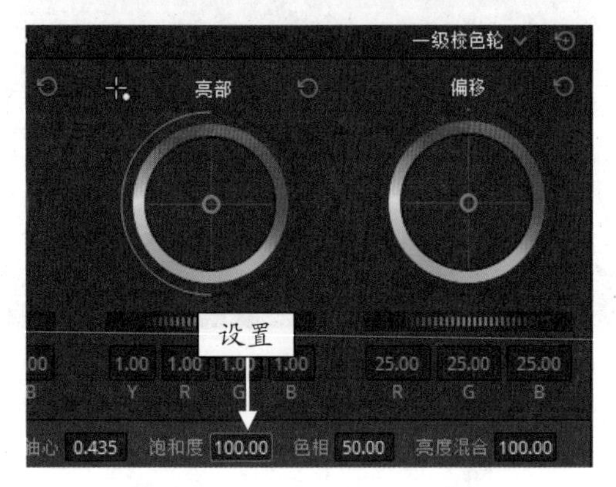

图 5-58　设置“饱和度”参数

图 5-59　查看画面最终效果

5.3.3　选区调色 3：使用亮度限定器抠像调色

“亮度”限定器选项面板和 HSL 限定器选项面板中的布局有些类似，差别在于“亮度”限定器选项面板中的色相和饱和度两个通道是禁止使用的，也就是说，“亮度”限定器只能通过亮度通道来分析素材图像中被选取的画面，下面通过实例操作进行介绍。

素材文件	素材 \ 第 5 章 \ 烟花绽放 .drp
效果文件	效果 \ 第 5 章 \ 烟花绽放 .drp
视频文件	视频 \ 第 5 章 \5.3.3　选区调色 3：使用亮度限定器抠像调色 .mp4

【操练 + 视频】
——选区调色 3：使用亮度限定器抠像调色

STEP 01 打开一个项目文件，如图 5-60 所示。

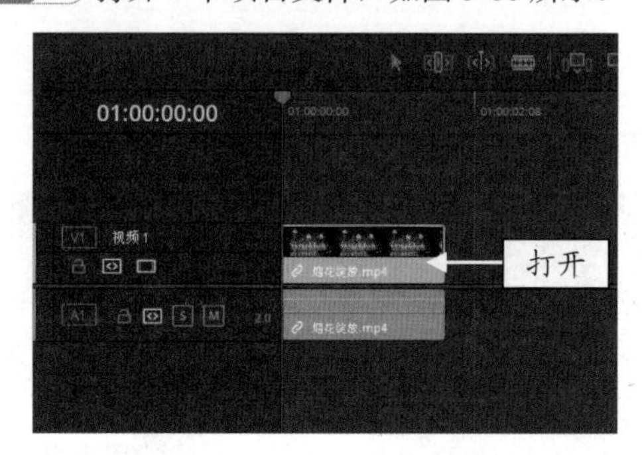

图 5-60　打开一个项目文件

STEP 02 在预览窗口中，可以查看打开的项目文件的效果，需要提高画面中灯光的亮度，使画面中的明暗对比更加明显，如图 5-61 所示。

图 5-61　查看打开的项目文件的效果

STEP 03 切换至“调色”步骤面板，展开“限定器”面板，单击面板上方正中间位置的第 3 个圆圈，即可切换至“亮度”选项面板，如图 5-62 所示。

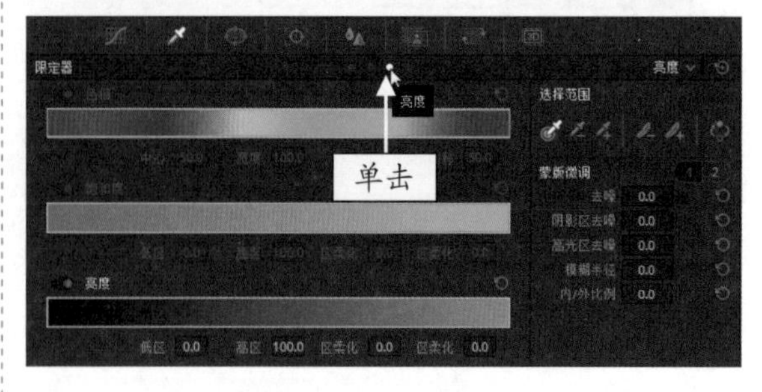

图 5-62　切换至“亮度”选项面板

STEP 04 在“选择范围”选项区中，单击“拾色器”按钮，如图 5-63 所示。

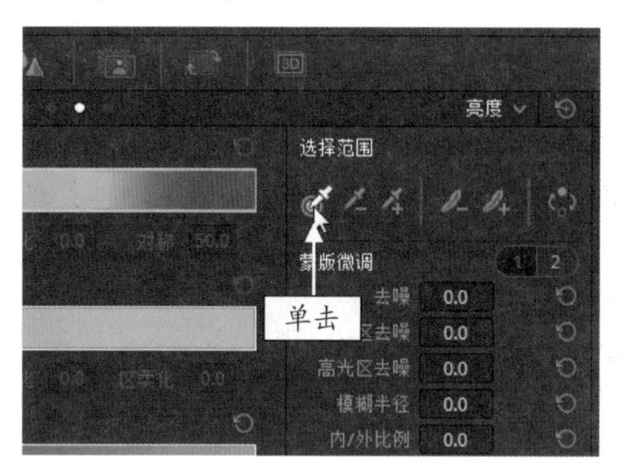

图 5-63　单击“拾色器”按钮

STEP 05 在“监视器”面板上方，单击“突出显示”按钮，如图 5-64 所示。

图 5-64　单击“突出显示”按钮

STEP 06 在预览窗口中，单击鼠标左键选取画面中最亮的一处，同时，相同亮度范围中的画面区域也会被选取，如图 5-65 所示。

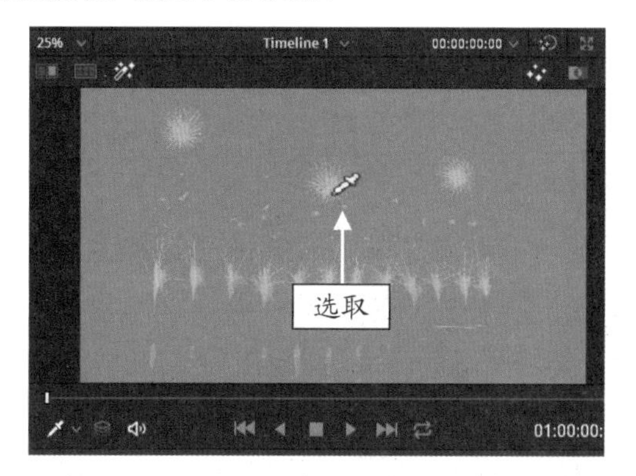

图 5-65　选取画面中最亮的一处

STEP 07 在“限定器”面板中，“亮度”通道会自动分析选取画面的亮度范围，设置“去噪”参数为 45.0，如图 5-66 所示。

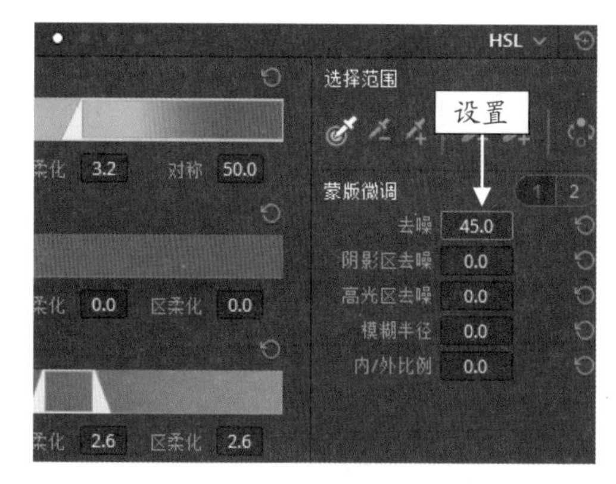

图 5-66　设置“去噪”参数

专家指点

用户可以根据需要，移动亮度滑块扩大或缩小亮度的选取范围。

STEP 08 完成抠像后，切换至“色轮”面板，向右拖曳“亮部”色轮下方的轮盘，直至 YRGB 参数均显示为 1.50，如图 5-67 所示。

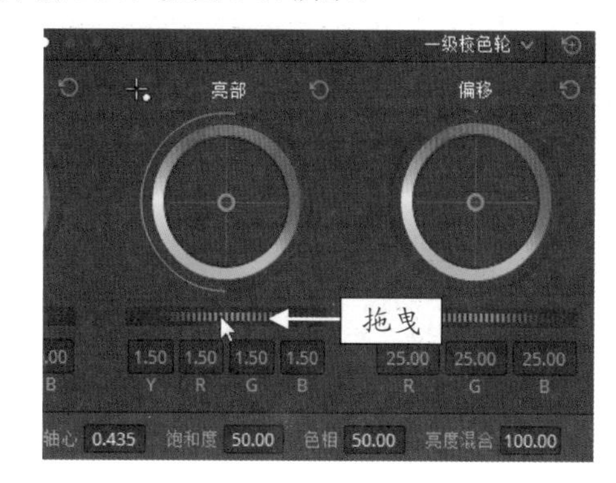

图 5-67　拖曳“亮度”轮盘

STEP 09 执行上述操作后，再次单击“突出显示”按钮，恢复未被选取的区域画面，查看画面最终效果，如图 5-68 所示。

图 5-68　查看画面最终效果

5.3.4 选区调色 4：使用 3D 限定器抠像调色

在 DaVinci Resolve 16 中，使用 3D 限定器对图像素材进行抠像调色，只需要在“监视器”面板的预览窗口中画一条线，选取需要进行抠像的图像画面，即可创建 3D 键控。用户对选取的画面色彩进行采样后，即可对采集到的颜色根据亮度、色相、饱和度等需求进行调色，下面通过实例操作进行介绍。

	素材文件	素材 \ 第 5 章 \ 黄色莲蓬 .drp
	效果文件	效果 \ 第 5 章 \ 黄色莲蓬 .drp
	视频文件	视频 \ 第 5 章 \5.3.4　选区调色 4：使用 3D 限定器抠像调色 .mp4

【操练 + 视频】
——选区调色 4：使用 3D 限定器抠像调色

STEP 01 打开一个项目文件，如图 5-69 所示。

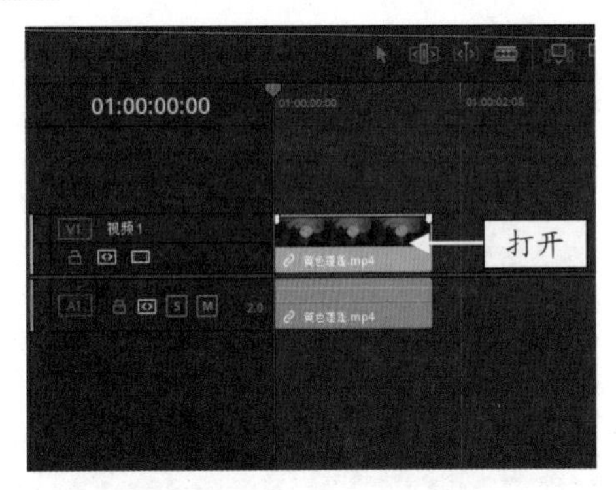

图 5-69　打开一个项目文件

STEP 02 在预览窗口中，可以查看打开的项目文件的效果，需要提亮图像中的黄色莲蓬，如图 5-70 所示。

图 5-70　查看打开的项目文件的效果

STEP 03 切换至“调色”步骤面板，展开“限定器”面板，单击面板上方正中间位置的第 4 个圆圈，即可切换至 3D 限定器选项面板，如图 5-71 所示。

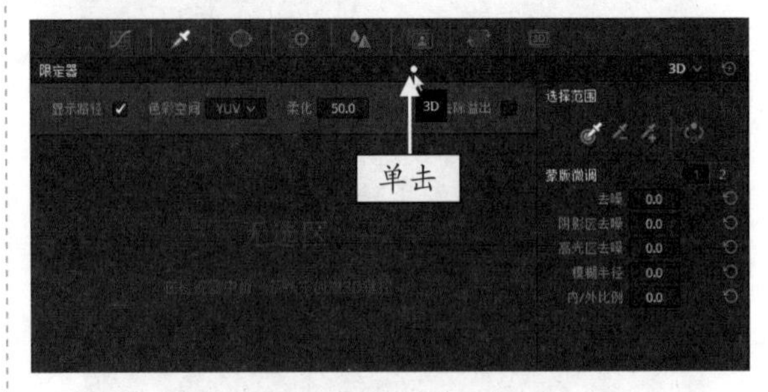

图 5-71　切换至 3D 限定器选项面板

STEP 04 在“选择范围”选项区中，单击“拾色器”按钮，在预览窗口中的图像画面上画一条线，如图 5-72 所示。

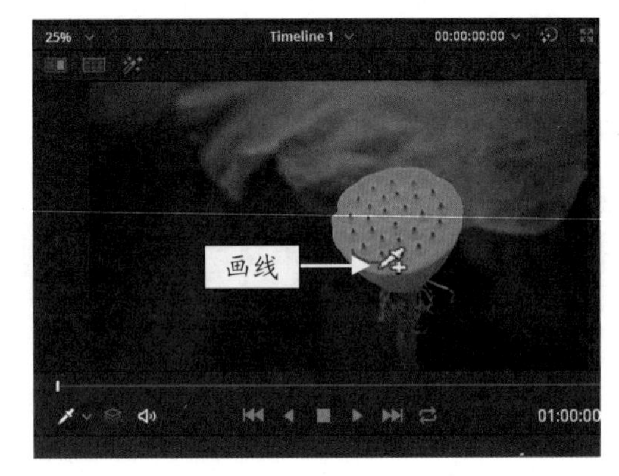

图 5-72　画一条线

STEP 05 执行上述操作后，即可将采集到的颜色显示在“限定器”面板中，创建色块选区，如图 5-73 所示。

图 5-73　显示采集到的颜色

STEP 06 在“监视器”面板上方，单击“突出显示”

按钮，在预览窗口中查看被选取的区域画面，如图 5-74 所示。

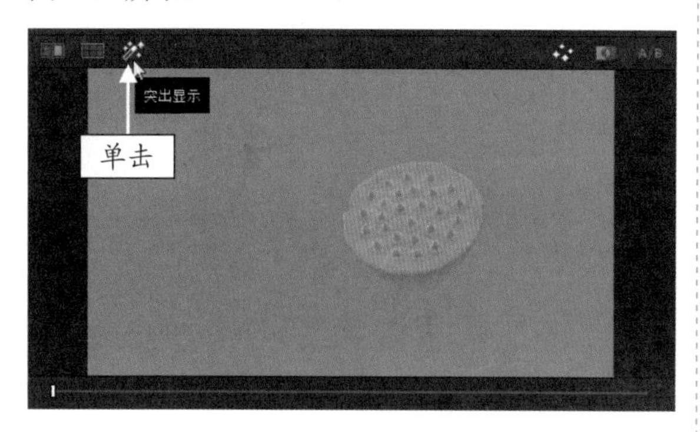

图 5-74　单击“突出显示”按钮

专家指点

3D 限定器支持用户在图像上画多条线，每条线所采集到的颜色，都会显示在 3D 限定器面板中，同时还显示了采集颜色的 RGB 参数值。如果用户多采集了一种颜色，可以单击采样条右边的删除按钮进行清除。

STEP 07　切换至“色轮”面板，向右拖曳“亮部”色轮下方的轮盘，直至 YRGB 参数均显示为 1.50，如图 5-75 所示。

STEP 08　执行上述操作后，再次单击“突出显示”按钮，恢复未被选取的区域画面，返回“剪辑”步骤面板，在预览窗口中查看最终效果，如图 5-76 所示。

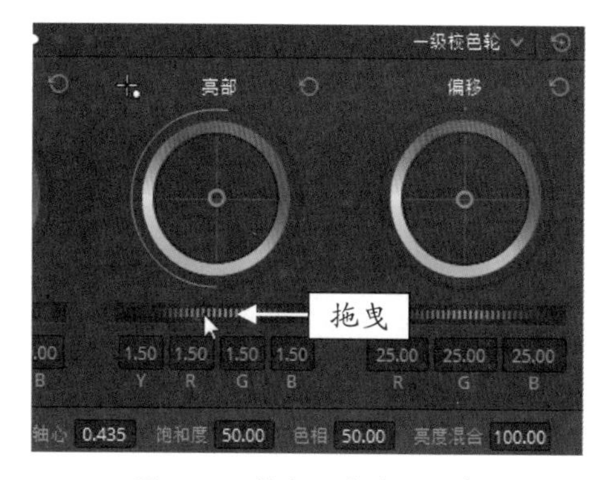

图 5-75　拖曳“亮度”轮盘

图 5-76　查看最终效果

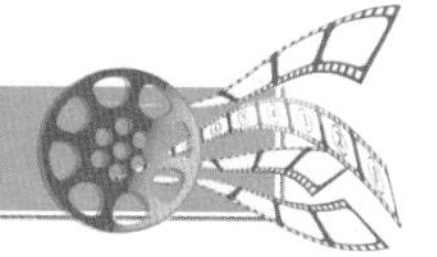

5.4　创建窗口蒙版局部调色

前文介绍了如何使用限定器创建选区，对素材画面进行抠像调色的操作方法。下面要介绍的是如何创建蒙版，对素材图形进行局部调色的操作方法，相对来说，蒙版调色更加方便用户对素材进行细节处理。

5.4.1　认识“窗口”面板

在达芬奇“调色”步骤面板中，“限定器”面板的右边就是“窗口”面板，如图 5-77 所示，用户可以使用“四边形”工具、“圆形”工具、“多边形”工具、“曲线”工具以及“渐变”工具在素材图像画面中绘制蒙版遮罩，对蒙版遮罩区域进行局部调色。

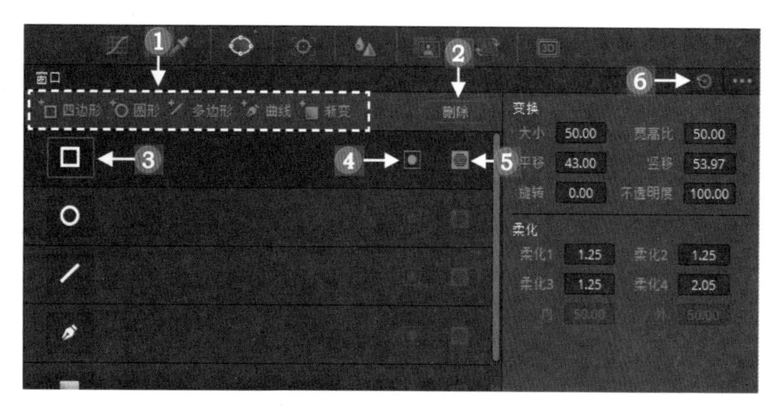

图 5-77　“窗口”面板

在面板的右侧有两个选项区，

分别是“变换”选项区和“柔化”选项区，当用户绘制蒙版遮罩时，可以在这两个选项区中，对遮罩大小、宽高比、边缘柔化等参数进行微调，使需要调色的遮罩画面更加精准。

在“窗口”面板中，用户需要了解以下几个按钮的作用。

❶ 形状工具按钮：在“窗口”预设面板上方，有四边形、圆形、多边形、曲线以及渐变5个形状工具的按钮，单击任意一个形状工具的按钮，即可在下方的“窗口”预设面板中新增一条相应的形状窗口。

❷ “删除”按钮：在“窗口”预设面板中选择新增的形状窗口，单击“删除”按钮，即可将形状窗口删除。

❸ “窗口激活”按钮：单击“窗口激活”按钮后，按钮四周会出现一个橘红色的边框，激活窗口后，即可在预览窗口中的图像画面上绘制蒙版遮罩，再次单击“窗口激活”按钮，即可关闭形状窗口。

❹ “反向”按钮：单击该按钮，可以反向选中素材图像上蒙版遮罩选区之外的画面区域。

❺ “遮罩”按钮：单击该按钮，可以将素材图像上的蒙版设置为遮罩，可以用于多个蒙版窗口进行布尔预算。

❻ “全部重置”按钮：单击该按钮，可以将图像上绘制的形状窗口全部清除重置。

5.4.2 调整形状：控制窗口遮罩蒙版的形状

应用“窗口”面板中的形状工具在图像画面上绘制选区，用户可以根据需要调整默认的蒙版尺寸大小、位置和形状，下面通过实例操作进行介绍。

	素材文件	素材\第5章\夕阳西下.drp
	效果文件	效果\第5章\夕阳西下.drp
	视频文件	视频\第5章\5.4.2 调整形状：控制窗口遮罩蒙版的形状.mp4

【操练＋视频】
——调整形状：控制窗口遮罩蒙版的形状

STEP 01 打开一个项目文件，如图5-78所示。

图5-78 打开一个项目文件

STEP 02 在预览窗口中，可以查看打开的项目文件的效果，如图5-79所示，可以将视频分为两个部分，一部分是山林，属于阴影区域，一部分为天空，属于明亮区域，画面中天空的颜色比较淡，没有落日的光彩，需要将明亮区域的饱和度调浓一些。

图5-79 查看打开的项目文件的效果

STEP 03 切换至“调色”步骤面板，单击“窗口”按钮，切换至“窗口”面板，如图5-80所示。

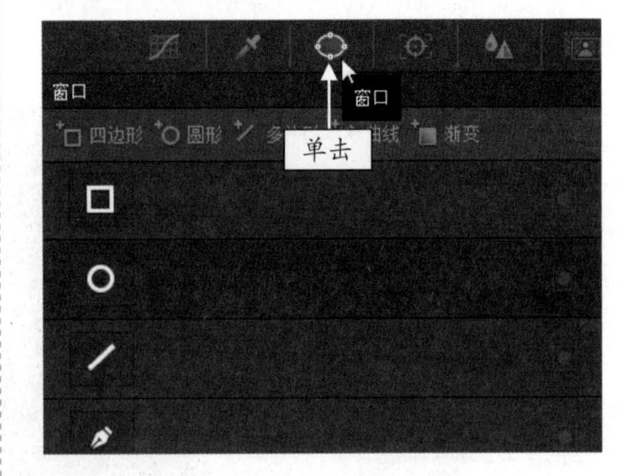

图5-80 单击“窗口”按钮

STEP 04 在“窗口”预设面板中，单击多边形“窗口激活”按钮，如图5-81所示。

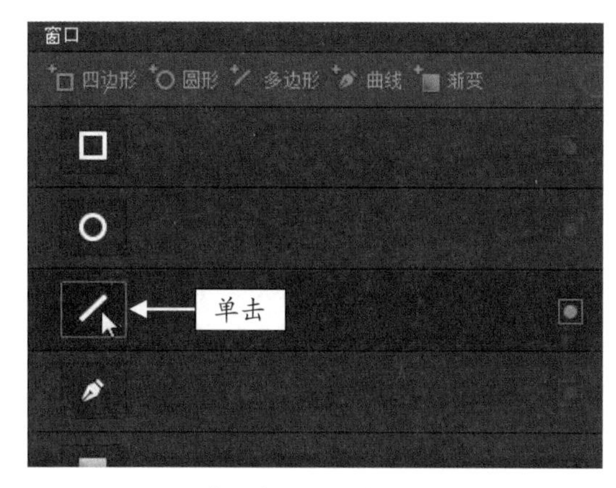

图 5-81　单击多边形“窗口激活”按钮

STEP 05 在预览窗口的图像上会出现一个矩形蒙版，如图 5-82 所示。

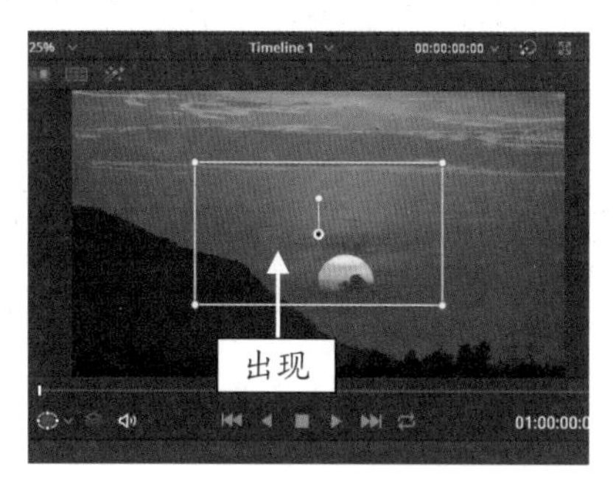

图 5-82　出现一个矩形蒙版

STEP 06 拖曳蒙版四周的控制柄，调整蒙版位置和形状大小，如图 5-83 所示。

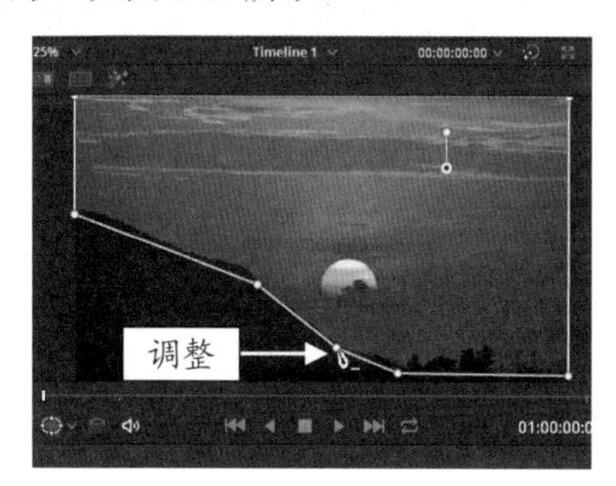

图 5-83　调整蒙版位置和形状大小

专家指点

使用“多边形”工具后，在矩形蒙版方框线上单击鼠标左键，即可添加变形控制柄。

STEP 07 执行操作后，展开“色轮”面板，设置“饱和度”参数为 100.00，如图 5-84 所示。

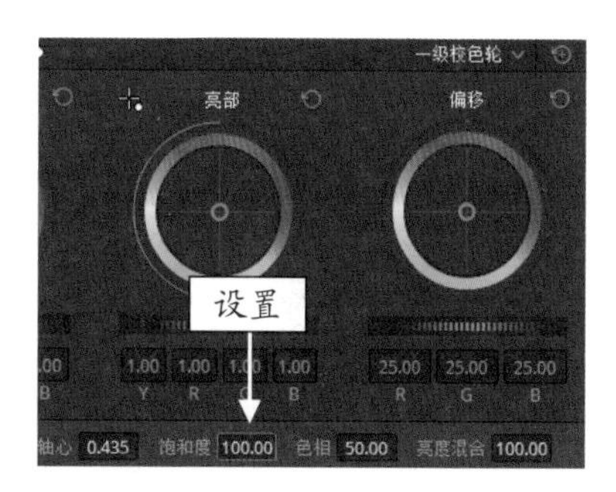

图 5-84　设置“饱和度”参数

STEP 08 返回“剪辑”步骤面板，在预览窗口中查看蒙版遮罩调色效果，如图 5-85 所示。

图 5-85　查看蒙版遮罩调色效果

5.4.3　重置形状：单独重置选定的形状窗口

在“窗口”面板右上角的角落处，有一个“全部重置”按钮，单击该按钮，可以将图像上绘制的形状窗口全部清除重置，非常适合用户绘制蒙版形状出错时进行批量清除操作。但是，当用户需要在多个形状窗口中，单独重置其中一个形状窗口时，该如何操作呢？下面通过实例介绍具体的操作步骤。

素材文件	素材 \ 第 5 章 \ 碧海清波 .drp
效果文件	效果 \ 第 5 章 \ 碧海清波 .drp
视频文件	视频 \ 第 5 章 \5.4.3　重置形状：单独重置选定的形状窗口 .mp4

【操练 + 视频】
——重置形状：单独重置选定的形状窗口

STEP 01 打开一个项目文件，如图 5-86 所示。

STEP 02 在预览窗口中，可以查看打开的项目效果，如图 5-87 所示。

图 5-86　打开一个项目文件

图 5-87　查看打开的项目效果

STEP 03 切换至“调色”步骤面板，在“窗口”预设面板中，已经激活了3个形状窗口，如图5-88所示。

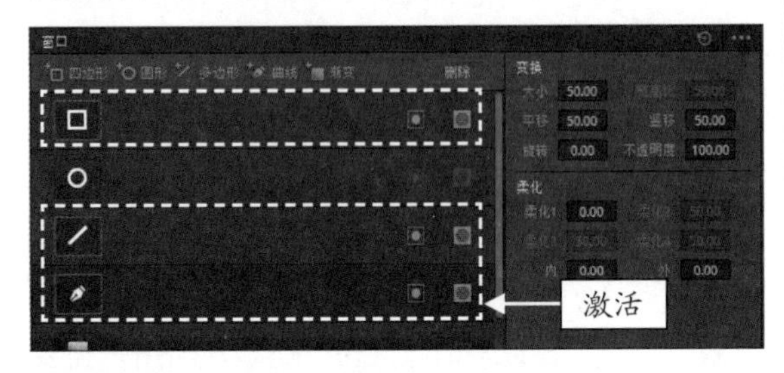

图 5-88　“窗口”预设面板

STEP 04 在预览窗口中，可以查看画面上绘制的3个蒙版形状，如图5-89所示。

STEP 05 在“窗口”预设面板中，选择曲线形状窗口，然后单击“窗口”面板右上角的设置按钮■，在弹出的列表框中，选择“重置选定的窗口”选项，如图5-90所示。

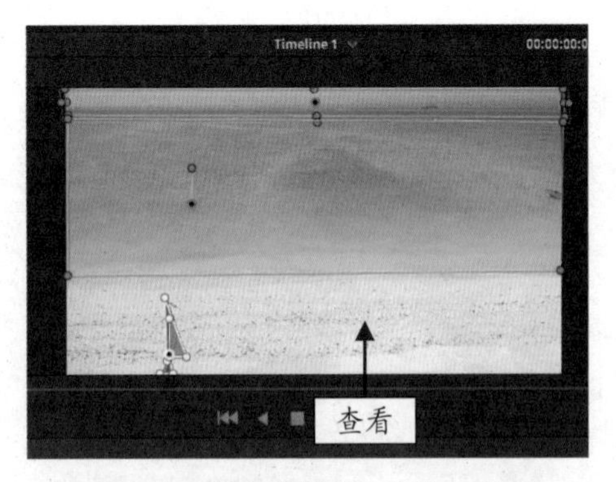

图 5-89　查看绘制的3个蒙版形状

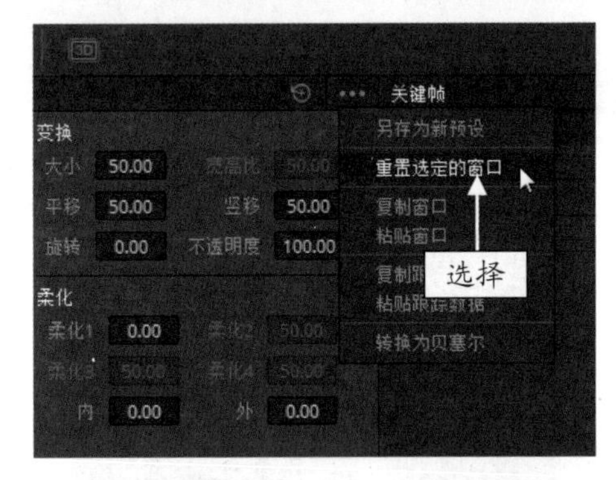

图 5-90　选择“重置选定的窗口”选项

STEP 06 执行操作后，即可重置曲线形状窗口，预览窗口中橙色旗子上的蒙版已被清除，效果如图5-91所示。

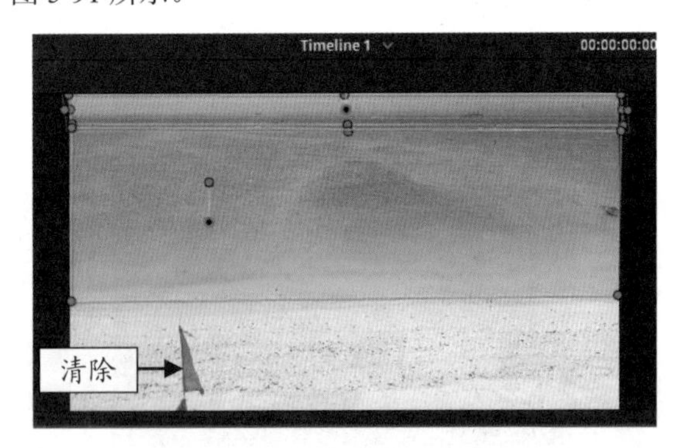

图 5-91　查看最终效果

5.5 使用跟踪与稳定功能来调色

在 DaVinci Resolve 16“调色”步骤面板中，有一个“跟踪器”功能面板，该功能比关键帧还实用，可以帮助用户锁定图像画面中的指定对象。下面主要介绍使用达芬奇软件跟踪和稳定功能辅助二级调色的方法。

5.5.1 跟踪对象：跟踪对象的多种运动变化

在“跟踪器”面板中，“跟踪”模式可以用来锁定跟踪对象的多种运动变化，它为用户提供了“平移”跟踪类型、“竖移”跟踪类型、“缩放”跟踪类型、“旋转”跟踪类型以及 3D 跟踪类型等多项分析功能，跟踪对象的运动路径会显示在面板中的曲线图上，“跟踪器”面板如图 5-92 所示。

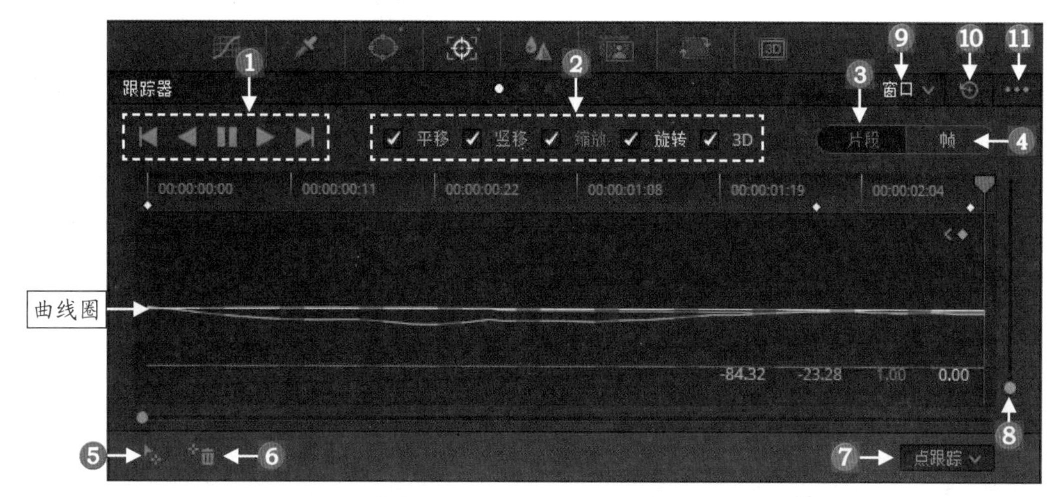

图 5-92 “跟踪器”面板

“跟踪器”面板中各项功能按钮如下。

❶ 跟踪操作按钮：这组按钮与导览面板上的播放按钮虽然相似，但作用却是不一样的，从左到右分别是“向后跟踪一帧”、“反向跟踪”、“停止跟踪”、“正向跟踪”以及“向前跟踪一帧”，主要用于跟踪指定对象的运动画面。

❷ 跟踪类型：在“跟踪器”面板中，共有 5 个跟踪类型，分别是平移、竖移、缩放、旋转以及 3D，选中相应类型前面的复选框，便可以开始跟踪指定对象，待跟踪完成后，会显示相应类型的曲线，根据这些曲线评估各个跟踪参数。

❸ “片段”按钮：跟踪器默认状态为“片段”模式，方便对窗口蒙版进行整体移动。

❹ “帧”按钮：单击该按钮，切换为“帧”模式，对窗口的位置和控制点进行关键帧制作。

❺ “添加跟踪点”按钮：单击该按钮，可以在素材图像的指定位置或指定对象上添加一个或多个跟踪点。

❻ “删除跟踪点”按钮：单击该按钮，可以删除图像上添加的跟踪点。

❼ 跟踪模式下拉按钮：单击该按钮，在弹出的下拉菜单中有两个选项，一个是“点跟踪”，另一个是“云跟踪”。“点跟踪”模式可以在图像上创建一个或多个十字架跟踪点，并且可以手动定位图像上比较特别的跟踪点；“云跟踪”模式可以自动跟踪图像上的全部跟踪点。

❽ 缩放滑块：在曲线图边缘，有两个缩放滑块，拖曳纵向的滑块可以缩放曲线之间的间隙，拖曳横向的滑块可以拉长或缩短曲线。

❾ 模式面板下拉按钮：单击该下拉按钮，在弹出的下拉菜单中有 3 个模式，分别是窗口、稳定和 FX，系统默认下为“窗口”模式面板。

❿ “全部重置”按钮：单击该按钮，将重置在“跟踪器”面板中的所有操作。

⓫ 设置按钮：单击该按钮，将弹出“跟踪器”面板的隐藏设置菜单。

下面通过实例介绍“窗口”模式跟踪器的使用方法。

	素材文件	素材 \ 第 5 章 \ 含苞待放 .drp
	效果文件	效果 \ 第 5 章 \ 含苞待放 .drp
	视频文件	视频 \ 第 5 章 \5.5.1　跟踪对象：跟踪对象的多种运动变化 .mp4

【操练 + 视频】
——跟踪对象：跟踪对象的多种运动变化

STEP 01 打开一个项目文件，如图 5-93 所示。

图 5-93　打开一个项目文件

STEP 02 在预览窗口中，可以查看打开的项目文件的效果，需要对图像中的荷花进行调色，如图 5-94 所示。

图 5-94　查看打开的项目效果

STEP 03 切换至“调色”步骤面板，在“窗口”预设面板中，单击曲线“窗口激活”按钮，如图 5-95 所示。

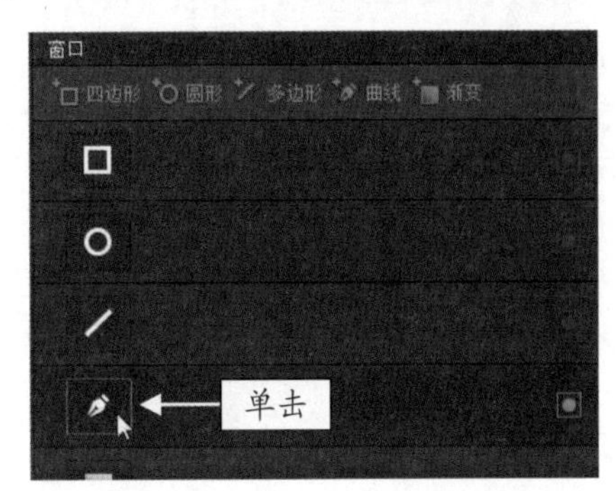

图 5-95　单击曲线“窗口激活”按钮

STEP 04 在预览窗口中的荷花上，沿边缘绘制一个蒙版遮罩，如图 5-96 所示。

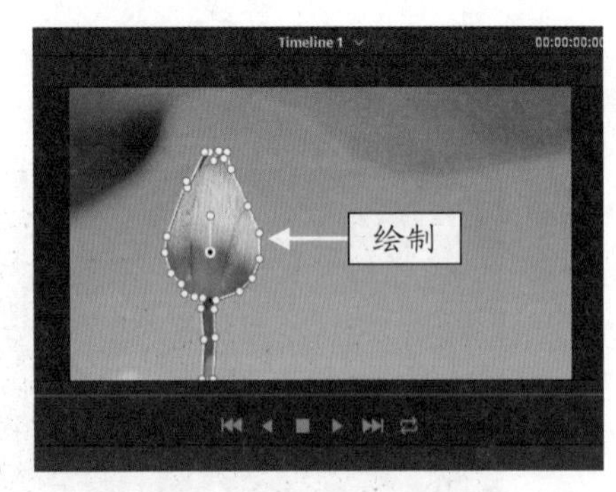

图 5-96　绘制蒙版遮罩

STEP 05 切换至“色轮”面板，设置“饱和度”参数为 80.00，如图 5-97 所示。

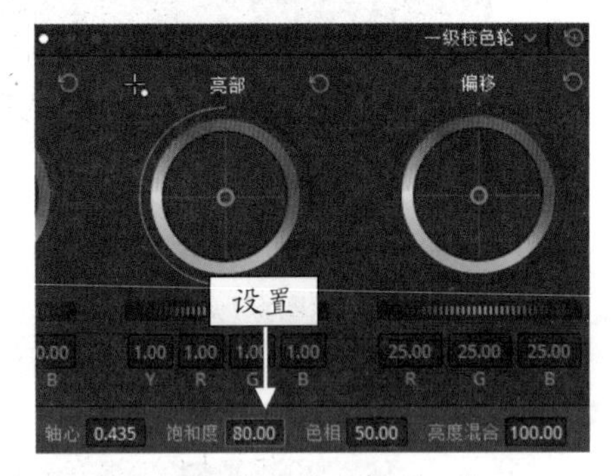

图 5-97　设置“饱和度”参数

STEP 06 在“监视器”面板中，单击“正放”按钮播放视频，在预览窗口中可以看到，当画面中荷花的位置发生变化时，绘制的蒙版依旧停在原处，蒙版位置没有发生任何变化，此时荷花与蒙版分离，调整后的饱和度只用于蒙版选区，分离后荷花的饱和度便恢复了原样，如图 5-98 所示。

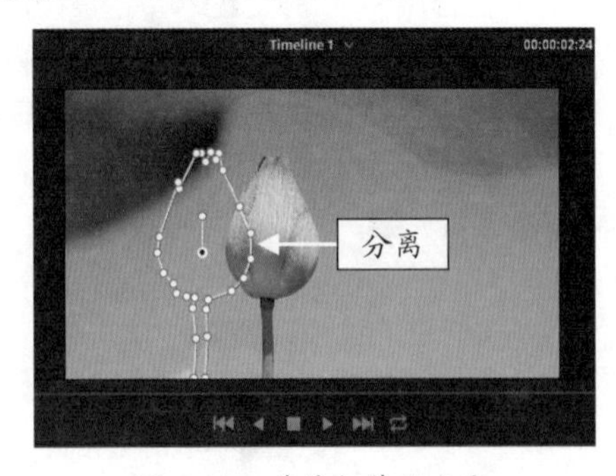

图 5-98　荷花与蒙版分离

STEP 07 单击“跟踪器”按钮，展开“跟踪器”面板，如图 5-99 所示。

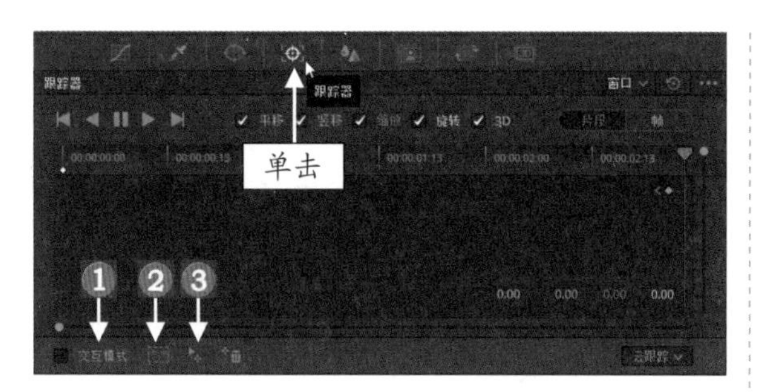

图 5-99　单击“跟踪器”按钮

专家指点

在图像上创建蒙版选区后，切换至“跟踪器”面板，系统自动切换添加跟踪点模式为“云跟踪”模式，该模式添加跟踪点的相关按钮如下。

❶ “交互模式”复选框 交互模式：选中该复选框，即可开启自动跟踪交互模式。

❷ “插入”按钮：单击该按钮，可以在素材图像的指定位置或指定对象上，根据画面特征添加跟踪点。

❸ “设置跟踪点”按钮：单击该按钮，可以自动在图像选区画面添加跟踪点。

STEP 08 在下方选中“交互模式”复选框，单击“插入”按钮，如图 5-100 所示。

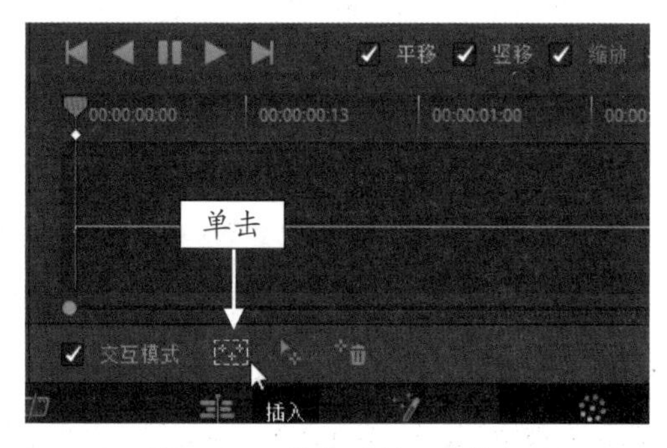

图 5-100　单击“插入”按钮

STEP 09 在上方面板中，单击“正向跟踪”按钮，如图 5-101 所示。

STEP 10 执行操作后，即可查看跟踪对象曲线图的变化数据，如图 5-102 所示，其中平移曲线的数据变化最明显。

专家指点

跟踪器主要用来辅助蒙版遮罩或抠像调色，用户在应用跟踪器前，需要先在图像上创建选区，否则无法正常使用跟踪器。

图 5-101　单击“正向跟踪”按钮

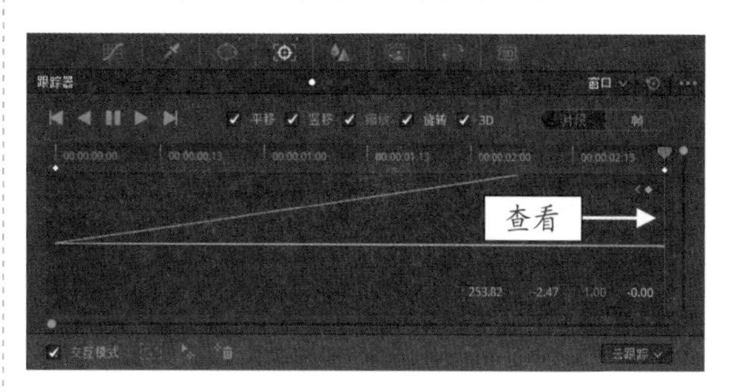

图 5-102　查看曲线图的变化数据

STEP 11 在“监视器”面板中，单击“正放”按钮播放视频，查看添加跟踪器后的蒙版效果，如图 5-103 所示。

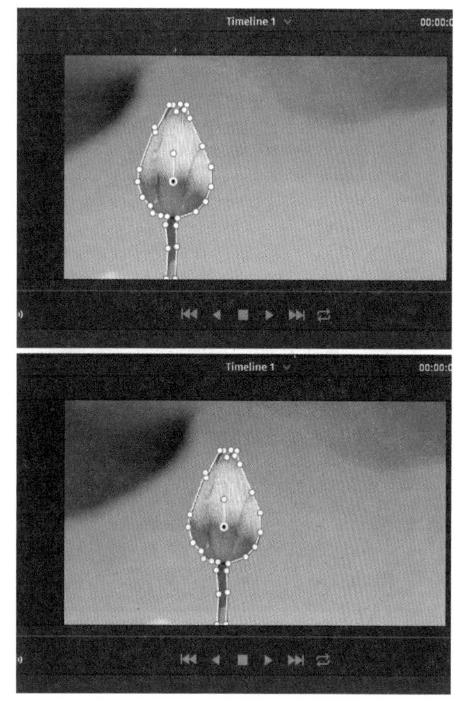

图 5-103　查看添加跟踪器后的蒙版效果

STEP 12 切换至“剪辑”步骤面板，查看最终的制作效果，如图 5-104 所示。

图 5-104　查看最终效果

5.5.2　稳定处理：根据跟踪的对象进行稳定处理

当摄影师手抖或扛着摄影机走动时，拍出来的视频会出现画面抖动的情况，用户往往需要通过一些视频剪辑软件进行稳定处理，DaVinci Resolve 16 虽然是个调色软件，但也具有稳定器功能，可以稳定抖动的视频画面，帮助用户制作出效果更好的作品。

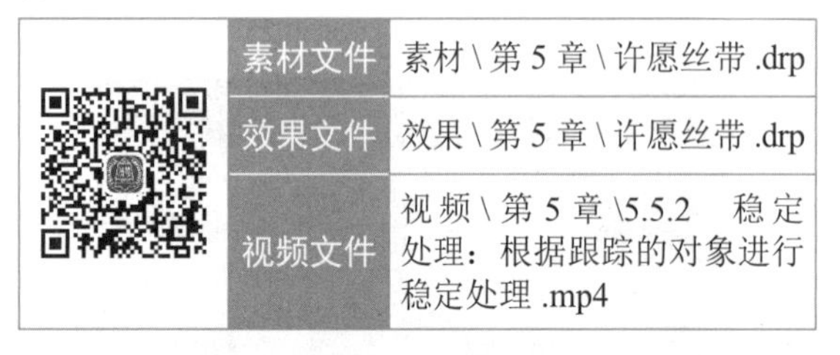

	素材文件	素材 \ 第 5 章 \ 许愿丝带 .drp
	效果文件	效果 \ 第 5 章 \ 许愿丝带 .drp
	视频文件	视频 \ 第 5 章 \5.5.2　稳定处理：根据跟踪的对象进行稳定处理 .mp4

【操练 + 视频】
——稳定处理：根据跟踪的对象进行稳定处理

STEP 01 打开一个项目文件，如图 5-105 所示。

图 5-105　打开一个项目文件

STEP 02 在预览窗口中，可以查看打开的项目文件的效果，可以看到图像画面有轻微的晃动，需要对图像进行稳定处理，如图 5-106 所示。

图 5-106　查看打开的项目文件的效果

STEP 03 切换至“调色”步骤面板，在“跟踪器”面板的右上角单击模式面板下拉按钮，在弹出的下拉菜单中，选择“稳定器”选项，如图 5-107 所示。

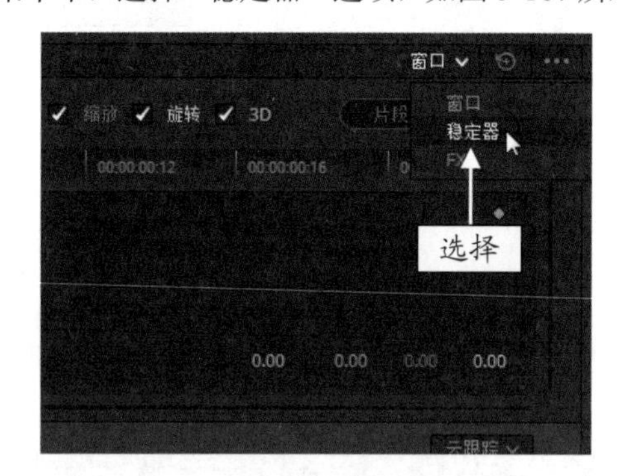

图 5-107　选择“稳定器”选项

STEP 04 执行操作后，即可切换至“稳定器”模式面板，如图 5-108 所示。

图 5-108　切换至“稳定器”模式面板

STEP 05 用户可以在面板下方微调裁切比率、平滑度等设置参数，然后单击“稳定”按钮，如图 5-109 所示。

STEP 06 执行操作后，即可通过稳定器稳定抖动的画面，曲线图变化参数如图 5-110 所示，在预览窗口中，单击“正放”按钮即可查看稳定效果。

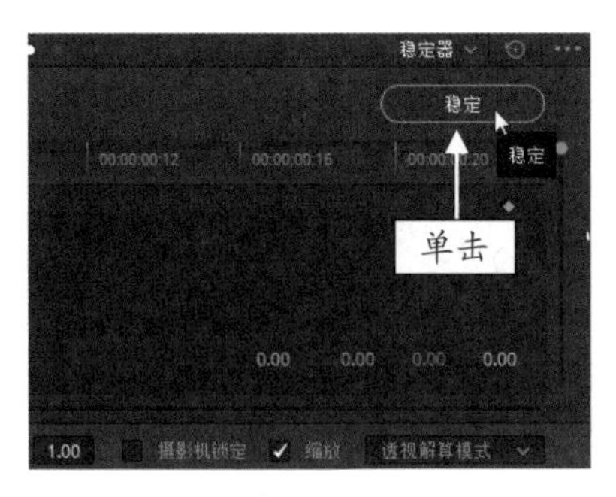

图 5-109　单击“稳定”按钮

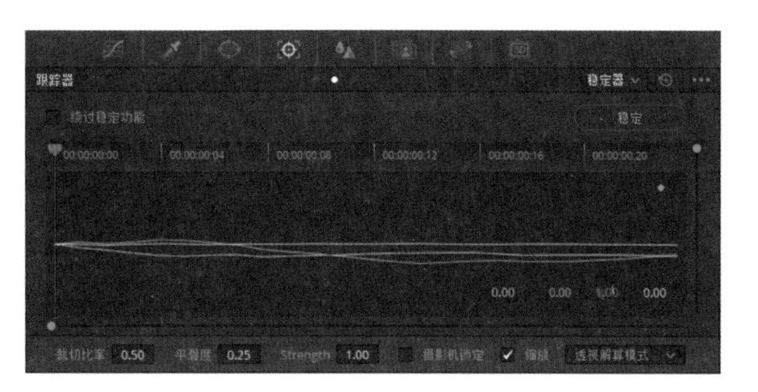

图 5-110　曲线图变化参数

在“稳定器”面板中，还有一个传统稳定器功能，其作用与上述功能一致，也是用于稳定抖动的视频画面，但其功能面板不同，启动操作如下。

单击“稳定器”面板右上角的设置按钮■■■，弹出列表框，选择“传统稳定器”选项，即可切换至“传统稳定器”面板，如图 5-111 所示。该面板与“窗口”跟踪器面板有些相似，单击跟踪操作的相应按钮，即可显示曲线图，如图 5-112 所示。

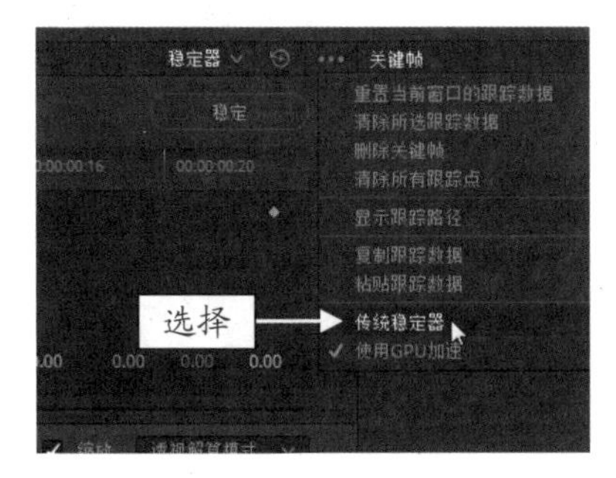

图 5-111　选择“传统稳定器”选项

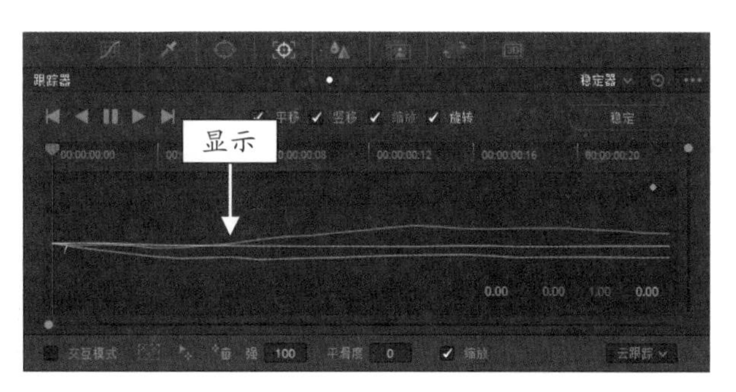

图 5-112　“传统稳定器”面板

5.6　使用 Alpha 通道控制调色的区域

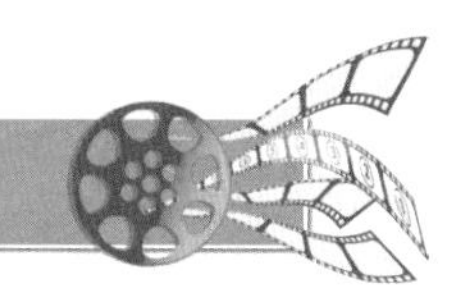

一般来说，图片或视频都带有表示颜色信息的 RGB 通道和表示透明信息的 Alpha 通道。Alpha 通道由黑白图表示图片或视频的图像画面，其中白色代表图像中完全不透明的画面区域，黑色代表图像中完全透明的画面区域，灰色代表图像中半透明的画面区域。下面介绍使用 Alpha 通道控制调色区域的方法和技巧。

5.6.1　认识“键”面板

在 DaVinci Resolve 16 中，“键”指的是 Alpha 通道，用户可以在节点上绘制遮罩窗口或抠像选区来制作“键”，通过调整节点来控制素材图像调色的区域。如图 5-113 所示为达芬奇软件的“键”面板。

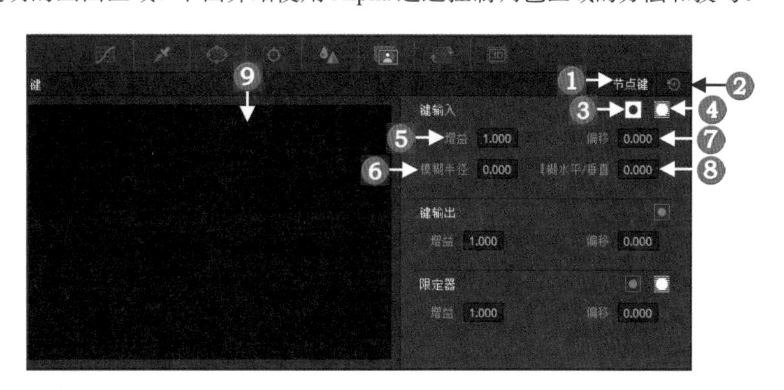

图 5-113　“键”面板

"键"面板的各项功能按钮如下。

❶ 键类型：选择不同的节点类型，键类型会随之转变。

❷ "全部重置"按钮：单击该按钮，将重置"键"面板中的所有操作。

❸ "反向"按钮：单击该按钮，可以将抠像反向输入。

❹ "遮罩"按钮：单击该按钮，可以将键转换为遮罩。

❺ 增益：在后方的文本框中将参数提高，可以使键输入的白点更白，降低文本框内的参数则相反，增益值不影响键的纯黑色。

❻ 模糊半径：设置该参数，可以调整键输入的模糊度。

❼ 偏移：设置该参数，可以调整键输入的整体亮度。

❽ 模糊水平 / 垂直：设置该参数，可以在键输入上横向控制模糊的比例。

❾ 键图示：直观显示键的图像，方便用户查看。

5.6.2 蒙版遮罩：使用 Alpha 通道制作暗角

在 DaVinci Resolve 16 中，当用户在"节点"面板中选择一个节点后，可以通过设置"键"面板上的参数来控制节点输入或输出的 Alpha 通道数据。下面介绍使用 Alpha 通道制作暗角效果的操作。

	素材文件	素材 \ 第 5 章 \ 夕阳美景 .drp
	效果文件	效果 \ 第 5 章 \ 夕阳美景 .drp
	视频文件	视频 \ 第 5 章 \5.6.2 蒙版遮罩：使用 Alpha 通道制作暗角 .mp4

【操练 + 视频】
——蒙版遮罩：使用 Alpha 通道制作暗角

STEP 01 打开一个项目文件，在预览窗口中可以查看打开的项目文件的效果，如图 5-114 所示。

图 5-114 查看打开的项目文件的效果

STEP 02 切换至"调色"步骤面板，展开"窗口"面板，在"窗口"预设面板中，单击圆形"窗口激活"按钮，如图 5-115 所示。

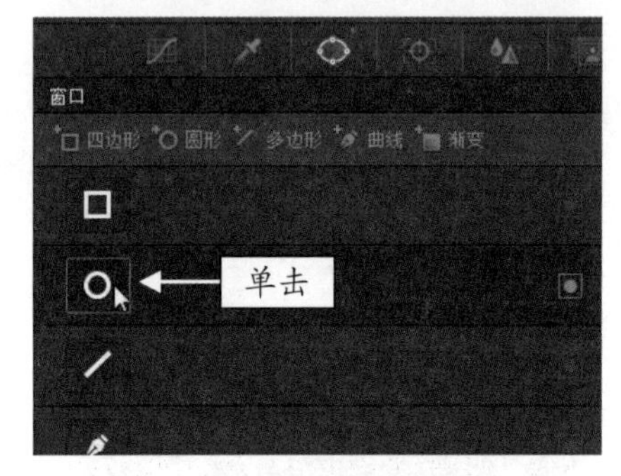

图 5-115 单击圆形"窗口激活"按钮

STEP 03 在预览窗口中，拖曳圆形蒙版蓝色方框上的控制柄，调整蒙版的大小和位置，如图 5-116 所示。

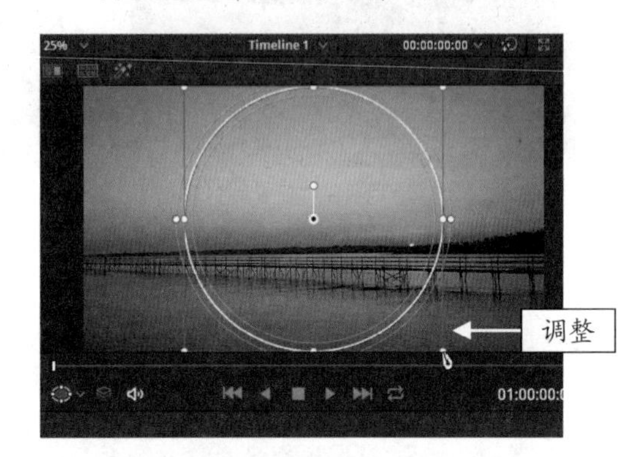

图 5-116 调整蒙版的大小和位置

STEP 04 然后拖曳蒙版白色圆框上的控制柄，调整蒙版的羽化区域，如图 5-117 所示。

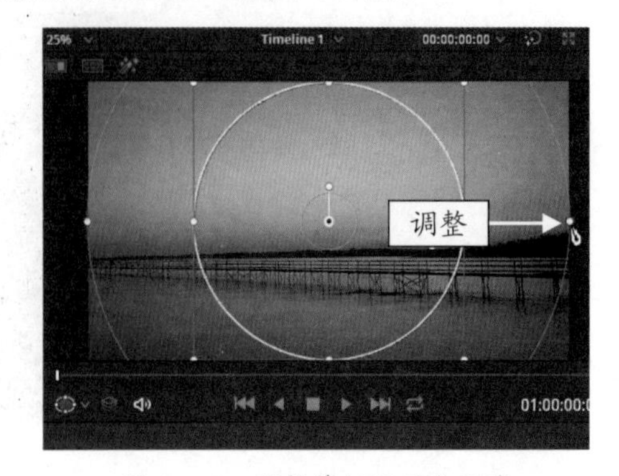

图 5-117 调整蒙版的羽化区域

STEP 05 窗口蒙版绘制完成后，在“节点”面板中，选择编号为 01 的校正器节点，如图 5-118 所示。

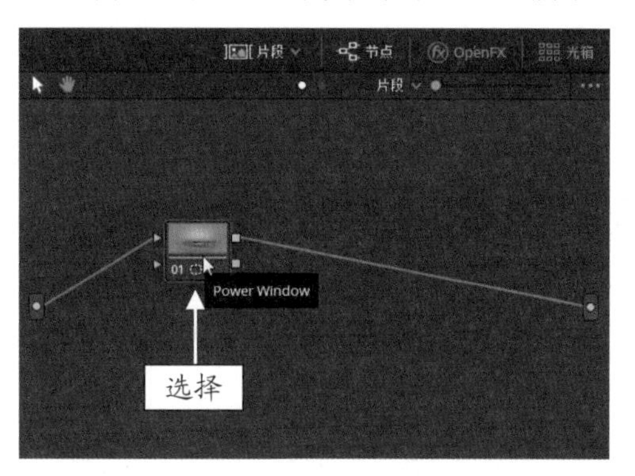

图 5-118　选择编号为 01 的校正器节点

STEP 06 将 01 节点上的“键输入”与“源”相连，如图 5-119 所示。

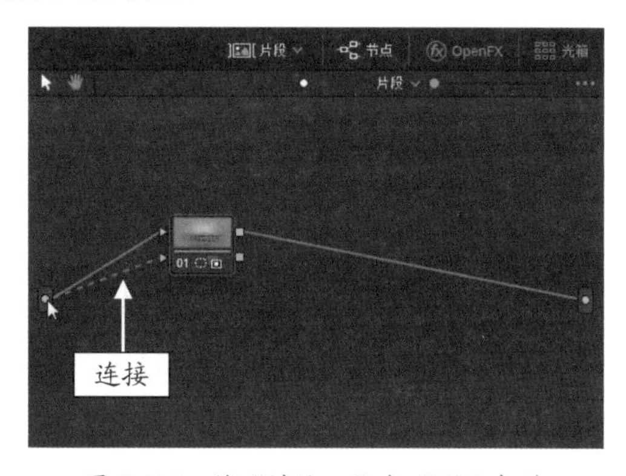

图 5-119　将“键输入”与“源”相连

STEP 07 在空白位置处单击鼠标右键，在弹出的快捷菜单中，选择“添加 Alpha 输出”命令，如图 5-120 所示。

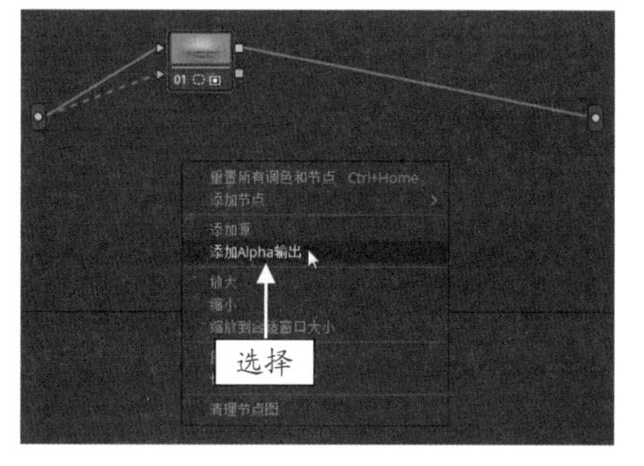

图 5-120　选择“添加 Alpha 输出”命令

STEP 08 操作完成后，即可在面板中添加一个“Alpha 最终输出”图标，如图 5-121 所示。

STEP 09 将 01 节点上的“键输出”与“Alpha 最终输出”相连，如图 5-122 所示。

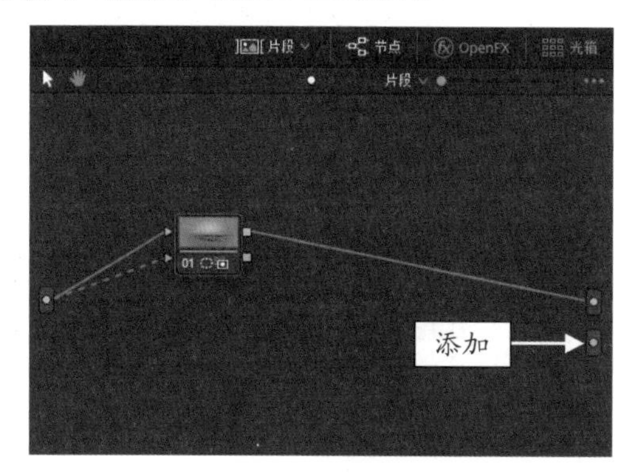

图 5-121　添加一个“Alpha 最终输出”图标

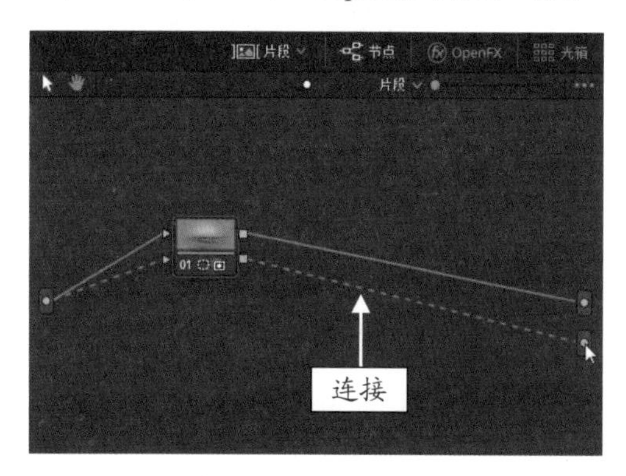

图 5-122　将“键输出”与“Alpha 最终输出”相连

STEP 10 执行操作后，在预览窗口中可以查看应用 Alpha 通道的初步效果，如图 5-123 所示。

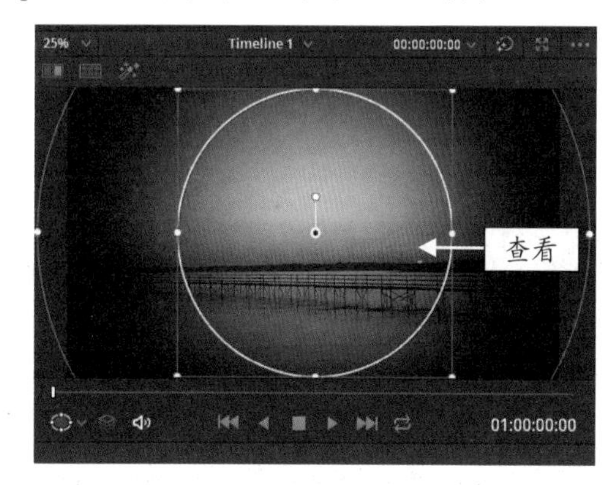

图 5-123　查看应用 Alpha 通道的初步效果

STEP 11 切换至“键”面板，在“键输入”下方设置“增益”参数为 0.400，在“键输出”下方设置“偏移”参数为 0.500，如图 5-124 所示。

STEP 12 执行上述操作后，切换至“剪辑”步骤面板，在预览窗口中查看最终的画面效果，如图 5-125 所示。

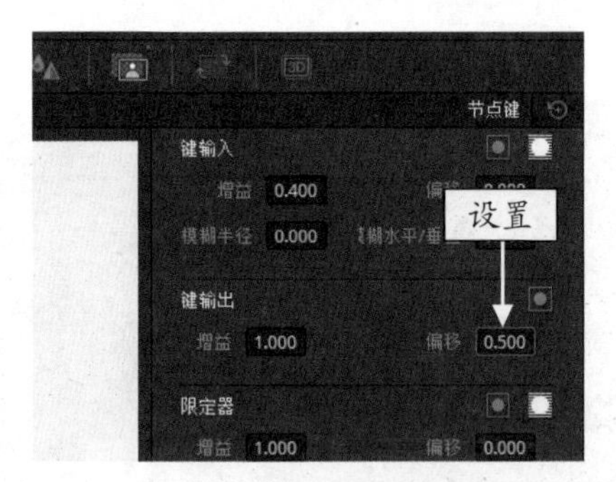

图 5-124　设置相应的参数

图 5-125　查看最终的画面效果

5.7 使用“模糊”功能虚化视频画面

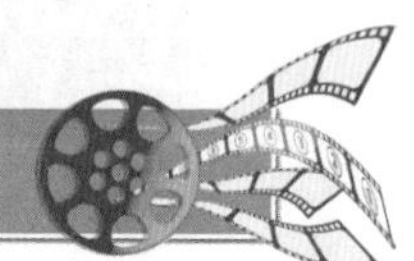

在 DaVinci Resolve 16“调色”步骤面板中，“模糊”面板有 3 种不同的操作模式，分别是“模糊”“锐化”以及“雾化”，每种模式都有独立的操作面板，用户可以配合限定器、窗口、跟踪器等功能对图像画面进行二级调色。

5.7.1　模糊调整：对视频局部进行模糊处理

在“模糊”功能面板中，“模糊”操作模式面板是该功能的默认面板，通过调整面板中的通道滑块，可以为图像制作出高斯模糊效果。

在“模糊”操作模式面板中一共显示了 3 组调节通道，如图 5-126 所示，分别是“半径”“水平 / 垂直比率”以及“缩放比例”，其中，只有“半径”和“水平 / 垂直比率”两组通道能调控操作，“缩放比例”通道和下方面板中的“核心柔化”“级别”“混合”不可调控操作。

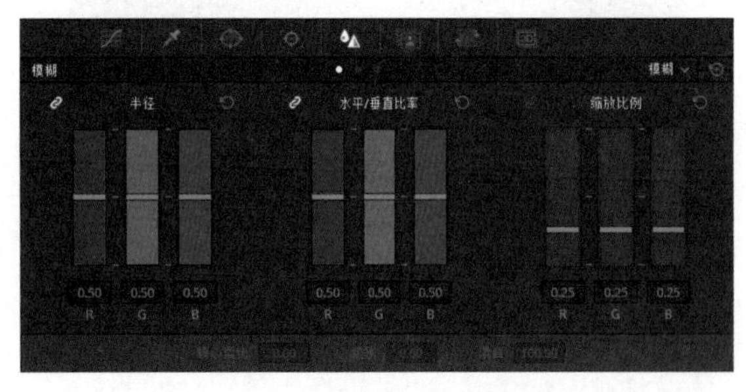

图 5-126　“模糊”操作模式面板

通道的左上角都有一个链接按钮，默认情况下链接按钮为启动状态，单击该按钮关闭链接，即可单独调节 RGB 控制条上的滑块，启动链接即可同时调节 3 个控制条的滑块。

将“半径”通道的滑块往上调整，可以增加图像的模糊度，往下调整则可以降低模糊、增加锐化。将“水平 / 垂直比率”通道的滑块往上调整，被模糊或锐化后的图像会沿水平方向扩大影响范围，将“水平 / 垂直比率”通道的滑块往下调整，被模糊或锐化后的图像则会沿垂直方向扩大影响范围。

下面通过实例操作介绍对视频局部进行模糊处理的操作方法。

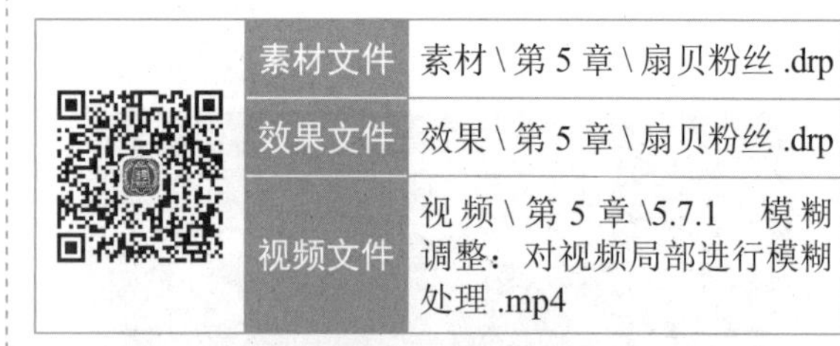

	素材文件	素材 \ 第 5 章 \ 扇贝粉丝 .drp
	效果文件	效果 \ 第 5 章 \ 扇贝粉丝 .drp
	视频文件	视频 \ 第 5 章 \5.7.1　模糊调整：对视频局部进行模糊处理 .mp4

【操练 + 视频】
——模糊调整：对视频局部进行模糊处理

STEP 01 打开一个项目文件，如图 5-127 所示。

STEP 02 在预览窗口中，可以查看打开的项目文件的效果，如图 5-128 所示，需要对盘中的扇贝进行模糊处理，突出用手拿着的扇贝。

STEP 03 切换至“调色”步骤面板，在“窗口”预设面板中，单击圆形“窗口激活”按钮，如图 5-129 所示。

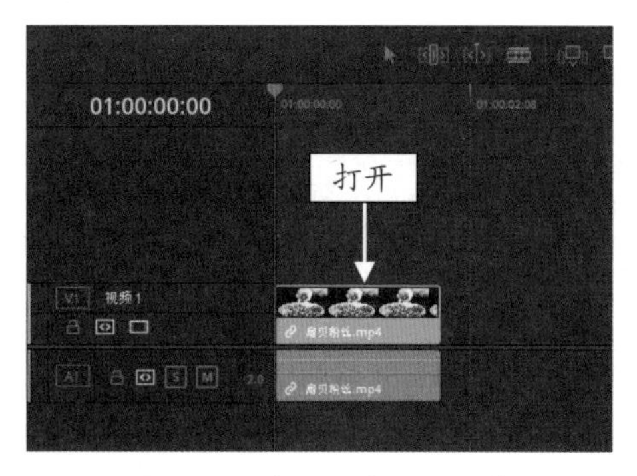

图 5-127　打开一个项目文件

图 5-128　查看打开的项目文件的效果

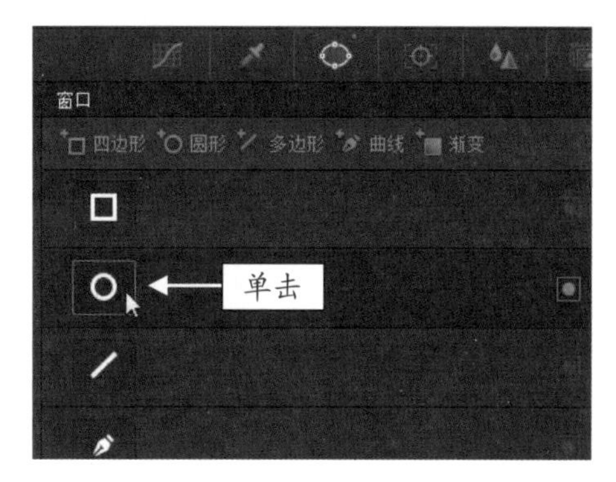

图 5-129　单击圆形“窗口激活”按钮

STEP 04 在预览窗口中，创建一个圆形蒙版遮罩，选取拿起来的扇贝，如图 5-130 所示。

图 5-130　创建一个圆形蒙版遮罩

STEP 05 在“窗口”预设面板中，单击“反向”按钮，反向选取盘子中的扇贝，如图 5-131 所示。

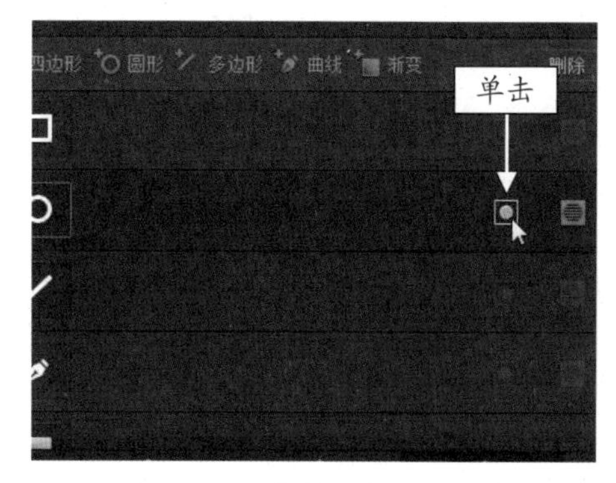

图 5-131　单击“反向”按钮

STEP 06 在“柔化”选项区中，设置“柔化 1”参数为 2.30，柔化选区图像的边缘，如图 5-132 所示。

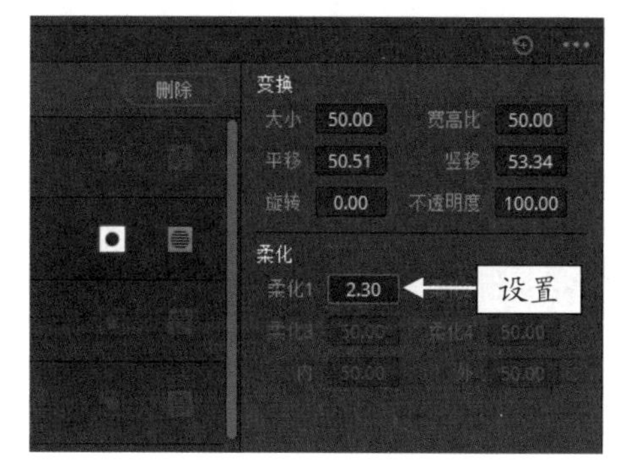

图 5-132　设置“柔化 1”参数

STEP 07 切换至“跟踪器”面板，在下方选中“交互模式”复选框，单击“插入”按钮，插入特征跟踪点，然后单击“正向跟踪”按钮，跟踪图像运动路径，如图 5-133 所示。

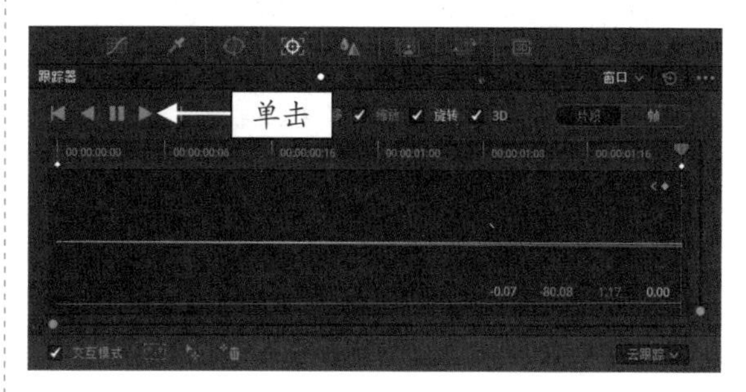

图 5-133　单击“正向跟踪”按钮

STEP 08 单击“模糊”按钮，切换至“模糊”面板，如图 5-134 所示。

STEP 09 向上拖曳“半径”通道 RGB 控制条上的滑块，直至RGB参数均显示为0.65，如图5-135所示。

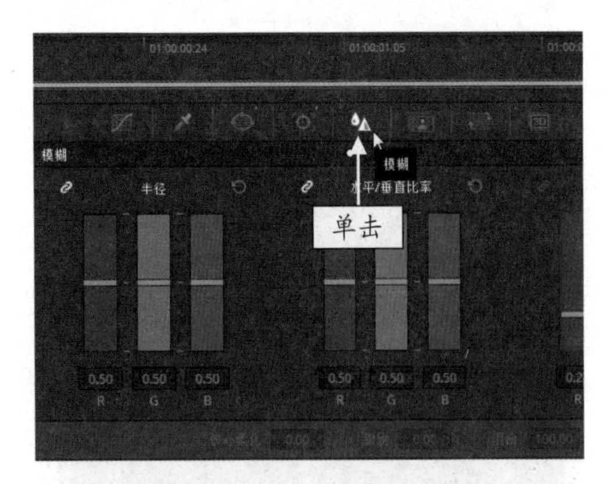

图 5-134　单击“模糊”按钮

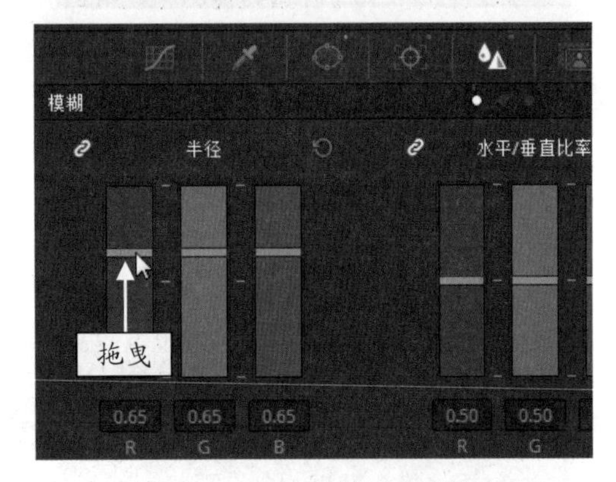

图 5-135　拖曳控制条上的滑块

STEP 10 执行操作后，即可完成对视频局部进行模糊处理的操作，切换至“剪辑”步骤面板，在预览窗口中查看制作效果，如图 5-136 所示。

图 5-136　查看最终的画面效果

5.7.2　锐化调整：对视频局部进行锐化处理

虽然在“模糊”操作模式面板中，降低“半径”通道的 RGB 参数可以提高图像的锐化度，但“锐化”操作模式面板是专门用来调整图像锐化操作的功能，如图 5-137 所示。

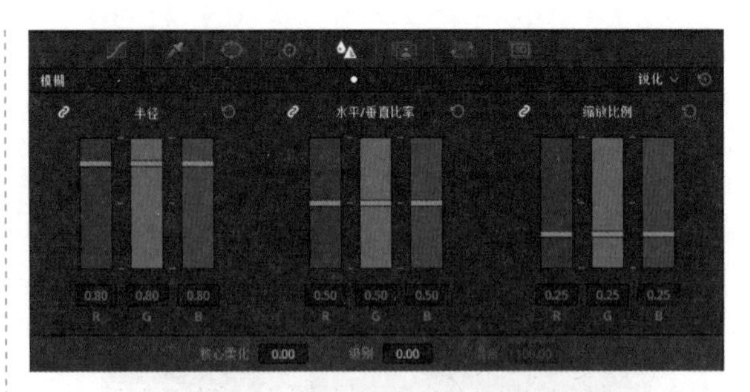

图 5-137　“锐化”操作模式面板

相较于“模糊”操作面板而言，“锐化”操作模式面板中除了“混合”参数无法调控设置外，“缩放比例”“核心柔化”以及“级别”均可进行调控设置。这 3 个控件的作用如下。

- 缩放比例：“缩放比例”通道的作用取决于“半径”通道的参数设置，当“半径”通道 RGB 参数值在 0.5 或以上时，“缩放比例”通道不会起作用；当“半径”通道 RGB 参数值在 0.5 以下时，向上拖曳“缩放比例”通道滑块，可以增加图像画面锐化的量，向下拖曳“缩放比例”通道滑块，可以减少图像画面锐化的量。
- 核心柔化和级别：核心柔化和级别是配合使用的，两者是相互影响的关系。“核心柔化”主要作用于调节图像中没有锐化的细节区域，当“级别”参数值为 0 时，“核心柔化”能锐化的细节区域不会发生太大的变化；当“级别”参数值越高（最大值为 100.0），“核心柔化”能锐化的细节区域影响就越大。

下面通过实例操作介绍对视频局部进行锐化处理的操作方法。

	素材文件	素材 \ 第 5 章 \ 酥炸丸子 .drp
	效果文件	效果 \ 第 5 章 \ 酥炸丸子 .drp
	视频文件	视频 \ 第 5 章 \5.7.2　锐化调整：对视频局部进行锐化处理 .mp4

【操练 + 视频】
——锐化调整：对视频局部进行锐化处理

STEP 01 打开一个项目文件，如图 5-138 所示。

STEP 02 在预览窗口中，可以查看打开的项目文件的效果，如图 5-139 所示，需要对画面中的香菜叶进行锐化处理。

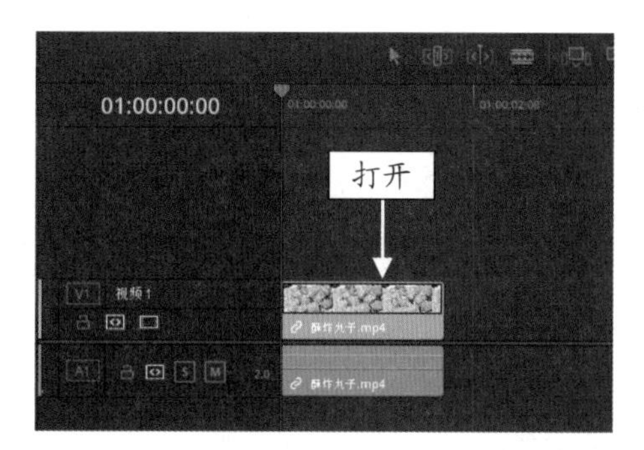

图 5-138　打开一个项目文件

图 5-139　查看打开的项目文件的效果

STEP 03 切换至“调色”步骤面板，单击“限定器”按钮，如图 5-140 所示，切换至“限定器”面板。

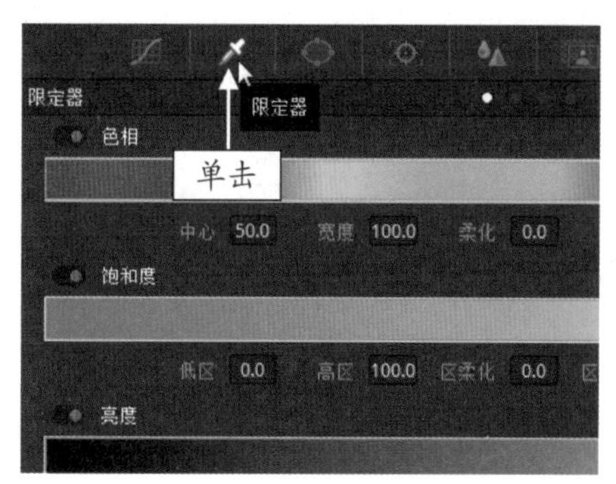

图 5-140　单击“限定器”按钮

STEP 04 在预览窗口中，选取香菜叶并突出显示，如图 5-141 所示。

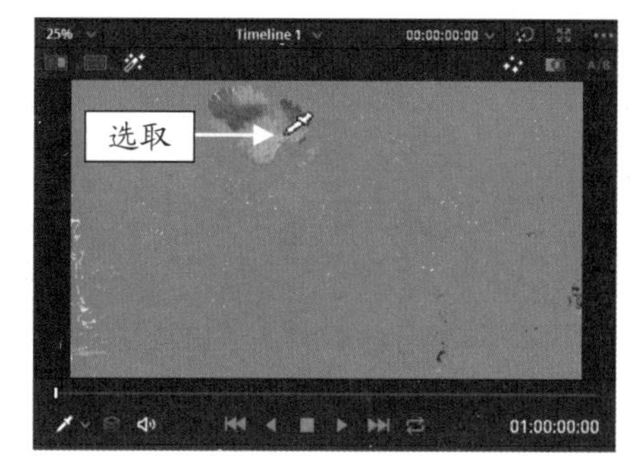

图 5-141　选取香菜叶

STEP 05 切换至“模糊”面板，单击面板右上角的下拉按钮，在弹出的列表框中选择“锐化”选项，如图 5-142 所示。

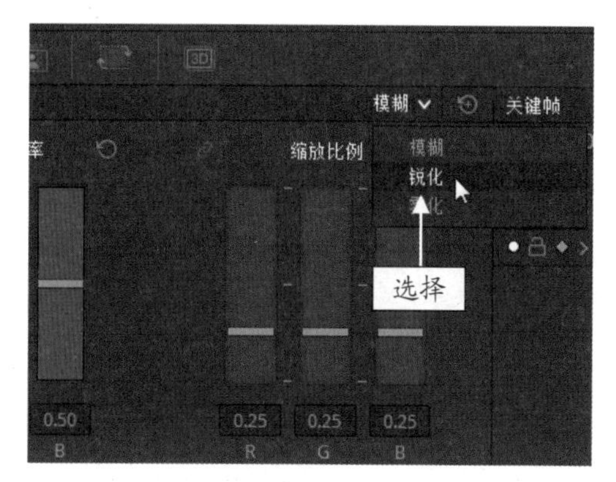

图 5-142　选择“锐化”选项

STEP 06 切换至“锐化”操作模式面板，向下拖曳“半径”通道 RGB 控制条上的滑块，直至 RGB 参数均显示为 0.00，如图 5-143 所示。

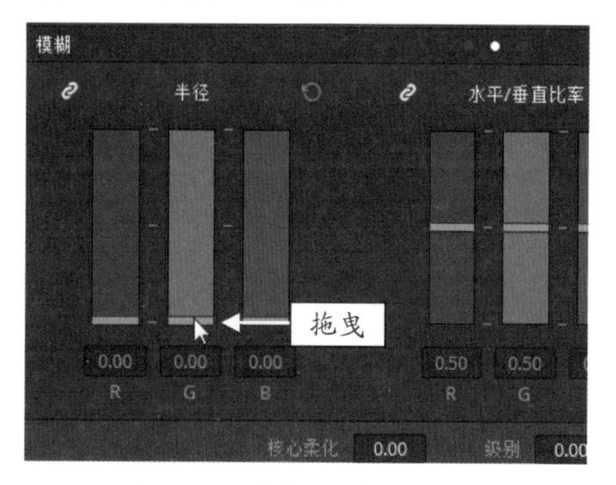

图 5-143　拖曳控制条上的滑块

STEP 07 执行操作后，即可完成对视频局部进行锐化处理的操作，切换至“剪辑”步骤面板，在预览窗口中查看制作效果，如图 5-144 所示。

图 5-144　查看最终的画面效果

5.7.3 雾化调整：对视频局部进行雾化处理

在前两个案例中，用户通过上下调节“半径”通道的控制条滑块，可以直接制作视频画面的模糊或锐化效果，“雾化”操作模式与前两种操作模式不同，它需要结合“混合”功能一起使用，“雾化”操作模式面板如图 5-145 所示。

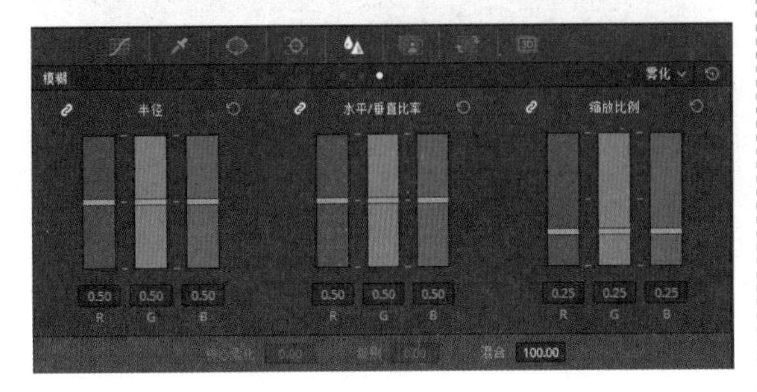

图 5-145 “雾化”操作模式面板

通过学习前文可以了解“半径”通道默认 RGB 参数值为 0.50，往上拖曳滑块可以制作模糊效果，往下拖曳滑块可以制作锐化效果。在“雾化”操作模式面板中，当用户向下拖曳“半径”通道滑块使参数值变小时，降低“混合”参数值，即可制作出画面雾化的效果。

下面通过实例操作介绍对视频局部进行雾化处理的操作方法。

	素材文件	素材 \ 第 5 章 \ 花开三朵 .drp
	效果文件	效果 \ 第 5 章 \ 花开三朵 .drp
	视频文件	视频 \ 第 5 章 \5.7.3 雾化调整：对视频局部进行雾化处理 .mp4

【操练 + 视频】

——雾化调整：对视频局部进行雾化处理

STEP 01 打开一个项目文件，如图 5-146 所示。

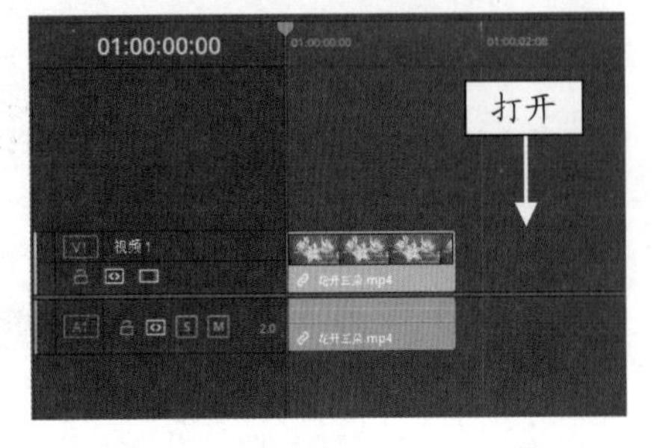

图 5-146 打开一个项目文件

STEP 02 在预览窗口中，可以查看打开的项目文件的效果，需要对图像画面制作出雾化朦胧的效果，如图 5-147 所示。

图 5-147 查看打开的项目文件的效果

STEP 03 切换至“模糊”面板，单击面板右上角的下拉按钮，在弹出的列表框中选择“雾化”选项，如图 5-148 所示。

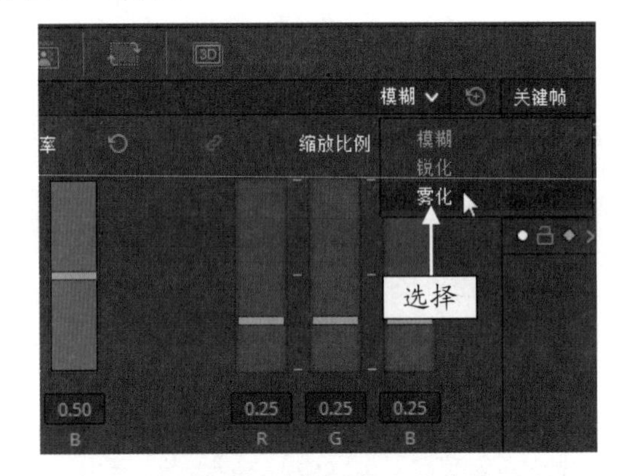

图 5-148 选择“雾化”选项

STEP 04 切换至“雾化”操作模式面板，选中“混合”后面的文本框，输入参数为 0.00，如图 5-149 所示。

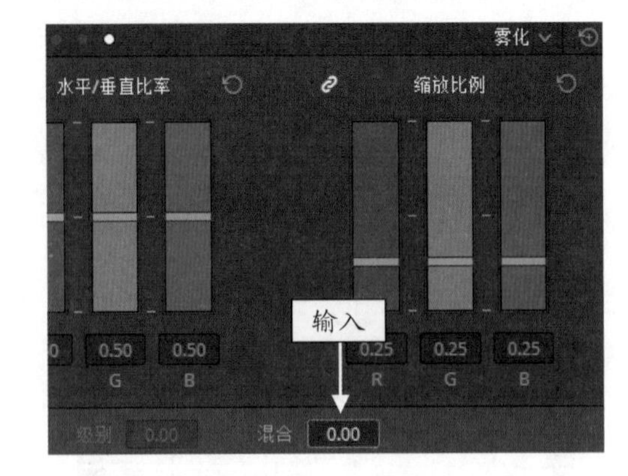

图 5-149 输入参数

STEP 05 单击“半径”通道左上角的链接按钮，断开控制条的链接，如图 5-150 所示。

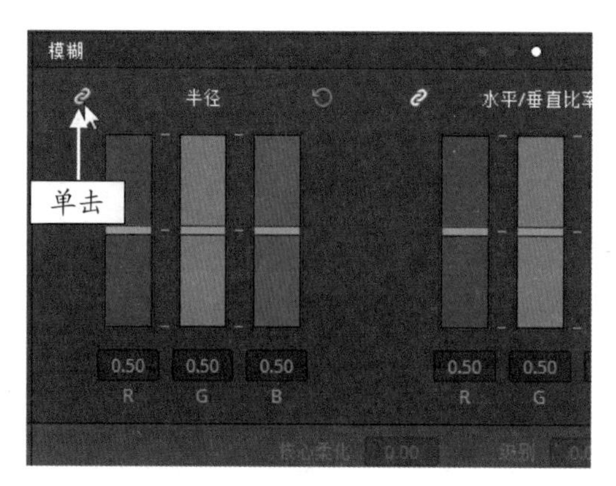

图 5-150　单击链接按钮

STEP 06 向下拖曳“半径”通道 RGB 控制条上的滑块，直至 RGB 参数分别显示为 0.00、0.50、0.00，如图 5-151 所示。

STEP 07 执行操作后，即可完成对视频局部进行雾化处理的操作，切换至“剪辑”步骤面板，在预览窗口中查看制作效果，如图 5-152 所示。

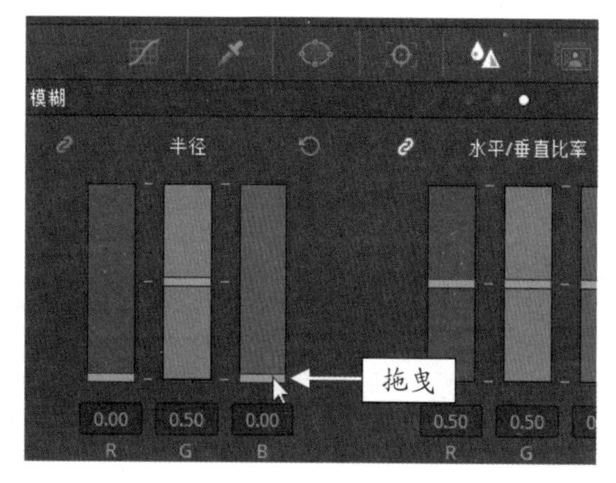

图 5-151　拖曳控制条上的滑块

图 5-152　查看最终的画面效果

第6章

进阶：通过节点对视频调色

章前知识导读

节点是达芬奇调色软件非常重要的功能之一，它可以帮助用户更好地对图像画面进行调色处理，灵活使用达芬奇调色节点，可以实现各种精彩的视频效果，提高用户的办公效率。本章主要介绍节点的基础知识并通过节点制作抖音热门调色视频等内容。

新手重点索引

- 节点的基础知识
- 添加视频调色节点
- 制作抖音热门调色视频

效果图片欣赏

6.1 节点的基础知识

在 DaVinci Resolve 16 中，用户可以将节点理解成处理图像画面的“层”（例如 Photoshop 软件中的图层），一层一层画面叠加组合形成特殊的图像效果。每一个节点都可以独立进行调色校正处理，用户可以通过更改节点连接调整节点调色顺序或组合方式。下面介绍达芬奇调色节点的基础知识。

6.1.1 打开“节点”面板

在 DaVinci Resolve 16 中，“节点”面板位于“调色”步骤面板的右上角。下面介绍在达芬奇软件中打开“节点”面板的具体操作。

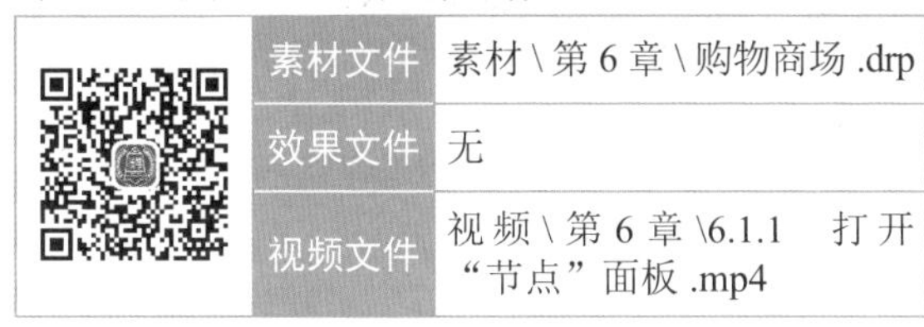

	素材文件	素材 \ 第 6 章 \ 购物商场 .drp
	效果文件	无
	视频文件	视 频 \ 第 6 章 \6.1.1　打 开 “节点”面板 .mp4

【操练 + 视频】
——打开“节点”面板

STEP 01 打开一个项目文件，如图 6-1 所示。

图 6-1　打开一个项目文件

STEP 02 在预览窗口中，可以查看打开的项目效果，如图 6-2 所示。

图 6-2　查看打开的项目效果

STEP 03 切换至“调色”步骤面板，在右上角单击“节点”按钮 节点，如图 6-3 所示。

图 6-3　单击“节点”按钮

STEP 04 执行操作后，即可展开“节点”面板，如图 6-4 所示。再次单击“节点”按钮即可隐藏面板。

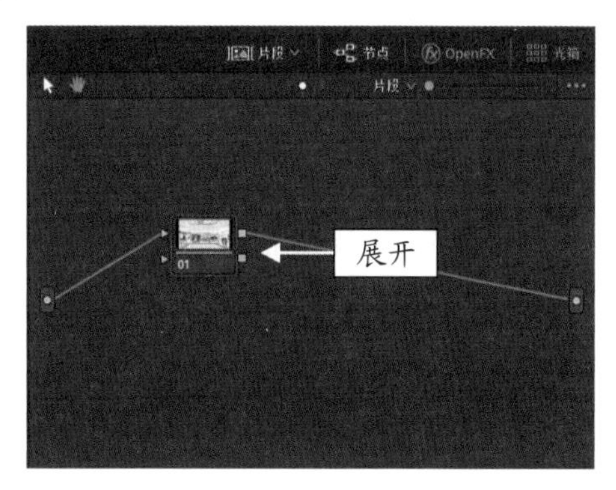

图 6-4　展开“节点”面板

6.1.2 认识“节点”面板各功能

在达芬奇“节点”面板中，通过编辑节点可以实现合成图像，对一些合成经验少的读者而言，会觉得达芬奇的节点功能很复杂。下面通过一个节点网介绍“节点”面板中的各个功能，如图 6-5 所示。

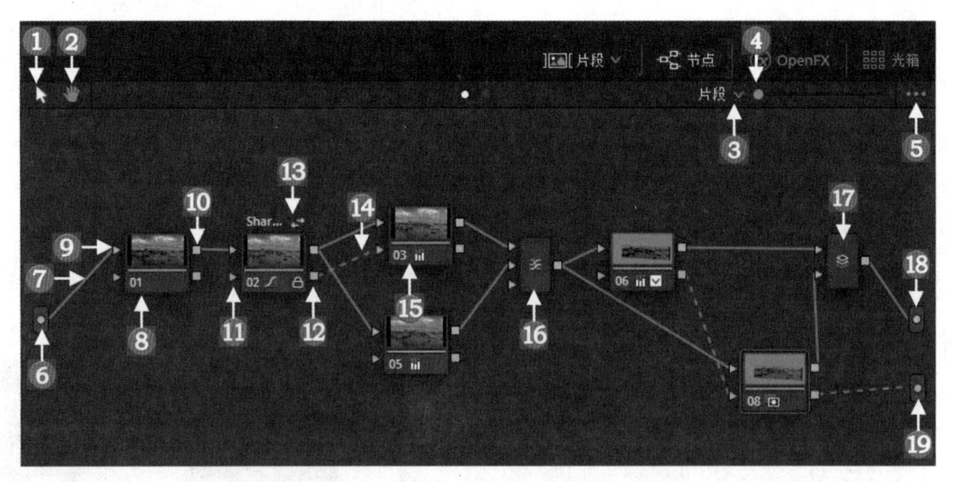

图 6-5 “节点”面板中的节点网示例图

在“窗口”面板中，用户需要了解以下几个按钮的作用。

❶ “选择”工具：在“节点”面板中，默认状态下光标呈箭头形状，表示为“选择”工具，应用“选择”工具可以选择面板中的节点，并通过拖曳的方式在面板中移动所选节点的位置。

❷ “平移”工具：单击“平移”工具，即可使面板中的光标呈手掌形状，按住鼠标左键后，光标呈抓手形状，此时上下左右拖曳面板，即可对面板中所有的节点执行上下左右平移操作。

❸ 节点模式下拉菜单按钮：单击该按钮，弹出下拉菜单列表框，其中有两种节点模式，分别是“片段”和“时间线”，默认状态下为“片段”节点模式。在“片段”模式面板中调节的是当前素材片段的调色节点，而在“时间线”模式面板中调节的则是“时间线”面板中所有素材片段的调色节点。

❹ 缩放滑块：通过左右拖曳滑块调节面板中节点显示的大小。

❺ 快捷设置按钮：单击该按钮，可以在弹出的快捷菜单列表框中，选择相应选项设置“节点”面板。

❻ “源”图标：在“节点”面板中，“源”图标是一个绿色的标记，表示素材片段的源头，从“源”向节点传递素材片段的 RGB 信息。

❼ RGB 信息连接线：RGB 信息连接线以实线显示，是两个节点间接收信息的枢纽，可以将上一个节点的 RGB 信息传递给下一个节点。

❽ 节点编号：在“节点”面板中，每一个节点都有一个编号，主要根据节点添加的先后顺序来编号，但节点编号不一定是固定的。例如，当用户删除 02 节点后，03 节点的编号可能会更改为 02。

❾ “RGB 输入”图标：在“节点”面板中，每个节点的左侧都有一个绿色的三角形图标，该图标即是“RGB 输入”图标，表示素材 RGB 信息的输入。

❿ “RGB 输出”图标：在“节点”面板中，每个节点的右侧都有一个绿色的方块图标，该图标即是“RGB 输出”图标，表示素材 RGB 信息的输出。

⓫ “键输入”图标：在“节点”面板中，每个节点的左侧都有一个蓝色的三角形图标，该图标即是“键输入”图标，表示素材 Alpha 信息的输入。

⓬ “键输出”图标：在“节点”面板中，每个节点的右侧都有一个蓝色的方块图标，该图标即是“键输出”图标，表示素材 Alpha 信息的输出。

⓭ 共享节点：在节点上单击鼠标右键，在弹出的快捷菜单中，选择“另存为共享节点”命令，即可将选择的节点设置为共享节点，在共享节点上方会有一个共享节点标签，并且节点图标上会出现一个锁定图标，该节点的调色信息即可共享给其他片段，当用户调整共享节点的调色信息时，其他被共享的片段也会随之改变。

⓮ Alpha 信息连接线：Alpha 信息连接线以虚线显示，连接“键输入”图标与“键输出”图标，在两个节点中传递 Alpha 通道信息。

⓯ 调色提示图标：当用户在选择的节点上进行调色处理后，在节点编号的右边会出现相应的

调色提示图标。

⑯ “图层混合器”节点：在达芬奇“节点”面板中，不支持多个节点同时连接一个 RGB 输入图标，因此当用户需要进行多个节点叠加调色时，需要添加并行混合器或图层混合器节点进行重组输出。“图层混合器”节点在叠加调色时，会按上下顺序优先选择连接最低输入图标的那个节点进行信息分配。

⑰ “并行混合器”节点：当用户在现有的校正器节点上添加并行节点时，添加的并行节点会出现在现有节点的下方，“并行混合器”节点会显示在校正器节点和并行节点的输出位置。“并行混合器”节点和“图层混合器”节点一样，支持多个输入连接图标和一个输出连接图标，但其作用与“图层混合器”节点不同，“并行混合器”节点主要是将并列的多个节点的调色信息汇总后输出。

⑱ “RGB 最终输出”图标：在“节点”面板中，“RGB 最终输出”图标是一个绿色的标记，当用户调色完成后，需要通过连接该图标才能将片段的 RGB 信息进行最终输出。

⑲ “Alpha 最终输出”图标：在“节点”面板中，“Alpha 最终输出”图标是一个蓝色的标记，图像调色完成后，需要连接该图标才能将片段的 Alpha 通道信息进行最终输出。

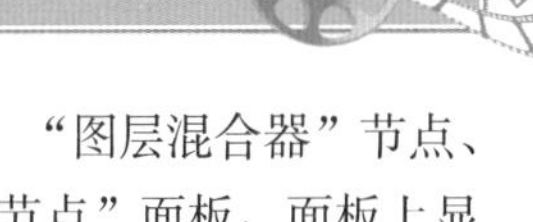

6.2 添加视频调色节点

“节点”面板中有多种节点类型，包括“校正器”节点、“并行混合器”节点、“图层混合器”节点、“键混合器”节点、“分离器”节点以及“结合器”节点等，默认状态下，展开“节点”面板，面板上显示的节点为“校正器”节点。下面介绍在达芬奇中添加调色节点的操作方法。

6.2.1 串行节点：去除抖音视频背景杂色

在达芬奇软件中，串行节点调色是最简单的节点组合，上一个节点的 RGB 调色信息，会通过 RGB 信息连接线传递输出，作用于下一个节点上，基本上可以满足用户的调色需求。下面通过一个抖音短视频介绍添加串行节点去除视频背景杂色的操作方法。

素材文件	素材 \ 第 6 章 \ 花团锦簇 .drp
效果文件	效果 \ 第 6 章 \ 花团锦簇 .drp
视频文件	视频 \ 第 6 章 \6.2.1　串行节点：去除抖音视频背景杂色 .mp4

【操练 + 视频】
——串行节点：去除抖音视频背景杂色

STEP 01 打开一个项目文件，在预览窗口中，可以查看打开的项目效果，如图 6-6 所示。

图 6-6　查看打开的项目效果

STEP 02 切换至“调色”步骤面板，在“节点”面板中，选择编号为 01 的节点，可以看到 01 节点上没有任何的调色图标，表示当前素材并未有过调色处理，如图 6-7 所示。

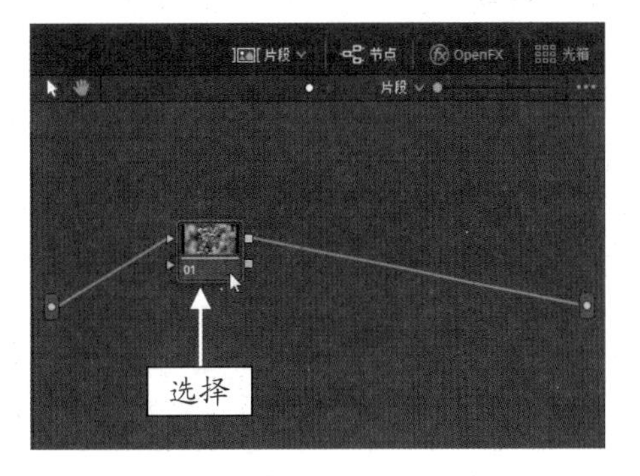

图 6-7　选择编号为 01 的节点

STEP 03 在左上角单击 LUT 按钮，展开 LUT 面板，在下方的选项面板中，展开 Blackmagic Design 选项卡，选择第 12 个模型样式，如图 6-8 所示。

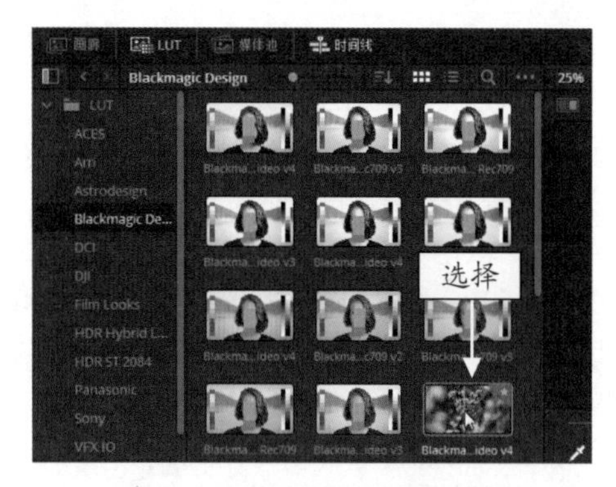

图 6-8 选择第 12 个模型样式

STEP 04 按住鼠标左键并拖曳至预览窗口的图像画面上，释放鼠标左键，即可将选择的模型样式添加至视频素材上，色彩校正效果如图 6-9 所示，校正后的图像画面中，有几处黄色光点很是显眼，需要对其进行色彩处理。

图 6-9 色彩校正效果

STEP 05 在“节点”面板编号 01 的节点上，单击鼠标右键，在弹出的快捷菜单中选择“添加节点”|“添加串行节点”命令，如图 6-10 所示。

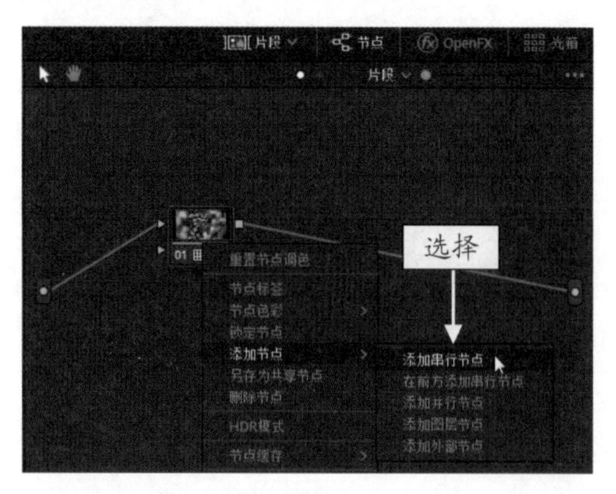

图 6-10 选择“添加串行节点”命令

STEP 06 执行操作后，即可添加一个编号为 02 的串行节点，如图 6-11 所示。由于串行节点是上下层关系，上层节点的调色效果会传递给下层节点，因此，新增的 02 节点会保持 01 节点的调色效果，在 01 节点调色基础上，即可继续在 02 节点上进行调色。

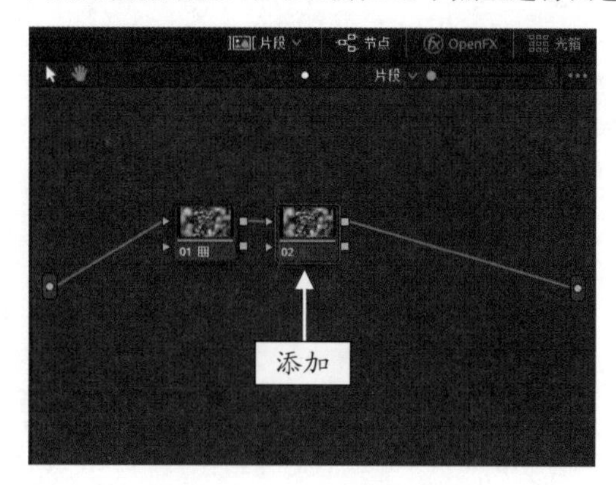

图 6-11 添加一个串行节点

STEP 07 切换至“色相 vs 饱和度”曲线面板，在下方面板中单击黄色矢量色块，如图 6-12 所示。

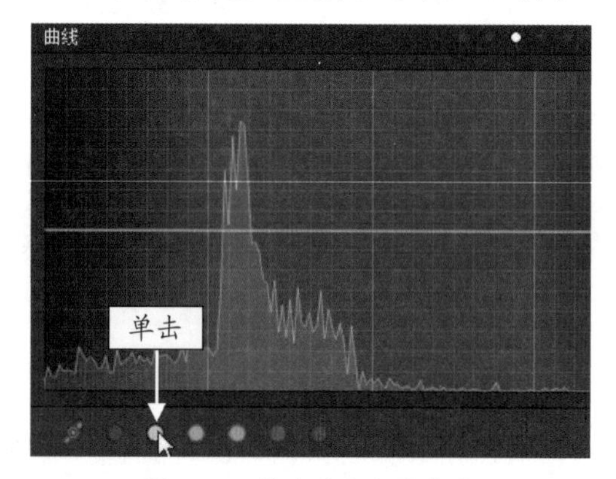

图 6-12 单击黄色矢量色块

STEP 08 执行操作后，即可在曲线上添加三个调色节点，选中中间的调色节点，如图 6-13 所示。

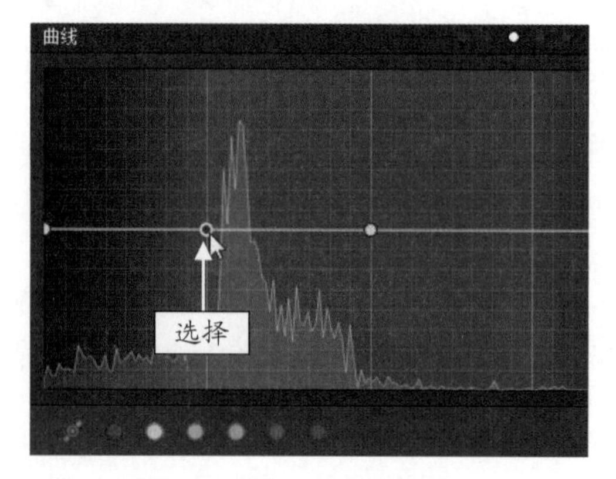

图 6-13 选中中间的调色节点

STEP 09 按住鼠标左键的同时垂直向下拖曳或在“饱和度”文本框中输入参数为 0.00，如图 6-14 所示。

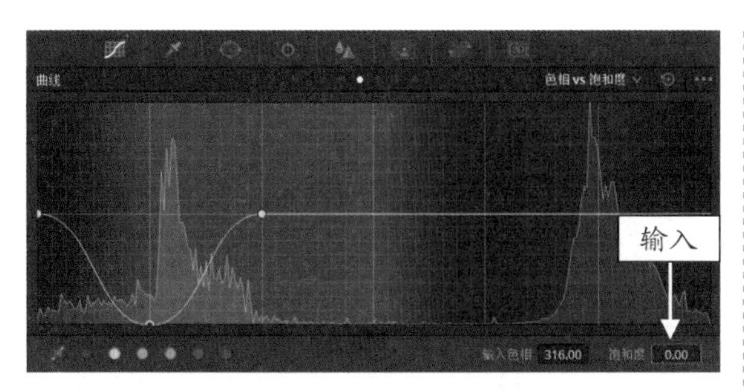

图 6-14　输入“饱和度”参数

STEP 10 执行操作后，在预览窗口中查看去除杂色后的画面效果，如图 6-15 所示。

图 6-15　查看去除杂色后的画面效果

6.2.2　并行节点：抖音视频叠加混合调色

在达芬奇软件中，并行节点的作用是把并行结构的节点之间的调色结果进行叠加混合。下面通过一个抖音短视频介绍运用并行节点进行叠加混合调色的操作方法。

	素材文件	素材 \ 第 6 章 \ 海岸沿线 .drp
	效果文件	效果 \ 第 6 章 \ 海岸沿线 .drp
	视频文件	视频 \ 第 6 章 \6.2.2　并行节点：抖音视频叠加混合调色 .mp4

【操练 + 视频】
——并行节点：抖音视频叠加混合调色

STEP 01 打开一个项目文件，显示的图像画面饱和度有些欠缺，需要提高画面饱和度，素材图像画面可以分为海岸和天空海水两个区域进行调色，如图 6-16 所示。

STEP 02 切换至“调色”步骤面板，在“节点”面板中，选择编号为 01 的节点，如图 6-17 所示。

STEP 03 在“监视器”面板中，单击“突出显示”按钮，方便查看后续调色效果，如图 6-18 所示。

图 6-16　查看打开的项目效果

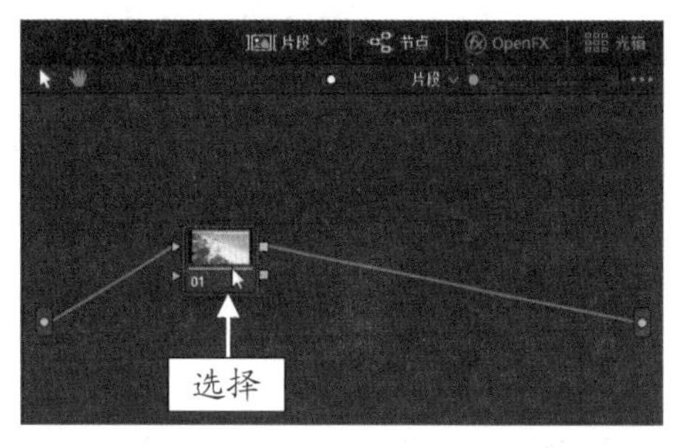

图 6-17　选择编号为 01 的节点

图 6-18　单击“突出显示”按钮

STEP 04 切换至“限定器”面板，应用“拾色器”工具在预览窗口的图像上，选取天空海水区域画面，未被选取的海岸区域则呈灰色画面显示在预览窗口中，如图 6-19 所示。

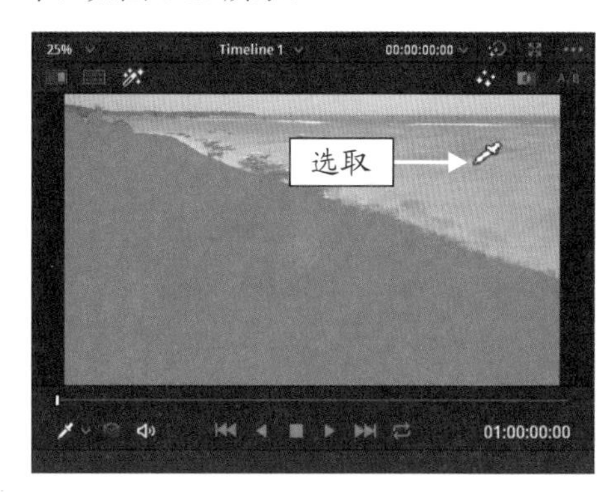

图 6-19　选取天空海水区域画面

STEP 05 在“节点”面板中，可以查看选取区域画面后01节点缩略图显示的画面效果，如图6-20所示。

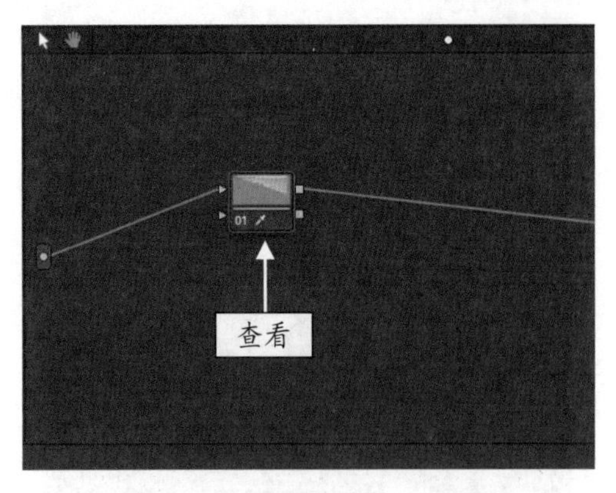

图6-20　查看01节点缩略图

STEP 06 切换至“色轮”面板，设置“饱和度”参数为90.00，如图6-21所示。

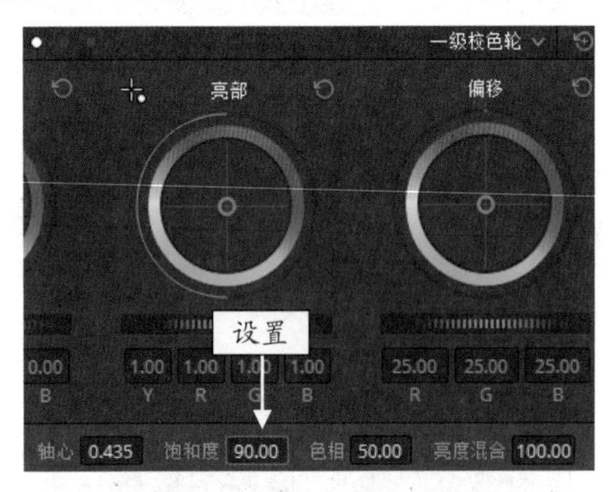

图6-21　设置“饱和度”参数

STEP 07 在“监视器”面板中取消“突出显示”，在预览窗口中查看画面效果，如图6-22所示。

图6-22　查看画面效果

STEP 08 再次单击“突出显示”按钮，在“节点”面板中选中01节点，单击鼠标右键，在弹出的快捷菜单中，选择“添加节点”|“添加并行节点”命令，如图6-23所示。

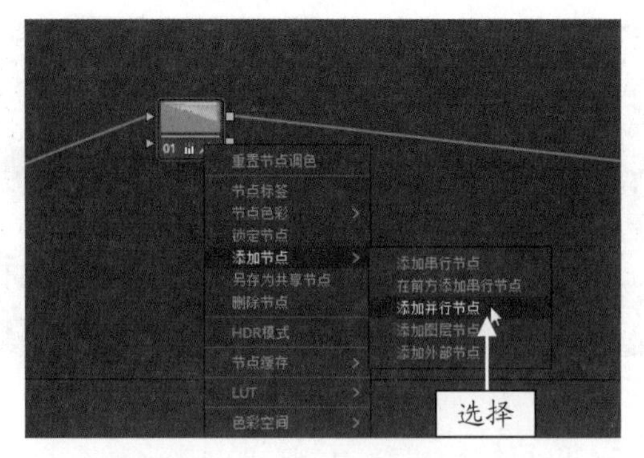

图6-23　选择“添加并行节点”命令

STEP 09 执行操作后，即可在01节点的下方和右侧添加一个编号为03的并行节点和一个“并行混合器”节点，如图6-24所示。与串行节点不同，并行节点的RGB输入连接的是“源”图标，01节点调色后的效果并未输出到03节点上，而是输出到了“并行混合器”节点上，因此，03节点显示的图像RGB信息还是原素材图像信息。

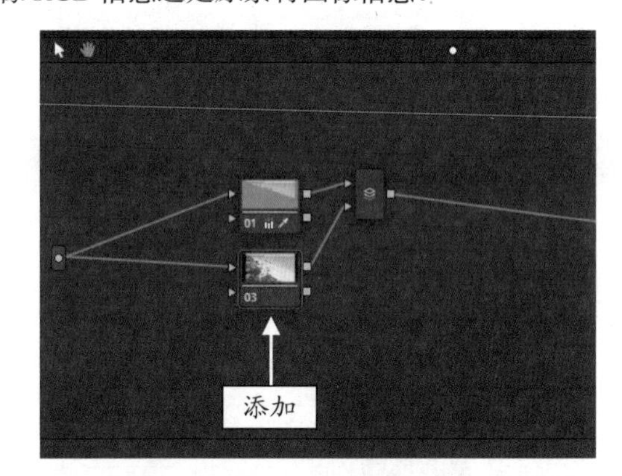

图6-24　添加节点

STEP 10 切换至“限定器”面板，单击“拾色器”按钮，如图6-25所示。

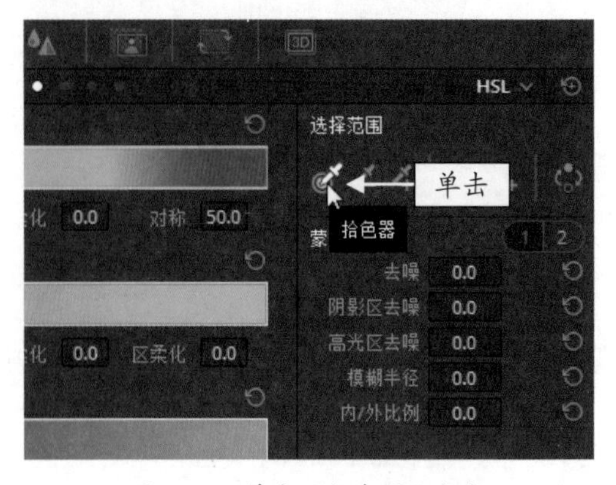

图6-25　单击“拾色器”按钮

STEP 11 在预览窗口的图像上，再次选取天空海水区域画面，然后返回“限定器”面板，单击“反转”按钮，如图 6-26 所示。

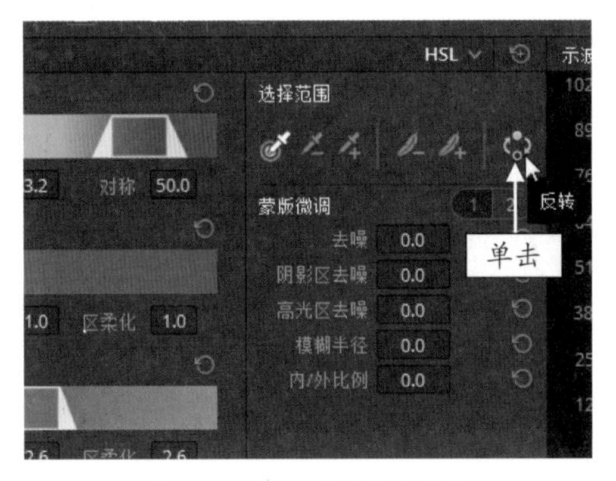

图 6-26　单击“反转”按钮

STEP 12 在预览窗口中，可以查看选取的海岸区域画面，如图 6-27 所示。

图 6-27　查看选取的海岸区域画面

STEP 13 切换至“色轮”面板，设置“饱和度”参数为 80.00，如图 6-28 所示。

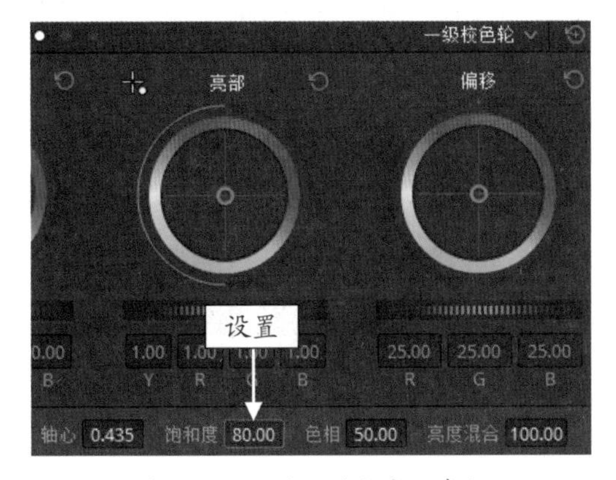

图 6-28　设置“饱和度”参数

STEP 14 在预览窗口中，可以查看选取的海岸区域画面饱和度提高后的画面效果，如图 6-29 所示。

图 6-29　查看提高饱和度后的画面效果

STEP 15 执行上述操作后，最终的调色效果会通过“节点”面板中的“并行混合器”节点将 01 和 03 两个节点的调色信息综合输出，切换至“剪辑”步骤面板，即可在预览窗口查看最终的画面效果，如图 6-30 所示。

图 6-30　查看最终的画面效果

专家指点

在“节点”面板中，选择“并行混合器”节点，单击鼠标右键，在弹出的快捷菜单中选择“变换为图层混合器节点”命令，如图 6-31 所示，即可将“并行混合器”节点更换为“图层混合器”节点。

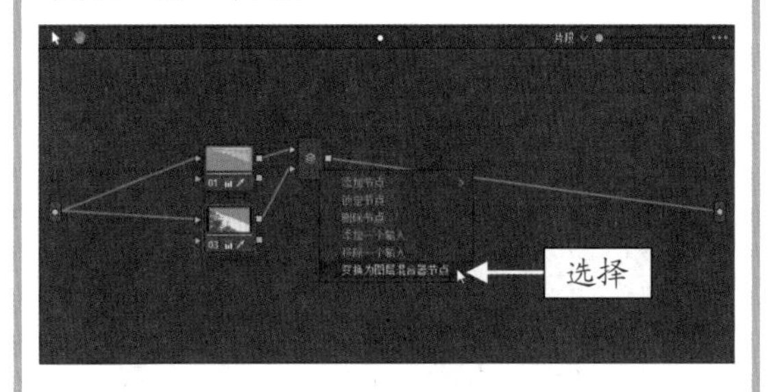

图 6-31　选择“变换为图层混合器节点”命令

6.2.3 图层节点：抖音视频脸部柔光调整

在达芬奇软件中，图层节点的架构与并行节点相似，但并行节点会将架构中每一个节点的调色结果叠加混合输出，而图层节点的架构中，最后一个的节点会覆盖上一个节点的调色结果。例如，第1个节点为红色，第2个节点为绿色，通过并行混合器输出的结果为二者叠加混合生成的黄色，通过图层混合器输出的结果则为绿色。下面通过一个抖音短视频介绍运用图层节点进行脸部柔光调整的操作方法。

	素材文件	素材 \ 第 6 章 \ 温柔甜美 .drp
	效果文件	效果 \ 第 6 章 \ 温柔甜美 .drp
	视频文件	视频 \ 第 6 章 \6.2.3 图层节点：抖音视频脸部柔光调整 .mp4

【操练 + 视频】
——图层节点：抖音视频脸部柔光调整

STEP 01 打开一个项目文件，并查看打开的项目效果，如图 6-32 所示，需要为画面中的人物脸部添加柔光效果。

图 6-32 查看打开的项目效果

STEP 02 切换至“调色”步骤面板，在“节点”面板中，选择编号为 01 的节点，在鼠标右下角弹出了“无调色”提示框，表示当前素材并未有过调色处理，如图 6-33 所示。

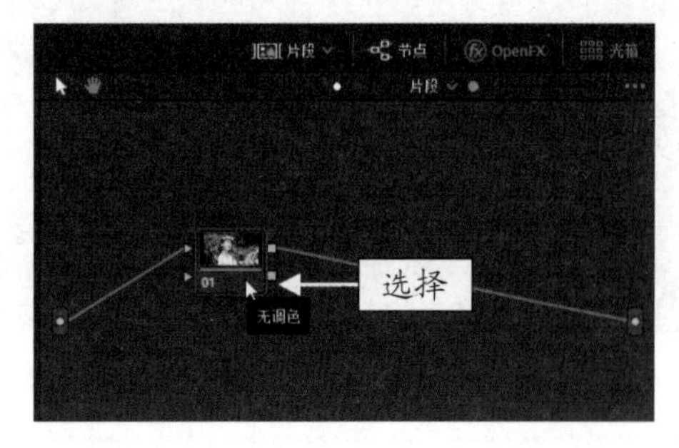

图 6-33 选择编号为 01 的节点

STEP 03 展开“自定义”曲线面板，在曲线编辑器的左上角，按住鼠标左键的同时向下拖曳滑块至合适位置，如图 6-34 所示。

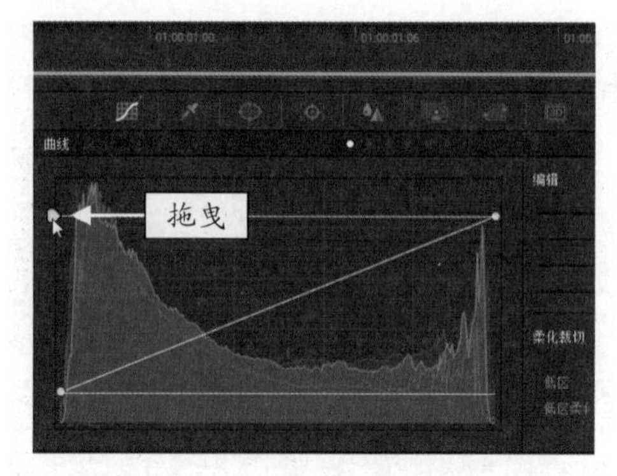

图 6-34 向下拖曳滑块至合适位置

STEP 04 执行操作后，即可降低画面明暗反差，效果如图 6-35 所示。

图 6-35 降低画面明暗反差

STEP 05 在“节点”面板中的 01 节点上单击鼠标右键，在弹出的快捷菜单中选择“添加节点”|“添加图层节点”命令，如图 6-36 所示。

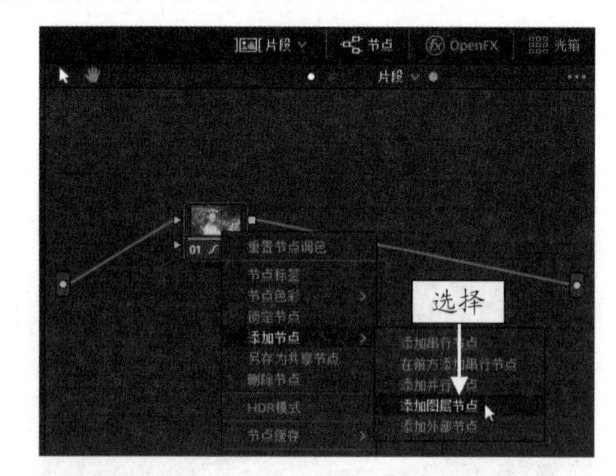

图 6-36 选择“添加图层节点”命令

STEP 06 执行操作后，即可在“节点”面板中，添加一个“图层混合器”和一个编号为 03 的图层节点，如图 6-37 所示。

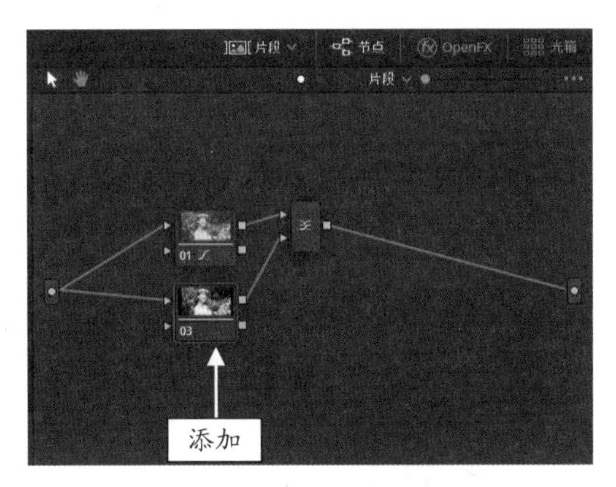

图 6-37 添加图层节点

STEP 07 在“节点”面板中的“图层混合器”上单击鼠标右键，在弹出的快捷菜单中选择“合成模式”|“强光”选项，如图 6-38 所示。

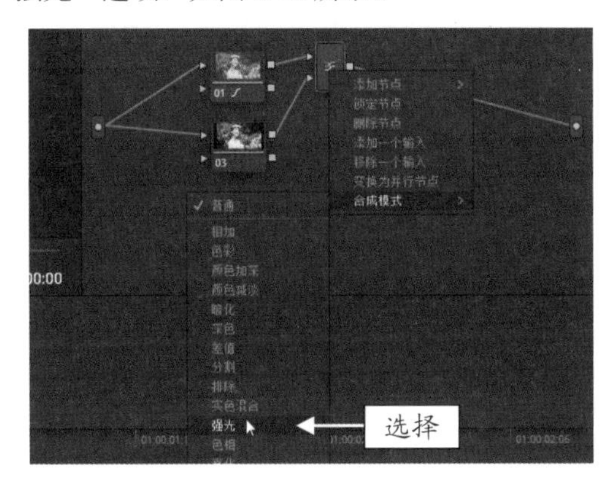

图 6-38 选择“强光”选项

STEP 08 执行操作后，即可在预览窗口中查看强光效果，如图 6-39 所示。

图 6-39 查看强光效果

STEP 09 在“节点”面板中，选择 03 节点，如图 6-40 所示。

STEP 10 展开“自定义”曲线面板，在曲线上添加两个控制点并调整至合适位置，如图 6-41 所示。

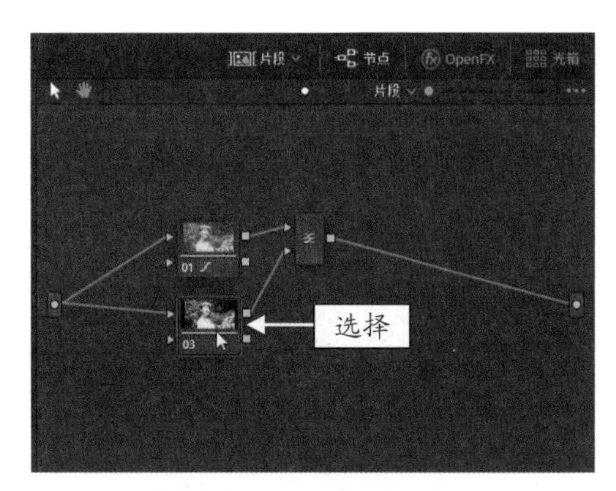

图 6-40 选择 03 节点

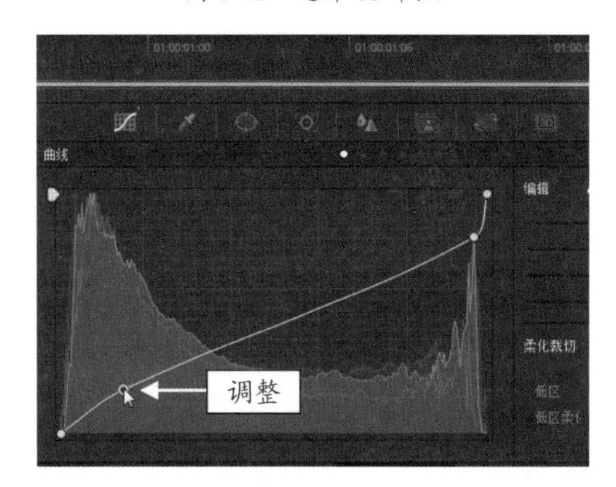

图 6-41 调整控制点

专家指点

在“自定义”曲线面板的编辑器中，曲线的斜对角上有两个默认的控制点，除了可以调整在曲线上添加的控制点外，斜对角上的两个控制点也是可以移动位置调整画面明暗亮度的。

STEP 11 执行操作后，即可对画面明暗反差进行修正，使亮部与暗部的画面更柔和，效果如图 6-42 所示。

图 6-42 对画面明暗反差进行修正

STEP 12 展开“模糊”面板，向上拖曳“半径”通

道上的滑块，直至RGB参数均显示为1.50，如图6-43所示。

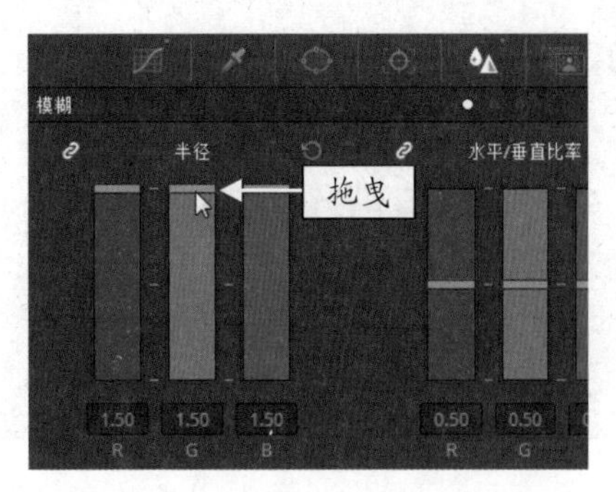

图 6-43　拖曳“半径”通道上的滑块

STEP 13 执行操作后，即可增加模糊使画面出现柔光效果，如图6-44所示。

图 6-44　画面柔光效果

6.2.4　键混合器：Alpha通道信息输出调色

在 DaVinci Resolve 16 中，每个调色节点上都有一个“键输入”或“键输出”图标，即表示每个调色节点上都包含 Alpha 通道信息。在“节点”面板中，“键混合器”节点可以将不同节点上的 Alpha 通道信息相加或相减，通过校色操作输出最终效果。下面通过实例介绍运用“键混合器”节点调色的操作方法。

素材文件	素材\第6章\人像摄影.drp
效果文件	效果\第6章\人像摄影.drp
视频文件	视频\第6章\6.2.4　键混合器：Alpha通道信息输出调色.mp4

【操练+视频】
——键混合器：Alpha通道信息输出调色

STEP 01 打开一个项目文件，并查看打开的项目文件的效果，如图6-45所示，需要修改图像画面中衣服的颜色，可以通过选取衣服颜色，运用“键混合器”节点调整色相，输出调色效果。

图 6-45　查看打开的项目文件的效果

STEP 02 切换至“调色”步骤面板，在“节点”面板中，选择编号为01的节点，如图6-46所示。

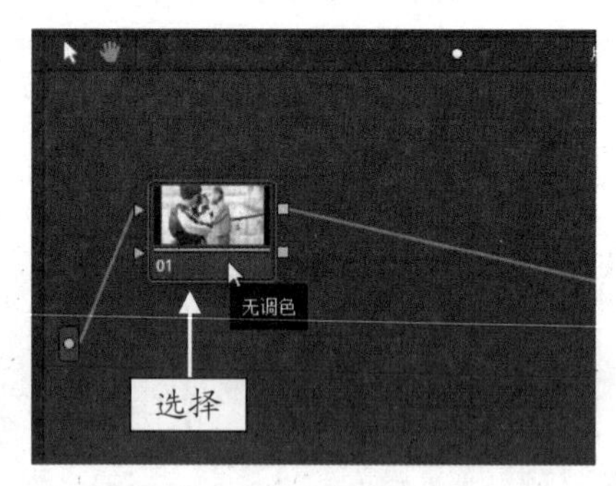

图 6-46　选择编号为01的节点

STEP 03 在“监视器”面板中，单击“突出显示”按钮，方便查看后续颜色选取，如图6-47所示。

图 6-47　单击“突出显示”按钮

STEP 04 切换至“限定器”面板，应用“拾色器”工具在预览窗口的图像上，选取男生衣服上的蓝色区域画面，如图6-48所示，可以看到女孩身上的衣服没有完全选中。

STEP 05 在“节点”面板中，选中01节点，单击鼠标右键，在弹出的快捷菜单中，选择“添加节

点”|“添加并行节点”命令，如图 6-49 所示。

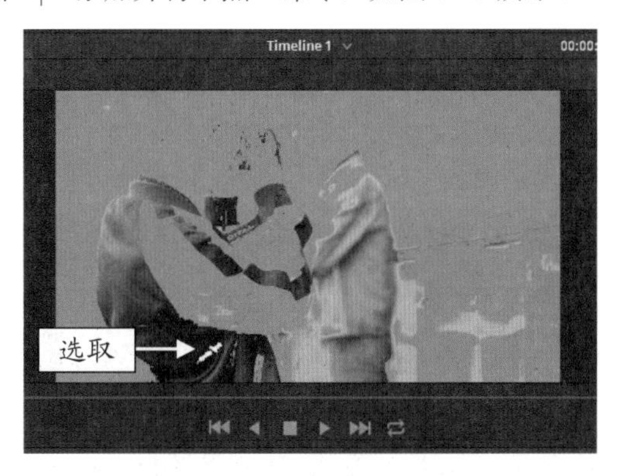

图 6-48　选取蓝色区域画面

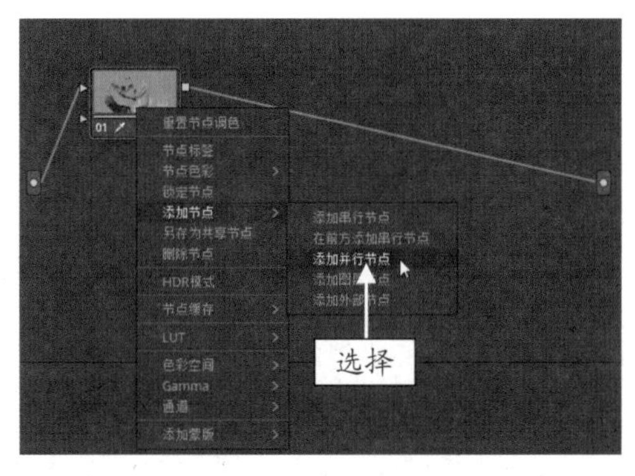

图 6-49　选择“添加并行节点”命令

STEP 06 执行操作后，即可添加一个编号为 03 的并行节点和一个“并行混合器”节点，如图 6-50 所示。

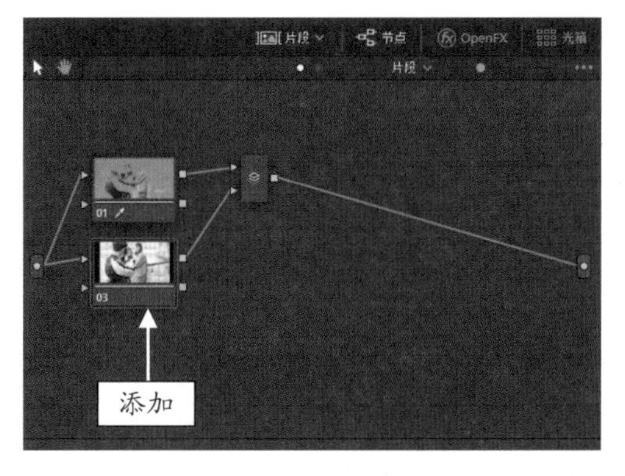

图 6-50　添加节点

STEP 07 在预览窗口中，应用“拾色器”工具在图像上选取女孩衣服上的蓝色区域画面，如图 6-51 所示。

STEP 08 切换至“限定器”面板，在“蒙版微调”选项区中，设置“去噪”参数为 10.0，如图 6-52 所示。

图 6-51　选取相应区域画面

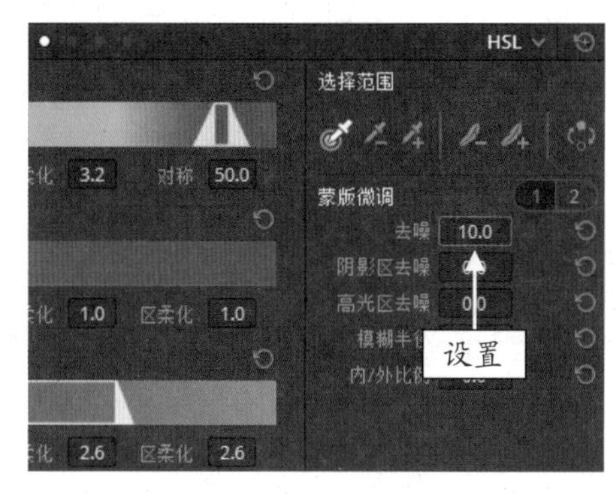

图 6-52　设置“去噪”参数

STEP 09 在“节点”面板中，继续添加一个编号为 04 的并行节点，如图 6-53 所示。

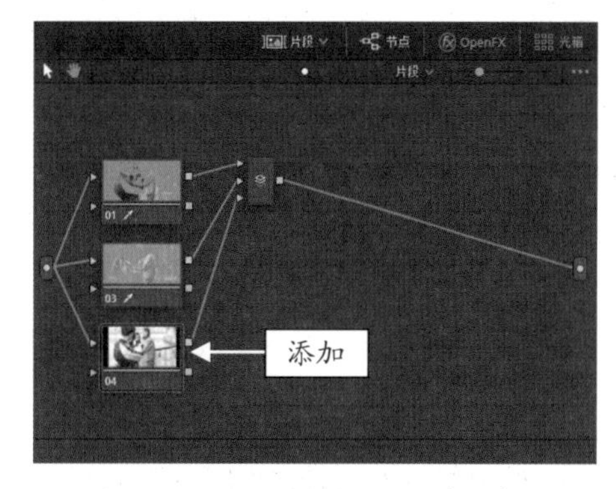

图 6-53　添加编号为 04 的并行节点

STEP 10 在“节点”面板的空白位置处单击鼠标右键，在弹出的快捷菜单中，选择“添加节点”|“键混合器”命令，如图 6-54 所示。

STEP 11 执行操作后，即可添加一个“键混合器”节点，如图 6-55 所示。

STEP 12 将 01 节点和 03 节点的“键输出”图标与“键混合器”节点的两个“键输入”图标相连接，如图 6-56 所示。

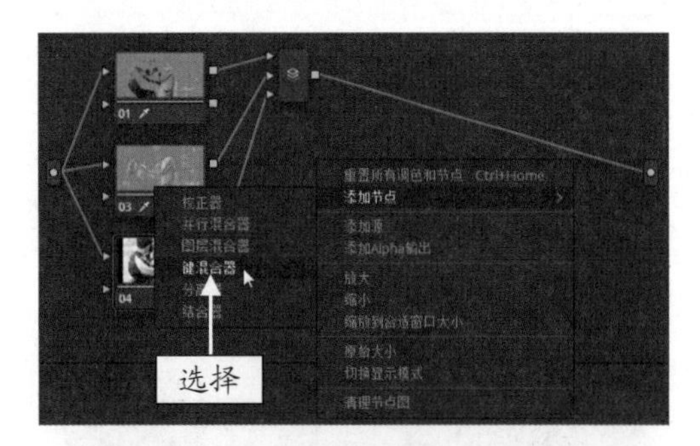

图 6-54　选择“键混合器”命令

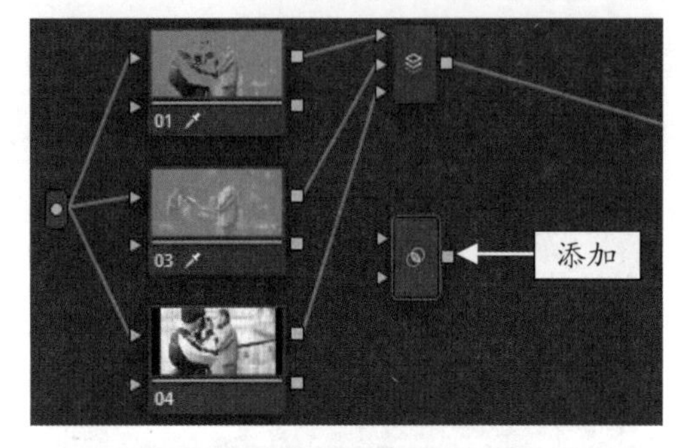

图 6-55　添加“键混合器”节点

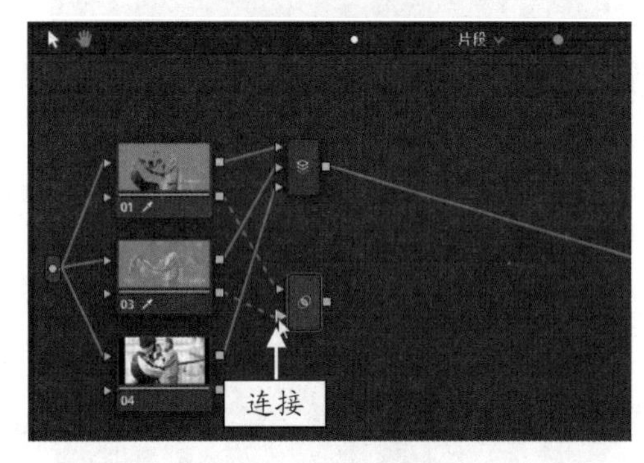

图 6-56　连接 01 节点和 03 节点的“键”

STEP 13 在预览窗口中，可以查看“键”连接效果，如图 6-57 所示。

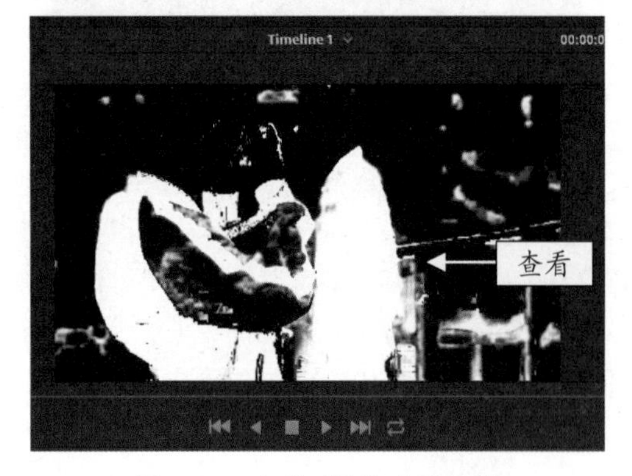

图 6-57　查看“键”连接效果

STEP 14 拖曳 04 节点至“键混合器”节点的右下角，如图 6-58 所示。

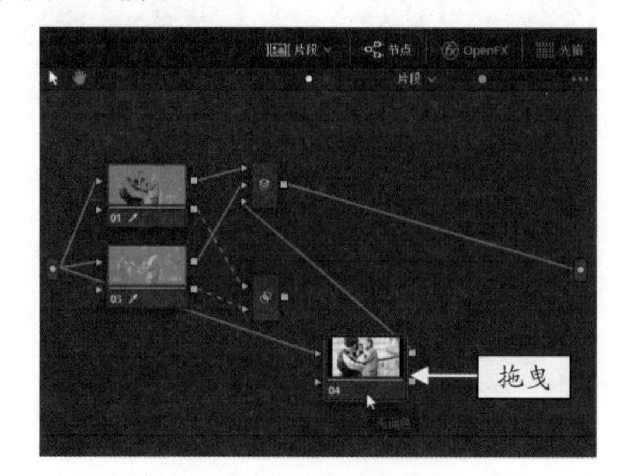

图 6-58　拖曳 04 节点

STEP 15 连接“键混合器”节点的“键输出”图标与 04 节点的“键输入”图标，如图 6-59 所示。

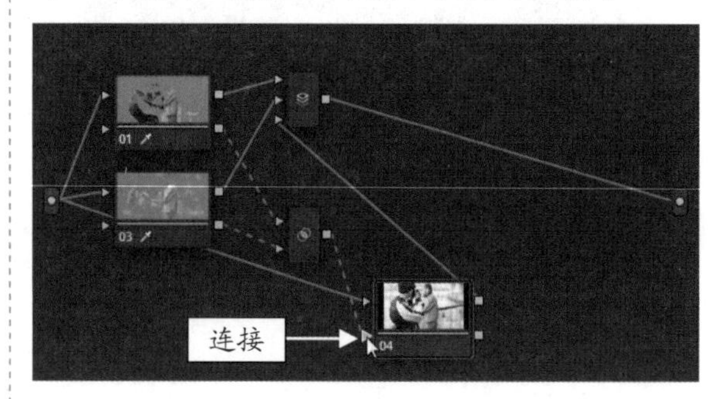

图 6-59　连接 04 节点的键

STEP 16 在预览窗口中，可以查看 04 节点连接“键”后显示的画面效果，如图 6-60 所示。

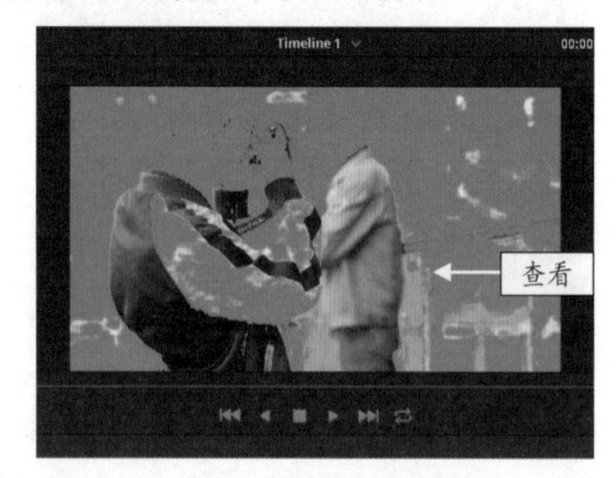

图 6-60　查看画面效果

STEP 17 在“色轮”面板中，设置“色相”参数为 65.00，如图 6-61 所示。

STEP 18 执行操作后，即可更改衣服上的颜色，切换至“剪辑”步骤面板，在预览窗口中查看最终效果，如图 6-62 所示。

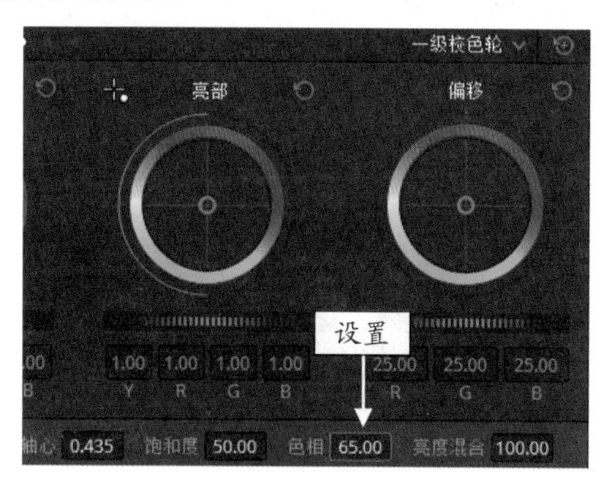

图 6-61　设置“色相”参数

图 6-62　查看最终效果

6.2.5　分离结合：RGB 通道信息输出调色

前文提过图像画面含有 RGB 通道信息，每个通道的信息分布不同，在 DaVinci Resolve 16 中，“分离器”节点可以将素材分为红、绿、蓝三个通道节点单独进行调整，然后通过“结合器”节点进行合并输出。下面通过实例介绍运用“分离器”节点和“结合器”节点调色的操作方法。

	素材文件	素材 \ 第 6 章 \ 含苞待放 .drp
	效果文件	效果 \ 第 6 章 \ 含苞待放 .drp
	视频文件	视频 \ 第 6 章 \6.2.5　分离结合：RGB 通道信息输出调色 .mp4

【操练 + 视频】
——分离结合：RGB 通道信息输出调色

STEP 01 打开一个项目文件，如图 6-63 所示，需要通过调整图像素材 RGB 通道信息，制作特殊的图像效果。

图 6-63　打开一个项目文件

STEP 02 切换至“调色”步骤面板，在“节点”面板中，选择编号为 01 的节点，如图 6-64 所示。

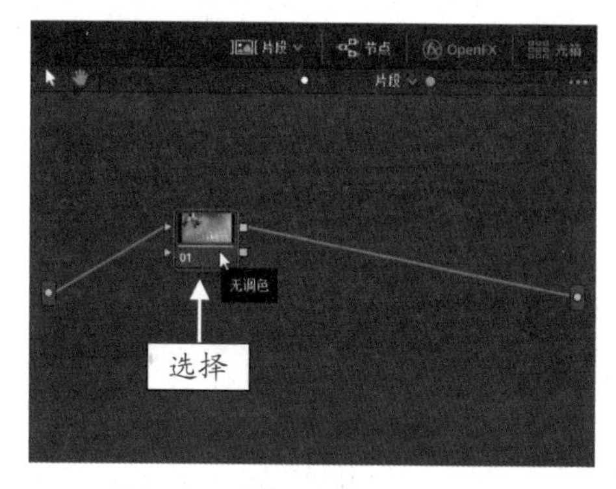

图 6-64　选择编号为 01 的节点

STEP 03 在菜单栏中，选择“调色”|“节点”|“添加分离器 / 结合器节点”命令，如图 6-65 所示。

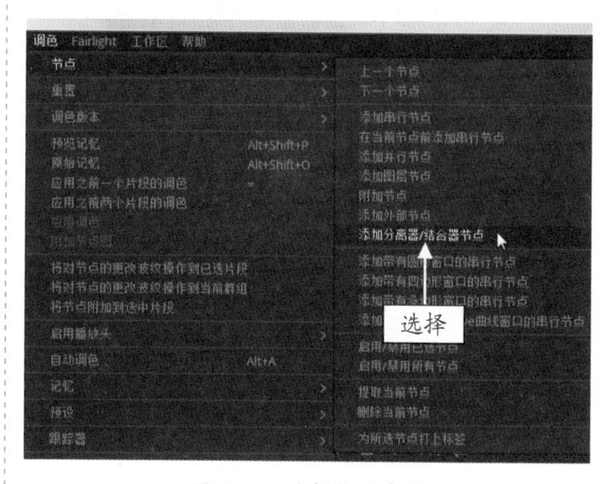

图 6-65　选择相应命令

STEP 04 执行操作后，即可在“节点”面板中，添加“分离器”节点和“结合器”节点以及红、绿、蓝通道节点，如图 6-66 所示。01 节点右边连接的节点就是“分离器”节点，“分离器”节点的右侧分离出来的编号为 04、05、06 的三个节点分别对应的是红、绿、蓝通道节点，通道节点输出连接的便是“结合器”节点。

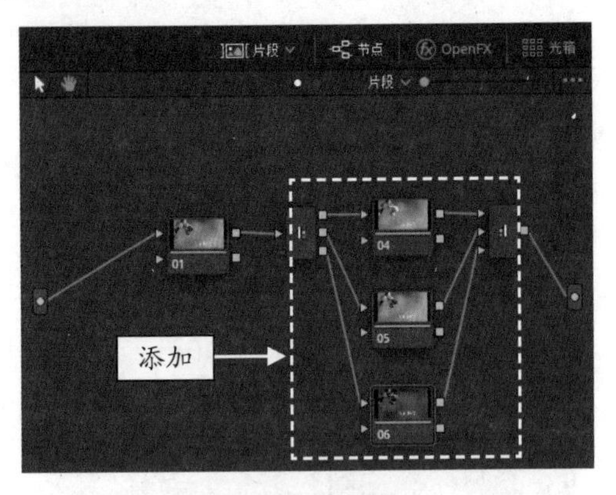

图 6-66 添加节点

STEP 05 选择 04 节点，在“节点”面板上方，单击 OpenFX（特效）按钮，如图 6-67 所示。

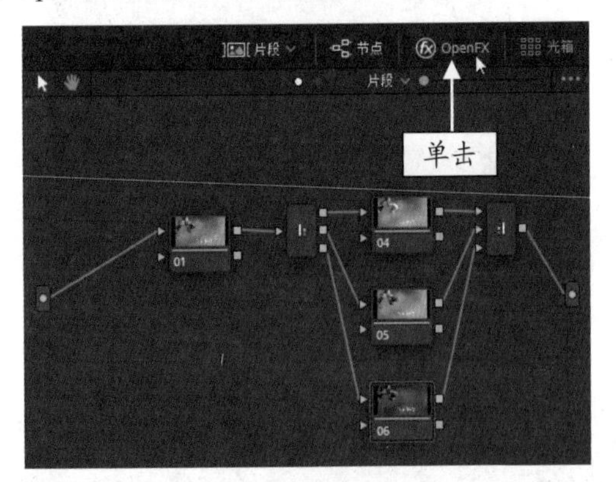

图 6-67 单击相应按钮

STEP 06 执行操作后，即可打开“素材库”选项卡，如图 6-68 所示。

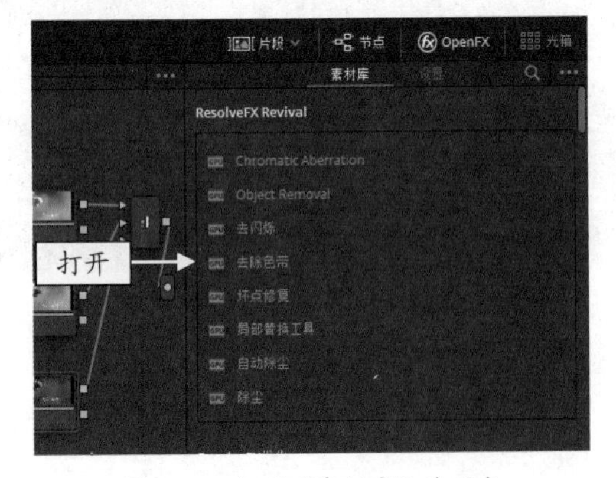

图 6-68 打开“素材库”选项卡

STEP 07 向下移动面板，在“ResolveFX 模糊”滤镜组中，选择“马赛克模糊”选项，如图 6-69 所示。

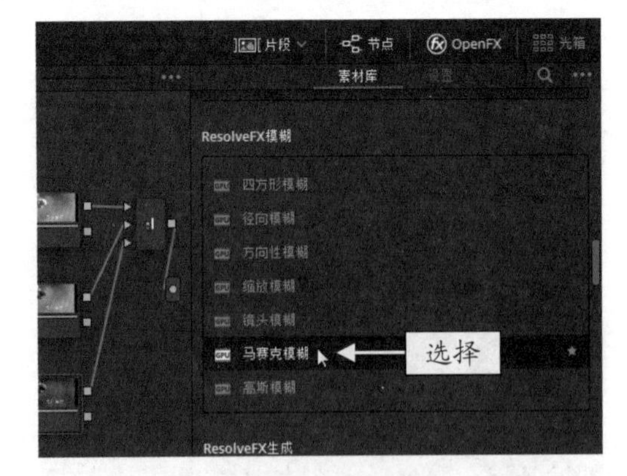

图 6-69 选择“马赛克模糊”选项

STEP 08 按住鼠标左键将“马赛克模糊”滤镜特效拖曳至 04 节点上，释放鼠标左键，即可在红色通道节点上添加“马赛克模糊”滤镜特效，如图 6-70 所示。

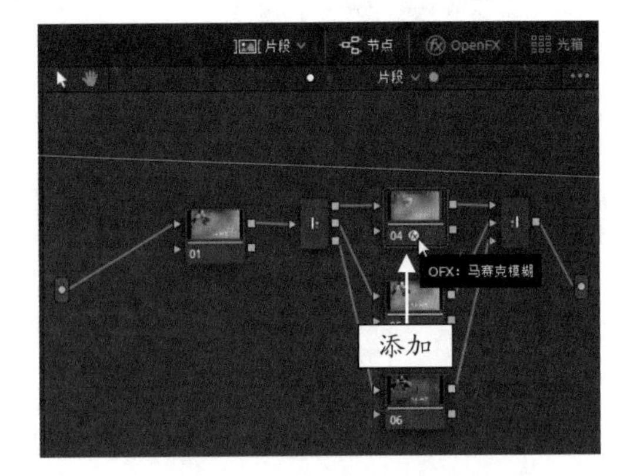

图 6-70 添加“马赛克模糊”特效

STEP 09 执行操作后，即可自动切换至特效“设置”面板，设置“像素频率”参数为 5.0，如图 6-71 所示。

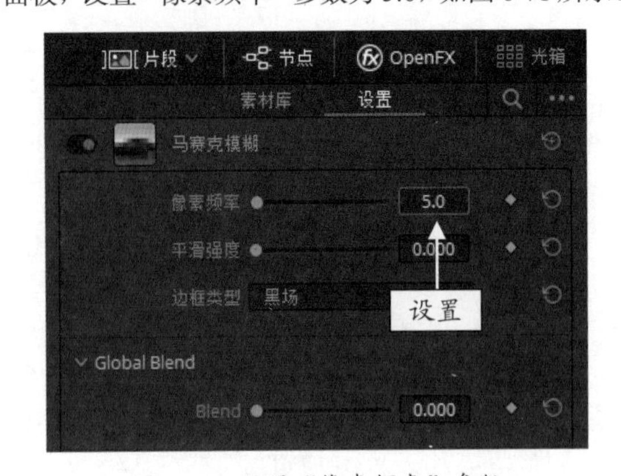

图 6-71 设置“像素频率”参数

STEP 10 在预览窗口中，即可查看制作的特殊视频效果，如图 6-72 所示。

图 6-72　查看制作的特殊视频效果

6.3 制作抖音热门调色视频

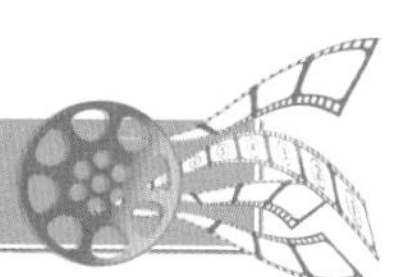

当用户选择“节点”面板中添加的节点后，即可通过节点对视频进行调色。下面介绍应用节点制作抖音热门调色视频的操作方法。

6.3.1 背景抠像：对素材进行抠像透明处理

通过前文学习，大家可以了解到 DaVinci Resolve 16 是可以对含有 Alpha 通道信息的素材图像进行调色处理的，不仅如此，DaVinci Resolve 16 还可以对含有 Alpha 通道信息的素材画面进行抠像透明处理，下面介绍具体的操作方法。

素材文件	素材 \ 第 6 章 \ 星空之下 .drp
效果文件	效果 \ 第 6 章 \ 星空之下 .drp
视频文件	视频 \ 第 6 章 \6.3.1　背景抠像：对素材进行抠像透明处理 .mp4

【操练 + 视频】
——背景抠像：对素材进行抠像透明处理

STEP 01 打开一个项目文件，如图 6-73 所示。

图 6-73　打开一个项目文件

STEP 02 在“时间线”面板中，V1 轨道上的素材为背景素材，双击鼠标左键，在预览窗口中可以查看背景素材画面效果，如图 6-74 所示。

图 6-74　查看背景素材画面效果

STEP 03 在“时间线”面板中，V2 轨道上的素材为待处理的蒙版素材，双击鼠标左键，在预览窗口中可以查看蒙版素材画面效果，如图 6-75 所示。

图 6-75　查看蒙版素材画面效果

STEP 04 切换至“调色”步骤面板，单击“窗口”

按钮，展开“窗口”面板，如图 6-76 所示。

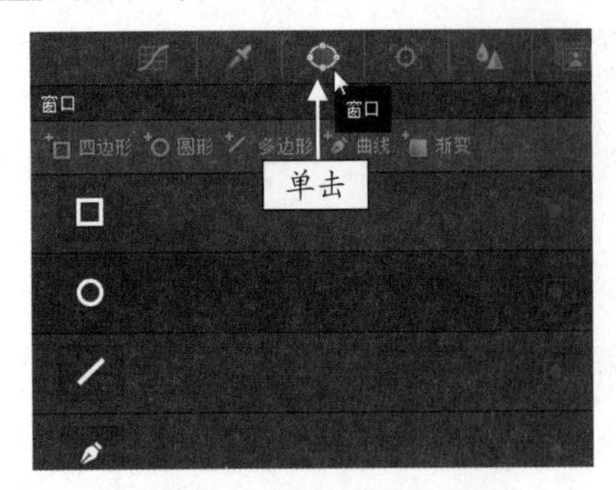

图 6-76 单击“窗口”按钮

STEP 05 在“窗口”预设面板中，单击曲线“窗口激活”按钮，如图 6-77 所示。

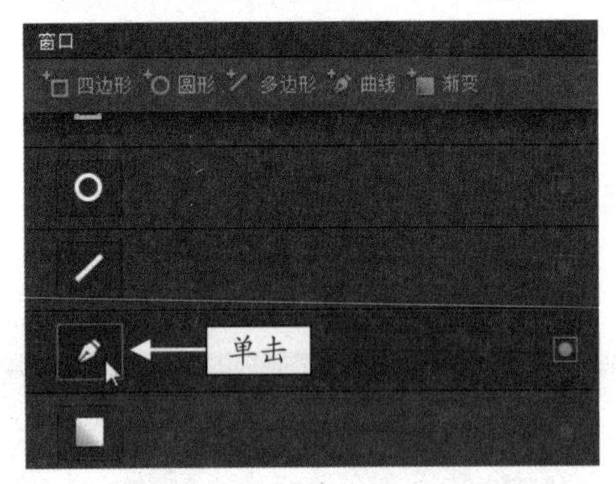

图 6-77 单击曲线“窗口激活”按钮

STEP 06 在预览窗口的图像上绘制一个窗口蒙版，如图 6-78 所示。

图 6-78 绘制一个窗口蒙版

STEP 07 在“节点”面板的空白位置处，单击鼠标右键，在弹出的快捷菜单中，选择“添加 Alpha 输出”命令，如图 6-79 所示。

STEP 08 在“节点”面板右侧，即可添加一个“Alpha 最终输出”图标，如图 6-80 所示。

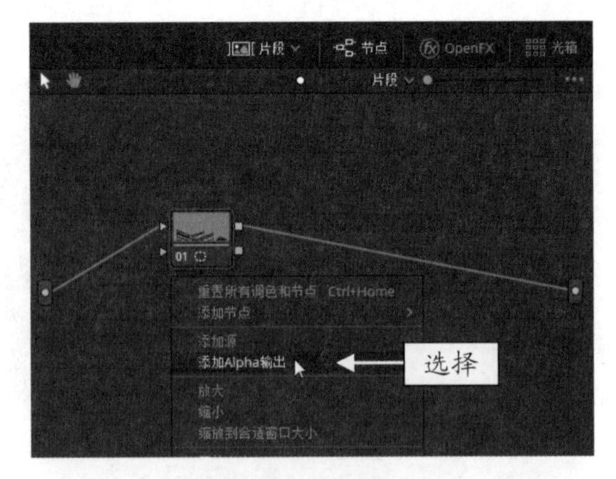

图 6-79 选择“添加 Alpha 输出”命令

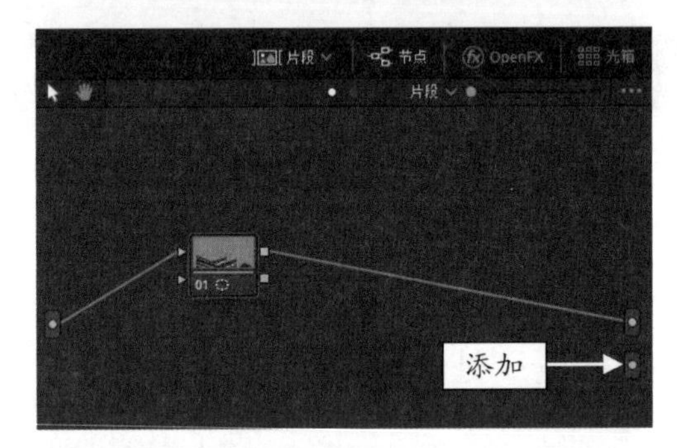

图 6-80 添加一个“Alpha 最终输出”图标

STEP 09 连接 01 节点的“键输出”图标与面板右侧的“Alpha 最终输出”图标，如图 6-81 所示。

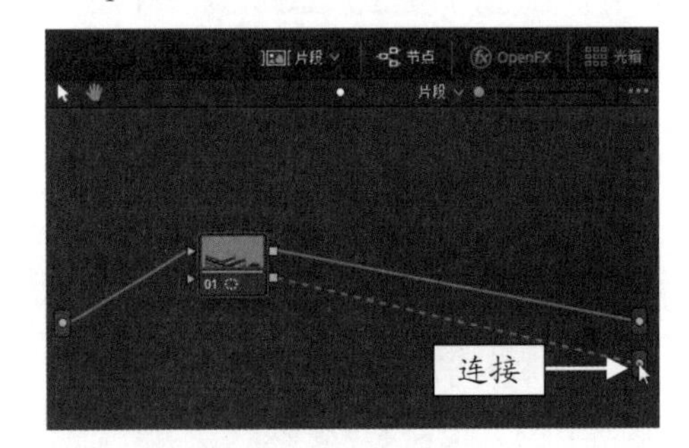

图 6-81 连接图标

STEP 10 执行操作后，查看素材抠像透明处理的最终效果，如图 6-82 所示。

图 6-82 查看素材抠像透明效果

6.3.2　图层滤色：让素材画面变得更加透亮

在“节点”面板中，通过“图层混合器”功能应用滤色合成模式，可以使视频画面变得更加透亮，下面介绍具体的操作方法。

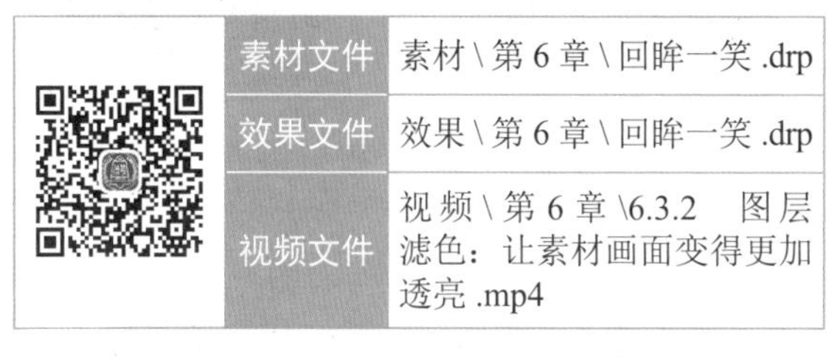

	素材文件	素材 \ 第 6 章 \ 回眸一笑 .drp
	效果文件	效果 \ 第 6 章 \ 回眸一笑 .drp
	视频文件	视频 \ 第 6 章 \6.3.2　图层滤色：让素材画面变得更加透亮 .mp4

【操练 + 视频】
——图层滤色：让素材画面变得更加透亮

STEP 01 打开一个项目文件，在预览窗口中可以查看打开的项目效果，如图 6-83 所示。

图 6-83　查看打开的项目效果

STEP 02 切换至“调色”步骤面板，在“节点”面板中，选择编号为 01 的节点，在鼠标右下角弹出“无调色”提示框，表示当前素材并未有过调色处理，如图 6-84 所示。

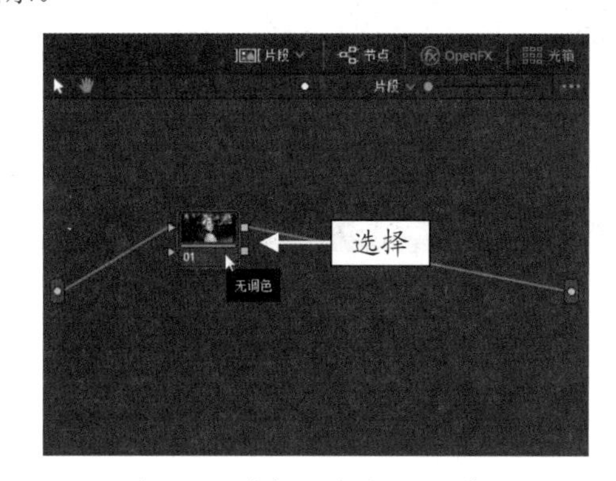

图 6-84　选择编号为 01 的节点

STEP 03 单击鼠标右键，在弹出的快捷菜单中，选择“添加节点”|“添加串行节点”命令，如图 6-85 所示。

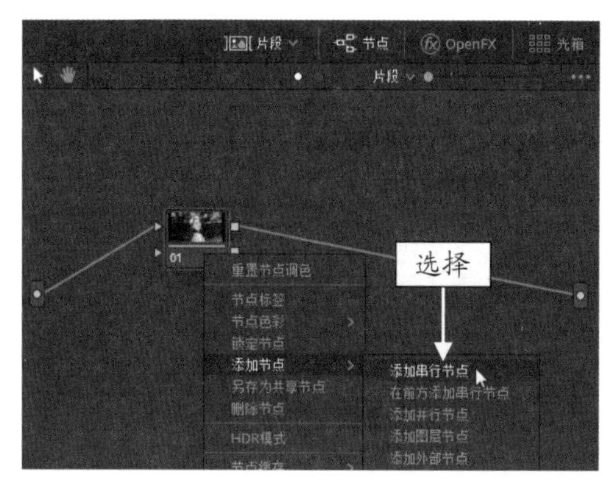

图 6-85　选择“添加串行节点”命令

STEP 04 执行操作后，即可在“节点”面板中添加一个编号为 02 的串行节点，如图 6-86 所示。

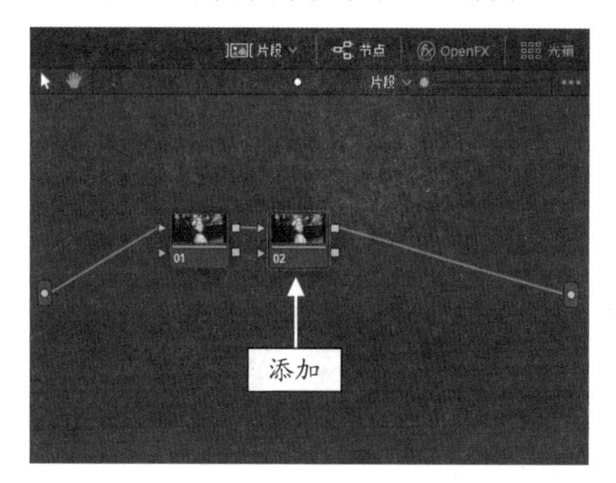

图 6-86　添加 02 串行节点

STEP 05 在 02 节点上单击鼠标右键，在弹出的快捷菜单中，选择“添加节点”|“添加图层节点”命令，如图 6-87 所示。

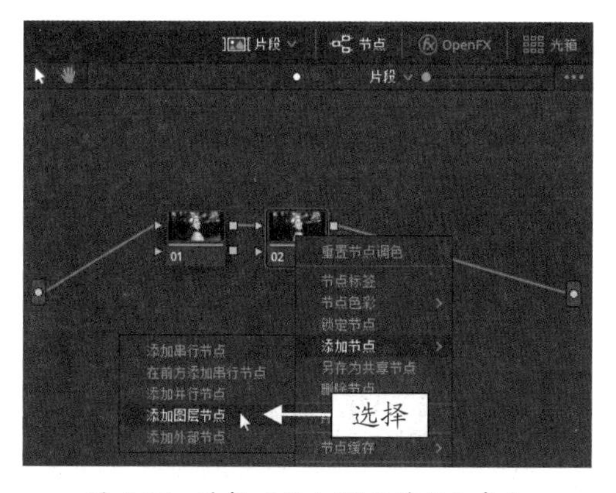

图 6-87　选择“添加图层节点”命令

STEP 06 执行操作后，即可在“节点”面板中，添加一个“图层混合器”和一个编号为 04 的图层节点，如图 6-88 所示。

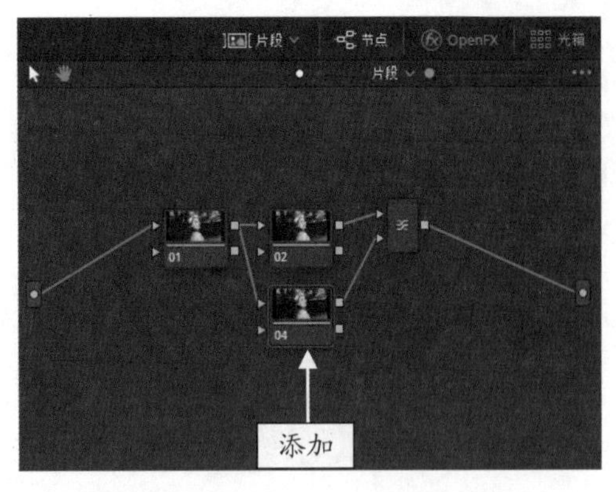

图 6-88 选择编号为 04 的图层节点

STEP 07 选择 04 节点，展开“色轮”面板，选中“亮部”色轮中心的白色圆圈，按住鼠标左键的同时往青蓝色方向拖曳，直至 YRGB 参数显示为 1.00、0.96、1.00、1.10，如图 6-89 所示。

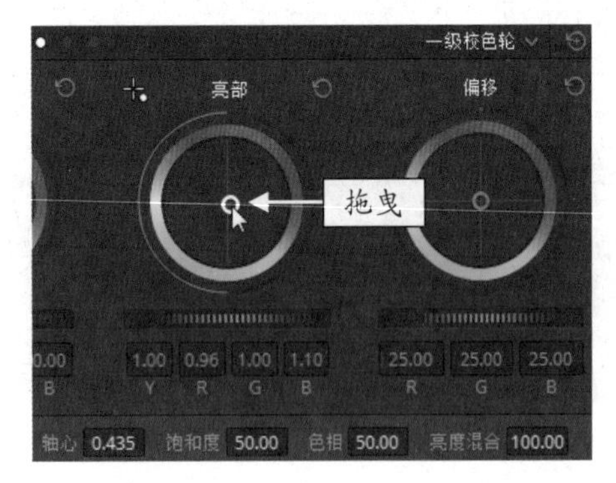

图 6-89 拖曳“亮部”色轮中心的圆圈

STEP 08 然后用与上同样的方法，选中“偏移”色轮中心的白色圆圈并往青蓝色方向拖曳，直至 RGB 参数显示为 24.23、24.78、27.06，如图 6-90 所示。

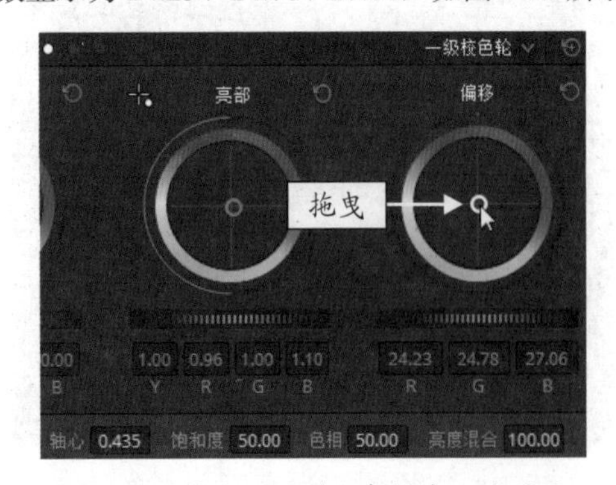

图 6-90 拖曳“偏移”色轮中心的圆圈

STEP 09 在预览窗口中，可以查看画面色彩调整效果，如图 6-91 所示。

图 6-91 查看画面色彩调整效果

STEP 10 在“节点”面板中，选择“图层混合器”，如图 6-92 所示。

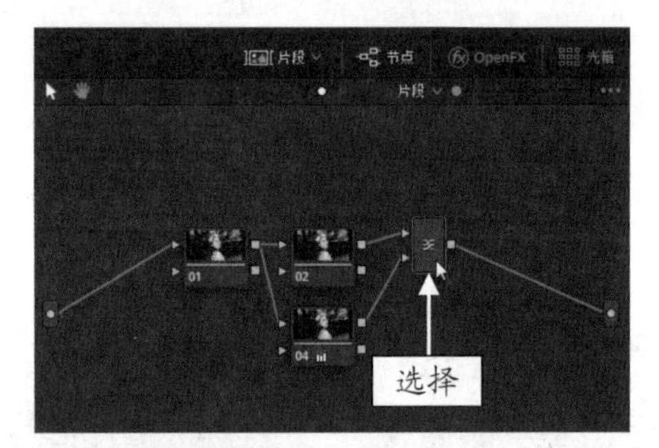

图 6-92 选择“图层混合器”

STEP 11 单击鼠标右键，在弹出的快捷菜单中，选择“合成模式”|“滤色”命令，如图 6-93 所示。

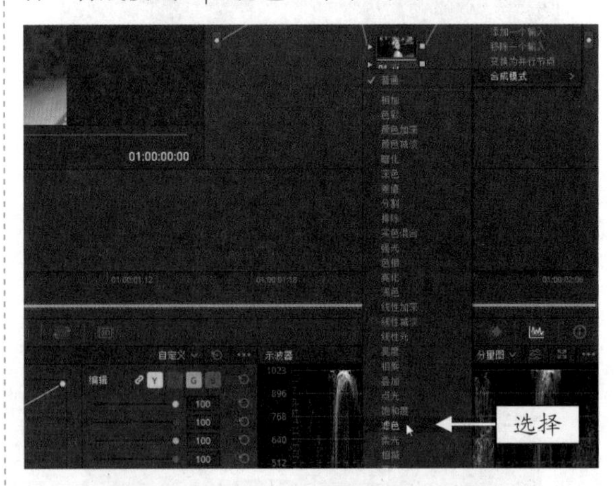

图 6-93 选择“滤色”命令

STEP 12 执行操作后，在预览窗口中查看应用滤色合成模式的画面效果，可以看到画面中的亮度有点偏高，需要降低画面中的亮度，如图 6-94 所示。

STEP 13 在“节点”面板中，选择 01 节点，如图 6-95 所示。

STEP 14 在“色轮”面板中，向左拖曳“亮部”色轮下方的轮盘，直至 YRGB 参数均显示为 0.80，如图 6-96 所示。

图 6-94　查看应用滤色合成模式的画面效果

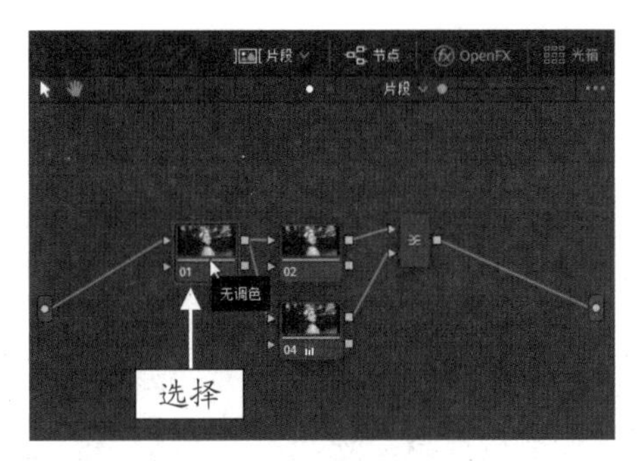

图 6-95　选择 01 节点

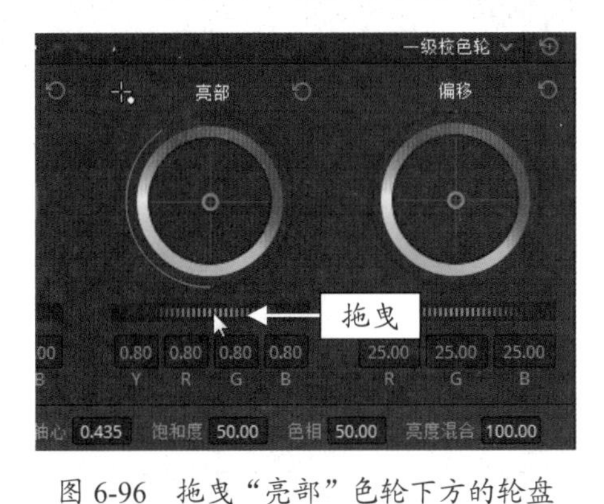

图 6-96　拖曳“亮部”色轮下方的轮盘

STEP 15 执行操作后，在预览窗口中即可查看视频画面透亮效果，如图 6-97 所示。

图 6-97　查看视频画面透亮效果

6.3.3　肤色调整：修复人物皮肤局部的肤色

前期拍摄人物时，或多或少都会受到周围环境、光线的影响，导致人物肤色不正常，而在达芬奇软件中的矢量图示波器中可以显示人物肤色指示线，用户可以通过矢量图示波器来修复人物肤色。下面介绍局部修复人物肤色的操作方法。

	素材文件	素材 \ 第 6 章 \ 娇俏可人 .drp
	效果文件	效果 \ 第 6 章 \ 娇俏可人 .drp
	视频文件	视频 \ 第 6 章 \6.3.3　肤色调整：修复人物皮肤局部的肤色 .mp4

【操练 + 视频】
——肤色调整：修复人物皮肤局部的肤色

STEP 01 打开一个项目文件，在预览窗口中可以查看打开的项目效果，画面中的人物肤色偏黄偏暗，需要还原画面中人物的肤色，如图 6-98 所示。

图 6-98　查看打开的项目效果

STEP 02 切换至“调色”步骤面板，在“节点”面板中，选择编号为 01 的节点，在鼠标右下角弹出了“无调色”提示框，表示当前素材并未有过调色处理，如图 6-99 所示。

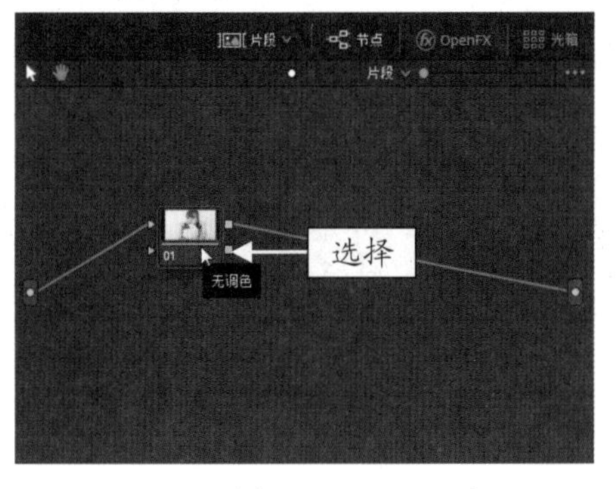

图 6-99　选择编号为 01 的节点

STEP 03 展开“色轮”面板，向右拖曳“亮部”色轮下方的轮盘，直至 YRGB 参数均显示为 1.15，如图 6-100 所示。

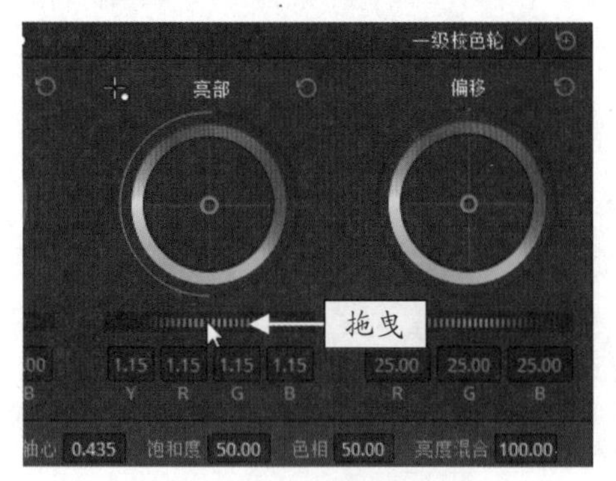

图 6-100　拖曳“亮部”色轮下方的轮盘

STEP 04 执行操作后，即可提高人物肤色亮度，效果如图 6-101 所示。

图 6-101　提高人物肤色亮度

STEP 05 在“节点”面板中选中 01 节点，单击鼠标右键，在弹出的快捷菜单中选择“添加节点”|“添加串行节点”命令，如图 6-102 所示。

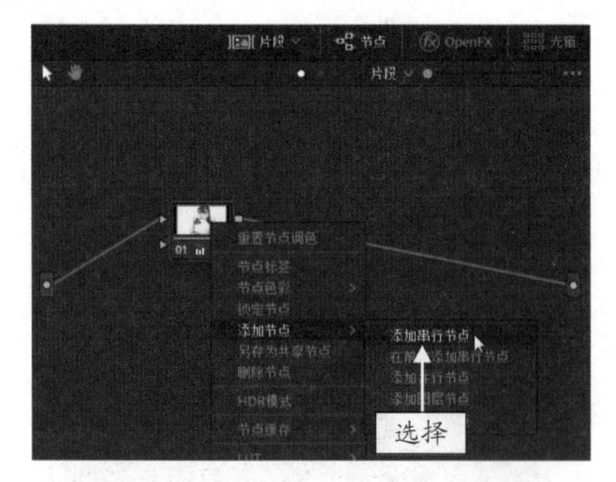

图 6-102　选择“添加串行节点”命令

STEP 06 执行操作后，即可在“节点”面板中添加一个编号为 02 的串行节点，如图 6-103 所示。

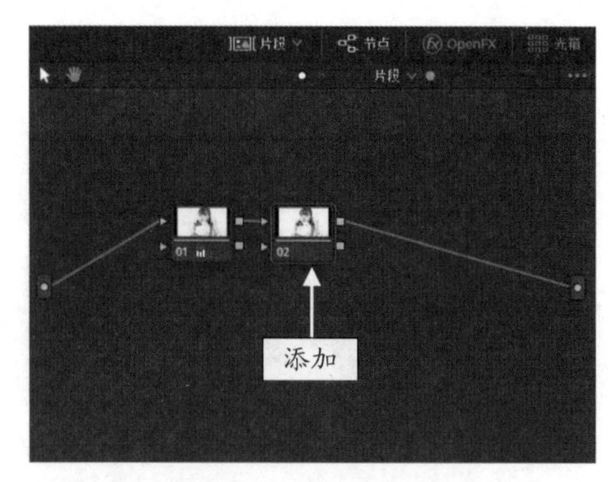

图 6-103　添加 02 串行节点

STEP 07 展开“示波器”面板，在示波器窗口栏的右上角，单击下拉按钮，在弹出的列表框中，选择“矢量图”选项，如图 6-104 所示。

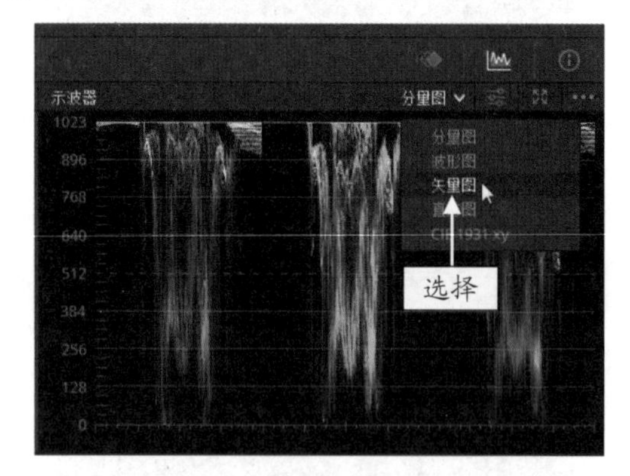

图 6-104　选择“矢量图”选项

STEP 08 执行操作后，即可打开“矢量图”示波器面板，在右上角单击设置图标，效果如图 6-105 所示。

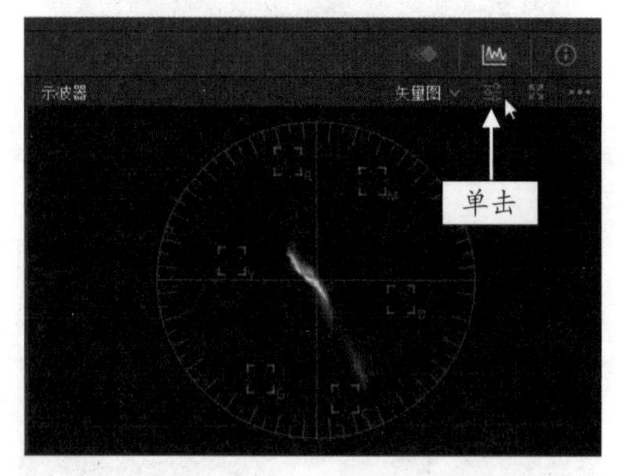

图 6-105　单击设置图标

STEP 09 弹出相应面板，选中“显示肤色指示”复选框，如图 6-106 所示。

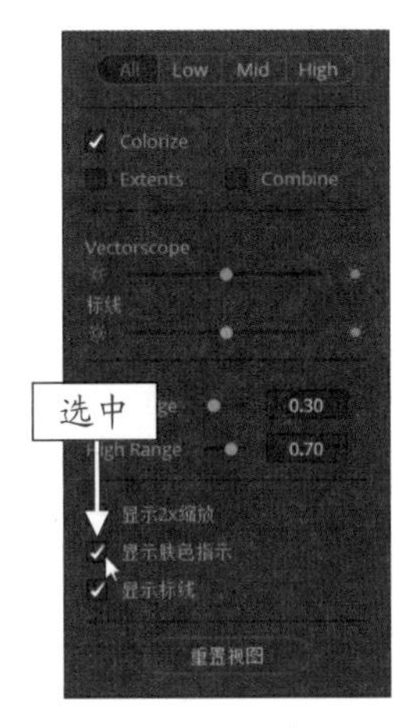

图 6-106　选中“显示肤色指示”复选框

STEP 10 执行操作后，即可在矢量图上显示肤色指示线，效果如图 6-107 所示，可以看到色彩矢量波形明显偏离了肤色指示线。

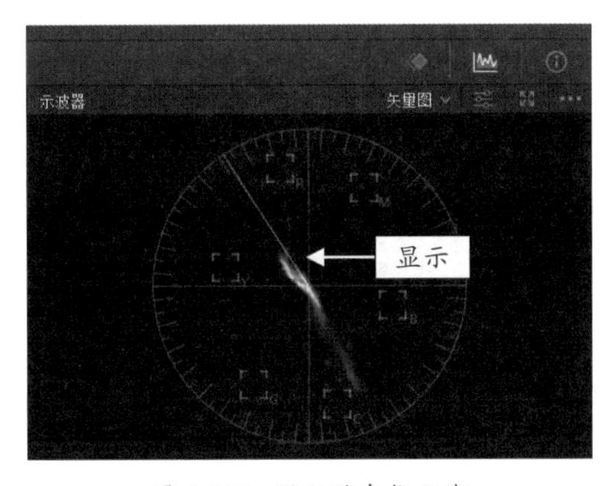

图 6-107　显示肤色指示线

STEP 11 展开“限定器”面板，在面板中单击“拾色器”按钮，如图 6-108 所示。

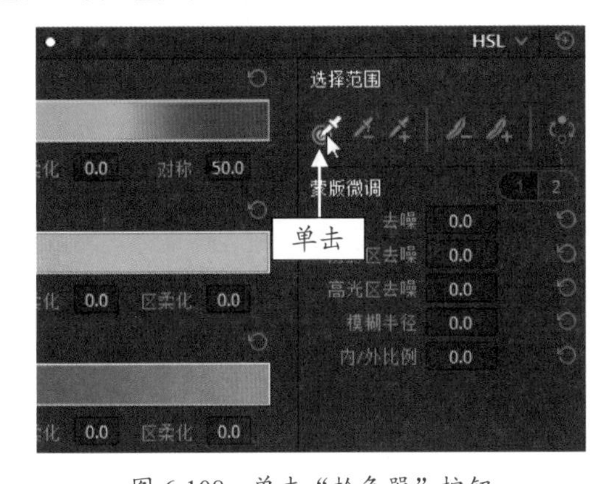

图 6-108　单击“拾色器”按钮

STEP 12 在“监视器”面板上方，单击“突出显示”按钮，如图 6-109 所示。

图 6-109　单击“突出显示”按钮

STEP 13 在预览窗口中按住鼠标左键，拖曳光标选取人物皮肤，如图 6-110 所示。

图 6-110　选取人物皮肤

STEP 14 切换至“限定器”面板，单击“增加色彩范围”按钮，如图 6-111 所示。

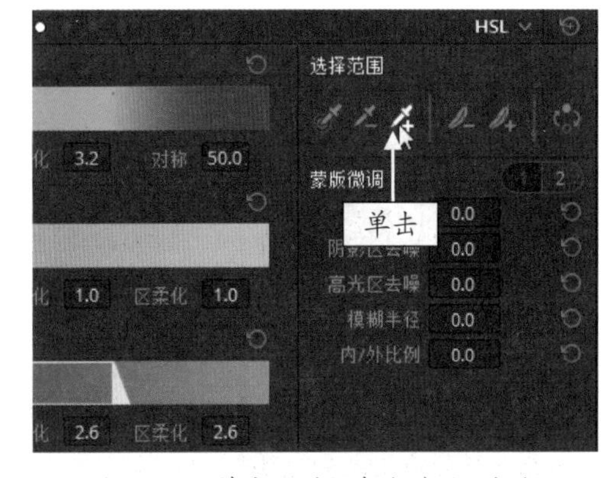

图 6-111　单击“增加色彩范围”按钮

STEP 15 在预览窗口中，继续使用滴管工具，选取人物脸部未被选取的皮肤，如图 6-112 所示。

图 6-112　选取人物脸部未被选取的皮肤

STEP 16 展开“矢量图”示波器面板查看色彩矢量波形变换的同时，在“色轮”面板中，拖曳“亮部”色轮中心的白色圆圈，直至 YRGB 参数显示为 1.00、1.05、0.98、1.06，如图 6-113 所示。

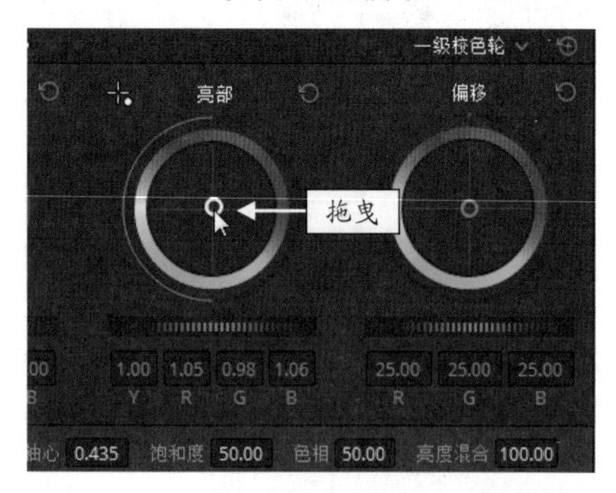

图 6-113　拖曳“亮部”色轮中心的白色圆圈

STEP 17 此时，“矢量图”示波器面板中的色彩矢量波形已与肤色指示线重叠，如图 6-114 所示。

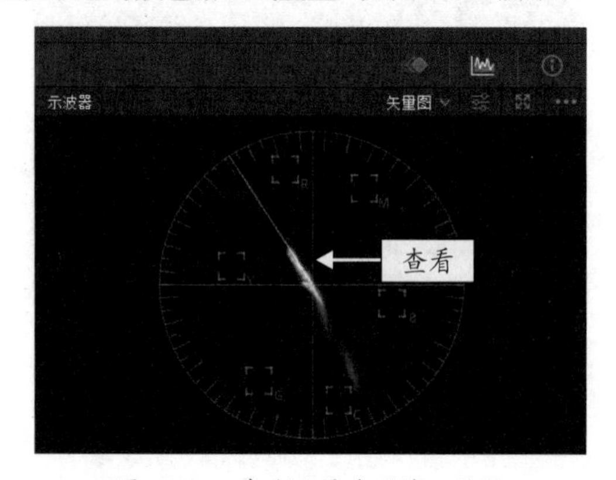

图 6-114　色彩矢量波形修正效果

STEP 18 在预览窗口中，查看人物肤色修复效果，如图 6-115 所示。

图 6-115　人物肤色修复效果

6.3.4　婚纱调色：打造唯美小清新色调效果

在达芬奇软件中，应用调色节点调整画面明暗反差和曝光，并结合“色轮”工具调整色彩色调，可以打造出唯美小清新婚纱色调效果，下面介绍具体的操作步骤。

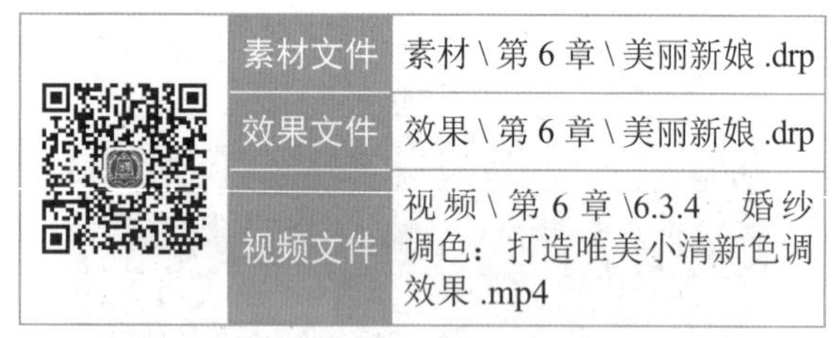

	素材文件	素材 \ 第 6 章 \ 美丽新娘 .drp
	效果文件	效果 \ 第 6 章 \ 美丽新娘 .drp
	视频文件	视频 \ 第 6 章 \6.3.4　婚纱调色：打造唯美小清新色调效果 .mp4

【操练 + 视频】
——婚纱调色：打造唯美小清新色调效果

STEP 01 打开一个项目文件，在预览窗口中可以查看打开的项目效果，如图 6-116 所示。

图 6-116　查看打开的项目效果

STEP 02 切换至“调色”步骤面板，在“节点”面板中，选择编号为 01 的节点，如图 6-117 所示。

STEP 03 展开“色轮”面板，设置“暗部”YRGB 参数均显示为 0.10、“中灰”YRGB 参数均显示为 0.03、“亮部”YRGB 参数均显示为 1.02，如图 6-118 所示。

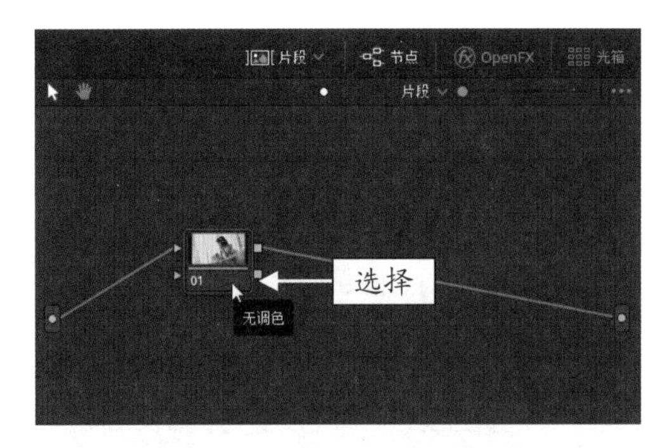

图 6-117 选择编号为 01 的节点

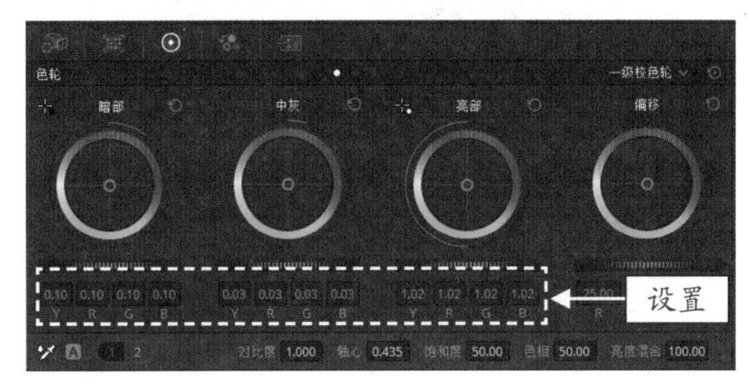

图 6-118 设置各色轮通道参数

STEP 04 对画面明暗反差和曝光进行处理，让画面呈现微微过曝的感觉，效果如图 6-119 所示。

图 6-119 画面微微过曝效果

STEP 05 展开“色轮”面板，在面板下方设置“饱和度”参数为 85.00，如图 6-120 所示。

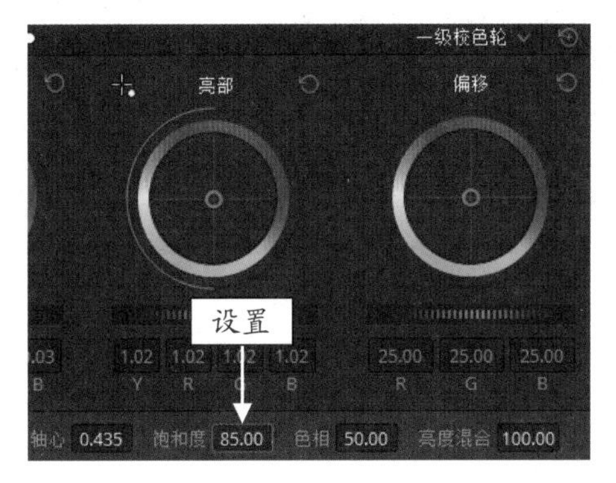

图 6-120 设置“饱和度”参数

STEP 06 然后设置“色温”参数为 -200.0，如图 6-121 所示。

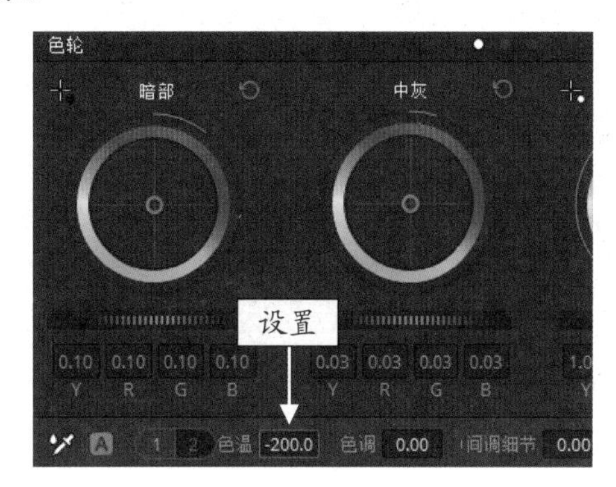

图 6-121 设置“色温”参数

STEP 07 执行操作后，即可增加画面饱和度并降低色温，使画面微微偏冷色调，效果如图 6-122 所示。

图 6-122 画面微微偏冷色调效果

STEP 08 在“节点”面板中添加一个编号为 02 的串行节点，如图 6-123 所示。

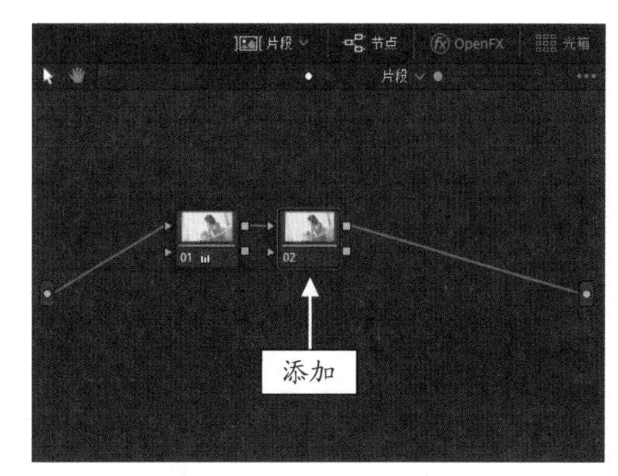

图 6-123 添加 02 串行节点

STEP 09 在“一级校色轮”面板中，将“暗部”色调往青色调整（YRGB 参数调整为 0.00、-0.05、0.01、0.02）、将“中灰”色调往橙色调整（YRGB 参数调整为 0.00、0.01、-0.00、-0.04），如图 6-124 所示。

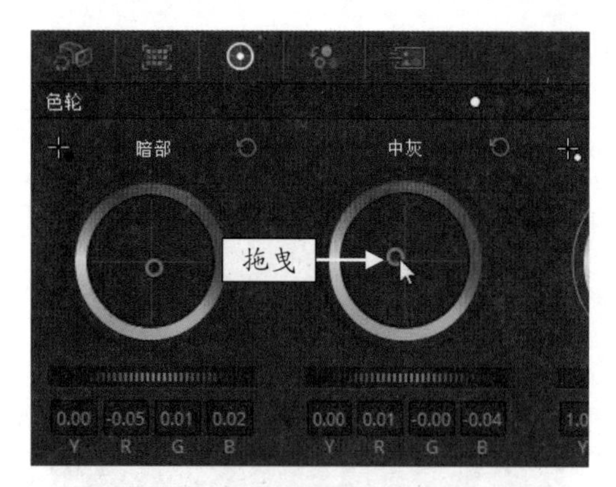

图 6-124　调整“暗部”和“中灰”参数

STEP 10 在 LOG 色轮面板中，将“阴影”色调往绿色调整（RGB 参数调整为 -0.08、0.03、-0.05）、将“中间调”色调往红色调整（RGB 参数调整为 0.05、-0.01、-0.02），如图 6-125 所示。

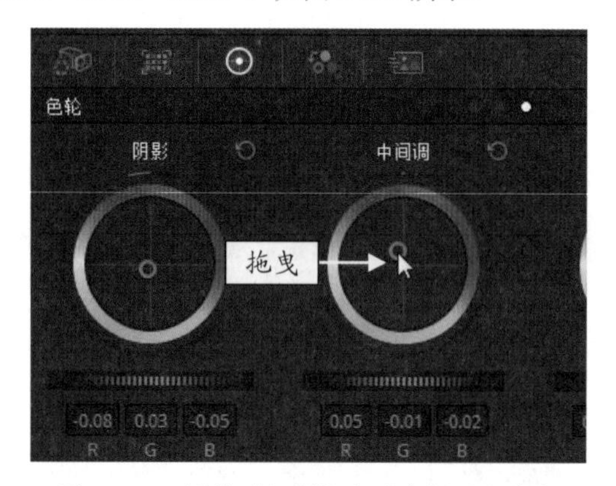

图 6-125　调整“阴影”和“中间调”参数

STEP 11 在预览窗口中查看画面色调的调整效果，如图 6-126 所示。

图 6-126　查看画面色调调整效果

STEP 12 在“节点”面板中，添加一个编号为 03 的串行节点，如图 6-127 所示。

STEP 13 展开“限定器”面板，应用“拾色器”滴管工具，在预览窗口中选取人物皮肤，如图 6-128 所示。

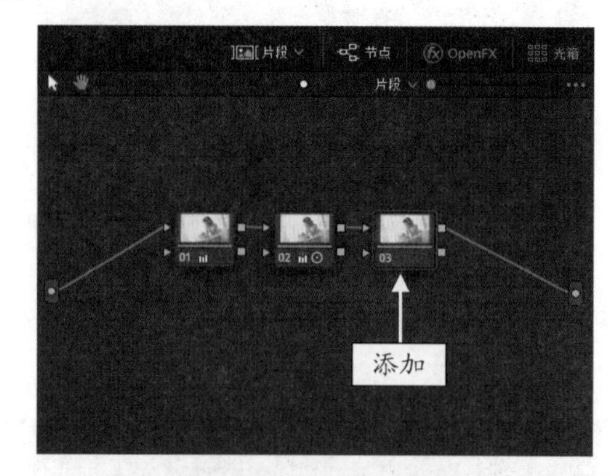

图 6-127　添加 03 串行节点

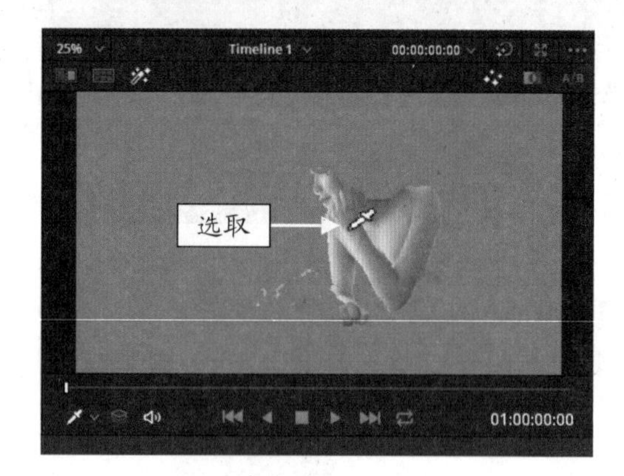

图 6-128　选取人物皮肤

STEP 14 展开“运动特效”面板，在“空域降噪”选项区中，单击“模式”下拉按钮，弹出列表框，选择“较好”选项，如图 6-129 所示。

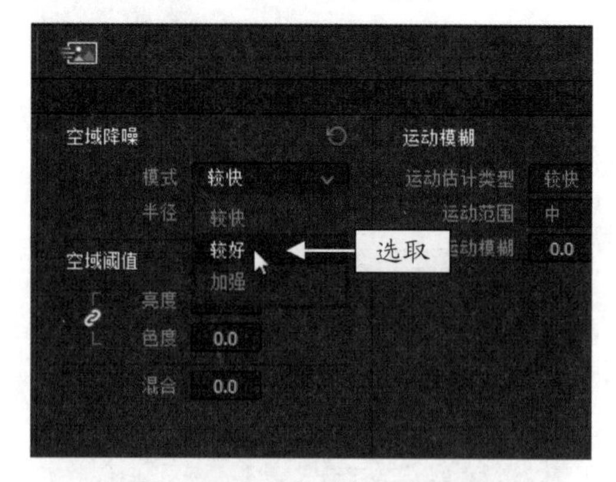

图 6-129　选择“较好”选项

STEP 15 在“空域阈值”选项区中，设置“亮度”和“色度”的参数值均为 100.0，如图 6-130 所示，对人物皮肤进行降噪磨皮处理。

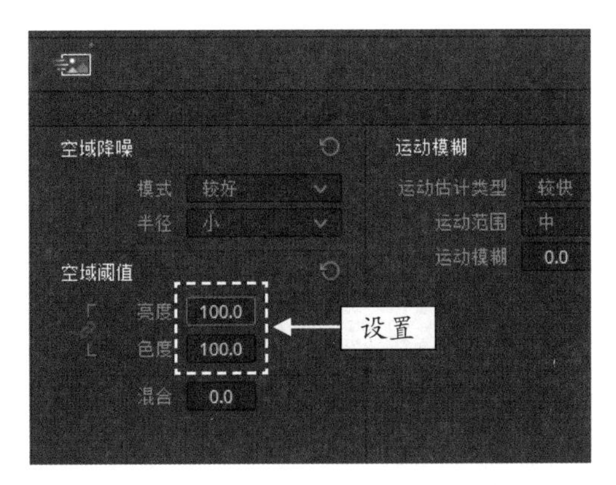

图 6-130　设置“亮度”和“色度”参数值

STEP 16 在“节点”面板中，添加一个编号为 05 的并行节点，如图 6-131 所示。

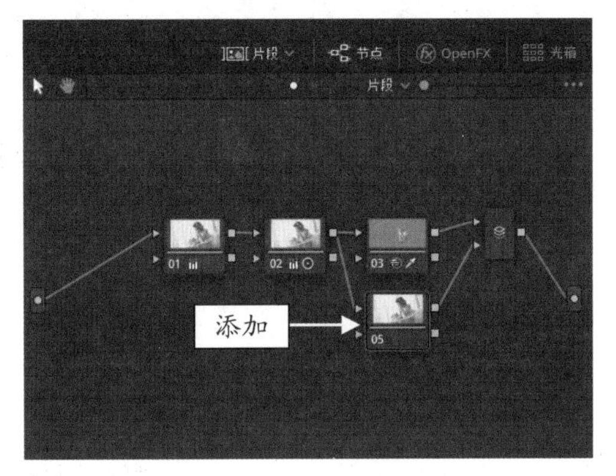

图 6-131　添加 05 并行节点

STEP 17 在“一级校色轮”面板中，将“中灰”色调往红色调整（YRGB 参数调整为 0.00、0.03、-0.01、-0.02）、将“亮部”色调往蓝色调整（YRGB 参数调整为 1.00、0.98、0.99、1.12），如图 6-132 所示。

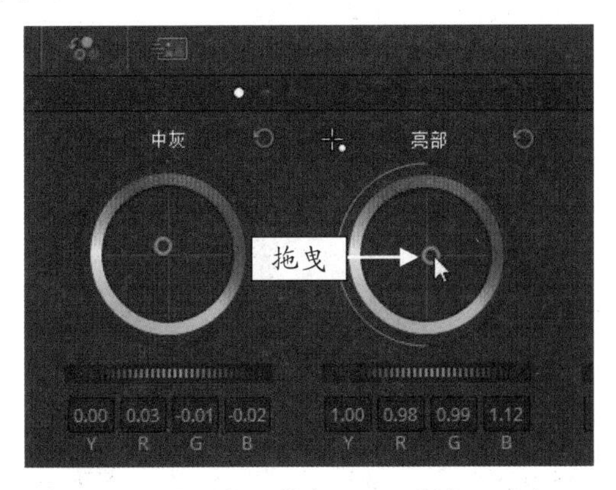

图 6-132　调整“中灰”和“亮部”参数

STEP 18 在“节点”面板中，选择“并行混合器”，单击鼠标右键，在弹出的快捷菜单中，选择“添加节点”|“添加串行节点”命令，如图 6-133 所示。

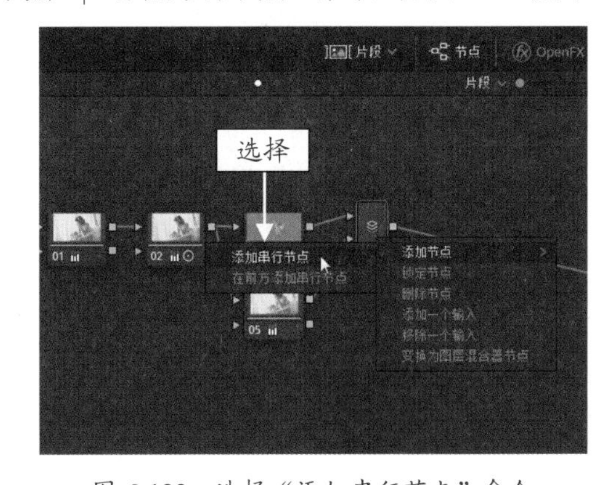

图 6-133　选择“添加串行节点”命令

STEP 19 执行操作后，即可添加一个编号为 06 的串行节点，如图 6-134 所示。

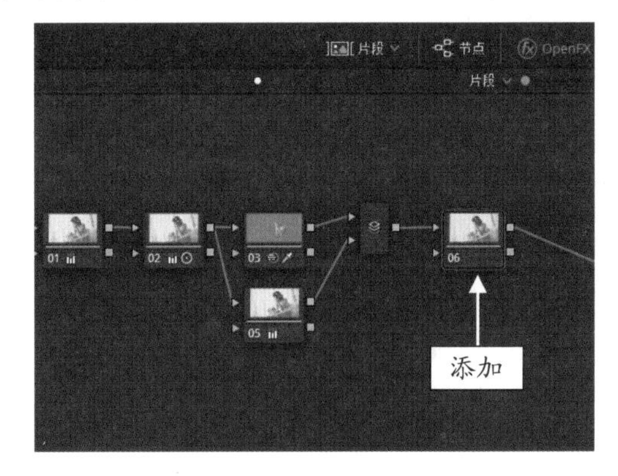

图 6-134　添加 06 串行节点

STEP 20 在“色轮”面板中，调整“色温”参数为 -80.0、“色调”参数为 -17.50，效果如图 6-135 所示。

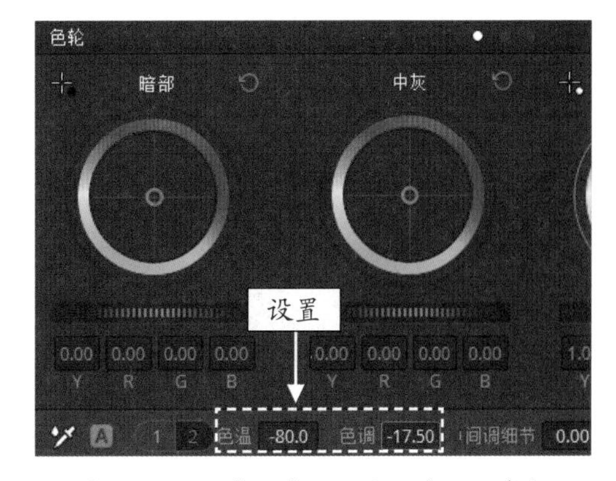

图 6-135　调整“色温”和“色调”参数

STEP 21 执行操作后，即可使画面往冷色调和青色调进行偏移，在预览窗口中可以查看制作的唯美小

清新婚纱色调效果，如图 6-136 所示。

图 6-136　查看最终效果

6.3.5　城市调色：城市夜景黑金色调这么调

城市黑金色在抖音平台上是一个比较热门的网红色调，有很多摄影爱好者和调色师都会将拍摄的城市夜景调成黑金色调。下面介绍在达芬奇软件中将城市夜景调成黑金色调的操作方法。

	素材文件	素材 \ 第 6 章 \ 城市夜景 .drp
	效果文件	效果 \ 第 6 章 \ 城市夜景 .drp
	视频文件	视频 \ 第 6 章 \6.3.5　城市调色：城市夜景黑金色调这么调 .mp4

【操练 + 视频】
——城市调色：城市夜景黑金色调这么调

STEP 01 打开一个项目文件，在预览窗口中可以查看打开的项目效果，画面中除了黑金色调需要的黑色、红色、黄色、橙色外，还含有少量的绿色和蓝色，如图 6-137 所示。

图 6-137　查看打开的项目效果

STEP 02 切换至“调色”步骤面板，在“节点”面板中，选择编号为 01 的节点，如图 6-138 所示。

STEP 03 展开“色相 vs 饱和度”曲线面板，在曲线上添加 4 个控制点，如图 6-139 所示。

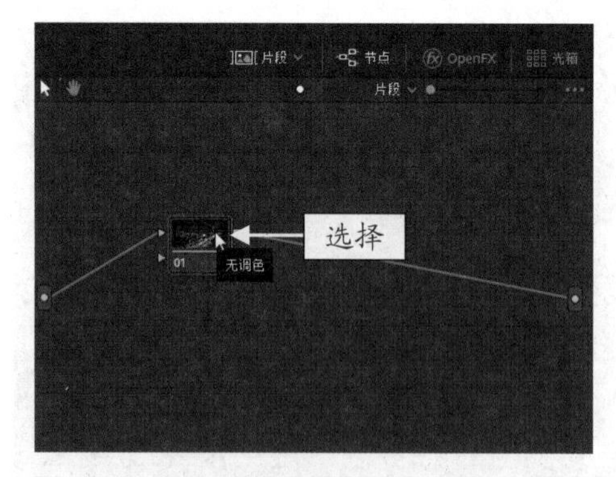

图 6-138　选择编号为 01 的节点

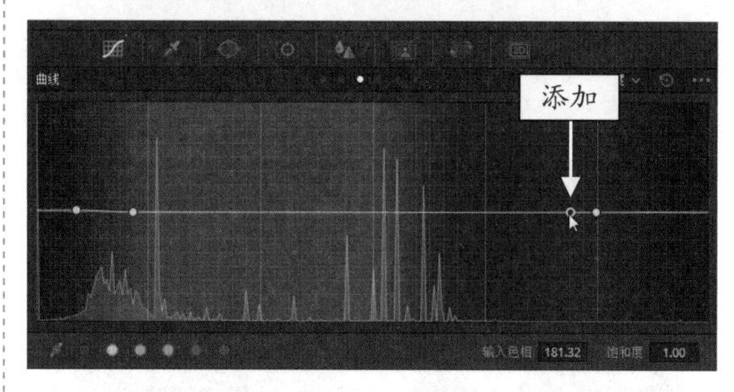

图 6-139　添加 4 个控制点

STEP 04 选中第 2 个控制点并向下拖曳，直至“输入色相”参数显示为 309.05、“饱和度”参数显示为 0.00，如图 6-140 所示。

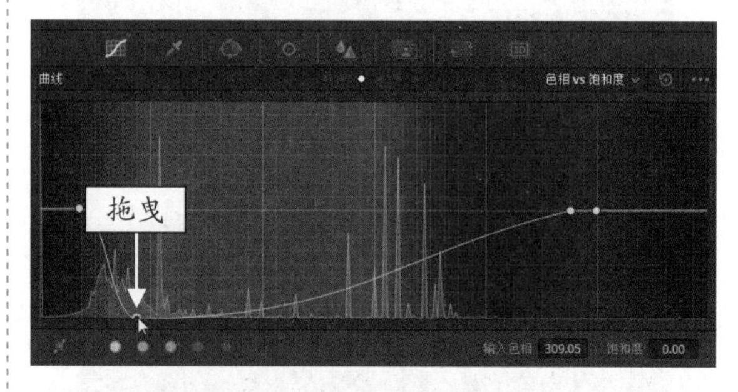

图 6-140　拖曳第 2 个控制点

STEP 05 执行上述操作后，即可降低画面中的绿色饱和度，去除画面中的绿色，效果如图 6-141 所示。

图 6-141　去除画面中的绿色效果

STEP 06 选中第 3 个控制点并向下拖曳，直至“输入色相”参数显示为 182.87、“饱和度”参数显示为 0.00，如图 6-142 所示。

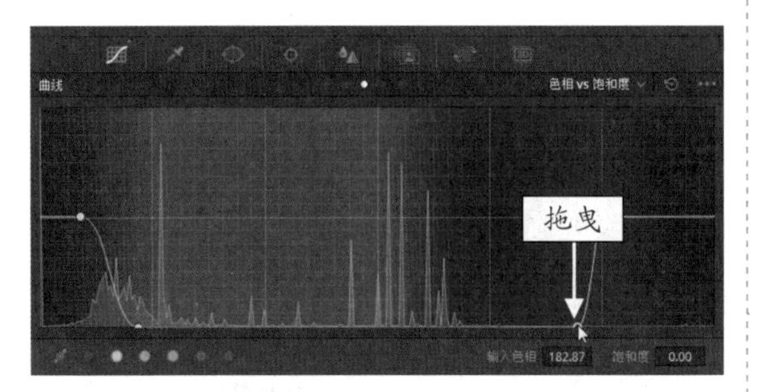

图 6-142　拖曳第 3 个控制点

STEP 07 执行上述操作后，即可降低画面中的蓝色饱和度，去除画面中的蓝色，效果如图 6-143 所示。

图 6-143　去除画面中的蓝色效果

STEP 08 在“节点”面板中的 01 节点上单击鼠标右键，在弹出的快捷菜单中，选择“添加节点”|“添加串行节点”命令，在面板中添加一个编号为 02 的串行节点，如图 6-144 所示。

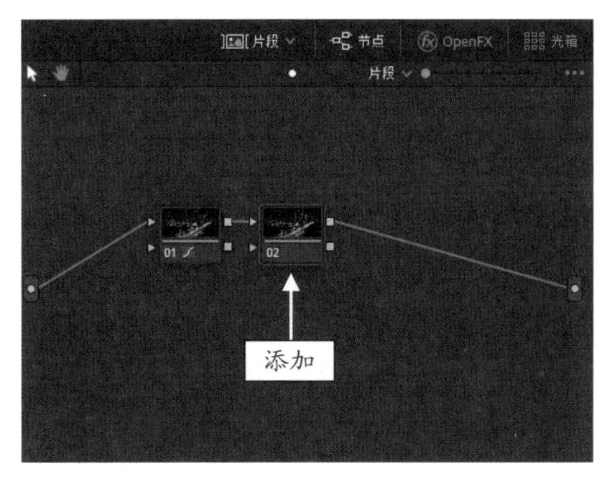

图 6-144　添加 02 串行节点

STEP 09 切换至“色相 vs 饱和度”曲线面板，在面板下方单击黄色矢量色块，如图 6-145 所示。

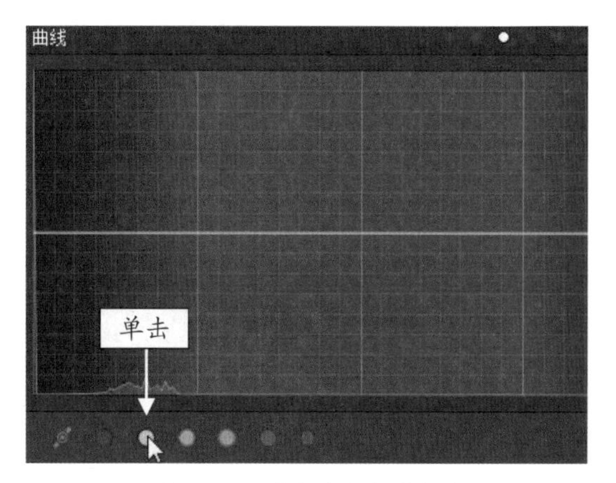

图 6-145　单击黄色矢量色块

STEP 10 在曲线上即可添加 3 个控制点，选中中间的控制点并向上拖曳，直至“输入色相”参数显示为 316.77、“饱和度”参数显示为 2.00，如图 6-146 所示。

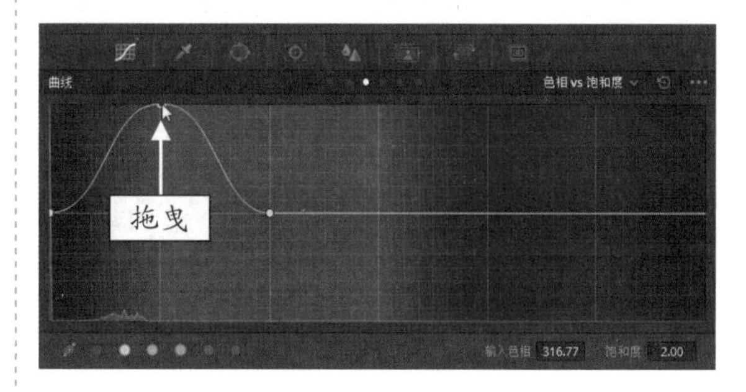

图 6-146　拖曳中间的控制点

STEP 11 在预览窗口中，可以查看黄色饱和度增加后的画面效果，如图 6-147 所示。

图 6-147　查看黄色饱和度增加后的画面效果

STEP 12 在“节点”面板中，用与上同样的方法添加一个编号为 03 的串行节点，如图 6-148 所示。

STEP 13 切换至“色轮”面板，在面板下方调整“色温”参数为 1500.0，将画面往暖色调调整，如图 6-149 所示。

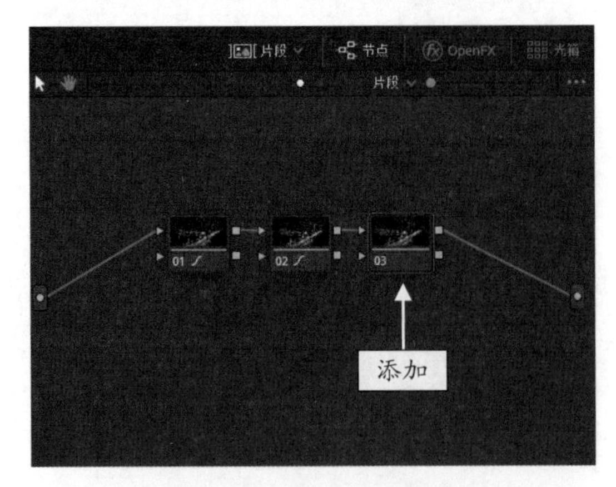

图 6-148　添加 03 串行节点

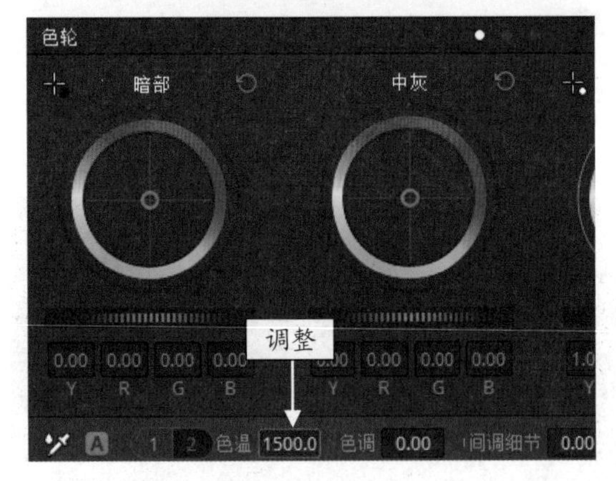

图 6-149　调整第 3 个控制点

STEP 14 然后调整“中间调细节”参数为 100.00，增加画面质感，如图 6-150 所示。

专家指点

在达芬奇中，“色温”参数的默认值为0.00，“色温”参数值越高，画面色调越偏向暖色调，“色温”参数值越低，画面色调越偏向冷色调。

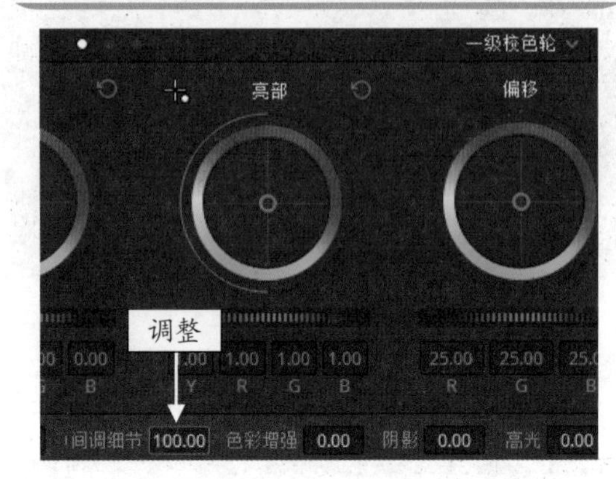

图 6-150　调整“中间调细节”参数

STEP 15 执行上述操作后，在预览窗口中查看制作的城市夜景黑金色调效果，如图 6-151 所示。

图 6-151　查看城市夜景黑金色调效果

第7章

应用：使用特效及影调调色

章前知识导读

在达芬奇软件中，LUT相当于一个滤镜“神器”，可以帮助用户实现各种调色风格，本章主要介绍在达芬奇中LUT的使用方法、应用OpenFX面板中的滤镜特效以及抖音热门影调调色的制作方法等内容。

新手重点索引

- 使用LUT功能进行调色处理
- 应用OpenFX面板中的滤镜特效
- 使用抖音热门影调风格进行调色

效果图片欣赏

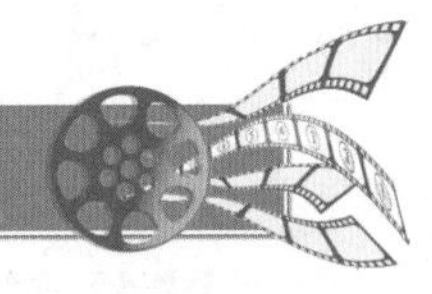

7.1 使用 LUT 功能进行调色处理

LUT 是什么？LUT 是 LOOK UP TABLE 的简称，我们可以将其理解为查找表或查色表。在 DaVinci Resolve 16 中，LUT 相当于胶片滤镜库，LUT 的功能分为三个部分，一是色彩管理，可以确保素材图像在显示器上显示的色彩均衡一致；二是技术转换，当用户需要将图像中的 A 色彩转换为 B 色彩时，LUT 在图像色彩转换生成的过程中准确度更高；三是影调风格，LUT 支持多种胶片滤镜效果，方便用户制作特殊的影视图像。

7.1.1 1D LUT：在“节点”面板中添加 LUT

在达芬奇软件中，支持用户使用“1D 输入 LUT”胶片滤镜进行调色处理，改变图像画面的亮度。下面介绍在“节点”面板中应用 1D LUT 进行调色处理的操作方法。

	素材文件	素材 \ 第 7 章 \ 南瓜摆台 .drp
	效果文件	效果 \ 第 7 章 \ 南瓜摆台 .drp
	视频文件	视频 \ 第 7 章 \7.1.1 1D LUT：在“节点”面板中添加 LUT.mp4

【操练 + 视频】
——1D LUT：在“节点”面板中添加 LUT

STEP 01 打开一个项目文件，在预览窗口中可以查看打开的项目效果，如图 7-1 所示。

图 7-1 查看打开的项目效果

STEP 02 切换至“调色”步骤面板，展开“节点”面板，选中 01 节点，如图 7-2 所示。

STEP 03 单击鼠标右键，在弹出的快捷菜单中，选择 LUT | “1D 输入 LUT” | Cintel Print to Linear 命令，如图 7-3 所示，即可改变图像的亮度。

STEP 04 在预览窗口中可以查看应用 1D LUT 胶片滤镜后的项目效果，如图 7-4 所示。

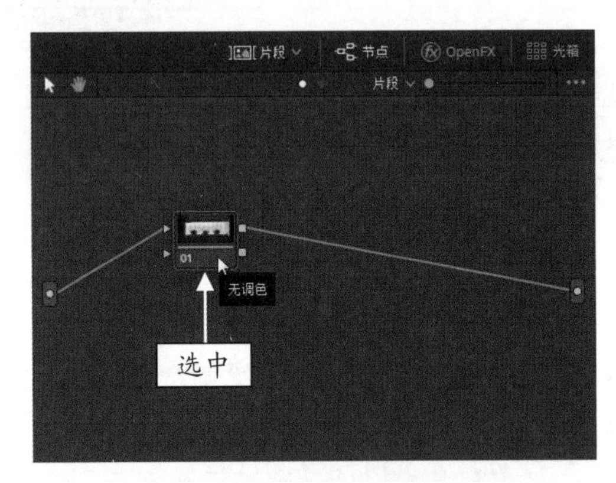

图 7-2 选中 01 节点

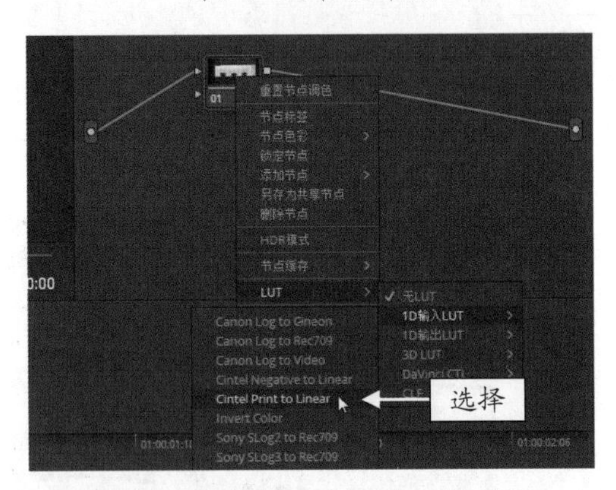

图 7-3 选择 Cintel Print to Linear 命令

图 7-4 LUT 项目效果

7.1.2　3D LUT：直接调用面板中的 LUT 滤镜

在 DaVinci Resolve 16 中，提供了 3D LUT 面板，与 1D LUT 不同的是，3D LUT 不仅可以改变图像的亮度，还可以改变图像色彩色相，方便用户直接调用 LUT 胶片滤镜对素材文件进行调色处理。下面介绍如何使用 LUT 面板中的胶片对素材文件进行调色处理的操作方法。

<table>
<tr><td rowspan="3"></td><td>素材文件</td><td>素材 \ 第 7 章 \ 凤凰夜景 .drp</td></tr>
<tr><td>效果文件</td><td>效果 \ 第 7 章 \ 凤凰夜景 .drp</td></tr>
<tr><td>视频文件</td><td>视频 \ 第 7 章 \7.1.2　3D LUT：直接调用面板中的 LUT 滤镜 .mp4</td></tr>
</table>

【操练 + 视频】
——3D LUT：直接调用面板中的 LUT 滤镜

STEP 01 打开一个项目文件，在预览窗口中可以查看打开的项目效果，如图 7-5 所示。

图 7-5　查看打开的项目效果

STEP 02 切换至“调色”步骤面板，在左上角单击 LUT 按钮，如图 7-6 所示。

图 7-6　单击 LUT 按钮

STEP 03 展开 LUT 面板，如图 7-7 所示。

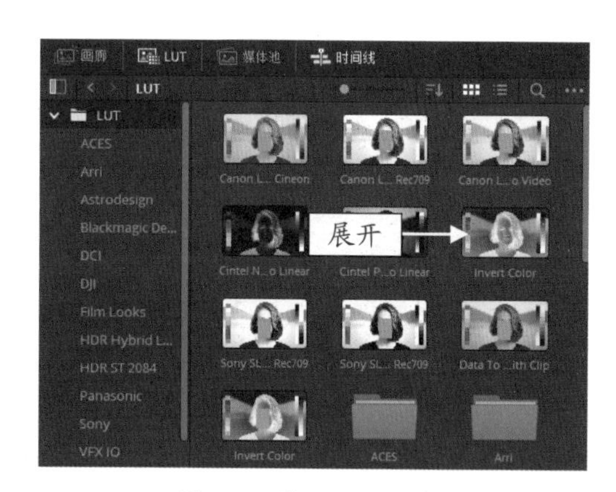

图 7-7　展开 LUT 面板

STEP 04 在下方的选项面板中，选择 Sony 选项，展开相应面板，如图 7-8 所示。

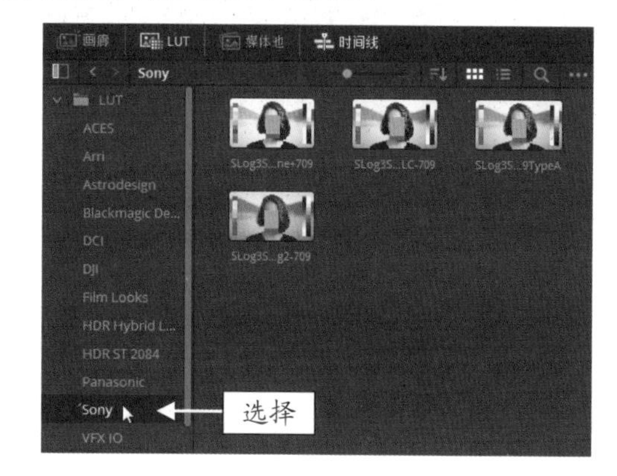

图 7-8　选择 Sony 选项

STEP 05 选择第 4 个滤镜样式，如图 7-9 所示。

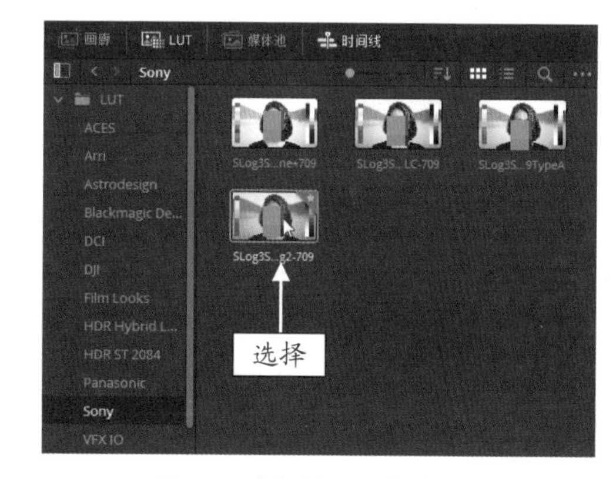

图 7-9　选择第 4 个滤镜样式

STEP 06 按住鼠标左键并拖曳至预览窗口的图像画面上，如图 7-10 所示。

STEP 07 释放鼠标左键即可将选择的滤镜样式添加至视频素材上，提高图像中的饱和度，最终效果如图 7-11 所示。

图 7-10　拖曳滤镜样式

图 7-11　查看最终效果

7.1.3　色彩调整 1：应用 LUT 还原画面色彩

在 DaVinci Resolve 16 中，应用 3D LUT 胶片滤镜可以帮助用户还原画面色彩。下面介绍使用 3D LUT 胶片滤镜对素材文件进行色彩还原的操作方法。

	素材文件	素材 \ 第 7 章 \ 蝶恋花 .drp
	效果文件	效果 \ 第 7 章 \ 蝶恋花 .drp
	视频文件	视频 \ 第 7 章 \7.1.3　色彩调整 1：应用 LUT 还原画面色彩 .mp4

【操练 + 视频】

——色彩调整 1：应用 LUT 还原画面色彩

STEP 01 打开一个项目文件，在预览窗口中可以查看打开的项目效果，如图 7-12 所示。

STEP 02 切换至“调色”步骤面板，展开“节点”面板，选中 01 节点，如图 7-13 所示。

STEP 03 单击鼠标右键，在弹出的快捷菜单中，选择 LUT ｜ 3D LUT ｜ Arri ｜ Arri Alexa LogC to Rec709 命令，即可还原画面色彩，如图 7-14 所示。

图 7-12　查看打开的项目效果

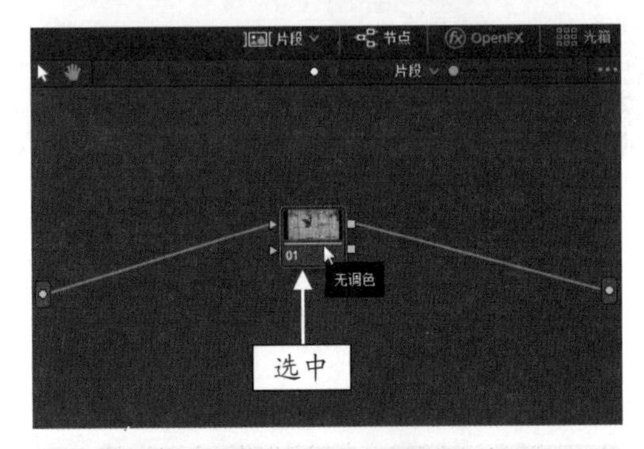

图 7-13　选中 01 节点

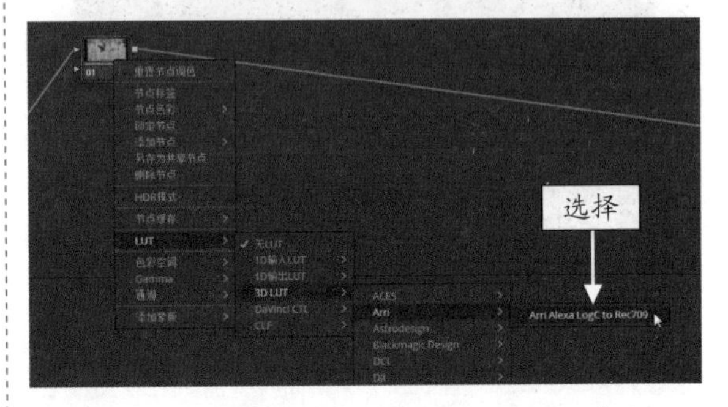

图 7-14　选择 Arri Alexa LogC to Rec709 命令

STEP 04 在预览窗口中可以查看应用 3D LUT 胶片滤镜后的项目效果，如图 7-15 所示。

图 7-15　查看应用 3D LUT 胶片滤镜后的项目效果

STEP 05 在“节点”面板中添加一个编号为 02 的

串行节点，如图 7-16 所示。

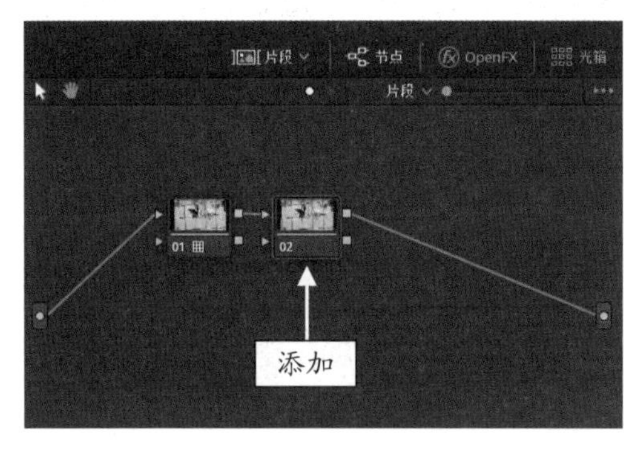

图 7-16　添加 02 串行节点

STEP 06 在“色轮”面板下方设置“对比度”参数为 0.780，降低画面明暗对比使画面更加自然，如图 7-17 所示。

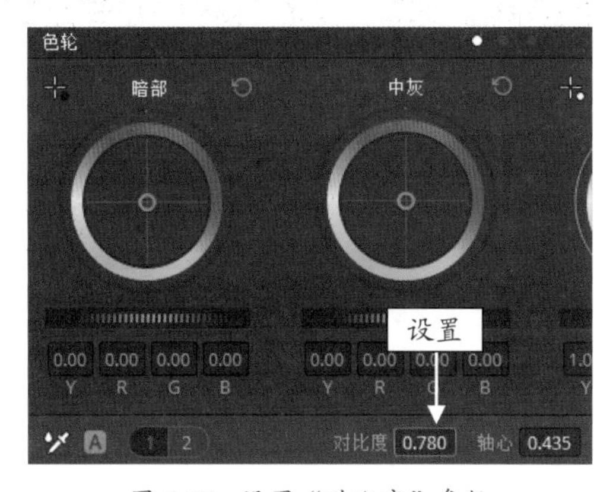

图 7-17　设置“对比度”参数

STEP 07 在预览窗口中可以查看画面色彩还原的最终效果，如图 7-18 所示。

图 7-18　查看画面的最终效果

7.1.4　色彩调整 2：应用 LUT 进行夜景调色

在 DaVinci Resolve 16 中，用户还可以应用 LUT 胶片滤镜对拍摄的夜景进行调色处理，下面介绍操作方法。

	素材文件	素材 \ 第 7 章 \ 城市之夜 .drp
	效果文件	效果 \ 第 7 章 \ 城市之夜 .drp
	视频文件	视频 \ 第 7 章 \7.1.4　色彩调整 2：应用 LUT 进行夜景调色 .mp4

【操练 + 视频】
——色彩调整 2：应用 LUT 进行夜景调色

STEP 01 打开一个项目文件，在预览窗口中可以查看打开的项目效果，如图 7-19 所示。

图 7-19　查看打开的项目效果

STEP 02 切换至“调色”步骤面板，展开“节点”面板，选中 01 节点，如图 7-20 所示。

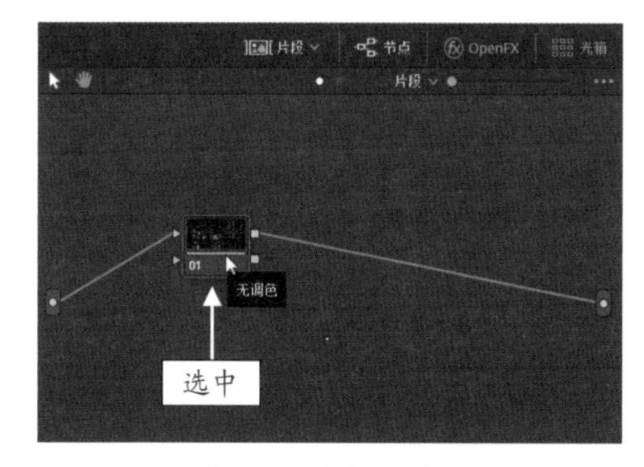

图 7-20　选中 01 节点

STEP 03 展开 LUT 面板，在下方的选项面板中，展开 Blackmagic Design 选项卡，选择第 9 个样式，如图 7-21 所示。双击鼠标左键即可应用该样式。

STEP 04 在“节点”面板中，添加一个编号为 02 的串行节点，如图 7-22 所示。

STEP 05 展开“运动特效”面板，在“空域阈值”选项区中，设置“亮度”和“色度”参数值均为 100.0 示，对画面进行降噪处理，使夜景画面更加柔和，如图 7-23 所示。

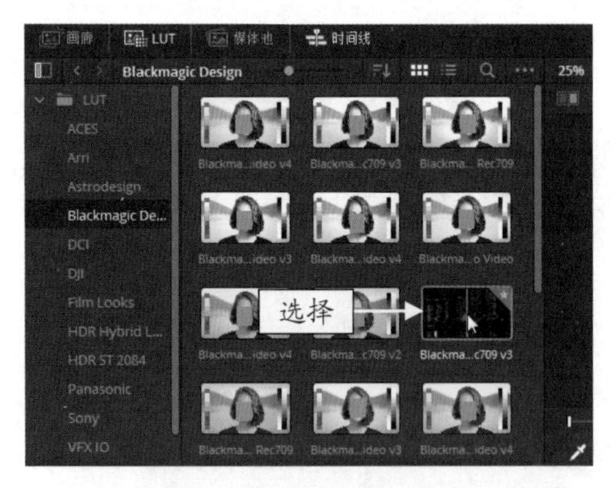

图 7-21　选择第 9 个样式

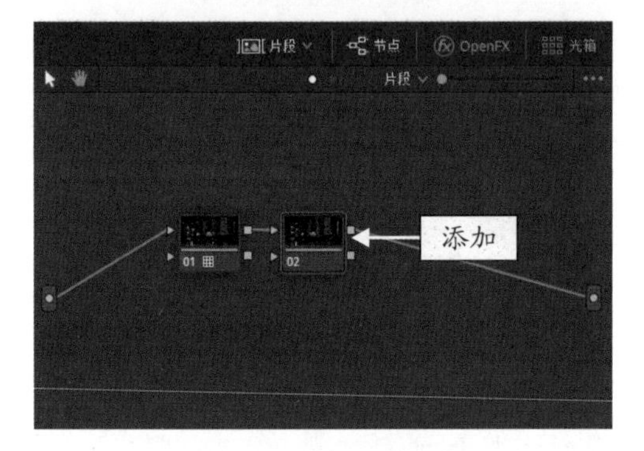

图 7-22　添加 02 串行节点

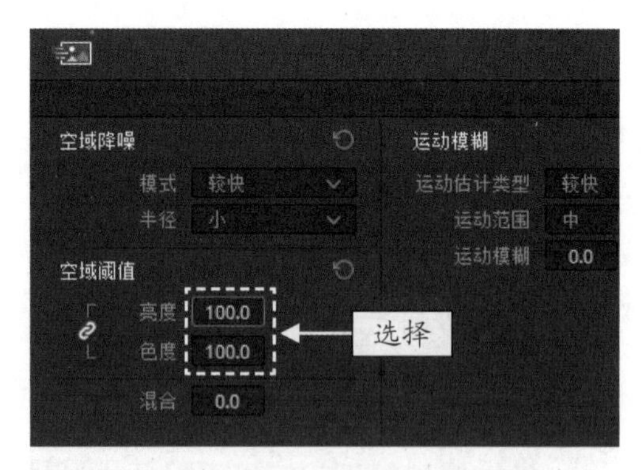

图 7-23　设置“亮度”和“色度”参数

STEP 06 执行上述操作后，即可在预览窗口中查看夜景调色最终效果，如图 7-24 所示。

图 7-24　查看夜景调色最终效果

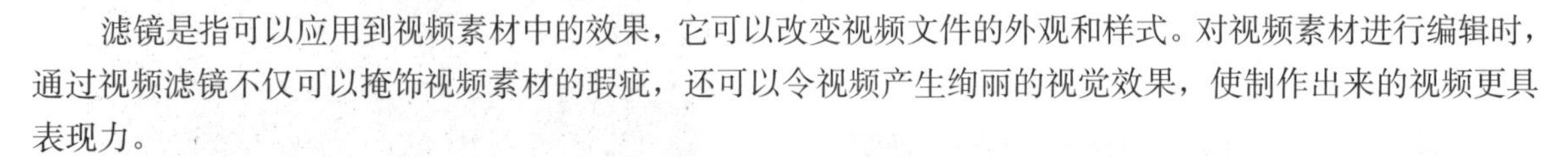

7.2 应用 OpenFX 面板中的滤镜特效

滤镜是指可以应用到视频素材中的效果，它可以改变视频文件的外观和样式。对视频素材进行编辑时，通过视频滤镜不仅可以掩饰视频素材的瑕疵，还可以令视频产生绚丽的视觉效果，使制作出来的视频更具表现力。

在 DaVinci Resolve 16 中，用户可以通过两种方法打开 OpenFX 面板。

第一种是在“剪辑”步骤面板的左上角，单击“特效库”按钮，打开“特效库”面板，然后展开 OpenFX | “滤镜”选项面板即可，如图 7-25 所示。第二种是在“调色”步骤面板的右上角，单击 OpenFX 按钮，即可展开滤镜“素材库”选项卡，如图 7-26 所示。

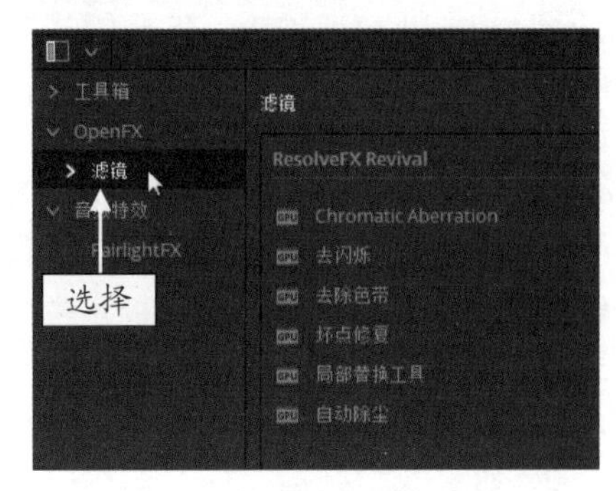

图 7-25　在“剪辑”步骤面板打开

图 7-26　在“调色”步骤面板打开

在 OpenFX 面板中提供了多种滤镜，按类别分组管理，如图 7-27 所示。

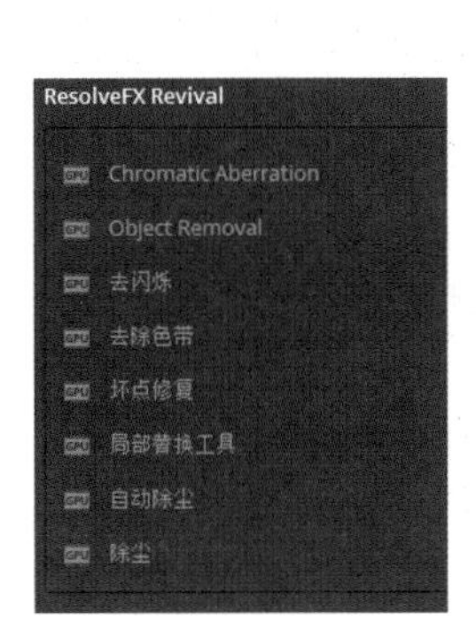

ResolveFX Revival 滤镜组

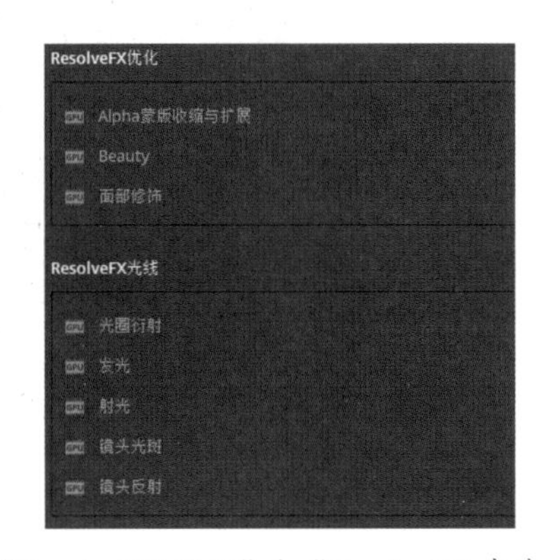

“ResolveFX 优化”和“ResolveFX 光线”滤镜组

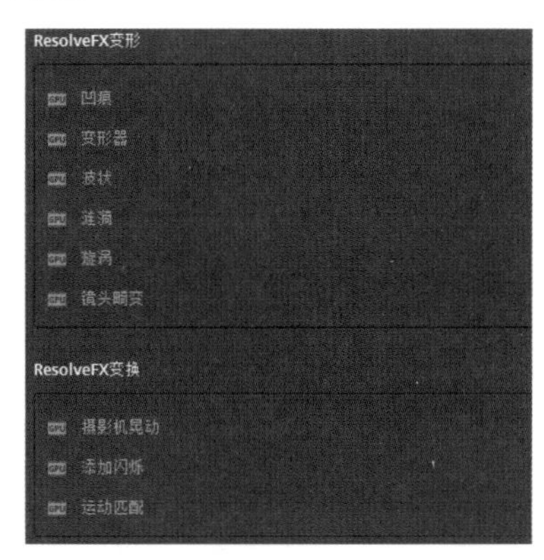

“ResolveFX 变形”和“ResolveFX 变换”滤镜组

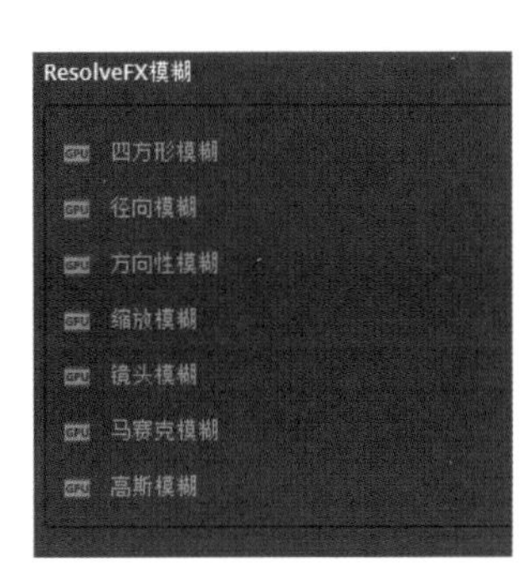

“ResolveFX 模糊”滤镜组

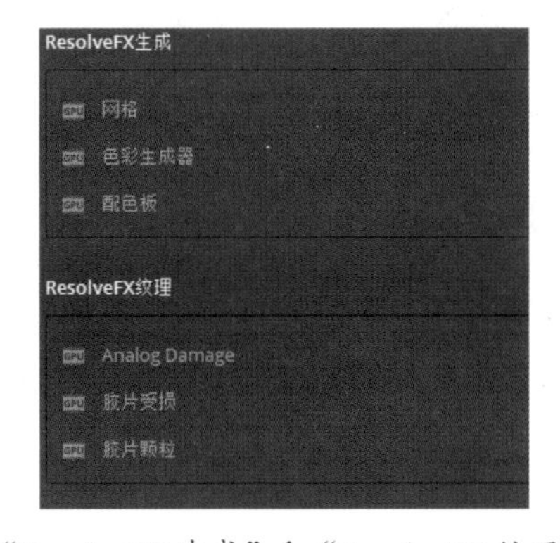

“ResolveFX 生成”和“ResolveFX 纹理”滤镜组

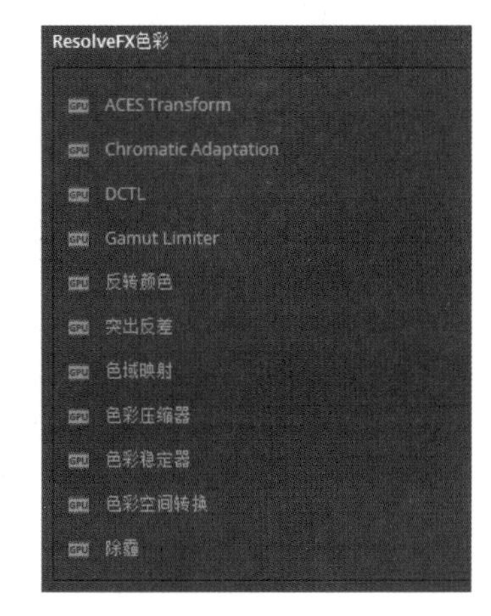

“ResolveFX 色彩”滤镜组

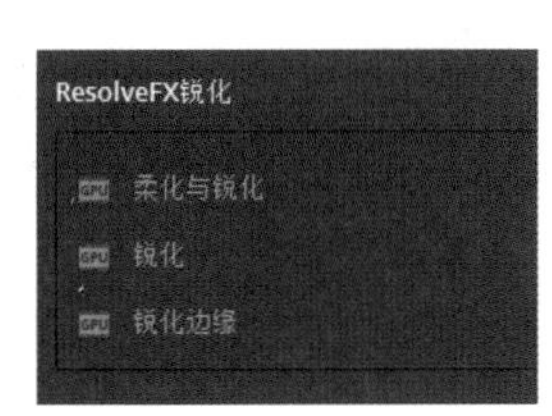

“ResolveFX 锐化”滤镜组

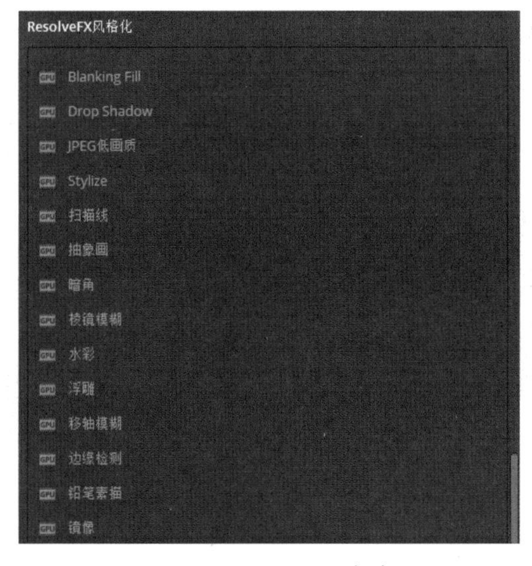

“ResolveFX 风格化”滤镜组

图 7-27　OpenFX 面板中的滤镜组

7.2.1 光线滤镜：制作镜头光斑视频特效

在 DaVinci Resolve 16 的“ResolveFX 光线”滤镜组中，应用“镜头光斑”滤镜可以在素材图像上制作一个小太阳特效，下面介绍具体的操作方法。

	素材文件	素材\第 7 章\美丽鹦鹉 .drp
	效果文件	效果\第 7 章\美丽鹦鹉 .drp
	视频文件	视频\第 7 章\7.2.1　光线滤镜：制作镜头光斑视频特效 .mp4

【操练 + 视频】
——光线滤镜：制作镜头光斑视频特效

STEP 01 打开一个项目文件，在预览窗口中可以查看打开的项目效果，如图 7-28 所示。

图 7-28　查看打开的项目文件

STEP 02 切换至“调色”步骤面板，展开 OpenFX｜“素材库”选项卡，在“ResolveFX 光线”滤镜组中选择“镜头光斑”滤镜特效，如图 7-29 所示。

图 7-29　选择“镜头光斑”滤镜特效

STEP 03 按住鼠标左键并将其拖曳至“节点”面板的 01 节点上，释放鼠标左键，即可在调色提示区显示一个滤镜图标，表示添加的滤镜特效，如图 7-30 所示。

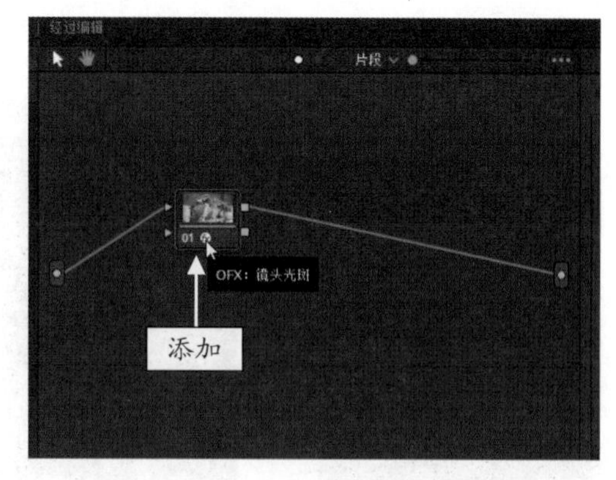

图 7-30　在 01 节点上添加滤镜特效

STEP 04 执行操作后，即可在预览窗口中查看添加的滤镜，如图 7-31 所示。

图 7-31　查看添加的滤镜

STEP 05 在预览窗口中，选中添加的小太阳中心，按住鼠标左键的同时，将小太阳拖曳至左上角，如图 7-32 所示。

图 7-32　将小太阳拖曳至左上角

STEP 06 然后将鼠标移至小太阳外面的白色光圈上，按住鼠标左键的同时向右下角拖曳，增加太阳光的光晕发散范围，如图 7-33 所示。

图 7-33　拖曳白色光圈

STEP 07 执行操作后，即可在预览窗口中查看制作的镜头光斑视频特效，如图 7-34 所示。

图 7-34　查看制作的镜头光斑视频特效

> **专家指点**
>
> 在添加滤镜特效后，OpenFX 面板会自动切换至“设置”选项卡，在其中，用户可以根据素材图像特征，对添加的滤镜进行微调设置。

7.2.2　变形滤镜：制作人像变瘦视频特效

在 DaVinci Resolve 16 的“ResolveFX 变形”滤镜组中，应用“变形器”滤镜可以在人像图像上添加变形点，通过调整变形点将人像变瘦，下面介绍具体的操作方法。

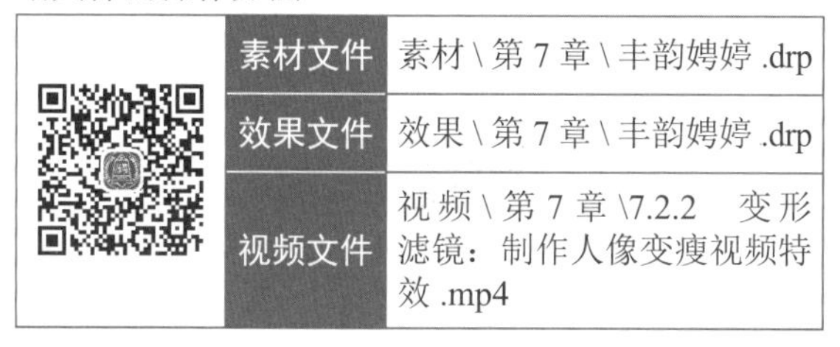

	素材文件	素材 \ 第 7 章 \ 丰韵娉婷 .drp
	效果文件	效果 \ 第 7 章 \ 丰韵娉婷 .drp
	视频文件	视频 \ 第 7 章 \7.2.2　变形滤镜：制作人像变瘦视频特效 .mp4

【操练 + 视频】
——变形滤镜：制作人像变瘦视频特效

STEP 01 打开一个项目文件，在预览窗口中可以查看打开的项目效果，如图 7-35 所示。

图 7-35　查看打开的项目效果

STEP 02 切换至“调色”步骤面板，展开 OpenFX | “素材库”选项卡，在“ResolveFX 变形”滤镜组中选择“变形器”滤镜特效，如图 7-36 所示。

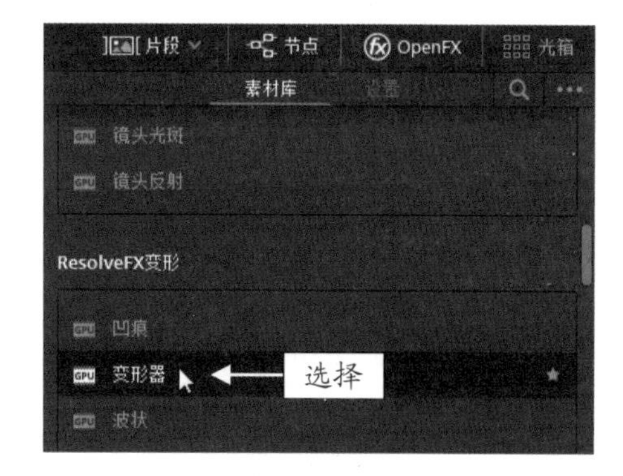

图 7-36　选择“变形器”滤镜特效

STEP 03 按住鼠标左键并将其拖曳至“节点”面板的 01 节点上，释放鼠标左键，即可在调色提示区显示一个滤镜图标，表示添加的滤镜特效，如图 7-37 所示。

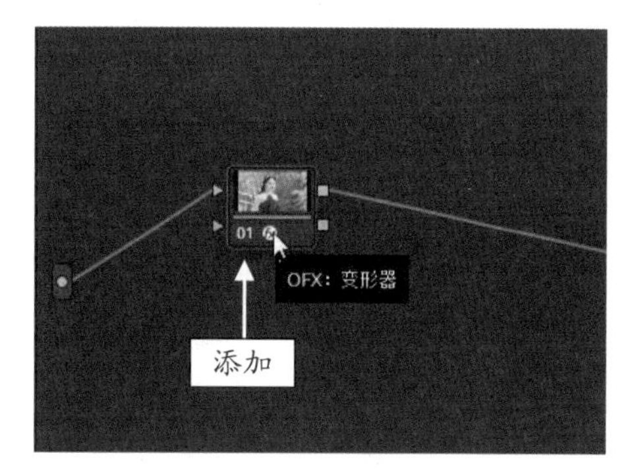

图 7-37　在 01 节点上添加滤镜特效

STEP 04 在“监视器”面板上方，单击图标，如图 7-38 所示，即可扩大预览窗口。

STEP 05 将光标移至人物脸部边缘，单击鼠标左键添加一个变形点，如图 7-39 所示。

图 7-38　单击相应图标

图 7-39　添加一个变形点

STEP 06 然后在人物脸颊处，添加第 2 个变形点，如图 7-40 所示。

图 7-40　添加第 2 个变形点

STEP 07 将光标移至人物耳后头发边缘线位置，单击鼠标左键添加第 3 个变形点，如图 7-41 所示。

图 7-41　添加第 3 个变形点

STEP 08 将第 1 个和第 2 个变形点作为人物脸部五官的定位标记，向右拖曳第 3 个变形点，向内挤压将人物脸部变瘦，如图 7-42 所示。

图 7-42　向右拖曳第 3 个变形点

STEP 09 用与上同样的方法，在人物下颌、脖颈以及肩膀位置处添加变形点，拖曳变形点进行微调，稍微收一点下巴并将脖子拉长一点，如图 7-43 所示。

图 7-43　调整下巴及脖颈

STEP 10 然后用与上相同的方法，继续添加变形点，调整人物手臂及身形，如图 7-44 所示。

图 7-44　调整手臂及身形

STEP 11 执行上述操作后，即可切换至“剪辑”步骤面板，在预览窗口中查看人像变瘦的最终效果，如图 7-45 所示。

图 7-45　查看人像变瘦的最终效果

7.2.3　Beauty 滤镜：制作人物磨皮视频特效

在 DaVinci Resolve 16 的“ResolveFX 优化”滤镜组中，应用 Beauty 滤镜可以为人物图像进行磨皮，去除人物皮肤上的瑕疵，使人物皮肤看起来更光洁、更亮丽，下面介绍具体的操作方法。

	素材文件	素材 \ 第 7 章 \ 人像特写 .drp
	效果文件	效果 \ 第 7 章 \ 人像特写 .drp
	视频文件	视频 \ 第 7 章 \7.2.3　Beauty 滤镜：制作人物磨皮视频特效 .mp4

【操练 + 视频】
——Beauty 滤镜：制作人物磨皮视频特效

STEP 01 打开一个项目文件，在预览窗口中可以查看打开的项目效果。画面中人物脸部有许多细小的斑点且牙齿偏黄，可以将其分成两部分进行处理，首先为人物皮肤磨皮去除斑点瑕疵，然后对牙齿进行漂白处理，如图 7-46 所示。

图 7-46　查看打开的项目效果

STEP 02 切换至“调色”步骤面板，展开 OpenFX｜“素材库”选项卡，在“ResolveFX 优化”滤镜组中选择 Beauty 滤镜特效，如图 7-47 所示。

STEP 03 按住鼠标左键并将其拖曳至“节点”面板的 01 节点上，释放鼠标左键，即可在调色提示区显示一个滤镜图标，表示添加的滤镜特效，如图 7-48 所示。

图 7-47　选择滤镜特效

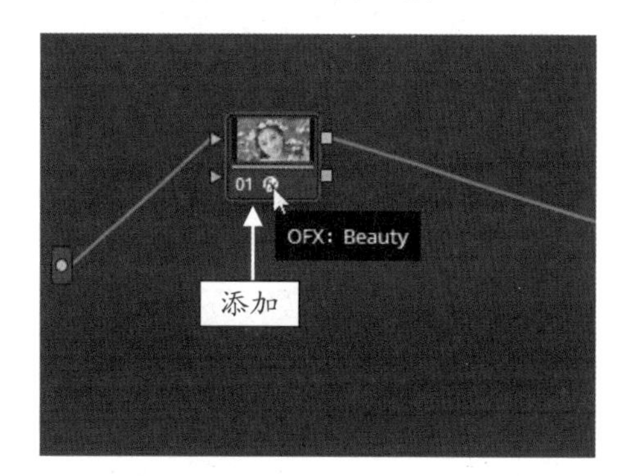

图 7-48　在 01 节点上添加滤镜特效

STEP 04 切换至“设置”选项卡，如图 7-49 所示。

图 7-49　切换至“设置”选项卡

STEP 05 拖曳 Amount 右侧的滑块至最右端，设置参数为最大值，如图 7-50 所示。

STEP 06 在预览窗口中查看人物磨皮效果，如图 7-51 所示。

STEP 07 在“节点”面板中，添加一个编号为 03 的并行节点，如图 7-52 所示。

图 7-50　拖曳滑块

图 7-51　查看人物磨皮效果

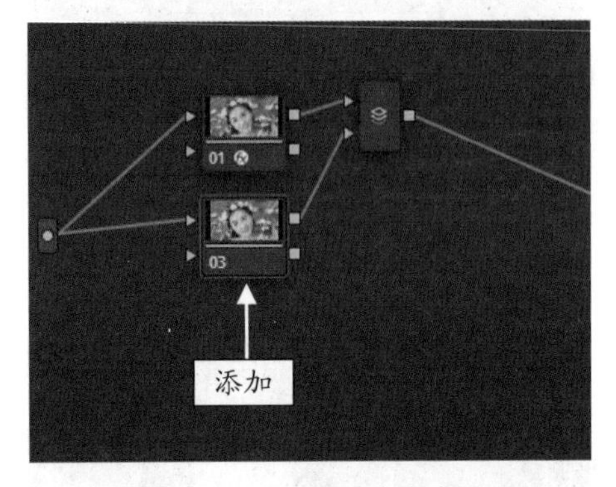

图 7-52　添加 03 并行节点

STEP 08 单击“窗口”按钮，展开“窗口”面板，单击曲线“窗口激活”按钮，如图 7-53 所示。

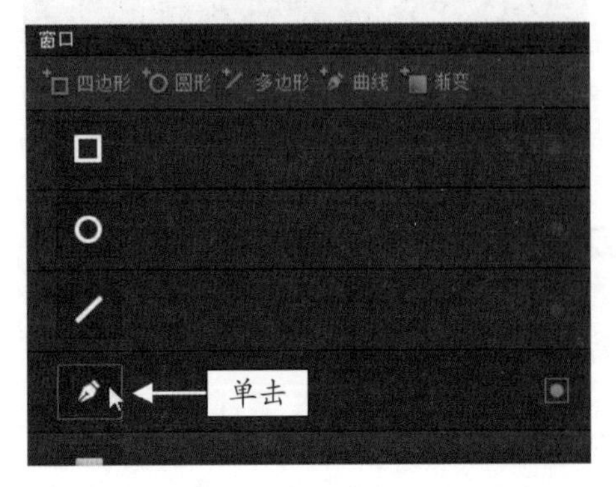

图 7-53　单击曲线“窗口激活”按钮

STEP 09 在预览窗口中的图像上绘制一个窗口蒙版，如图 7-54 所示。

图 7-54　绘制一个窗口蒙版

STEP 10 展开“色相 vs 饱和度”曲线面板，单击黄色矢量色块，如图 7-55 所示。

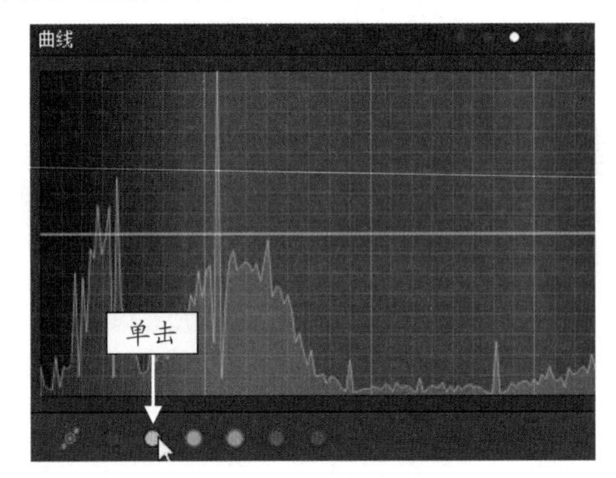

图 7-55　单击黄色矢量色块

STEP 11 执行操作后，即可在曲线上添加 3 个控制点，选中中间的控制点，设置“输入色相”参数为 316.00、“饱和度”参数为 0.00，如图 7-56 所示。

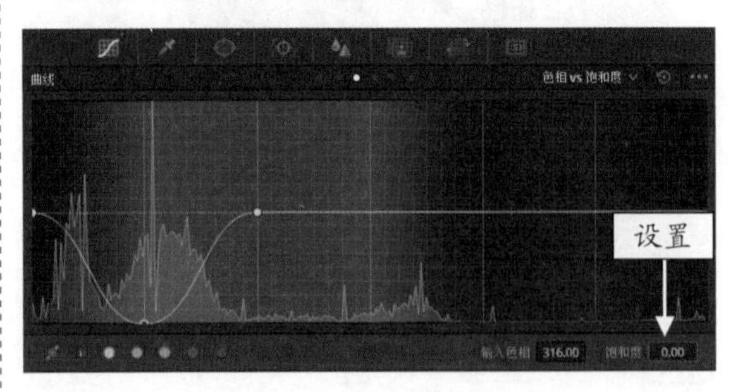

图 7-56　设置相关参数

STEP 12 执行上述操作后，即可在预览窗口中查看最终的画面效果，如图 7-57 所示。

图 7-57　查看最终的画面效果

专家指点

本例视频素材采用的是静态画面，如果用户使用的视频素材为动态，需要在 03 节点上添加一个跟踪器，跟踪绘制的窗口。另外，如果用户觉得牙齿还不够白的话，可以在“色轮”面板中，将“亮部”色轮中的白色圆圈往青蓝色拖曳。

7.2.4　风格化滤镜：制作暗角艺术视频特效

暗角是一种摄影术语，是指图像画面的中间部分较亮，4 个角渐变偏暗的一种艺术效果，方便突出画面中心。在 DaVinci Resolve 16 中，用户可以应用风格化滤镜来实现。下面介绍制作暗角艺术效果的操作方法。

	素材文件	素材 \ 第 7 章 \ 拍摄基地 .drp
	效果文件	效果 \ 第 7 章 \ 拍摄基地 .drp
	视频文件	视频 \ 第 7 章 \7.2.4　风格化滤镜：制作暗角艺术视频特效 .mp4

【操练 + 视频】
——风格化滤镜：制作暗角艺术视频特效

STEP 01 打开一个项目文件，在预览窗口中可以查看打开的项目效果，如图 7-58 所示。

STEP 02 切换至“调色”步骤面板，展开 OpenFX｜“素材库”选项卡，在“ResolveFX 风格化”滤镜组中选择“暗角”滤镜特效，如图 7-59 所示。

STEP 03 按住鼠标左键并将其拖曳至“节点”面板的 01 节点上，释放鼠标左键，即可在调色提示区显示一个滤镜图标，表示添加的滤镜特效，如图 7-60 所示。

图 7-58　查看打开的项目效果

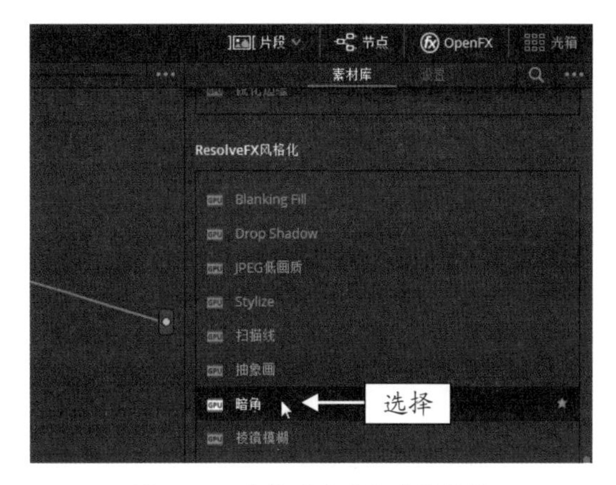

图 7-59　选择“暗角”滤镜特效

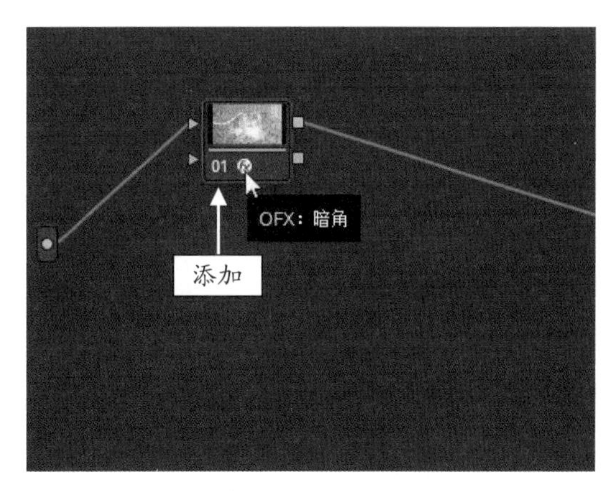

图 7-60　在 01 节点上添加滤镜特效

STEP 04 切换至“设置”选项卡，设置“大小”参数为 0.600，如图 7-61 所示。

STEP 05 执行操作后，在预览窗口中即可查看制作的暗角艺术视频特效，如图 7-62 所示。

图 7-61　设置“大小”参数

图 7-62　查看制作的暗角艺术视频特效

7.2.5　纹理滤镜：制作复古色调视频特效

复古色调是一种比较怀旧的色调风格，稍微泛黄的图像画面，可以制作出一种电视画面回忆的效果，在 DaVinci Resolve 16 的“ResolveFX 纹理”滤镜组中，应用“胶片受损”和“胶片颗粒”滤镜可以实现复古色调视频效果的制作，下面介绍具体的操作方法。

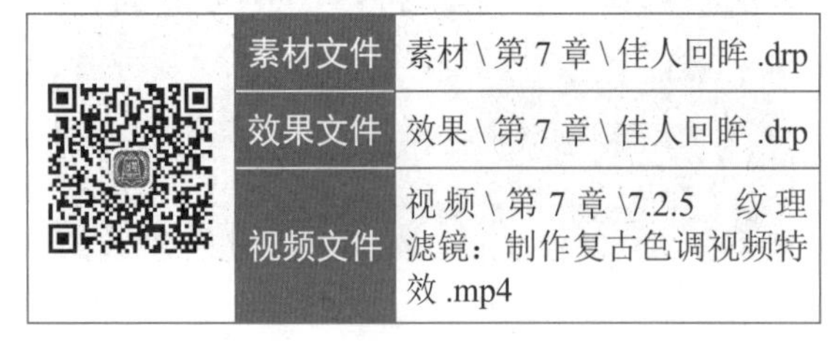

	素材文件	素材 \ 第 7 章 \ 佳人回眸 .drp
	效果文件	效果 \ 第 7 章 \ 佳人回眸 .drp
	视频文件	视频 \ 第 7 章 \7.2.5　纹理滤镜：制作复古色调视频特效 .mp4

【操练 + 视频】

——纹理滤镜：制作复古色调视频特效

STEP 01 打开一个项目文件，在预览窗口中可以查看打开的项目效果，如图 7-63 所示。

STEP 02 切换至“调色”步骤面板，在“节点”面板中选中 01 调色节点，如图 7-64 所示。

图 7-63　查看打开的项目效果

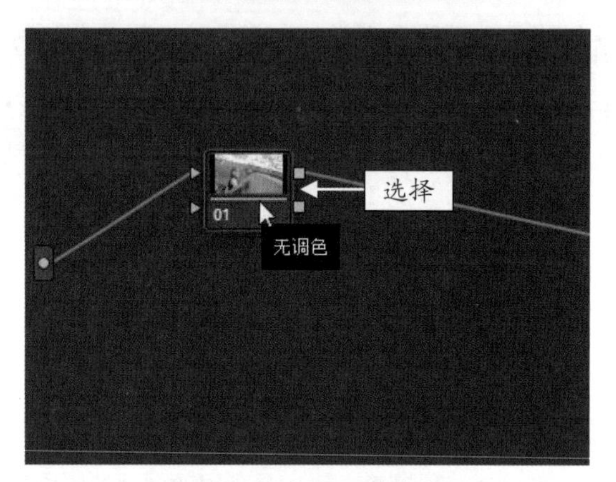

图 7-64　选中 01 调色节点

STEP 03 展开“自定义”曲线面板，选中高光控制点并向下拖曳至合适位置，适当降低画面中的高光亮度，如图 7-65 所示。

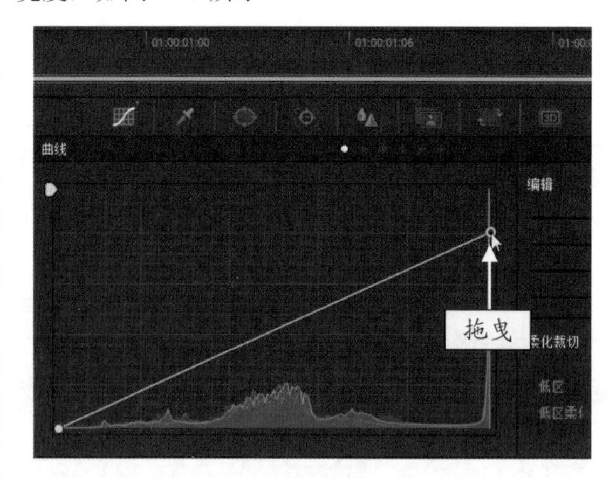

图 7-65　选中高光控制点并向下拖曳

STEP 04 切换至“色轮”面板，设置“饱和度”参数为 38.00，降低画面中的色彩饱和度，如图 7-66 所示。

STEP 05 在预览窗口中查看降低高光亮度和饱和度的画面效果，如图 7-67 所示。

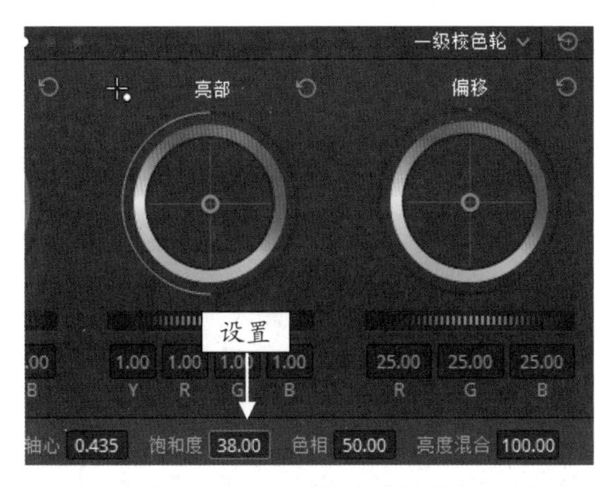

图 7-66 设置“饱和度”参数

图 7-67 查看画面效果

STEP 06 切换至“节点”面板，在01节点上单击鼠标右键，弹出快捷菜单，选择“添加节点”|“添加串行节点”命令，如图7-68所示。

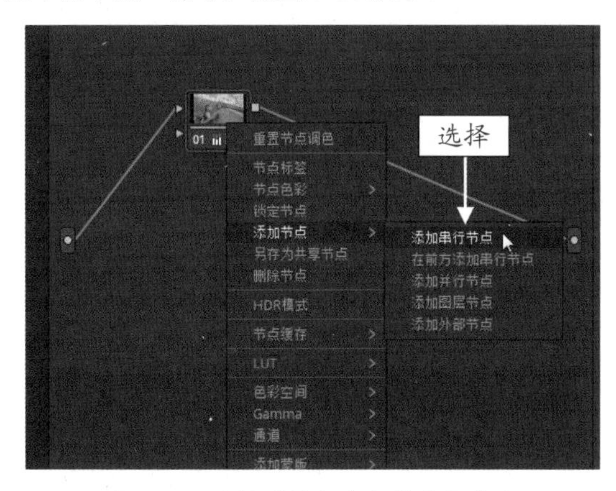

图 7-68 选择“添加串行节点”命令

STEP 07 执行操作后，即可在“节点”面板中，添加一个编号为02的串行节点，如图7-69所示。

STEP 08 在OpenFX|“素材库”选项卡的“ResolveFX纹理”滤镜组中，选择“胶片受损”滤镜，如图7-70所示。

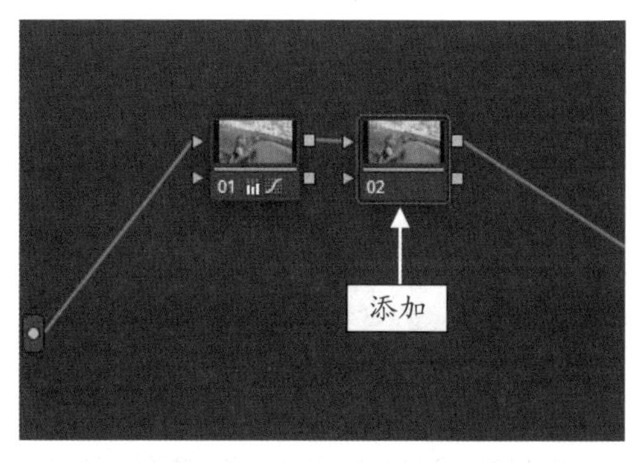

图 7-69 添加02串行节点

图 7-70 选择“胶片受损”滤镜

STEP 09 按住鼠标左键并将其拖曳至“节点”面板的02节点上，释放鼠标左键，即可在调色提示区显示一个滤镜图标，表示添加的滤镜特效，如图7-71所示。

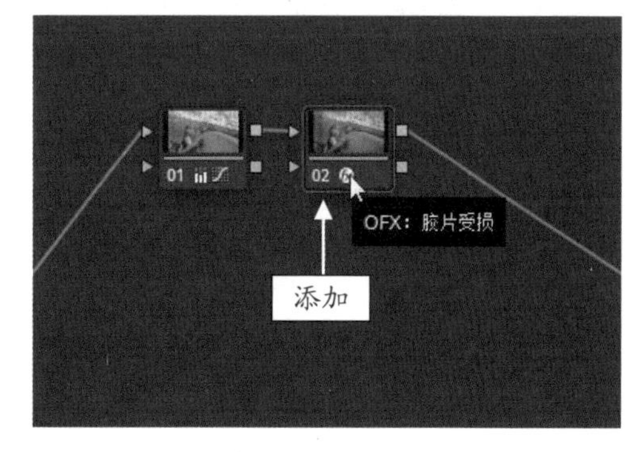

图 7-71 在02节点上添加滤镜特效

STEP 10 在预览窗口中，可以查看添加“胶片受损”滤镜后的视频效果，如图7-72所示。

STEP 11 切换至OpenFX|“设置”选项卡，展开“添加划痕1”选项面板，如图7-73所示。

STEP 12 取消选中“启用”复选框，如图7-74所示。

图 7-72　查看添加“胶片受损”滤镜后的视频效果

图 7-73　展开“添加划痕 1”选项面板

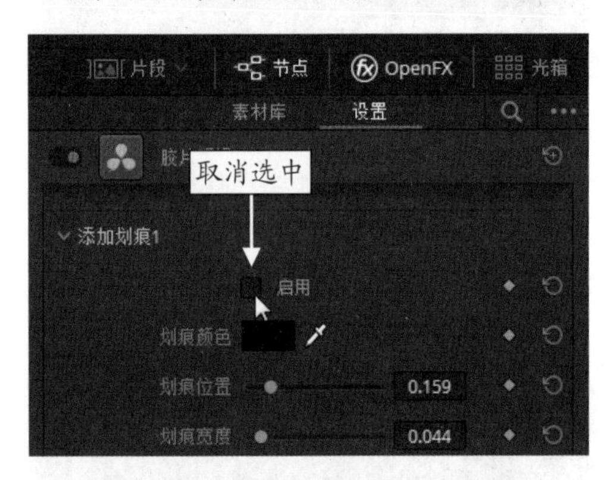

图 7-74　取消选中“启用”复选框

STEP 13 执行操作后，即可取消视频画面中的黑色划痕，在预览窗口中可以查看消除划痕后的画面效果，如图 7-75 所示。

图 7-75　查看消除划痕后的画面效果

STEP 14 在“节点”面板中，选中 02 节点，单击鼠标右键，在弹出的快捷菜单中，选择“添加节点”|“添加串行节点”命令，即可在“节点”面板中添加一个编号为 03 的串行节点，如图 7-76 所示。

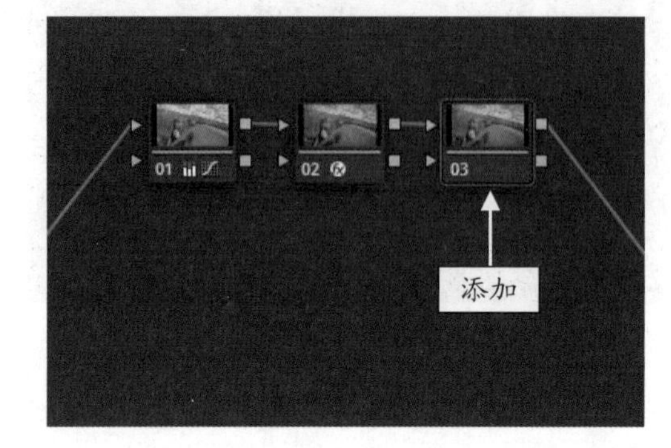

图 7-76　添加 03 串行节点

STEP 15 在 OpenFX|“素材库”选项卡的“ResolveFX 纹理”滤镜组中，选择“胶片颗粒”滤镜，如图 7-77 所示。

图 7-77　选择“胶片颗粒”滤镜

STEP 16 按住鼠标左键并将其拖曳至“节点”面板的 03 节点上，释放鼠标左键，即可在调色提示区显示一个滤镜图标，表示添加的滤镜特效，如图 7-78 所示。

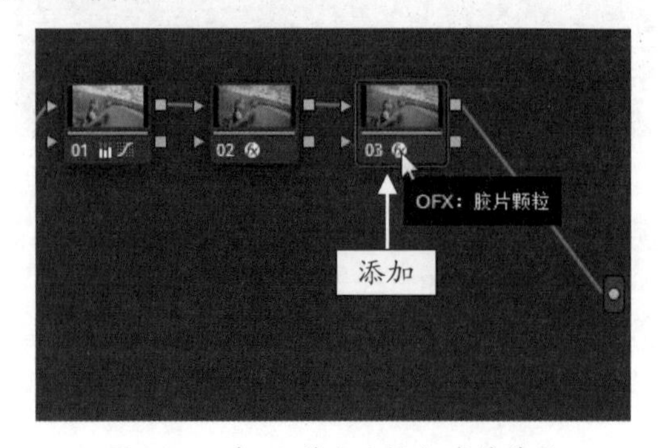

图 7-78　在 03 节点上添加滤镜特效

STEP 17 切换至 OpenFX|“设置”选项卡，展开“颗粒参数”面板，如图 7-79 所示。

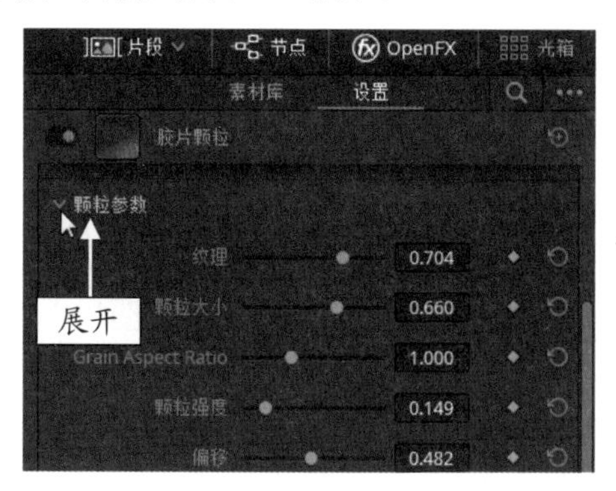

图 7-79　展开“颗粒参数”面板

STEP 18 向右拖曳“颗粒强度”右侧的滑块，直至参数显示为 0.521，加强画面中的颗粒，如图 7-80 所示。

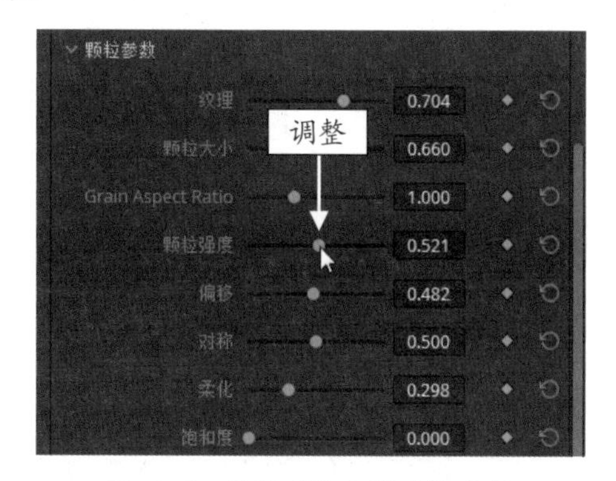

图 7-80　设置“颗粒强度”参数

STEP 19 执行操作后，在预览窗口中即可查看制作的复古色调视频特效，如图 7-81 所示。

图 7-81　查看制作的复古色调视频特效

7.2.6　替换滤镜：制作镜像翻转视频特效

当用户为素材添加视频滤镜后，如果发现某个滤镜未达到预期的效果，此时可将该滤镜效果进行替换操作。下面介绍具体的操作方法。

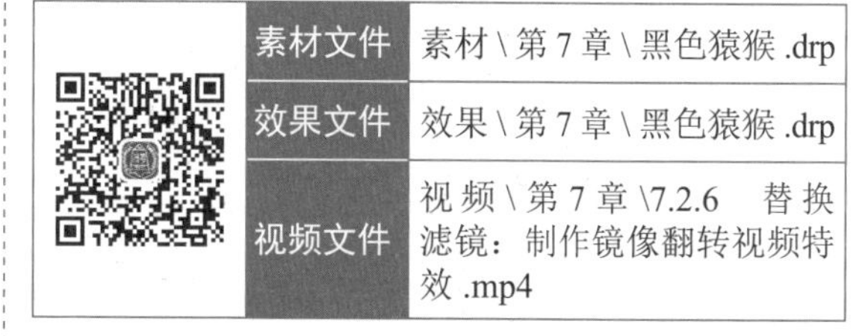

	素材文件	素材 \ 第 7 章 \ 黑色猿猴 .drp
	效果文件	效果 \ 第 7 章 \ 黑色猿猴 .drp
	视频文件	视频 \ 第 7 章 \7.2.6　替换滤镜：制作镜像翻转视频特效 .mp4

【操练 + 视频】

——替换滤镜：制作镜像翻转视频特效

STEP 01 打开一个项目文件，如图 7-82 所示。

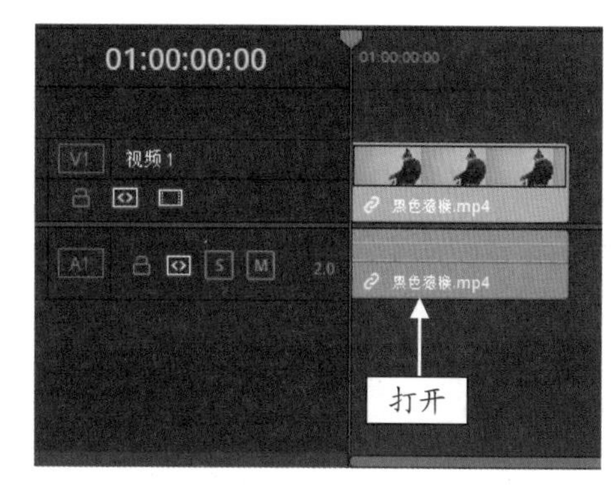

图 7-82　打开一个项目文件

STEP 02 在预览窗口中查看打开的项目效果，如图 7-83 所示。

图 7-83　查看打开的项目效果

STEP 03 切换至“调色”步骤面板，在“节点”面板中，选中 01 节点，在调色提示区显示了一个滤镜图标，表示已添加“边缘检测”滤镜特效，如图 7-84 所示。

STEP 04 展开 OpenFX|“素材库”选项卡，在“ResolveFX 风格化”滤镜组中，选择“镜像”滤镜，如图 7-85 所示。

STEP 05 按住鼠标左键并将其拖曳至“节点”面板的 01 节点上，释放鼠标左键即可替换“边缘检测”滤镜特效，如图 7-86 所示。

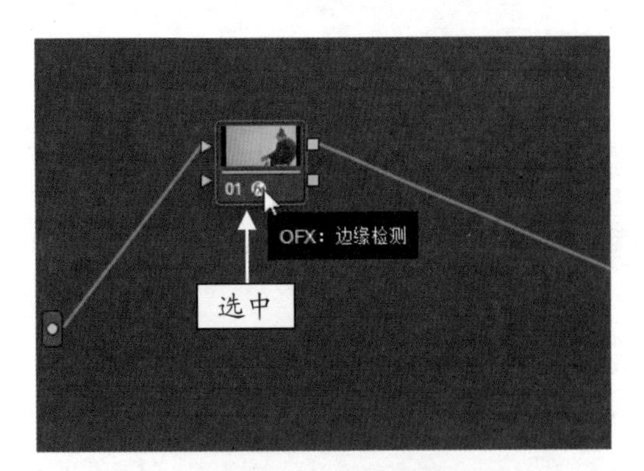

图 7-84　选中 01 节点

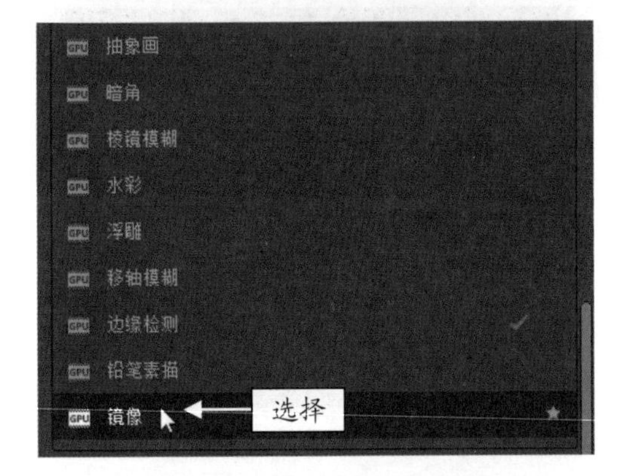

图 7-85　选择“镜像”滤镜

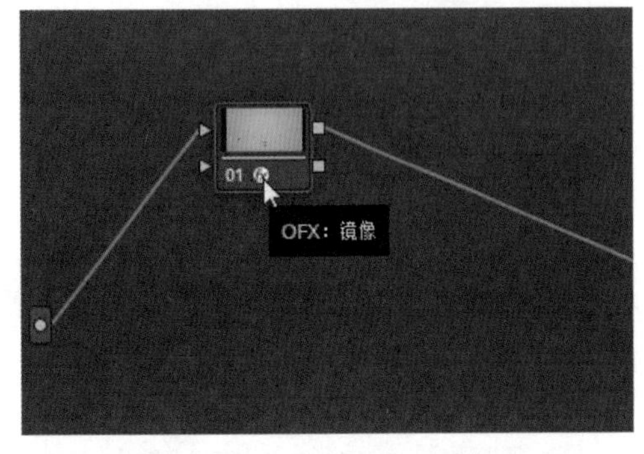

图 7-86　替换“边缘检测”滤镜特效

STEP 06 在预览窗口中，选中中间的白色圆圈，如图 7-87 所示。

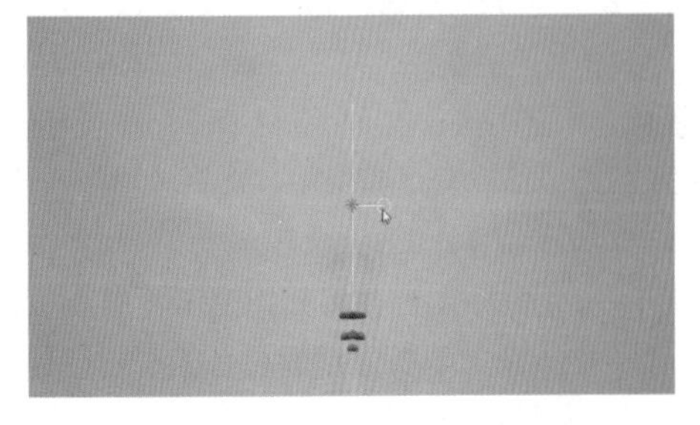

图 7-87　选中中间的白色圆圈

STEP 07 向左旋转 180 度，即可使图像从图像中间位置进行镜像翻转，如图 7-88 所示。

图 7-88　向左旋转 180 度

STEP 08 切换至“剪辑”步骤面板，在预览窗口中查看最终效果，如图 7-89 所示。

图 7-89　查看最终效果

专家指点

用户还可以在 OpenFX|“设置”选项卡的“镜像 1”选项面板中，设置镜像翻转的“角度”和停放位置，如图 7-90 所示。

图 7-90　设置“角度”和位置参数

在预览窗口中可以查看参数调整后的效果，如图 7-91 所示。

图 7-91　查看调整效果

7.2.7　移除滤镜：删除已添加的视频特效

如果用户对添加的滤镜效果不满意，可以将该视频滤镜删除。但是，在 DaVinci Resolve 16 中，通过“剪辑”步骤面板添加的滤镜特效，只能在“剪辑”步骤面板中进行删除，同理，在“调色”步骤面板中添加的滤镜特效，也只能在“调色”步骤面板中删除。下面通过实例操作介绍在这两个步骤面板中移除滤镜的方法。

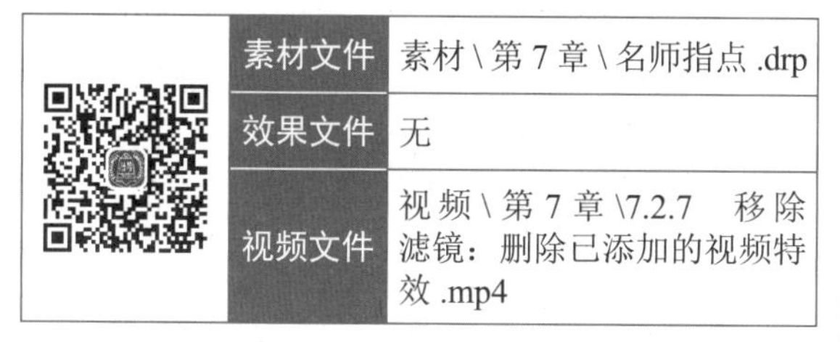

	素材文件	素材 \ 第 7 章 \ 名师指点 .drp
	效果文件	无
	视频文件	视频 \ 第 7 章 \7.2.7　移除滤镜：删除已添加的视频特效 .mp4

【操练 + 视频】
——移除滤镜：删除已添加的视频特效

STEP 01 打开一个项目文件，在“剪辑”步骤面板中，为素材图像添加“铅笔素描”滤镜特效，在预览窗口可以查看项目效果，如图 7-92 所示。

图 7-92　查看打开的项目效果

STEP 02 在“剪辑”步骤面板的右上角，单击“检查器”按钮，如图 7-93 所示。

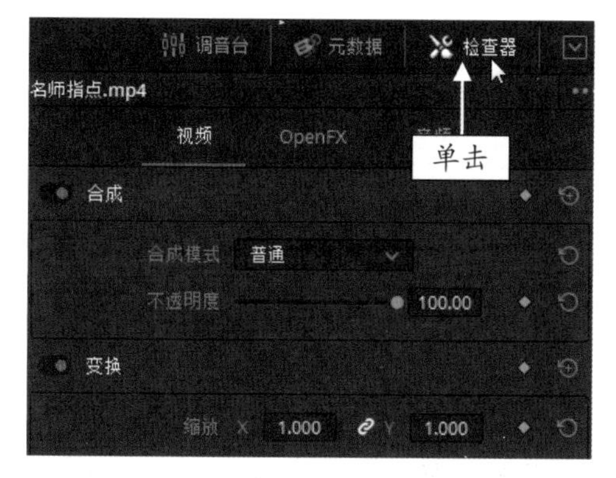

图 7-93　单击“检查器”按钮

专家指点

在展开“检查器”| OpenFX 选项面板后，用户可以根据素材图像特征，在选项面板中对添加的滤镜进行微调设置。

STEP 03 在下方切换至 OpenFX 选项卡，单击“删除滤镜”按钮，如图 7-94 所示，执行操作后即可删除“铅笔素描”滤镜特效。

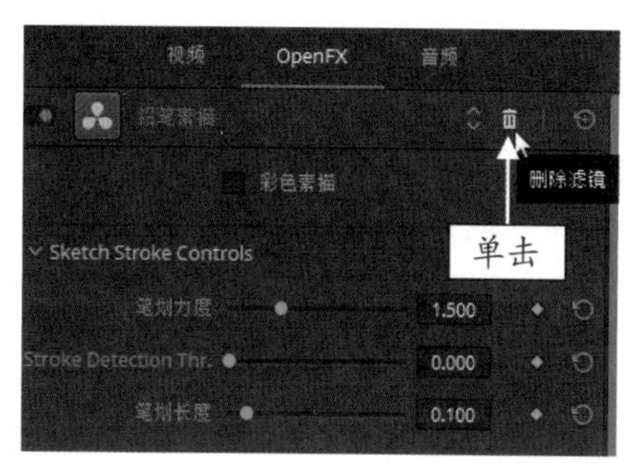

图 7-94　单击“删除滤镜”按钮

STEP 04 切换至“调色”步骤面板，为 01 节点添加“抽象画”滤镜，选择 01 节点，单击鼠标右键，在弹出的快捷菜单中，选择“移除 OFX 插件”命令，如图 7-95 所示，执行操作后即可移除 01 节点上的“抽象画”滤镜特效。

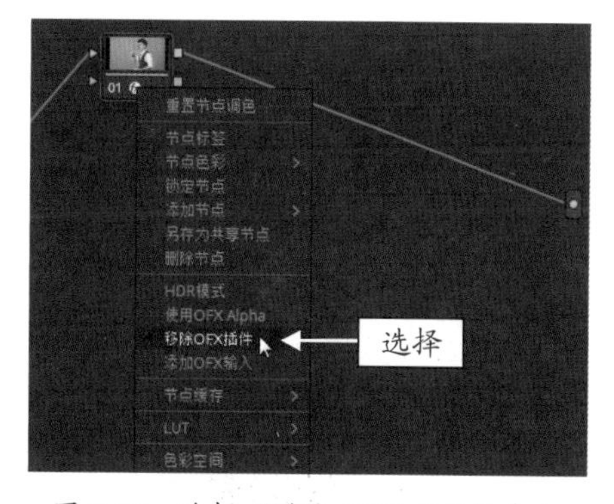

图 7-95　选择“移除 OFX 插件”命令

STEP 05 在预览窗口中查看移除滤镜后的画面效果，如图 7-96 所示。

图 7-96　查看最终效果

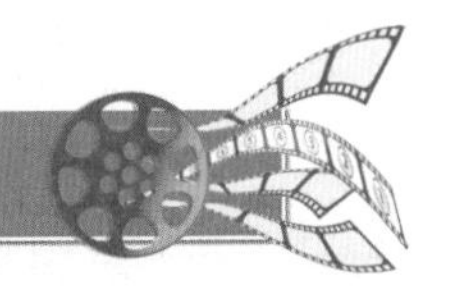

7.3 使用抖音热门影调风格进行调色

在影视作品成片中，不同的色调可以传达给观众不一样的视觉感官。通常，我们可以从影片的色相、明度、冷暖、纯度四个方面来定义它的影调风格。下面介绍通过达芬奇调色软件制作几种抖音热门影调风格的操作方法。

7.3.1 红色影调：制作激动热情视频效果

红色是热情、温暖、冲动、活力、积极、强有力的色彩，具有非常醒目的视觉效果，很多调色师都喜欢用红色调，红色调也是抖音热门视频中比较常用的影调风格。下面介绍在 DaVinci Resolve 16 中制作红色影调的操作方法。

	素材文件	素材\第 7 章\胜利号角 .drp
	效果文件	效果\第 7 章\胜利号角 .drp
	视频文件	视频\第 7 章\7.3.1　红色影调：制作激动热情视频效果 .mp4

【操练 + 视频】
——红色影调：制作激动热情视频效果

STEP 01 打开一个项目文件，在预览窗口中可以查看打开的项目效果，由于天气及场景本身色彩不佳等因素，导致拍摄的素材图像颜色不够鲜明，需要对素材图像的饱和度进行整体调整，并将号角上挽着的红绸缎调成鲜红色，如图 7-97 所示。

图 7-97　查看打开的项目效果

STEP 02 切换至“调色”步骤面板，展开“色轮”面板，设置“饱和度”参数为 75.0，如图 7-98 所示，调整画面整体颜色的饱和度。

STEP 03 在“节点”面板中，选中 01 节点，单击鼠标右键，在弹出的快捷菜单中，选择“添加节点”|“添加串行节点”命令，即可在“节点”面板中添加一个编号为 02 的串行节点，如图 7-99 所示。

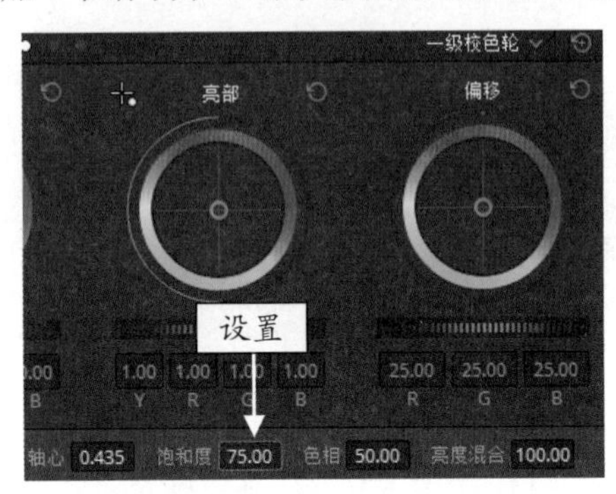

图 7-98　设置“饱和度”参数

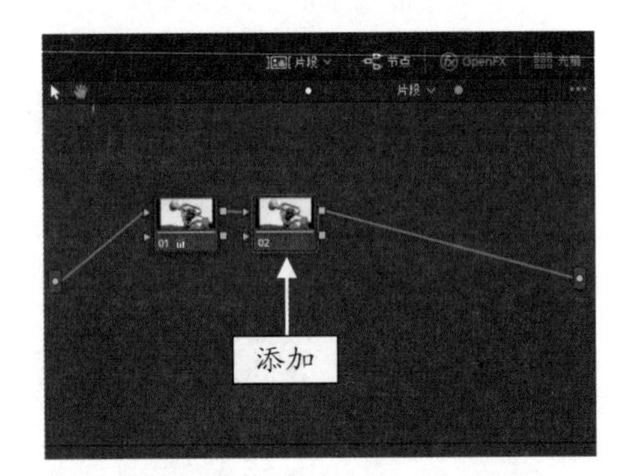

图 7-99　添加一个串行节点

STEP 04 在“监视器”面板中开启“突出显示”功能，切换至“限定器”面板，应用“拾色器”滴管工具在预览窗口的图像上选取红绸缎，如图 7-100 所示。

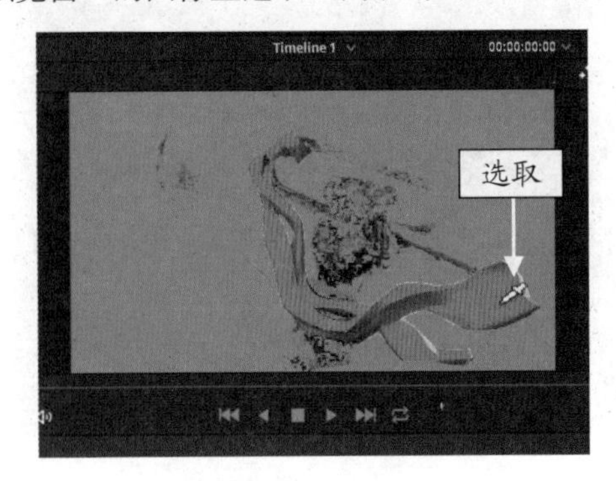

图 7-100　选取红绸缎

STEP 05 切换至“限定器”面板，在“蒙版微调”选项区中，设置“阴影区去噪”参数为30.0，如图 7-101 所示。

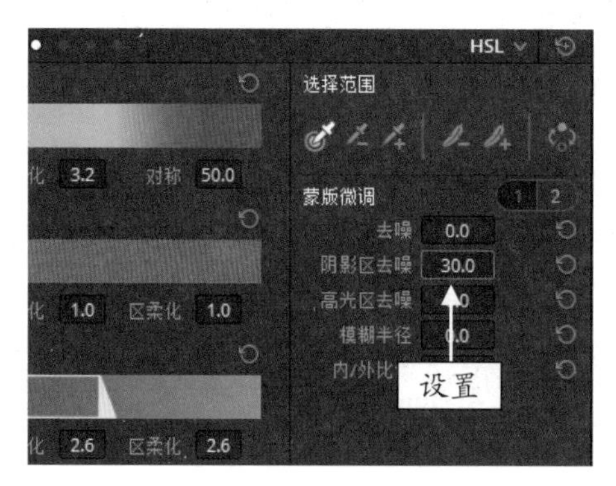

图 7-101　设置“阴影区去噪”参数

STEP 06 切换至“一级校色条”面板，向上拖曳“亮部”色条的红色通道滑块，直至 R 参数显示为 1.50，如图 7-102 所示。

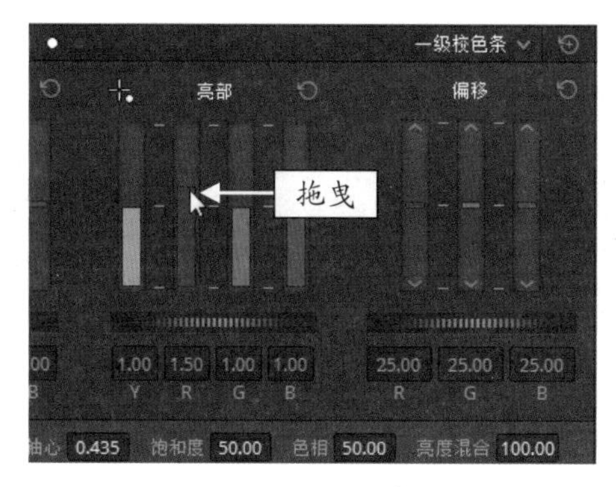

图 7-102　拖曳滑块

STEP 07 执行操作后，切换至“剪辑”步骤面板，查看制作的图像效果，如图 7-103 所示。

图 7-103　查看制作的图像效果

7.3.2　蓝色影调：制作冷静肃穆视频效果

蓝色属于冷色系，当调色师将素材图像调成蓝色调时，会传达给观众一种肃穆、冷静、忧郁的观感，下面介绍制作蓝色影调的操作方法。

素材文件	素材 \ 第 7 章 \ 肃穆如冬 .drp
效果文件	效果 \ 第 7 章 \ 肃穆如冬 .drp
视频文件	视频 \ 第 7 章 \7.3.2　蓝色影调：制作冷静肃穆视频效果 .mp4

【操练 + 视频】
——蓝色影调：制作冷静肃穆视频效果

STEP 01 打开一个项目文件，在预览窗口中可以查看打开的项目效果，画面中显示的是一个整体色调为灰、褐色，眼神比较冷酷的动漫人物，如图 7-104 所示。下面通过达芬奇“调色”面板为人物添加蓝色影调。

图 7-104　查看打开的项目效果

STEP 02 切换至“调色”步骤面板，在“节点”面板中选中 01 节点，在“监视器”面板中开启“突出显示”功能，切换至“限定器”面板，应用“拾色器”滴管工具在预览窗口的图像上选取人物的围脖，如图 7-105 所示。

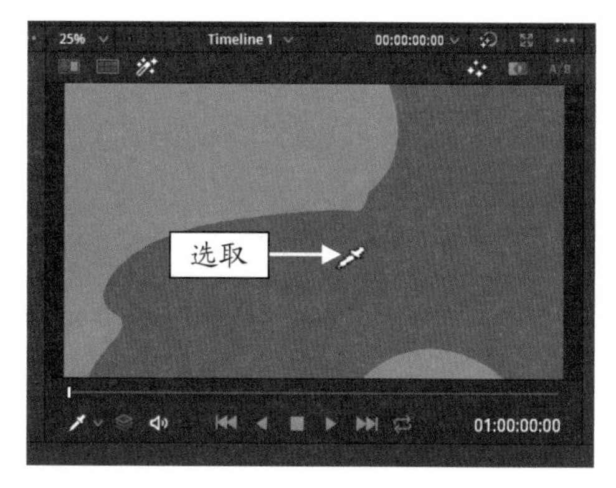

图 7-105　选取人物的围脖

STEP 03 展开“RGB 混合器”面板，设置“红色输出”RGB 通道参数为 0.15、0.10、0.46；“绿色输出”RGB 通道参数为 -0.05、-0.15、1.18；“蓝色

输出"RGB通道参数为-0.05、0.00、1.38，如图7-106所示。

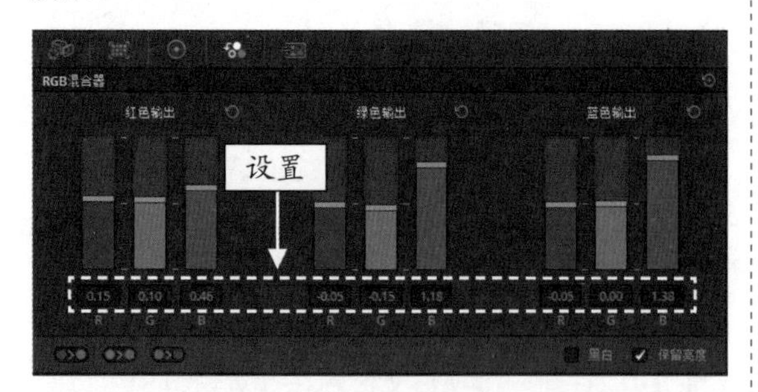

图7-106　设置"RGB混合器"参数

STEP 04 展开"一级校色轮"面板，设置"亮部"YRGB参数均为1.71，如图7-107所示。

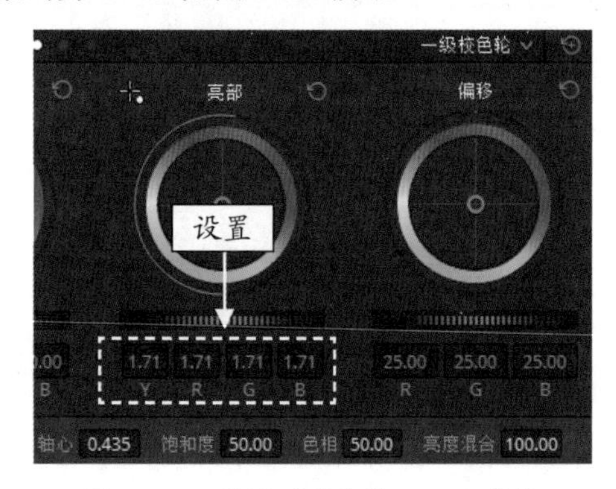

图7-107　设置"亮部"YRGB参数

STEP 05 在"监视器"面板中，取消"突出显示"功能，在预览窗口中查看围脖的调色效果，如图7-108所示。

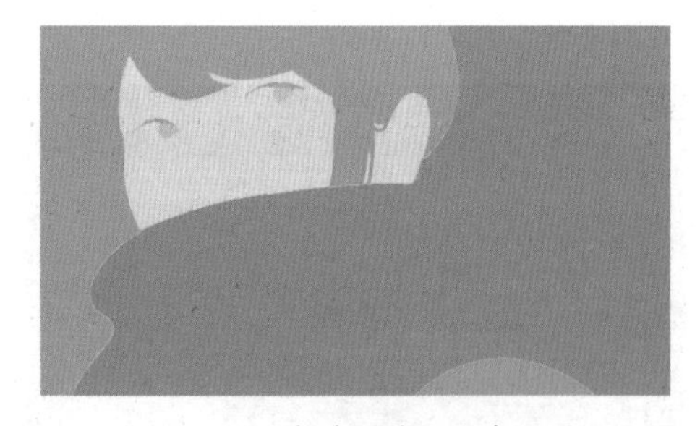

图7-108　查看围脖的调色效果

STEP 06 展开"节点"面板，在01节点上单击鼠标右键，在弹出的快捷菜单中，选择"添加节点"|"添加串行节点"命令，添加一个编号为02的串行节点，如图7-109所示。

STEP 07 在"监视器"面板中开启"突出显示"功能，切换至"限定器"面板，应用"拾色器"滴管工具在预览窗口的图像上选取人物的头发及肩膀，如图7-110所示。

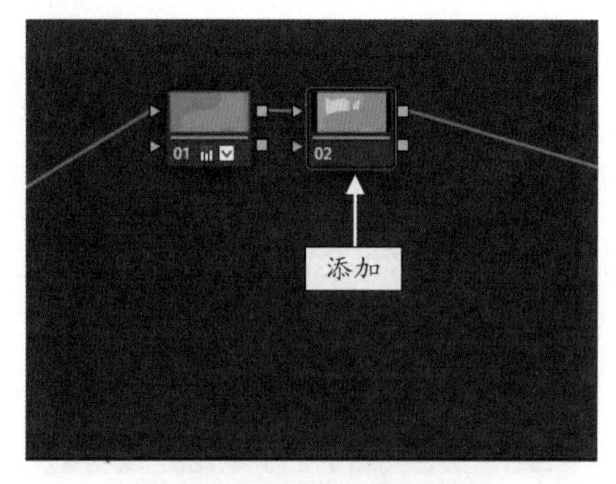

图7-109　添加02串行节点

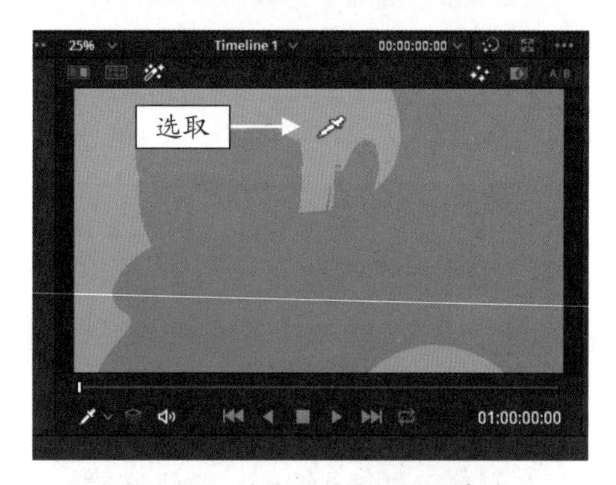

图7-110　选取人物的头发及肩膀

STEP 08 在"限定器"面板的"蒙版微调"选项区中，设置"去噪"参数为5.0，如图7-111所示。

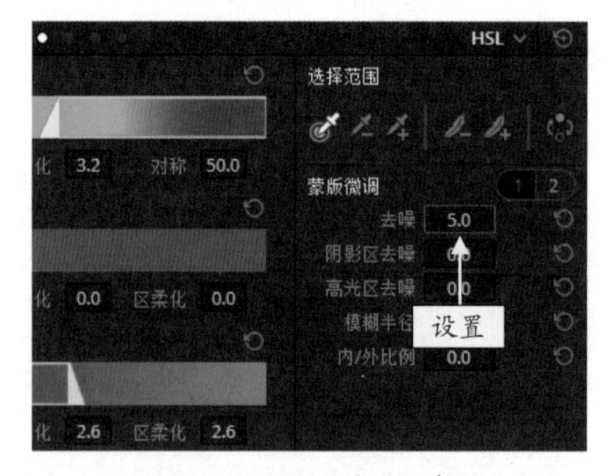

图7-111　设置"去噪"参数

STEP 09 在"一级校色条"面板中，设置"亮部"色条YRGB参数均为0.38、"偏移"色条RGB参数为2.8、27.4、50.2，如图7-112所示。

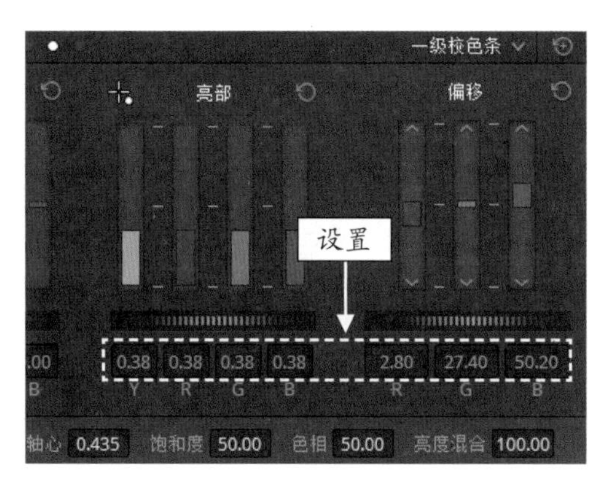

图 7-112　设置色条参数

STEP 10 执行操作后，切换至“剪辑”步骤面板，查看制作的图像效果，如图 7-113 所示。

图 7-113　查看制作的图像效果

7.3.3　绿色影调：制作清新自然视频效果

绿色表示青春、朝气、生机、清新等，在 DaVinci Resolve 16 中，用户可以通过调整红、绿、蓝输出通道参数来制作清新自然的视频色调，下面介绍具体的操作方法。

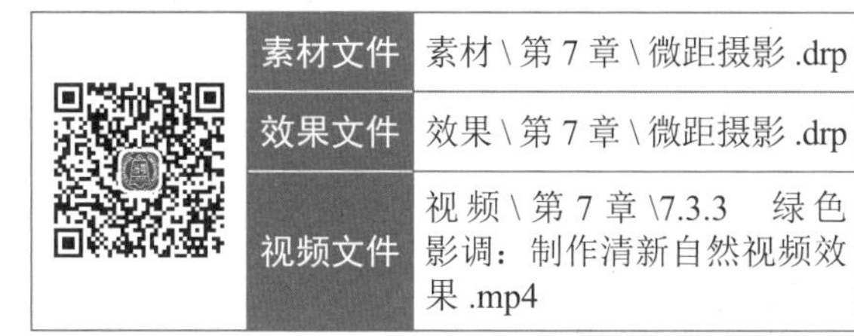

	素材文件	素材 \ 第 7 章 \ 微距摄影 .drp
	效果文件	效果 \ 第 7 章 \ 微距摄影 .drp
	视频文件	视频 \ 第 7 章 \7.3.3　绿色影调：制作清新自然视频效果 .mp4

【操练 + 视频】

——绿色影调：制作清新自然视频效果

STEP 01 打开一个项目文件，在预览窗口中可以查看打开的项目效果，如图 7-114 所示，图像画面中的色调整体比较偏黄，需要提高图像中的绿色输出，制作清新自然的绿色影调视频效果。

STEP 02 切换至“调色”步骤面板，展开“RGB 混合器”面板，拖曳“绿色输出”颜色通道 G 控制条的滑块，直至 G 参数显示为 1.36，如图 7-115 所示。

图 7-114　查看打开的项目效果

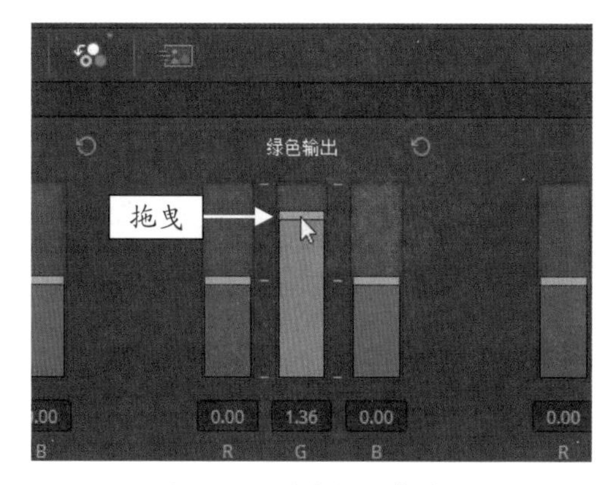

图 7-115　拖曳控制条滑块

STEP 03 执行操作后，在预览窗口中查看制作的图像效果，如图 7-116 所示。

图 7-116　查看制作的图像效果

7.3.4　古风影调：制作美人如画视频效果

古风人像摄影越来越受年轻人的喜爱，在抖音 APP 上，也经常可以看到各类古风短视频。下面向大家介绍在 DaVinci Resolve 16 中，使用古风影调制作美人如画视频效果的操作方法。

<table>
<tr><td rowspan="3"></td><td>素材文件</td><td>素材 \ 第 7 章 \ 古风美人 .drp</td></tr>
<tr><td>效果文件</td><td>效果 \ 第 7 章 \ 古风美人 .drp</td></tr>
<tr><td>视频文件</td><td>视频 \ 第 7 章 \7.3.4　古风影调：制作美人如画视频效果 .mp4</td></tr>
</table>

【操练 + 视频】
——古风影调：制作美人如画视频效果

STEP 01 打开一个项目文件，在预览窗口中可以查看打开的项目效果，如图 7-117 所示，画面中的女子身着旗袍站在灰紫色的背景幕布前方，仪态端庄、目视镜头、嘴角微微含笑，需要将背景颜色调为淡黄的宣纸颜色，去除画面中的噪点，并为人物调整肤色，制作出美人如画的古风影调视频效果。

图 7-117　查看打开的项目效果

STEP 02 切换至“调色”步骤面板，在“节点”面板中选中 01 节点，如图 7-118 所示。

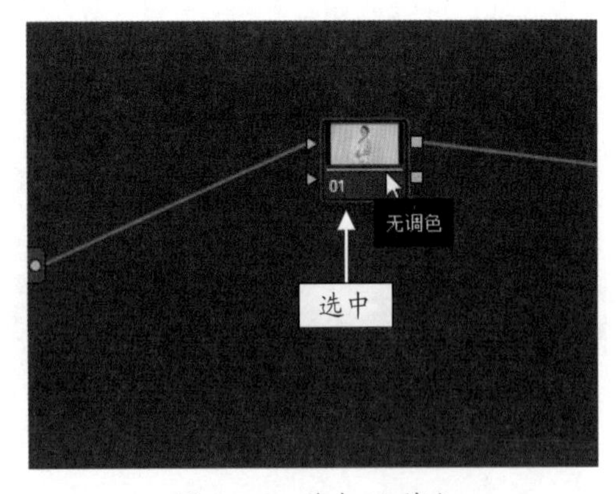

图 7-118　选中 01 节点

STEP 03 在“监视器”面板中开启“突出显示”功能，切换至“限定器”面板，应用“拾色器”滴管工具在预览窗口的图像上选取背景颜色，如图 7-119 所示，可以看到人物身上的旗袍也有少量颜色区域被选取了。

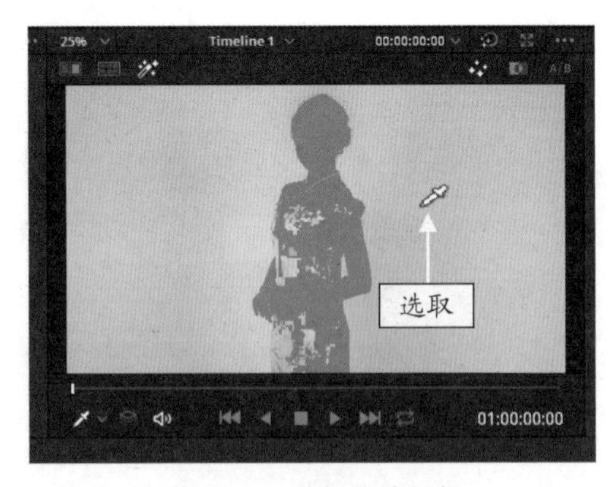

图 7-119　选取背景颜色

STEP 04 展开“窗口”面板，单击曲线“窗口激活”按钮，如图 7-120 所示。

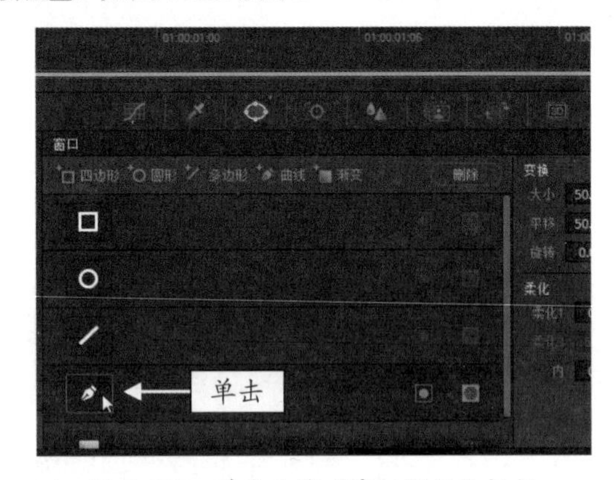

图 7-120　单击曲线“窗口激活”按钮

STEP 05 在预览窗口中，在人物被选取的部分区域绘制一个窗口蒙版，如图 7-121 所示。

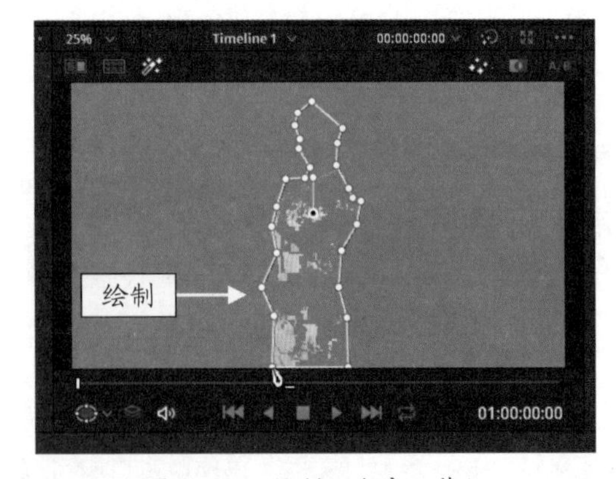

图 7-121　绘制一个窗口蒙版

STEP 06 然后在“窗口”面板中，单击“反向”按钮，如图 7-122 所示。

STEP 07 执行操作后，即可反向选取人物以外的背景颜色，如图 7-123 所示。

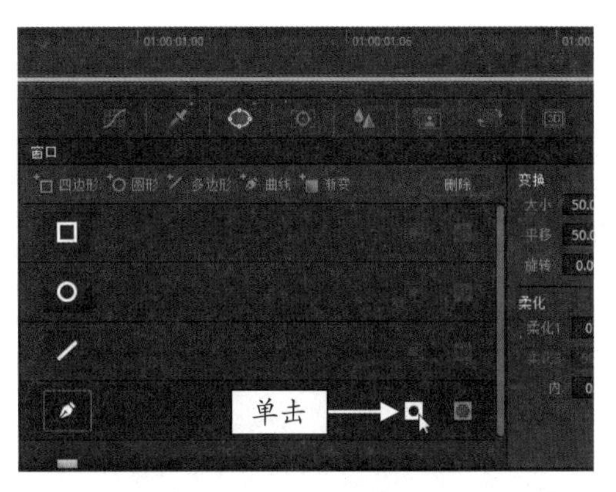

图 7-122　单击“反向”按钮

图 7-123　反向选取

STEP 08 展开“色轮”面板，选中“亮部”色轮中心的白色圆圈，按住鼠标左键的同时往橙黄色方向拖曳，直至 YRGB 参数显示为 1.00、1.05、1.00、0.83；然后选中“偏移”色轮中心的白色圆圈，按住鼠标左键的同时往橙黄色方向拖曳，直至 RGB 参数显示为 27.85、25.29、10.69，如图 7-124 所示。

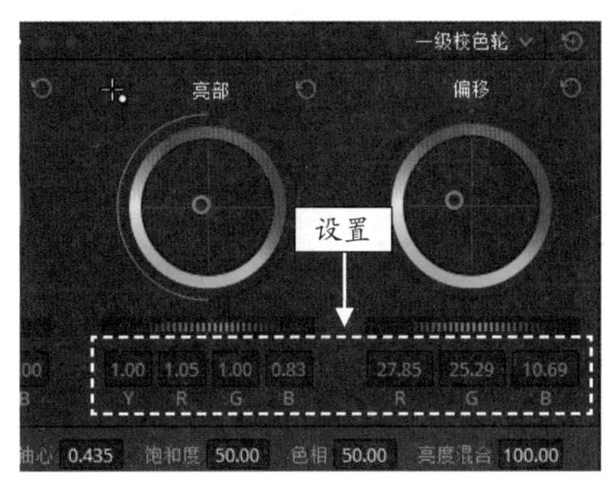

图 7-124　设置“亮部”和“偏移”参数

STEP 09 执行操作后，在预览窗口中查看背景颜色调为淡黄色宣纸颜色的画面效果，如图 7-125 所示。

图 7-125　查看背景颜色调整效果

STEP 10 在“节点”面板中，添加一个编号为 02 的串行节点，如图 7-126 所示。

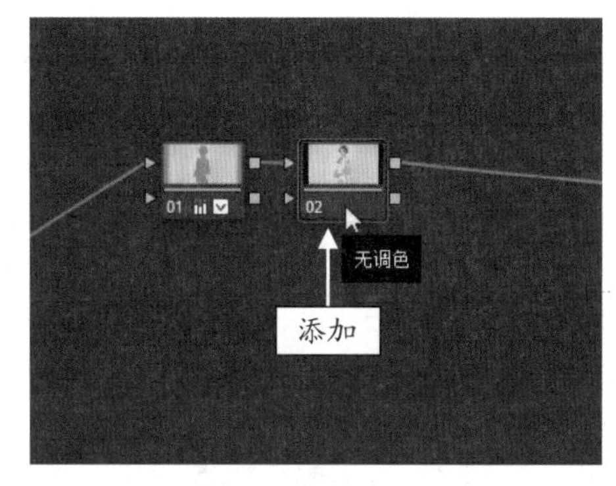

图 7-126　添加 02 串行节点

STEP 11 展开“运动特效”面板，在“空域阈值”选项区中，设置“亮度”和“色度”参数均为 50.0，为图像画面降噪，如图 7-127 所示。

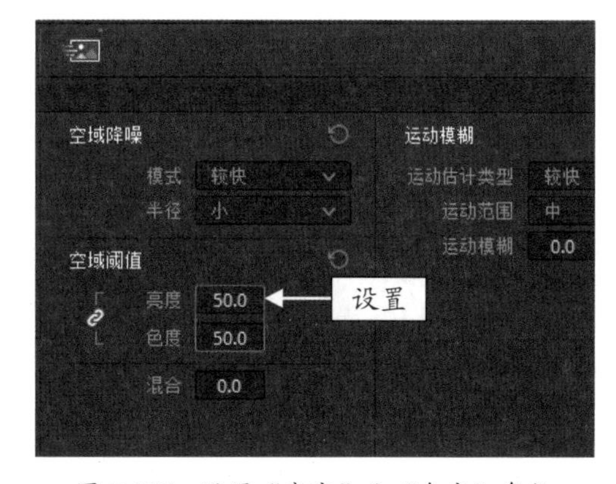

图 7-127　设置“亮度”和“色度”参数

STEP 12 在“节点”面板中，添加一个编号为 03 的串行节点，如图 7-128 所示。

STEP 13 在“监视器”面板中开启“突出显示”功能，切换至“限定器”面板，应用“拾色器”滴管工具在预览窗口的图像上选取人物皮肤，如图 7-129 所示。

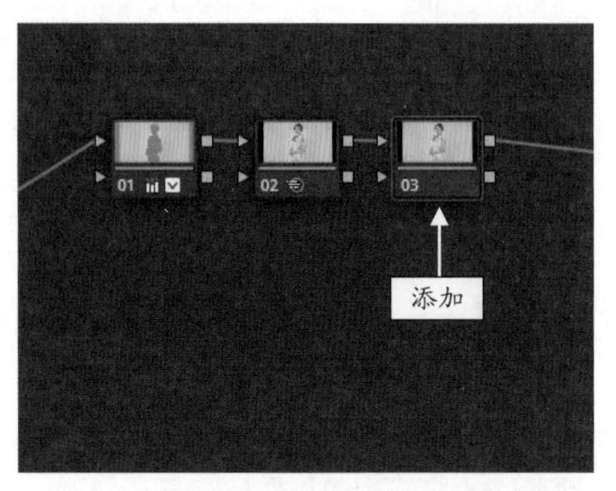

图 7-128　添加 03 串行节点

图 7-129　选取人物皮肤

STEP 14 在“限定器”面板的“蒙版微调”选项区中，设置“去噪”参数为 40.0，如图 7-130 所示。

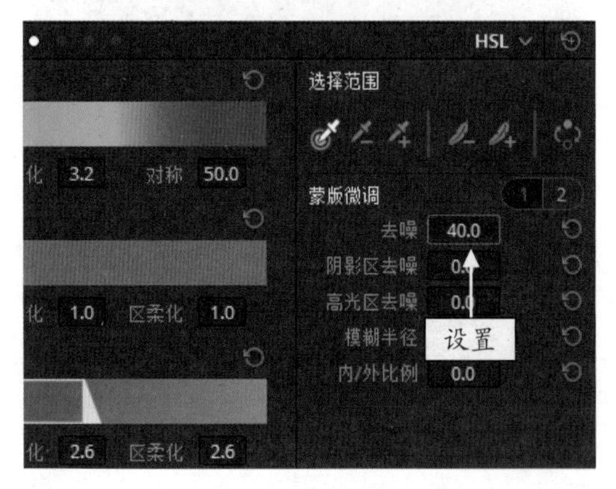

图 7-130　设置“去噪”参数

STEP 15 展开“自定义”曲线面板，在曲线上添加一个控制点，并向上拖曳控制点至合适位置，提高人物皮肤亮度，如图 7-131 所示。

STEP 16 执行上述操作后，即可在预览窗口中，查看人物肤色变白变亮的画面效果，如图 7-132 所示。

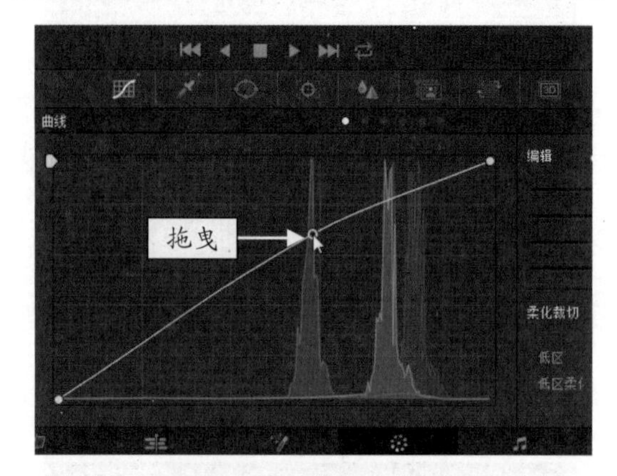

图 7-131　拖曳控制点

图 7-132　查看人物肤色调整效果

STEP 17 在“节点”面板中，添加一个编号为 04 的串行节点，如图 7-133 所示。

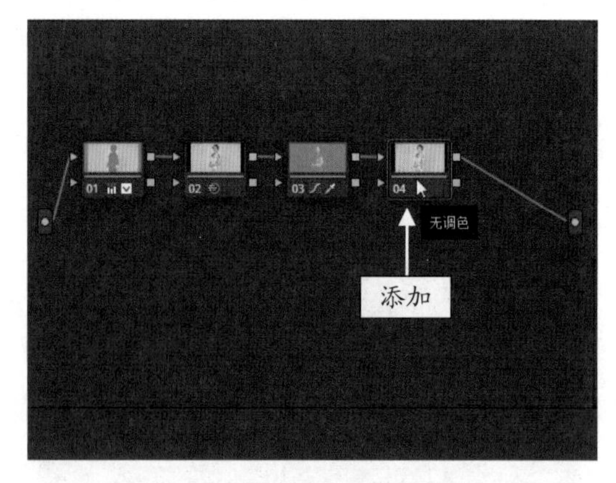

图 7-133　添加 04 串行节点

STEP 18 展开“色轮”面板，设置“中间调细节”参数为 -100.00，如图 7-134 所示。

STEP 19 执行操作后，即可减少画面中的细节质感，使人物与背景更贴合、融洽，在预览窗口中查看制作的美人如画视频画面效果，如图 7-135 所示。

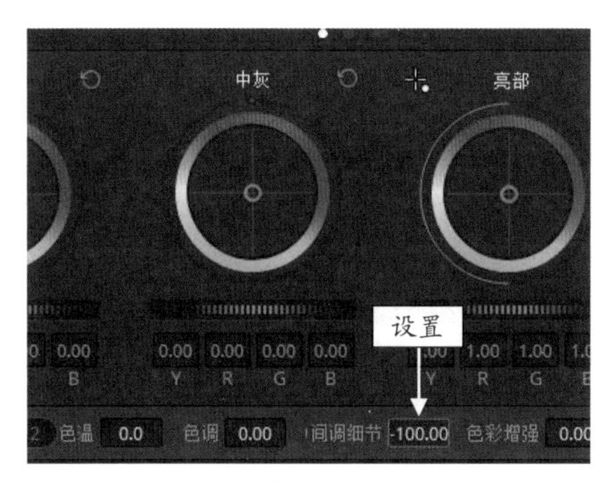

图 7-134　设置“中间调细节”参数

图 7-135　查看美人如画视频画面的效果

7.3.5　特艺色调影：制作特艺色影调风格效果

特艺色是 20 世纪 30 年代的一种彩色胶片色调，也是抖音上比较热门的一种经典复古影调风格，在 DaVinci Resolve 16 中，用户只需要使用“RGB 混合器”功能，套用一个简单的公式即可调出特艺色影调风格效果，下面介绍具体的操作步骤。

	素材文件	素材 \ 第 7 章 \ 特色建筑 .drp
	效果文件	效果 \ 第 7 章 \ 特色建筑 .drp
	视频文件	视频 \ 第 7 章 \7.3.5　特艺色影调：制作特艺色影调风格效果 .mp4

【操练 + 视频】

——特艺色影调：制作特艺色影调风格效果

STEP 01 打开一个项目文件，在预览窗口中可以查看打开的项目效果，如图 7-136 所示。

STEP 02 切换至“调色”步骤面板，在“节点”面板中选中 01 节点，如图 7-137 所示。

图 7-136　查看打开的项目效果

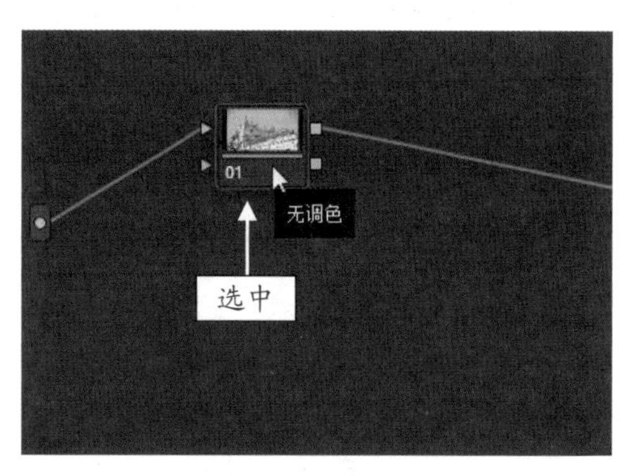

图 7-137　选中 01 节点

STEP 03 单击“RGB 混合器”按钮，展开“RGB 混合器”面板，如图 7-138 所示。

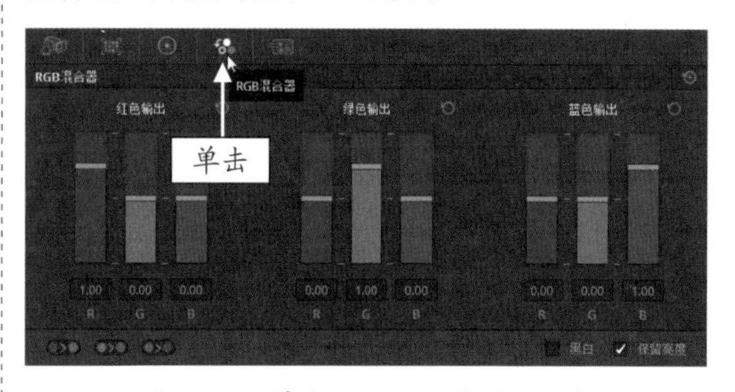

图 7-138　单击“RGB 混合器”按钮

STEP 04 在“红色输出”通道中，设置 R 控制条参数为 1.00、G 控制条参数为 -1.00、B 控制条参数为 1.00，如图 7-139 所示。

STEP 05 在“绿色输出”通道中，设置 R 控制条参数为 -1.00、G 控制条参数为 1.00、B 控制条参数为 1.00，如图 7-140 所示。

STEP 06 在“蓝色输出”通道中，设置 R 控制条参数为 -1.00、G 控制条参数为 1.00、B 控制条参数为 1.00，如图 7-141 所示。

STEP 07 执行操作后，在预览窗口中查看特艺色影调风格视频效果，如图 7-142 所示。

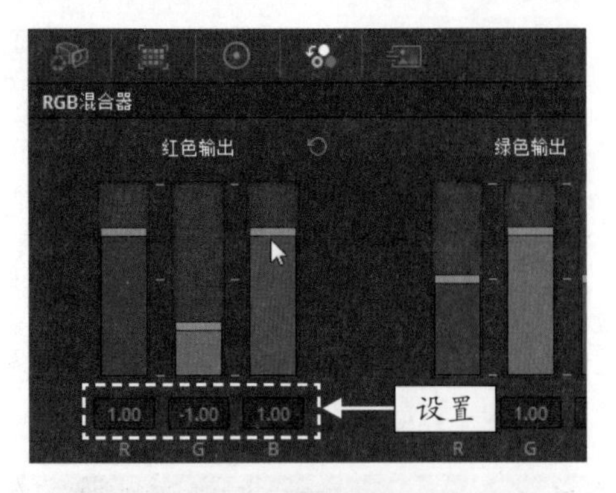

图 7-139　设置“红色输出”通道参数

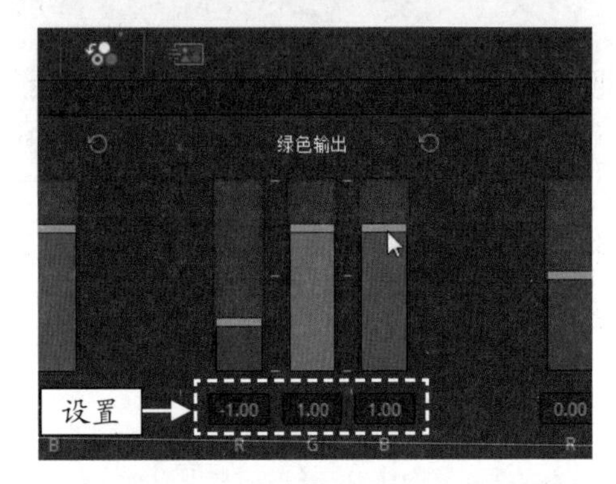

图 7-140　设置“绿色输出”通道参数

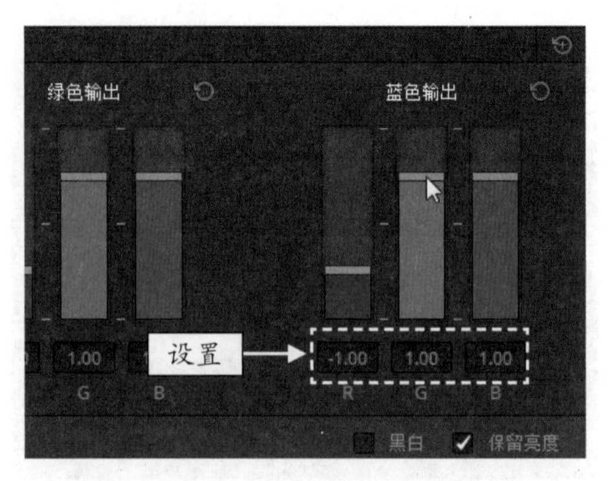

图 7-141　设置“蓝色输出”通道参数

图 7-142　查看特艺色影调风格视频效果

专家指点

特艺色影调风格调整公式如下：

- 在“红色输出”通道中，R 控制条参数保持不变，降低 G 控制条一半参数值、增加 B 控制条一半参数值；
- 在“绿色输出”通道中，G 控制条参数保持不变，降低 R 控制条一半参数值、增加 B 控制条一半参数值；
- 在“蓝色输出”通道中，B 控制条参数保持不变，降低 R 控制条一半参数值、增加 G 控制条一半参数值。

第8章 转场：为视频添加转场特效

章前知识导读

在影视后期特效制作中，镜头之间的过渡或者素材之间的转换称为转场，它是使用一些特殊的效果，在素材与素材之间产生自然、流畅和平滑的过渡。本章主要介绍制作视频转场特效的操作方法，希望读者可以熟练掌握本章内容。

新手重点索引

- 替换与移动转场效果
- 制作视频转场画面特效

效果图片欣赏

8.1 了解转场效果

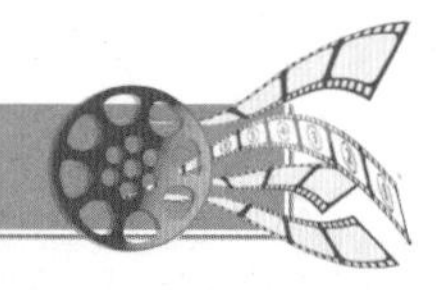

从某种角度来说，转场就是一种特殊的滤镜效果，它可以在两个图像或视频素材之间创建某种过渡效果，使视频更具有吸引力。运用转场效果，可以制作出让人赏心悦目的视频画面。本节主要介绍转场效果的基础知识以及认识“视频转场”选项面板等内容。

8.1.1 了解硬切换与软切换

在视频后期编辑工作中，素材与素材之间的连接称为切换。最常用的切换方法是一个素材与另一个素材紧密连接，使其直接过渡，这种方法称为“硬切换”；另一种方法称为“软切换”，它使用了一些特殊的效果，在素材与素材之间产生自然、流畅和平滑的过渡，如图 8-1 所示。

图 8-1 “软切换”转场效果

专家指点

“转场”是很实用的一种功能，在影视片段中，这种“软切换”的转场方式运用得比较多，希望读者可以熟练掌握此方法。

8.1.2 认识“视频转场”选项面板

在 DaVinci Resolve 16 中，提供了多种转场效果，都存放在“视频转场”面板中，如图 8-2 所示。合理地运用这些转场效果，可以让素材之间的过渡更加生动、自然，从而制作出绚丽多姿的视频作品。

“叠化”转场组

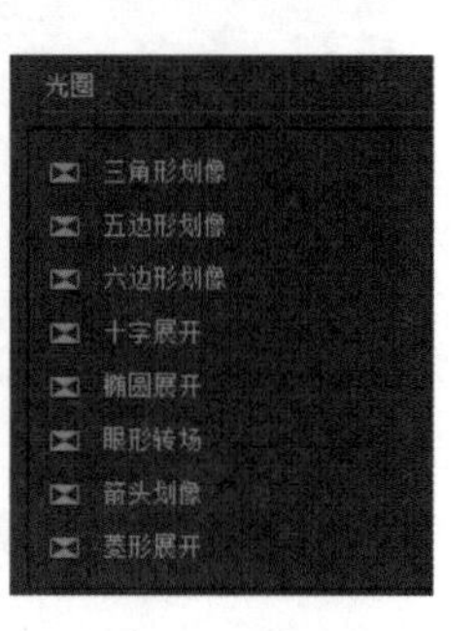

“光圈”转场组

图 8-2 “视频转场”面板中的转场组

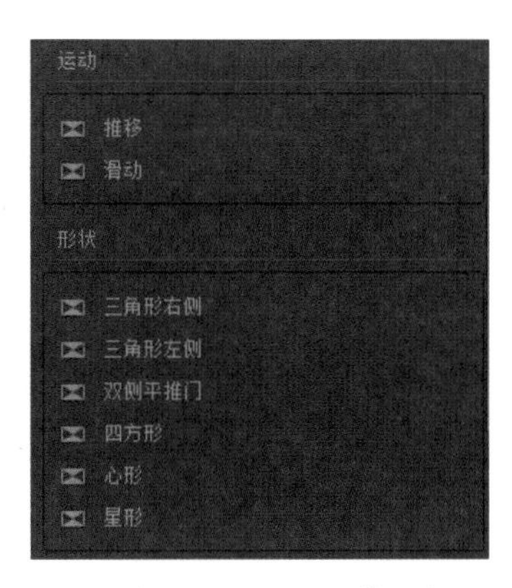

“运动”和“形状”转场组　　　　“划像”转场组

图 8-2　“视频转场”面板中的转场组（续）

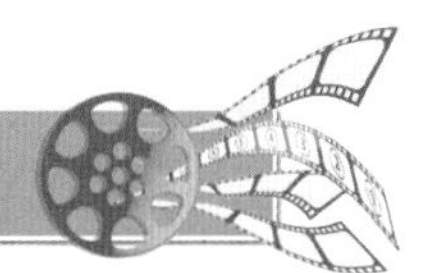

8.2 替换与移动转场效果

本节主要介绍编辑转场效果的操作方法，主要包括替换转场、移动转场、删除转场效果以及添加转场边框等内容。

8.2.1　替换转场：替换需要的转场特效

在 DaVinci Resolve 16 中，如果用户对当前添加的转场效果不满意，可以对转场效果进行替换操作，使素材画面更加符合用户的需求。下面介绍替换转场的操作方法。

	素材文件	素材 \ 第 8 章 \ 桃林景观 .drp
	效果文件	效果 \ 第 8 章 \ 桃林景观 .drp
	视频文件	视频 \ 第 8 章 \8.2.1　替换转场：替换需要的转场特效 .mp4

【操练 + 视频】
——替换转场：替换需要的转场特效

STEP 01 打开一个项目文件，进入“剪辑”步骤面板，如图 8-3 所示。

图 8-3　打开一个项目文件

STEP 02 在预览窗口中，可以查看打开的项目效果，如图 8-4 所示。

图 8-4　查看打开的项目效果

STEP 03 在“剪辑”步骤面板的左上角，单击“特效库”按钮，如图 8-5 所示。

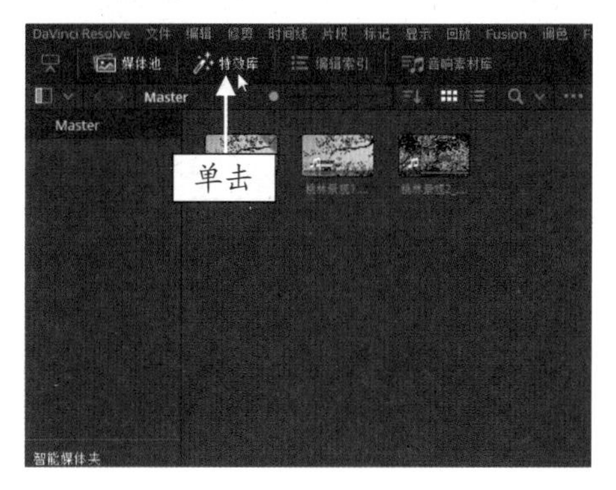

图 8-5　单击“特效库”按钮

STEP 04 在“媒体池”面板下方展开“特效库”面板，单击“工具箱”左侧的下拉按钮，如图 8-6 所示。

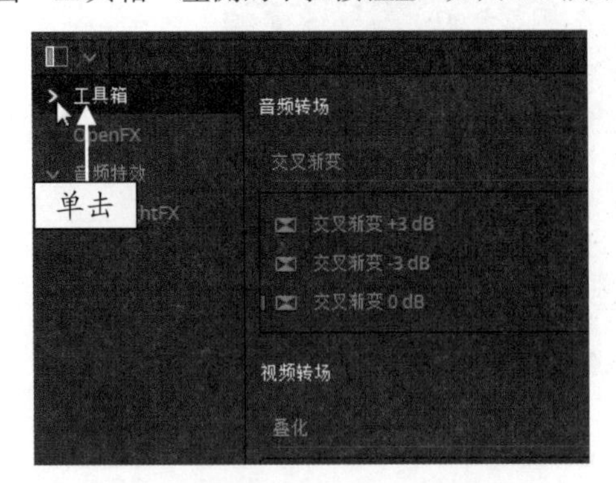

图 8-6 单击“工具箱”下拉按钮

STEP 05 展开“工具箱”选项列表，选择“视频转场”选项，展开“视频转场”选项面板，如图 8-7 所示。

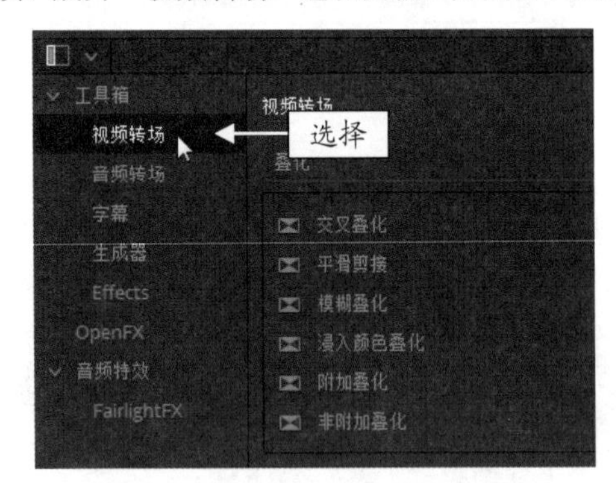

图 8-7 选择“视频转场”选项

STEP 06 在“叠化”转场组中，选择“平滑剪接”转场特效，如图 8-8 所示。

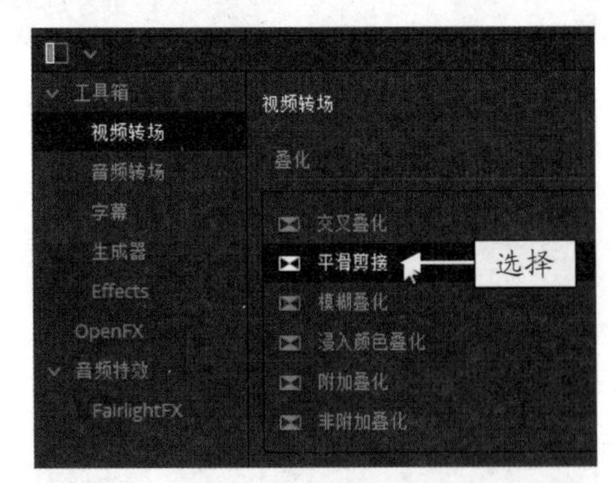

图 8-8 选择“平滑剪接”转场特效

STEP 07 按住鼠标左键，将选择的转场特效拖曳至“时间线”面板的两个视频素材中间，如图 8-9 所示。

STEP 08 释放鼠标左键，即可替换原来的转场，在预览窗口中查看替换后的转场效果，如图 8-10 所示。

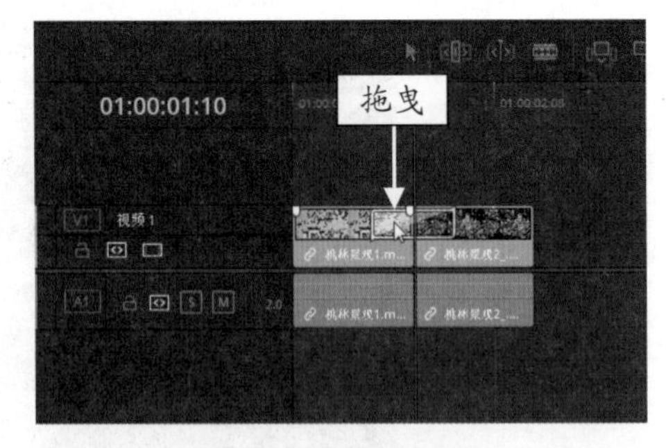

图 8-9 拖曳转场特效

图 8-10 查看替换后的转场效果

8.2.2 移动转场：更改转场效果的位置

在 DaVinci Resolve 16 中，用户可以根据实际需要对转场效果进行移动效果，将转场效果放置在合适的位置上。下面介绍移动转场视频特效的操作方法。

	素材文件	素材 \ 第 8 章 \ 花花草草 .drp
	效果文件	效果 \ 第 8 章 \ 花花草草 .drp
	视频文件	视频 \ 第 8 章 \8.2.2 移动转场：更改转场效果的位置 .mp4

【操练 + 视频】
——移动转场：更改转场效果的位置

STEP 01 打开一个项目文件，进入“剪辑”步骤面板，如图 8-11 所示。

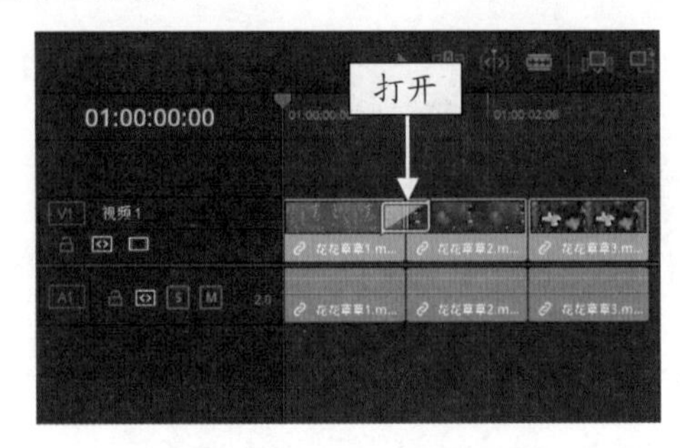

图 8-11 打开一个项目文件

STEP 02 在预览窗口中，可以查看打开的项目效果，如图 8-12 所示。

图 8-12　查看打开的项目效果

STEP 03 在“时间线”面板的 V1 轨道上，选中第 1 段视频和第 2 段视频之间的转场，如图 8-13 所示。

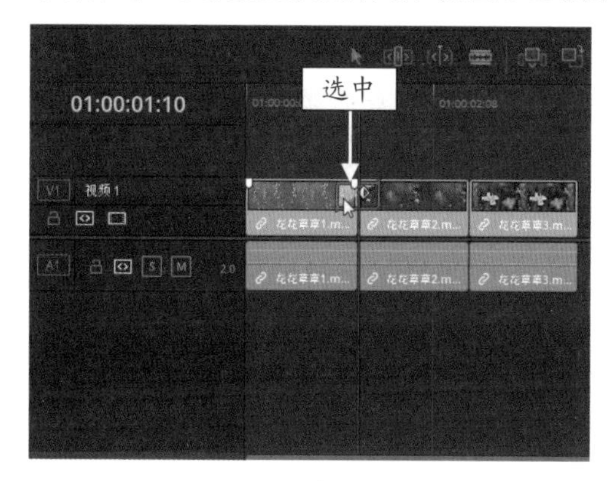

图 8-13　选中转场效果

STEP 04 按住鼠标左键，拖曳转场至第 2 段视频与第 3 段视频之间，如图 8-14 所示。释放鼠标左键，即可移动转场位置。

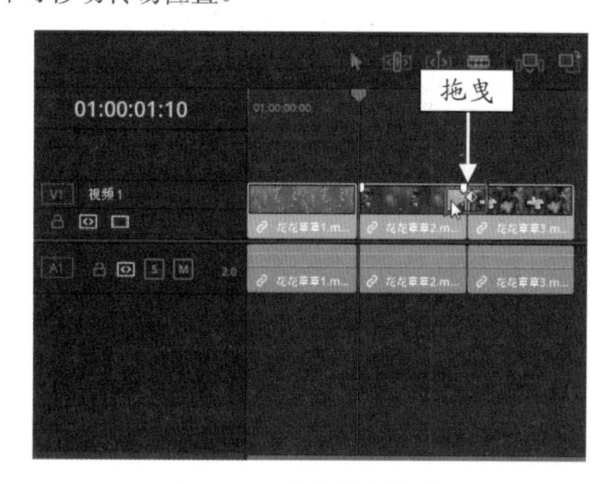

图 8-14　拖曳转场效果

STEP 05 在预览窗口中，查看移动转场位置后的视频效果，如图 8-15 所示。

图 8-15　查看移动转场后的视频效果

8.2.3　删除转场：删除无用的转场特效

在制作视频特效的过程中，如果用户对视频轨中添加的转场效果不满意，此时可以对转场效果进行删除操作。下面介绍删除不需要的转场视频特效的操作方法。

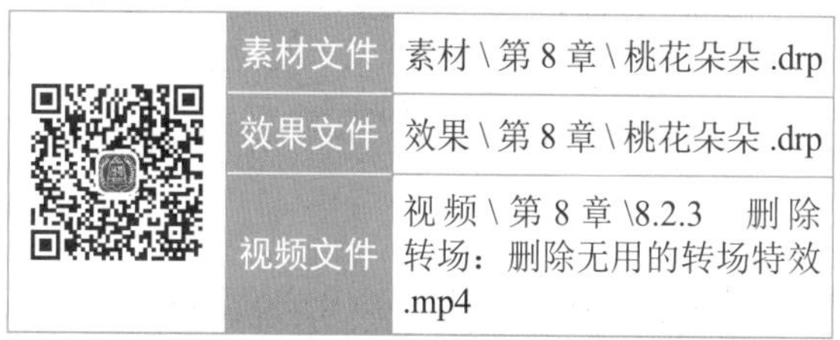

	素材文件	素材 \ 第 8 章 \ 桃花朵朵 .drp
	效果文件	效果 \ 第 8 章 \ 桃花朵朵 .drp
	视频文件	视频 \ 第 8 章 \8.2.3　删除转场：删除无用的转场特效 .mp4

【操练 + 视频】
——删除转场：删除无用的转场特效

STEP 01 打开一个项目文件，进入“剪辑”步骤面板，如图 8-16 所示。

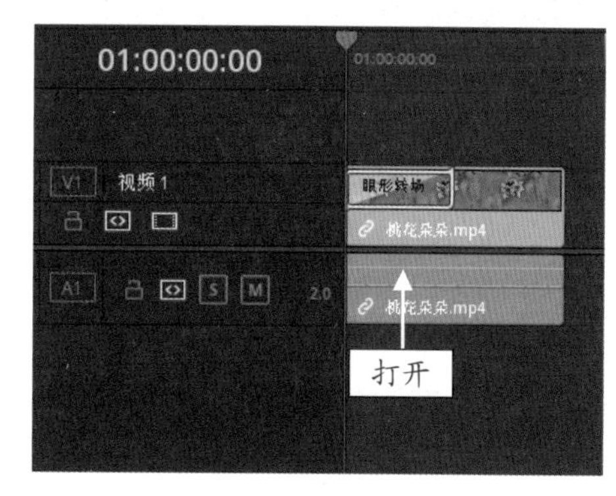

图 8-16　打开一个项目文件

STEP 02 在预览窗口中，可以查看打开的项目效果，如图 8-17 所示。

STEP 03 在“时间线”面板的 V1 轨道上，选中视频素材上的转场效果，如图 8-18 所示。

STEP 04 单击鼠标右键，在弹出的快捷菜单中，选择“删除”命令，如图 8-19 所示。

图 8-17　查看打开的项目效果

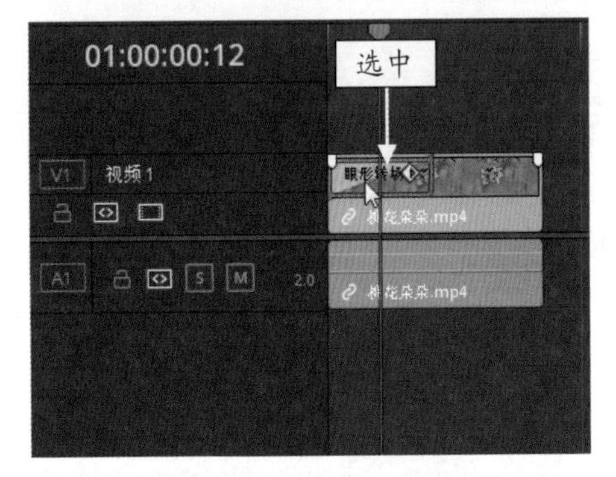

图 8-18　选中视频素材上的转场效果

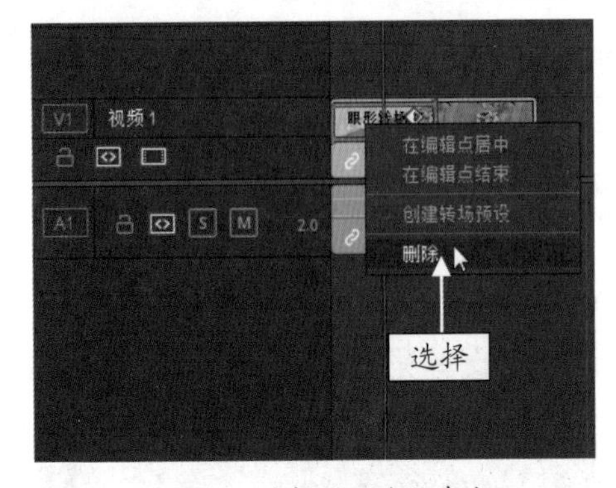

图 8-19　选择“删除”命令

STEP 05 在预览窗口中，查看删除转场后的视频效果，如图 8-20 所示。

图 8-20　查看删除转场后的视频效果

8.2.4　边框效果：为转场添加白色边框

在 DaVinci Resolve 16 中，在素材之间添加转场效果后，可以为转场效果设置相应的边框样式，从而为转场效果锦上添花，加强效果的审美度，下面介绍具体的操作步骤。

	素材文件	素材 \ 第 8 章 \ 美景奇观 .drp
	效果文件	效果 \ 第 8 章 \ 美景奇观 .drp
	视频文件	视频 \ 第 8 章 \8.2.4　边框效果：为转场添加白色边框 .mp4

【操练 + 视频】
——边框效果：为转场添加白色边框

STEP 01 打开一个项目文件，如图 8-21 所示。

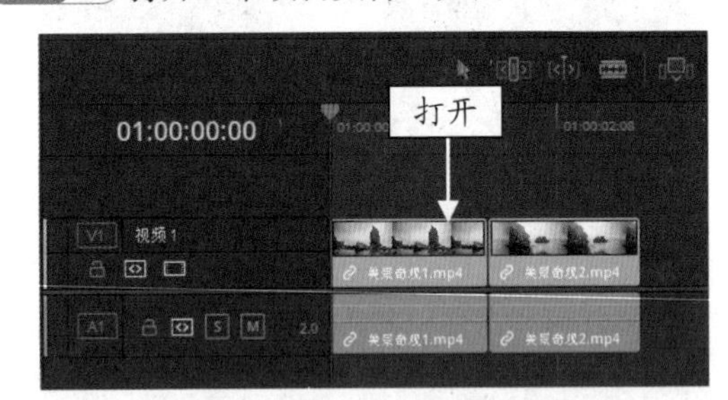

图 8-21　打开一个项目文件

STEP 02 在 V1 轨道上的第 1 个视频素材和第 2 个视频素材中间，添加一个“菱形展开”转场效果，如图 8-22 所示。

图 8-22　添加转场效果

STEP 03 在预览窗口中，可以查看添加的转场效果，如图 8-23 所示。

STEP 04 在“时间线”面板的 V1 轨道上，双击视频素材上的转场效果，如图 8-24 所示。

图 8-23　查看添加的转场效果

图 8-24　双击视频素材上的转场效果

STEP 05 展开“检查器”面板，在“菱形展开”选项面板中，用户可以通过拖曳“边框”滑块或在文本框内输入参数的方式，设置“边框”参数为 20.000，如图 8-25 所示。

STEP 06 在预览窗口中，查看为转场添加边框后的视频效果，如图 8-26 所示。

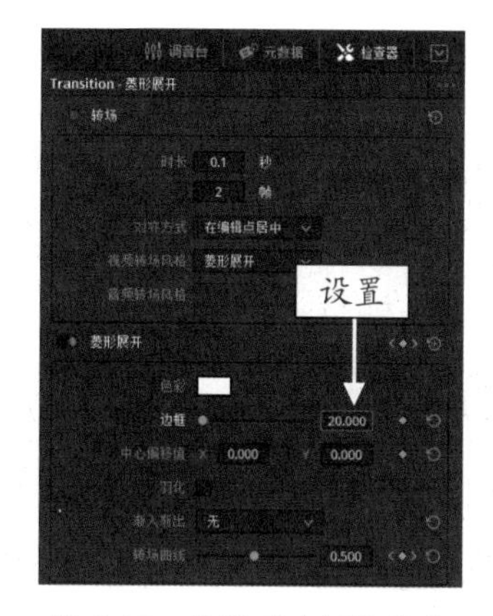

图 8-25　设置“边框”参数

图 8-26　查看为转场添加边框后的视频效果

> **专家指点**
>
> 用户还可以在“菱形展开”选项面板中，单击“色彩”右侧的色块，设置转场效果的边框颜色。

8.3 制作视频转场画面特效

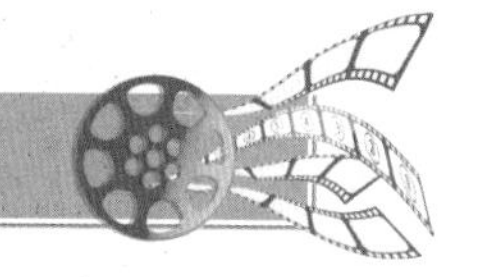

在 DaVinci Resolve 16 中，提供了多种转场效果，某些转场效果独具特色，可以为视频添加非凡的视觉体验。本节主要介绍转场效果的精彩应用。

8.3.1 光圈转场：制作椭圆展开转场特效

在 DaVinci Resolve 16 中，“光圈”转场组中共有 8 个转场效果，应用其中的“椭圆展开”转场特效，可以从素材 A 画面中心以圆形光圈过渡展开显示素材 B。下面介绍制作圆形光圈转场效果的操作方法。

	素材文件	素材 \ 第 8 章 \ 美丽小屋 .drp
	效果文件	效果 \ 第 8 章 \ 美丽小屋 .drp
	视频文件	视频 \ 第 8 章 \8.3.1　光圈转场：制作椭圆展开转场特效 .mp4

【操练 + 视频】
——光圈转场：制作椭圆展开转场特效

STEP 01 打开一个项目文件，进入“剪辑”步骤面板，如图 8-27 所示。

STEP 02 在“视频转场”|“光圈”选项面板中，选择“椭圆展开”转场，如图 8-28 所示。

STEP 03 按住鼠标左键，将选择的转场拖曳至视频轨中的两个素材之间，如图 8-29 所示。

STEP 04 释放鼠标左键即可添加“椭圆展开”转场特效，双击转场特效，展开“检查器”面板，在“椭圆展开”选项面板中，设置“边框”参数为

20.000，如图 8-30 所示。

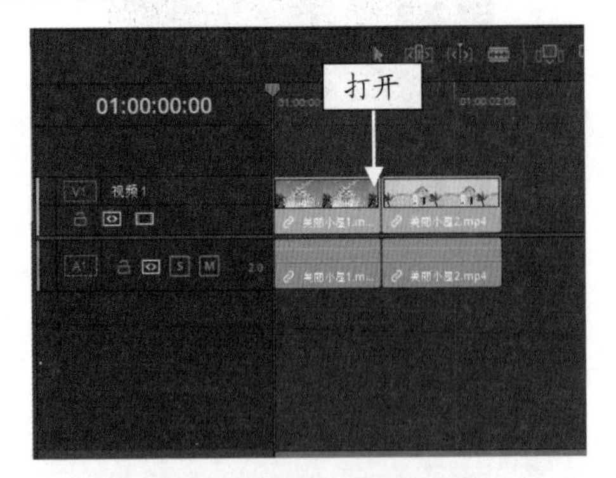

图 8-27 打开一个项目文件

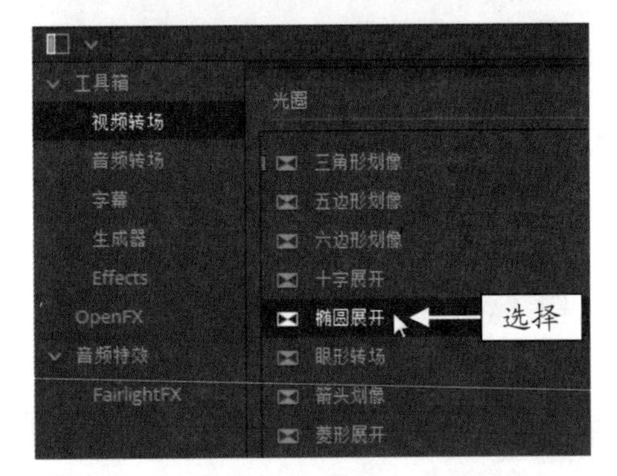

图 8-28 选择“椭圆展开”转场特效

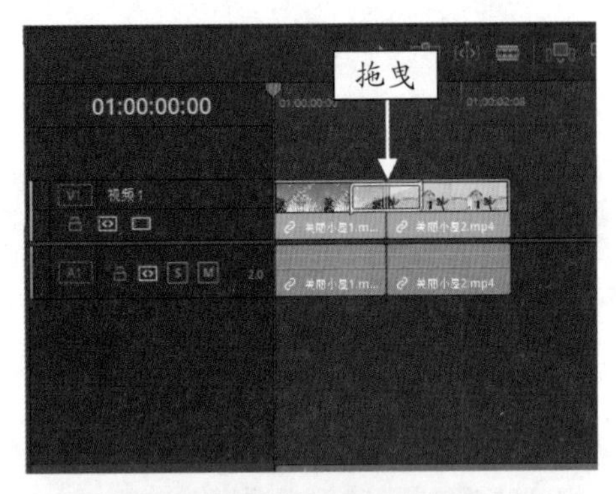

图 8-29 拖曳转场特效

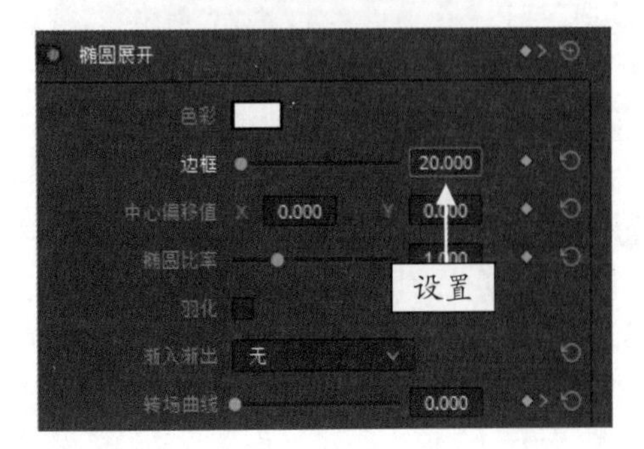

图 8-30 设置“边框”参数

> **专家指点**
>
> 选中“边框”文本框，按住鼠标左键上下拖曳，也可以增加或减少“边框”参数。

STEP 05 单击“色彩”右侧的色块，弹出“选择颜色”对话框，在“基本颜色”选项区中选择最后一排第 5 个色块，如图 8-31 所示。

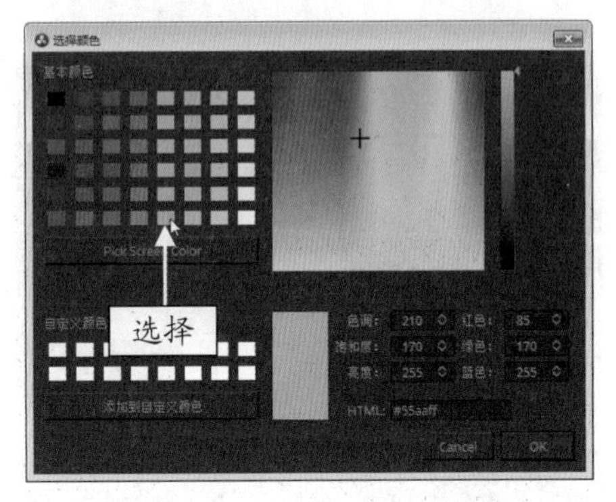

图 8-31 选择最后一排第 5 个色块

STEP 06 单击 OK 按钮，即可为边框设置颜色，在预览窗口中，可以查看制作的视频效果，如图 8-32 所示。

图 8-32 查看制作的视频效果

8.3.2 划像转场：制作百叶窗转场特效

在 DaVinci Resolve 16 中，“百叶窗划像”转场效果是“划像”转场类型中最常用的一种，是指素材以百叶窗翻转的方式进行过渡。下面介绍制作百叶窗转场效果的操作方法。

	素材文件	素材 \ 第 8 章 \ 城市傍晚 .drp
	效果文件	效果 \ 第 8 章 \ 城市傍晚 .drp
	视频文件	视频 \ 第 8 章 \8.3.2 划像转场：制作百叶窗转场特效 .mp4

【操练 + 视频】
——划像转场：制作百叶窗转场特效

STEP 01 打开一个项目文件，进入“剪辑”步骤面板，如图 8-33 所示。

图 8-33　打开一个项目文件

STEP 02 在“视频转场”|“划像”选项面板中，选择“百叶窗划像”转场，如图 8-34 所示。

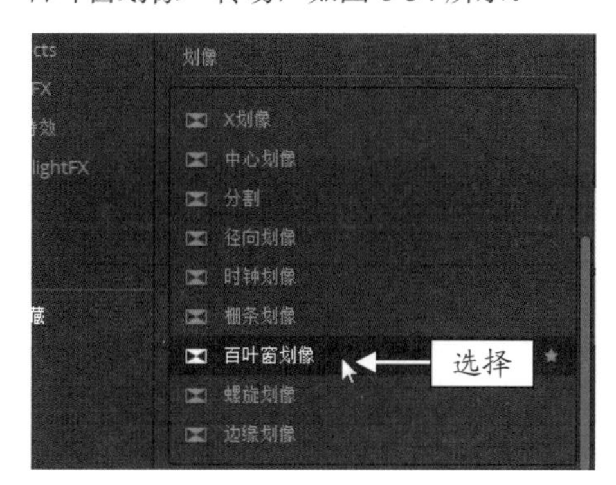

图 8-34　选择“百叶窗划像”转场特效

STEP 03 按住鼠标左键，将选择的转场拖曳至视频轨中的素材末端，如图 8-35 所示。

图 8-35　拖曳转场特效

STEP 04 释放鼠标左键，即可添加“百叶窗划像”转场特效，选择添加的转场，将鼠标移至转场左边的边缘线上，当光标呈左右双向箭头形状时，按住鼠标左键并向左拖曳，至合适位置处释放鼠标左键，即可增加转场时长，如图 8-36 所示。

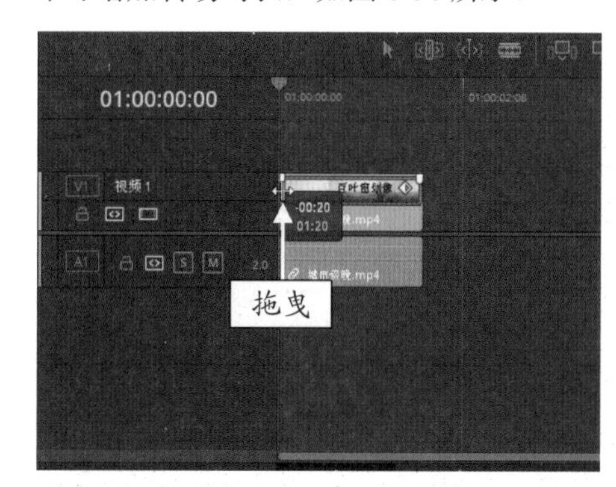

图 8-36　增加转场时长

STEP 05 在预览窗口中，可以查看制作的视频效果，如图 8-37 所示。

图 8-37　查看制作的视频效果

8.3.3　叠化转场：制作交叉叠化转场特效

在 DaVinci Resolve 16 中，“交叉叠化”转场效果是以素材 A 的透明度由 100% 转变到 0%，素材 B 的透明度由 0% 转变到 100% 的一个过程。下面介绍制作交叉叠化转场效果的操作方法。

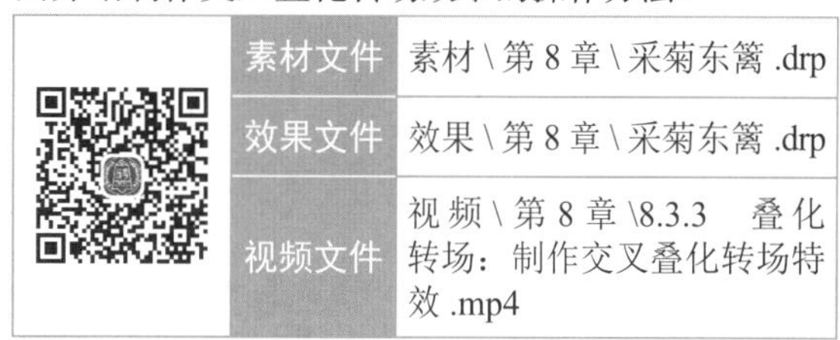

素材文件	素材 \ 第 8 章 \ 采菊东篱 .drp
效果文件	效果 \ 第 8 章 \ 采菊东篱 .drp
视频文件	视频 \ 第 8 章 \8.3.3　叠化转场：制作交叉叠化转场特效 .mp4

【操练 + 视频】
——叠化转场：制作交叉叠化转场特效

STEP 01 打开一个项目文件，进入“剪辑”步骤面板，如图 8-38 所示。

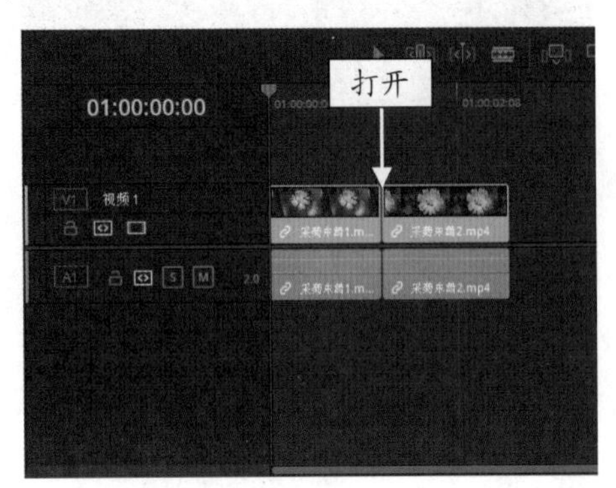

图 8-38 打开一个项目文件

STEP 02 在“视频转场”|“叠化”选项面板中，选择“交叉叠化”转场，如图 8-39 所示。

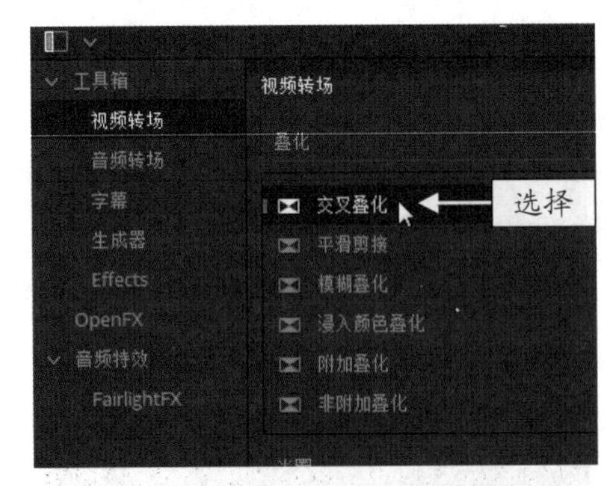

图 8-39 选择“交叉叠化”转场特效

STEP 03 按住鼠标左键，将选择的转场拖曳至视频轨中的两个素材之间，如图 8-40 所示。

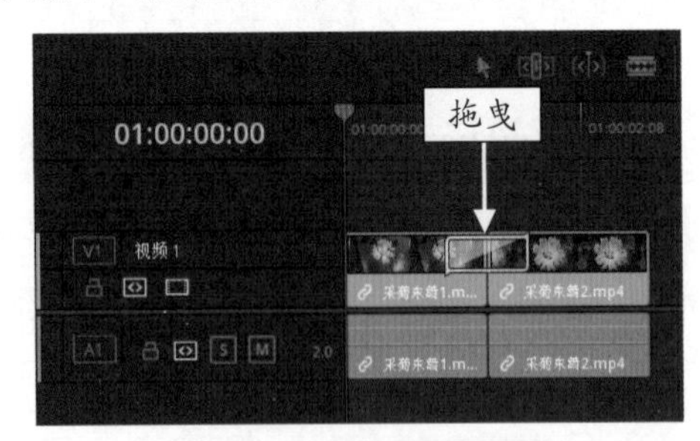

图 8-40 拖曳转场特效

STEP 04 释放鼠标左键即可添加“交叉叠化”转场特效，在预览窗口中，可以查看制作的视频效果，如图 8-41 所示。

图 8-41 查看制作的视频效果

> **专家指点**
>
> 在 DaVinci Resolve 16 中，为两个视频素材添加转场特效时，视频素材需要经过剪辑才能应用转场，否则转场只能添加到素材的开始位置处或结束位置处，不能置放在两个素材的中间。

8.3.4 运动转场：制作单向滑动转场特效

在 DaVinci Resolve 16 中，应用“运动”转场组中的“滑动”转场效果，即可制作单向滑动视频效果。下面介绍应用“滑动”转场的操作方法，大家可以学以致用，将其合理地应用至影片文件中。

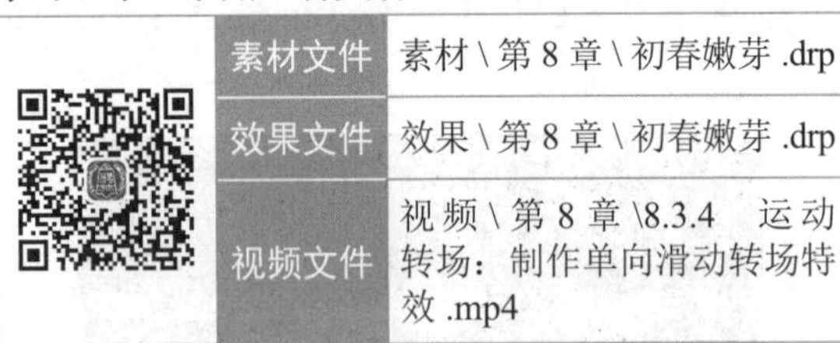

	素材文件	素材 \ 第 8 章 \ 初春嫩芽 .drp
	效果文件	效果 \ 第 8 章 \ 初春嫩芽 .drp
	视频文件	视频 \ 第 8 章 \8.3.4 运动转场：制作单向滑动转场特效 .mp4

【操练 + 视频】
——运动转场：制作单向滑动转场特效

STEP 01 打开一个项目文件，进入“剪辑”步骤面板，如图 8-42 所示。

STEP 02 在“视频转场”|“运动”选项面板中，选择“滑动”转场，如图 8-43 所示。

STEP 03 按住鼠标左键，将选择的转场拖曳至视频轨中的两个素材之间，如图 8-44 所示。

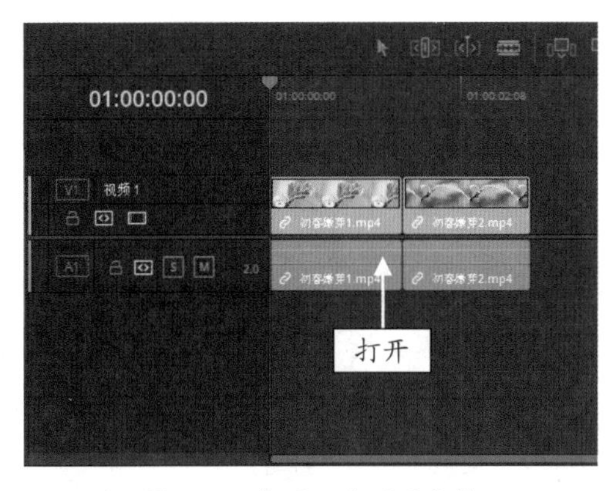

图 8-42　打开一个项目文件

图 8-43　选择“滑动”转场特效

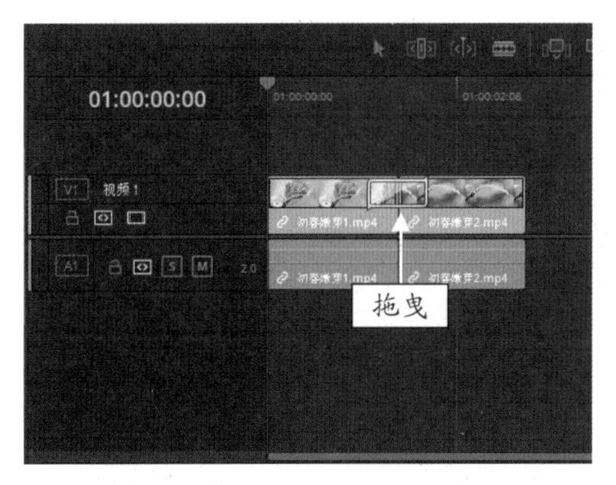

图 8-44　拖曳转场特效

STEP 04 释放鼠标左键即可添加“滑动”转场特效，双击转场特效，展开“检查器”面板，在“滑动”选项面板中，单击“预设”下拉按钮，在弹出的列表框中，选择“滑动，从右往左”选项，如图 8-45 所示。执行操作后，即可使素材 A 从右往左滑动过渡显示素材 B。

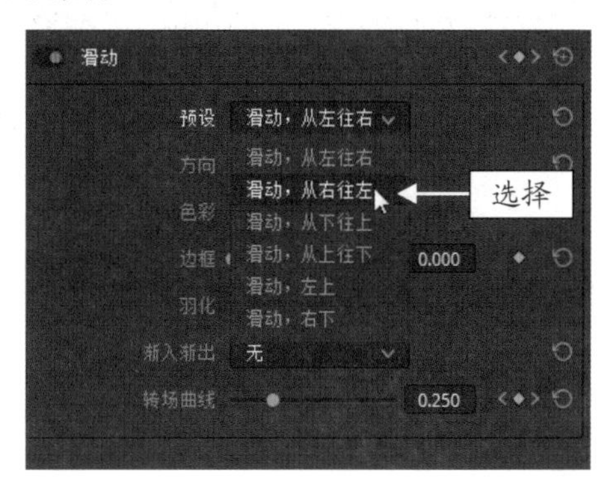

图 8-45　选择相应选项

STEP 05 在预览窗口中，可以查看制作的视频效果，如图 8-46 所示。

图 8-46　查看制作的视频效果

第9章

章前知识导读

标题字幕在视频编辑中是不可缺少的，它是影片中的重要组成部分。在影片中加入一些说明性的文字，能够有效地帮助观众理解影片的含义。本章主要介绍制作视频标题字幕特效的各种方法，帮助大家轻松制作出各种精美的标题字幕效果。

新手重点索引

- 设置标题字幕属性
- 制作动态标题字幕特效

效果图片欣赏

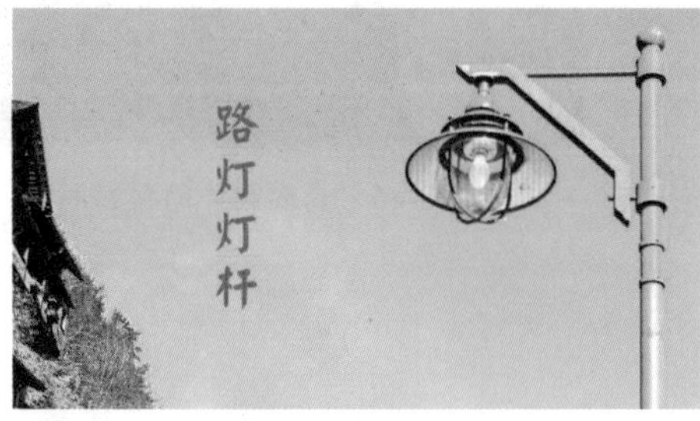

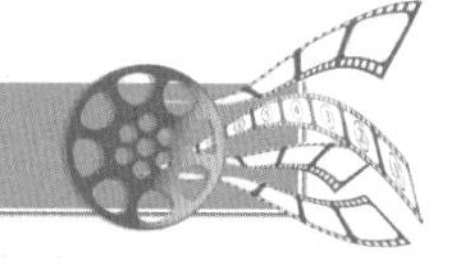

9.1 设置标题字幕属性

字幕制作在视频编辑中是一种重要的艺术手段，好的标题字幕不仅可以传达画面以外的信息，还可以增强影片的艺术效果。DaVinci Resolve 16 提供了便捷的字幕编辑功能，可以使用户在短时间内制作出专业的标题字幕。为了让字幕的整体效果更加具有吸引力和感染力，因此需要用户对字幕属性进行精心调整才能够获得。本节将介绍字幕属性的作用与调整的技巧。

9.1.1 添加标题：为视频添加标题字幕

在 DaVinci Resolve 16 中，标题字幕有两种添加方式，一种是通过“特效库”|“字幕”选项卡进行添加，一种是在“时间线”面板的字幕轨道上添加。下面介绍为视频添加标题字幕的操作方法。

	素材文件	素材 \ 第 9 章 \ 山水之美 .drp
	效果文件	效果 \ 第 9 章 \ 山水之美 .drp
	视频文件	视频 \ 第 9 章 \9.1.1 添加标题：为视频添加标题字幕 .mp4

【操练 + 视频】
——添加标题：为视频添加标题字幕

STEP 01 打开一个项目文件，进入“剪辑”步骤面板，如图 9-1 所示。

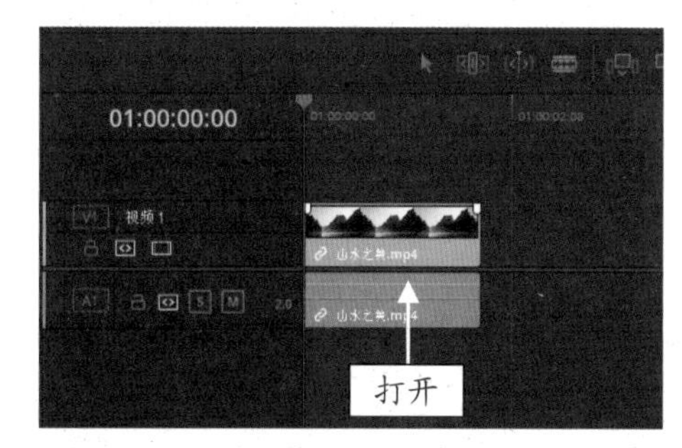

图 9-1　打开一个项目文件

STEP 02 在预览窗口中，可以查看打开的项目效果，如图 9-2 所示。

图 9-2　查看打开的项目效果

STEP 03 在“剪辑”步骤面板的左上角，单击“特效库”按钮，如图 9-3 所示。

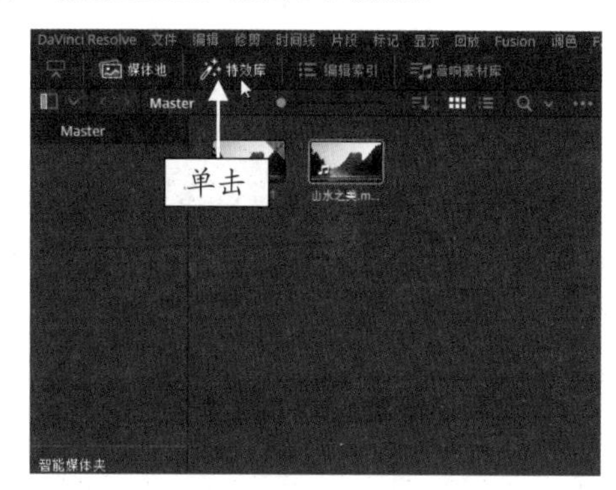

图 9-3　单击“特效库”按钮

STEP 04 在“媒体池”面板下方展开“特效库”面板，单击“工具箱”下拉按钮，展开选项列表，选择“字幕”选项，展开“字幕”选项面板，如图 9-4 所示。

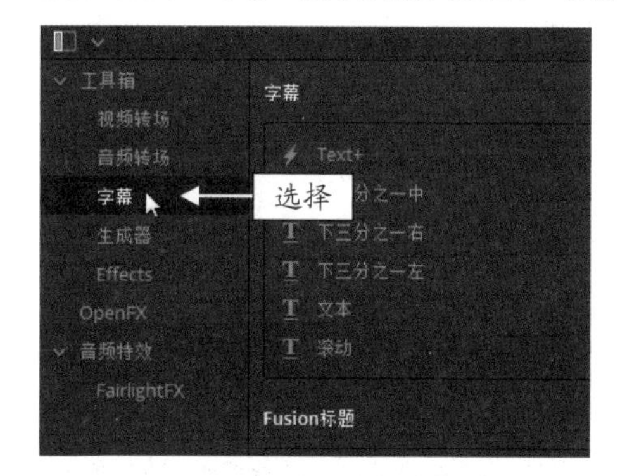

图 9-4　选择“字幕”选项

STEP 05 在选项面板的“字幕”选项区中，选择“文本”选项，如图 9-5 所示。

STEP 06 按住鼠标左键将“文本”字幕样式拖曳至 V1 轨道上方，“时间线”面板会自动添加一条 V2 轨道，在合适位置处释放鼠标左键，即可在 V2 轨道上添加一个标题字幕文件，如图 9-6 所示。

STEP 07 在预览窗口中，可以查看添加的字幕文件，如图 9-7 所示。

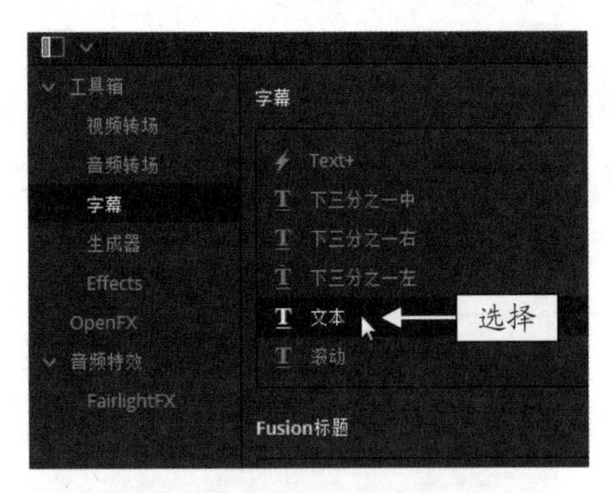

图 9-5 选择“文本”选项

图 9-6 在 V2 轨道上添加一个字幕文件

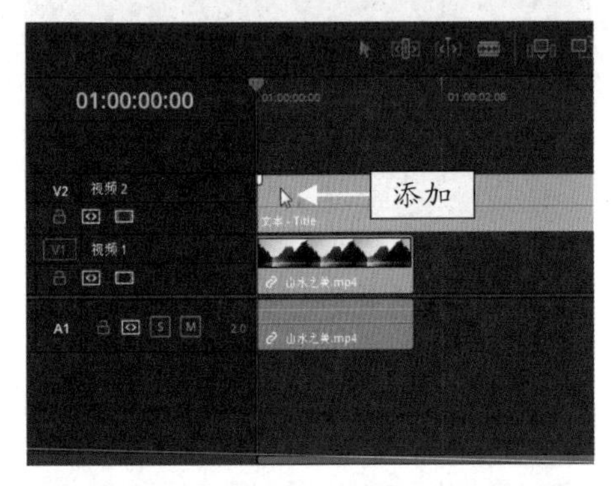

图 9-7 查看添加的字幕文件

STEP 08 双击添加的“文本”字幕，展开“检查器”|“文本”选项卡，如图 9-8 所示。

图 9-8 展开“文本”选项卡

STEP 09 在“多信息文本”下方的编辑框中输入文字“游览”，如图 9-9 所示。

图 9-9 输入文字内容

STEP 10 在面板下方，设置“位置”X 值为 1075.000，如图 9-10 所示。

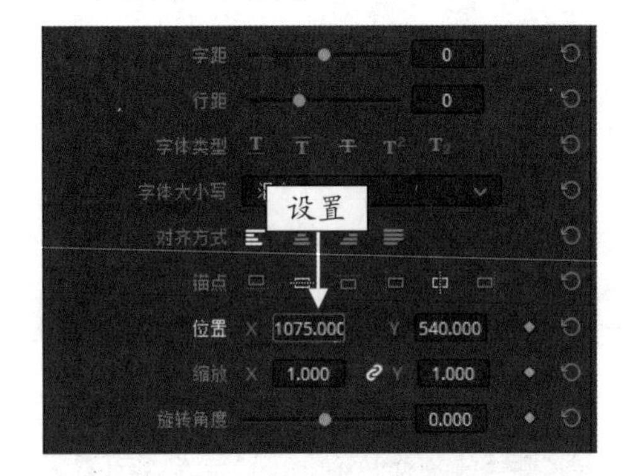

图 9-10 设置“位置”X 值参数

STEP 11 然后在“时间线”面板的空白位置处，单击鼠标右键，在弹出的快捷菜单中，选择“添加字幕轨道”命令，如图 9-11 所示。

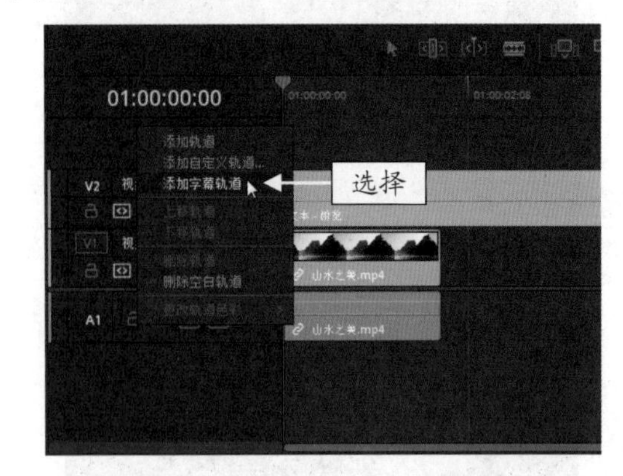

图 9-11 选择“添加字幕轨道”命令

STEP 12 执行操作后，即可在“时间线”面板中添加一条字幕轨道，在字幕轨道的空白位置处，单击鼠标右键，在弹出的快捷菜单中，选择“添加字幕”命令，如图 9-12 所示。

图 9-12　选择“添加字幕”命令

STEP 13 在字幕轨道中即可添加一个字幕文件，如图 9-13 所示。

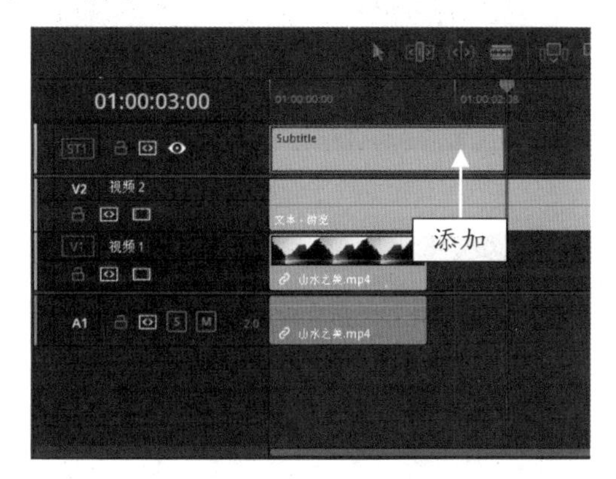

图 9-13　添加一个字幕文件

STEP 14 在预览窗口中，可以查看添加第 2 个字幕文件的效果，如图 9-14 所示。

图 9-14　查看添加第 2 个字幕文件的效果

STEP 15 切换至“检查器”|“字幕”选项卡，如图 9-15 所示。

STEP 16 在下方的编辑框中，输入文字内容“山水风光”，如图 9-16 所示。

图 9-15　切换至“字幕”选项卡

图 9-16　再次输入文字内容

专家指点

在“使用轨道风格”下方，单击“添加”按钮，即可添加一个新的标题字幕文件，并将前一个标题文件覆盖掉。

STEP 17 在文本框下方，取消勾选“使用轨道风格”复选框，如图 9-17 所示。

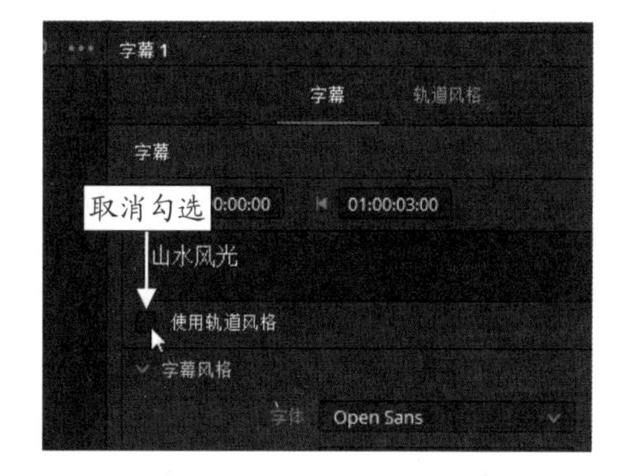

图 9-17　取消勾选相应复选框

STEP 18 展开“字幕风格”选项区，在下方设置“位置”的 X 值为 1190.000、Y 值为 390.000，如图 9-18 所示。

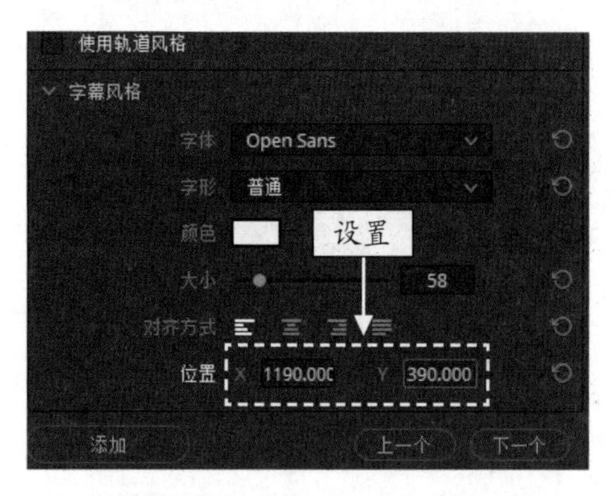

图 9-18 设置“位置”参数

STEP 19 执行上述操作后，在预览窗口查看制作的视频标题特效，如图 9-19 所示。

图 9-19 查看制作的视频标题特效

9.1.2 设置区间：更改标题的区间长度

在 DaVinci Resolve 16 中，当用户在轨道面板中添加相应的标题字幕后，可以调整标题的时间长度，以控制标题文本的播放时间。下面介绍调整字幕时间长度的方法。

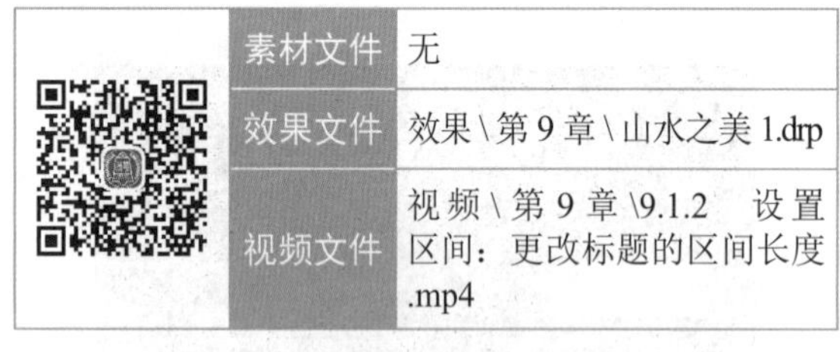	素材文件	无
	效果文件	效果 \ 第 9 章 \ 山水之美 1.drp
	视频文件	视频 \ 第 9 章 \9.1.2 设置区间：更改标题的区间长度.mp4

【操练 + 视频】
——设置区间：更改标题的区间长度

STEP 01 打开上一例中的效果文件，如图 9-20 所示。

STEP 02 选中 V2 轨道中的字幕文件，将鼠标移至字幕文件的末端，按住鼠标左键并向左拖曳，至合适位置后释放鼠标左键，即可调整字幕区间时长，如图 9-21 所示。

STEP 03 双击字幕轨道中的字幕文件，切换至“检查器”|“字幕”选项卡，选中第 2 个时长文本框，如图 9-22 所示。

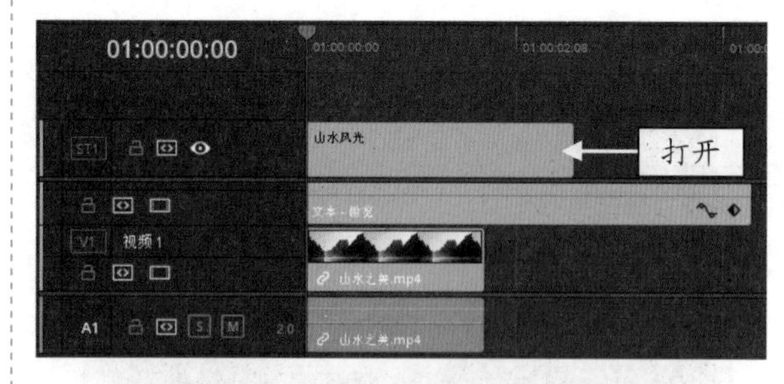

图 9-20 打开上一例中的效果文件

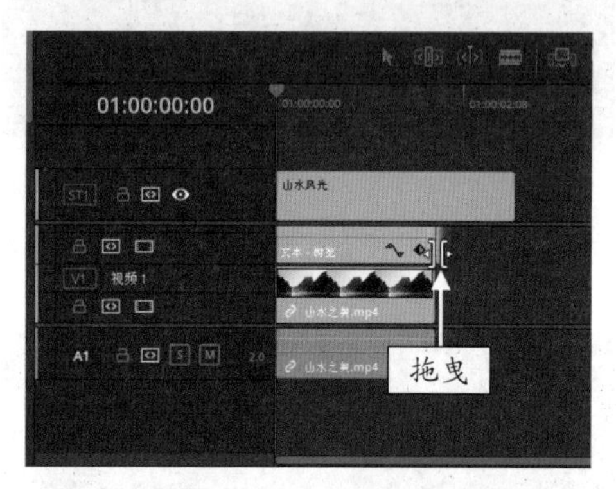

图 9-21 向左拖曳

图 9-22 选中第 2 个时长文本框

STEP 04 修改字幕时长为 01:00:02:00，如图 9-23 所示。

图 9-23 修改字幕时长

STEP 05 执行操作后，在“时间线”面板中，即可查看更改时长后标题字幕的区间长度，如图 9-24 所示。

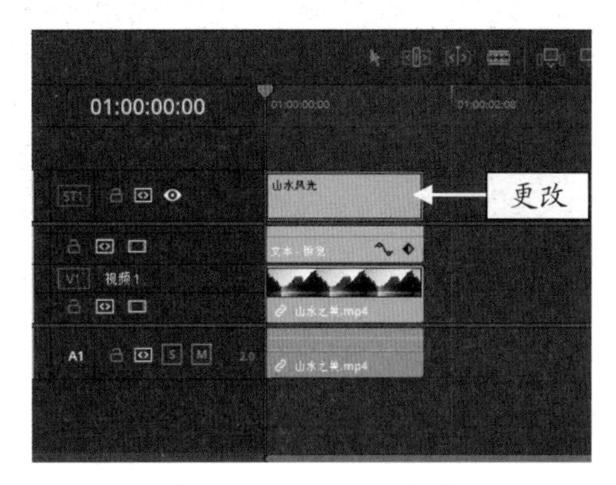

图 9-24　查看更改时长后标题字幕的区间长度

9.1.3　设置字体：更改标题字幕的字体

在 DaVinci Resolve 16 中，提供了多种字体，让用户能够制作出贴合心意的影视文件。下面介绍更改标题字幕字体类型的操作方法。

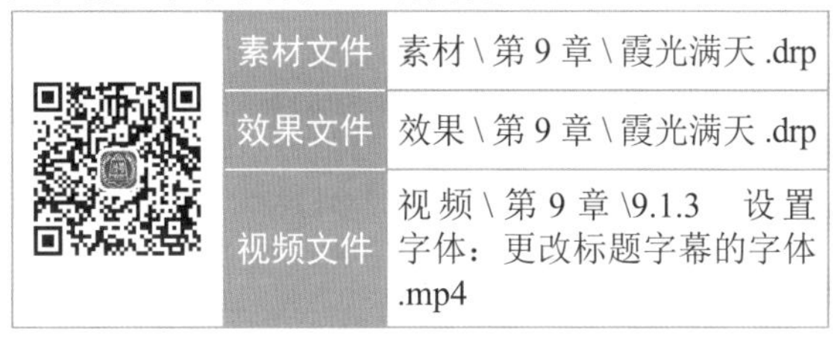

	素材文件	素材 \ 第 9 章 \ 霞光满天 .drp
	效果文件	效果 \ 第 9 章 \ 霞光满天 .drp
	视频文件	视频 \ 第 9 章 \9.1.3　设置字体：更改标题字幕的字体 .mp4

【操练 + 视频】
——设置字体：更改标题字幕的字体

STEP 01 打开一个项目文件，进入“剪辑”步骤面板，如图 9-25 所示。

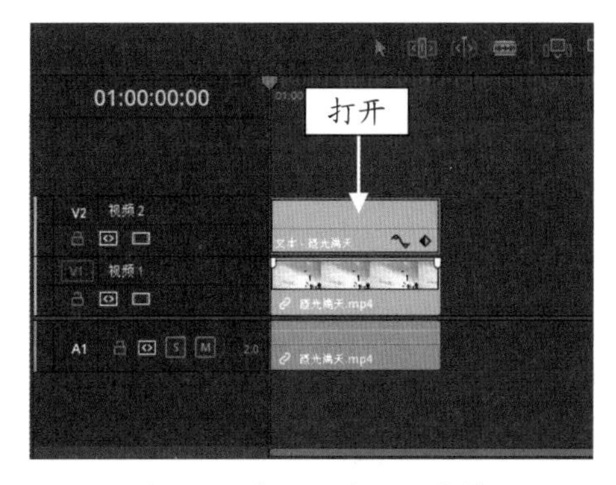

图 9-25　打开一个项目文件

STEP 02 在预览窗口中，可以查看打开的项目文件的效果，如图 9-26 所示。

图 9-26　查看打开的项目文件的效果

STEP 03 双击 V2 轨道中的字幕文件，展开“检查器”|“文本”选项卡，单击“字体”右侧的下拉按钮，选择“楷体”选项，如图 9-27 所示。

图 9-27　选择“楷体”选项

STEP 04 执行操作后即可更改标题字幕的字体，在预览窗口中查看更改的字幕效果，如图 9-28 所示。

图 9-28　查看更改的字幕效果

专家指点

DaVinci Resolve 16 软件中所使用的字体，本身只是 Windows 系统的一部分，在 DaVinci Resolve 16 中可以使用的字体类型取决于用户在 Windows 系统中安装的字体，如果要在 DaVinci Resolve 16 中使用更多的字体，就需要在系统中添加字体。

9.1.4 设置大小：更改标题的字号大小

字号是指文本的大小，不同的字体大小对视频的美观程度有一定的影响。下面介绍在 DaVinci Resolve 16 中设置文本字号大小的操作方法。

	素材文件	素材 \ 第 9 章 \ 天空蔚蓝 .drp
	效果文件	效果 \ 第 9 章 \ 天空蔚蓝 .drp
	视频文件	视频 \ 第 9 章 \9.1.4 设置大小：更改标题的字号大小 .mp4

【操练 + 视频】
——设置大小：更改标题的字号大小

STEP 01 打开一个项目文件，如图 9-29 所示。

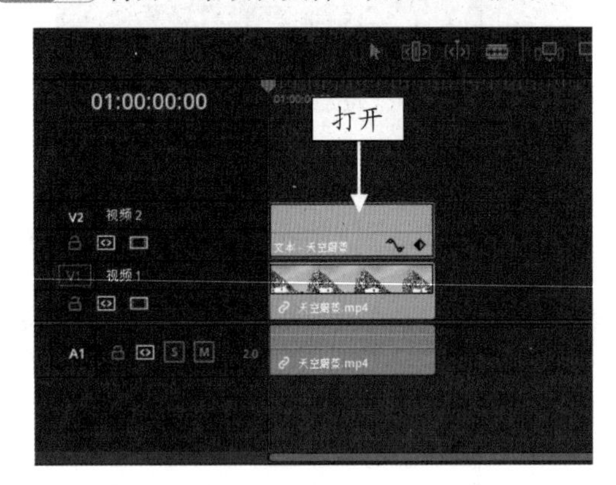

图 9-29 打开一个项目文件

STEP 02 在预览窗口中，可以查看打开的项目效果，如图 9-30 所示。

图 9-30 查看打开的项目效果

STEP 03 双击 V2 轨道中的字幕文件，展开“检查器”|“文本”选项卡，设置“大小”参数为 200，如图 9-31 所示。

STEP 04 执行操作后即可更改标题字幕的字体大小，在预览窗口中查看更改的字幕效果，如图 9-32 所示。

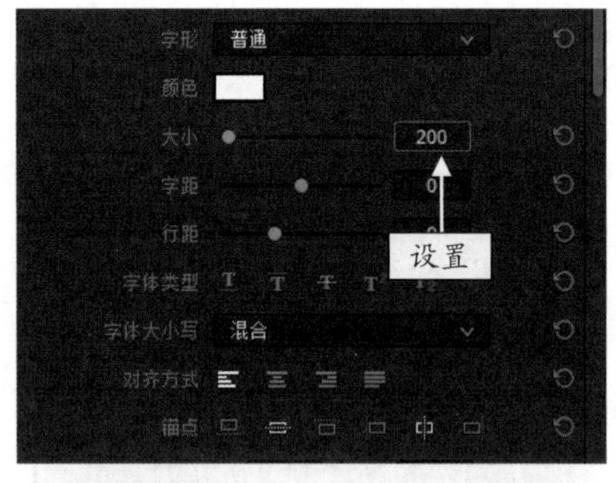

图 9-31 设置“大小”参数

图 9-32 查看更改的字幕效果

专家指点

当标题字幕的间距比较小时，用户可以通过拖曳“字距”右侧的滑块或在“字距”右侧的文本框中输入参数来调整标题字幕字与字之间的距离。

9.1.5 设置颜色：更改标题字幕的颜色

在 DaVinci Resolve 16 中，用户可根据素材与标题字幕的匹配程度，更改标题字体的颜色效果，给字体添加相匹配的颜色，可以让制作的影片更加具有观赏性。下面介绍在 DaVinci Resolve 16 中更改标题字幕颜色的操作方法。

	素材文件	素材 \ 第 9 章 \ 路灯灯杆 .drp
	效果文件	效果 \ 第 9 章 \ 路灯灯杆 .drp
	视频文件	视频 \ 第 9 章 \9.1.5 设置颜色：更改标题字幕的颜色 .mp4

【操练 + 视频】
——设置颜色：更改标题字幕的颜色

STEP 01 打开一个项目文件，如图 9-33 所示。

图 9-33　打开一个项目文件

STEP 02 在预览窗口中，可以查看打开的项目效果，如图 9-34 所示。

图 9-34　查看打开的项目效果

STEP 03 双击 V2 轨道中的字幕文件，展开“检查器”|“文本”选项卡，单击“颜色”右侧的色块，如图 9-35 所示。

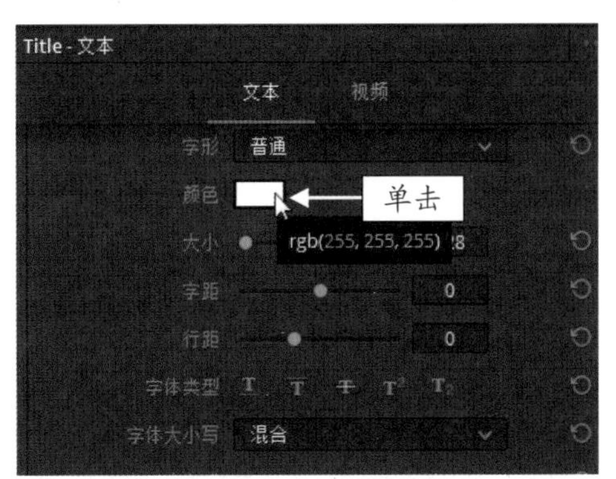

图 9-35　单击“颜色”色块

STEP 04 弹出“选择颜色”对话框，在“基本颜色”选项区中，选择第 3 排第 4 个颜色色块，如图 9-36 所示，单击 OK 按钮，返回“文本”选项卡。

STEP 05 更改标题字幕的字体颜色后，在预览窗口中可以查看更改的字幕效果，如图 9-37 所示。

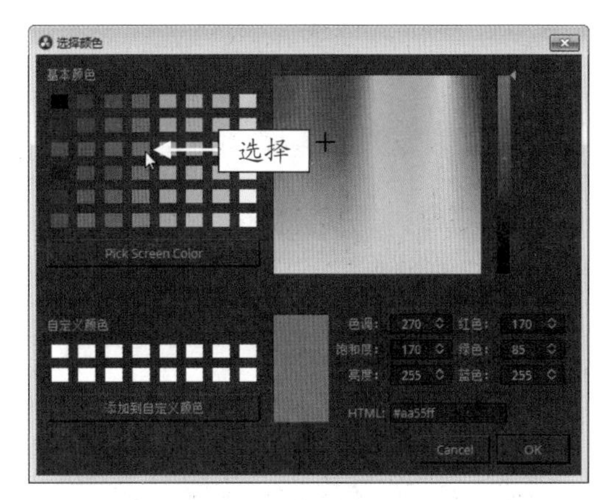

图 9-36　选择相应颜色色块

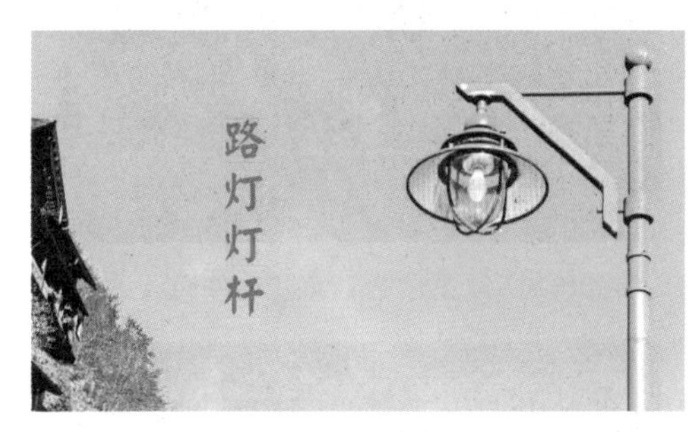

图 9-37　查看更改的字幕效果

9.1.6　设置描边：为标题字幕添加边框

在 DaVinci Resolve 16 中，为了使标题字幕样式丰富多彩，用户可以为标题字幕设置描边效果。下面介绍为标题字幕设置描边的操作方法。

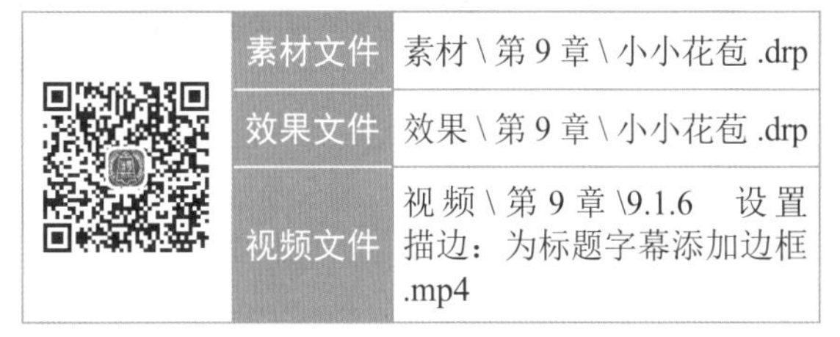

	素材文件	素材 \ 第 9 章 \ 小小花苞 .drp
	效果文件	效果 \ 第 9 章 \ 小小花苞 .drp
	视频文件	视频 \ 第 9 章 \9.1.6　设置描边：为标题字幕添加边框 .mp4

【操练 + 视频】
——设置描边：为标题字幕添加边框

STEP 01 打开一个项目文件，如图 9-38 所示。

STEP 02 在预览窗口中，可以查看打开的项目文件的效果，如图 9-39 所示。

STEP 03 双击 V2 轨道中的字幕文件，展开“检查器”|“文本”选项卡，在“描边”选项区中，单击“色彩”色块，如图 9-40 所示。

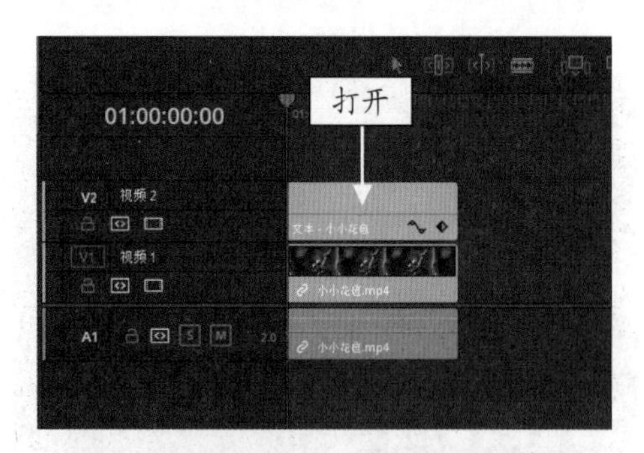

图 9-38　打开一个项目文件

图 9-39　查看打开的项目文件的效果

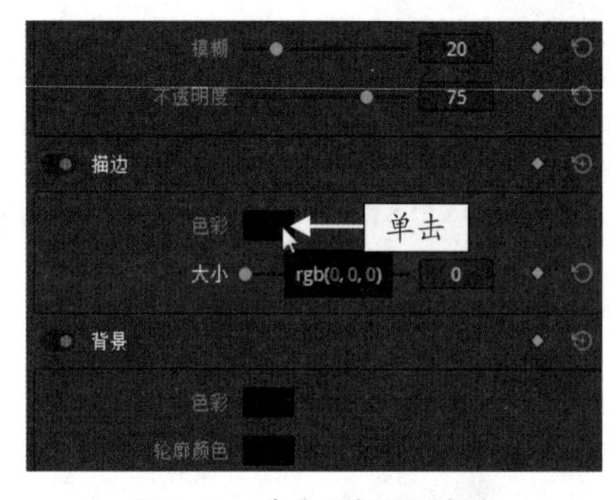

图 9-40　单击“色彩”色块

STEP 04 弹出“选择颜色”对话框，在“基本颜色”选项区中，选择白色色块（最后一排的最后一个色块），如图 9-41 所示。

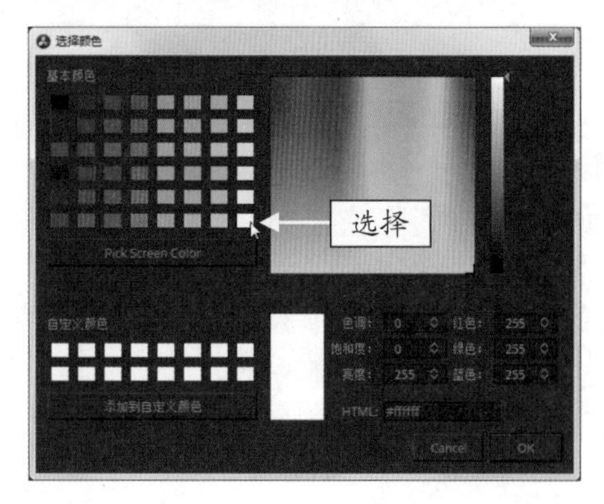

图 9-41　选择白色色块

> **专家指点**
>
> 打开“选择颜色”对话框，用户可以通过 4 种方式应用色彩色块。
>
> - 第一种是在“基本颜色”选项区中选择需要的色块；
> - 第二种是在右侧的色彩选取框中选取颜色；
> - 第三种是在“自定义颜色”选项区中添加用户常用的或喜欢的颜色，然后选择需要的颜色色块即可；
> - 第四种是通过修改“红色”“绿色”“蓝色”等参数值来定义颜色色域。

STEP 05 单击 OK 按钮，返回“文本”选项卡，在“描边”选项区中，按住鼠标左键拖曳“大小”右侧的滑块，直至参数显示为 5，释放鼠标左键，如图 9-42 所示。

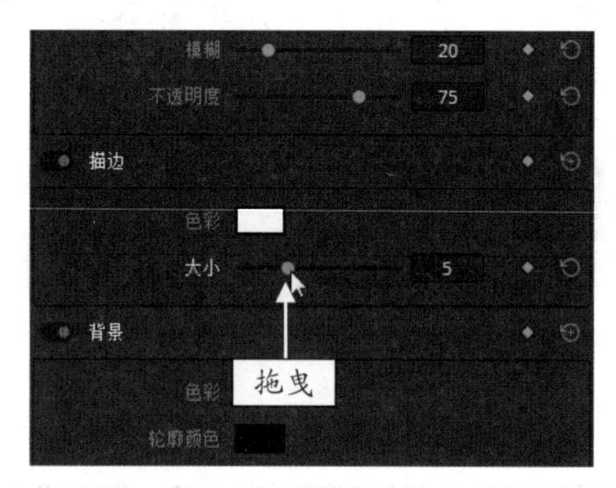

图 9-42　设置“大小”参数

STEP 06 执行操作后，即可为标题字幕添加描边边框，在预览窗口中查看更改的字幕效果，如图 9-43 所示。

图 9-43　查看更改的字幕效果

9.1.7　设置阴影：强调或突出显示字幕

在项目文件制作过程中，如果需要强调或突出显示字幕文本，此时可以设置字幕的阴影效果。下面介绍制作字幕阴影效果的操作方法。

	素材文件	素材 \ 第 9 章 \ 两个莲蓬 .drp
	效果文件	效果 \ 第 9 章 \ 两个莲蓬 .drp
	视频文件	视频 \ 第 9 章 \9.1.7　设置阴影：强调或突出显示字幕 .mp4

【操练 + 视频】
——设置阴影：强调或突出显示字幕

STEP 01 打开一个项目文件，进入“剪辑”步骤面板，如图 9-44 所示。

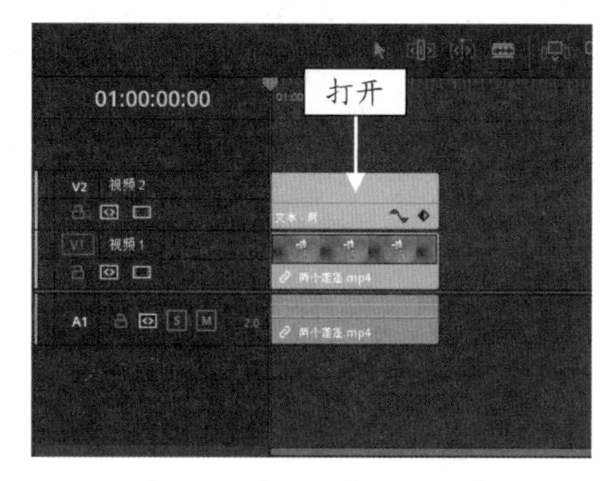

图 9-44　打开一个项目文件

STEP 02 在预览窗口中，可以查看打开的项目效果，如图 9-45 所示。

图 9-45　查看打开的项目效果

STEP 03 双击 V2 轨道中的字幕文件，展开“检查器”|“文本”选项卡，在“下拉阴影”选项区中，单击“色彩”色块，如图 9-46 所示。

STEP 04 弹出“选择颜色”对话框，设置“红色”参数为 255、“绿色”参数为 228、“蓝色”参数为 212，如图 9-47 所示。

STEP 05 单击 OK 按钮，返回“文本”选项卡，在“下拉阴影”选项区中，设置“偏移”的 X 参数为 3.000、Y 参数为 -8.000，如图 9-48 所示。

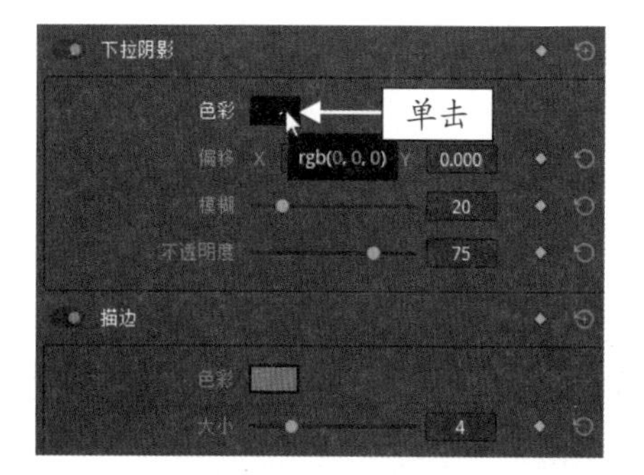

图 9-46　单击“色彩”色块

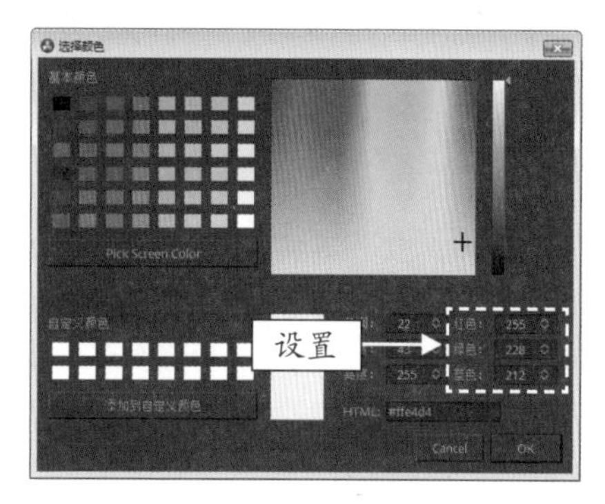

图 9-47　设置颜色参数

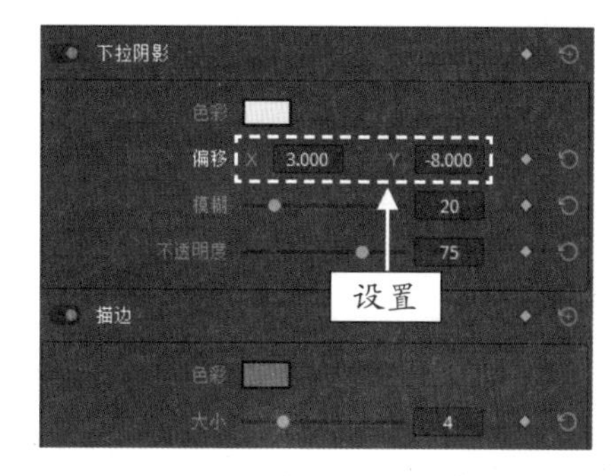

图 9-48　设置“偏移”参数

STEP 06 在下方向右拖曳“不透明度”右侧的滑块，直至参数显示为 100，设置“下拉阴影”完全显示，如图 9-49 所示。

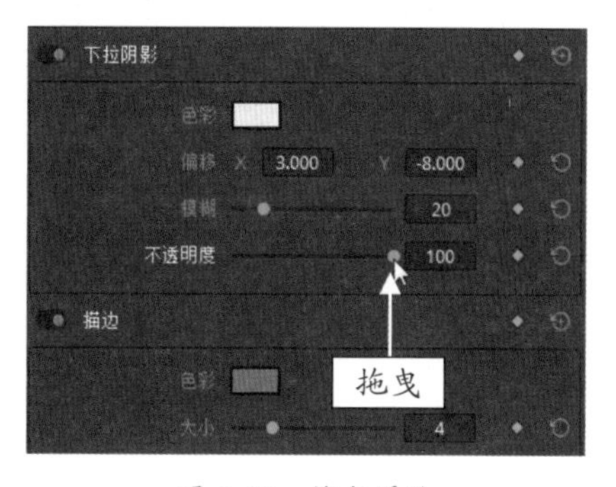

图 9-49　拖曳滑块

STEP 07 执行操作后即可为标题字幕制作下拉阴影效果，在预览窗口中查看更改的字幕效果，如图 9-50 所示。

图 9-50 查看更改的字幕效果

9.1.8 背景颜色：设置标题文本背景色

在 DaVinci Resolve 16 中，用户可以根据需要设置标题字幕的背景颜色，使字幕更加显眼。下面介绍设置文本背景色的操作方法。

<table>
<tr><td rowspan="3"></td><td>素材文件</td><td>素材\第 9 章\夜景灯光 .drp</td></tr>
<tr><td>效果文件</td><td>效果\第 9 章\夜景灯光 .drp</td></tr>
<tr><td>视频文件</td><td>视频\第 9 章\9.1.8 背景颜色：设置标题文本背景色 .mp4</td></tr>
</table>

【操练 + 视频】
——背景颜色：设置标题文本背景色

STEP 01 打开一个项目文件，如图 9-51 所示。

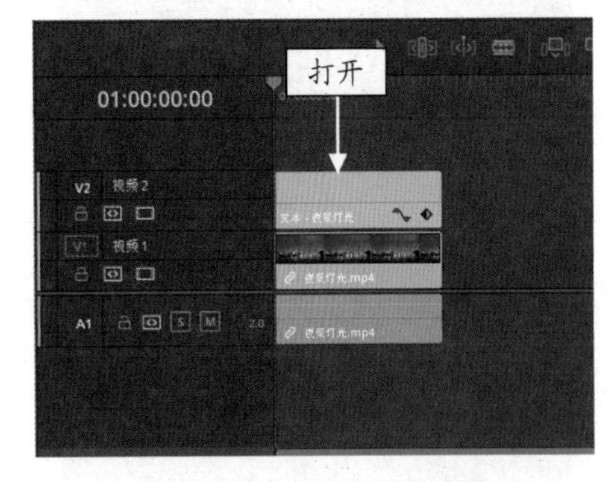

图 9-51 打开一个项目文件

STEP 02 在预览窗口中，可以查看打开的项目效果，如图 9-52 所示。

STEP 03 双击 V2 轨道中的字幕文件，展开“检查器”|“文本”选项卡，在“背景”选项区中，单击“色彩”色块，如图 9-53 所示。

图 9-52 查看打开的项目效果

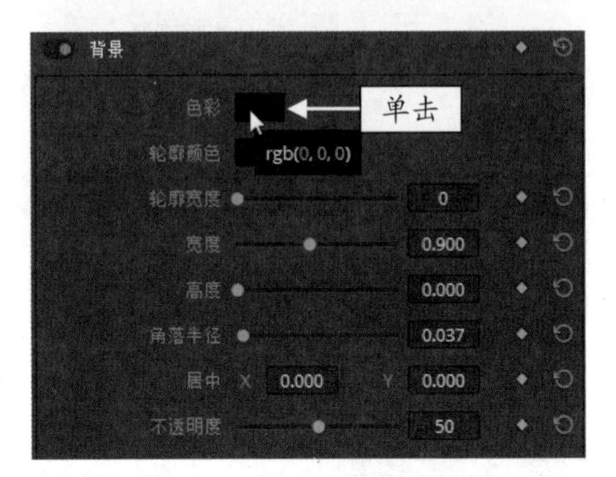

图 9-53 单击“色彩”色块

STEP 04 弹出“选择颜色”对话框，在“基本颜色”选项区中，选择最后一排倒数第二个颜色色块，如图 9-54 所示。

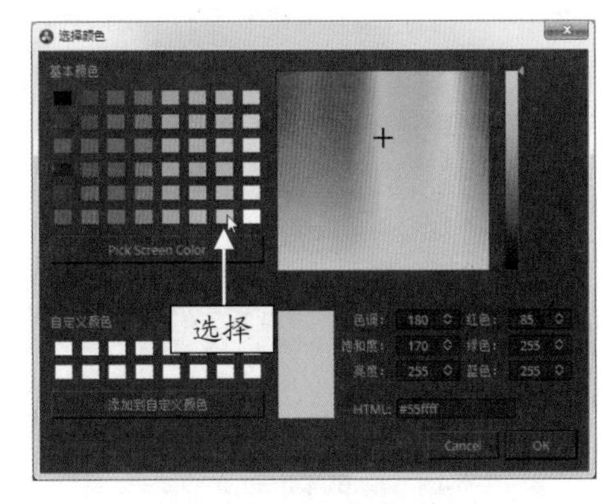

图 9-54 选择颜色色块

STEP 05 单击 OK 按钮，返回“文本”选项面板，在“背景”选项区中，拖曳“轮廓宽度”右侧的滑块，设置“轮廓宽度”参数显示为 5，如图 9-55 所示。

STEP 06 然后设置“宽度”参数为 0.360、“高度”参数为 0.250，如图 9-56 所示。

STEP 07 在下方按住鼠标左键向左拖曳“角落半径”右侧的滑块，直至参数显示为 0.000，释放鼠标左键，如图 9-57 所示。

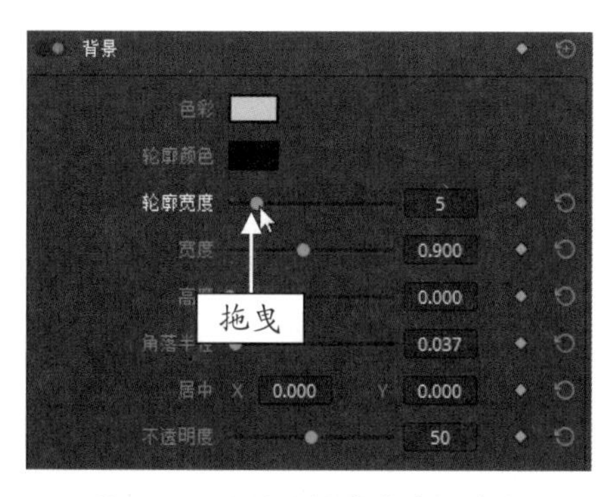

图 9-55　设置“轮廓宽度”参数

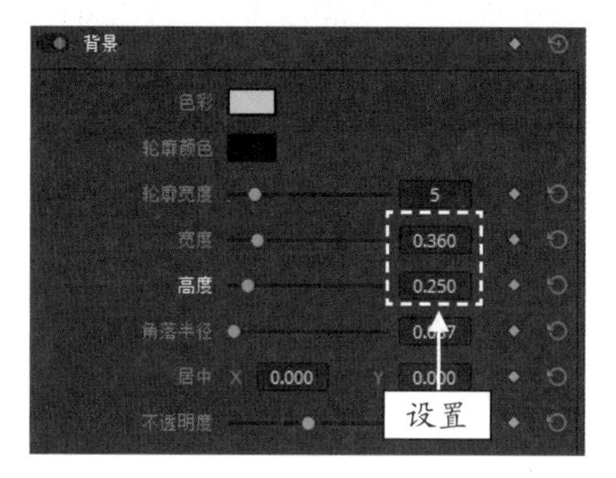

图 9-56　设置“宽度”和“高度”参数

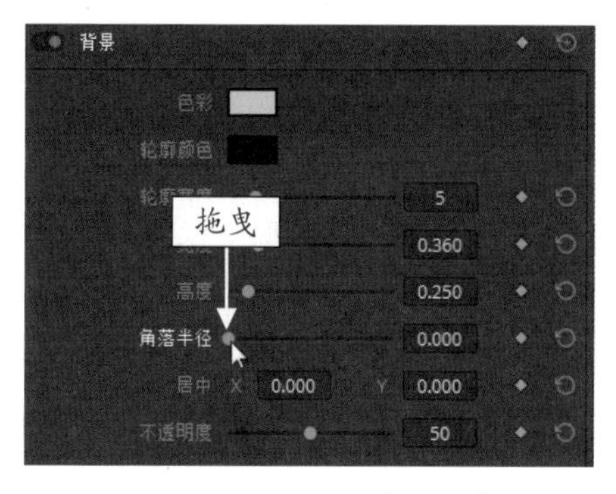

图 9-57　设置“角落半径”参数

STEP 08 执行操作后，即可为标题字幕添加文本背景，在预览窗口中查看更改的字幕效果，如图 9-58 所示。

图 9-58　查看更改的字幕效果

在 DaVinci Resolve 16 中，为标题字幕设置文本背景时，以下几点需要掌握了解。

❶ 在默认状态下，背景“高度”参数显示为 0.000 时，无论“宽度”参数设置为多少，预览窗口中都不会显示文本背景，只有当“宽度”和“高度”参数值都大于 0.000 时，预览窗口中的文本背景才会显示。

❷ “角落半径”可以设置文本背景的四个角呈圆角显示，当“角落半径”参数为 0.000 时，四个角呈 90° 直角显示，效果如图 9-58 所示；当“角落半径”参数为默认值 0.037 时，四个角呈矩形圆角显示，效果如图 9-59 所示；当“角落半径”参数为最大值 1.000 时，矩形呈横向椭圆形状，效果如图 9-60 所示。

图 9-59　“角落半径”参数为默认值时呈现效果

图 9-60　“角落半径”参数为最大值时呈现效果

❸ 设置“居中”的 X 和 Y 的参数，可以调整文本背景的位置。

❹ 当“不透明度”参数显示为 0 时，文本背景颜色显示为透明；当“不透明度”参数显示为 100 时，文本背景颜色则会完全显示，并覆盖所在位置下的视频画面。

❺ “轮廓宽度”最大值是 30，当参数设置为 0 时，文本背景上的轮廓边框不会显示。

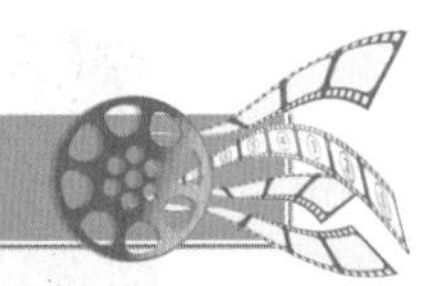

9.2 制作动态标题字幕特效

在影片中创建标题后，在 DaVinci Resolve 16 中还可以为标题制作字幕运动特效，可以使影片更具有吸引力和感染力。本节主要介绍制作多种字幕动态特效的操作方法，增强字幕的艺术档次。

9.2.1 淡入淡出：制作字幕淡入淡出运动特效

淡入淡出是指标题字幕以淡入淡出的方式显示或消失字幕的动画效果。下面主要介绍制作淡入淡出运动特效的操作方法。

素材文件	素材 \ 第 9 章 \ 蚂蚁上树 .drp
效果文件	效果 \ 第 9 章 \ 蚂蚁上树 .drp
视频文件	视频 \ 第 9 章 \9.2.1　淡入淡出：制作字幕淡入淡出运动特效 .mp4

【操练 + 视频】
——淡入淡出：制作字幕淡入淡出运动特效

STEP 01 打开一个项目文件，在预览窗口中可以查看打开的项目效果，如图 9-61 所示。

图 9-61　查看打开的项目效果

STEP 02 在“时间线”面板中，选择 V2 轨道中添加的字幕文件，如图 9-62 所示。

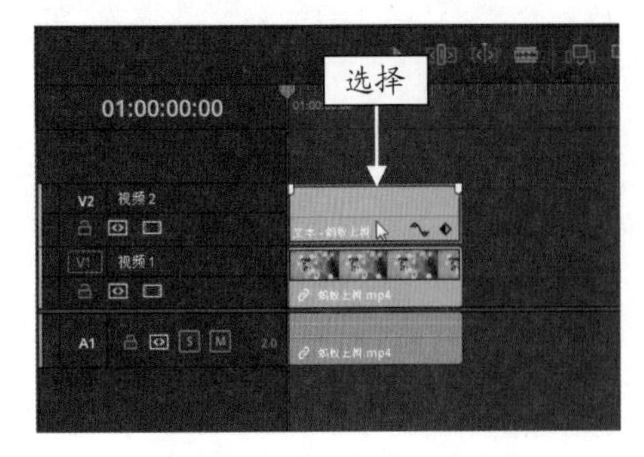

图 9-62　选择添加的字幕文件

STEP 03 在“检查器”面板中，单击“视频”标签，切换至“视频”选项卡，如图 9-63 所示。

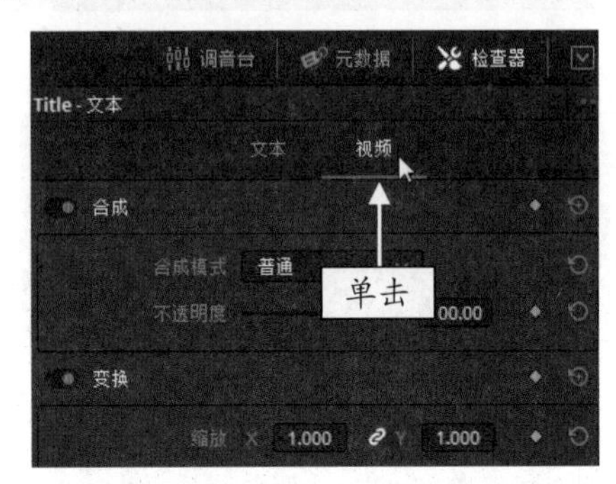

图 9-63　单击“视频”标签

STEP 04 在“合成”选项区中，拖曳“不透明度”右侧的滑块，直至参数显示为 0.00，如图 9-64 所示。

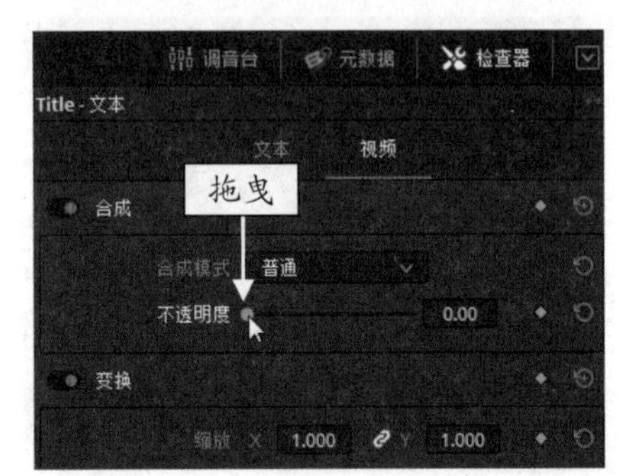

图 9-64　拖曳“不透明度”右侧的滑块

STEP 05 单击“不透明度”参数右侧的关键帧按钮◆，添加第 1 个关键帧，如图 9-65 所示。

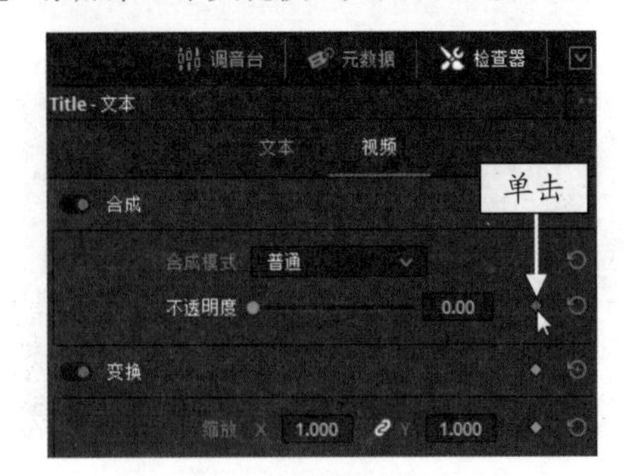

图 9-65　单击关键帧按钮（1）

STEP 06 在“时间线”面板中，将“时间指示器”拖曳至 01:00:00:08 位置处，如图 9-66 所示。

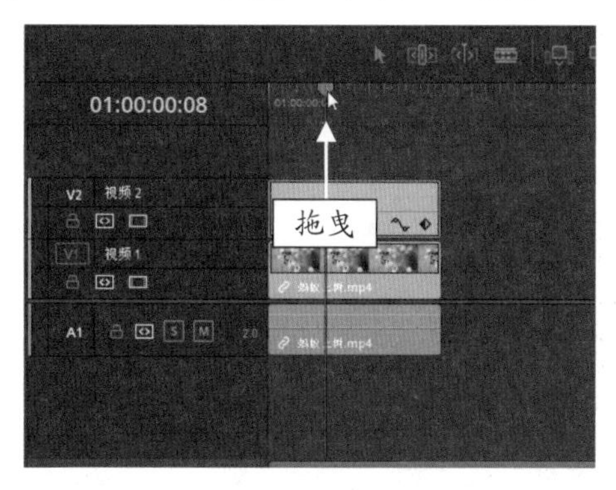

图 9-66　拖曳“时间指示器”（1）

STEP 07 在“检查器”|“视频”选项卡中，设置“不透明度”参数为 100.00，即可自动添加第 2 个关键帧，如图 9-67 所示。

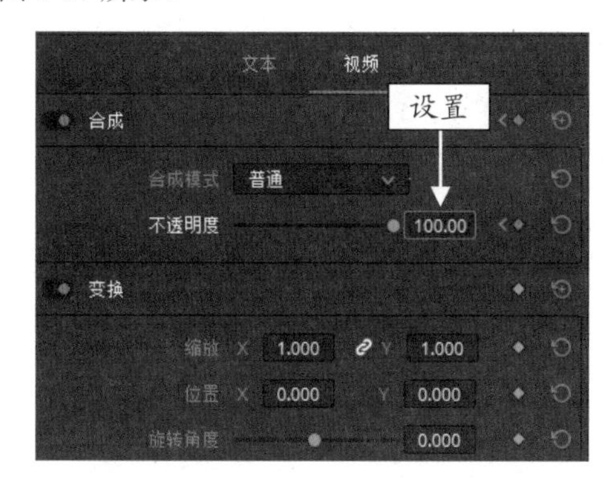

图 9-67　设置“不透明度”参数

STEP 08 在“时间线”面板中，将“时间指示器”拖曳至 01:00:00:16 位置处，如图 9-68 所示。

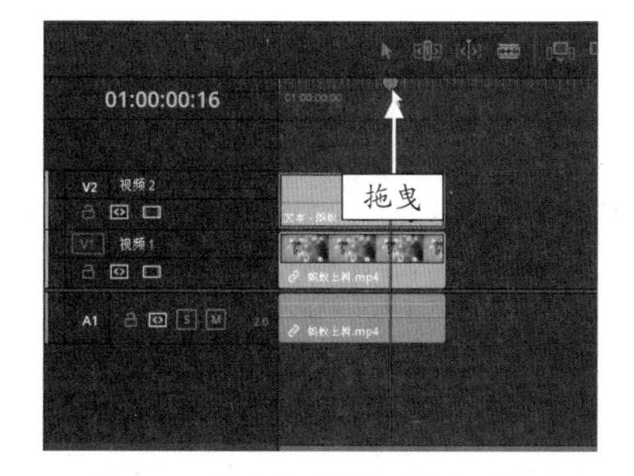

图 9-68　拖曳“时间指示器”（2）

STEP 09 在“检查器”|“视频”选项卡中，单击“不透明度”右侧的关键帧按钮，添加第 3 个关键帧，如图 9-69 所示。

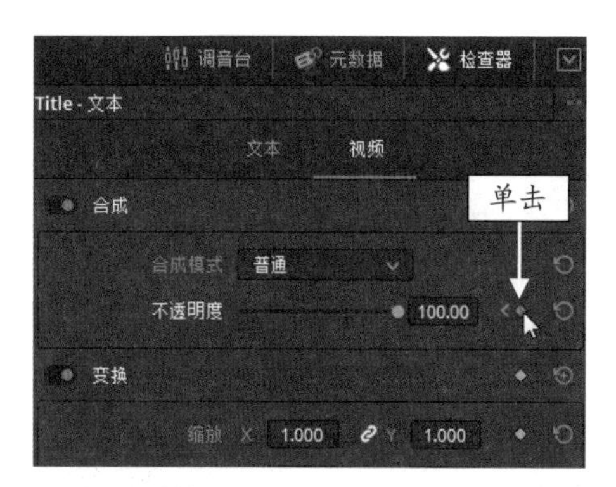

图 9-69　单击关键帧按钮（2）

STEP 10 在“时间线”面板中，将“时间指示器”拖曳至 01:00:00:23 位置处，如图 9-70 所示。

图 9-70　拖曳“时间指示器”（3）

STEP 11 在“检查器”|“视频”选项卡中，再次向左拖曳“不透明度”滑块，设置“不透明度”参数为 0.00，即可自动添加第 4 个关键帧，如图 9-71 所示。

图 9-71　向左拖曳“不透明度”滑块

STEP 12 执行操作后，在预览窗口中可以查看字幕淡入淡出动画效果，如图 9-72 所示。

图 9-72　查看字幕淡入淡出动画效果

图 9-72 查看字幕淡入淡出动画效果（续）

9.2.2 缩放效果：制作字幕放大突出运动特效

在 DaVinci Resolve 16“检查器”|“视频”选项卡中，开启“动态缩放”功能，可以设置“时间线”面板中的素材画面放大或缩小的运动特效。“动态缩放”功能在默认状态下为缩小运动特效，用户可以通过单击“切换”按钮，转换为放大运动特效。下面介绍制作字幕放大突出运动特效的操作方法。

	素材文件	素材 \ 第 9 章 \ 粉红花蕊 .drp
	效果文件	效果 \ 第 9 章 \ 粉红花蕊 .drp
	视频文件	视频 \ 第 9 章 \9.2.2 缩放效果：制作字幕放大突出运动特效 .mp4

【操练 + 视频】
——缩放效果：制作字幕放大突出运动特效

STEP 01 打开一个项目文件，在预览窗口中，可以查看打开的项目效果，如图 9-73 所示。

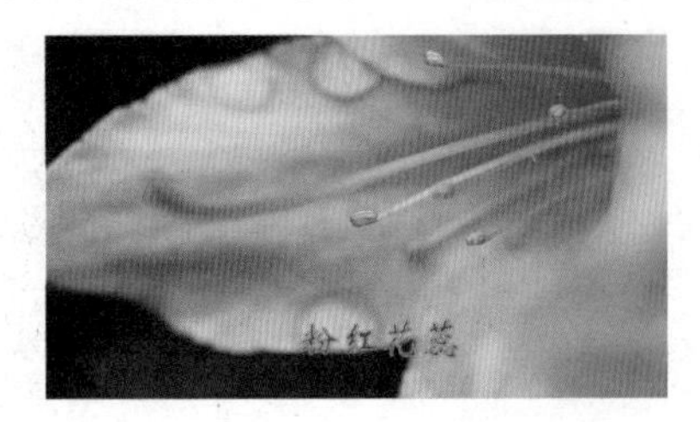

图 9-73 查看打开的项目效果

STEP 02 在“时间线”面板中，选择 V2 轨道中添加的字幕文件，如图 9-74 所示。

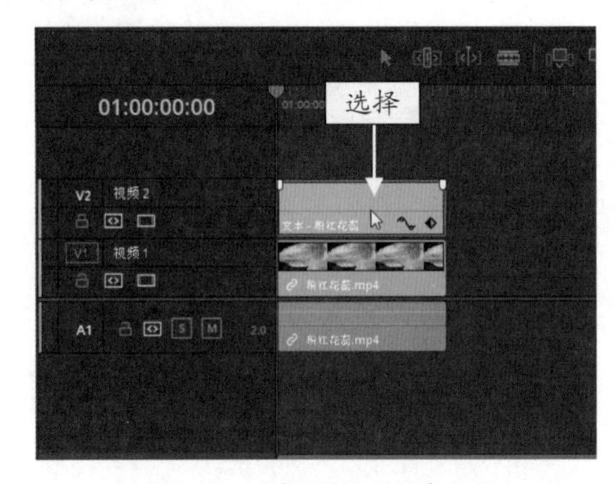

图 9-74 选择添加的字幕文件

STEP 03 打开“检查器”|“视频”选项卡，单击“动态缩放”按钮，如图 9-75 所示。

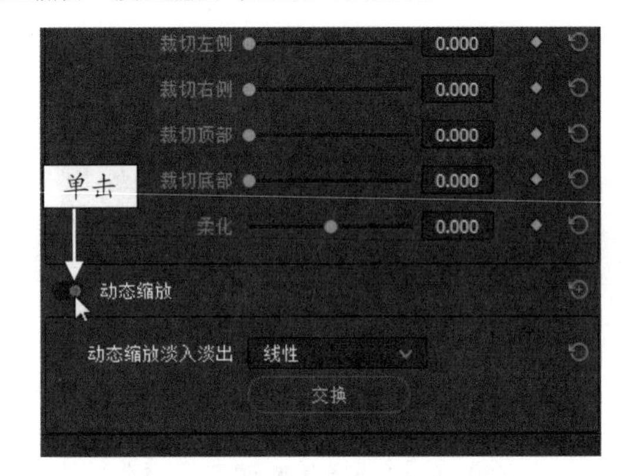

图 9-75 单击“动态缩放”按钮

STEP 04 执行操作后，即可开启“动态缩放”功能区域，在下方单击“交换”按钮，如图 9-76 所示。

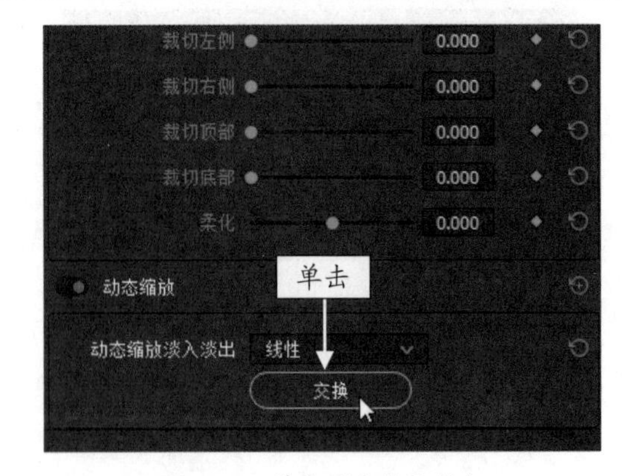

图 9-76 单击“交换”按钮

STEP 05 在预览窗口中可以查看字幕放大突出动画效果，如图 9-77 所示。

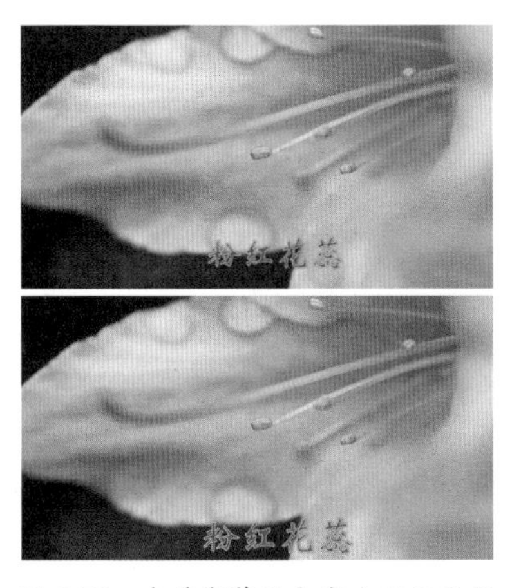

图 9-77　查看字幕放大突出动画效果

9.2.3　裁切动画：制作字幕逐字显示运动特效

在 DaVinci Resolve 16“检查器”|“视频”选项卡中，用户可以在“裁切”选项区中，通过调整相应的参数制作字幕逐字显示的动画效果。下面介绍制作裁切动画效果的操作方法。

	素材文件	素材 \ 第 9 章 \ 花丛之中 .drp
	效果文件	效果 \ 第 9 章 \ 花丛之中 .drp
	视频文件	视频 \ 第 9 章 \9.2.3　裁切动画：制作字幕逐字显示运动特效 .mp4

【操练 + 视频】
——裁切动画：制作字幕逐字显示运动特效

STEP 01 打开一个项目文件，在预览窗口中，可以查看打开的项目文件的效果，如图 9-78 所示。

图 9-78　查看打开的项目文件的效果

STEP 02 在“时间线”面板中，选择 V2 轨道中添加的字幕文件，如图 9-79 所示。

STEP 03 打开“检查器”|“视频”选项卡，在“裁切”选项区中，拖曳“裁切右侧”滑块至最右端，设置“裁切右侧”参数为最大值，如图 9-80 所示。

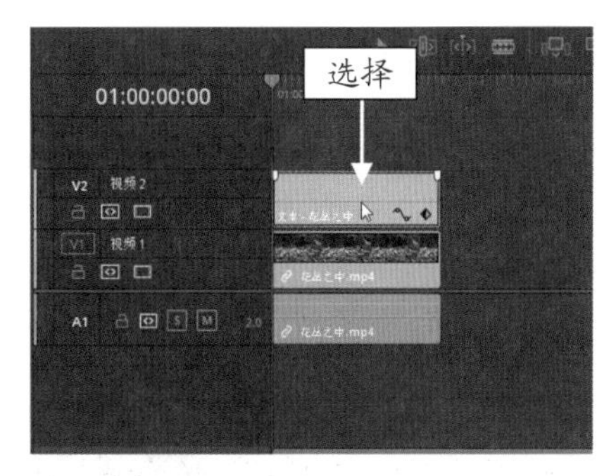

图 9-79　选择添加的字幕文件

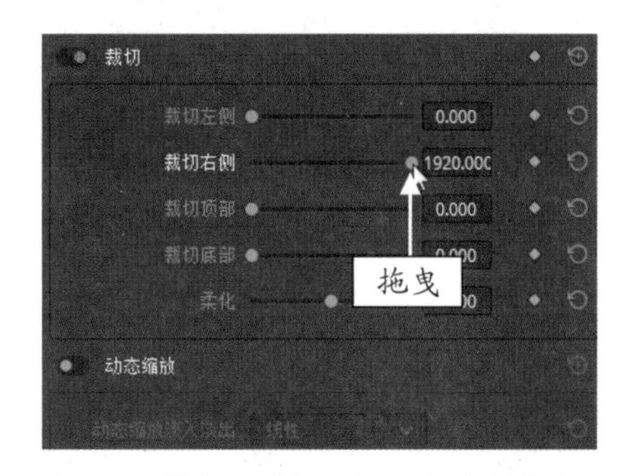

图 9-80　拖曳“裁切右侧”滑块至最右端

STEP 04 单击“裁切右侧”关键帧按钮，添加第 1 个关键帧，如图 9-81 所示。

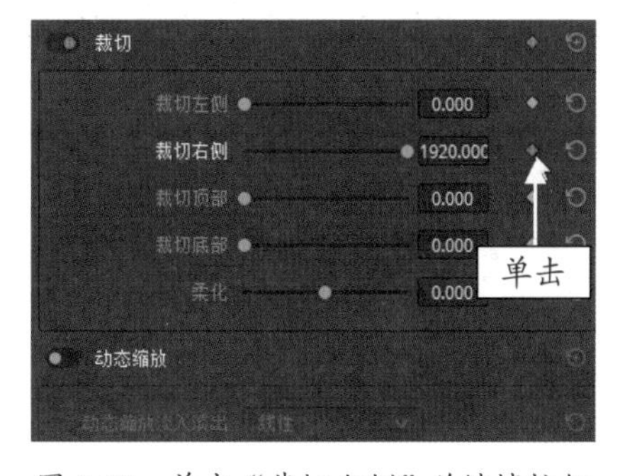

图 9-81　单击“裁切右侧”关键帧按钮

STEP 05 在“时间线”面板中，将“时间指示器”拖曳至 01:00:00:20 位置处，如图 9-82 所示。

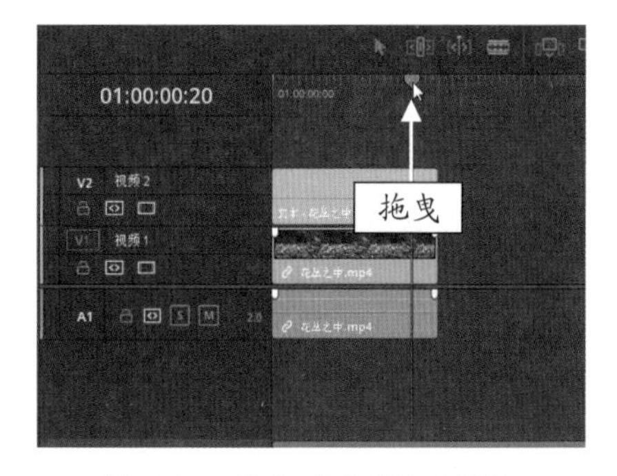

图 9-82　拖曳“时间指示器”

STEP 06 在“检查器”|“视频”选项卡的“裁切”选项区中，拖曳“裁切右侧”滑块至最左端，设置“裁切右侧”参数为最小值，即可自动添加第2个关键帧，如图 9-83 所示。

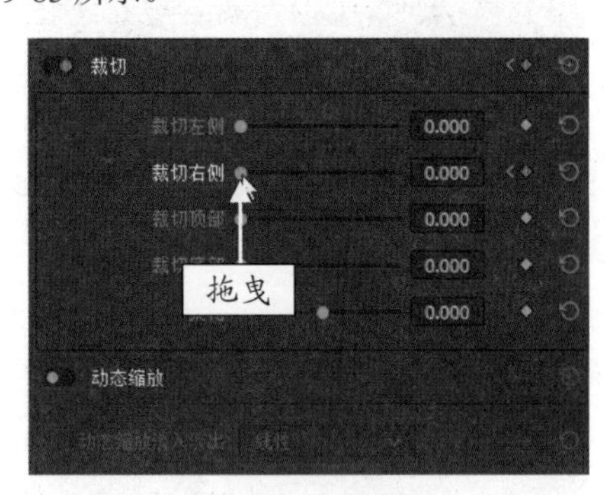

图 9-83　拖曳“裁切右侧”滑块至最左端

STEP 07 执行操作后，在预览窗口中可以查看字幕逐字显示动画效果，如图 9-84 所示。

图 9-84　查看字幕逐字显示动画效果

9.2.4　旋转效果：制作字幕旋转飞入运动特效

在 DaVinci Resolve 16 中，通过设置“旋转角度”参数，可以制作出字幕旋转飞入动画效果，下面介绍具体的操作方法。

	素材文件	素材 \ 第 9 章 \ 海湾景色 .drp
	效果文件	效果 \ 第 9 章 \ 海湾景色 .drp
	视频文件	视频 \ 第 9 章 \9.2.4　旋转效果：制作字幕旋转飞入运动特效 .mp4

【操练 + 视频】
——旋转效果：制作字幕旋转飞入运动特效

STEP 01 打开一个项目文件，在预览窗口中可以查看打开的项目效果，如图 9-85 所示。

图 9-85　查看打开的项目效果

STEP 02 在“时间线”面板中，选择 V2 轨道中添加的字幕文件，拖曳“时间指示器”至 01:00:00:20 位置处，如图 9-86 所示。

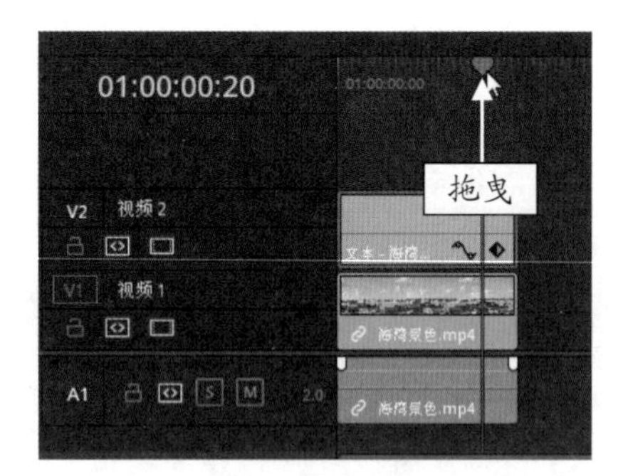

图 9-86　选择添加的字幕文件

STEP 03 打开“检查器”|“文本”选项卡，单击“位置”“缩放”“旋转角度”右侧的关键帧按钮，添加第 1 组关键帧，如图 9-87 所示。

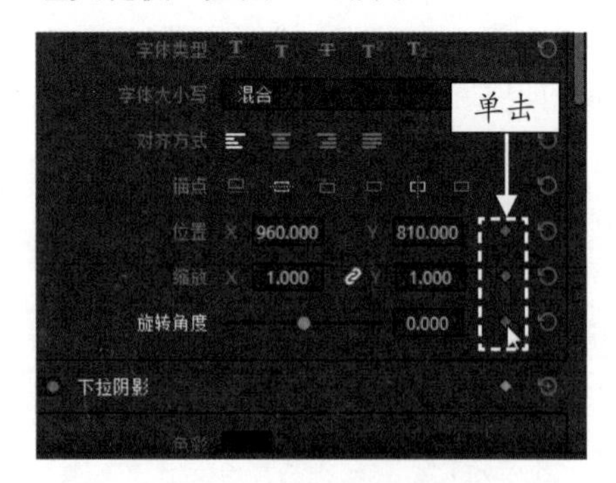

图 9-87　单击关键帧按钮

STEP 04 然后将“时间指示器”移至开始位置处，在“检查器”|“文本”选项卡中，设置“位置”参数为（520.000、1100.000）、“缩放”参数为（0.250、0.250）、“旋转角度”参数为 -360.000，如图 9-88

所示。

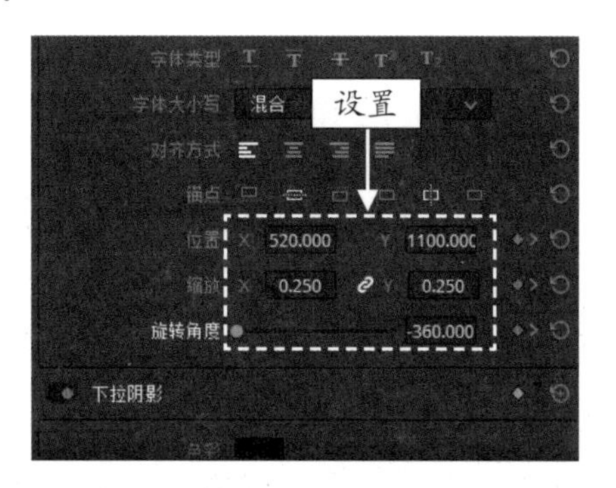

图 9-88　设置相应参数

STEP 05 执行上述操作后，在预览窗口中，可以查看字幕旋转飞入动画效果，如图 9-89 所示。

图 9-89　查看字幕旋转飞入动画效果

专家指点

本例为了特效的美观度，除了调整字幕旋转的角度外，还设置了字幕的开始位置和结束位置的关键帧，并调整了字幕的“缩放”参数，使字幕呈现出从画面最左上角旋转放大飞入字幕的最终效果。除了在“检查器”|“文本”选项卡中可以设置旋转飞入运动特效，用户还可以在“检查器”|“视频”选项卡的“变换”选项区中执行同样的操作来制作字幕旋转飞入运动特效。

9.2.5　滚屏动画：制作电影落幕职员表滚屏特效

在影视画面中，当一部影片播放完毕后，在片尾处会播放这部影片的演员、制片人、导演等信息。下面介绍制作滚屏字幕特效的方法。

	素材文件	素材 \ 第 9 章 \ 电影落幕 .drp
	效果文件	效果 \ 第 9 章 \ 电影落幕 .drp
	视频文件	视频 \ 第 9 章 \9.2.5　滚屏动画：制作电影落幕职员表滚屏特效 .mp4

【操练 + 视频】
——滚屏动画：制作电影落幕职员表滚屏特效

STEP 01 打开一个项目文件，如图 9-90 所示。

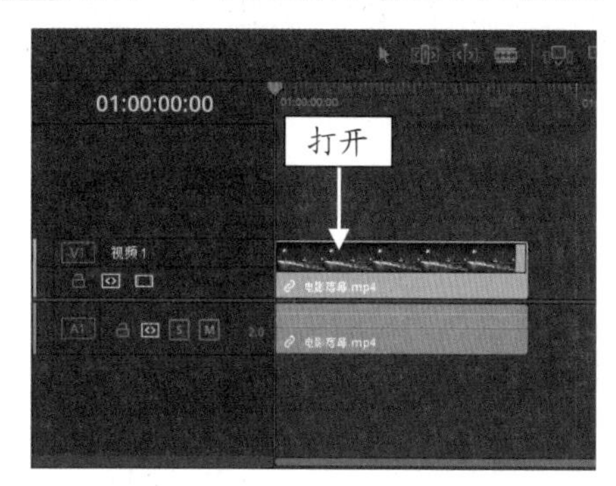

图 9-90　打开一个项目文件

STEP 02 在预览窗口中，可以查看打开的项目效果，如图 9-91 所示。

图 9-91　查看打开的项目效果

STEP 03 展开“特效库”|“字幕”选项面板，选择“滚动”选项，如图 9-92 所示。

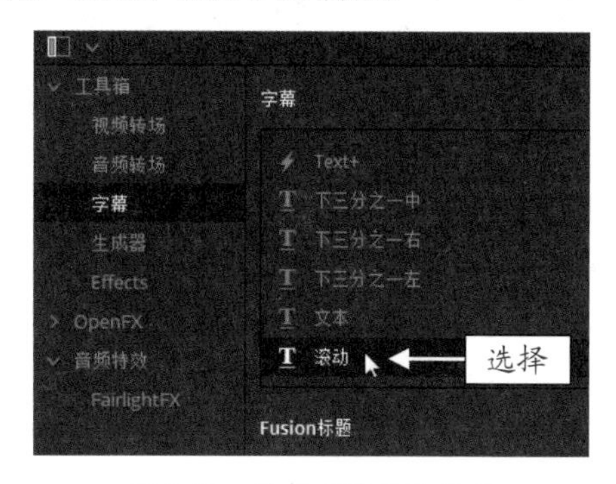

图 9-92　选择“滚动”选项

STEP 04 将“滚动”字幕样式添加至“时间线”面板的 V2 轨道上，并调整字幕时长，如图 9-93 所示。

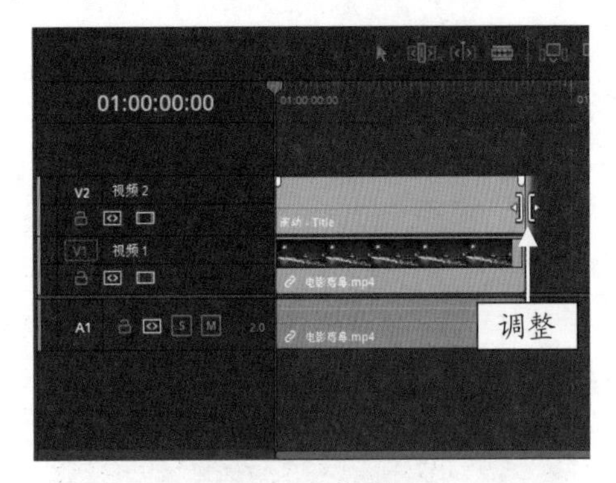

图 9-93 调整字幕时长

STEP 05 双击添加的“文本”字幕，展开“检查器”|“文本”选项卡，在“文本”下方的编辑框中输入滚屏字幕内容，如图 9-94 所示。

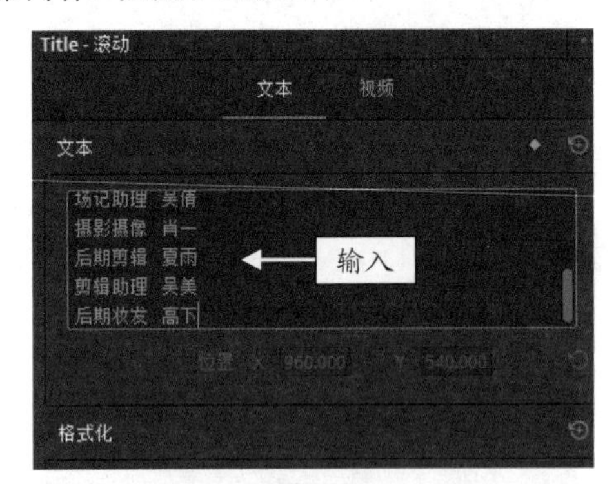

图 9-94 输入滚屏字幕内容

STEP 06 在“格式化”选项区中，设置“字体”为“宋体”、“大小”为 55、“对齐方式”为居中，如图 9-95 所示。

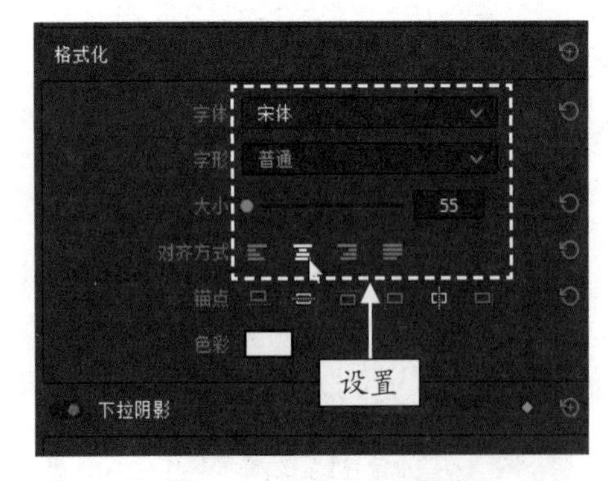

图 9-95 设置“格式化”参数

STEP 07 在“背景”选项区中，设置“宽度”参数为 0.400、“高度”参数为 1.100，如图 9-96 所示。

STEP 08 在下方拖曳“角落半径”右侧的滑块，设置“角落半径”参数为 0.000，如图 9-97 所示。

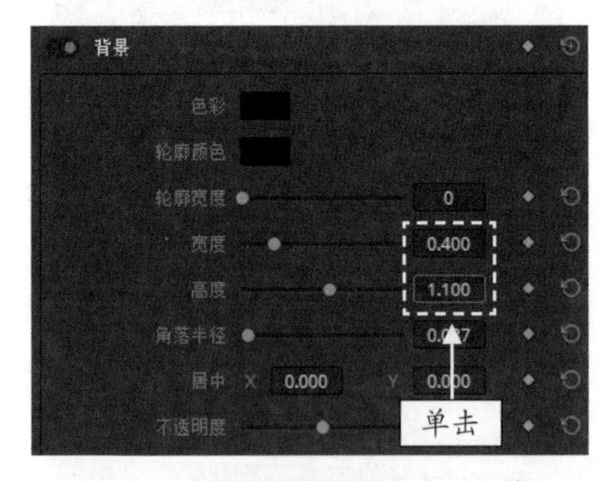

图 9-96 设置“宽度”和“高度”参数

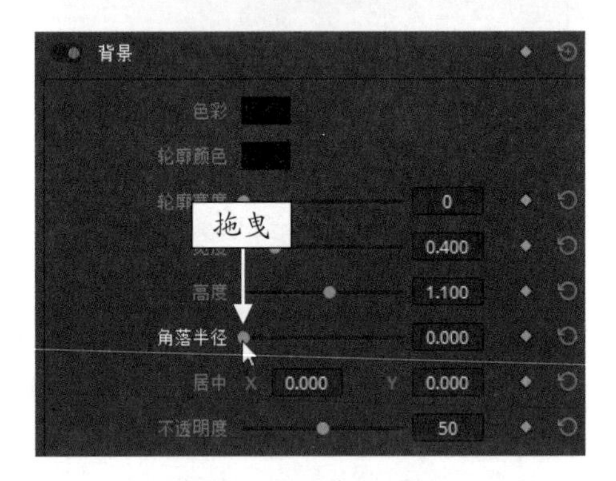

图 9-97 拖曳“角落半径”右侧的滑块

STEP 09 执行操作后，在预览窗口中可以查看字幕滚屏动画效果，如图 9-98 所示。

图 9-98 查看字幕滚屏动画效果

第10章

后期：音频调整与渲染导出

章前知识导读

影视作品是一门声画艺术，音频在影片中是不可或缺的元素。在后期制作中，如果声音运用得恰到好处，往往会给观众带来耳目一新的感觉。当用户完成一段影视内容的编辑后，可以将其输出成各种不同格式的文件。本章主要介绍添加编辑音频素材和渲染导出成品影片的操作方法。

新手重点索引

- 编辑修整音频素材
- 为音频添加特效
- 渲染导出成品视频

效果图片欣赏

10.1 编辑修整音频素材

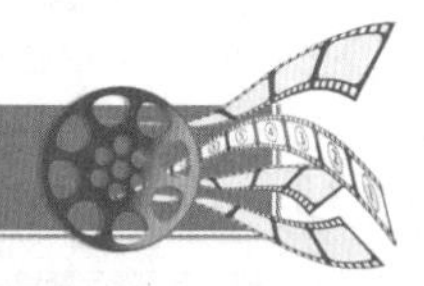

如果一部影片缺少了声音，再优美的画面也将黯然失色，而优美动听的背景音乐和款款深情的配音不仅可以为影片起到锦上添花的作用，更能使影片颇具感染力，从而使影片更上一个台阶。本节主要介绍编辑修整音频素材的操作方法。

10.1.1 断开音频：分离视频与音频的连接

用户在应用达芬奇软件剪辑视频素材时，默认状态下，“时间线”面板中的视频轨和音频轨中的素材是绑定链接的状态，当用户需要单独对视频或音频文件进行剪辑操作时，可以通过断开链接片段，分离视频和音频文件，对其执行单独的操作。下面介绍断开视频与音频链接的操作方法。

	素材文件	素材 \ 第 10 章 \ 星空银河 .drp
	效果文件	效果 \ 第 10 章 \ 星空银河 .drp
	视频文件	视 频 \ 第 10 章 \10.1.1　断开音频：分离视频与音频的连接 .mp4

【操练 + 视频】
——断开音频：分离视频与音频的连接

STEP 01 打开一个项目文件，在预览窗口中可以查看打开的项目效果，如图 10-1 所示。

图 10-1　查看打开的项目效果

STEP 02 当用户选择“时间线”面板中的视频素材并移动位置时，可以发现视频和音频呈链接状态，且缩略图上显示了链接的图标，如图 10-2 所示。

STEP 03 选择“时间线”面板中的素材文件，单击鼠标右键，在弹出的快捷菜单中，取消选择“链接片段”选项，如图 10-3 所示。

图 10-2　缩略图上显示了链接的图标

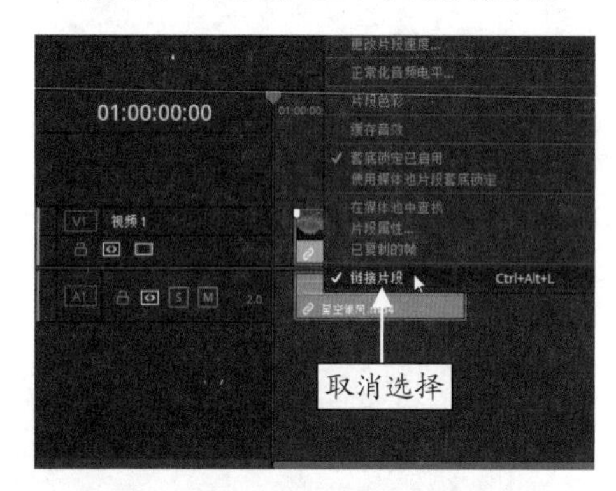

图 10-3　取消选择“链接片段”选项

STEP 04 执行操作后，即可断开视频和音频的链接，链接图标将不显示在缩略图上，如图 10-4 所示。

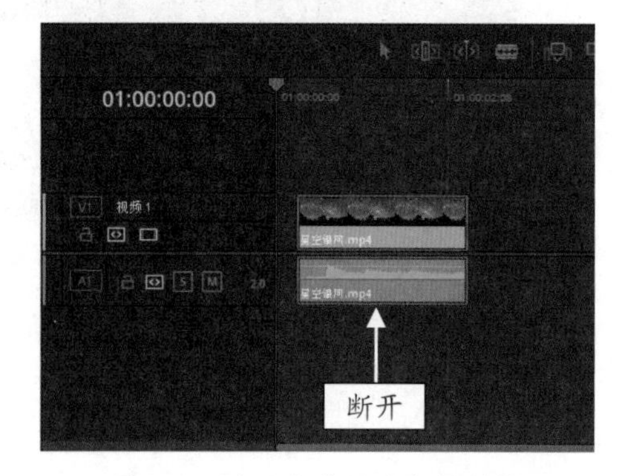

图 10-4　断开视频和音频的链接

STEP 05 选择音频轨中的音频素材，按住鼠标左键并左右拖曳，即可单独对音频文件执行操作，如图 10-5 所示。

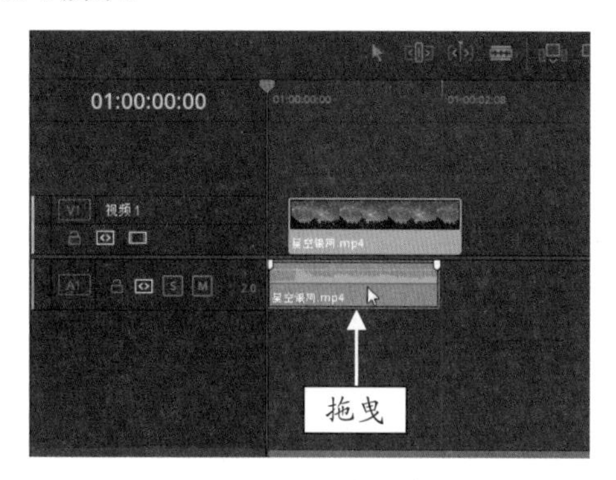

图 10-5　拖曳音频素材

10.1.2　替换音频：替换视频的背景音乐

当用户对视频原来的背景音乐不满意时，可以在 DaVinci Resolve 16 中替换视频的背景音乐，下面介绍具体的操作步骤。

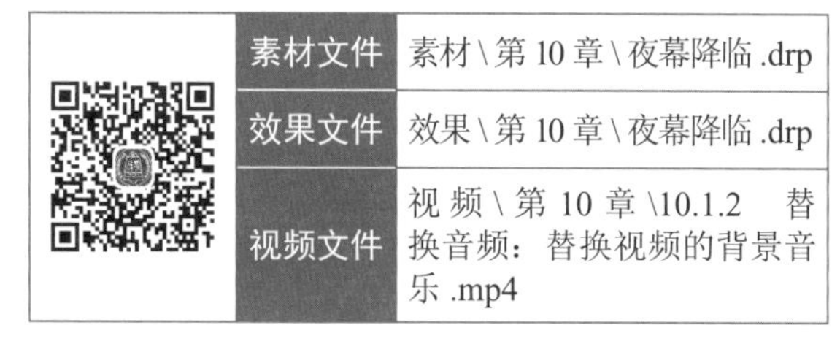

	素材文件	素材 \ 第 10 章 \ 夜幕降临 .drp
	效果文件	效果 \ 第 10 章 \ 夜幕降临 .drp
	视频文件	视频 \ 第 10 章 \10.1.2　替换音频：替换视频的背景音乐 .mp4

【操练 + 视频】
——替换音频：替换视频的背景音乐

STEP 01 打开一个项目文件，如图 10-6 所示。

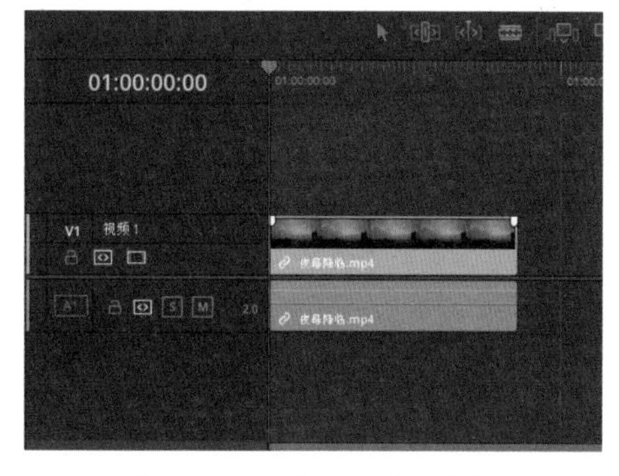

图 10-6　打开一个项目文件

STEP 02 在预览窗口中可以查看打开的项目效果，如图 10-7 所示。

STEP 03 在“媒体池”面板中的空白位置处，单击鼠标右键，在弹出的快捷菜单中，选择“导入媒体”命令，如图 10-8 所示。

图 10-7　查看打开的项目效果

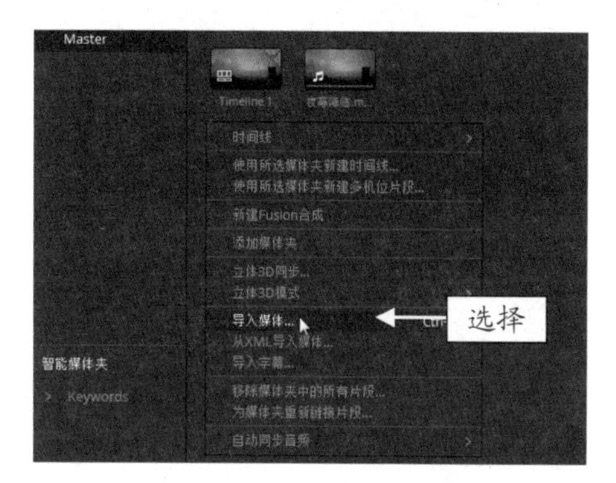

图 10-8　选择“导入媒体”命令

STEP 04 弹出“导入媒体”对话框，在其中选择需要导入的音频素材，如图 10-9 所示。单击“打开”按钮，即可将音频素材导入“媒体池”面板。

10-9　选择需要导入的音频素材

STEP 05 在“媒体池”面板中选择音频素材，如图 10-10 所示。

STEP 06 然后在“时间线”面板中，选中视频素材，单击鼠标右键，在弹出的快捷菜单中，选择“链接片段”命令，如图 10-11 所示。

STEP 07 执行上述操作后，即可取消视频和音频的链接。在 A1 轨道上，选中音频素材，如图 10-12 所示。

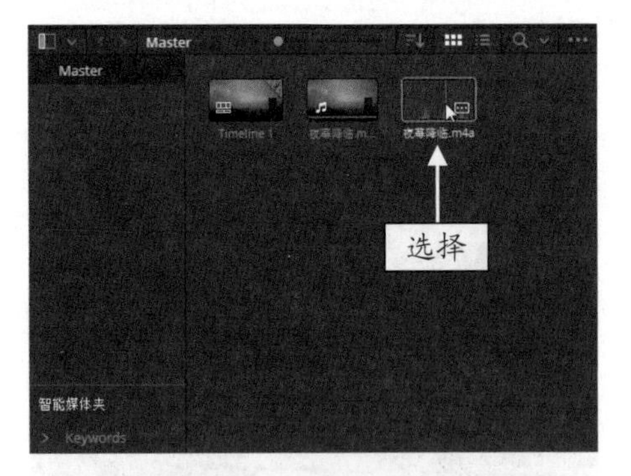

图 10-10 选择音频素材

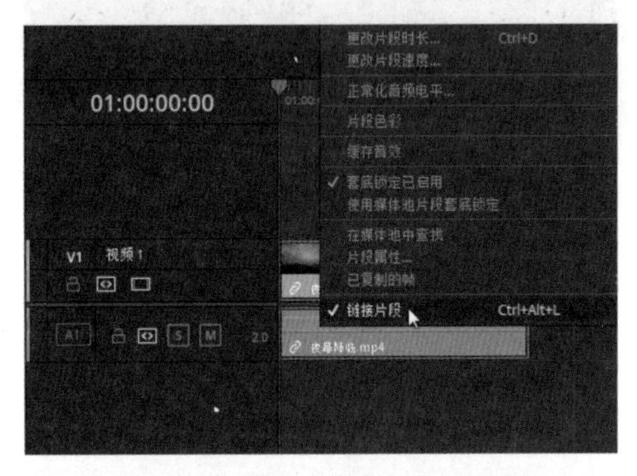

10-11 选择“链接片段”命令

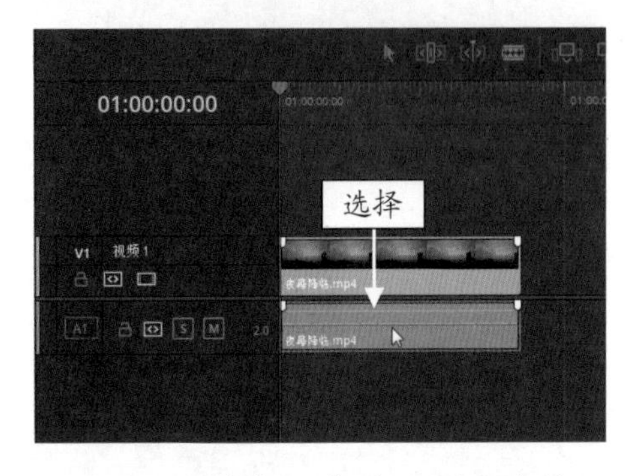

图 10-12 选中 A1 轨道上的音频素材

STEP 08 在“时间线”面板的工具栏上，单击“替换片段”按钮，如图 10-13 所示。

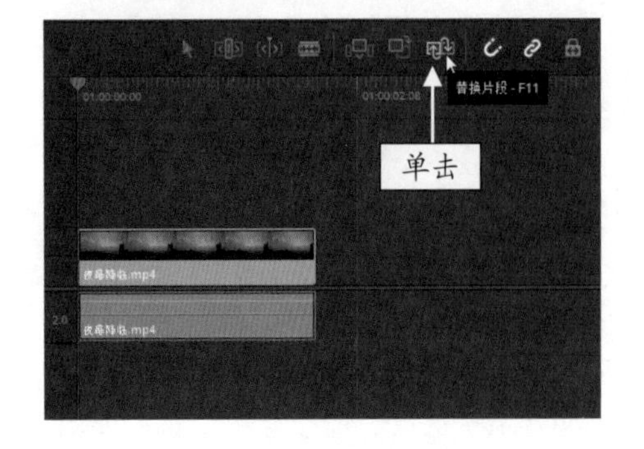

10-13 单击“替换片段”按钮

STEP 09 执行操作后，即可替换视频的背景音乐，效果如图 10-14 所示。

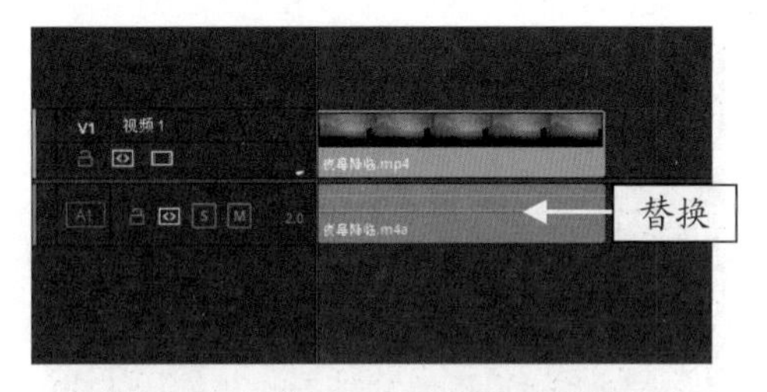

图 10-14 替换视频的背景音乐效果

10.1.3 播放音频：播放查看音频波动

在 DaVinci Resolve 16 Fairlight（音频）步骤面板中播放音频文件，可以查看音频的波动状况，下面介绍具体的操作方法。

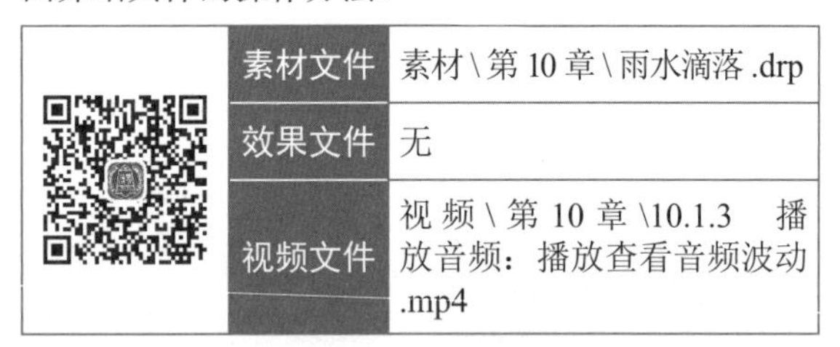

	素材文件	素材\第 10 章\雨水滴落 .drp
	效果文件	无
	视频文件	视频\第 10 章\10.1.3 播放音频：播放查看音频波动 .mp4

【操练 + 视频】
——播放音频：播放查看音频波动

STEP 01 打开一个项目文件，进入“剪辑”步骤面板，如图 10-15 所示。

图 10-15 打开一个项目文件

STEP 02 在预览窗口中可以查看打开的项目效果，如图 10-16 所示。

STEP 03 在界面下方单击 Fairlight 按钮，如图 10-17 所示。

STEP 04 执行操作后，即可切换至 Fairlight（音频）步骤面板，如图 10-18 所示。

10-16　查看打开的项目效果

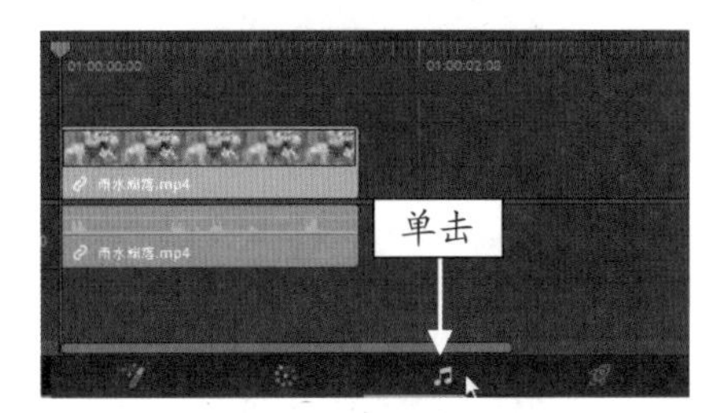

图 10-17　单击 Fairlight 按钮

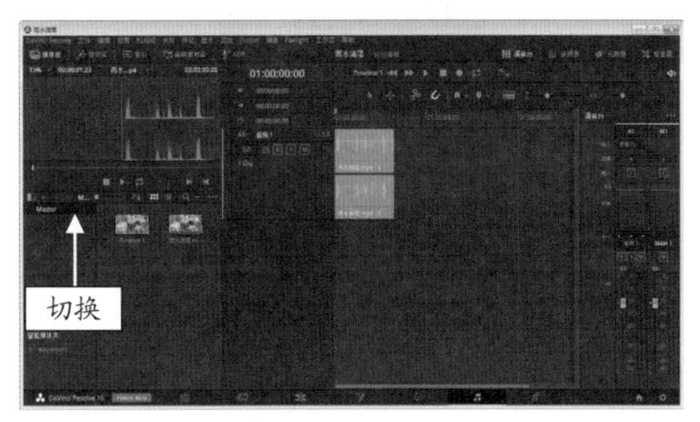

图 10-18　切换至 Fairlight（音频）步骤面板

STEP 05 在界面右上角单击“音频表”按钮 音频表，如图 10-19 所示。

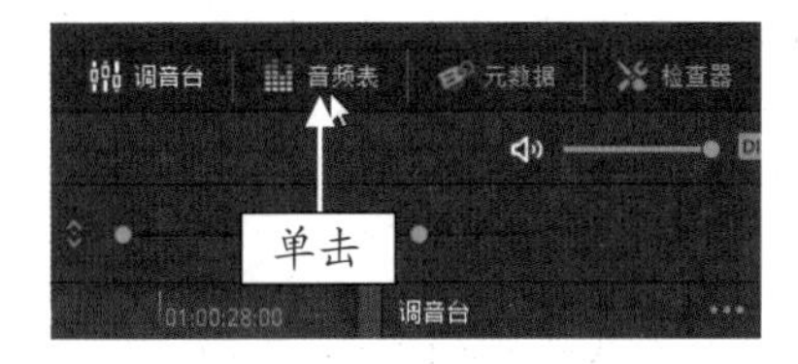

图 10-19　单击“音频表”按钮

STEP 06 展开“音频表”面板，如图 10-20 所示。

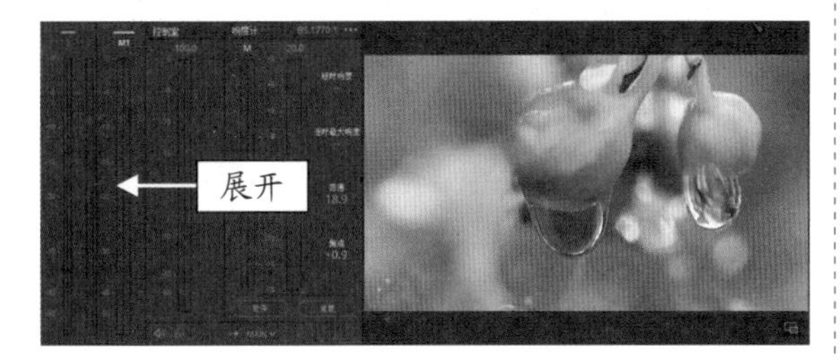

图 10-20　展开“音频表”面板

STEP 07 在“时间线”面板中，选择音频素材，如图 10-21 所示。

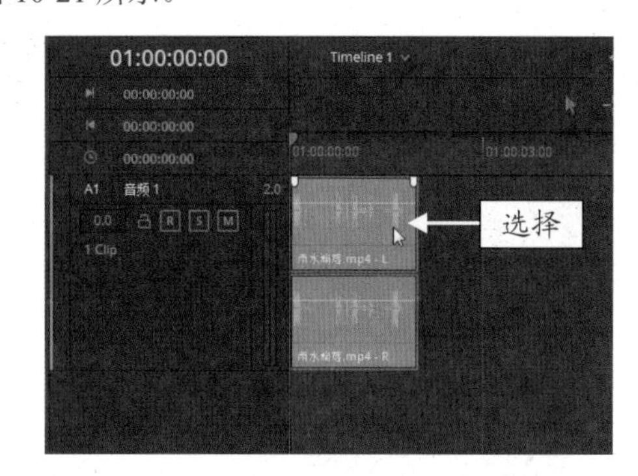

图 10-21　选择音频素材

STEP 08 按空格键即可播放音频素材，在“音频表”面板中即可查看音频播放状况，如图 10-22 所示。

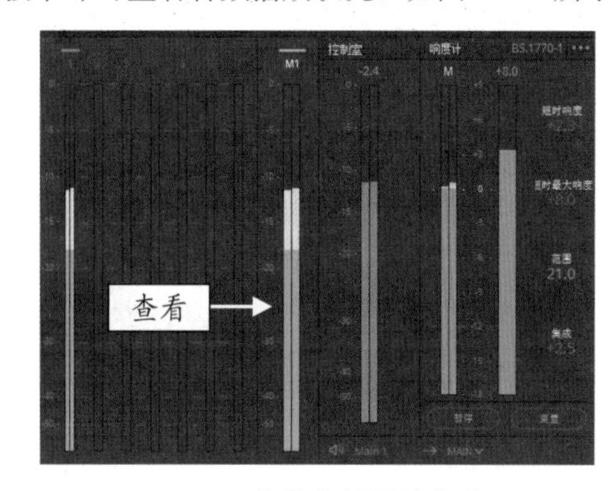

10-22　查看音频播放状况

10.1.4　整体调节：调整整段音频音量

在 DaVinci Resolve 16 Fairlight（音频）步骤面板的“调音台”面板中，用户可以调整整段音频素材的音量大小，下面介绍具体的操作方法。

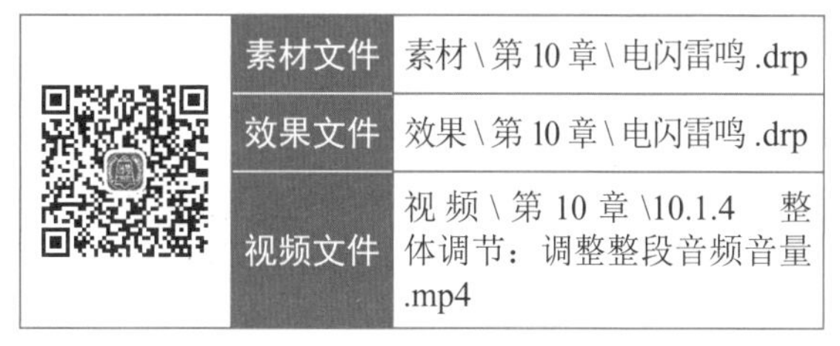

素材文件	素材 \ 第 10 章 \ 电闪雷鸣 .drp
效果文件	效果 \ 第 10 章 \ 电闪雷鸣 .drp
视频文件	视频 \ 第 10 章 \10.1.4　整体调节：调整整段音频音量 .mp4

【操练 + 视频】
——整体调节：调整整段音频音量

STEP 01 打开一个项目文件，进入 Fairlight（音频）步骤面板，如图 10-23 所示。

STEP 02 在预览窗口中可以查看打开的项目效果，如图 10-24 所示。

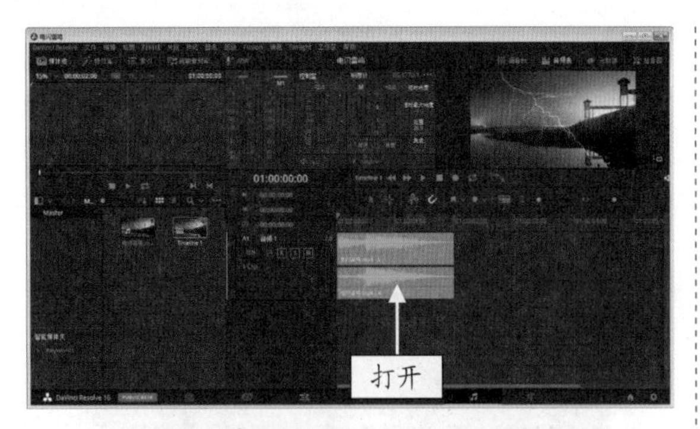

图 10-23 打开一个项目文件

图 10-24 查看打开的项目效果

STEP 03 在界面右上角单击“调音台”按钮 调音台，如图 10-25 所示。

图 10-25 单击“调音台”按钮

STEP 04 执行上述操作后，即可展开“调音台”面板，如图 10-26 所示。

STEP 05 在“调音台”面板的 A1 控制条上，向上拖曳滑块至最顶端，调整音量为 +10，如图 10-27 所示。

10-26 展开“调音台”面板

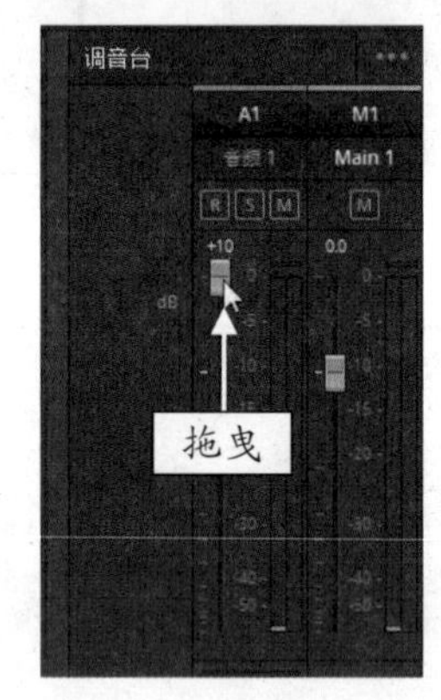

图 10-27 向上拖曳滑块至最顶端

STEP 06 按空格键播放音频素材，在“音频表”面板中可以查看音频的音波状况，如图 10-28 所示。

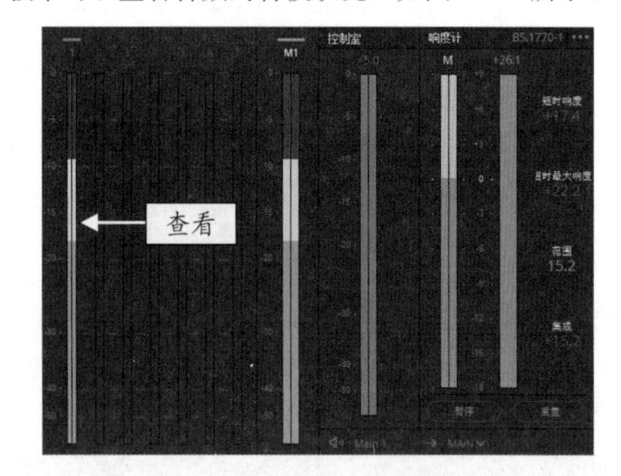

图 10-28 查看音频的音波状况

10.1.5 修改属性：将音频调为立体声

在 DaVinci Resolve 16 Fairlight（音频）步骤面板中，用户可以修改音频的属性，将单声道音频调整为立体声，并设置轨道以立体声模式显示音频，下面介绍具体的操作方法。

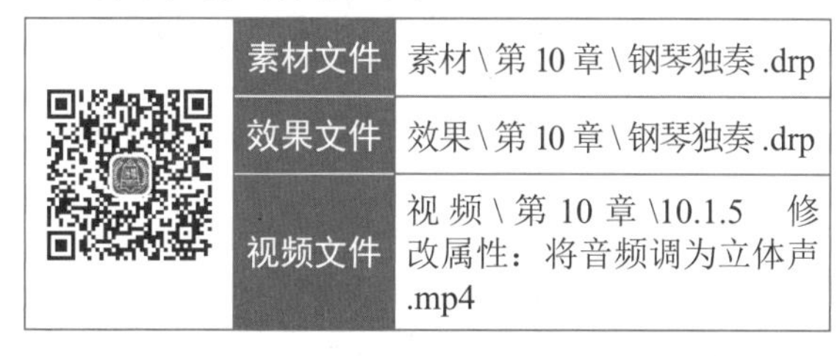

	素材文件	素材 \ 第 10 章 \ 钢琴独奏 .drp
	效果文件	效果 \ 第 10 章 \ 钢琴独奏 .drp
	视频文件	视频 \ 第 10 章 \10.1.5 修改属性：将音频调为立体声 .mp4

【操练 + 视频】
——修改属性：将音频调为立体声

STEP 01 打开一个项目文件，进入 Fairlight（音频）步骤面板，如图 10-29 所示。

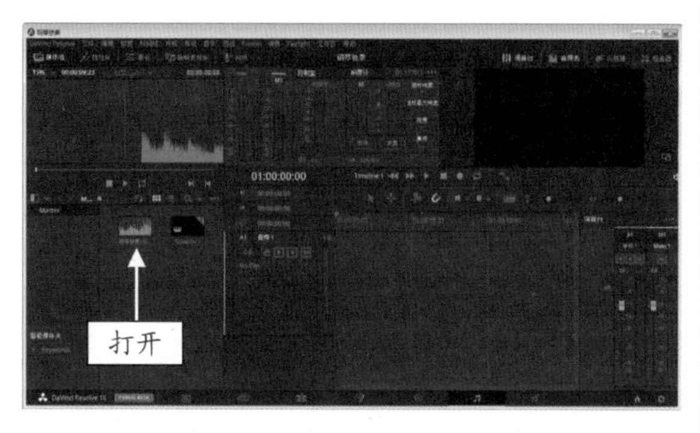

图 10-29　打开一个项目文件

STEP 02 在“媒体池”面板中，选择音频素材文件，如图 10-30 所示。

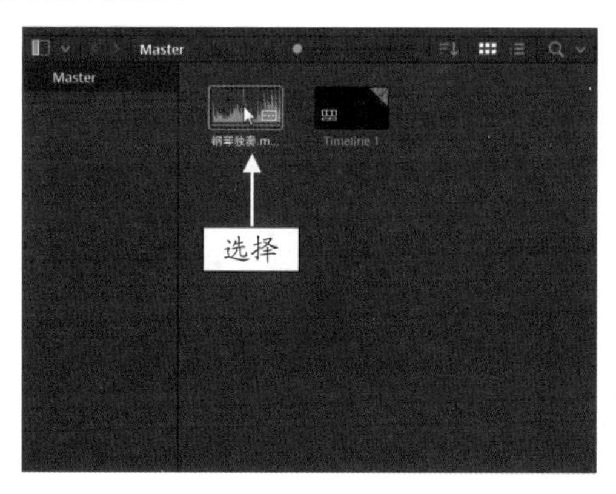

图 10-30　选择音频素材文件

STEP 03 单击鼠标右键，在弹出的快捷菜单中，选择“片段属性”命令，如图 10-31 所示。

STEP 04 弹出“片段属性”对话框，在其中音频属性显示为单声道，如图 10-32 所示。

STEP 05 单击“格式”下方的下拉按钮，在弹出的下拉列表中，选择 Stereo（立体声）选项，如图 10-33 所示。

10-31　选择“片段属性”命令

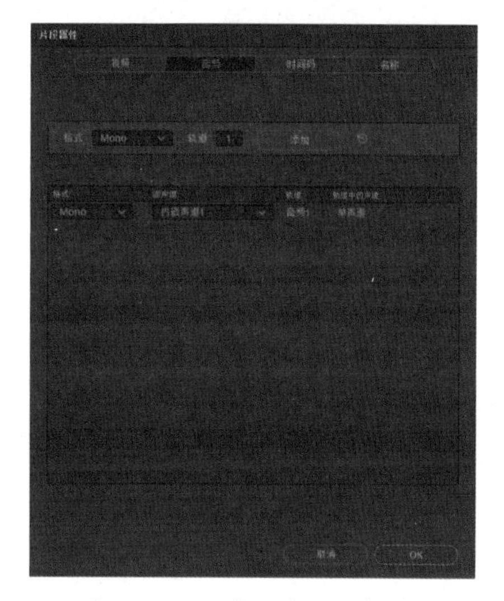

图 10-32　“片段属性”对话框

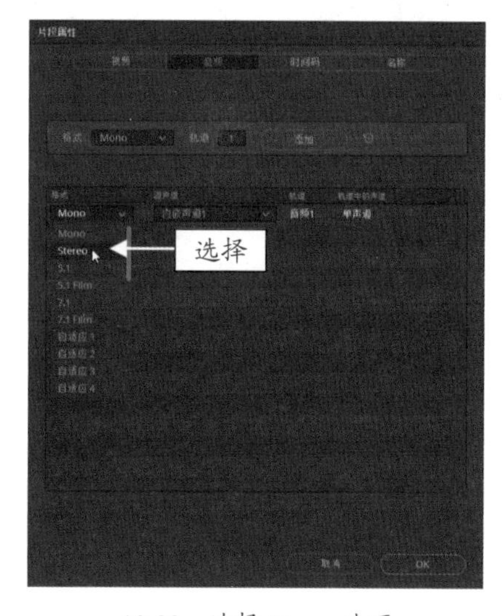

10-33　选择 Stereo 选项

STEP 06 单击 OK 按钮，如图 10-34 所示。

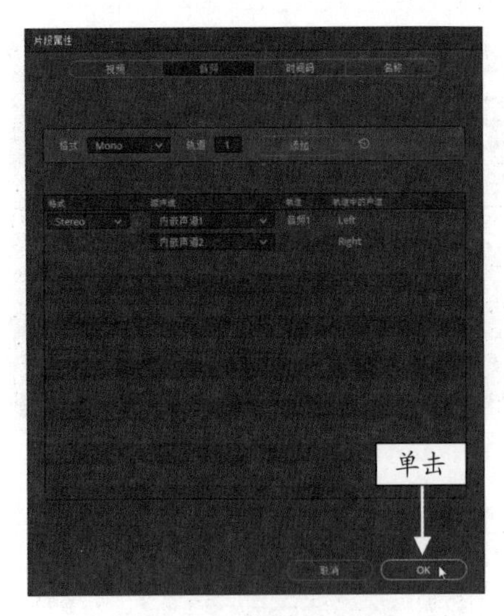

图 10-34　单击 OK 按钮

STEP 07 执行上述操作后，即可将音频属性由单声道修改为立体声，将“媒体池”面板中的音频拖曳至“时间线”面板的 A1 轨道上，并选中 A1 轨道，如图 10-35 所示。

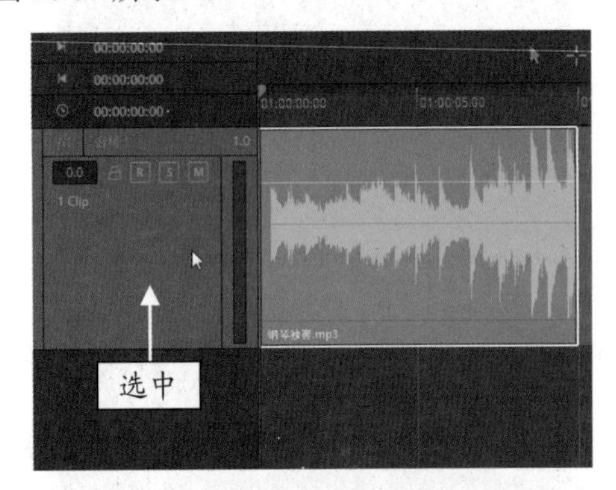

10-35　选中 A1 轨道

专家指点

用户也可以直接将单声道音频添加到“时间线”面板的轨道中，然后选择轨道上的音频素材，单击鼠标右键，在弹出的快捷菜单中，选择“片段属性”命令，即可打开“片段属性”对话框，在其中将轨道上的音频属性由单声道修改为立体声。

另外，轨道面板以左、右声道显示音频素材时，上面的声道为左声道，下面的声道为右声道。

STEP 08 在轨道面板的空白位置处，单击鼠标右键，在弹出的快捷菜单中，选择“将轨道类型更改为”|Stereo（立体声）选项，如图 10-36 所示。

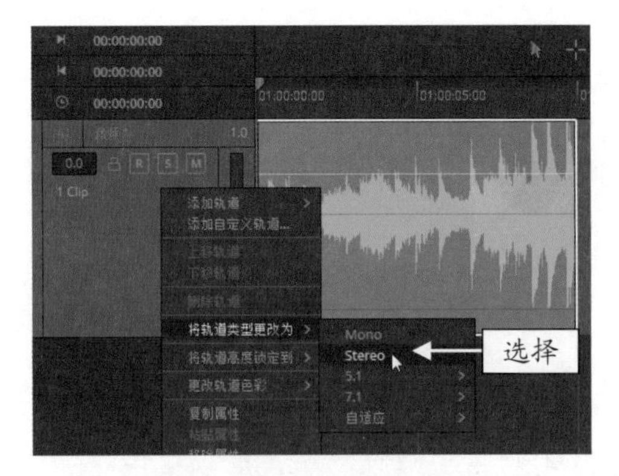

图 10-36　选择 Stereo 选项

STEP 09 执行上述操作后，即可使轨道面板以左、右声道显示音频素材，如图 10-37 所示。

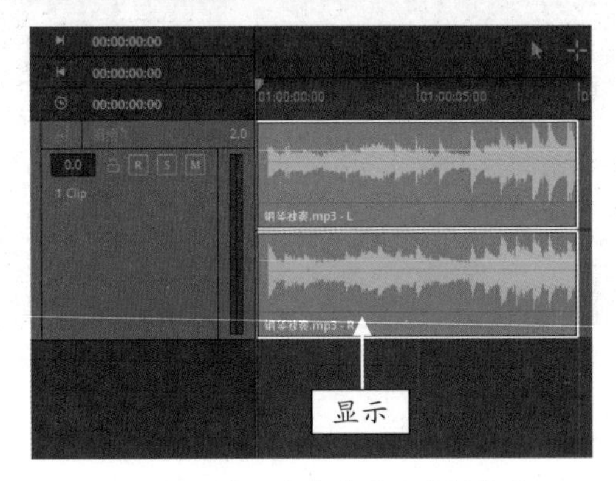

10-37　以左、右声道显示音频素材

STEP 10 按空格键播放音频素材，在“音频表”面板中可以查看音频的音波状况，如图 10-38 所示。

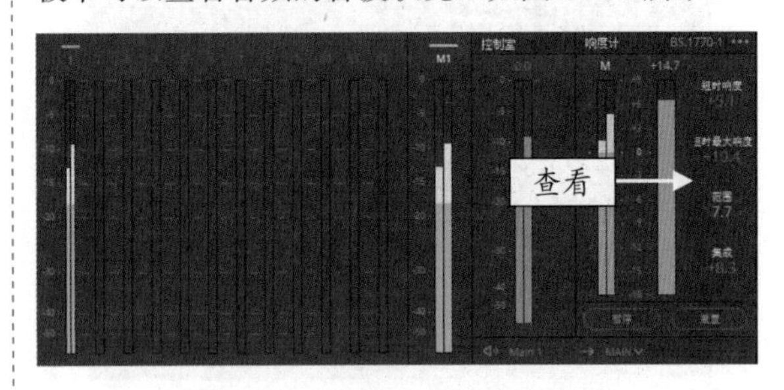

图 10-38　查看音频的音波状况

10.1.6　剪辑音频：应用范围选择模式修剪

在 DaVinci Resolve 16 Fairlight（音频）步骤面板的“时间线”工具栏上，用户可以应用“范围选择模式”工具修剪音频素材，删除不需要的音频片段，下面介绍具体的操作方法。

素材文件	素材 \ 第 10 章 \ 叮咚铃声 .drp
效果文件	效果 \ 第 10 章 \ 叮咚铃声 .drp
视频文件	视频 \ 第 10 章 \10.1.6　剪辑音频：应用范围选择模式修剪 .mp4

【操练 + 视频】
——剪辑音频：应用范围选择模式修剪

STEP 01 打开一个项目文件，进入 Fairlight（音频）步骤面板，如图 10-39 所示。

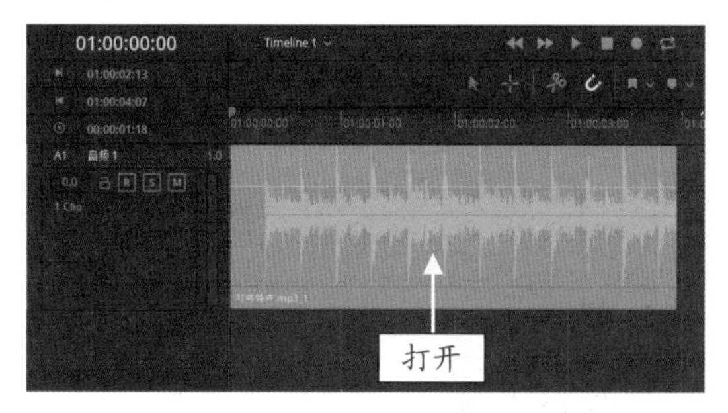

图 10-39　打开一个项目文件

STEP 02 将时间指示器拖曳至 01:00:02:05 的位置处，如图 10-40 所示。

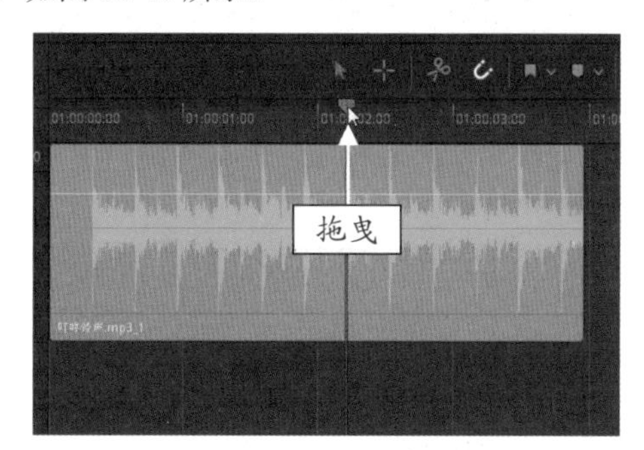

图 10-40　拖曳时间指示器

STEP 03 在“时间线”面板的工具栏上，单击“范围选择模式”按钮，如图 10-41 所示。

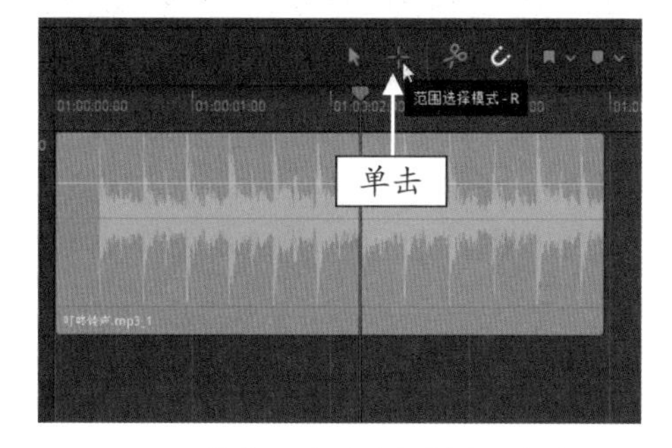

10-41　单击“范围选择模式”按钮

STEP 04 然后将光标移至时间指示器位置的音频素材上，如图 10-42 所示。

图 10-42　移动光标位置

STEP 05 按住鼠标左键，拖曳光标至音频素材的末端，如图 10-43 所示。

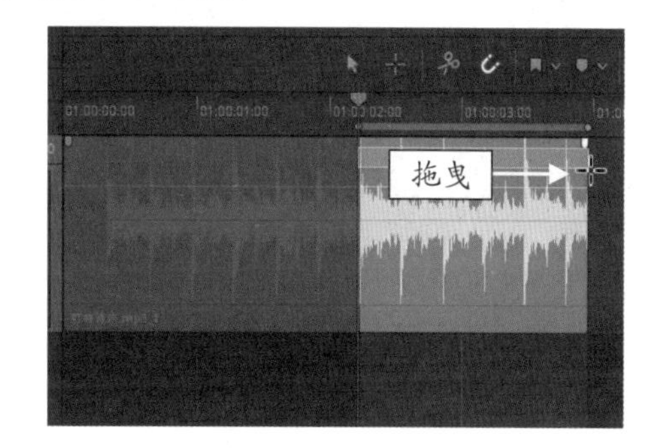

10-43　拖曳光标至音频素材的末端

STEP 06 执行操作后，即可使用“范围选择模式”工具选取音频片段，选取的音频片段呈灰白色显示，将光标移至被选取的音频片段上，此时光标呈手掌形状，如图 10-44 所示。

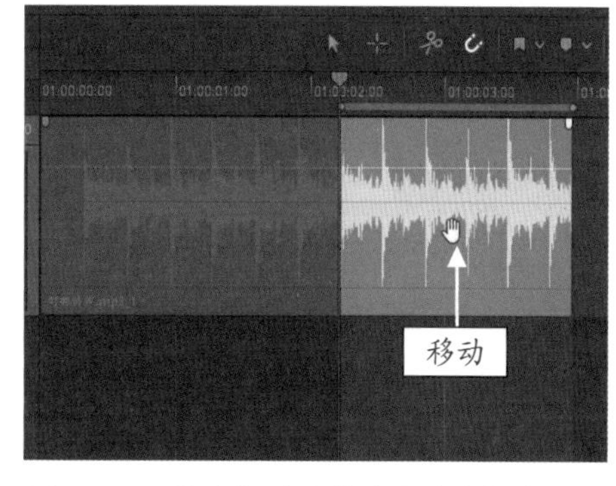

图 10-44　将光标移至被选取的音频片段上

STEP 07 按住鼠标左键，向右拖曳选取的音频片段，此时光标呈抓手形状，至合适位置后释放鼠标左键，即可将音频素材分割并移动，如图 10-45 所示。

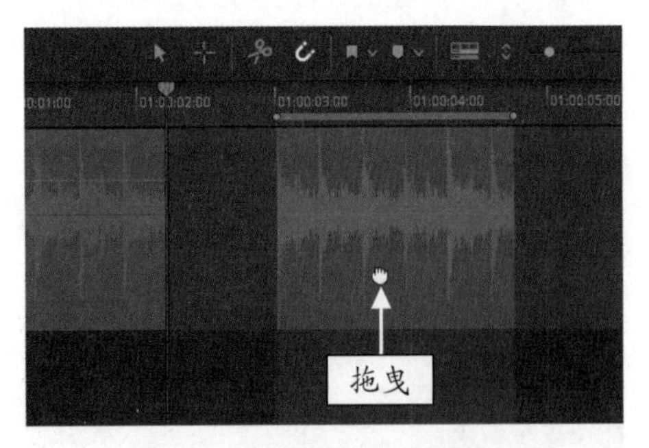

10-45　向右拖曳选取的音频片段

STEP 08 在选取的音频片段上单击鼠标右键，在弹出的快捷菜单中，选择"删除所选"命令，如图10-46所示。

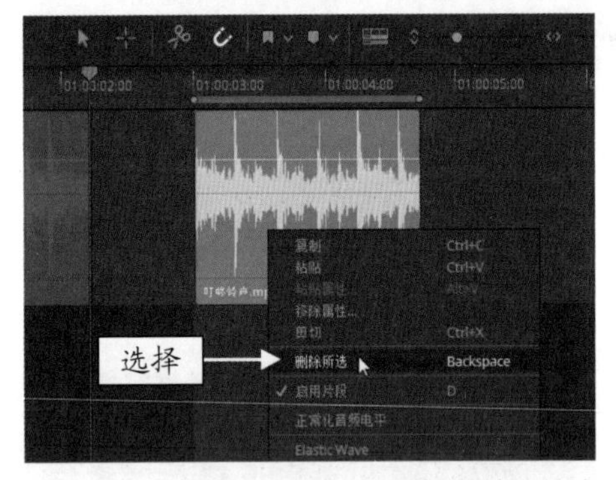

图 10-46　选择"删除所选"命令

STEP 09 执行上述操作后，即可删除所选片段，如图10-47所示。

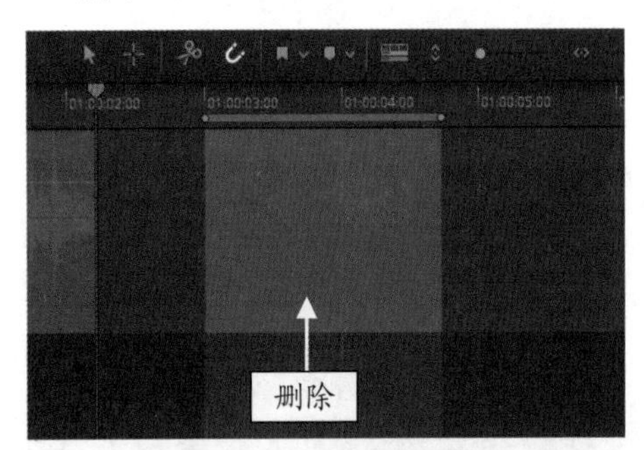

10-47　删除选取的音频片段

专家指点

用户也可以选择剪辑后的音频片段，直接按Delete键，删除选取的音频片段。

10.1.7　分割音频：应用刀片工具分割音频

在DaVinci Resolve 16 Fairlight（音频）步骤面板的"时间线"工具栏上，用户可以应用"刀片工具"将音频素材分割为多个音频片段，下面介绍具体的操作方法。

	素材文件	素材\第10章\雨水之声.drp
	效果文件	效果\第10章\雨水之声.drp
	视频文件	视频\第10章\10.1.7　分割音频：应用刀片工具分割音频.mp4

【操练+视频】
——分割音频：应用刀片工具分割音频

STEP 01 打开一个项目文件，进入Fairlight（音频）步骤面板，如图10-48所示。按空格键可以聆听音频素材。

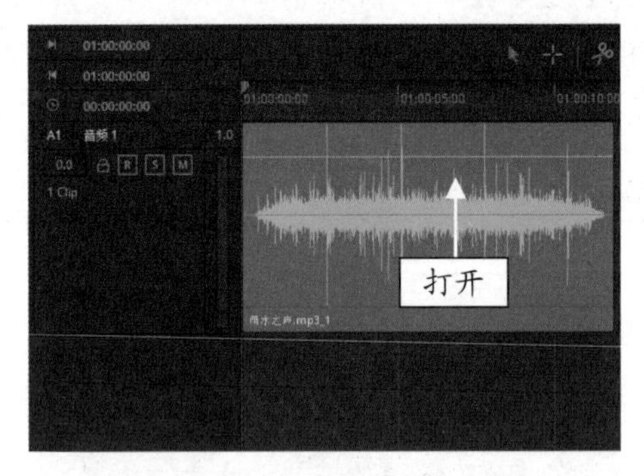

图 10-48　打开一个项目文件

STEP 02 将时间指示器拖曳至01:00:02:16的位置处，如图10-49所示。

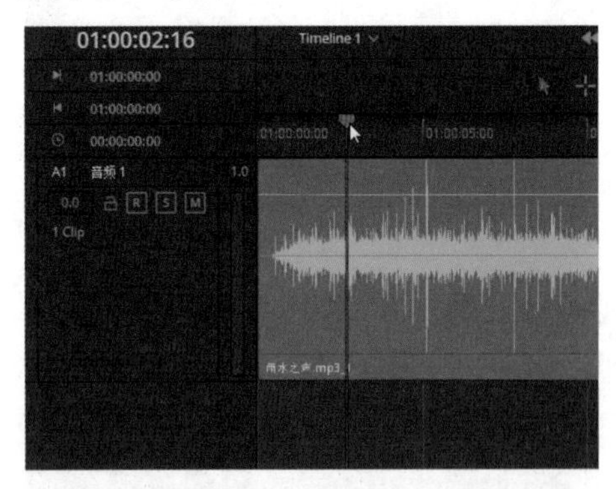

图 10-49　拖曳时间指示器

STEP 03 在"时间线"面板的工具栏上，单击"刀片工具"按钮，即可将音频素材分割为两段，如图10-50所示。

STEP 04 用与上同样的方法，在01:00:05:02和01:00:07:17的位置处将音频素材分割成多个音频片段，如图10-51所示。

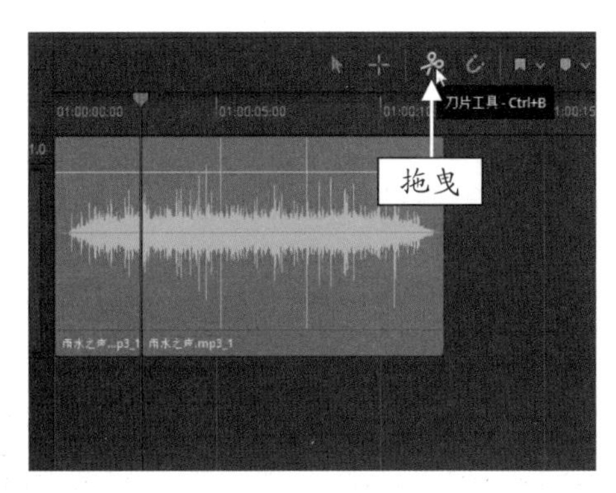

图 10-50　单击“刀片工具”按钮

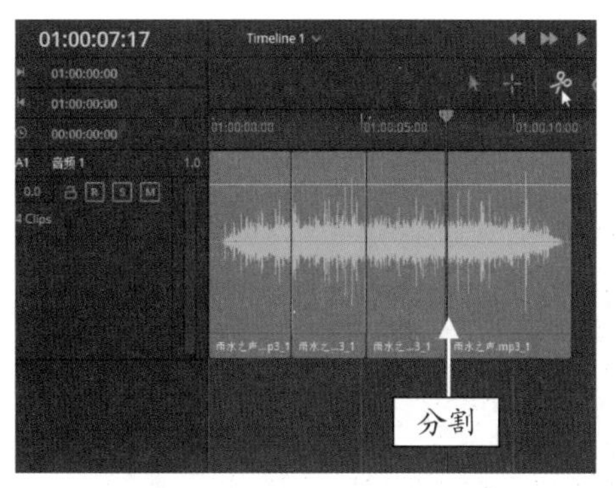

图 10-51　分割多个音频片段

10.2 为音频添加特效

在 DaVinci Resolve 16 中，可以将音频滤镜添加到音频轨的音频素材上，如淡入淡出、回声特效、去除杂音、混响特效等。本节主要介绍为音频添加特效的操作方法。

10.2.1　淡入淡出：制作淡入淡出声音特效

为音频添加淡入淡出的声音效果，可以避免音乐的突然出现和突然消失，使音乐能够有一种自然的过渡效果。下面介绍制作淡入淡出声音特效的操作方法。

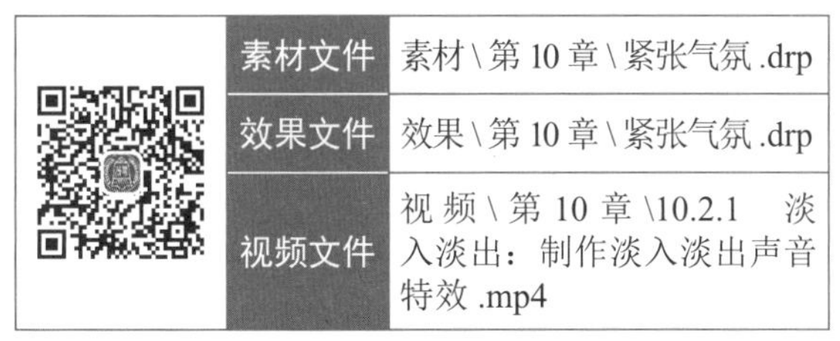

	素材文件	素材 \ 第 10 章 \ 紧张气氛 .drp
	效果文件	效果 \ 第 10 章 \ 紧张气氛 .drp
	视频文件	视频 \ 第 10 章 \10.2.1　淡入淡出：制作淡入淡出声音特效 .mp4

【操练 + 视频】
——淡入淡出：制作淡入淡出声音特效

STEP 01 打开一个项目文件，进入 Fairlight（音频）步骤面板，如图 10-52 所示。按空格键可以试听音频素材。

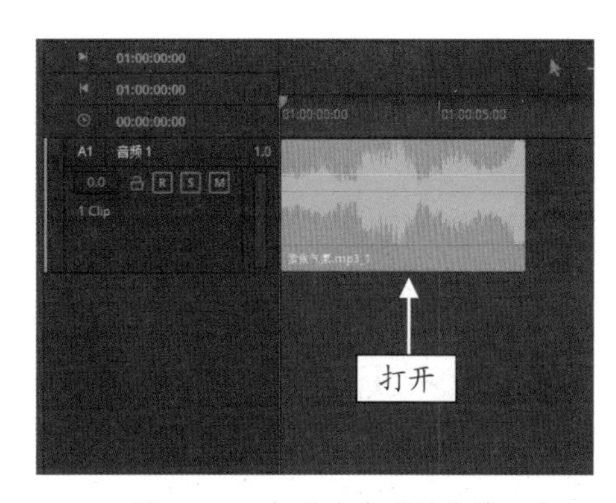

图 10-52　打开一个项目文件

STEP 02 将鼠标移至音频素材上方，此时，音频素材的左上角和右上角分别出现了两个白色标记，如图 10-53 所示。

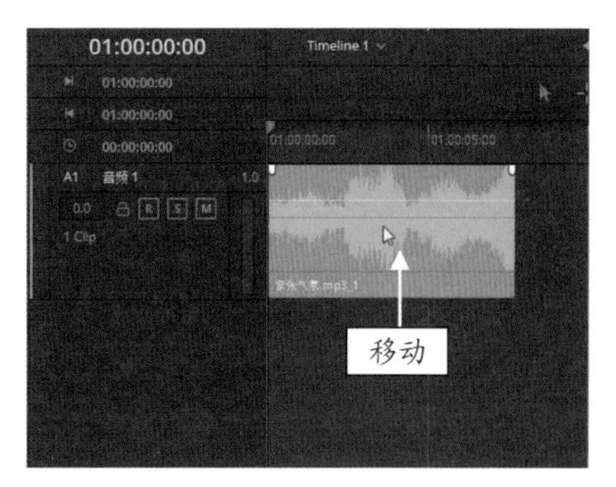

图 10-53　将鼠标移至音频素材上方

STEP 03 选中左上角的标记，按住鼠标左键并向右拖曳，至合适位置释放鼠标左键，即可为音频素材添加淡入特效，如图 10-54 所示。

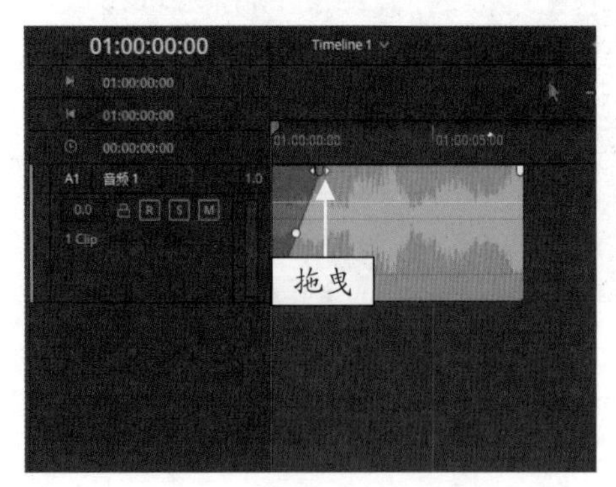

图 10-54 拖曳左上角的标记

STEP 04 用与上同样的方法向左拖曳音频右上角的标记，至合适位置释放鼠标左键，为音频素材添加淡出特效，如图 10-55 所示。按空格键聆听制作的淡入淡出声音特效。

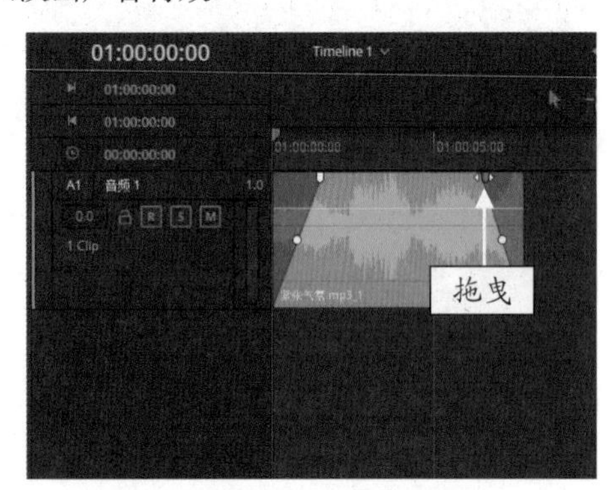

图 10-55 拖曳右上角的标记

10.2.2 回声特效：制作背景声音的回音效果

在 DaVinci Resolve 16 中，使用回声音频滤镜样式可以为音频文件添加回音效果，该滤镜样式适合放在比较唯美梦幻的视频素材当中，下面介绍制作背景声音的回声特效的操作方法。

	素材文件	素材 \ 第 10 章 \ 水珠涟漪 .drp
	效果文件	效果 \ 第 10 章 \ 水珠涟漪 .drp
	视频文件	视频 \ 第 10 章 \10.2.2 回声特效：制作背景声音的回音效果 .mp4

【操练 + 视频】
——回声特效：制作背景声音的回音效果

STEP 01 打开一个项目文件，进入 Fairlight（音频）步骤面板，如图 10-56 所示。

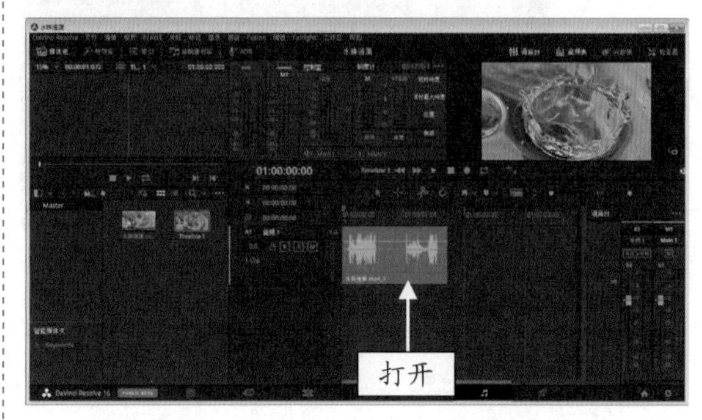

图 10-56 打开一个项目文件

STEP 02 按空格键播放音频，聆听背景音乐并查看视频画面，如图 10-57 所示。

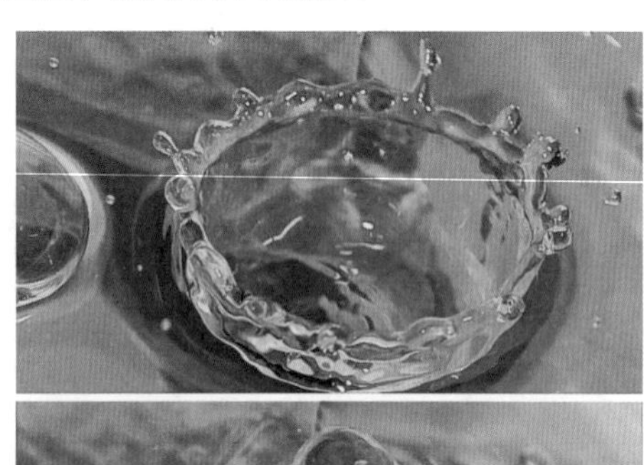

图 10-57 聆听背景音乐并查看视频画面

STEP 03 在界面左上角单击“特效库”按钮，如图 10-58 所示。

STEP 04 展开“音频特效”面板，选择 Echo（回声）选项，如图 10-59 所示。

STEP 05 按住鼠标左键的同时将选择的音频特效拖曳至 A1 轨道上的音频素材上，如图 10-60 所示。

STEP 06 释放鼠标左键，自动弹出相应对话框，在其中可以设置 Echo（回声）特效的属性参数，如图 10-61 所示。

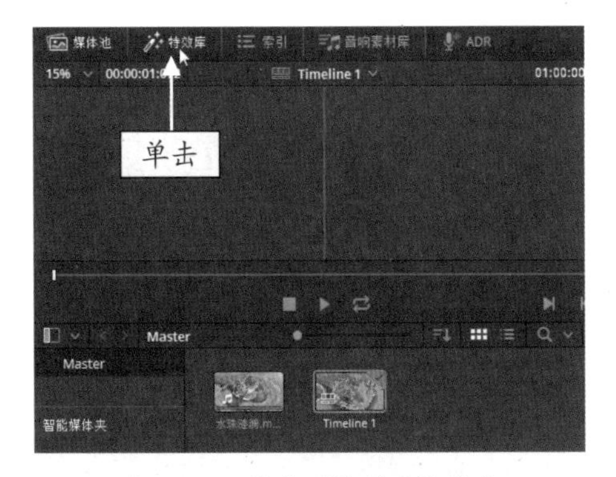

图 10-58　单击“特效库”按钮

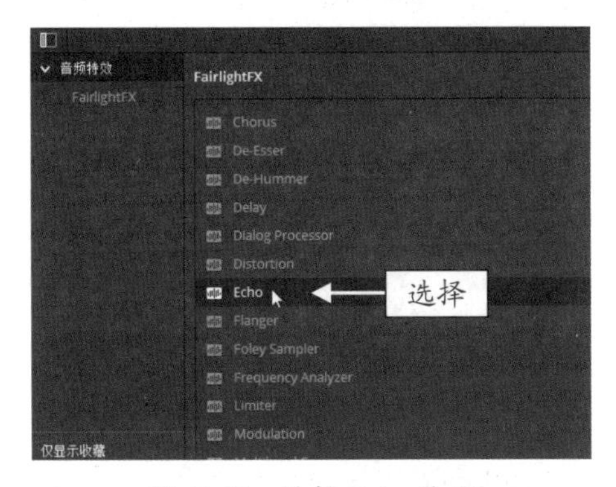

图 10-59　选择 Echo 选项

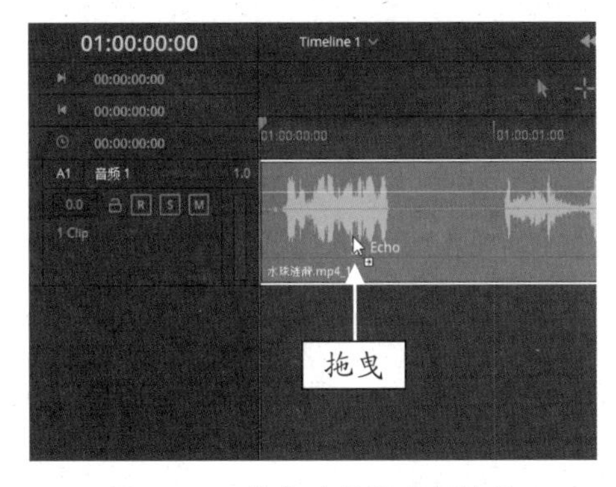

图 10-60　拖曳选择的音频特效

图 10-61　弹出相应对话框

STEP 07 单击对话框左上角的关闭按钮，返回步骤面板，此时 A1 轨道中的音频素材上显示了特效图标，表示已添加音频特效，如图 10-62 所示。按空格键播放音频，聆听制作的背景声音回声特效。

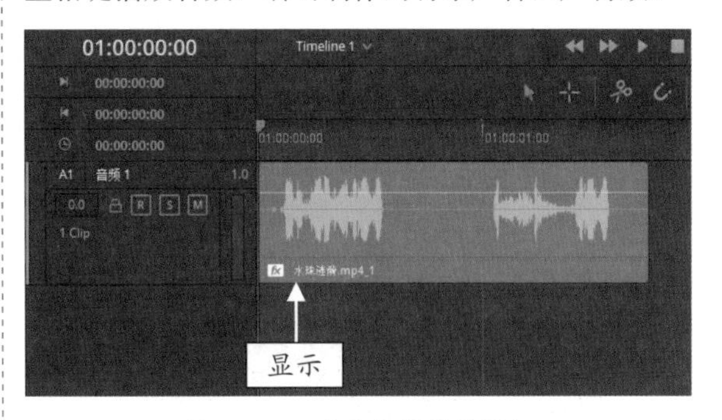

图 10-62　显示音频特效图标

10.2.3　去除杂音：清除声音中的嗞嗞声

在 DaVinci Resolve 16 中，使用 De-Esser（嗞声消除器）音频特效可以对音频文件中的噪声进行处理，该特效适合用在有噪音的音频文件中。下面介绍清除声音中嗞嗞声的操作方法。

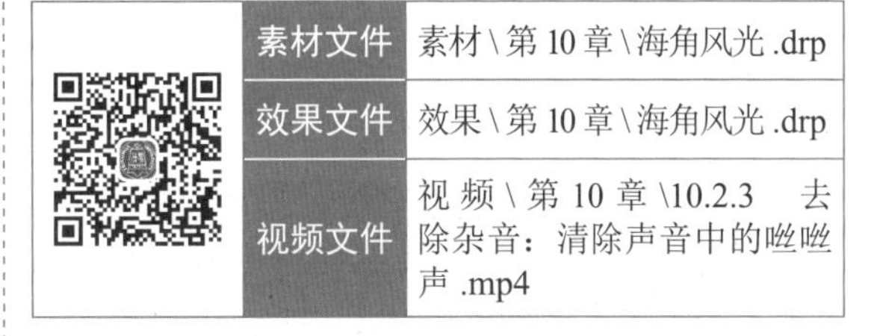

	素材文件	素材 \ 第 10 章 \ 海角风光 .drp
	效果文件	效果 \ 第 10 章 \ 海角风光 .drp
	视频文件	视频 \ 第 10 章 \10.2.3　去除杂音：清除声音中的嗞嗞声 .mp4

【操练 + 视频】
——去除杂音：清除声音中的嗞嗞声

STEP 01 打开一个项目文件，进入 Fairlight（音频）步骤面板，如图 10-63 所示。

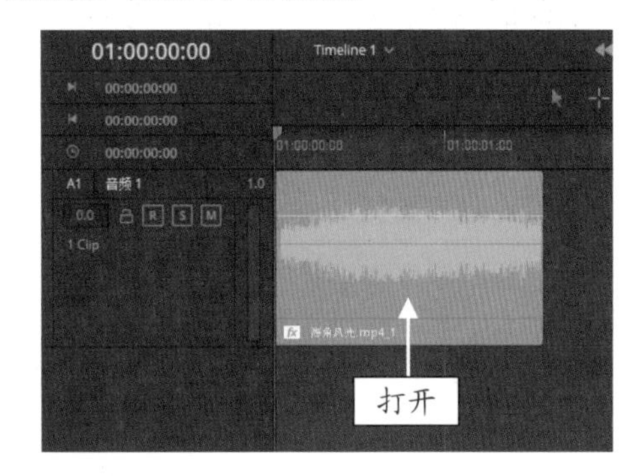

图 10-63　打开一个项目文件

STEP 02 按空格键播放音频，聆听背景音乐并查看视频画面，如图 10-64 所示。

图 10-64　聆听背景音乐并查看视频画面

STEP 03 单击“特效库”按钮，展开“音频特效”面板，选择 De-Esser（咝声消除器）选项，如图 10-65 所示。

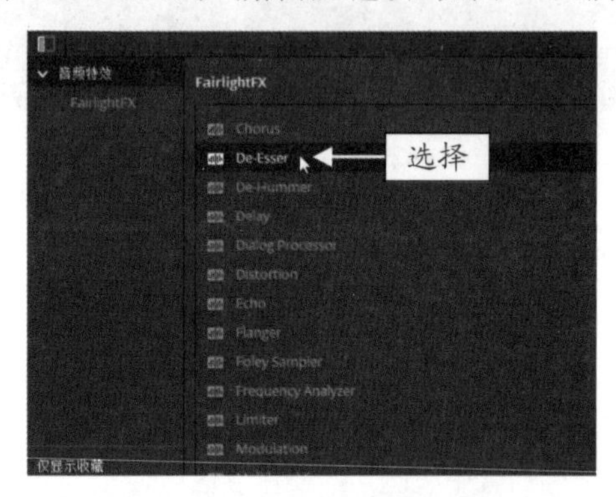

图 10-65　选择 De-Esser 选项

STEP 04 按住鼠标左键的同时将选择的音频特效拖曳至 A1 轨道上的音频素材上，如图 10-66 所示。

图 10-66　拖曳音频特效

STEP 05 释放鼠标左键，自动弹出相应对话框，如图 10-67 所示。

STEP 06 在对话框下方的“反应时间”选项区中，选中“快速”单选按钮，提高去除杂音的反应速度，如图 10-68 所示。

STEP 07 单击对话框左上角的关闭按钮，返回步骤面板，此时 A1 轨道中的音频素材上显示了特效图标，表示已添加音频特效，如图 10-69 所示。按空格键播放音频，聆听去除咝咝背景杂声后的声音。

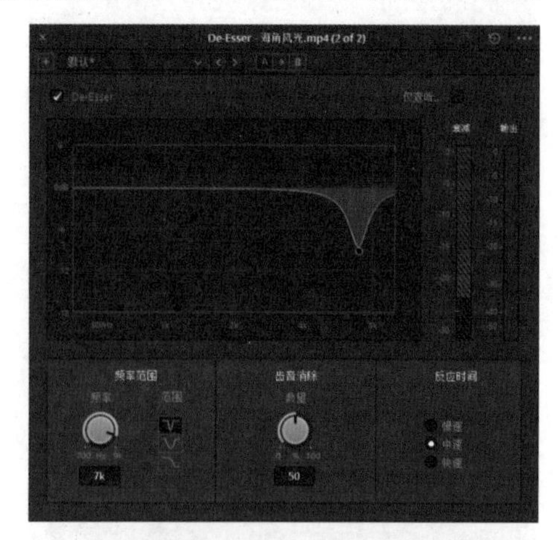

图 10-67　弹出相应对话框

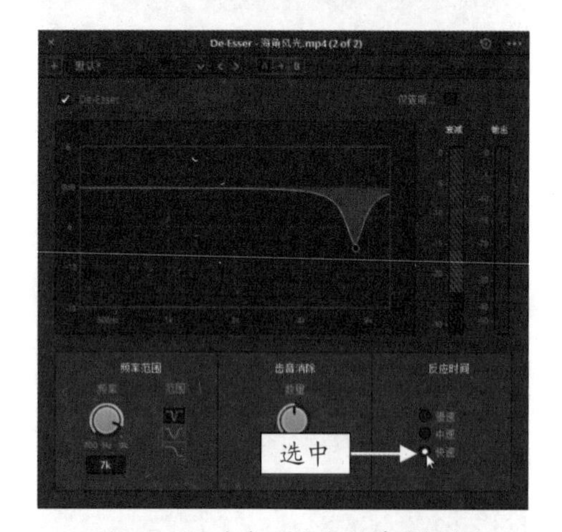

图 10-68　选中“快速”单选按钮

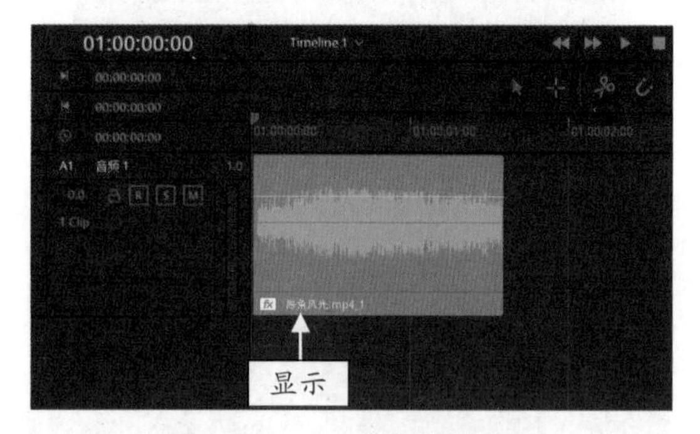

图 10-69　显示音频特效图标

10.2.4　混响特效：制作 KTV 声音效果

在 DaVinci Resolve 16 中，使用 Reverb（混响）音频特效可以为音频文件添加混响效果，该特效适合放在 KTV 的音效中。下面介绍应用 Reverb（混响）

音频特效的操作方法。

素材文件	素材 \ 第 10 章 \ 不说再见 .drp
效果文件	效果 \ 第 10 章 \ 不说再见 .drp
视频文件	视频 \ 第 10 章 \10.2.4　混响特效：制作 KTV 声音效果 .mp4

【操练 + 视频】
——混响特效：制作 KTV 声音效果

STEP 01 打开一个项目文件，进入 Fairlight（音频）步骤面板，如图 10-70 所示。

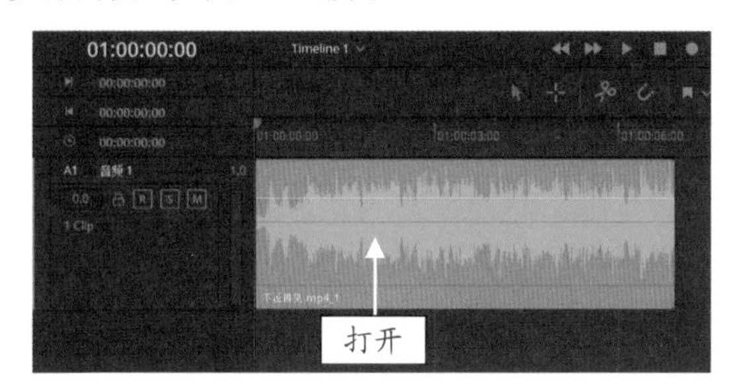

图 10-70　打开一个项目文件

STEP 02 按空格键播放音频，聆听背景音乐并查看视频画面，如图 10-71 所示。

图 10-71　聆听背景音乐并查看视频画面

图 10-71　聆听背景音乐并查看视频画面（续）

STEP 03 展开“音频特效”面板，选择 Reverb（混响）选项，如图 10-72 所示。

图 10-72　选择 Reverb 选项

STEP 04 按住鼠标左键将选择的音频特效拖曳至 A1 轨道上的音频素材上，如图 10-73 所示。

图 10-73　拖曳音频特效

STEP 05 释放鼠标左键，自动弹出相应对话框，如图 10-74 所示。

STEP 06 单击对话框左上角的关闭按钮☒，返回步骤面板，此时 A1 轨道中的音频素材上显示了特效图标，表示已添加音频特效，如图 10-75 所示。按空格键播放音频，聆听制作的 KTV 混响声音特效。

图 10-74　弹出相应对话框

图 10-75　显示音频特效图标

10.3 渲染导出成品视频

在 DaVinci Resolve 16 中，将视频素材编辑完成后，用户可以切换至“交付”步骤面板，然后在“渲染设置”面板中，将成品视频渲染输出不同格式的视频文件。本节将介绍在 DaVinci Resolve 16“交付”步骤面板中渲染输出视频文件的操作方法。

10.3.1 单个导出：将视频渲染成一个对象

在 DaVinci Resolve 16“交付”步骤面板中，用户可以将编辑完成的一个或多个素材片段，渲染输出为一个完整的视频文件。下面介绍将视频渲染成单个片段的操作方法。

	素材文件	素材 \ 第 10 章 \ 深秋对白 .drp
	效果文件	效果 \ 第 10 章 \ 深秋对白 .mov
	视频文件	视频 \ 第 10 章 \10.3.1　单个导出：将视频渲染成一个对象 .mp4

【操练 + 视频】
——单个导出：将视频渲染成一个对象

STEP 01 打开一个项目文件，进入“剪辑”步骤面板，如图 10-76 所示。

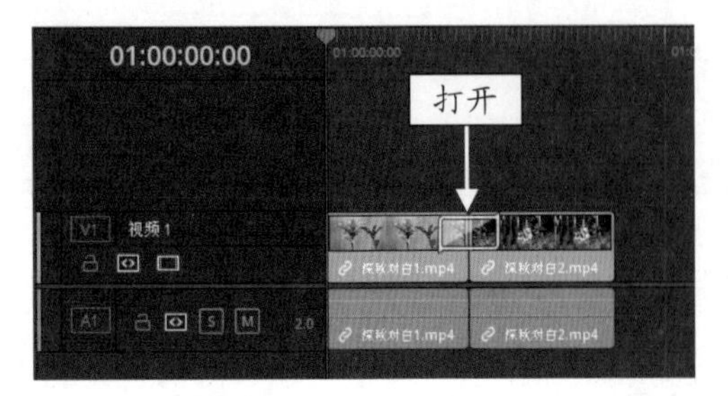

图 10-76　打开一个项目文件

STEP 02 在预览窗口中，可以查看打开的项目效果，如图 10-77 所示。

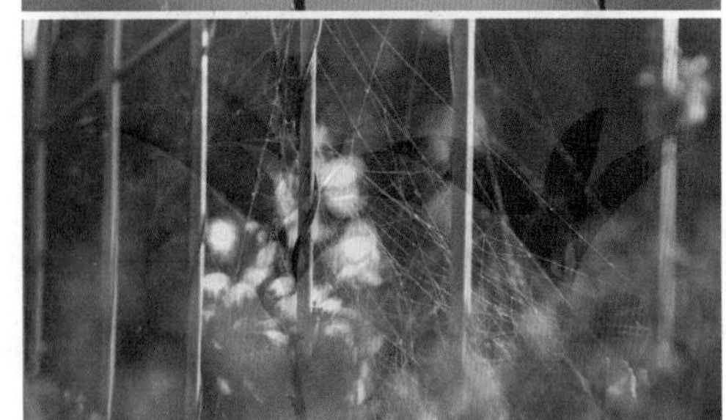

图 10-77　查看打开的项目效果

STEP 03 在下方单击“交付”按钮，如图 10-78 所示。

STEP 04 切换至“交付”步骤面板，如图 10-79 所示。

STEP 05 在左上角的“渲染设置”|“渲染设置 - 自定义”选项面板的“文件名”文本框中，输入内容“深

秋对白”，设置渲染的文件名称，如图 10-80 所示。

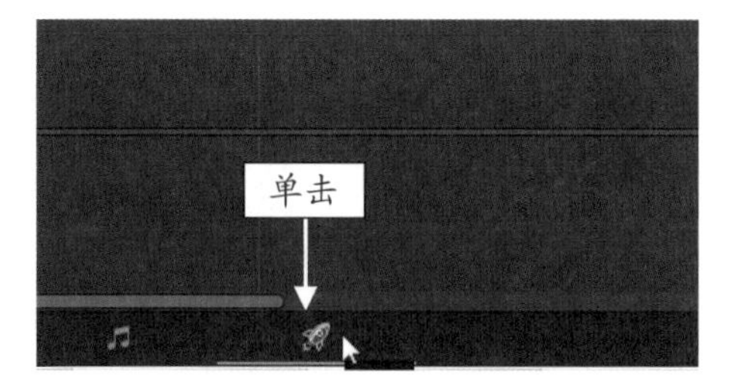

图 10-78　单击“交付”按钮

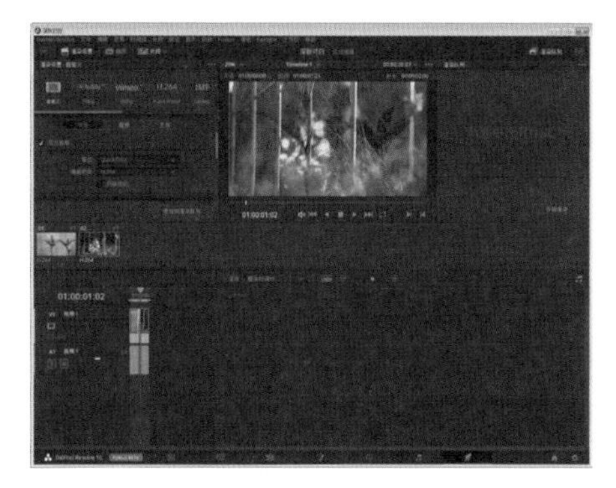

图 10-79　切换至“交付”步骤面板

图 10-80　输入内容

STEP 06 单击“位置”右侧的“浏览”按钮，如图 10-81 所示。

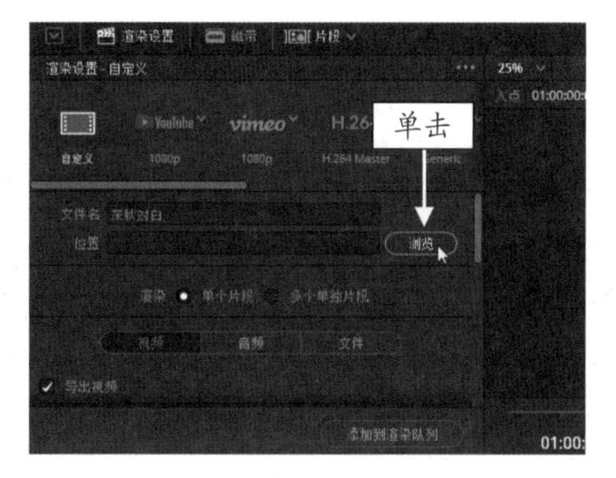

图 10-81　单击“浏览”按钮

STEP 07 弹出“文件目标”对话框，在其中设置文件的保存位置，单击“保存”按钮，如图 10-82 所示。

图 10-82　单击“保存”按钮

STEP 08 执行上述操作后，即可在“位置”右侧的文本框中显示保存路径，在下方选中“单个片段”单选按钮，如图 10-83 所示，表示将所选时间线范围渲染为单个片段。

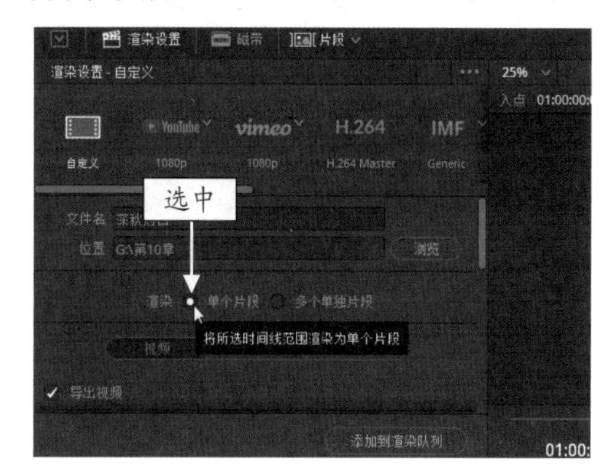

图 10-83　选中“单个片段”单选按钮

STEP 09 单击“添加到渲染队列”按钮，如图 10-84 所示。

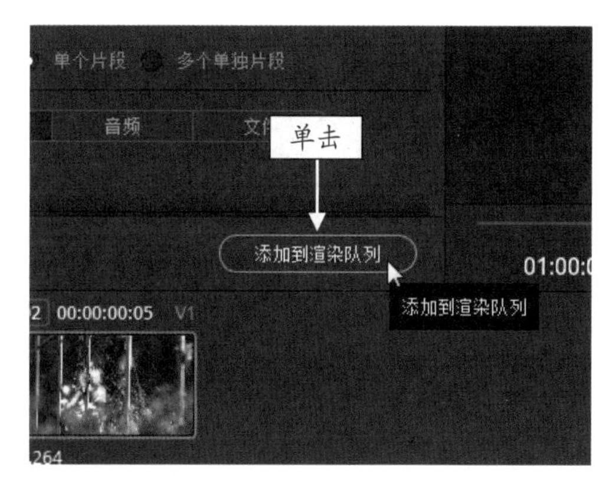

图 10-84　单击“添加到渲染队列”按钮

STEP 10 执行上述操作后，即可将视频文件添加到右上角的“渲染队列”面板中，单击面板下方的“开始渲染”按钮，如图 10-85 所示。

图 10-85　单击“开始渲染”按钮

STEP 11 开始渲染视频文件，并显示了视频渲染进度，如图 10-86 所示。

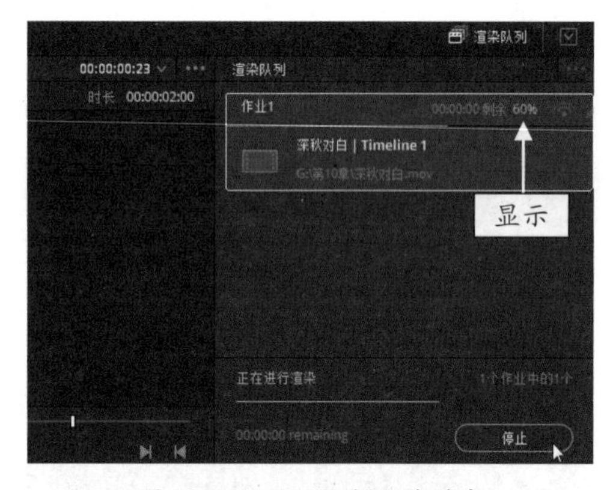

图 10-86　显示视频渲染进度

STEP 12 待渲染完成后，在渲染列表上会显示完成用时，表示渲染成功，如图 10-87 所示。在视频渲染保存的文件夹中，可以查看渲染输出的视频。

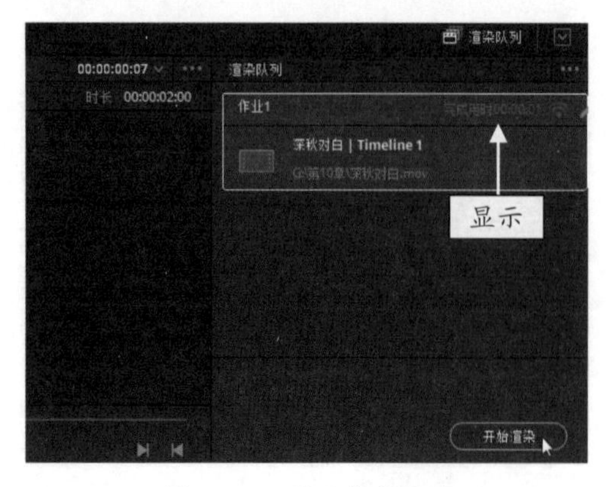

图 10-87　显示完成用时

专家指点

用户在渲染视频文件时，可能会出现视频文件过大内存不够的情况，此时单击“停止”按钮，即可停止渲染视频文件。

10.3.2　多个导出：将多个视频片段单独渲染

在 DaVinci Resolve 16“交付”步骤面板中，用户可以将编辑完成的一段视频素材分割为多段素材，然后渲染输出为多个单独的视频文件。下面介绍将多个视频片段单独渲染的操作方法。

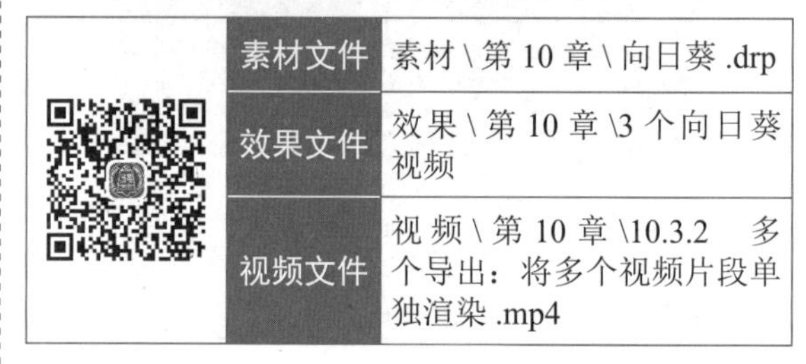

	素材文件	素材 \ 第 10 章 \ 向日葵 .drp
	效果文件	效果 \ 第 10 章 \3 个向日葵视频
	视频文件	视频 \ 第 10 章 \10.3.2　多个导出：将多个视频片段单独渲染 .mp4

【操练 + 视频】
——多个导出：将多个视频片段单独渲染

STEP 01 打开一个项目文件，进入“剪辑”步骤面板，在“时间线”面板的工具栏中，单击“刀片编辑模式 -B”按钮，如图 10-88 所示。

图 10-88　单击“刀片编辑模式 -B”按钮

STEP 02 应用刀片工具，在 01:00:01:00 和 01:00:02:00 位置处，将视频素材分割为三段，如图 10-89 所示。

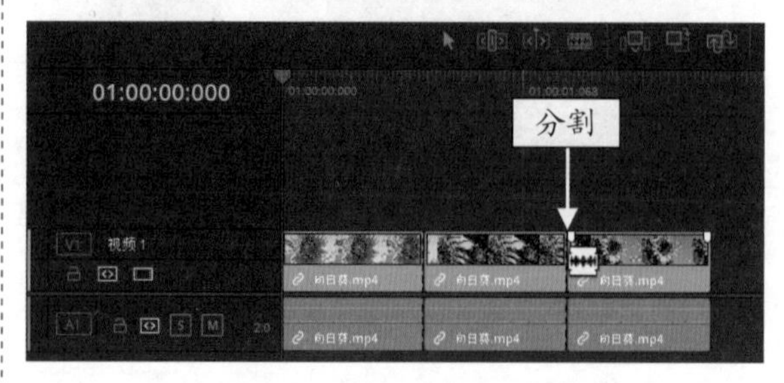

图 10-89　将视频素材分割为三段

STEP 03 在预览窗口中，可以查看分割后的项目显示效果，如图 10-90 所示。

图 10-90　查看分割后的项目显示效果

STEP 04 切换至"交付"步骤面板，在"渲染设置"|"渲染设置 - 自定义"选项面板中，设置文件名称和保存位置，如图 10-91 所示。

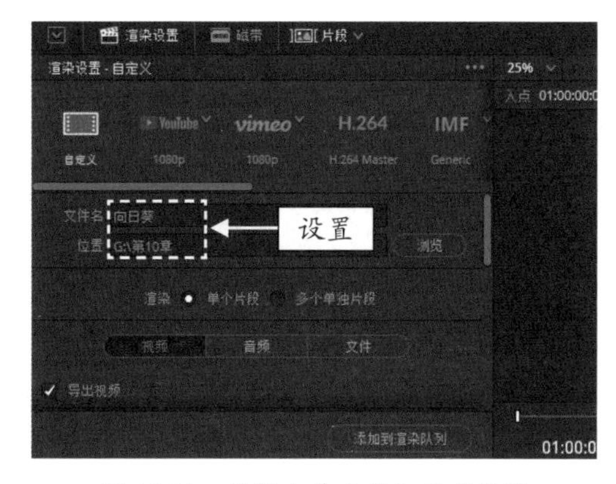

图 10-91　设置文件名称和保存位置

STEP 05 在"渲染"右侧，选中"多个单独片段"单选按钮，如图 10-92 所示。

图 10-92　选中"多个单独片段"单选按钮

STEP 06 单击"添加到渲染队列"按钮，如图 10-93 所示。

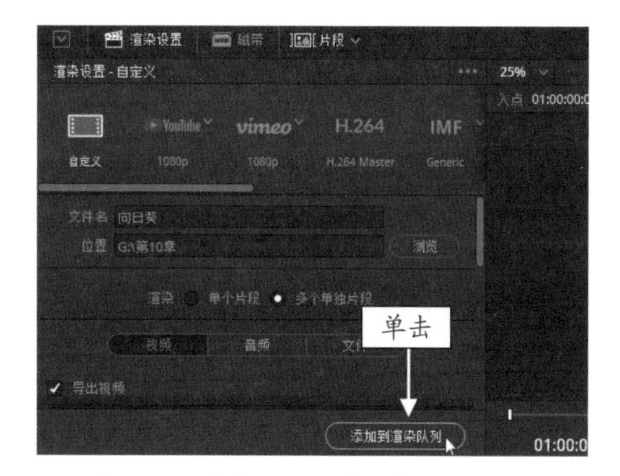

图 10-93　单击"添加到渲染队列"按钮

STEP 07 将视频文件添加到右上角的"渲染队列"面板中，单击面板下方的"开始渲染"按钮，如图 10-94 所示。

图 10-94　单击"开始渲染"按钮

STEP 08 开始渲染视频文件，并显示视频渲染进度，如图 10-95 所示。

图 10-95　显示视频渲染进度

STEP 09 待渲染完成后，在渲染列表上会显示完成用时，表示渲染成功，在视频渲染保存的文件夹中，可以查看渲染输出的视频，如图 10-96 所示。

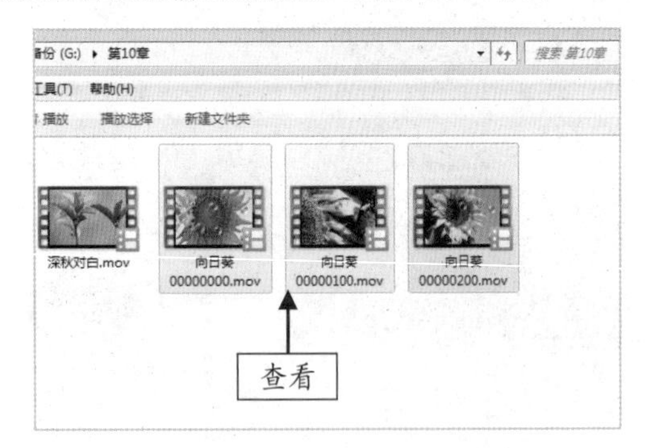

图 10-96　查看渲染输出的视频

10.3.3　导出 MP4：导出桥梁建筑视频

MP4 全称 MPEG-4 Part 14，是一种使用 MPEG-4 的多媒体电脑档案格式，文件格式后缀名为 .mp4，MP4 格式的优点是应用广泛，这种格式在大多数播放软件、非线性编辑软件以及智能手机中都能播放。下面介绍导出 MP4 视频文件的操作方法。

	素材文件	素材 \ 第 10 章 \ 桥梁建筑 .drp
	效果文件	效果 \ 第 10 章 \ 桥梁建筑 .mp4
	视频文件	视频 \ 第 10 章 \10.3.3　导出 MP4：导出桥梁建筑视频 .mp4

【操练 + 视频】
——导出 MP4：导出桥梁建筑视频

STEP 01 打开一个项目文件，进入“剪辑”步骤面板，在预览窗口中，可以查看打开的项目效果，如图 10-97 所示。

图 10-97　查看打开的项目效果

STEP 02 切换至“交付”步骤面板，在“渲染设置”|“渲染设置 - 自定义”选项面板中，设置文件名称和保存位置，如图 10-98 所示。

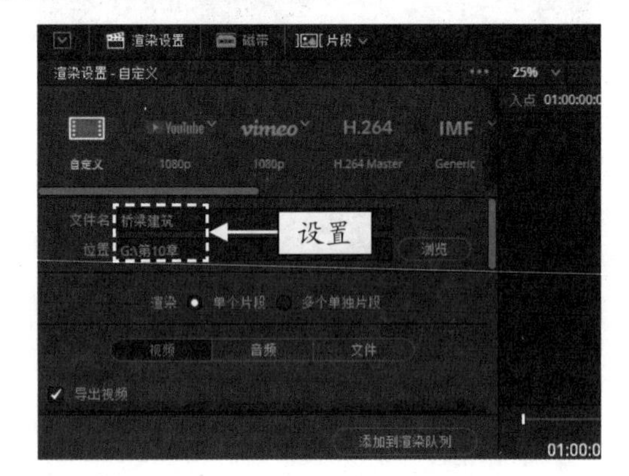

图 10-98　设置文件名称和保存位置

STEP 03 在“导出视频”选项区中，单击“格式”右侧的下拉按钮，在弹出的下拉列表框中，选择 MP4 选项，如图 10-99 所示。

图 10-99　选择 MP4 选项

STEP 04 单击“添加到渲染队列”按钮，如图 10-100 所示。

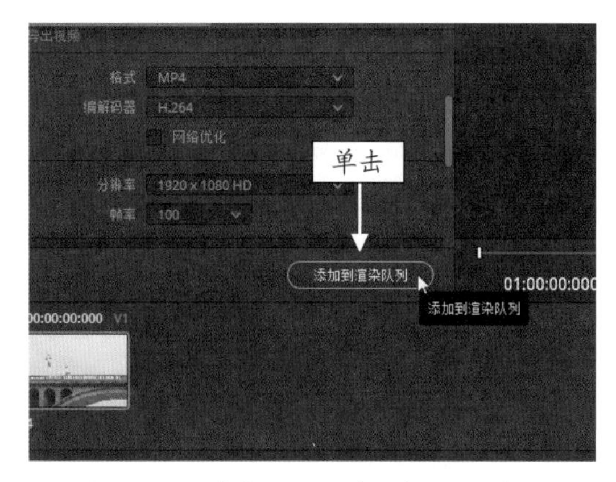

图 10-100　单击“添加到渲染队列”按钮

STEP 05 将视频文件添加到右上角的“渲染队列”面板中，单击面板下方的“开始渲染”按钮，如图 10-101 所示。

图 10-101　单击“开始渲染”按钮

STEP 06 开始渲染视频文件，并显示视频渲染进度，待渲染完成后，在渲染列表上会显示完成用时，表示渲染成功，如图 10-102 所示，在视频渲染保存的文件夹中，可以查看渲染输出的视频。

图 10-102　显示完成用时

专家指点

当取消勾选“导出视频”复选框时，“导出视频”选项区中的设置会呈灰色、不可用状态，需要用户重新勾选“导出视频”复选框，才可以继续进行相关选项设置。

如果第一次渲染 MP4 视频失败，用户可以先切换成其他视频格式，然后再重新设置“格式”为 MP4 视频格式即可。

10.3.4　导出 MOV：导出古城记忆视频

MOV 格式是指 Quick Time 格式，是苹果（Apple）公司创立的一种视频格式。在 DaVinci Resolve 16 中，Quick Time 是默认状态下设置的一种视频格式。下面介绍导出 MOV 视频文件的操作方法。

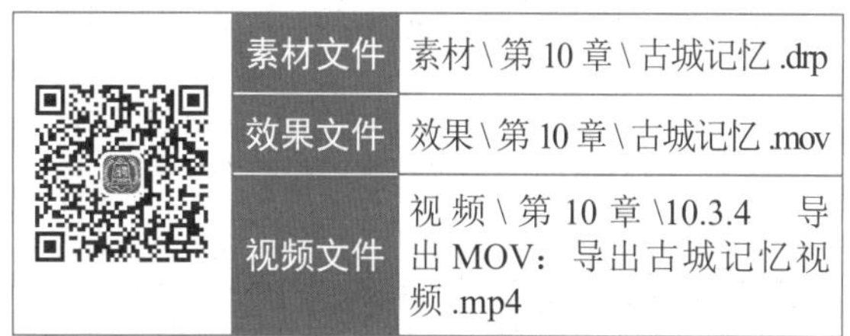

	素材文件	素材 \ 第 10 章 \ 古城记忆 .drp
	效果文件	效果 \ 第 10 章 \ 古城记忆 .mov
	视频文件	视频 \ 第 10 章 \10.3.4　导出 MOV：导出古城记忆视频 .mp4

【操练 + 视频】

——导出 MOV：导出古城记忆视频

STEP 01 打开一个项目文件，进入“剪辑”步骤面板，在预览窗口中，可以查看打开的项目效果，如图 10-103 所示。

图 10-103　查看打开的项目效果

STEP 02 切换至“交付”步骤面板，在“渲染设置”|“渲染设置 - 自定义”选项面板中，设置文件名称和保存位置，然后单击“添加到渲染队列”按钮，如图 10-104 所示。

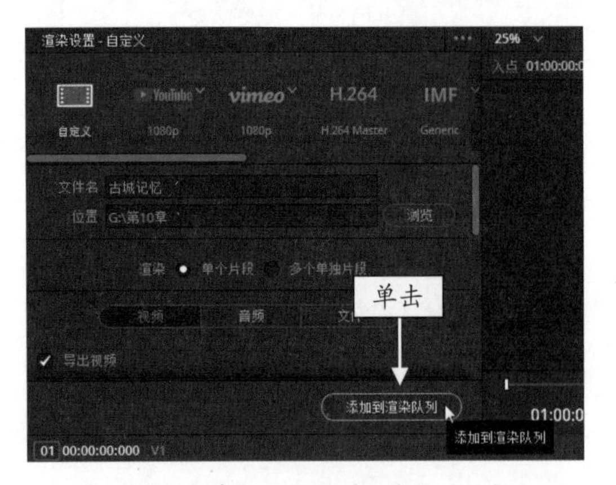

图 10-104　单击“添加到渲染队列”按钮

STEP 03 将视频文件添加到右上角的“渲染队列”面板中，单击面板下方的“开始渲染”按钮，如图 10-105 所示。

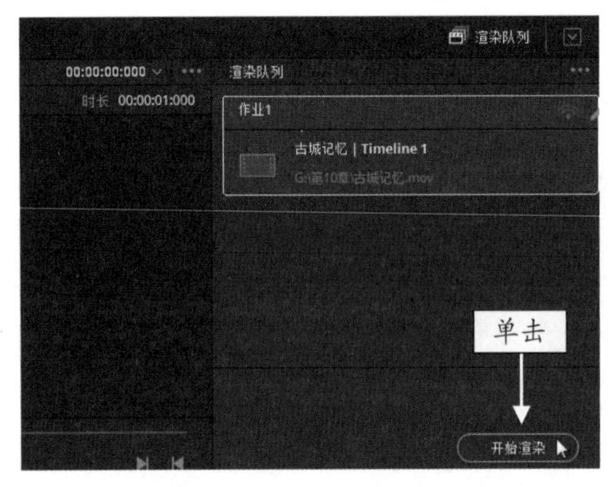

图 10-105　单击“开始渲染”按钮

STEP 04 开始渲染视频文件，并显示视频渲染进度，待渲染完成后，在渲染列表上会显示完成用时，表示渲染成功，如图 10-106 所示，在视频渲染保存的文件夹中，可以查看渲染输出的视频。

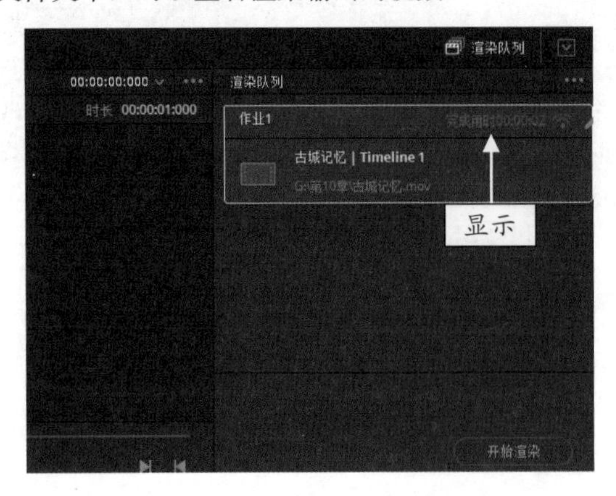

图 10-106　显示完成用时

10.3.5　导出 AVI：导出荷花盛开视频

AVI 主要应用在多媒体光盘上，用来保存电视、电影等各种影像信息，它的优点是兼容性好，图像质量好，只是导出的尺寸和容量有点偏大。下面介绍导出 AVI 视频文件的操作方法。

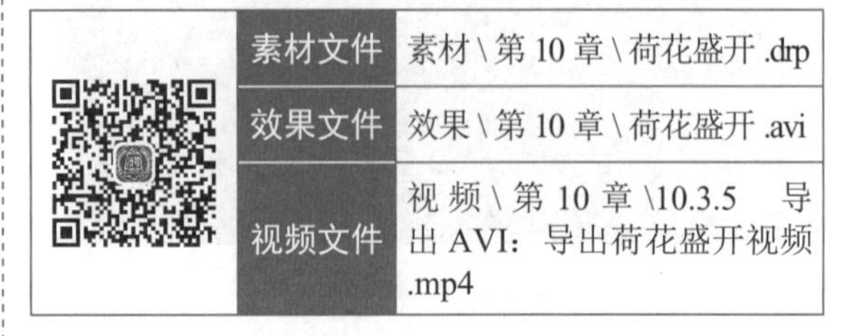

	素材文件	素材 \ 第 10 章 \ 荷花盛开 .drp
	效果文件	效果 \ 第 10 章 \ 荷花盛开 .avi
	视频文件	视频 \ 第 10 章 \10.3.5　导出 AVI：导出荷花盛开视频 .mp4

【操练 + 视频】
——导出 AVI：导出荷花盛开视频

STEP 01 打开一个项目文件，进入“剪辑”步骤面板，在预览窗口中，可以查看打开的项目效果，如图 10-107 所示。

图 10-107　查看打开的项目效果

STEP 02 切换至“交付”步骤面板，在“渲染设置”|“渲染设置 - 自定义”选项面板中，设置文件名称和保存位置，如图 10-108 所示。

图 10-108　设置文件名称和保存位置

STEP 03 在“导出视频”选项区中，单击“格式”

右侧的下拉按钮，在弹出的下拉列表框中，选择 AVI 选项，如图 10-109 所示。

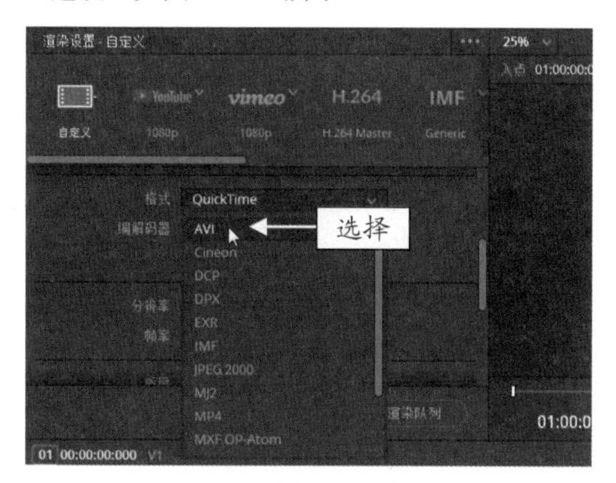

图 10-109 选择 AVI 选项

STEP 04 单击“添加到渲染队列”按钮，如图 10-110 所示。

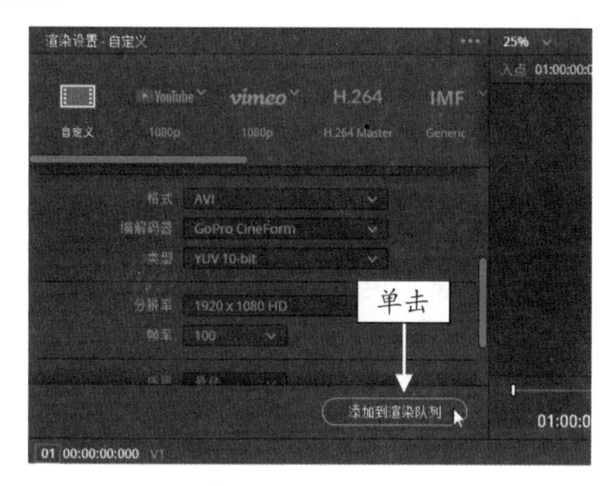

图 10-110 单击“添加到渲染队列”按钮

STEP 05 将视频文件添加到右上角的“渲染队列”面板中，单击面板下方的“开始渲染”按钮，如图 10-111 所示。

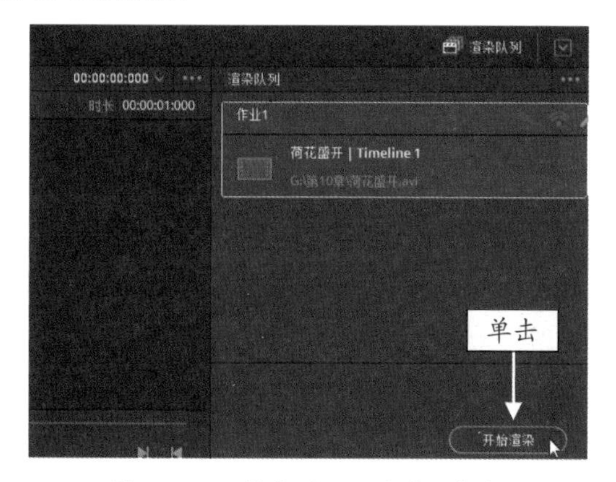

图 10-111 单击“开始渲染”按钮

STEP 06 开始渲染视频文件，并显示视频渲染进度，待渲染完成后，在渲染列表上会显示完成用时，表示渲染成功，如图 10-112 所示。在视频渲染保存的文件夹中，可以查看渲染输出的视频。

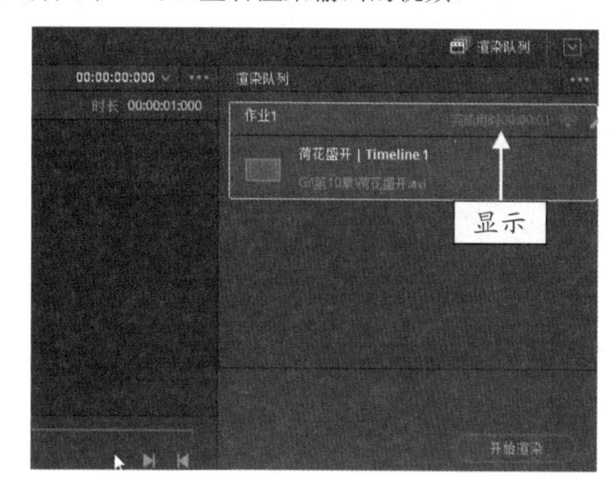

图 10-112 显示完成用时

10.3.6 导出音频：导出等待绽放音频

在 DaVinci Resolve 16 中，除了渲染输出视频文件外，用户还可以在“交付”步骤面板中，通过设置渲染输出选项，单独导出与视频文件链接的音频文件，下面介绍导出音频文件的具体操作方法。

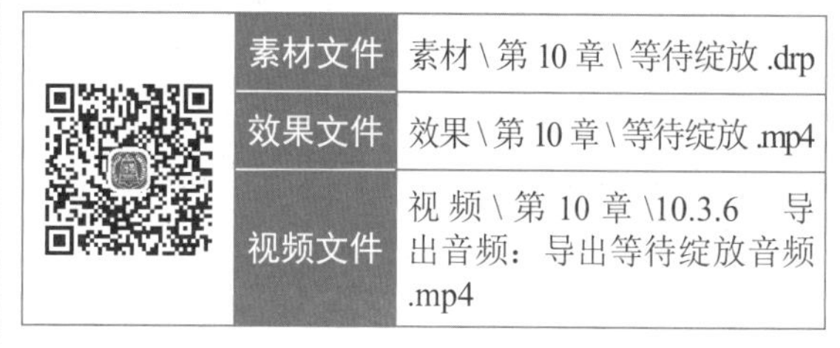

	素材文件	素材 \ 第 10 章 \ 等待绽放 .drp
	效果文件	效果 \ 第 10 章 \ 等待绽放 .mp4
	视频文件	视频 \ 第 10 章 \10.3.6 导出音频：导出等待绽放音频 .mp4

【操练 + 视频】
——导出音频：导出等待绽放音频

STEP 01 打开一个项目文件，进入“剪辑”步骤面板，在预览窗口中，可以查看打开的项目效果，如图 10-113 所示。

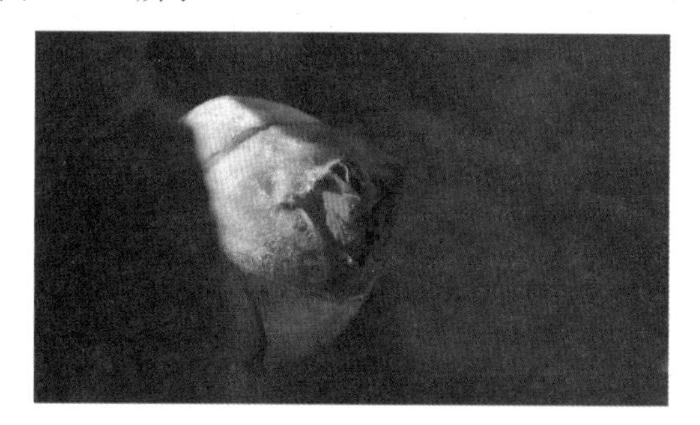

图 10-113 查看打开的项目效果

STEP 02 切换至“交付”步骤面板，在“渲染设置”|“渲染设置 - 自定义”选项面板中，设置文件名称和保存位置，如图 10-114 所示。

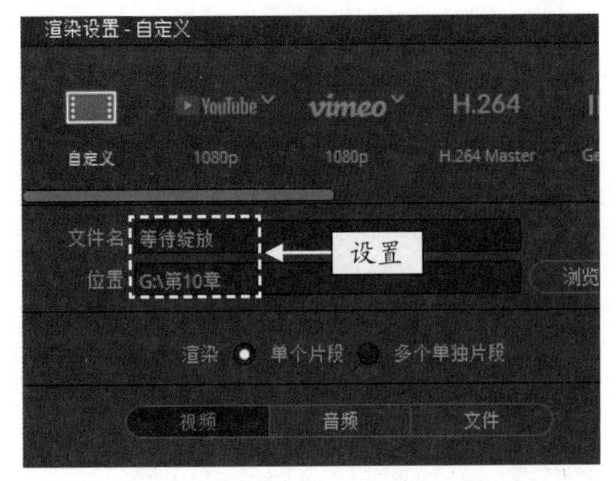

图 10-114　设置文件名称和保存位置

STEP 03 设置完成后，在下方的“视频”选项卡中，取消勾选“导出视频”复选框，如图 10-115 所示。

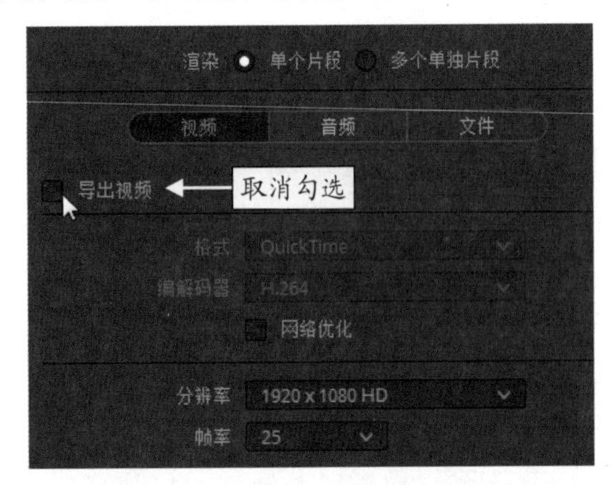

图 10-115　取消勾选“导出视频”复选框

STEP 04 单击“音频”按钮，切换至“音频”选项卡，如图 10-116 所示。

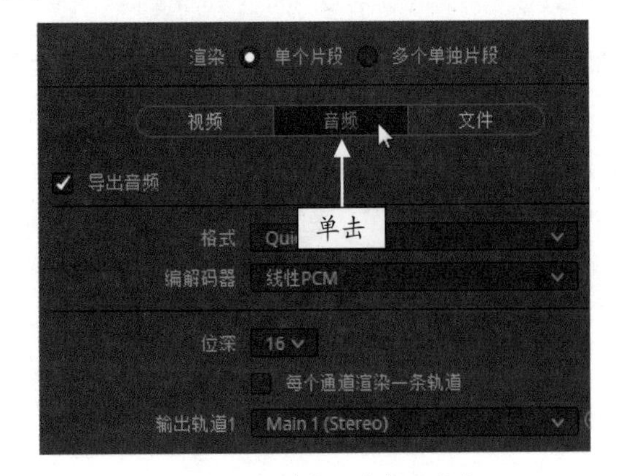

图 10-116　单击“音频”按钮

STEP 05 在“导出音频”选项区中，单击“格式”右侧的下拉按钮，在弹出的列表框中，选择 MP4 选项，如图 10-117 所示。

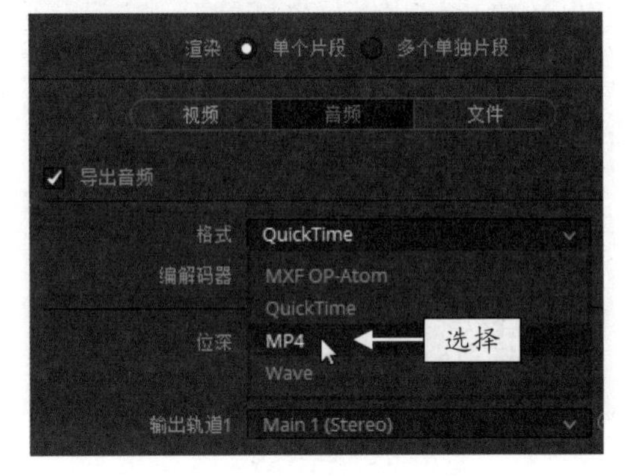

图 10-117　选择 MP4 选项

STEP 06 在“渲染设置 - 自定义”选项面板下方，单击“添加到渲染队列”按钮，如图 10-118 所示。

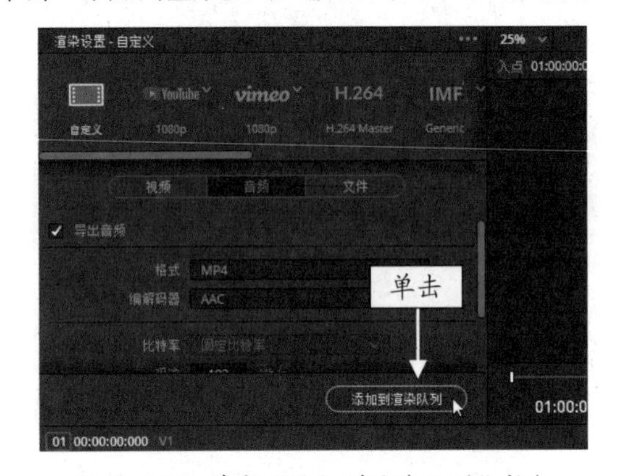

图 10-118　单击“添加到渲染队列”按钮

STEP 07 将渲染文件添加到右上角的“渲染队列”面板中，单击面板下方的“开始渲染”按钮，如图 10-119 所示。

图 10-119　单击“开始渲染”按钮

STEP 08 开始渲染音频文件，并显示音频渲染进度，待渲染完成后，在渲染列表上会显示完成用时，表示渲染成功，在渲染保存的文件夹中，可以查看渲染输出的音频文件，如图 10-120 所示。

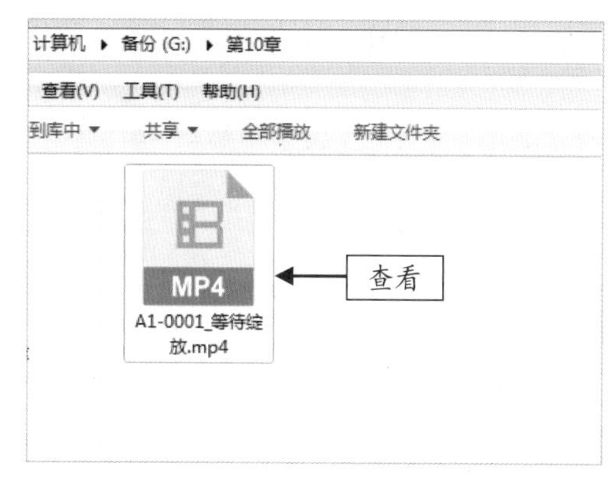

图 10-120　查看渲染输出的音频文件

专家指点

在渲染视频文件时，为了方便用户提高工作效率，DaVinci Resolve 16 为用户提供了多种渲染设置的预设图标，如图 10-121 所示，单击相应的预设图标，即可快速设置渲染输出视频格式。

图 10-121　渲染预设图标

另外，在"渲染队列"面板中，用户可以通过以下两种方法，清除列表中的渲染文件。

- 第一种是单击渲染文件右上角的"清除"按钮☒，如图 10-122 所示，即可清除渲染文件。
- 第二种是在"渲染队列"面板的右上角，单击"设置"按钮…，如图 10-123 所示，在弹出的列表框中，选择"清除已渲染的作业"选项，即可将渲染完成的文件删除，选择"全部清除"选项，即可将列表中的所有渲染文件都进行删除。

图 10-122　单击"清除"按钮

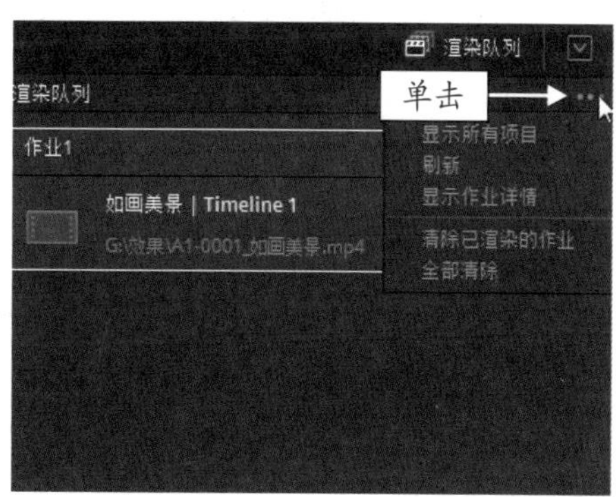

图 10-123　单击"设置"按钮

第 11 章

人像视频调色——《花季少女》

章前知识导读

拍摄人像照片或视频时，通常情况下都会在拍摄前期通过妆容、服饰、场景、角度、构图等方面来达到最好的人像拍摄效果，这样拍摄出来的素材后期处理时才更容易。在 DaVinci Resolve 16 中，用户可以根据需要对人像视频进行肤色调整、祛痘祛斑、磨皮等操作。

新手重点索引

- 欣赏视频效果
- 视频调色过程
- 剪辑输出视频

效果图片欣赏

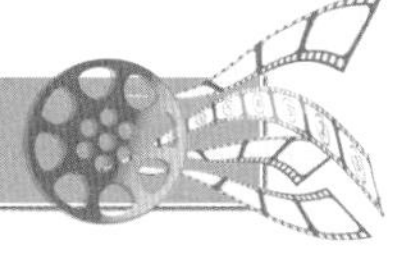

11.1 欣赏视频效果

很多年轻人都喜欢去影楼拍摄个人写真，个人写真对于每个人来说，都是值得回忆的美好记忆，且都不希望在个人写真相册以及写真视频上留下瑕疵。因此，在前期拍摄完成后，并不能立刻输出成品文件，还需要对写真相册和写真视频进行后期调色处理，为人像调整肤色、去除痘印和痣等。在介绍人像视频调色方法之前，首先预览《花季少女》项目效果，并掌握项目技术提炼等内容。

11.1.1　效果赏析

本实例制作的是人像视频调色——《花季少女》，下面预览视频进行后期调色前后对比的效果，如图 11-1 所示。

图 11-1　人像视频调色——《花季少女》素材与效果欣赏

11.1.2　技术提炼

首先新建一个项目文件，进入 DaVinci Resolve 16“剪辑”步骤面板，在“媒体池”面板中依次导入人像视频素材，并将其添加至“时间线”面板中，然后调整视频的色彩基调，对人物肤色进行调整，为人物去除痘印、痣和斑点，为人物磨皮，最后为人像视频添加转场、字幕、背景音乐后将成品交付输出。

11.2 视频调色过程

本节主要介绍《花季少女》视频文件的制作过程，如导入多段视频素材、调整视频的色彩基调、对人物肤色进行调整、去除痘印和斑点以及为人物制作磨皮特效等内容，希望读者熟练掌握人像视频调色的各种制作方法。

11.2.1　导入多段视频素材

在为人像视频调色之前，首先需要导入多段人像视频素材。下面介绍通过“媒体池”面板导入视频素材的操作方法。

	素材文件	素材\第 11 章\1~4.mp4
	效果文件	无
	视频文件	视频\第 11 章\11.2.1　导入多段视频素材 .mp4

【操练 + 视频】
——导入多段视频素材

STEP 01 进入达芬奇“剪辑”步骤面板，在“媒体池”面板中单击鼠标右键，在弹出的快捷菜单中，选择“导入媒体”命令，如图 11-2 所示。

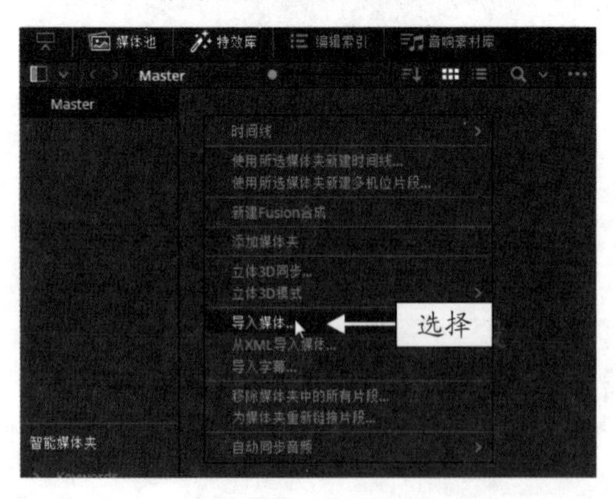

图 11-2　选择“导入媒体”命令

STEP 02 弹出“导入媒体”对话框，在文件夹中显示了多段人像视频，选择需要导入的视频素材，如图 11-3 所示。

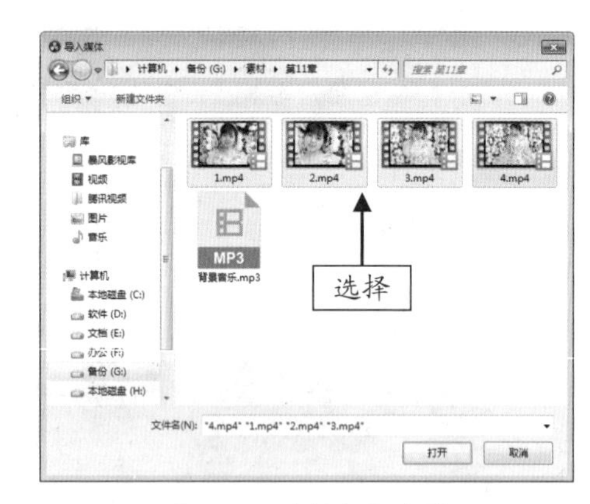

图 11-3　选择视频素材

STEP 03 单击“打开”按钮，即可将选择的视频素材导入到“媒体池”面板中，如图 11-4 所示。

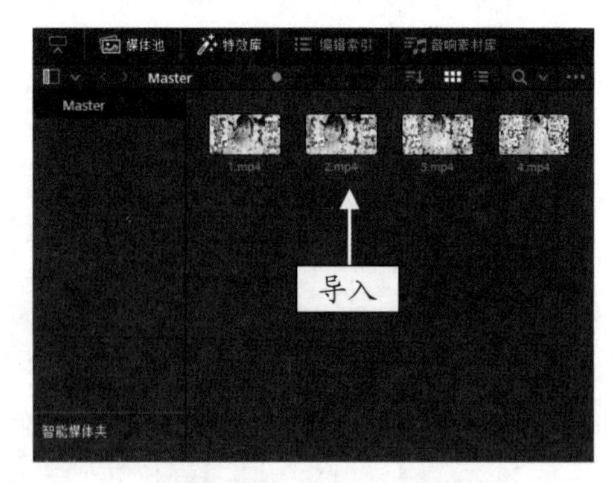

图 11-4　导入视频素材

STEP 04 选择“媒体池”面板中的视频素材，按住鼠标左键将其拖曳至“时间线”面板中的视频轨中，如图 11-5 所示。

STEP 05 执行上述操作后，按空格键即可在预览窗口中预览添加的视频素材，效果如图 11-6 所示。

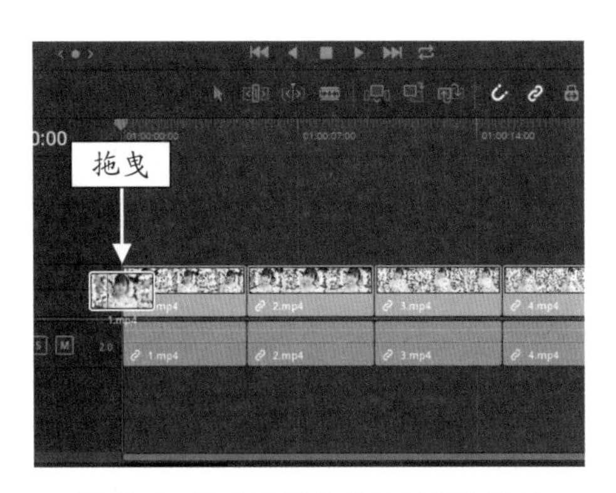

图 11-5 拖曳视频至“时间线”面板

图 11-6 预览视频素材效果

11.2.2 调整视频的色彩基调

导入视频素材后，即可切换至“调色”步骤面板中，为视频调整色彩基调，下面介绍具体的操作方法。

	素材文件	无
	效果文件	无
	视频文件	视频\第 11 章\11.2.2 调整视频的色彩基调 .mp4

【操练 + 视频】
——调整视频的色彩基调

STEP 01 切换至“调色”步骤面板，在“节点”面板中选中 01 节点，展开“色轮”面板，设置“暗部”色轮 YRGB 参数均为 -0.04、“中灰”色轮 YRGB 参数均为 0.04、“亮部”色轮 YRGB 参数均为 1.06，如图 11-7 所示。

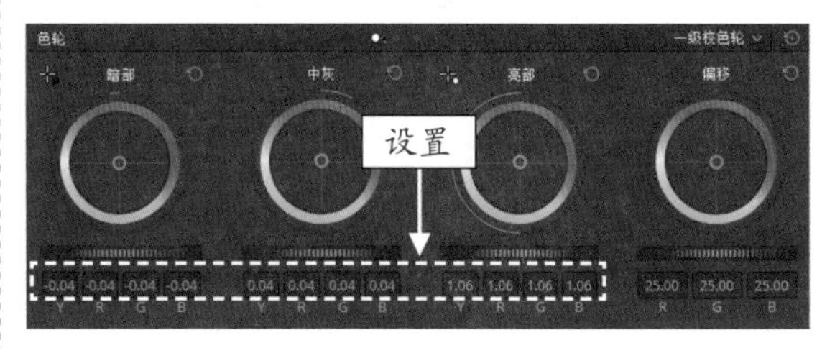

图 11-7 设置“色轮”参数

STEP 02 在“色轮”下方面板 1 中，设置“对比度”参数为 1.082、“饱和度”参数为 58.2，如图 11-8 所示。

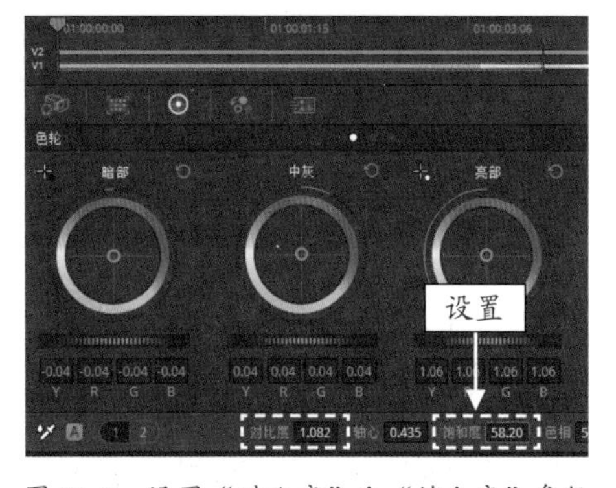

图 11-8 设置“对比度”和“饱和度”参数

STEP 03 在“色轮”下方面板 2 中，设置“色温”参数为 370.0，如图 11-9 所示。

STEP 04 执行上述操作后，即可将视频调为暖色调，效果如图 11-10 所示。

STEP 05 在“片段”面板中，选择第 2 个视频片段，如图 11-11 所示。

STEP 06 然后在第 1 个视频片段上，单击鼠标右键，在弹出的快捷菜单中，选择“与此片段进行镜头匹配”命令，如图 11-12 所示。

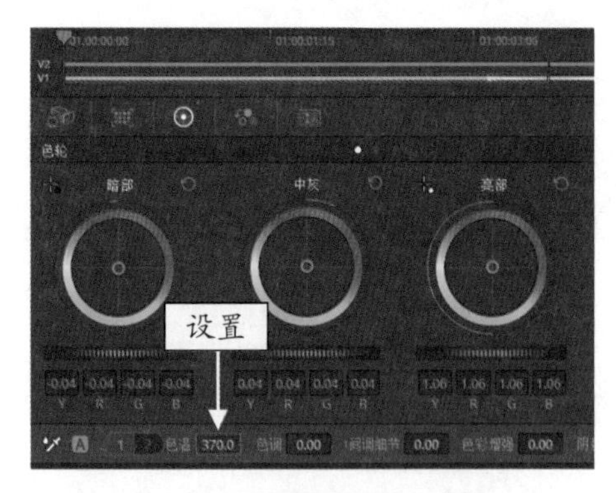

图 11-9 设置“色温”参数

图 11-10 将视频调为暖色调

图 11-11 选择第 2 个视频片段

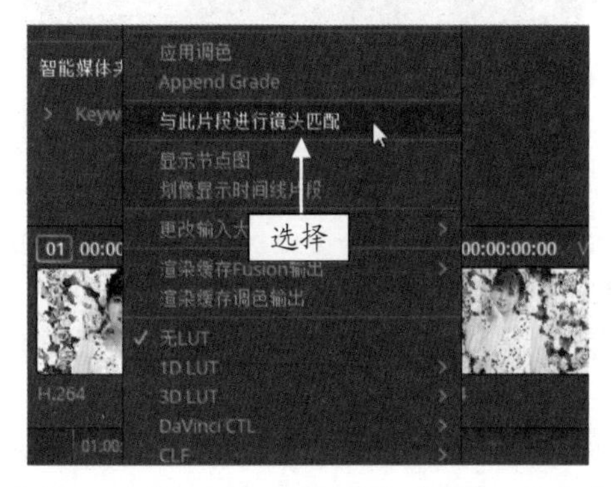

图 11-12 选择“与此片段进行镜头匹配”命令

STEP 07 执行上述操作后，即可在预览窗口中，预览第 2 段视频镜头匹配后的画面效果，如图 11-13 所示。

图 11-13 预览第 2 段视频匹配后的效果

> **专家指点**
>
> 应用镜头匹配的方法，可以使 4 段视频的色彩基调保持一致。

STEP 08 使用与上同样的方法，为第 3 段和第 4 段视频进行镜头匹配操作，调整视频的色彩基调，效果如图 11-14 所示。

图 11-14 调整第 3 段和第 4 段视频的色彩基调效果

11.2.3 对人物肤色进行调整

对视频的色彩色调调整完成后，即可开始对人物肤色进行校正调整，校正人物肤色需要应用矢量图示波器进行辅助调色，下面介绍具体的操作方法。

	素材文件	无
	效果文件	无
	视频文件	视频\第 11 章\11.2.3 对人物肤色进行调整 .mp4

【操练 + 视频】
——对人物肤色进行调整

STEP 01 选择第 1 段视频，在“节点”面板中的 01

节点上，单击鼠标右键，在弹出的快捷菜单中，选择“添加节点”|“添加串行节点”命令，如图 11-15 所示。

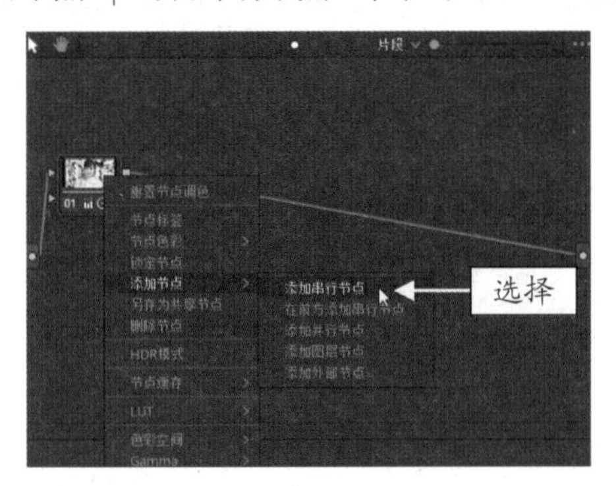

图 11-15　选择“添加串行节点”命令

STEP 02　执行操作后，即可添加一个编号为 02 的串行节点，如图 11-16 所示。

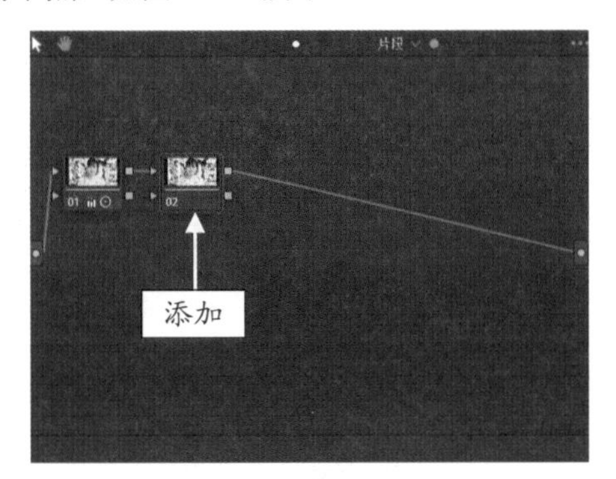

图 11-16　添加 02 串行节点

STEP 03　展开“示波器”面板，在示波器窗口栏的右上角，单击下拉按钮，在弹出的列表框中，选择“矢量图”选项，如图 11-17 所示。

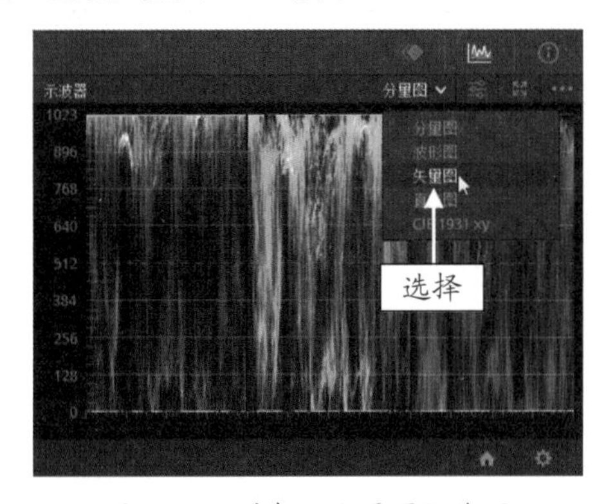

图 11-17　选择“矢量图”选项

STEP 04　执行操作后，即可打开“矢量图”示波器面板，在右上角单击设置图标，效果如图 11-18 所示。

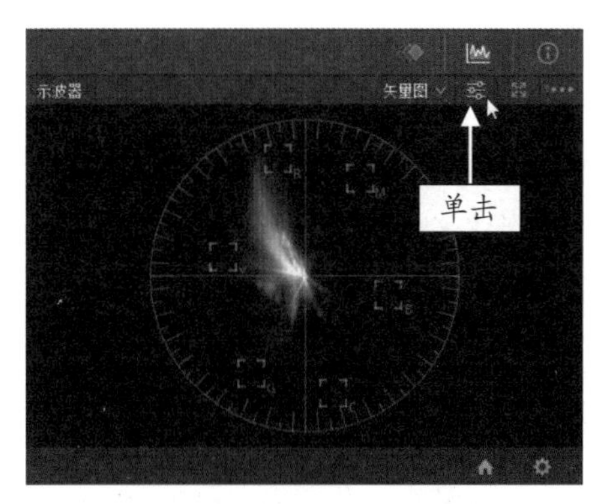

图 11-18　单击设置图标

STEP 05　执行上述操作后，弹出相应面板，在其中勾选“显示肤色指示”复选框，如图 11-19 所示。

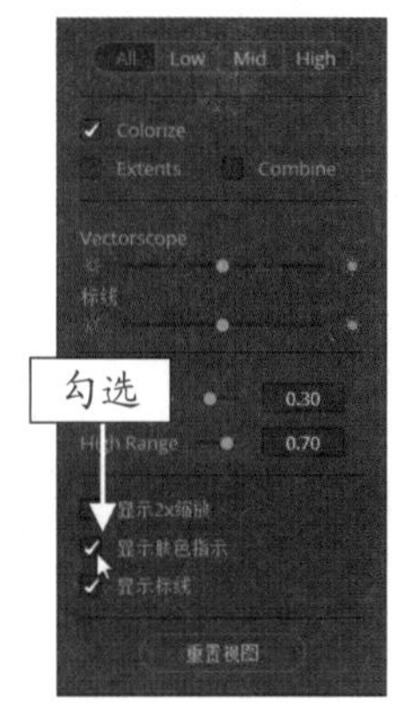

图 11-19　勾选“显示肤色指示”复选框

STEP 06　单击空白位置处关闭弹出的面板，即可在“矢量图”示波器面板中显示肤色指示线，效果如图 11-20 所示。

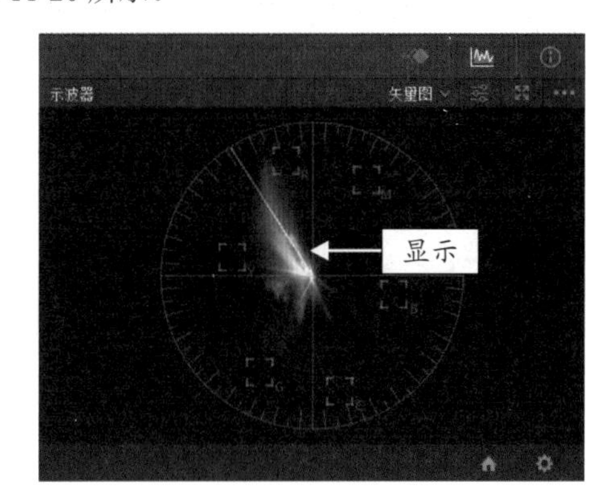

图 11-20　显示肤色指示线

STEP 07　展开“窗口”面板，在“窗口”预设面板中，单击曲线“窗口激活”按钮，如图 11-21 所示。

STEP 08　在导览面板中将时间滑块拖曳至最末

端，在预览窗口的图像上绘制一个窗口蒙版，如图 11-22 所示。

图 11-21　单击曲线“窗口激活”按钮

图 11-22　绘制一个窗口蒙版

STEP 09 展开“跟踪器”面板，在面板下方勾选“交互模式”复选框，如图 11-23 所示，即可在预览窗口的窗口蒙版中插入特征跟踪点。

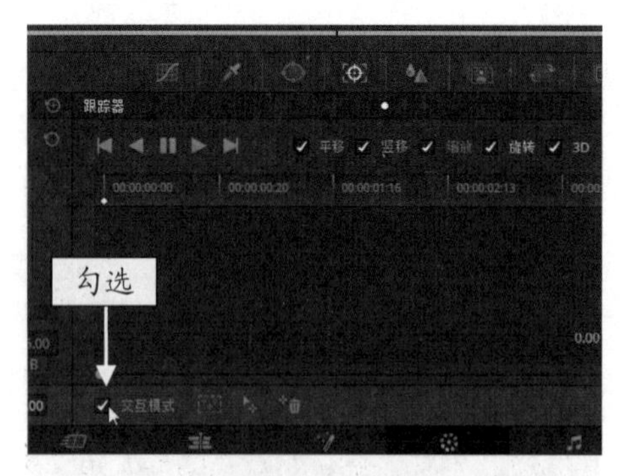

图 11-23　勾选“交互模式”复选框

STEP 10 然后单击“反向跟踪”按钮，如图 11-24 所示。

STEP 11 执行操作后，即可运动跟踪绘制的窗口，如图 11-25 所示。

STEP 12 展开“限定器”面板，在面板中单击“拾色器”按钮，如图 11-26 所示。

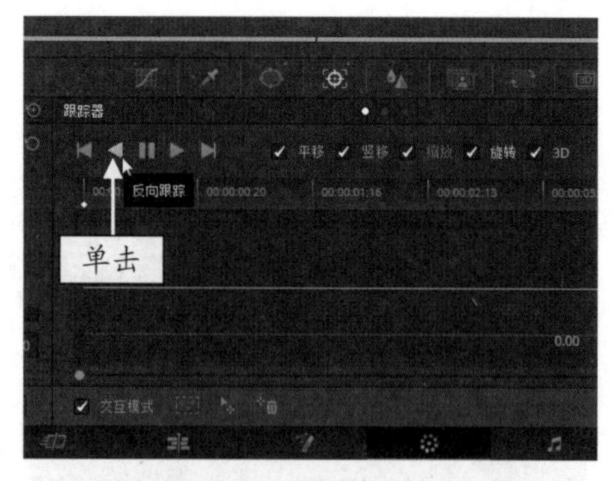

图 11-24　单击“反向跟踪”按钮

图 11-25　运动跟踪绘制的窗口

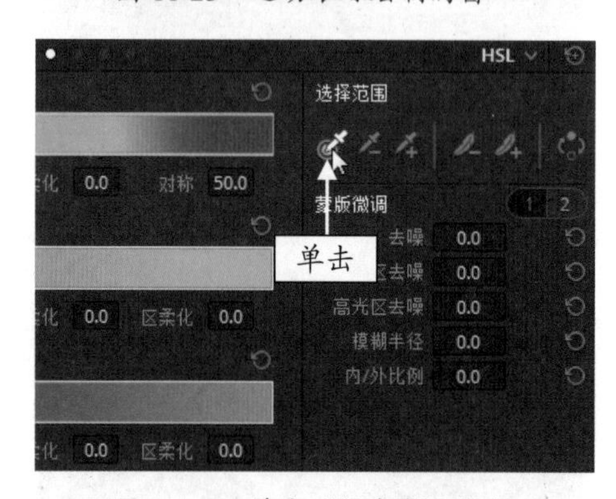

图 11-26　单击“拾色器”按钮

STEP 13 在“监视器”面板上方，单击“突出显示”按钮，如图 11-27 所示。

STEP 14 在预览窗口中按住鼠标左键，拖曳光标选取人物皮肤，如图 11-28 所示。

STEP 15 切换至“限定器”面板，在“蒙版微调”选项区中，设置“去噪”参数为 10.1，如图 11-29 所示。

STEP 16 展开“矢量图”示波器面板查看色彩矢量波形变换的同时，在“色轮”面板中，拖曳“亮部”色轮中心的白色圆圈，直至 YRGB 参数显示为 1.00、0.96、1.01、1.05，如图 11-30 所示。

图 11-27　单击“突出显示”按钮

图 11-28　选取人物皮肤

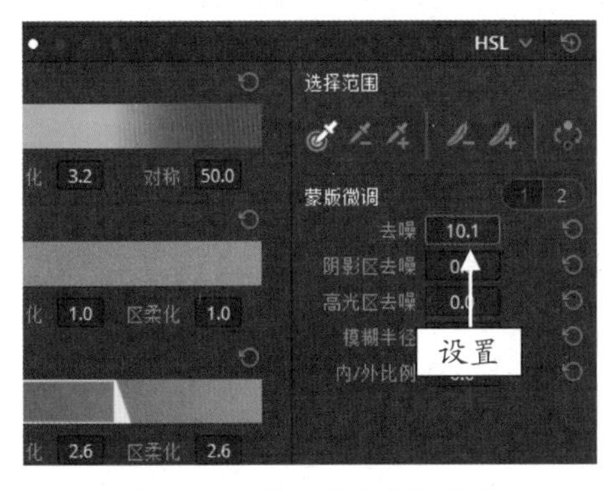

图 11-29　设置“去噪”参数

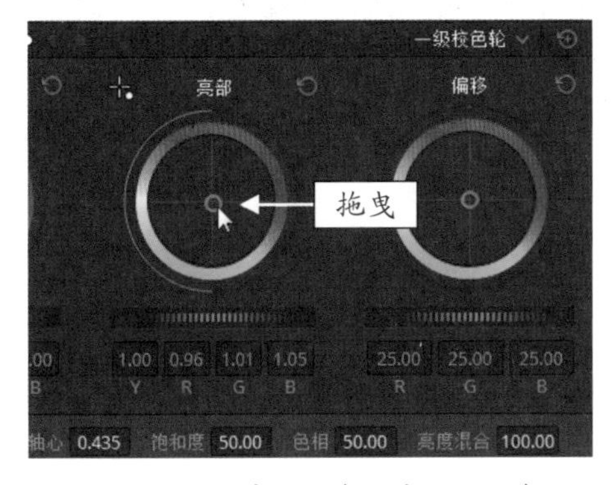

图 11-30　拖曳“亮部”色轮中心的白色圆圈

STEP 17 此时，“矢量图”示波器面板中的色彩矢量波形已与肤色指示线重叠，如图 11-31 所示。

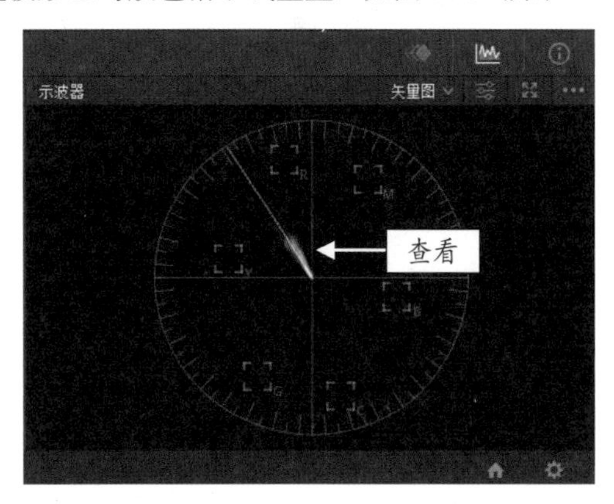

图 11-31　色彩矢量波形调整效果

STEP 18 在预览窗口中，查看人物肤色调整效果，如图 11-32 所示。

图 11-32　查看人物肤色调整效果

STEP 19 在“片段”面板中，选中第 2 段视频，如图 11-33 所示。

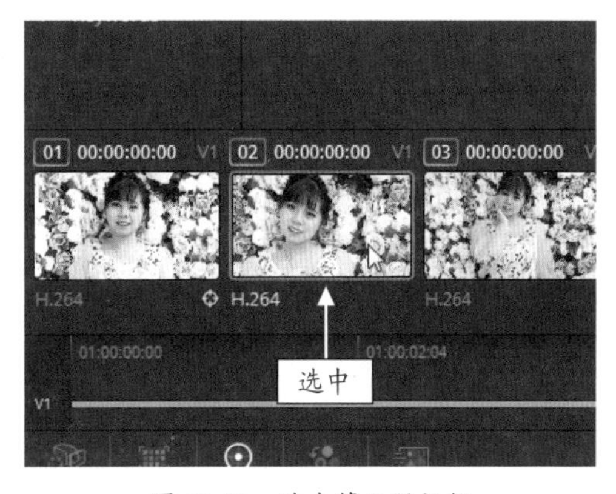

图 11-33　选中第 2 段视频

STEP 20 然后用与上同样的方法，对第 2 段人像视频调整肤色，效果如图 11-34 所示。

STEP 21 继续执行以上同样的操作，对第 3 段和第 4 段人像视频调整肤色，效果如图 11-35 所示。

图 11-34　第 2 段人像视频肤色调整效果

图 11-35　查看第 3 段和第 4 段人像视频肤色调整效果

11.2.4　去除痣、痘印和斑点

人物肤色调整后，即可开始为人物去除脸上的痘印和脖子上的痣、斑点等，在 DaVinci Resolve 16 中，去除痘印可以应用“局部替换工具”特效来实现，下面介绍具体的操作方法。

	素材文件	无
	效果文件	无
	视频文件	视频 \ 第 11 章 \11.2.4　去除痣、痘印和斑点 .mp4

【操练 + 视频】
——去除痣、痘印和斑点

STEP 01 选择第 1 段视频，在“节点”面板中的 02 节点上，单击鼠标右键，在弹出的快捷菜单中，选择“添加节点”|“添加串行节点”命令，如图 11-36 所示。

STEP 02 执行操作后，即可添加一个编号为 03 的串行节点，如图 11-37 所示。

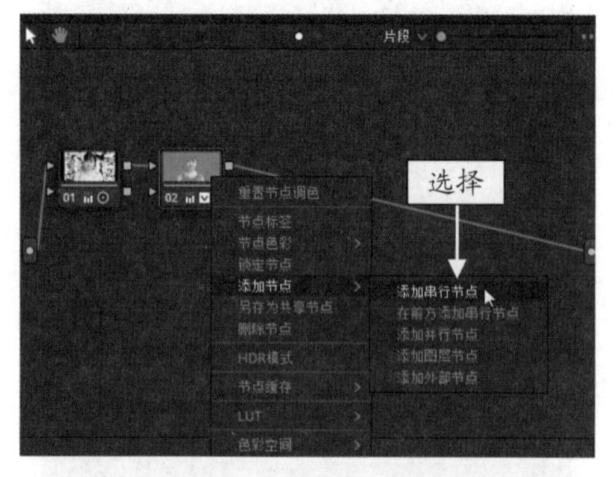

图 11-36　选择“添加串行节点”命令

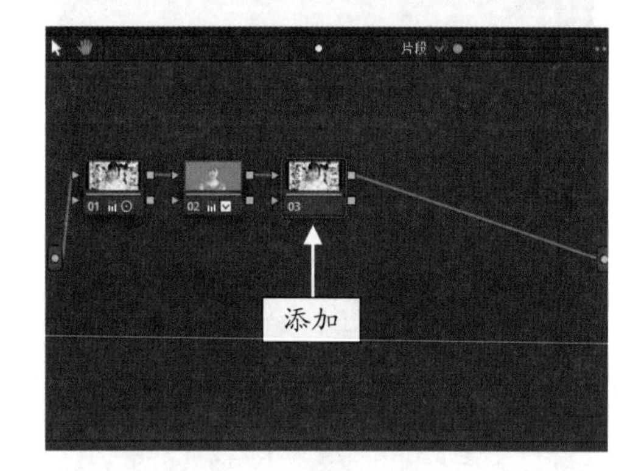

图 11-37　添加 03 串行节点

STEP 03 打开 OpenFX 面板，在“素材库”选项面板中，选择“局部替换工具”特效，如图 11-38 所示。

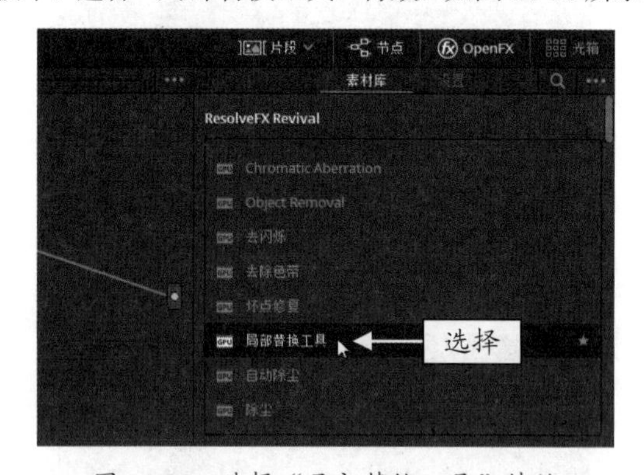

图 11-38　选择“局部替换工具”特效

STEP 04 按住鼠标左键的同时，将其拖曳至“节点”面板的 03 节点上，添加“局部替换工具”特效，如图 11-39 所示。

STEP 05 此时，预览窗口中会出现两个圆圈标记，如图 11-40 所示。右边外围有四个控制柄的圆圈为补丁目标，左边无控制柄的圆圈为补丁位置，拖曳补丁目标圆圈的控制柄可以放大或缩小补丁范围，补丁位置圆圈也会等比例放大或缩小；而补丁位置所覆盖的区域，则会同步复制反射到补丁目标圆圈所覆盖的区域上，形成画面局部替换。

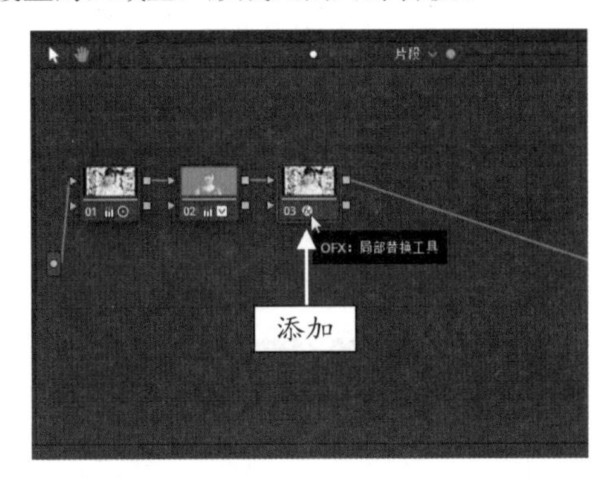

图 11-39 添加“局部替换工具”特效

图 11-40 出现两个圆圈标记

STEP 06 在“监视器”面板上方，单击图标，如图 11-41 所示。

图 11-41 单击相应图标

STEP 07 执行上述操作后，即可扩大预览窗口，滚动鼠标滚轮，放大预览窗口中的图像画面，可以看到人物嘴唇上有一个痘印，在人物脖子上也有 3 颗痣，如图 11-42 所示。

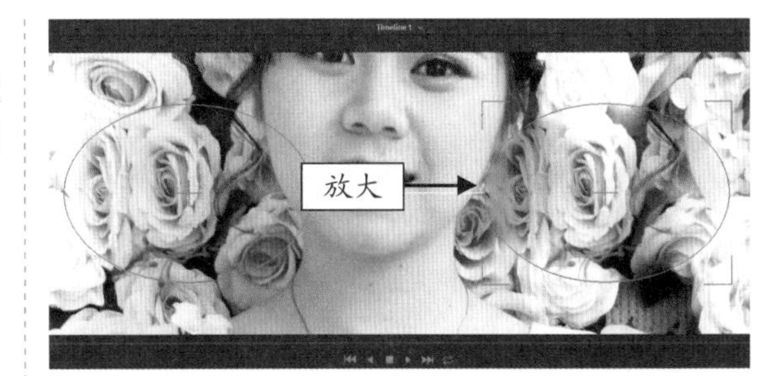

图 11-42 放大预览窗口中的图像画面

专家指点

放大预览窗口中的图像画面后，按住 Ctrl 键的同时上下滚动鼠标滚轮，可以使预览窗口中的图像画面向上或向下移动位置。

STEP 08 拖曳补丁目标圆圈四周的控制柄，将圆圈缩小并将其拖曳至人物嘴唇上方，遮盖住痘印，如图 11-43 所示。

图 11-43 拖曳补丁目标圆圈

STEP 09 然后拖曳补丁位置圆圈至人物脸颊无痘印、无斑点的皮肤区域上，即可将完好的皮肤反射至补丁目标圆圈覆盖的痘印上，如图 11-44 所示。

图 11-44 拖曳补丁位置圆圈

STEP 10 在导览面板的左下角，单击下拉按钮，在弹出的列表框中，选择“关”选项，如图 11-45 所示。

STEP 11 执行操作后，即可关闭显示预览窗口中的蒙版、标记等，在预览窗口中即可查看去除痘印后

的画面效果，如图 11-46 所示。

图 11-45　选择“关”选项

图 11-46　查看去除痘印后的画面效果

STEP 12 再次在导览面板的左下角，单击下拉按钮，在弹出的列表框中，选择“OpenFX 叠加”选项，重新显示预览窗口中的特效标记，如图 11-47 所示。

图 11-47　选择“OpenFX 叠加”选项

STEP 13 展开“跟踪器”面板，单击面板右上角的模式下拉按钮，在弹出的列表框中，选择 FX 选项，如图 11-48 所示。

STEP 14 执行上述操作后，即可切换至 FX 跟踪器面板中，在面板下方单击“添加跟踪点”按钮，如图 11-49 所示。

图 11-48　选择 FX 选项

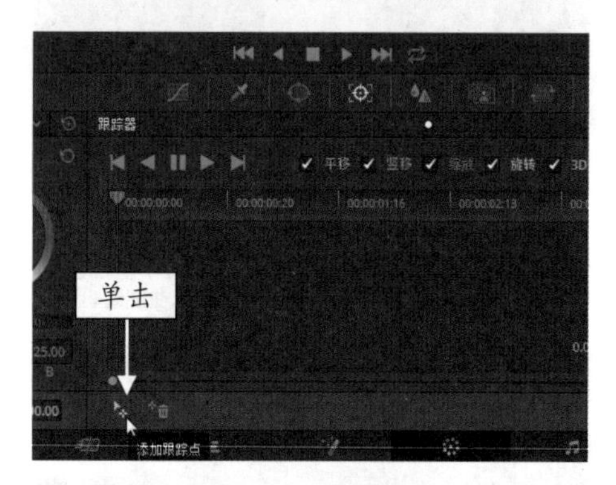

图 11-49　单击“添加跟踪点”按钮

STEP 15 执行操作后，即可在预览窗口中添加一个跟踪点，如图 11-50 所示。

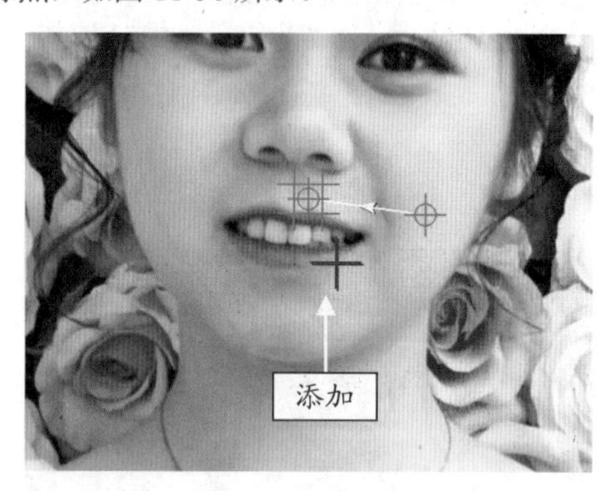

图 11-50　添加一个跟踪点

STEP 16 拖曳跟踪点至补丁目标圆圈的位置，如图 11-51 所示。

STEP 17 然后用与上同样的方法，在预览窗口中添加第 2 个跟踪点，并拖曳第 2 个跟踪点至补丁位置圆圈处，如图 11-52 所示。

STEP 18 切换至“跟踪器”面板，单击“正向跟踪”按钮，如图 11-53 所示。

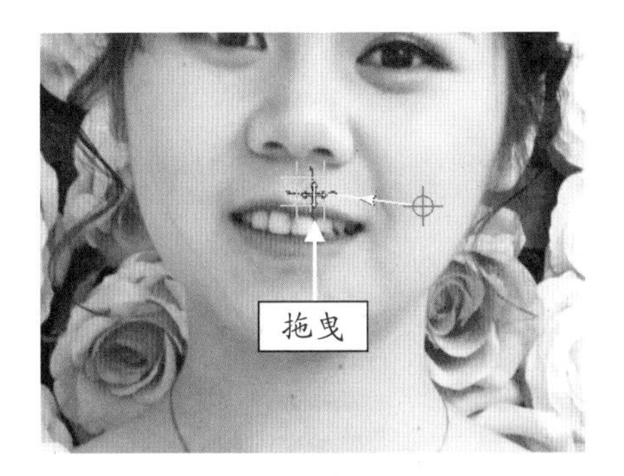

图 11-51　拖曳第 1 个跟踪点

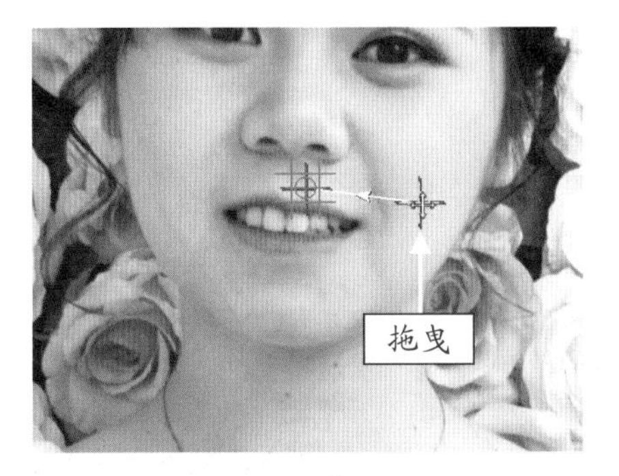

图 11-52　拖曳第 2 个跟踪点

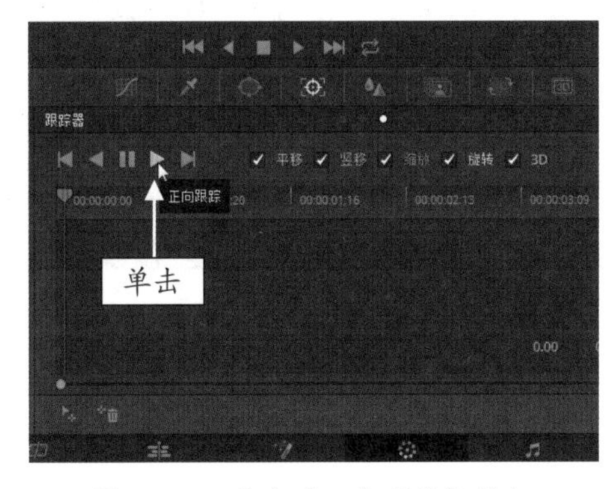

图 11-53　单击“正向跟踪”按钮

STEP 19 执行操作后，即可跟踪预览窗口中的特效标记，如图 11-54 所示。

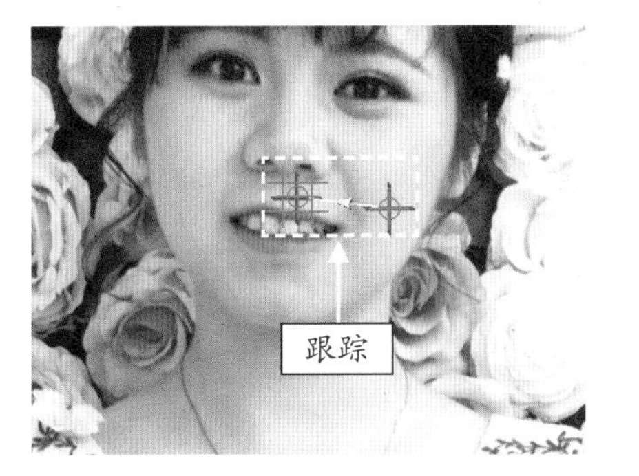

图 11-54　跟踪预览窗口中的特效标记

STEP 20 在“节点”面板的 03 节点上，单击鼠标右键，在弹出的快捷菜单中，选择“添加节点”|“添加并行节点”命令，如图 11-55 所示。

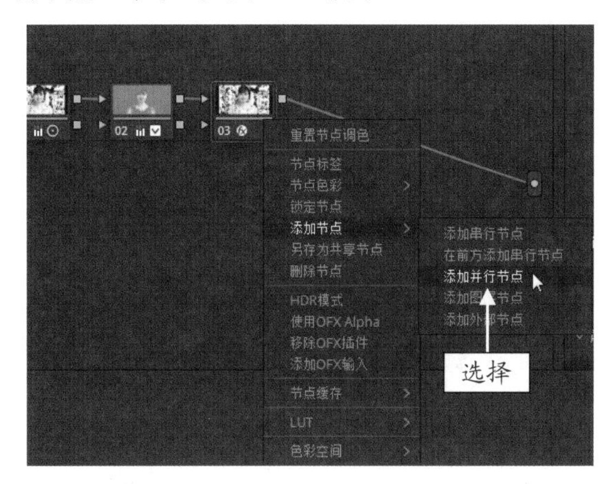

图 11-55　选择“添加并行节点”命令

STEP 21 执行操作后，即可添加一个编号为 05 的并行节点，如图 11-56 所示。

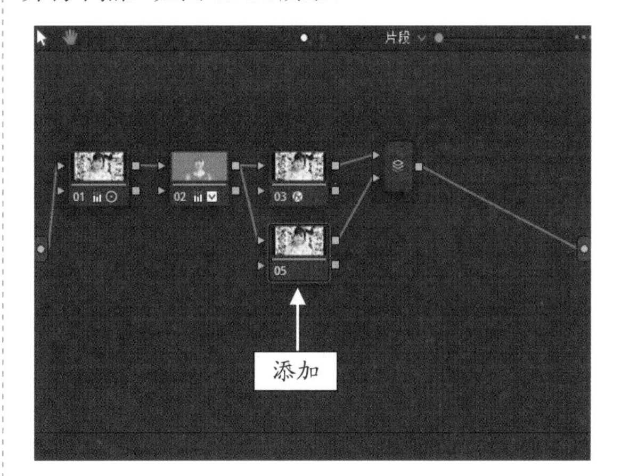

图 11-56　添加 05 并行节点

STEP 22 然后在 05 并行节点上，添加一个“局部替换工具”特效，如图 11-57 所示。

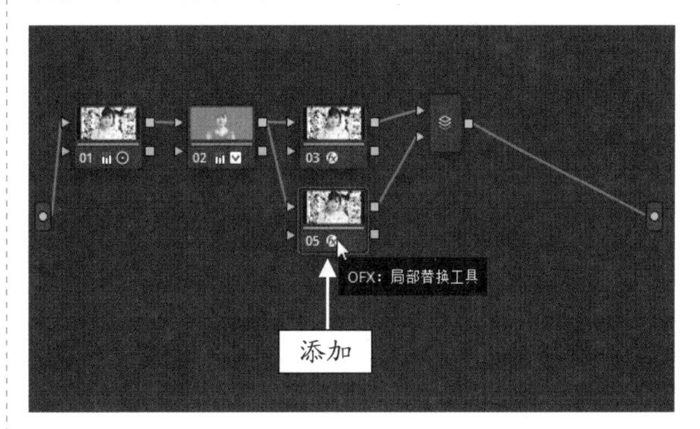

图 11-57　添加“局部替换工具”特效

专家指点

在 DaVinci Resolve 16 中，一个节点上只能应用一个特效，当用户在同一个节点上添加多个特效时，新添加的特效会直接替换前面添加的特效，如果用户需要叠加使用多个特效，可以在节点面板中添加相应的并行节点或串行节点来实现。

STEP 23 扩大预览窗口，并放大画面图像，如图 11-58 所示。

图 11-58 放大画面图像

STEP 24 调整补丁目标圆圈和补丁位置圆圈的大小和位置，如图 11-59 所示。

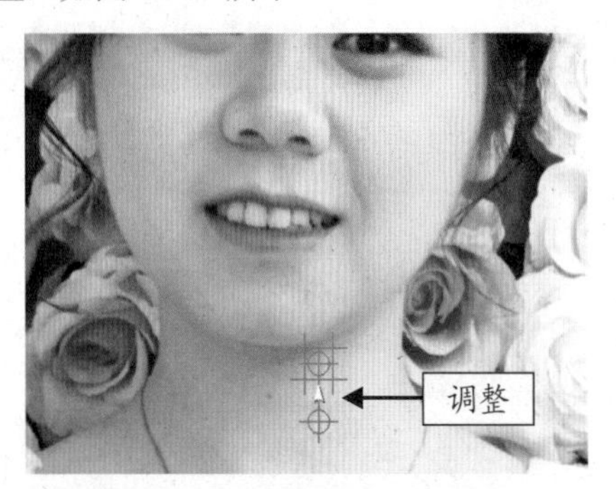

图 11-59 调整圆圈位置和大小

STEP 25 展开 FX 跟踪器面板，在预览窗口中添加两个跟踪点，并移动跟踪点至合适位置，如图 11-60 所示。

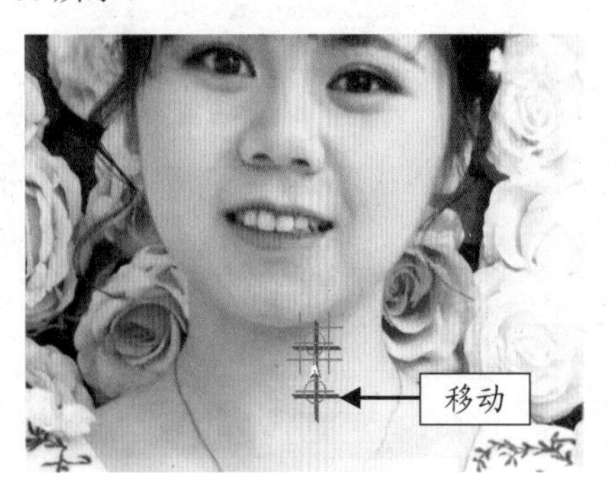

图 11-60 移动跟踪点位置

STEP 26 执行跟踪后，在预览窗口中查看第 1 颗痣去除后的画面效果，如图 11-61 所示。

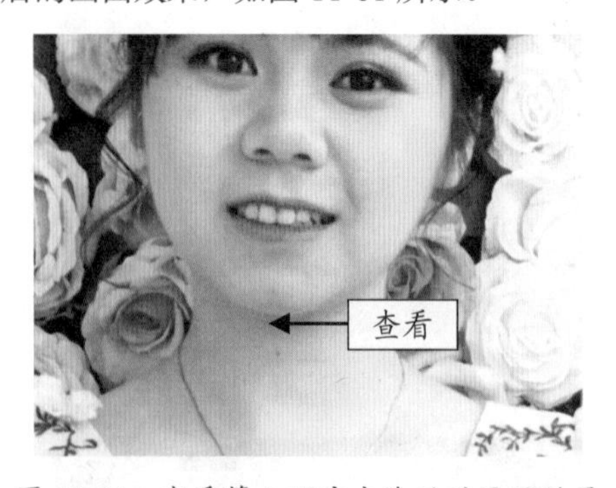

图 11-61 查看第 1 颗痣去除后的画面效果

STEP 27 在“节点”面板中添加一个编号为 06 的并行节点，并在 06 节点上添加“局部替换工具”特效，如图 11-62 所示。

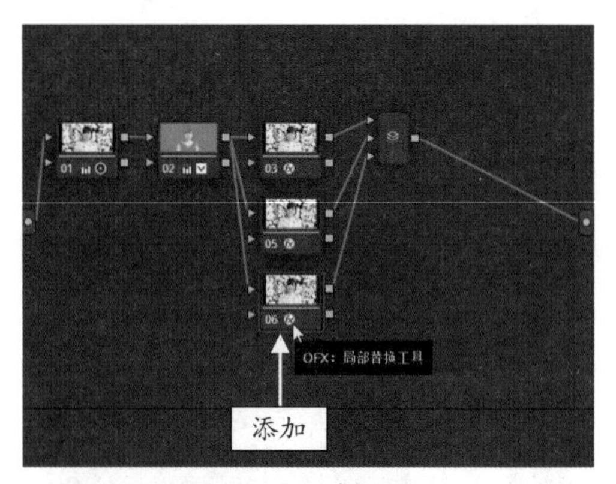

图 11-62 添加 06 节点与特效

STEP 28 在预览窗口中，调整补丁目标圆圈和补丁位置圆圈的大小和位置，将第 2 颗痣覆盖住，如图 11-63 所示。

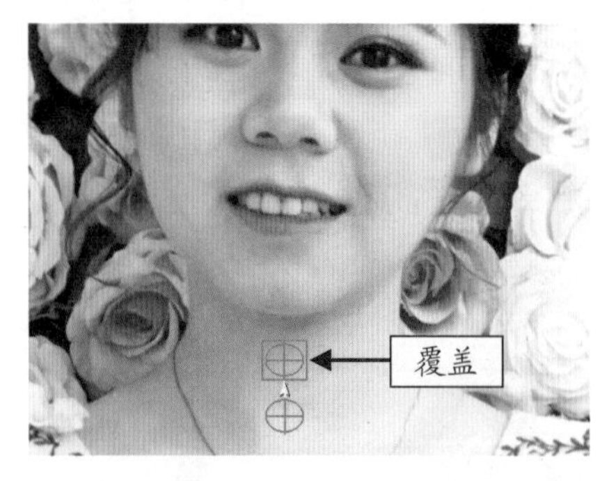

图 11-63 将第 2 颗痣覆盖住

STEP 29 然后在预览窗口中添加两个跟踪点，并执行跟踪操作，跟踪添加的特效标记，如图 11-64 所示。

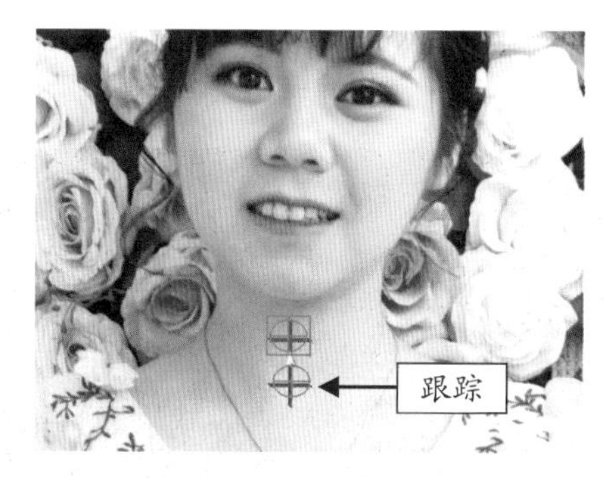

图 11-64　跟踪添加的特效标记

STEP 30 执行操作后，即可查看第 2 颗痣的去除效果，如图 11-65 所示。

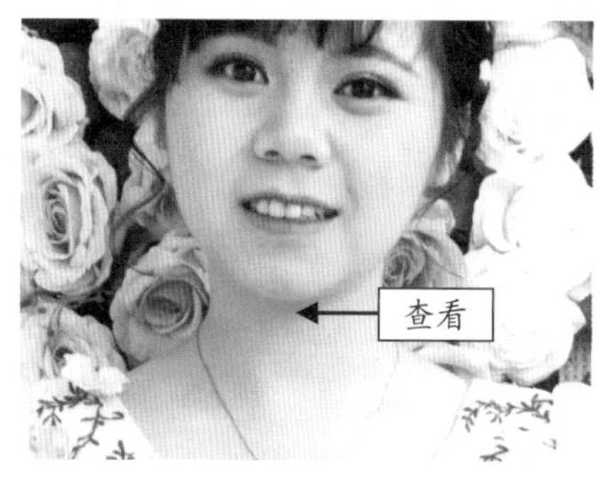

图 11-65　查看第 2 颗痣的去除效果

STEP 31 继续在“节点”面板中添加编号为 07 的并行节点，并在 07 节点上添加“局部替换工具”特效，如图 11-66 所示。

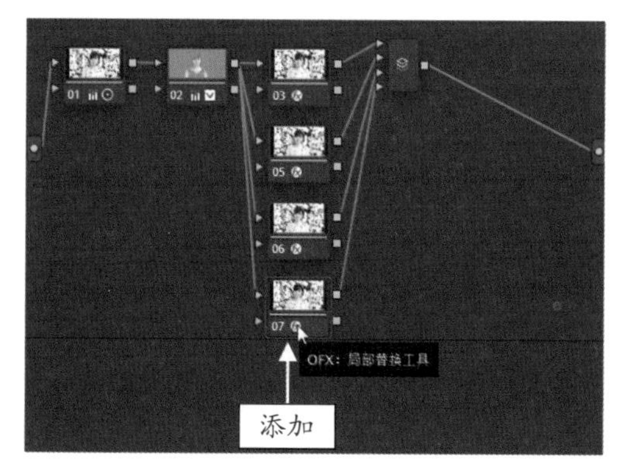

图 11-66　添加 07 节点与特效

STEP 32 在预览窗口中，调整补丁目标圆圈和补丁位置圆圈的大小和位置，将第 3 颗痣覆盖住，如图 11-67 所示。

STEP 33 然后在预览窗口中添加两个跟踪点，并执行跟踪操作，跟踪添加的特效标记，如图 11-68 所示。

图 11-67　将第 3 颗痣覆盖住

图 11-68　跟踪添加的特效标记

STEP 34 执行上述操作后，即可关闭预览窗口中的特效标记，查看第 3 颗痣的去除效果，如图 11-69 所示。

图 11-69　查看第 3 颗痣的去除效果

STEP 35 在“片段”面板中，选择第 2 段视频，用与上述同样的方法，为其去除痣和痘印，节点面板及去除效果画面如图 11-70 所示。

STEP 36 在“片段”面板中，选择第 3 段视频，画面中人物的手挡住了脖子上的一颗痣，因此，第 3 段视频中只需要执行 3 次去除痘印和痣的操作，用与上同样的方法，为其去除痣和痘印，节点面板及去除效果画面如图 11-71 所示。

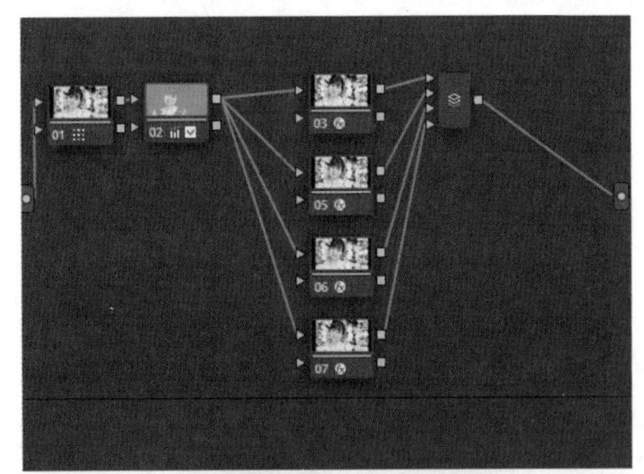

图 11-70　第 2 段视频去除痣、痘印后的节点面板及效果

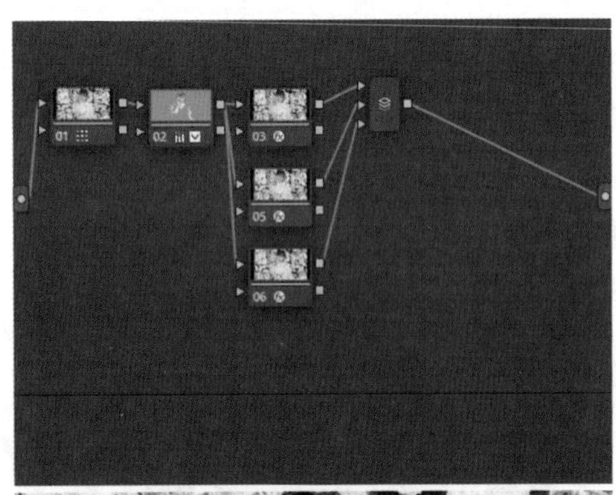

图 11-71　第 3 段视频去除痣、痘印后的节点面板及效果

STEP 37 在“片段”面板中，选择第 4 段视频，画面中人物将头扭向了另一个方向，此时画面中没有显示嘴唇上的痘印，且脖子上有两个痣之间的距离很近，可以将两颗痣一起去除，因此，第 4 段视频中只需要执行两次去除痣的操作即可，节点面板及去除效果画面如图 11-72 所示。

图 11-72　第 4 段视频去除痣、痘印后的节点面板及效果

11.2.5　为人物制作磨皮特效

在 DaVinci Resolve 16 中，为人像视频去除痘印和痣以后，即可为人物制作磨皮特效，使人物皮肤更加光洁细腻、无瑕疵，下面介绍具体的操作方法。

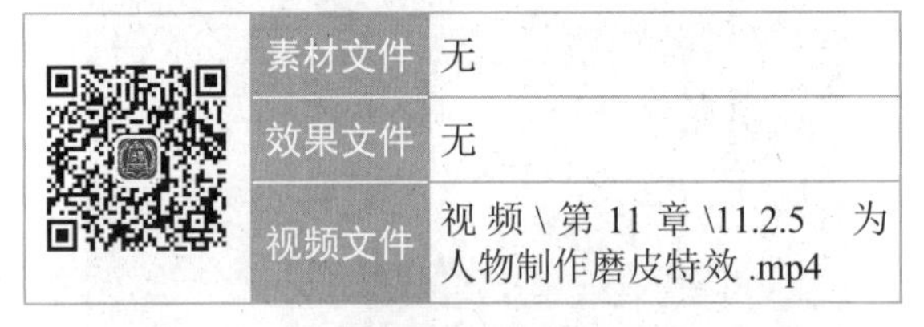

	素材文件	无
	效果文件	无
	视频文件	视频 \ 第 11 章 \11.2.5　为人物制作磨皮特效 .mp4

【操练 + 视频】
——为人物制作磨皮特效

STEP 01 选择第 1 段视频，在“节点”面板中的并行混合器上，单击鼠标右键，在弹出的快捷菜单中，选择“添加节点”|“添加串行节点”命令，如图 11-73 所示。

STEP 02 执行操作后，即可添加一个编号为 08 的串行节点，如图 11-74 所示。

STEP 03 展开“窗口”面板，单击圆形“窗口激活”

按钮，如图 11-75 所示。

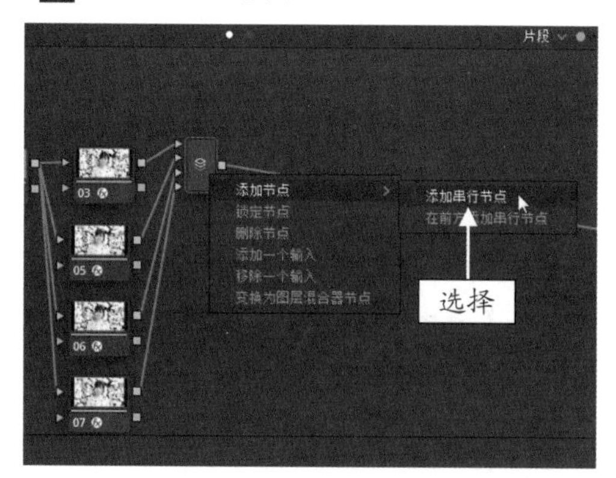

图 11-73　选择“添加串行节点”命令

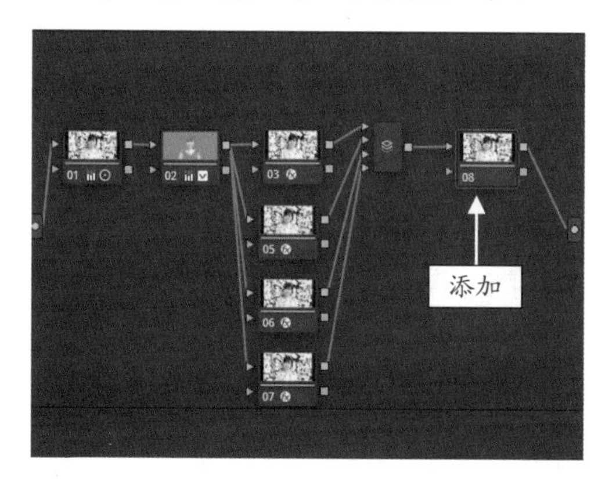

图 11-74　添加 08 串行节点

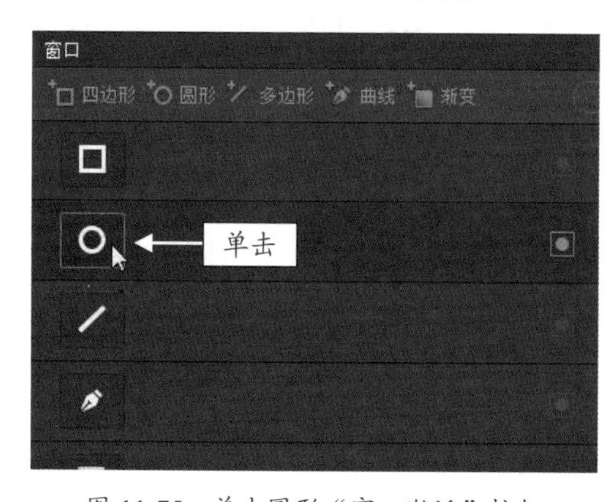

图 11-75　单击圆形“窗口激活”按钮

STEP 04 然后在预览窗口中，绘制一个圆形窗口蒙版，如图 11-76 所示。

STEP 05 展开“跟踪器”面板，在面板下方勾选“交互模式”复选框，如图 11-77 所示，即可在预览窗口的窗口蒙版中插入特征跟踪点。

STEP 06 然后单击“正向跟踪”按钮，如图 11-78 所示。

图 11-76　绘制一个圆形窗口蒙版

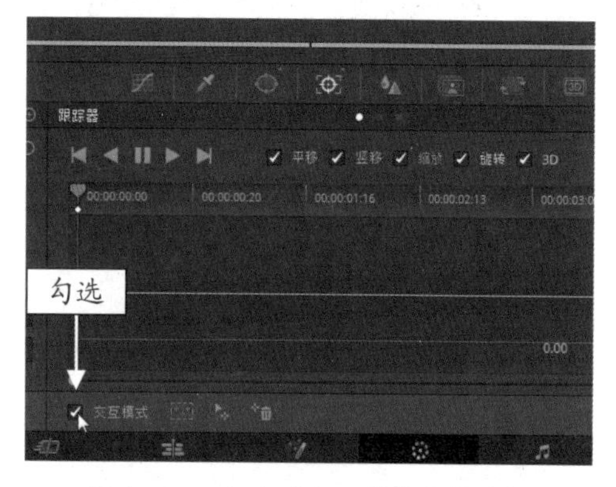

图 11-77　勾选“交互模式”复选框

图 11-78　勾选“正向跟踪”按钮

STEP 07 执行操作后，即可跟踪绘制的窗口蒙版，如图 11-79 所示。

STEP 08 展开 OpenFX ｜“素材库”选项卡，在“ResolveFX 优化”滤镜组中，选择 Beauty 特效，如图 11-80 所示。

STEP 09 按住鼠标左键并将其拖曳至“节点”面板的 08 节点上，释放鼠标左键，即可在调色提示区显示一个滤镜图标，如图 11-81 所示。

图 11-79 跟踪绘制的窗口蒙版

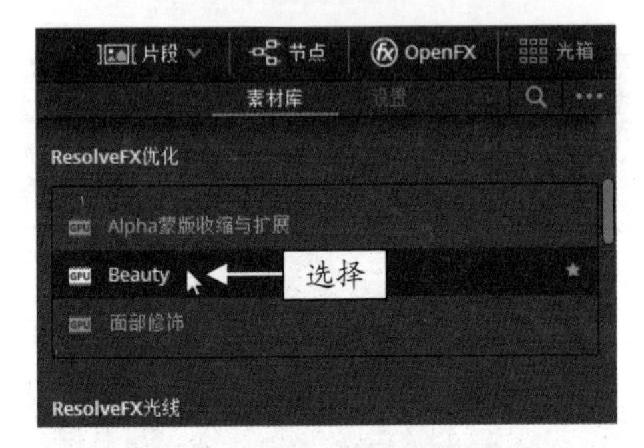

图 11-80 选择 Beauty 特效

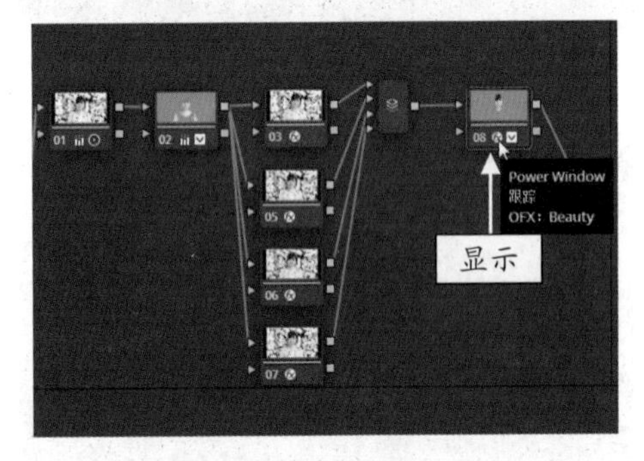

图 11-81 显示一个滤镜图标

STEP 10 切换至“设置”选项卡，在 Amount 右侧的文本框中，输入参数 0.700，如图 11-82 所示。

图 11-82 输入参数

STEP 11 执行上述操作后，即可在预览窗口中，查看第 1 段视频的磨皮处理效果，如图 11-83 所示。

图 11-83 查看第 1 段视频制作的磨皮效果

STEP 12 在“片段”面板中，选择第 2 段视频，用与上同样的方法，在人像视频上绘制窗口蒙版，并制作磨皮特效，绘制的窗口蒙版及磨皮效果如图 11-84 所示。

图 11-84 第 2 段视频绘制的窗口蒙版及磨皮效果

STEP 13 在“片段”面板中，选择第 3 段视频，用与上同样的方法，在人像视频上绘制窗口蒙版，并制作磨皮特效，绘制的窗口蒙版及磨皮效果如图 11-85 所示。

STEP 14 在“片段”面板中，选择第 4 段视频，用与上同样的方法，在人像视频上绘制窗口蒙版，并制作磨皮特效，绘制的窗口蒙版及磨皮效果如图 11-86 所示。

图 11-85 第 3 段视频绘制的窗口蒙版及磨皮效果

图 11-86 第 4 段视频绘制的窗口蒙版及磨皮效果

11.3 剪辑输出视频

为视频素材完成调色制作后，用户可以切换至“剪辑”步骤面板，在其中为人像视频进行后期剪辑及输出操作，包括添加转场、添加字幕、添加背景音乐以及交付输出成品视频等内容。

11.3.1 为人像视频添加转场

为人像视频添加转场效果，可以使视频与视频之间过渡得更加自然、顺畅，下面介绍具体的操作方法。

	素材文件	无
	效果文件	无
	视频文件	视频 \ 第 11 章 \11.3.1 为人像视频添加转场 .mp4

【操练 + 视频】
——为人像视频添加转场

STEP 01 切换至“剪辑”步骤面板，如图 11-87 所示。

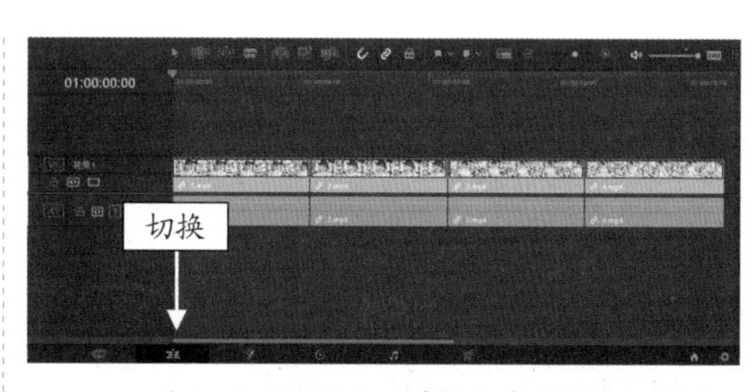

图 11-87 切换至“剪辑”步骤面板

STEP 02 在“时间线”面板上方的工具栏中，单击“刀片编辑模式 -B”按钮，如图 11-88 所示。

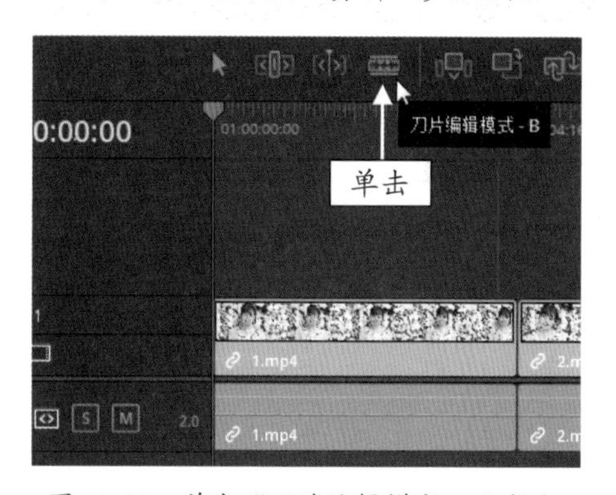

图 11-88 单击“刀片编辑模式 -B”按钮

STEP 03 在视频轨中，应用刀片工具，在视频素材上的 01:00:03:18 的位置处，单击鼠标左键，即可将第 1 段视频素材分割成两段，如图 11-89 所示。

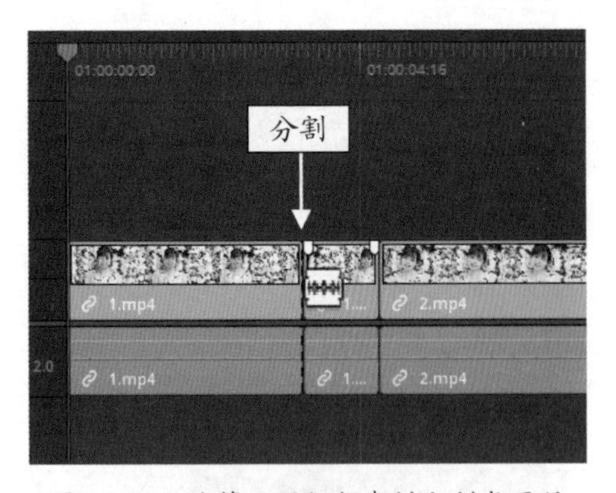

图 11-89　将第 1 段视频素材分割成两段

STEP 04 用与上同样的方法，分别在 01:00:05:15、01:00:09:09、01:00:10:15、01:00:14:09 以及 01:00:16:06 的位置处，将视频轨中的素材分割为多段，如图 11-90 所示。

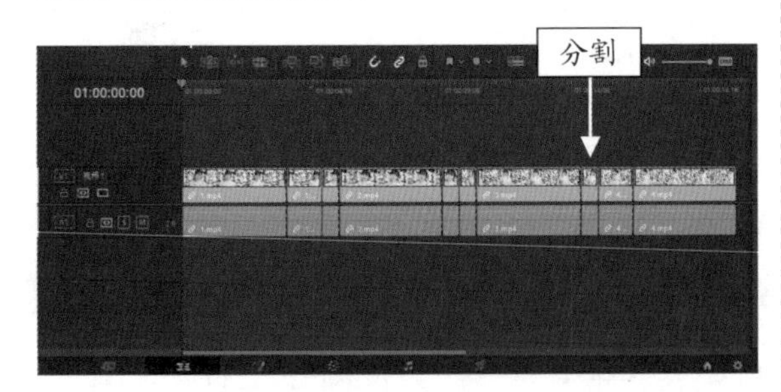

图 11-90　将视频轨中的素材分割为多段

STEP 05 执行上述操作后，将分割出来的小段视频删除，效果如图 11-91 所示。

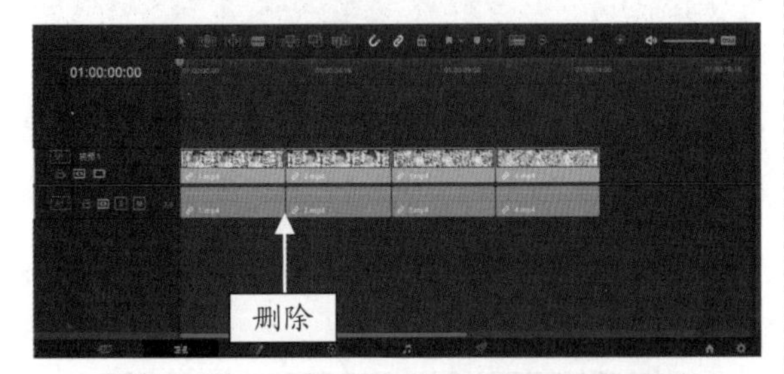

图 11-91　将分割出来的小段视频删除效果

STEP 06 在“剪辑”步骤面板的左上角，单击“特效库”按钮，如图 11-92 所示。

STEP 07 在“媒体池”面板下方展开“特效库”面板，单击“工具箱”下拉按钮，如图 11-93 所示。

STEP 08 展开“工具箱”选项列表，选择“视频转场”选项，展开“视频转场”选项面板，如图 11-94 所示。

STEP 09 在“叠化”转场组中，选择“交叉叠化”转场特效，如图 11-95 所示。

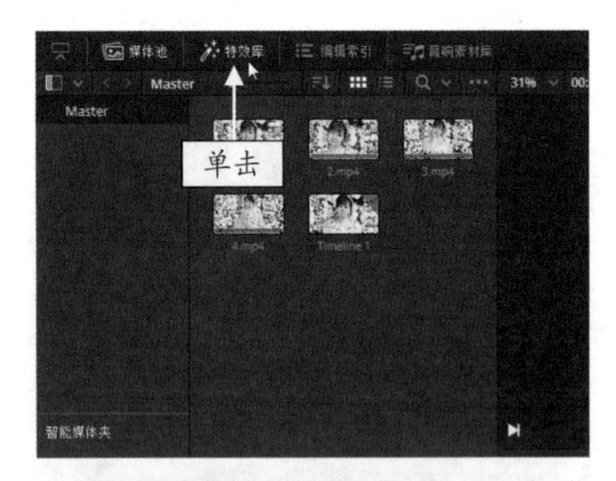

图 11-92　单击“特效库”按钮

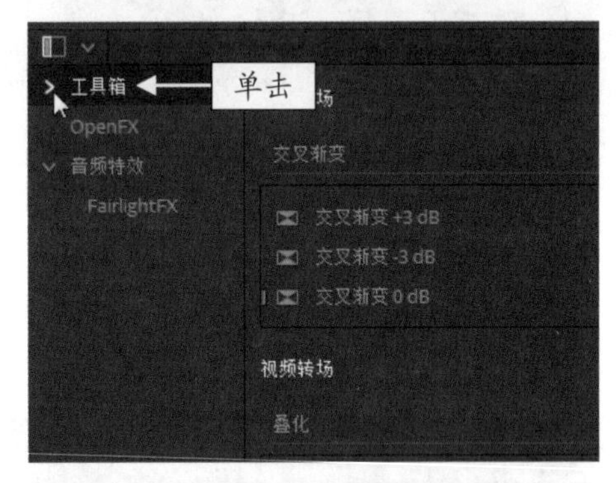

图 11-93　单击“工具箱”下拉按钮

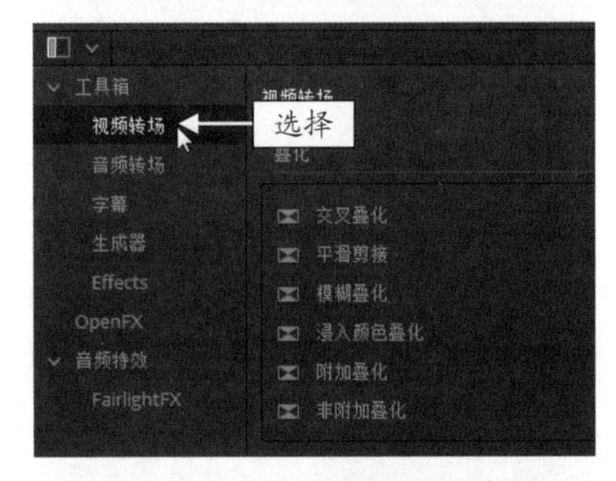

图 11-94　选择“视频转场”选项

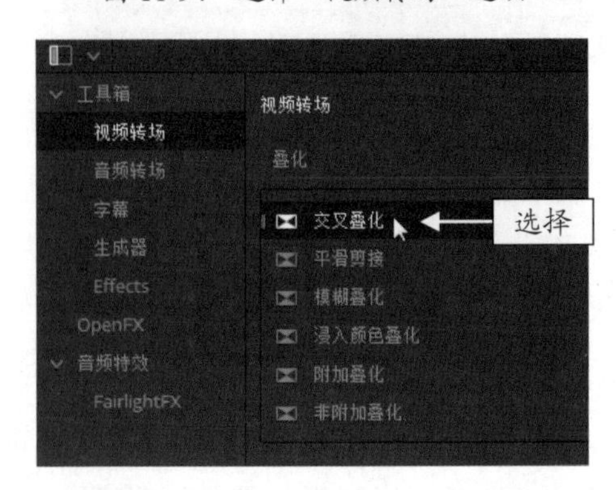

图 11-95　选择“交叉叠化”转场特效

STEP 10 按住鼠标左键，将选择的转场特效拖曳至“时间线”面板的两个视频素材中间，如图 11-96 所示。

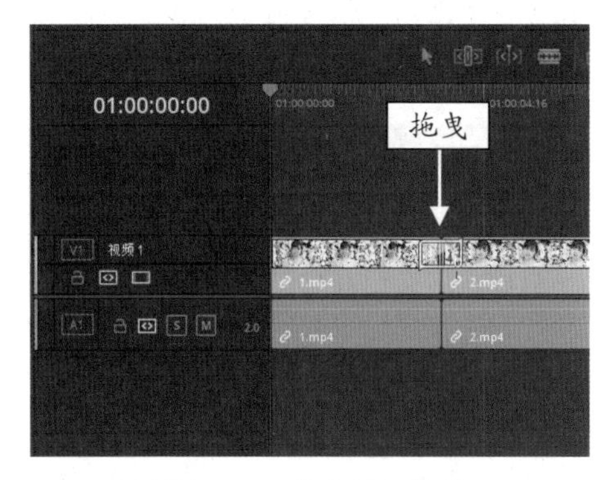

图 11-96　拖曳转场特效

STEP 11 释放鼠标左键，即可添加转场特效，在预览窗口中查看添加的转场效果，如图 11-97 所示。

图 11-97　查看添加的转场效果

STEP 12 用与上同样的方法，继续在视频轨上的视频素材之间添加“交叉叠化”转场特效，“时间线”面板效果如图 11-98 所示。

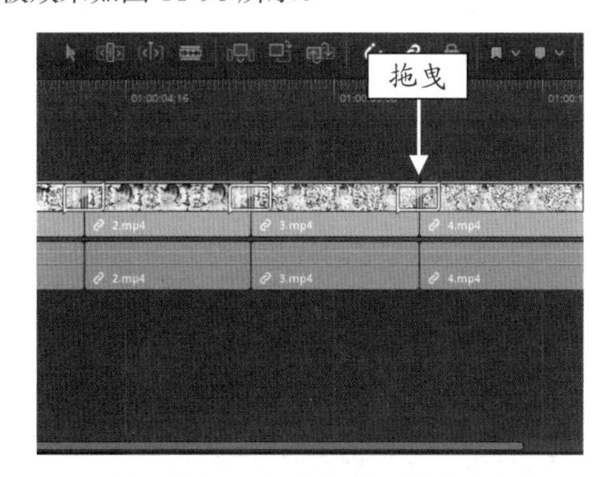

图 11-98　拖曳转场特效

STEP 13 执行上述操作后，按空格键播放视频，即可在预览窗口中查看再次添加的转场效果，如图 11-99 所示。

图 11-99　查看再次添加的转场效果

11.3.2　为人像视频添加字幕

为人像视频添加转场后，接下来还需要为人像视频添加标题字幕文件，增强视频的艺术效果，下面介绍具体的操作方法。

	素材文件	无
	效果文件	无
	视频文件	视频 \ 第 11 章 \11.3.2　为人像视频添加字幕 .mp4

【操练 + 视频】
——为人像视频添加字幕

STEP 01 在“剪辑”步骤面板中，展开“特效库”面板，在“工具箱”选项列表中，选择“字幕”选项，展开“字幕”选项面板，如图 11-100 所示。

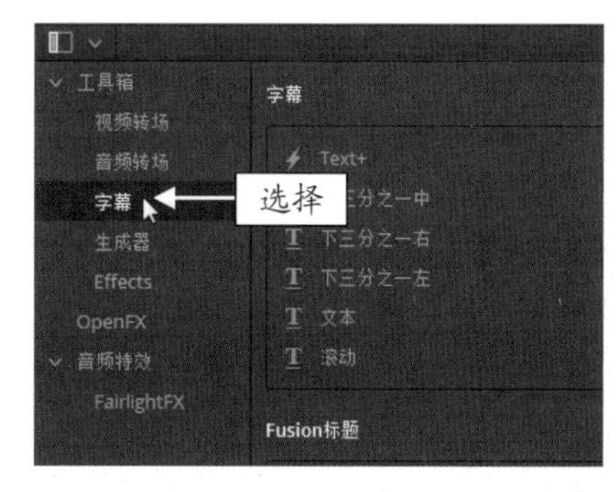

图 11-100　选择“字幕”选项

STEP 02 在“字幕”选项面板中选择“文本”选项，如图 11-101 所示。

STEP 03 按住鼠标左键将“文本”字幕样式拖曳至 V1 轨道上方，“时间线”面板会自动添加一条 V2 轨道，在合适位置处释放鼠标左键，即可在 V2 轨道上添加一个标题字幕文件，如图 11-102 所示。

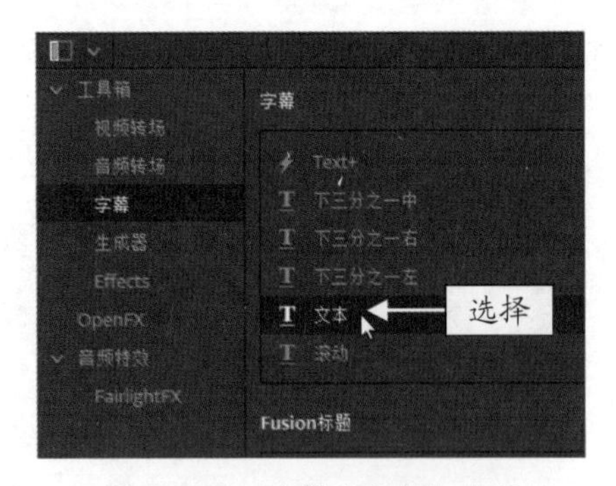

图 11-101　选择“文本”选项

图 11-102　添加一个标题字幕文件

STEP 04 选中 V2 轨道中的字幕文件，将鼠标移至字幕文件的末端，按住鼠标左键并向左拖曳，至合适位置后释放鼠标左键，即可调整字幕区间时长，如图 11-103 所示。

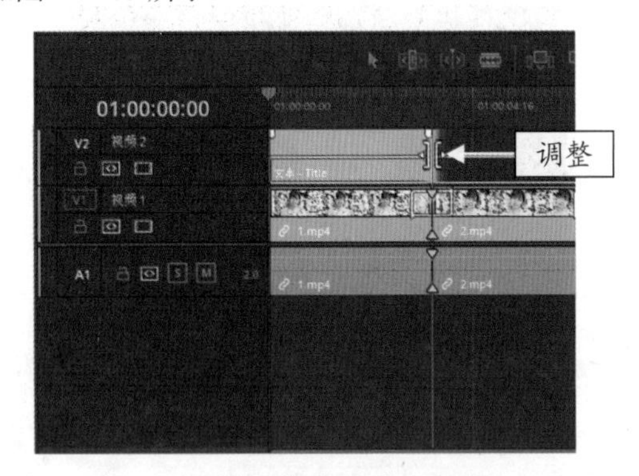

图 11-103　调整字幕区间时长

STEP 05 双击添加的“文本”字幕，展开“检查器”|“文本”选项卡，如图 11-104 所示。

STEP 06 在“多信息文本”下方的编辑框中输入文字“花容月貌”，如图 11-105 所示。

STEP 07 在预览窗口中，可以查看添加的字幕效果，如图 11-106 所示。

STEP 08 单击“字体”右侧的下拉按钮，设置字体类型，如图 11-107 所示。

图 11-104　展开“文本”选项卡

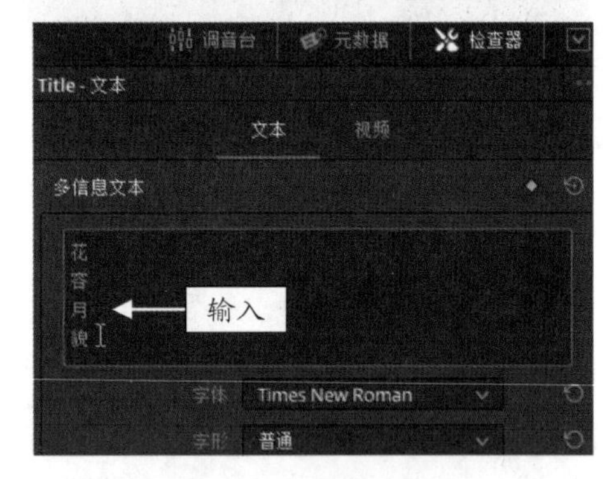

图 11-105　输入文字

图 11-106　查看添加的字幕效果

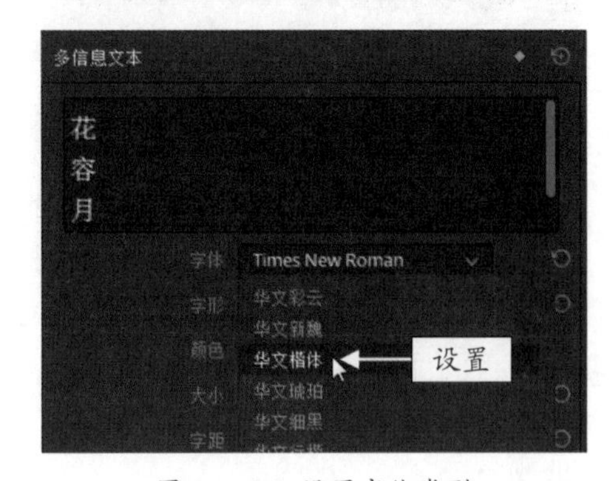

图 11-107　设置字体类型

STEP 09 单击“颜色”右侧的色块，如图 11-108 所示。

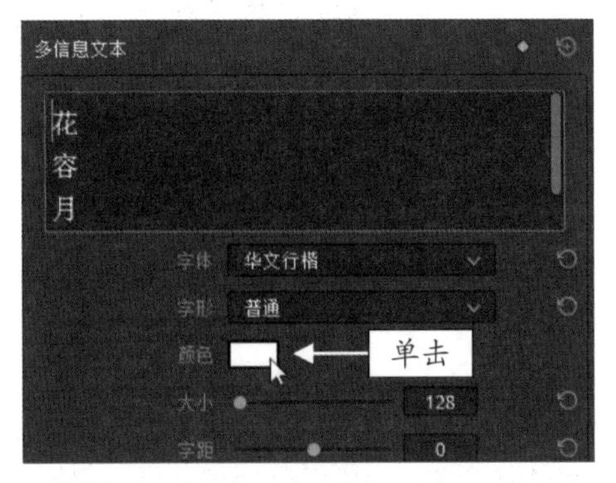

图 11-108　单击“颜色”右侧的色块

STEP 10 弹出“选择颜色”对话框，如图 11-109 所示。

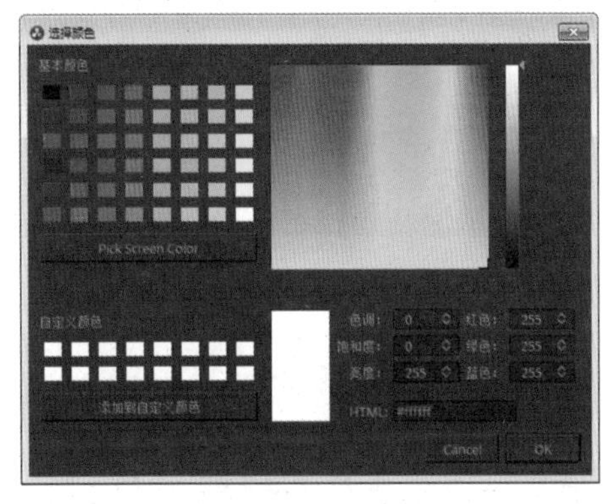

图 11-109　“选择颜色”对话框

STEP 11 在“基本颜色”选项区中，选择黄色色块，如图 11-110 所示。

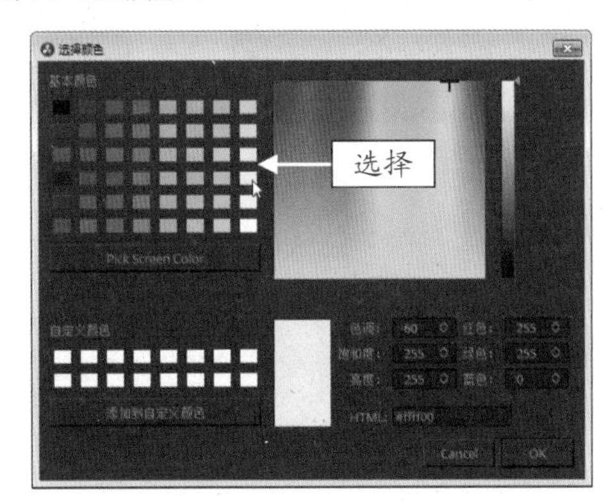

图 11-110　选择黄色色块

STEP 12 单击 OK 按钮，返回“检查器”|“文本”选项卡，在“大小”右侧的文本框中输入参数 159，如图 11-111 所示。

STEP 13 在下方面板中，设置“位置”X 参数为 1600.000、Y 参数为 520.000，调整字幕的位置，如图 11-112 所示。

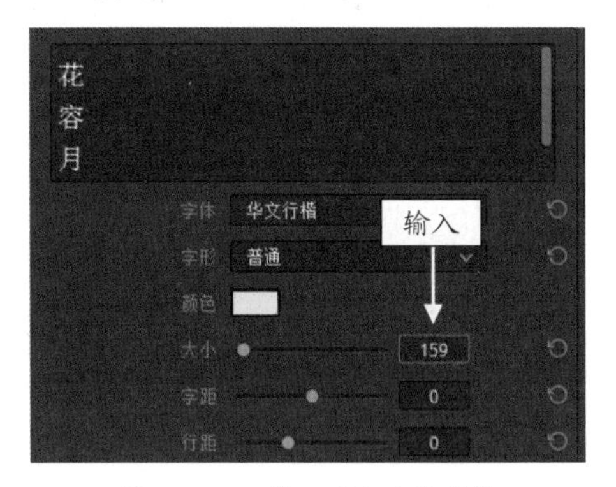

图 11-111　输入“大小”参数

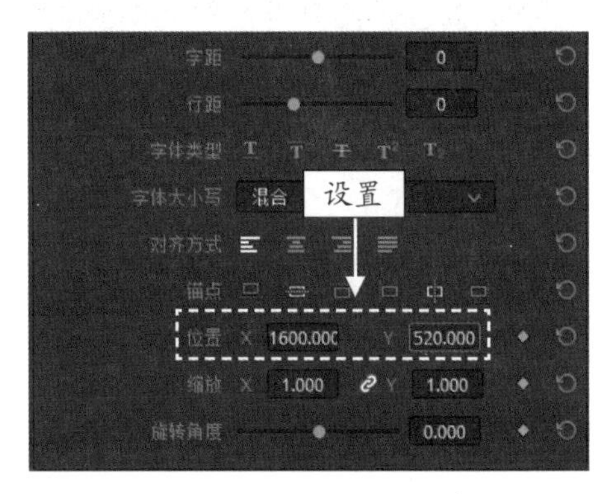

图 11-112　设置“位置”参数

STEP 14 在“下拉阴影”选项区中，设置“偏移”X 参数为 5.000、Y 参数为 -10.000，为字幕添加下拉阴影，如图 11-113 所示。

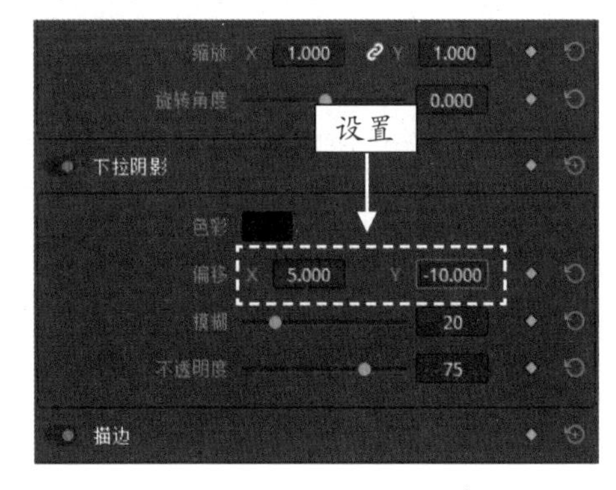

图 11-113　设置“偏移”参数

STEP 15 在“描边”选项区中，单击“色彩”右侧的色块，如图 11-114 所示。

STEP 16 弹出“选择颜色”对话框，在“基本颜色”选项区中，选择红色色块，如图 11-115 所示，单击 OK 按钮，返回上一个面板。

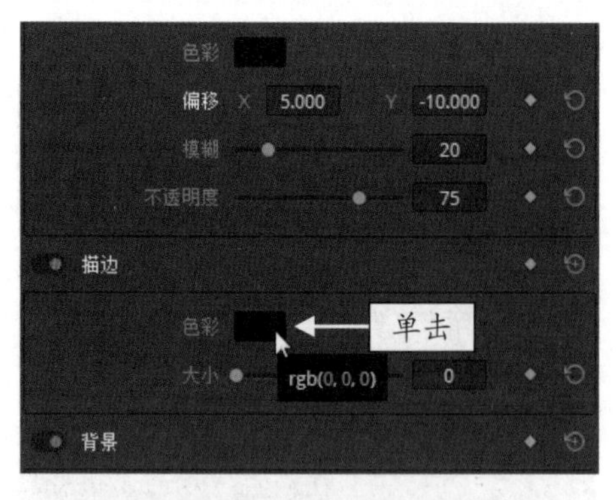

图 11-114 单击“色彩”右侧的色块

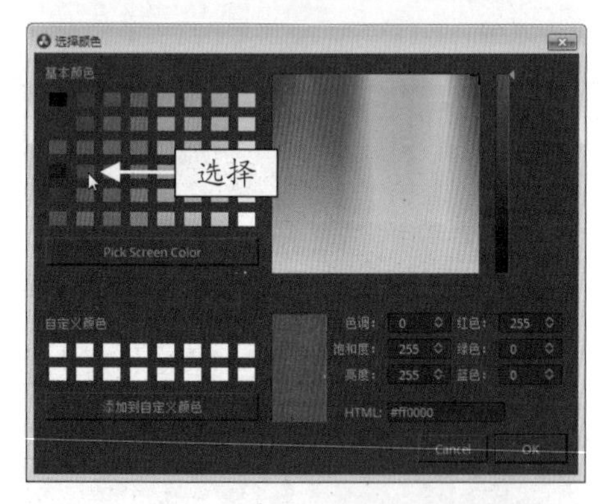

图 11-115 选择红色色块

STEP 17 在“描边”选项区中，设置“大小”参数为3，如图 11-116 所示。

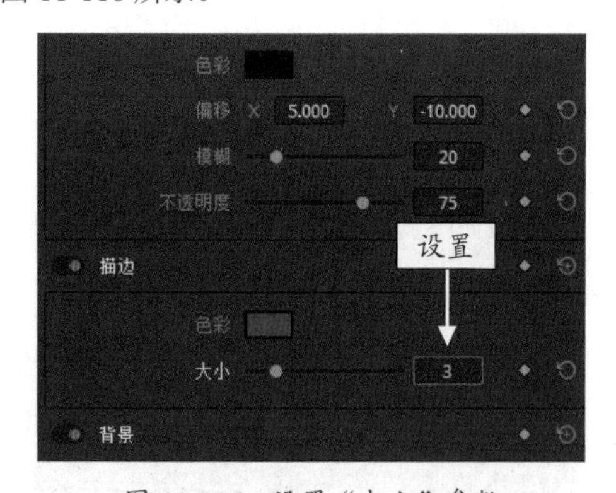

图 11-116 设置“大小”参数

STEP 18 执行操作后，在预览窗口中查看制作好的字幕效果，如图 11-117 所示。

STEP 19 在“检查器”面板的上方，单击“视频”标签，展开“视频”选项卡，如图 11-118 所示。

STEP 20 在“裁切”选项区中，设置“裁切底部”参数为 960.000，如图 11-119 所示。

图 11-117 查看制作好的字幕效果

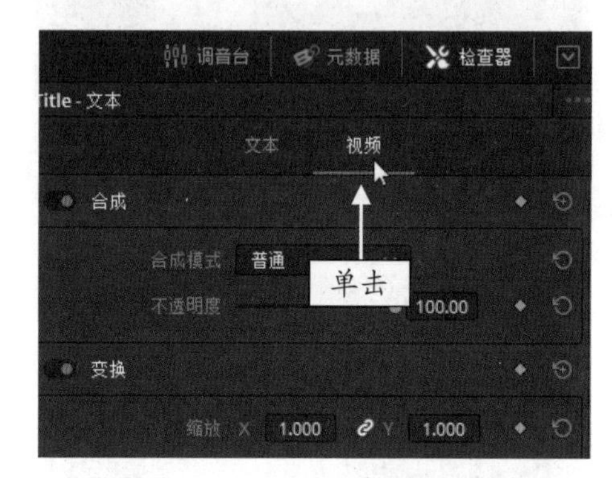

图 11-118 单击“视频”标签

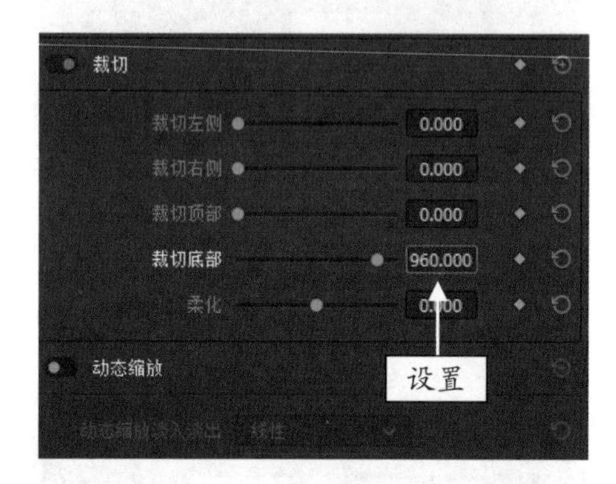

图 11-119 设置“裁切底部”参数

STEP 21 单击“裁切底部”关键帧按钮◆，添加一个关键帧，如图 11-120 所示。

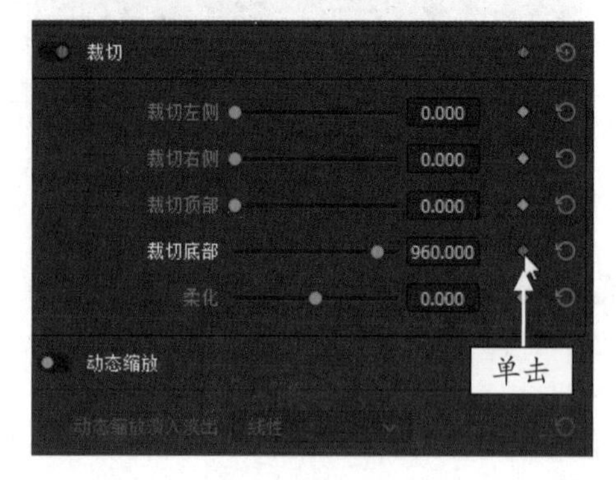

图 11-120 单击“裁切底部”关键帧按钮

STEP 22 在“时间线”面板中，拖曳时间指示器至 01:00:02:20 的位置处，如图 11-121 所示。

图 11-121 拖曳时间指示器至相应位置处

STEP 23 切换至“检查器”面板的“裁切”选项区中，设置“裁切底部”参数为 0.000，此时可以自动添加一个“裁切底部”关键帧，如图 11-122 所示。

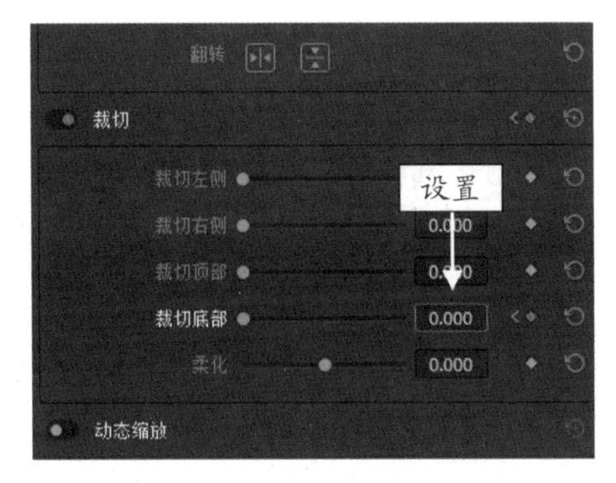

图 11-122 设置“裁切底部”参数

STEP 24 在“合成”选项区中，单击“不透明度”右侧的关键帧，如图 11-123 所示。

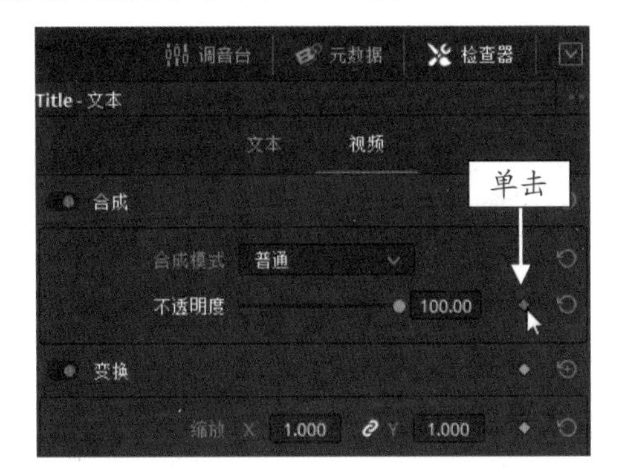

图 11-123 单击“不透明度”右侧的关键帧

STEP 25 在“时间线”面板中，拖曳时间指示器至 01:00:03:19 的位置处，如图 11-124 所示。

STEP 26 切换至“检查器”面板的“合成”选项区中，设置“不透明度”参数为 0.00，此时可以自动添加一个“不透明度”关键帧，如图 11-125 所示。

图 11-124 拖曳时间指示器至相应位置处

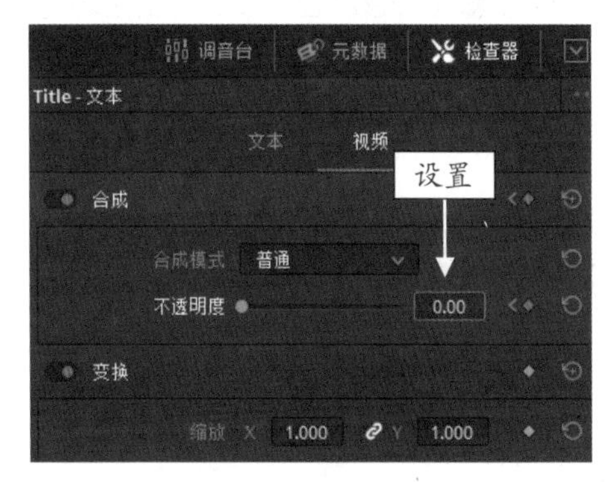

图 11-125 设置“不透明度”参数

STEP 27 执行上述操作后，即可为字幕文件添加运动效果，在预览窗口中可以查看字幕运动效果，如图 11-126 所示。

图 11-126 查看字幕运动效果

STEP 28 在“时间线”面板中，选择制作的第 1 个字幕文件，单击鼠标右键，在弹出的快捷菜单中，选择“复制”命令，如图 11-127 所示。

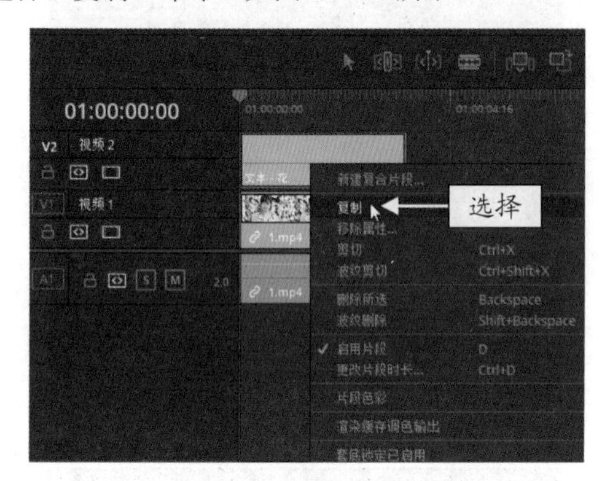

图 11-127 选择“复制”命令

STEP 29 拖曳时间指示器至 01:00:03:18 的位置处，如图 11-128 所示。

图 11-128 拖曳时间指示器至相应位置处

STEP 30 在 V2 轨道右侧的空白位置处，单击鼠标右键，在弹出的快捷菜单中，选择“粘贴”命令，如图 11-129 所示。

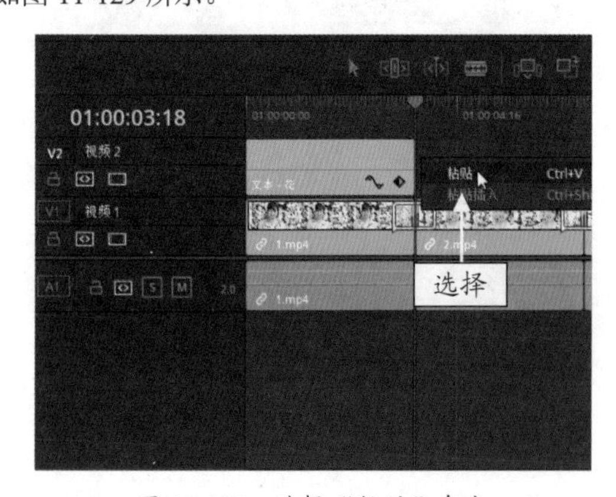

图 11-129 选择“粘贴”命令

STEP 31 执行上述操作后，即可在时间指示器位置处粘贴复制的字幕文件，如图 11-130 所示，双击粘贴的字幕文件，展开“检查器”|“文本”选项卡。

图 11-130 粘贴复制的字幕文件

STEP 32 在“多信息文本”下方的编辑框中，将文字内容修改为“钟灵毓秀”，如图 11-131 所示。

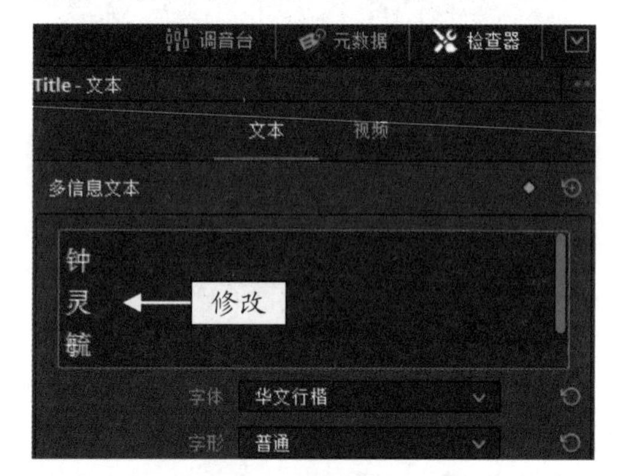

图 11-131 修改文字内容

STEP 33 执行操作后，即可在预览窗口中查看制作的第 2 个字幕效果，如图 11-132 所示。

图 11-132 查看制作的第 2 个字幕效果

STEP 34 用与上同样的方法，继续制作两个字幕文件，“时间线”面板如图 11-133 所示。

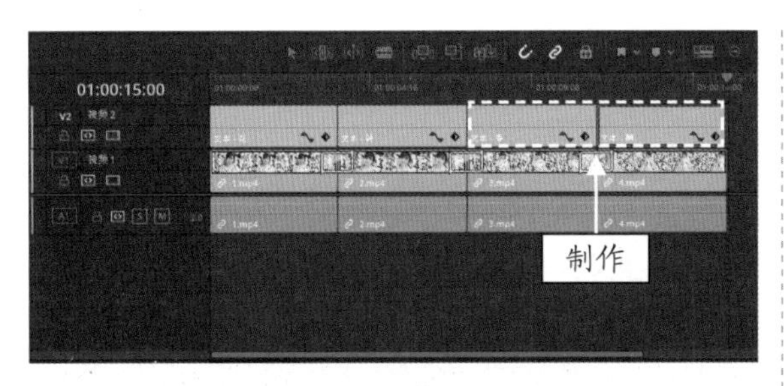

图 11-133　继续制作两个字幕文件

STEP 35 制作完成后，在预览窗口中查看第 3 个和第 4 个字幕效果，如图 11-134 所示。

图 11-134　查看第 3 个和第 4 个字幕效果

11.3.3　为视频匹配背景音乐

标题字幕制作完成后，可以为视频匹配一个完整的背景音乐，使影片更具有感染力，下面介绍具体的操作方法。

	素材文件	素材 \ 第 11 章 \ 背景音乐 .mp3
	效果文件	无
	视频文件	视频 \ 第 11 章 \11.3.3　为视频匹配背景音乐 .mp4

【操练 + 视频】
——为视频匹配背景音乐

STEP 01 在“媒体池”面板中的空白位置处，单击鼠标右键，在弹出的快捷菜单中，选择“导入媒体”命令，如图 11-135 所示。

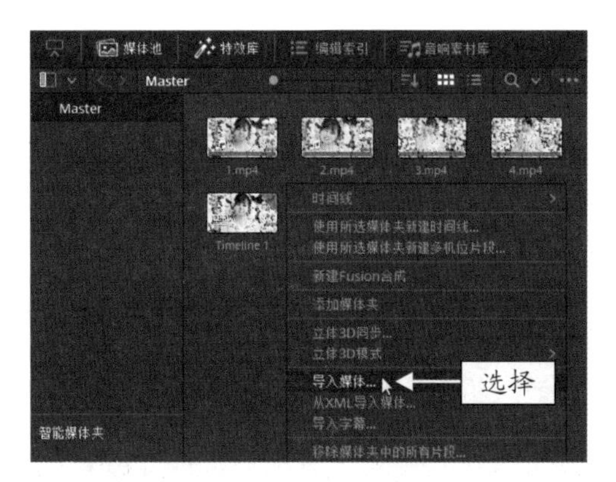

图 11-135　选择“导入媒体”命令

STEP 02 弹出“导入媒体”对话框，在其中选择需要导入的音频素材，如图 11-136 所示。

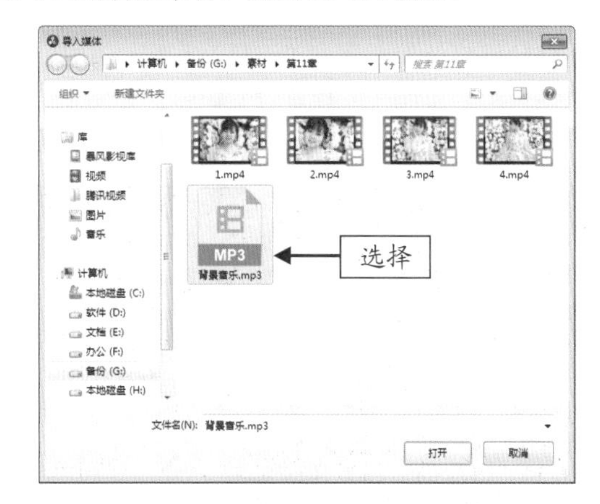

图 11-136　选择需要导入的音频素材

STEP 03 在下方单击“打开”按钮，即可将选择的音频素材导入到“媒体池”面板中，如图 11-137 所示。

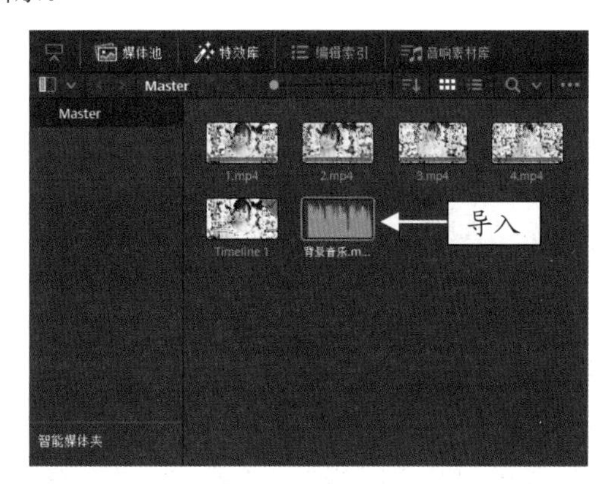

图 11-137　导入到“媒体池”面板中

STEP 04 在“时间线”面板中，选择 A1 轨道中的音频素材，如图 11-138 所示，由于音频与视频为链接状态，因此，V1 轨道上的视频也会一起被选中。

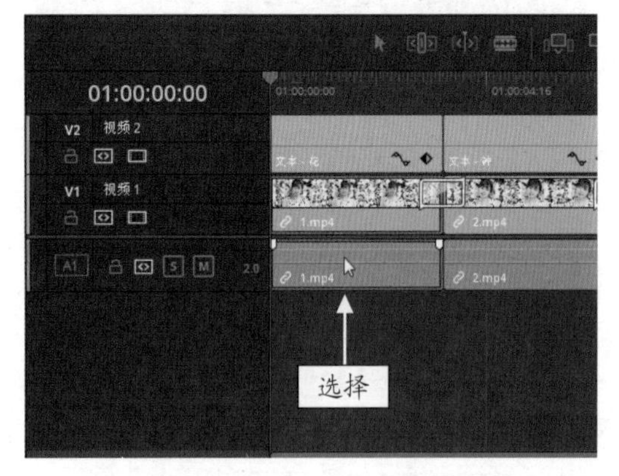

图 11-138　选择 A1 轨道中的音频素材

STEP 05 在选择的音频上单击鼠标右键，在弹出的快捷菜单中，选择“链接片段”命令，如图 11-139 所示。

图 11-139　选择“链接片段”命令

STEP 06 执行操作后即可断开音频与视频的链接，如图 11-140 所示。

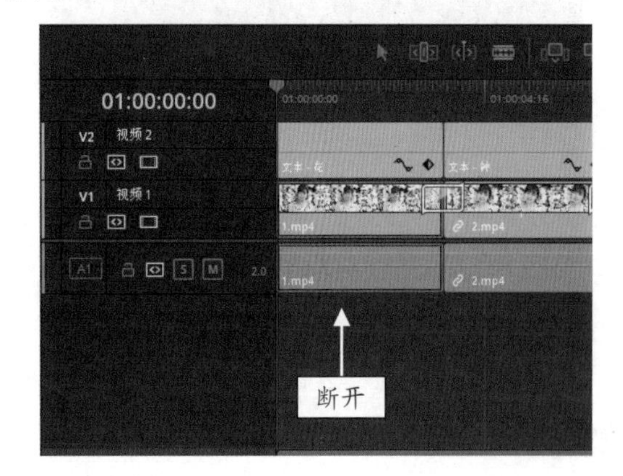

图 11-140　断开音频与视频的链接

STEP 07 用与上同样的方法，断开其他 3 段音频与视频的链接，“时间线”面板如图 11-141 所示。

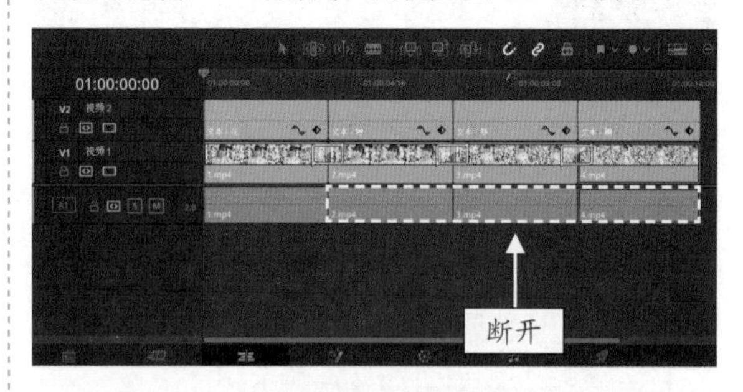

图 11-141　断开其他 3 段音频与视频的链接

STEP 08 在 A1 轨道中，选中断开后的音频素材，如图 11-142 所示。

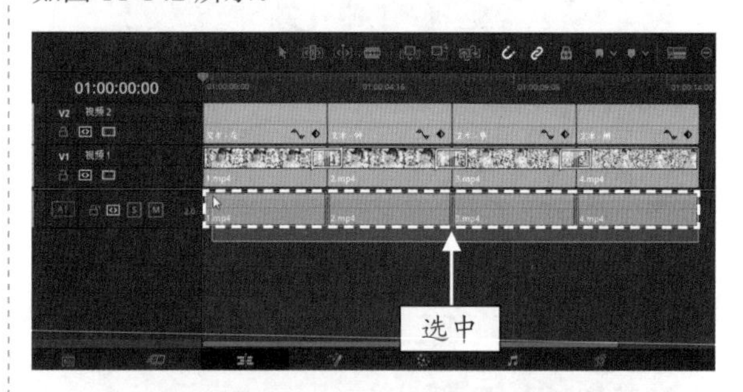

图 11-142　选中断开后的音频素材

STEP 09 单击鼠标右键，在弹出的快捷菜单中，选择“删除所选”命令，如图 11-143 所示。

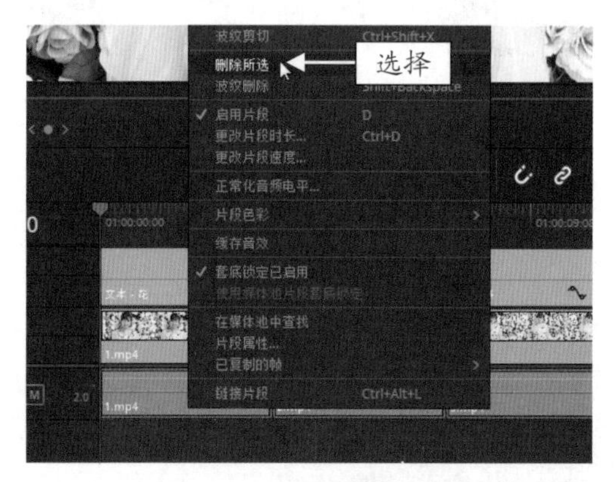

图 11-143　选择“删除所选”命令

STEP 10 执行操作后，即可删除 A1 轨道上的音频，如图 11-144 所示。

STEP 11 在“媒体池”面板中，选择导入的音频素材，按住鼠标左键将其拖曳至 A1 轨道上，如图 11-145 所示，释放鼠标左键即可为视频匹配背景音乐。

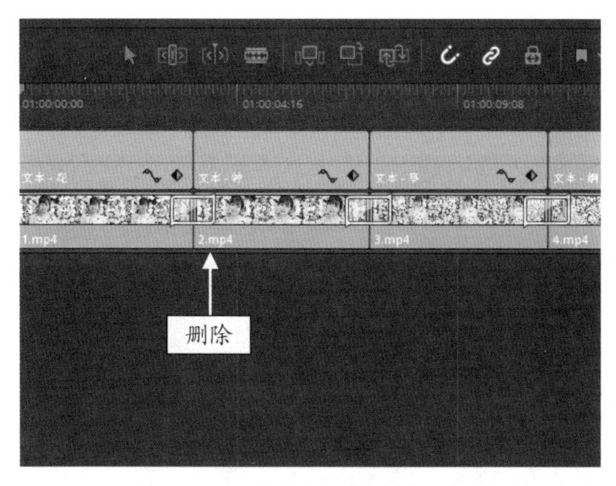

图 11-144　删除 A1 轨道上的音频

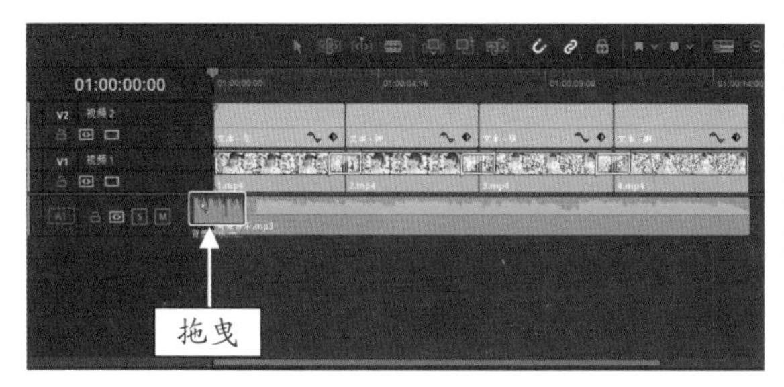

图 11-145　拖曳音频素材至 A1 轨道上

11.3.4　交付输出制作的视频

将视频文件剪辑完成后，即可将制作的成品项目文件交付输出为完整的视频，下面介绍具体的操作方法。

	素材文件	无
	效果文件	效果\第 11 章\花季少女.mp4
	视频文件	视频\第 11 章\11.3.4　交付输出制作的视频.mp4

【操练 + 视频】
——交付输出制作的视频

STEP 01 切换至"交付"步骤面板，在"渲染设置"|"渲染设置 - 自定义"选项面板中，设置文件名称和保存位置，如图 11-146 所示。

STEP 02 在"导出视频"选项区中，单击"格式"右侧的下拉按钮，在弹出的下拉列表框中，选择 MP4 选项，如图 11-147 所示。

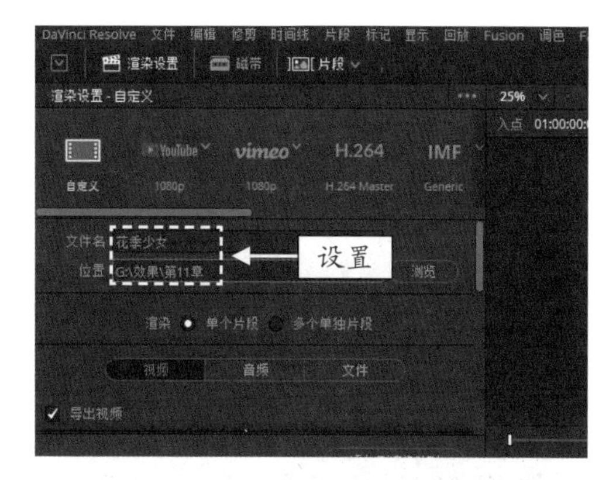

图 11-146　设置文件名称和保存位置

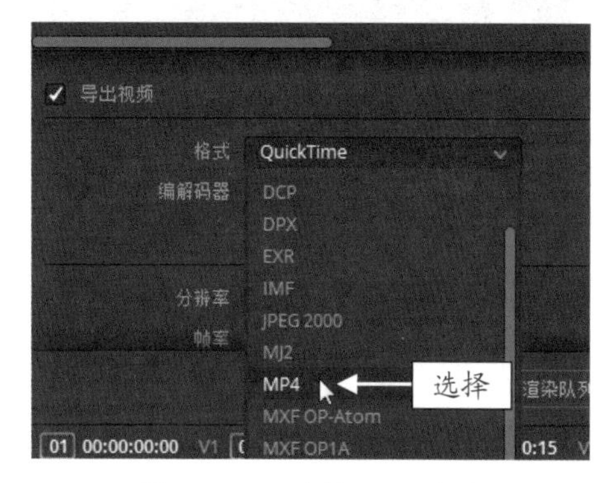

图 11-147　选择 MP4 选项

> **专家指点**
>
> 设置视频输出位置时，可以在"位置"右侧的文本框中直接输入视频的保存路径，也可以单击"浏览"按钮，弹出"浏览"对话框，在其中确定视频输出后的保存位置。

STEP 03 单击"添加到渲染队列"按钮，如图 11-148 所示。

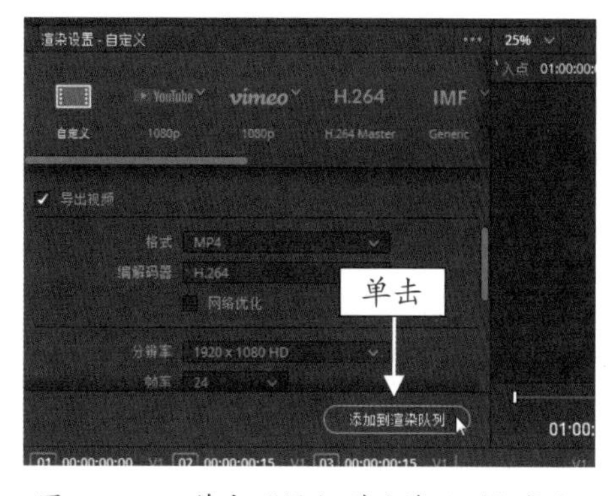

图 11-148　单击"添加到渲染队列"按钮

STEP 04 将视频文件添加到右上角的“渲染队列”面板中，单击面板下方的“开始渲染”按钮，如图 11-149 所示。

图 11-149　单击“开始渲染”按钮

STEP 05 开始渲染视频文件，并显示视频渲染进度，待渲染完成后，在渲染列表上会显示完成用时，表示渲染成功，如图 11-150 所示。

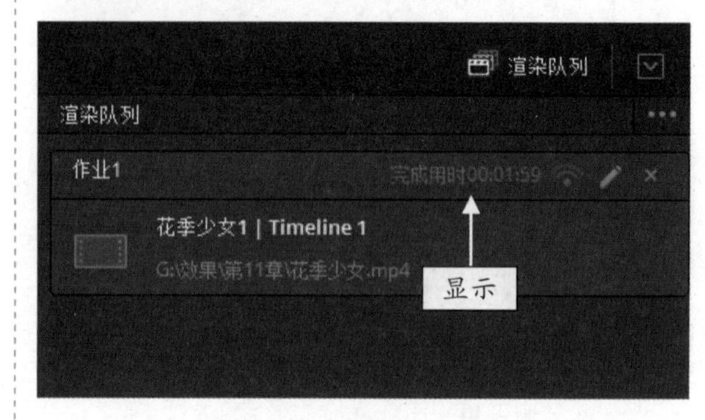

图 11-150　显示完成用时

第12章

日景调成夜景——《汽车展示》

章前知识导读

我们在很多影视作品中都能看到大量夜晚的场景，这些夜景其实也有可能是在白天拍摄的，经过后期剪辑调色后，可以将拍摄到的日景调成夜景。本章主要介绍在DaVinci Resolve 16中将日景调成夜景的操作方法。

新手重点索引

- 欣赏视频效果
- 视频调色过程
- 剪辑输出视频

效果图片欣赏

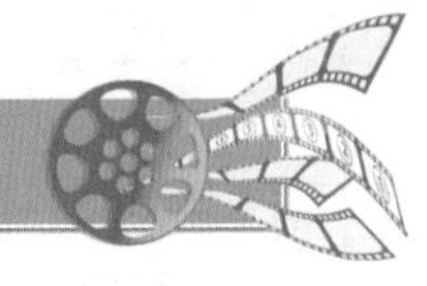

12.1 欣赏视频效果

日景和夜景最大的区别是日景的亮光主要来源于阳光的照射，而夜景的亮光主要来源于灯光的照射，因此在制作日景转变为夜景时，光源效果的处理十分重要。在介绍日景调为夜景效果的操作方法之前，首先预览《汽车展示》项目效果，并掌握项目技术提炼等内容。

12.1.1 效果赏析

本实例制作的是日景调成夜景——《汽车展示》，下面预览视频进行调色前后对比的效果，如图 12-1 所示。

图 12-1 日景调成夜景——《汽车展示》素材与效果欣赏

12.1.2 技术提炼

首先新建一个项目文件，进入 DaVinci Resolve 16“剪辑”步骤面板，在“媒体池”面板中导入视频素材，并将其添加至“时间线”面板中，然后在“调色”步骤面板中调整视频的整体亮度和色温，并调亮汽车车前灯以及车前灯照射区域的亮度，最后为视频添加背景音乐，将制作好的成品交付输出。

12.2 视频调色过程

本节主要介绍《汽车展示》视频文件的调色过程，包括导入汽车展示视频素材、降低画面整体亮度及色温、使用窗口为汽车调亮车灯以及调亮车灯照射的区域画面等内容，希望读者熟练掌握日景调成夜景的制作方法。

12.2.1 导入汽车展示素材文件

在为视频调色之前，首先需要导入日景视频素材。下面介绍通过“媒体池”面板导入视频素材的操作方法。

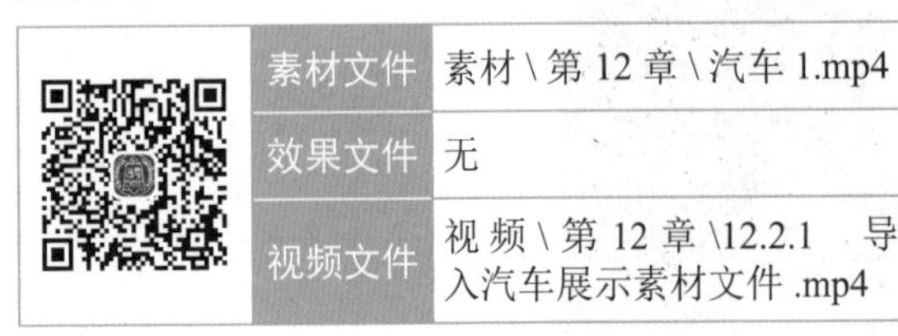

	素材文件	素材 \ 第 12 章 \ 汽车 1.mp4
	效果文件	无
	视频文件	视频 \ 第 12 章 \12.2.1 导入汽车展示素材文件 .mp4

【操练 + 视频】
——导入汽车展示素材文件

STEP 01 进入达芬奇“剪辑”步骤面板，在“媒体池”面板中单击鼠标右键，在弹出的快捷菜单中，选择“导入媒体”命令，如图 12-2 所示。

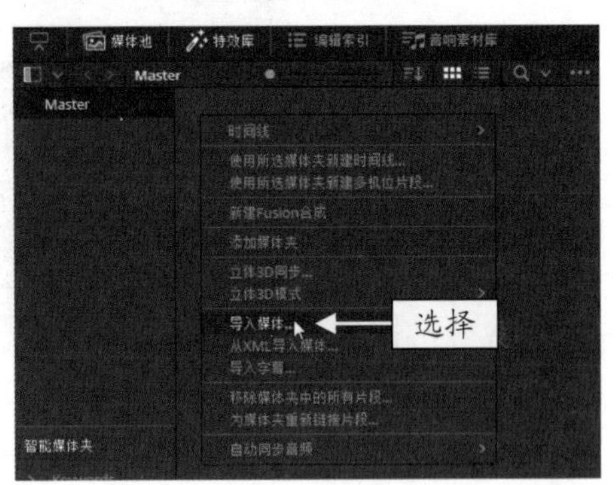

图 12-2 选择“导入媒体”命令

STEP 02 弹出“导入媒体”对话框，在文件夹中选择需要导入的视频素材，如图 12-3 所示。

图 12-3　选择视频素材

STEP 03 单击“打开”按钮，即可将选择的视频素材导入到“媒体池”面板中，如图 12-4 所示。

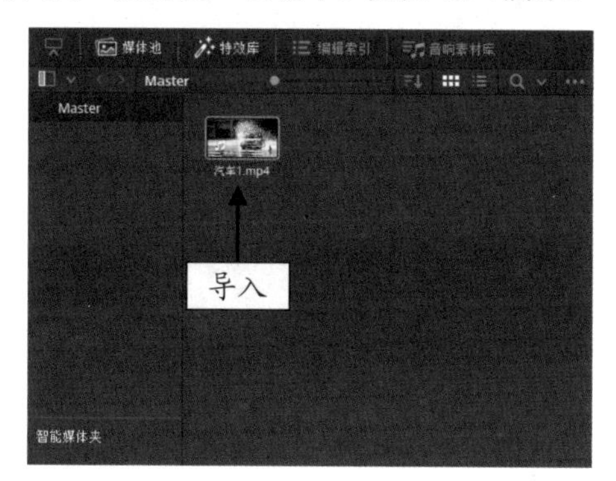

图 12-4　导入视频素材

STEP 04 选择“媒体池”面板中的视频素材，按住鼠标左键将其拖曳至“时间线”面板中的视频轨中，如图 12-5 所示。

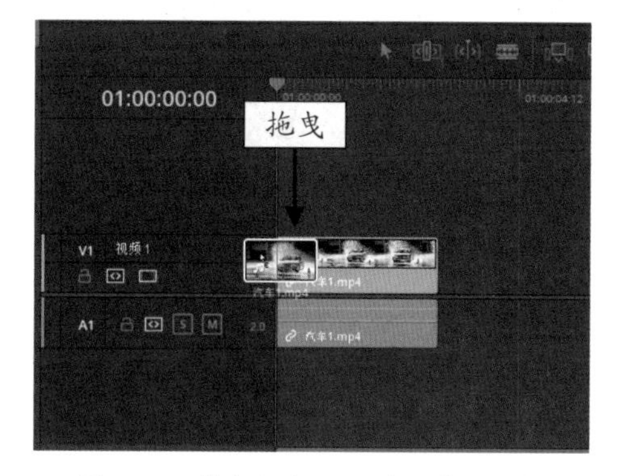

图 12-5　拖曳视频至“时间线”面板

STEP 05 执行上述操作后，按空格键即可在预览窗口中预览添加的视频素材，效果如图 12-6 所示。

图 12-6　预览视频素材效果

专家指点

用户也可以直接在计算机文件夹中，将视频文件拖曳至“时间线”面板中。

12.2.2　降低画面整体亮度及色温

夜晚的场景画面亮度偏暗、色温偏冷，在导入视频素材后，即可切换至“调色”步骤面板中，调整视频画面的整体亮度及色温，下面介绍具体的操作方法。

	素材文件	无
	效果文件	无
	视频文件	视频\第 12 章\12.2.2　降低画面整体亮度及色温 .mp4

【操练 + 视频】
——降低画面整体亮度及色温

STEP 01 切换至“调色”步骤面板，在“节点”面板中选中 01 节点，如图 12-7 所示。

STEP 02 在预览窗口的图像画面上，单击鼠标右键，在弹出的快捷菜单中，选择“抓取静帧”命令，待调色后可用作对比，如图 12-8 所示。

STEP 03 在界面左上角单击“画廊”按钮，展开“画廊”面板，在其中显示了抓取的静帧图像，如图 12-9 所示。

STEP 04 单击“曲线”按钮，如图 12-10 所示。

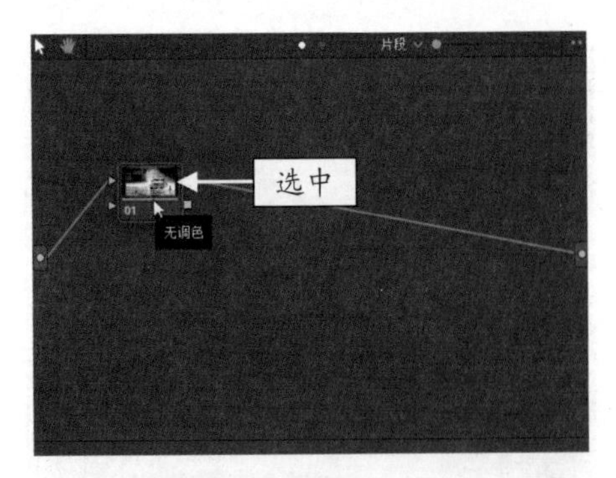

图 12-7　选中 01 节点

图 12-8　选择“抓取静帧”命令

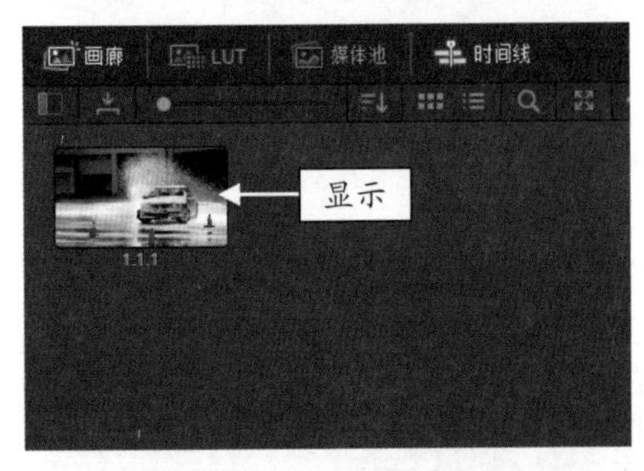

图 12-9　显示了抓取的静帧图像

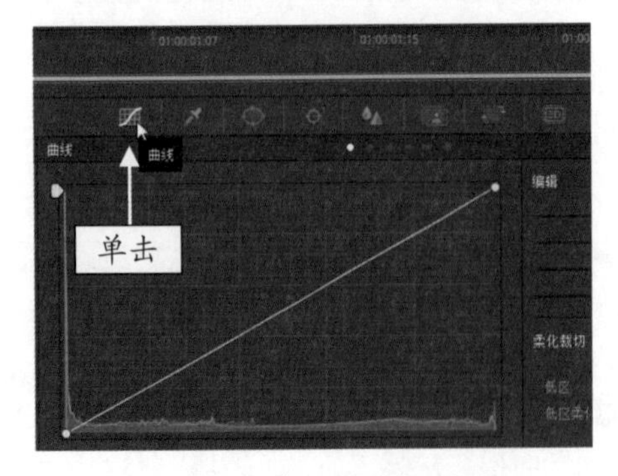

图 12-10　单击“曲线”按钮

STEP 05 展开“自定义”曲线面板，选中高光控制点并向下拖曳至合适位置，适当降低画面中的高光亮度，如图 12-11 所示。

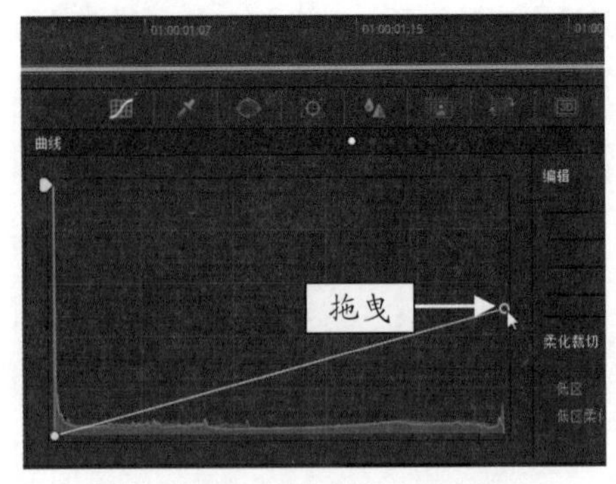

图 12-11　向下拖曳高光控制点

STEP 06 切换至“色轮”面板，向左拖曳“中灰”色轮下方的轮盘，直至 YRGB 参数均显示为 -0.03，如图 12-12 所示。

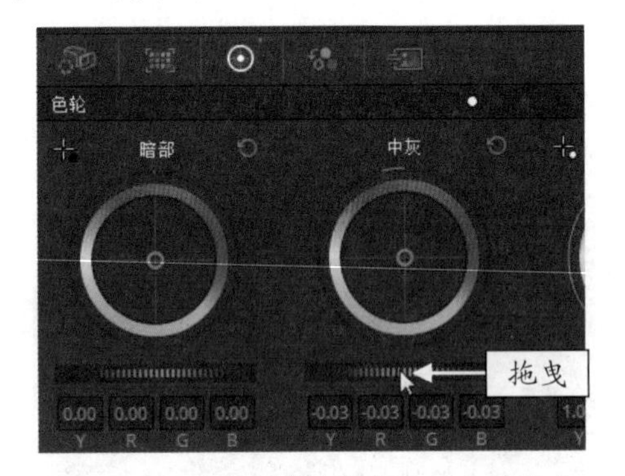

图 12-12　拖曳“中灰”色轮下方的轮盘

STEP 07 然后向左拖曳“亮部”色轮下方的轮盘，直至 YRGB 参数均显示为 0.28，降低画面亮度，如图 12-13 所示。

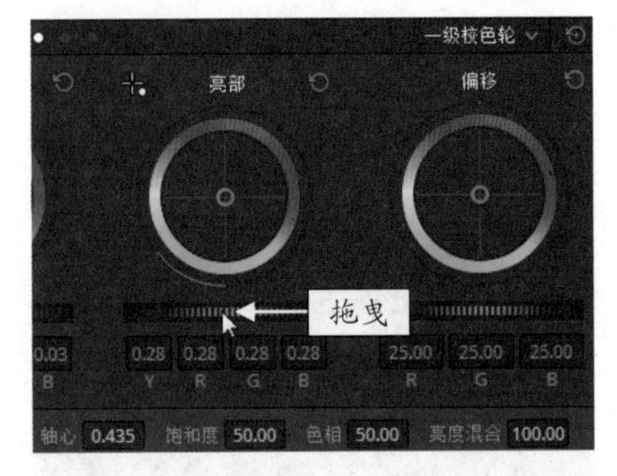

图 12-13　拖曳“亮部”色轮下方的轮盘

STEP 08 在下方面板中，设置“饱和度”参数为 100.00，如图 12-14 所示。

STEP 09 切换至面板 2 中，设置“色温”参数

为 -4000.0，如图 12-15 所示。

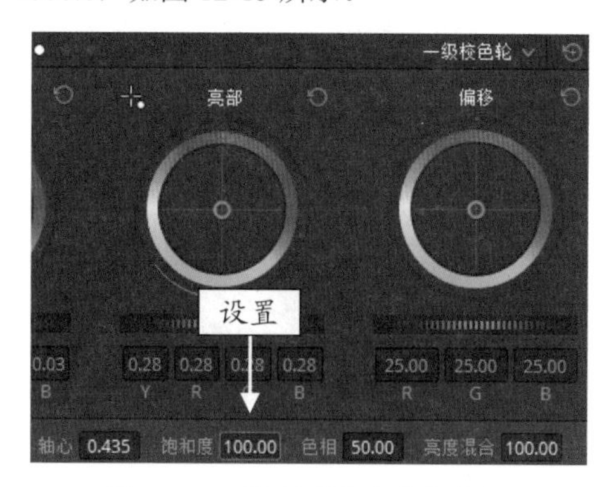

图 12-14 设置“饱和度”参数

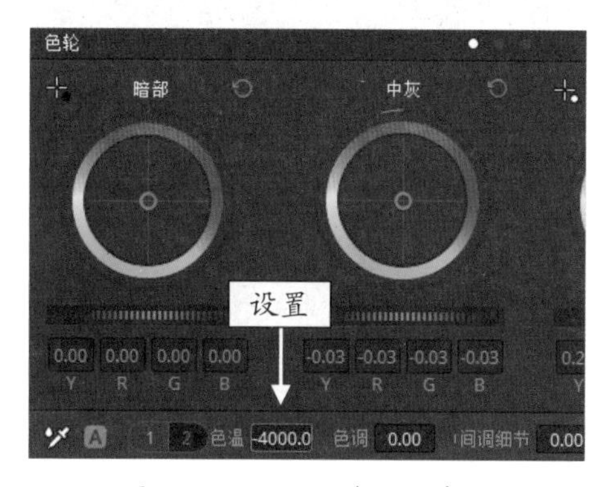

图 12-15 设置“色温”参数

STEP 10 然后在面板的最右端，设置“高光”参数为 55.50，如图 12-16 所示。

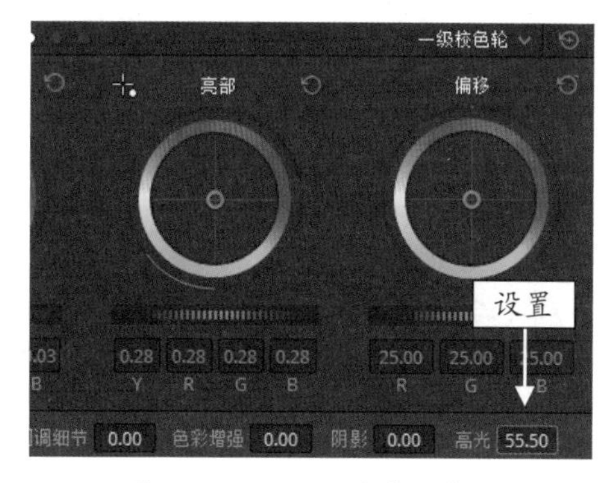

图 12-16 设置“高光”参数

STEP 11 在“高光”左侧设置“阴影”参数为 -60.5，如图 12-17 所示。

STEP 12 设置“中间调细节”参数为 100.00，增强画面中的细节质感，如图 12-18 所示。

STEP 13 执行上述操作后，在预览窗口中查看画面亮度及色温调整效果，如图 12-19 所示。

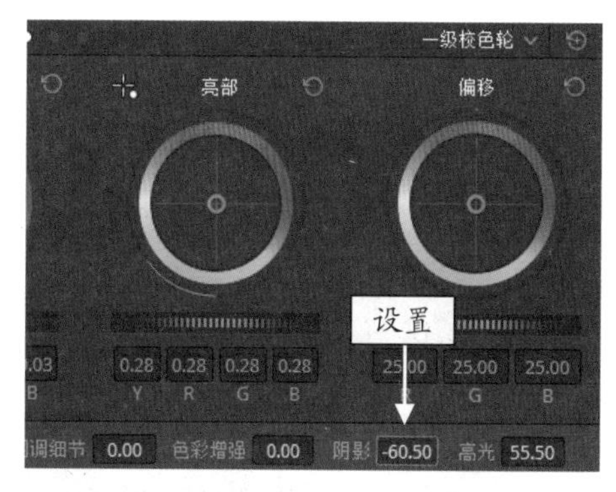

图 12-17 设置“阴影”参数

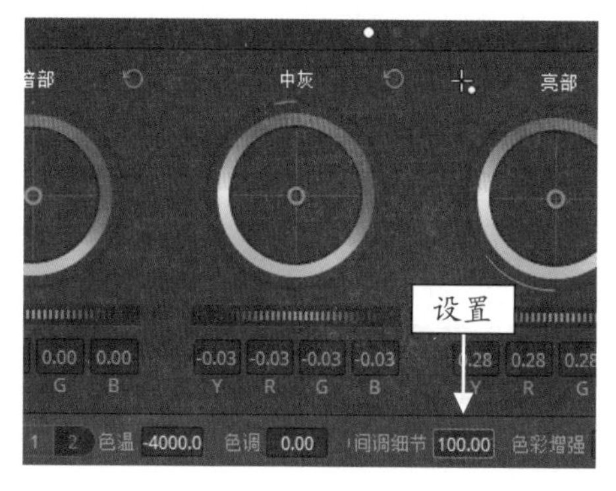

图 12-18 设置“中间调细节”参数

图 12-19 查看画面亮度及色温调整效果

STEP 14 在“监视器”面板的左上角，单击“划像”按钮，如图 12-20 所示。

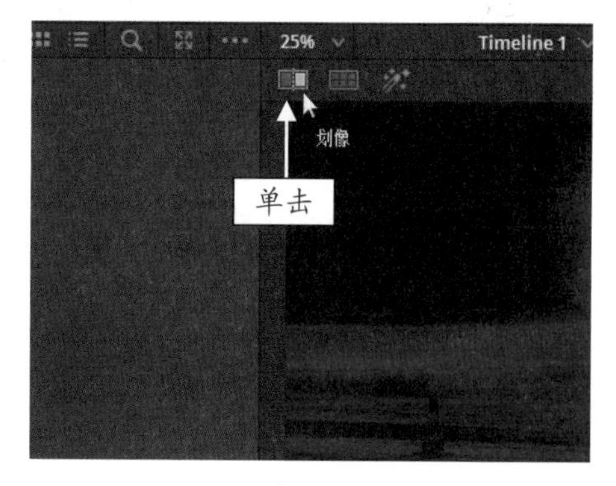

图 12-20 单击“划像”按钮

STEP 15 在预览窗口中单击鼠标左键，当光标呈双向箭头形状时，按住鼠标左键左右拖曳光标划像查看调色前后的对比效果，如图 12-21 所示。

图 12-21　查看调色前后的对比效果

12.2.3　使用窗口为汽车调亮车灯

将画面亮度降低后，需要为夜景画面添加灯光，当前素材适合添加的灯光为汽车车灯，可以使用窗口蒙版来制作，下面介绍具体的操作方法。

	素材文件	无
	效果文件	无
	视频文件	视频 \ 第 12 章 \12.2.3　使用窗口为汽车调亮车灯 .mp4

【操练 + 视频】
——使用窗口为汽车调亮车灯

STEP 01 在"节点"面板的 01 节点上，单击鼠标右键，在弹出的快捷菜单中，选择"添加节点"|"添加串行节点"命令，如图 12-22 所示。

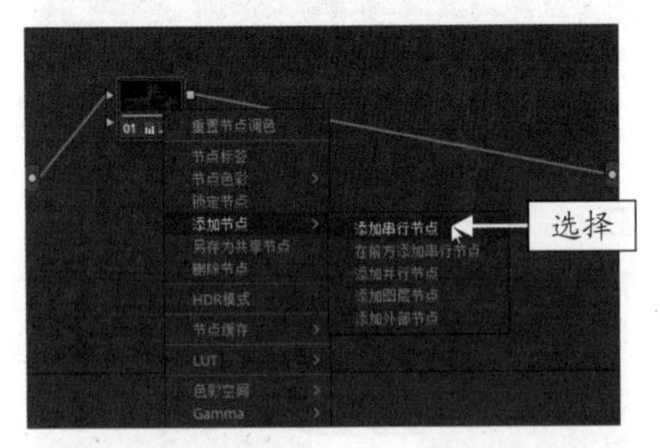

图 12-22　选择"添加串行节点"命令

STEP 02 执行操作后，即可添加一个编号为 02 的串行节点，如图 12-23 所示。

STEP 03 在"监视器"面板左上角，单击 25% 比例下拉按钮，在弹出的列表框中选择 50%，如图 12-24 所示。

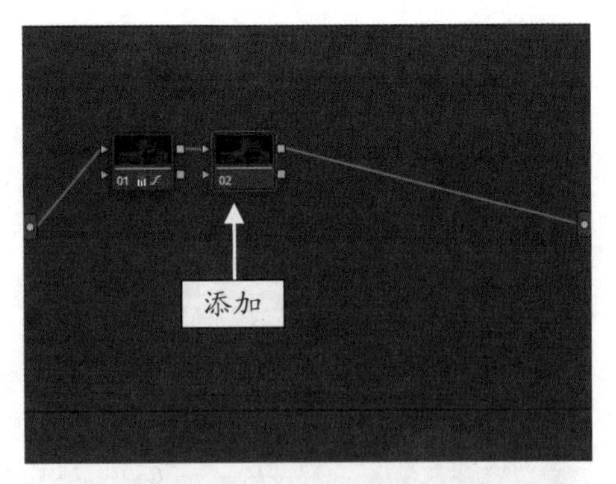

图 12-23　添加 02 串行节点

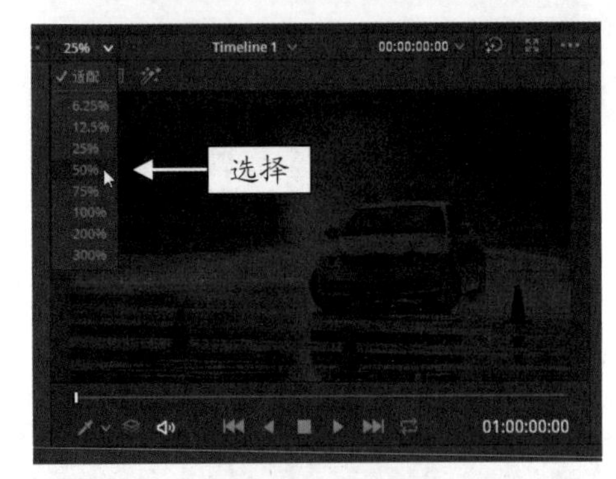

图 12-24　选择 50%

STEP 04 执行操作后，即可适当放大图像画面，如图 12-25 所示。

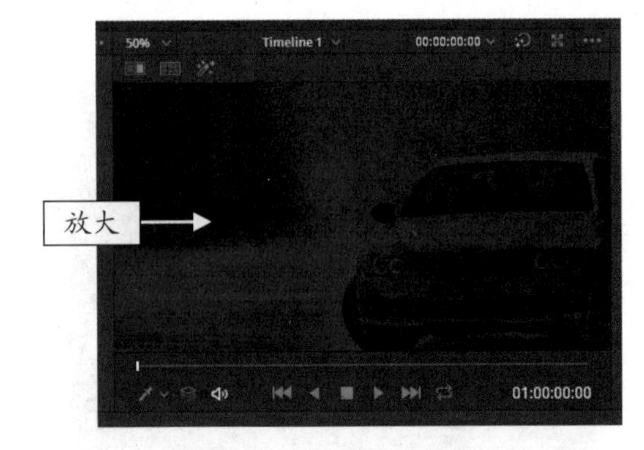

图 12-25　适当放大图像画面

STEP 05 展开"窗口"面板，单击圆形"窗口激活"按钮，如图 12-26 所示。

STEP 06 然后在预览窗口中的图像上，绘制一个圆形窗口蒙版，如图 12-27 所示，并在"窗口"面板中设置"柔化 1"参数为 4.80。

STEP 07 展开"色轮"面板，向右拖曳"亮部"色轮下方的轮盘，直至 YRGB 参数均显示为 6.50，如图 12-28 所示。

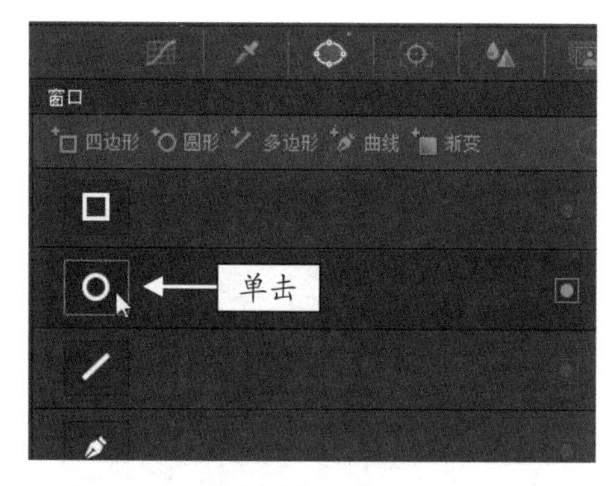

图 12-26　单击圆形“窗口激活”按钮

图 12-27　绘制一个圆形窗口蒙版

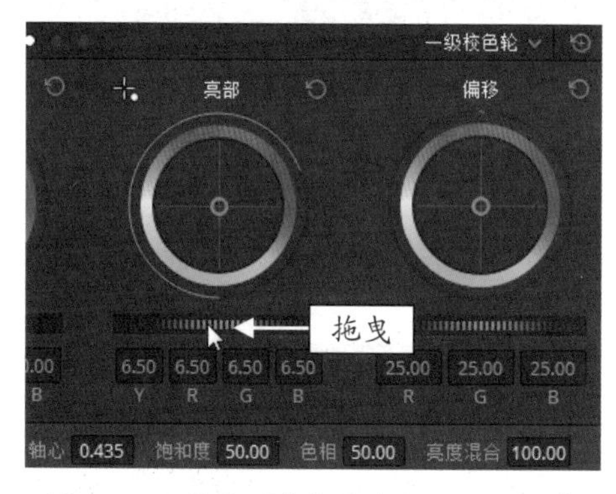

图 12-28　拖曳“亮部”色轮下方的轮盘

STEP 08 在导览面板的左下角，单击下拉按钮，在弹出的列表框中，选择“关”选项，如图 12-29 所示。

STEP 09 执行操作后，即可关闭显示预览窗口中的蒙版，在预览窗口中即可查看车灯调亮后的画面效果，如图 12-30 所示。

STEP 10 画面中的车灯虽然调亮了，但是车灯颜色为蓝色，需要将车灯颜色调为白色，展开“色轮”面板，在下方设置“饱和度”参数为 0.00，如图 12-31 所示。

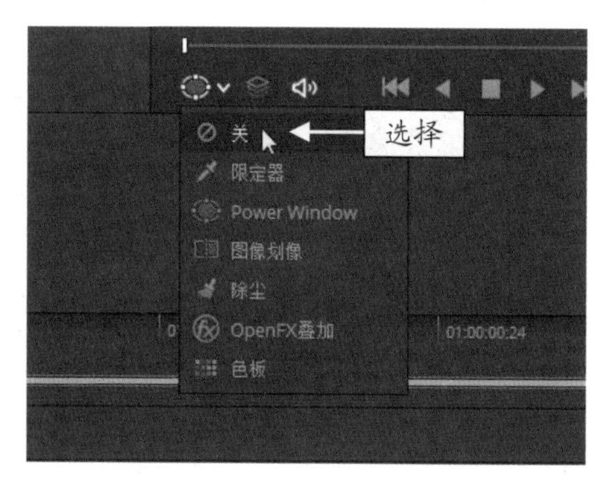

图 12-29　选择“关”选项

图 12-30　查看车灯调亮后的画面效果

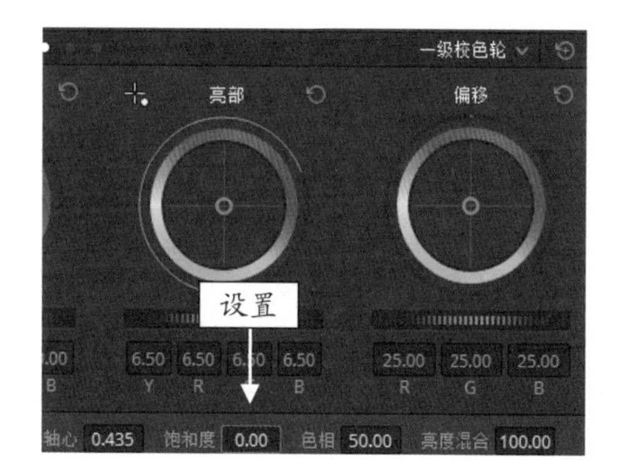

图 12-31　设置“饱和度”参数

STEP 11 在预览窗口中，即可查看降低饱和度后车灯的颜色，如图 12-32 所示。

STEP 12 展开“跟踪器”面板，在面板下方勾选“交互模式”复选框，如图 12-33 所示。即可在预览窗口的窗口蒙版中插入特征跟踪点。

STEP 13 然后单击“正向跟踪”按钮，如图 12-34 所示。

STEP 14 执行操作后，即可跟踪绘制的窗口蒙版，如图 12-35 所示。

图 12-32 查看降低饱和度后车灯的颜色

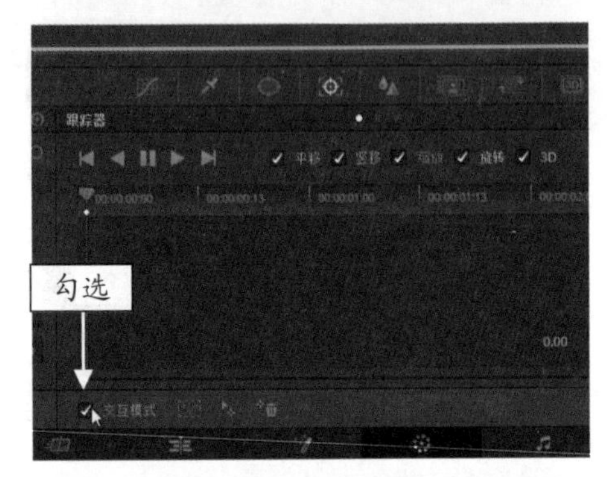

图 12-33 勾选“交互模式”复选框

图 12-34 单击“正向跟踪”按钮

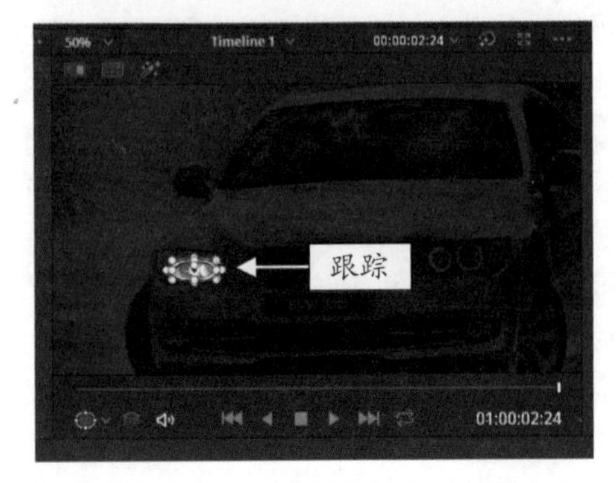

图 12-35 跟踪绘制的窗口蒙版

STEP 15 在“节点”面板的 02 节点上，单击鼠标右键，在弹出的快捷菜单中，选择“添加节点”|“添加并行节点”命令，如图 12-36 所示。

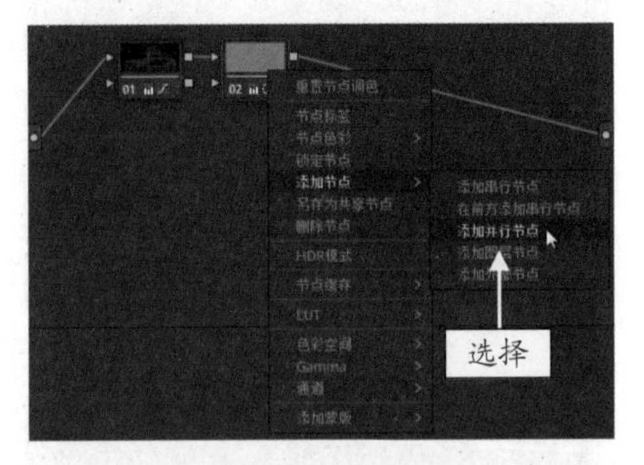

图 12-36 选择“添加并行节点”命令

STEP 16 执行操作后，即可添加一个并行混合器和一个编号为 04 的并行节点，如图 12-37 所示。

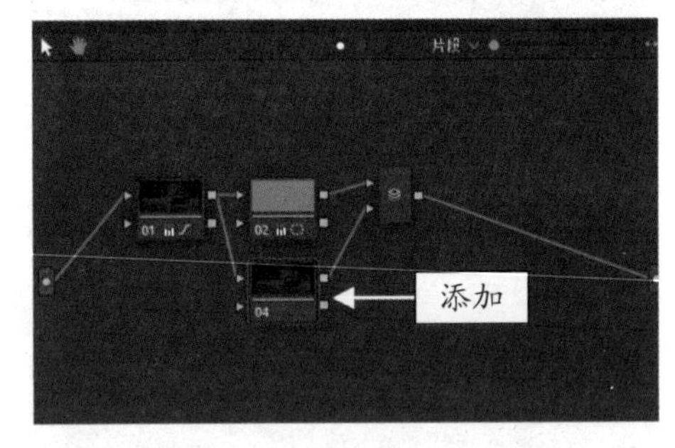

图 12-37 添加 04 并行节点

STEP 17 将鼠标移至预览窗口中，按住 Ctrl 键的同时上下滚动鼠标滚轮，调整图像画面显示的位置，如图 12-38 所示。

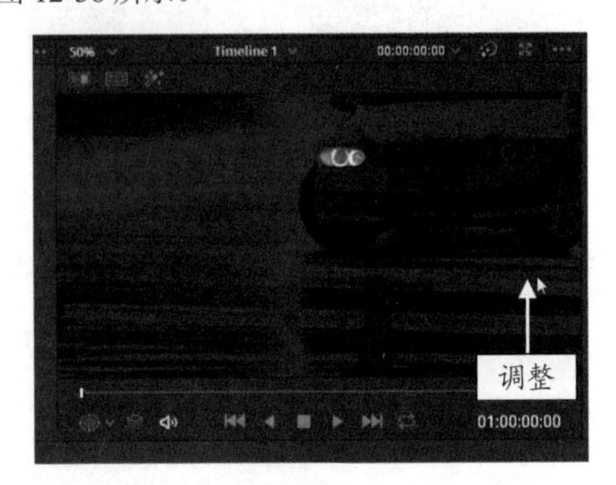

图 12-38 调整图像画面显示的位置

STEP 18 在“窗口”面板中，单击圆形“窗口激活”按钮，然后在预览窗口中绘制第 2 个车灯的窗口蒙版，如图 12-39 所示。

STEP 19 切换至“窗口”面板，在“柔化”选项区中，设置“柔化 1”的参数为 7.56，如图 12-40 所示。

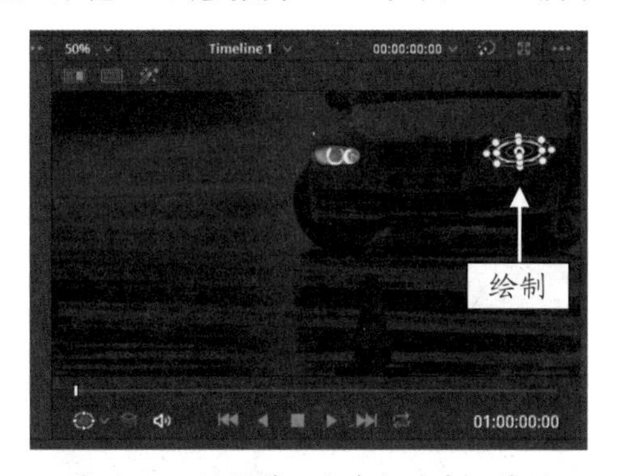

图 12-39　绘制第 2 个车灯的窗口蒙版

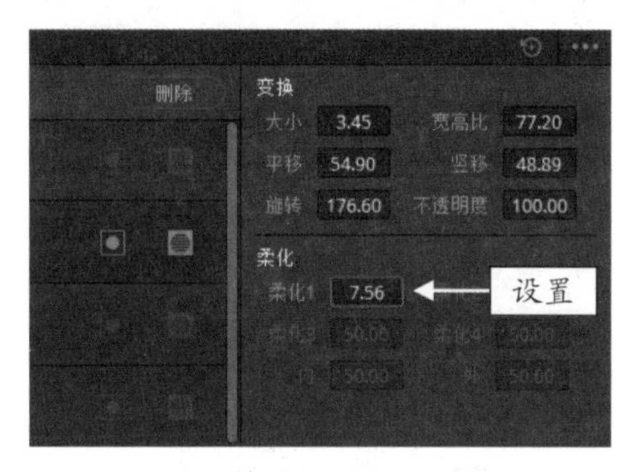

图 12-40　设置“柔化 1”的参数

STEP 20 在“窗口”面板上方，单击“圆形”按钮 ，如图 12-41 所示。

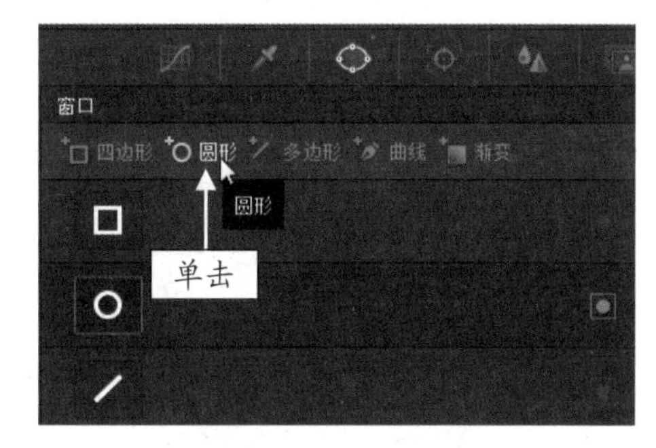

图 12-41　单击“圆形”按钮

STEP 21 执行上述操作后，即可在下方的预设面板中，增加一条圆形窗口蒙版预设通道，如图 12-42 所示。

STEP 22 然后在预览窗口中，为地上的第 2 个车灯倒影绘制一个窗口蒙版，如图 12-43 所示。并在“窗口”面板中设置“柔化 1”的参数为 7.56。

STEP 23 用与上同样的方法，在“窗口”面板中，再次增加一条圆形窗口蒙版预设通道，如图 12-44 所示。

图 12-42　增加一条圆形窗口蒙版预设通道

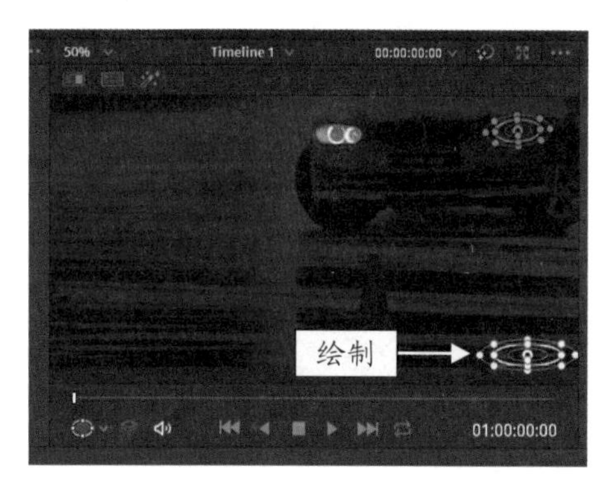

图 12-43　为第 2 个车灯倒影绘制窗口蒙版

图 12-44　再次增加一条圆形窗口蒙版预设通道

STEP 24 然后在预览窗口中，为地上的第 1 个车灯倒影绘制一个窗口蒙版，如图 12-45 所示。并在“窗口”面板中设置“柔化 1”的参数为 7.56。

STEP 25 然后在“窗口”面板中选择第 1 条圆形窗口蒙版预设通道，如图 12-46 所示。

STEP 26 展开“跟踪器”面板，在面板下方勾选“交互模式”复选框，如图 12-47 所示。即可在预览窗口的窗口蒙版中插入特征跟踪点。

STEP 27 单击“正向跟踪”按钮，即可跟踪绘制的窗口蒙版，效果如图 12-48 所示。

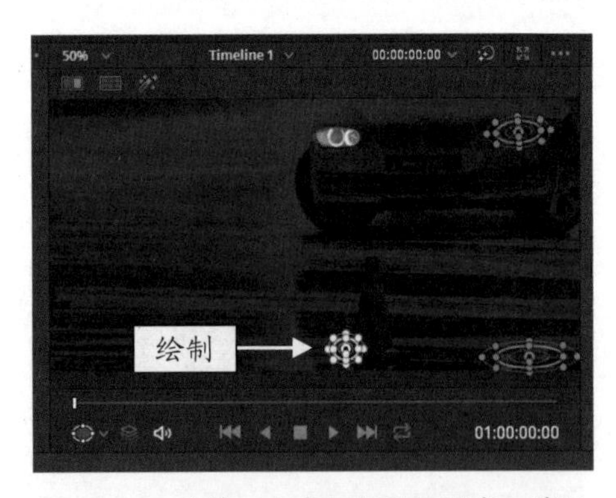

图 12-45　为第 1 个车灯倒影绘制窗口蒙版

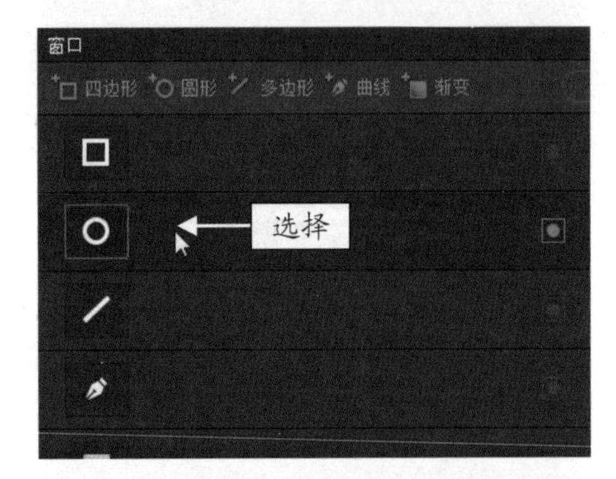

图 12-46　选择第 1 条圆形窗口蒙版预设通道

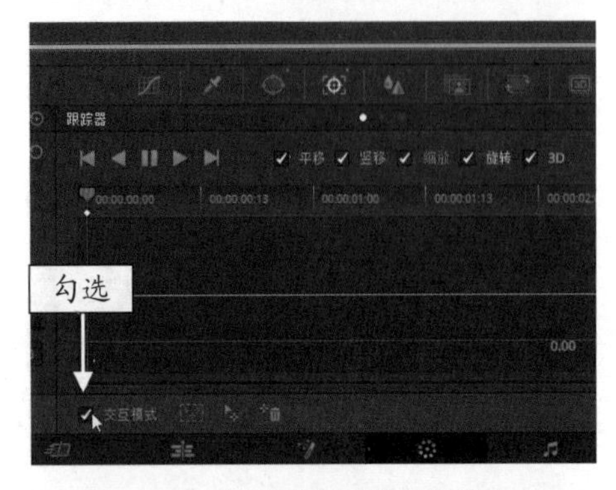

图 12-47　勾选“交互模式”复选框

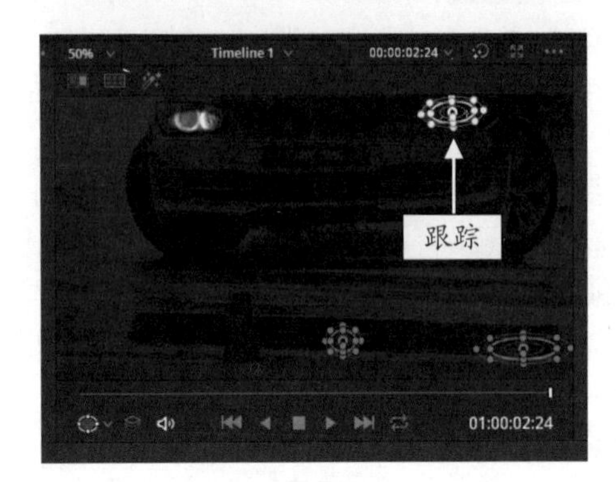

图 12-48　跟踪绘制的窗口蒙版

STEP 28 此时，“窗口”面板的第 1 条圆形窗口蒙版预设通道上会出现一个跟踪标记，表示绘制的窗口蒙版已执行跟踪，如图 12-49 所示。

图 12-49　出现一个跟踪标记

STEP 29 用与上同样的方法，跟踪另外两个倒影窗口蒙版，效果如图 12-50 所示。

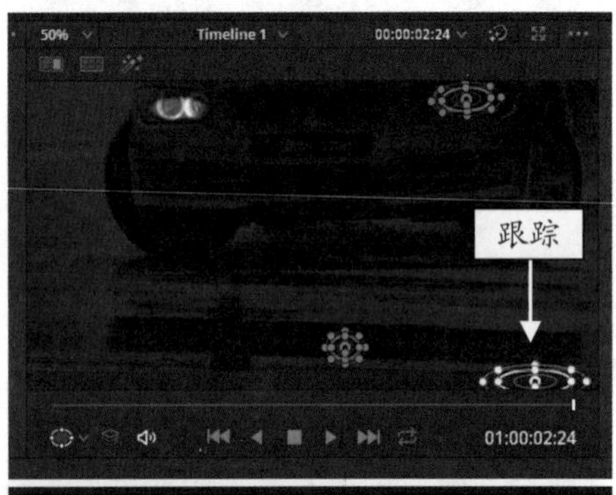

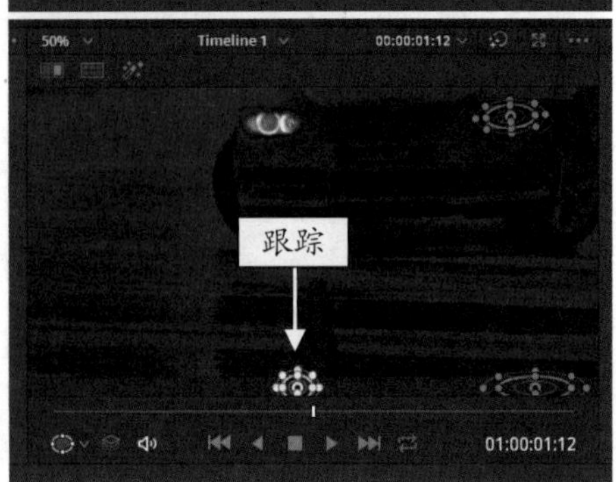

图 12-50　跟踪另外两个倒影窗口蒙版

STEP 30 展开“色轮”面板，设置“亮部”色轮 YRGB 参数均为 6.50、“饱和度”为 0.00，如图 12-51 所示。

STEP 31 用与上同样的方法，设置“暗部”色轮 YRGB 参数均为 0.04、“中灰”色轮 YRGB 参数均为 0.15，如图 12-52 所示。

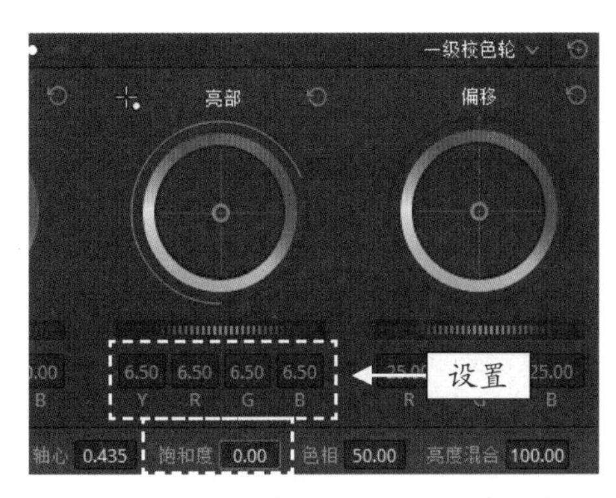

图 12-51　设置“亮部”和“饱和度”参数

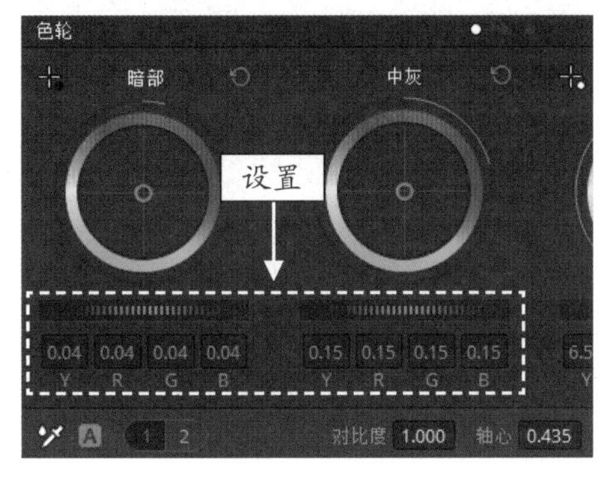

图 12-52　设置“暗部”和“中灰”参数

STEP 32 执行上述操作后，即可在预览窗口中查看车灯及车灯倒影亮度调整效果，如图 12-53 所示。

图 12-53　查看车灯及车灯倒影亮度调整效果

12.2.4　调亮车灯照射的区域画面

为汽车调亮车灯后，还需要将车灯照射到的区域画面调亮，依然可以使用窗口蒙版来实现，下面介绍具体的操作方法。

	素材文件	无
	效果文件	无
	视频文件	视频 \ 第 12 章 \12.2.4　调亮车灯照射的区域画面 .mp4

【操练 + 视频】——调亮车灯照射的区域画面

STEP 01 在“节点”面板的 04 节点上，单击鼠标右键，在弹出的快捷菜单中，选择“添加节点”|“添加并行节点”命令，如图 12-54 所示。

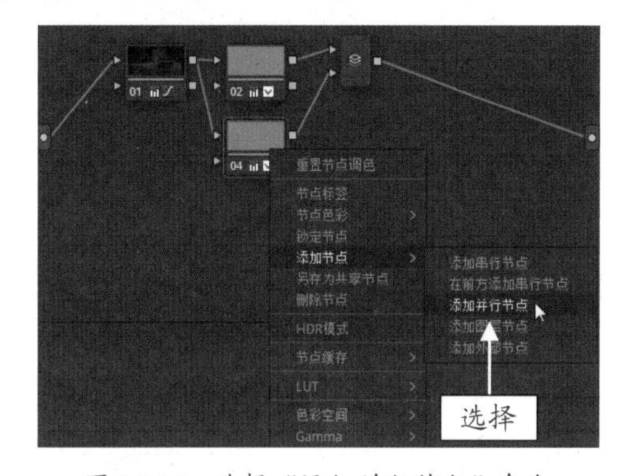

图 12-54　选择“添加并行节点”命令

STEP 02 执行操作后，即可添加一个编号为 05 的并行节点，如图 12-55 所示。

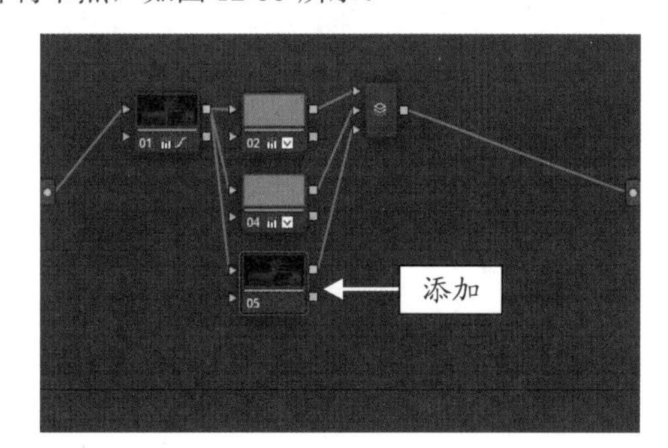

图 12-55　添加 05 并行节点

STEP 03 在“窗口”面板中，单击多边形“窗口激活”按钮，如图 12-56 所示。

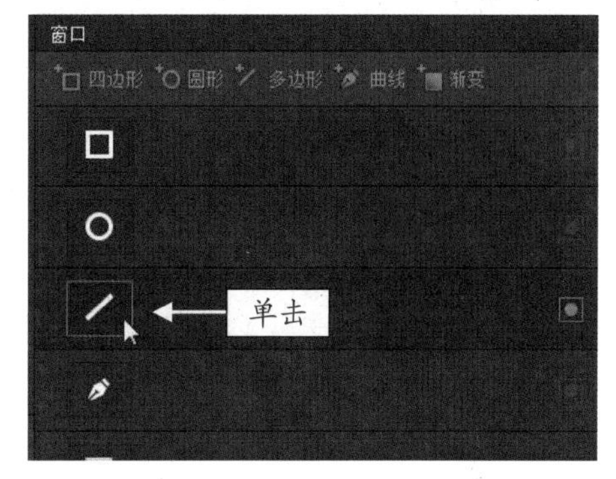

图 12-56　单击多边形“窗口激活”按钮

STEP 04 在预览窗口中绘制一个多边形窗口蒙版，作为第 1 个车灯照射区，如图 12-57 所示。

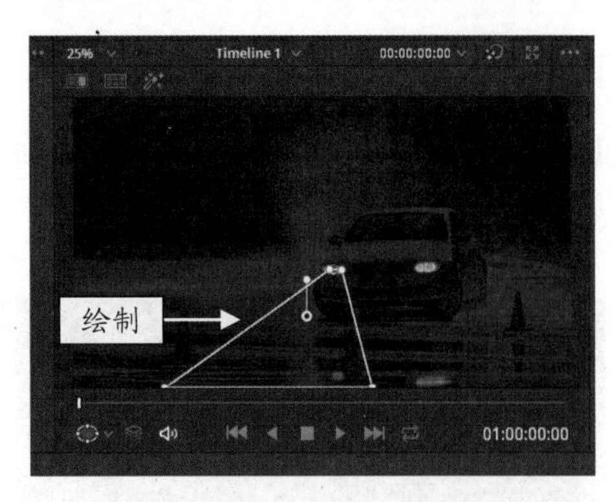

图 12-57　绘制一个多边形窗口蒙版

STEP 05 在“窗口”面板的“柔化”选项区中，设置“内”参数为 0.25、“外”参数为 2.00，如图 12-58 所示。

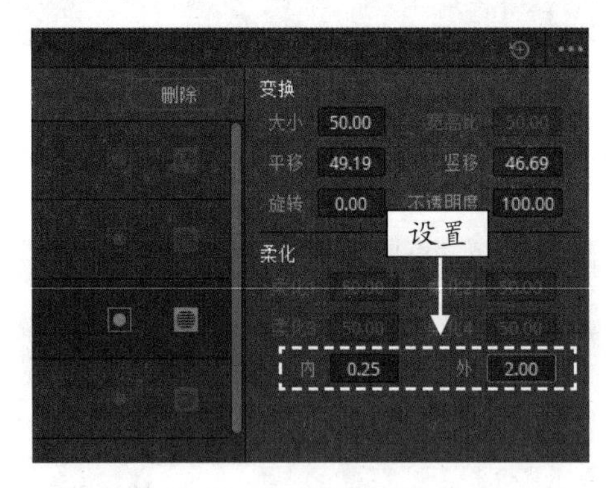

图 12-58　设置“柔化”参数

STEP 06 在“窗口”面板的右上角，单击设置按钮，在弹出的列表框中，选择“复制窗口”选项，如图 12-59 所示。

图 12-59　选择“复制窗口”选项

STEP 07 在“窗口”面板上方单击“多边形”按钮，如图 12-60 所示。

STEP 08 执行操作后，即可增加一条多边形窗口蒙版预设通道，如图 12-61 所示。

图 12-60　单击“多边形”按钮

图 12-61　增加一条多边形窗口蒙版预设通道

STEP 09 在“窗口”面板的右上角，再次单击设置按钮，在弹出的列表框中，选择“粘贴窗口”选项，如图 12-62 所示。

图 12-62　选择“粘贴窗口”选项

STEP 10 执行操作后，即可在预览窗口中添加一个多边形窗口蒙版，按住鼠标左键并拖曳蒙版至第 2 个车灯的位置，作为第 2 个车灯照射区域，如图 12-63 所示。

STEP 11 然后为两个多边形窗口蒙版添加跟踪点，并执行跟踪操作，效果如图 12-64 所示。

STEP 12 展开“自定义”曲线面板，在曲线上添加一个控制点，并将其拖曳至合适位置，调整车灯照射区域画面中的高光亮度，如图 12-65 所示。

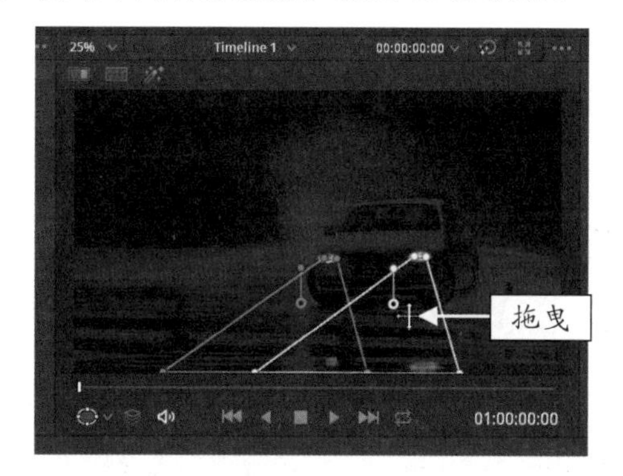

图 12-63　拖曳窗口蒙版至合适位置

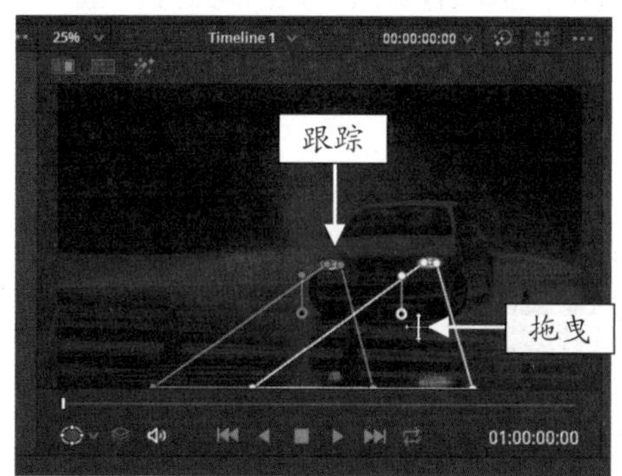

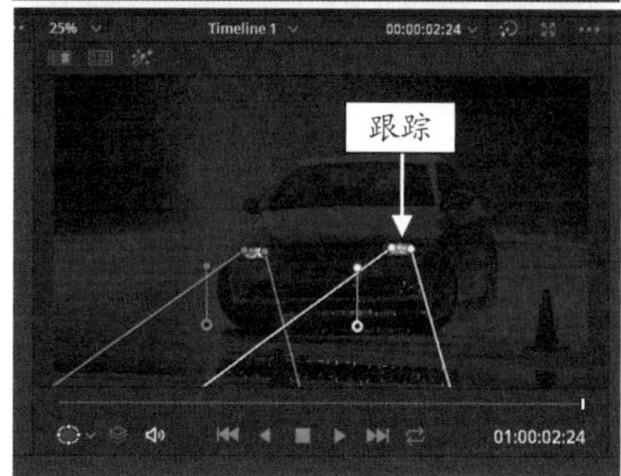

图 12-64　跟踪两个多边形窗口蒙版

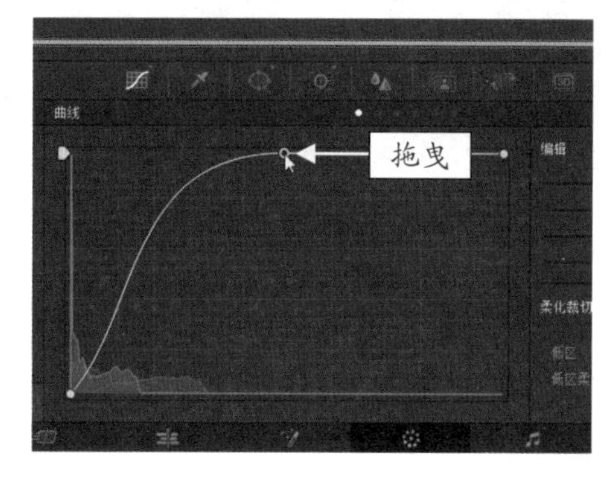

图 12-65　拖曳控制点

STEP 13 在“色轮”面板中，设置“亮部”色轮 YRGB 参数均显示为 2.81、“饱和度”参数为 35.00，如图 12-66 所示。

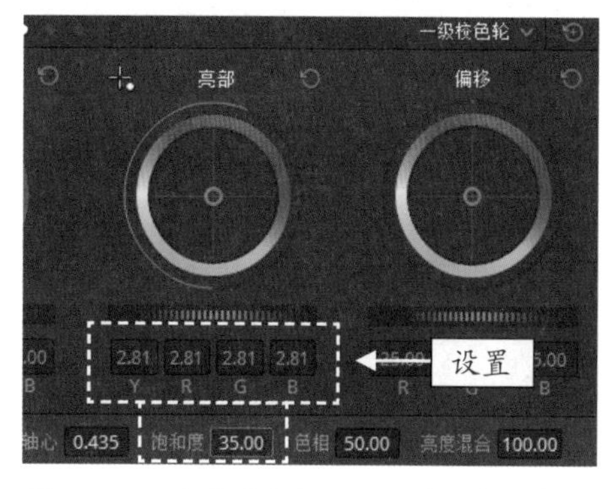

图 12-66　设置“亮部”和“饱和度”参数

STEP 14 执行操作后，即可在预览窗口中查看车灯照射效果，照射区域内的红色路锥由于饱和度降低的原因，颜色偏暗，没有被灯光照射的通透感，如图 12-67 所示。

图 12-67　查看车灯照射效果

STEP 15 在“节点”面板的 05 节点上，单击鼠标右键，在弹出的快捷菜单中，选择“添加节点”|“添加串行节点”命令，如图 12-68 所示。

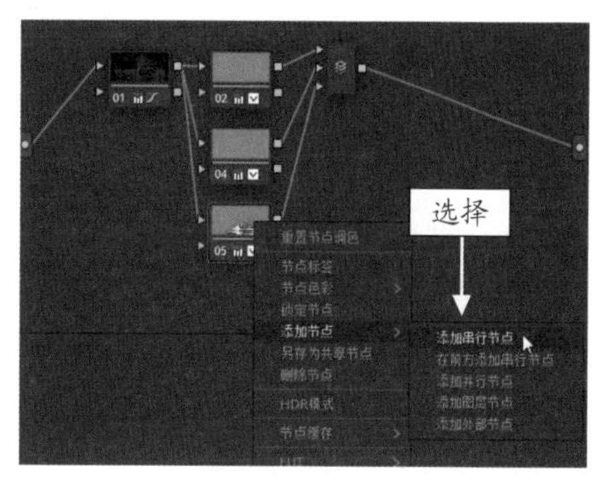

图 12-68　选择“添加串行节点”命令

STEP 16 执行操作后，即可添加一个编号为06的串行节点，如图12-69所示。

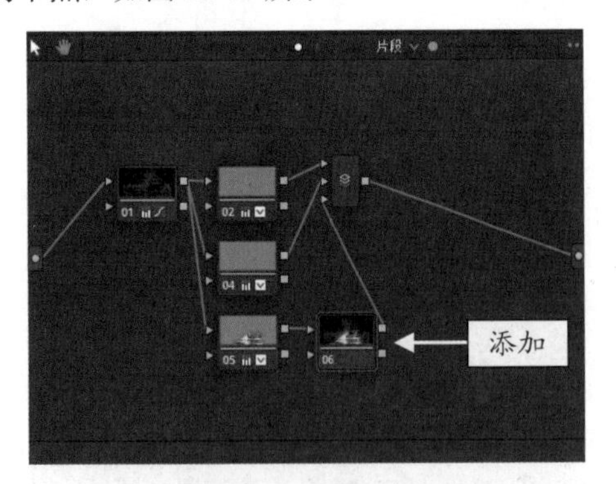

图12-69 添加06串行节点

STEP 17 展开“限定器”面板，在“选择范围”选项区中，单击“拾色器”按钮，如图12-70所示。光标随即转换为滴管工具。

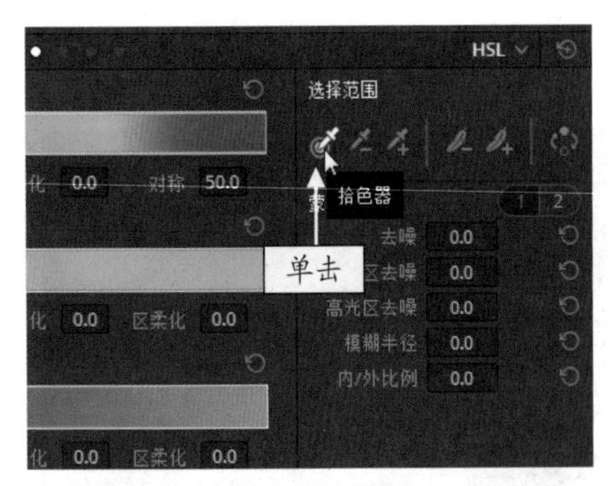

图12-70 单击“拾色器”按钮

STEP 18 移动光标至“监视器”面板，在面板上方单击“突出显示”按钮，然后在预览窗口中选取红色路锥，如图12-71所示。

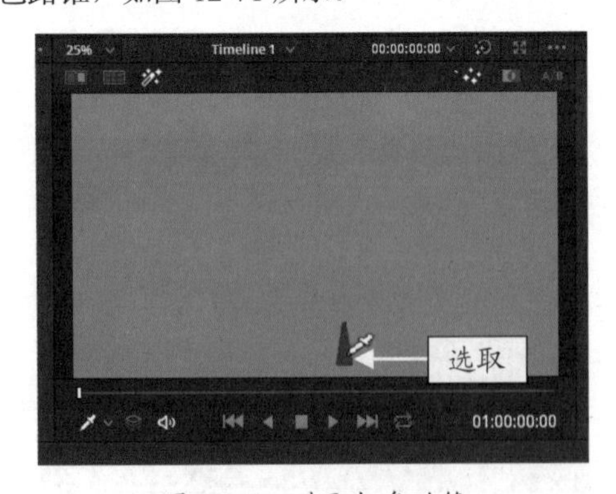

图12-71 选取红色路锥

STEP 19 在“色轮”面板中，设置“亮部”YRGB参数均为1.30，如图12-72所示。

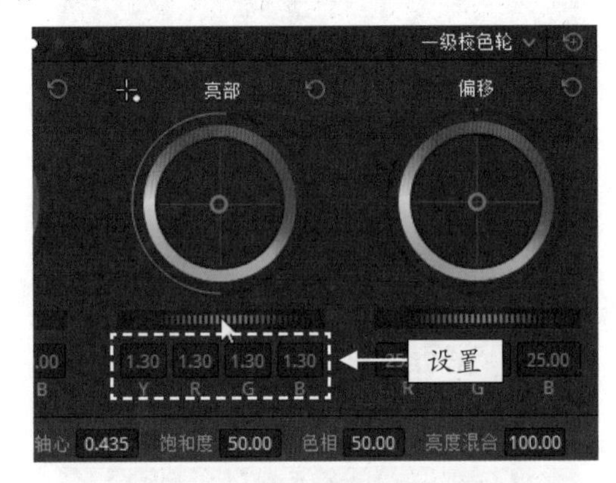

图12-72 设置“亮部”YRGB参数

STEP 20 执行操作后，在预览窗口中查看照射区域亮度调整的最终效果，如图12-73所示。

图12-73 查看照射区域亮度调整的最终效果

STEP 21 在“监视器”面板左上角单击“划像”按钮，在预览窗口中单击鼠标左键，当光标呈双向箭头形状时，按住鼠标左键左右拖曳光标划像查看日景与夜景的对比效果，如图12-74所示。

图12-74 查看日景与夜景的对比效果

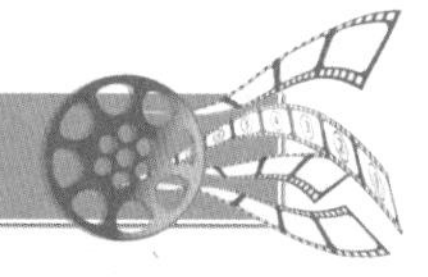

12.3 剪辑输出视频

调色制作完成后，即可在“剪辑”步骤面板中为视频添加背景音乐，并在“交付”步骤面板中将制作的成品项目交付输出。

12.3.1　为视频匹配背景音乐

为视频匹配一段好听的背景音乐，可以使制作的视频文件更加完整，下面介绍具体的操作方法。

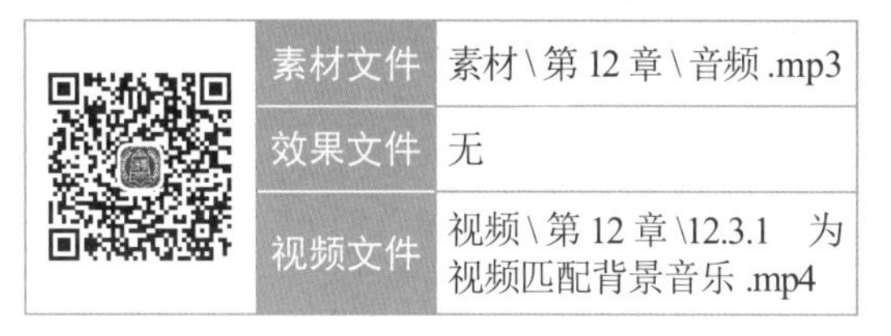

	素材文件	素材 \ 第 12 章 \ 音频 .mp3
	效果文件	无
	视频文件	视频 \ 第 12 章 \12.3.1　为视频匹配背景音乐 .mp4

【操练 + 视频】
——为视频匹配背景音乐

STEP 01 在“媒体池”面板中的空白位置处，单击鼠标右键，在弹出的快捷菜单中，选择“导入媒体”命令，如图 12-75 所示。

图 12-75　选择“导入媒体”命令

STEP 02 弹出“导入媒体”对话框，在其中选择需要导入的音频素材，如图 12-76 所示。

图 12-76　选择需要导入的音频素材

STEP 03 在下方单击“打开”按钮，即可将选择的音频素材导入到“媒体池”面板中，如图 12-77 所示。

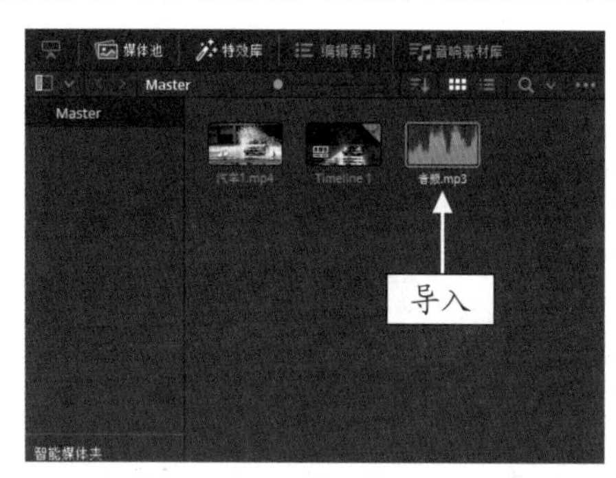

图 12-77　导入到“媒体池”面板中

STEP 04 在“时间线”面板中，选择 A1 轨道中的音频，单击鼠标右键，在弹出的快捷菜单中，选择“链接片段”选项，如图 12-78 所示。

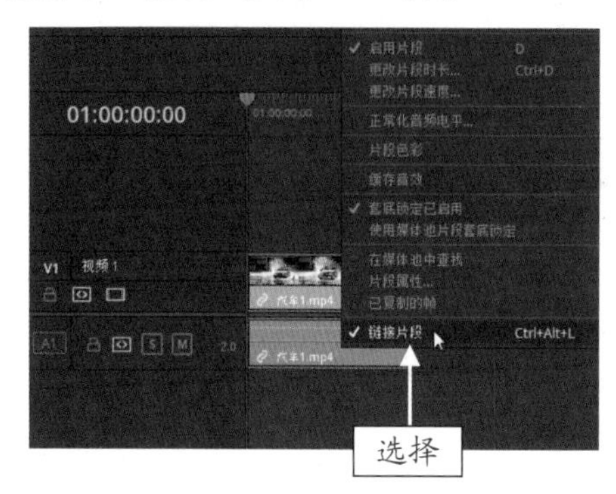

图 12-78　选择“链接片段”选项

STEP 05 执行操作后，即可断开音频与视频的链接，选中断开后的音频，单击鼠标右键，在弹出的快捷菜单中，选择“删除所选”命令，如图 12-79 所示。

STEP 06 执行上述操作后，即可删除 A1 轨道上的音频，在“媒体池”面板中，选择导入的音频素材，按住鼠标左键将其拖曳至 A1 轨道上，如图 12-80 所示。释放鼠标左键即可为视频匹配背景音乐。

STEP 07 将鼠标移至音频素材的末端，按住鼠标左键并向左拖曳，至合适位置处释放鼠标左键，即可调整音频的时长，如图 12-81 所示。

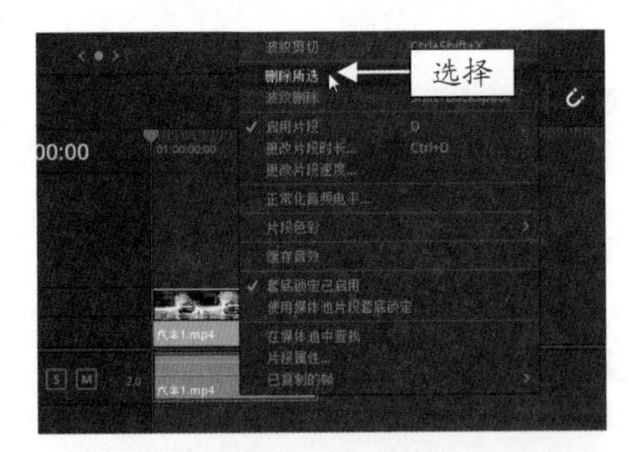

图 12-79 选择“删除所选”命令

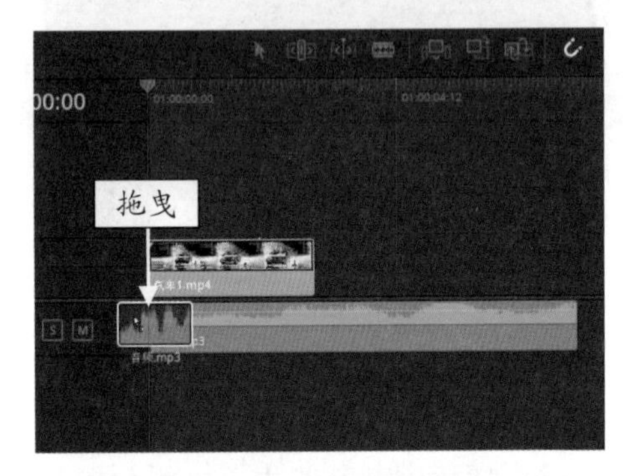

图 12-80 拖曳音频素材

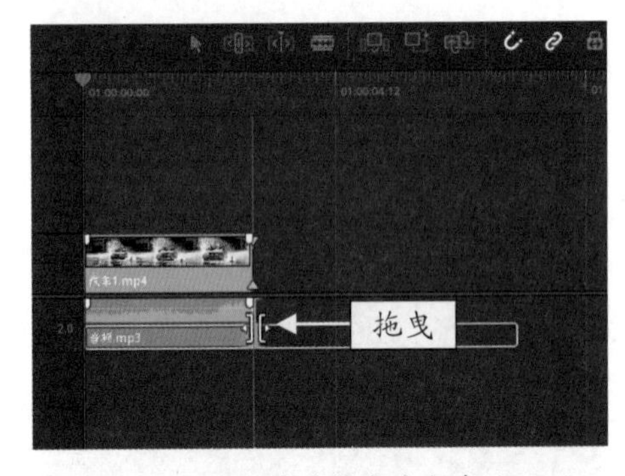

图 12-81 向左拖曳音频末端

STEP 08 选中音频素材右上角的标记，按住鼠标左键并向左拖曳，如图 12-82 所示。

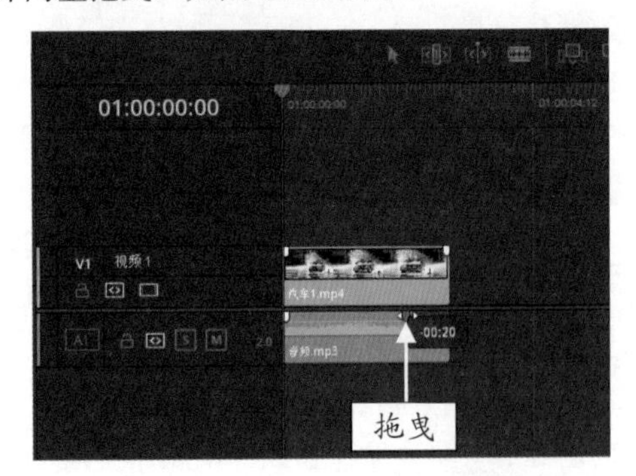

图 12-82 向左拖曳右上角的标记

STEP 09 至合适位置释放鼠标左键，即可为音频素材添加淡出特效，音频素材右上角会变暗显示，如图 12-83 所示。

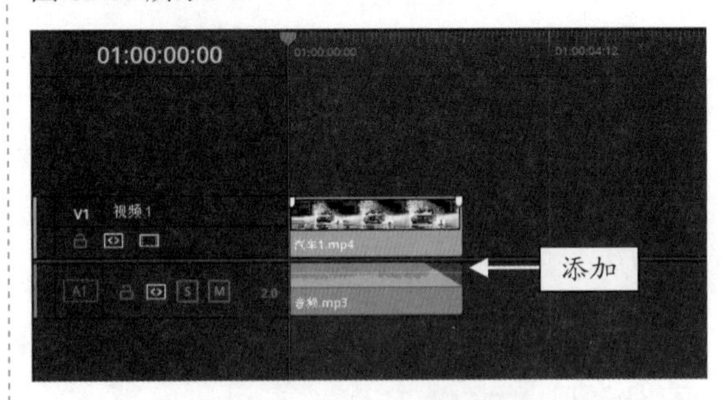

图 12-83 为音频素材添加淡出特效

12.3.2 交付输出制作的视频

为视频添加背景音乐后，即可切换至“交付”步骤面板，将制作的项目文件输出为 MP4 视频，下面向大家介绍具体的操作方法。

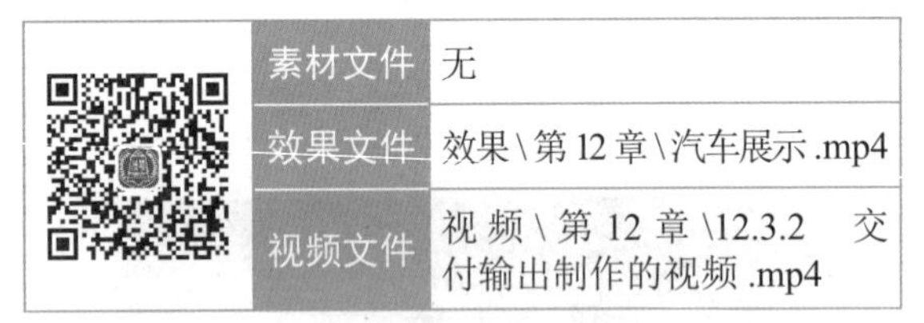

	素材文件	无
	效果文件	效果 \ 第 12 章 \ 汽车展示 .mp4
	视频文件	视 频 \ 第 12 章 \12.3.2 交付输出制作的视频 .mp4

【操练 + 视频】
——交付输出制作的视频

STEP 01 切换至“交付”步骤面板，在“渲染设置”|“渲染设置 - 自定义”选项面板中，设置文件名称和保存位置，如图 12-84 所示。

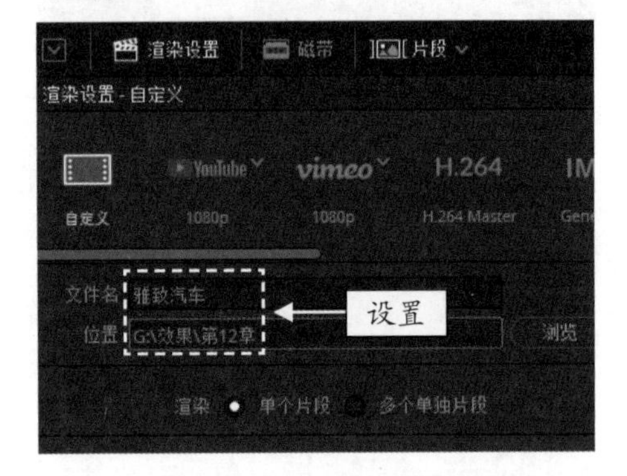

图 12-84 设置文件名称和保存位置

STEP 02 在“导出视频”选项区中，单击“格式”右侧的下拉按钮，在弹出的下拉列表框中，选择 MP4 选项，如图 12-85 所示。

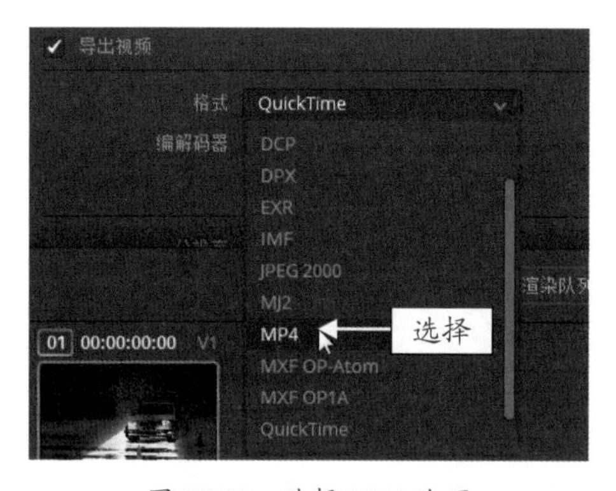

图 12-85　选择 MP4 选项

STEP 03 单击“添加到渲染队列”按钮，如图 12-86 所示。

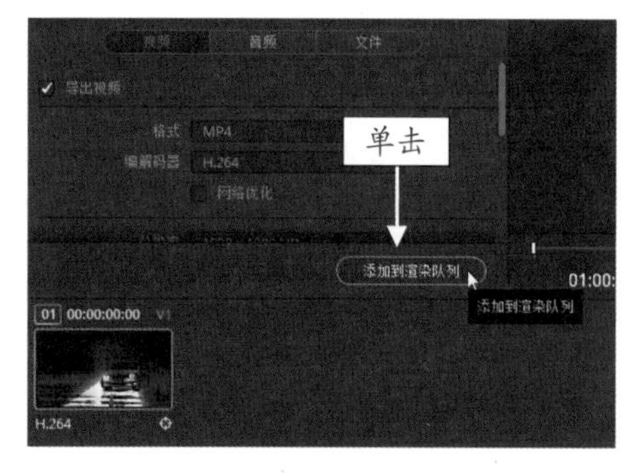

图 12-86　单击“添加到渲染队列”按钮

STEP 04 将视频文件添加到右上角的“渲染队列”面板中，单击面板下方的“开始渲染”按钮，如图 12-87 所示。

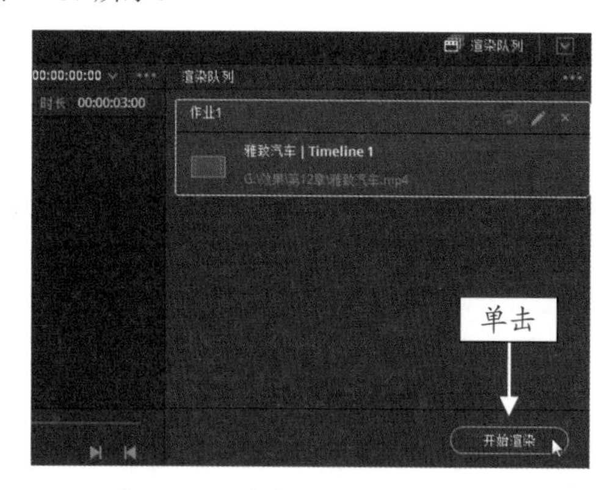

图 12-87　单击“开始渲染”按钮

STEP 05 开始渲染视频文件，并显示视频渲染进度，待渲染完成后，在渲染列表上会显示完成用时，表示渲染成功，如图 12-88 所示。

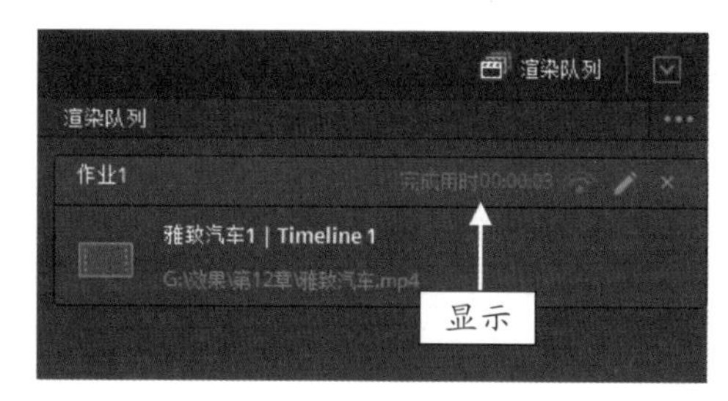

图 12-88　显示完成用时

第13章

网红青橙色调——《江边夜景》

章前知识导读

青橙色调在抖音 APP 中是比较热门的一个网红色调，画面中主要以青色和橙色为主要颜色，很多调色师、摄影师都会将自己的视频素材调成这个色调。本章主要介绍网红青橙色调的调色方法。

新手重点索引

- 欣赏视频效果
- 视频调色过程
- 剪辑输出视频

效果图片欣赏

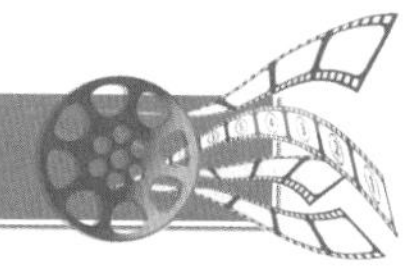

13.1 欣赏视频效果

网红青橙色调主要以青色和橙色为主，青色为冷色调，橙色为暖色调，在画面中形成强烈的对比，让视频画面更具视觉冲突感，这种色调不论是放在夜景中还是风光大片中都很好看。在介绍网红青橙色调的调色方法之前，首先预览《江边夜景》项目效果，并掌握项目技术提炼等内容。

13.1.1 效果赏析

本实例制作的是网红青橙色调——《江边夜景》，下面预览视频进行影调调色前后对比的效果，如图 13-1 所示。

图 13-1　网红青橙色调——《江边夜景》素材与效果欣赏

13.1.2 技术提炼

首先新建一个项目文件，进入 DaVinci Resolve 16“剪辑”步骤面板，在“媒体池”面板中导入一个夜景视频素材，并将其添加至“时间线”面板中，然后在“调色”步骤面板中调整视频的整体色调，并调整画面中的灯光颜色以及天空中的画面亮度，最后为视频添加摇动效果、淡入淡出效果以及标题字幕，将制作好的成品交付输出。

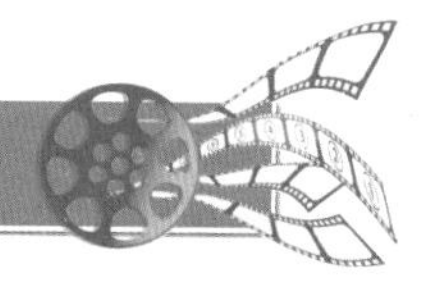

13.2 视频调色过程

本节主要介绍《江边夜景》视频文件的调色过程，包括导入江边夜景素材文件、对视频画面进行影调调色、为视频画面中的灯光调色以及局部调亮视频画面中的天空等内容，希望读者熟练掌握日景调成夜景的制作方法。

13.2.1 导入江边夜景素材文件

在为视频调色之前，首先需要一段江边夜景视频素材。下面介绍将视频素材导入到“时间线”面板中的操作方法。

素材文件	素材 \ 第 13 章 \ 江边夜景 .mp4
效果文件	无
视频文件	视频 \ 第 13 章 \13.2.1　导入江边夜景素材文件 .mp4

【操练 + 视频】
——导入江边夜景素材文件

STEP 01 打开一个素材文件夹，在其中选择需要导入的视频素材，如图 13-2 所示。

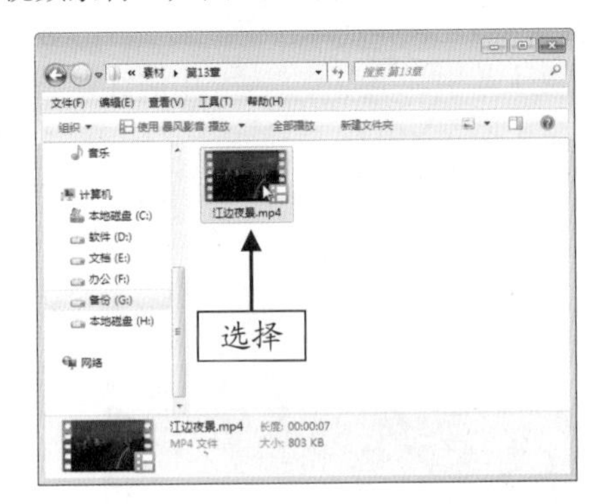

图 13-2　选择需要导入的视频素材

STEP 02 按住鼠标左键，将其拖曳至“时间线”面板中，如图 13-3 所示，释放鼠标左键即可将视频素材导入到“时间线”面板中。

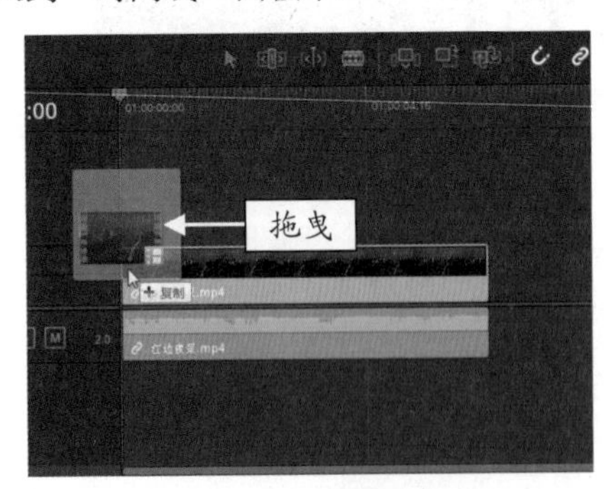

图 13-3　拖曳视频素材

STEP 03 执行上述操作后，在预览窗口中预览导入的视频素材，效果如图 13-4 所示。

图 13-4　预览视频素材效果

13.2.2　对视频画面进行影调调色

导入视频素材后，即可开始对视频画面进行影调调色，青橙色调主要以青色和橙色为主，画面中的杂色基本都需要去除，与本书第 7 章的 7.3.5 小节中所讲解的特艺色效果有点类似，这里可以应用调整特艺色的方法，先将视频画面中的影调调为特艺色影调，再将其整体色调往青色调调整，下面介绍具体的操作方法。

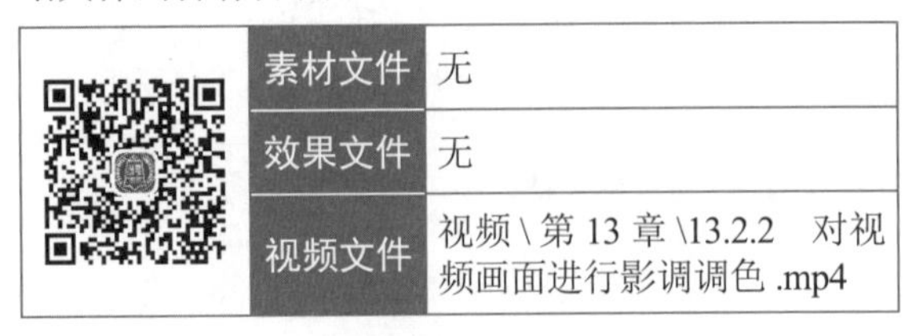

	素材文件	无
	效果文件	无
	视频文件	视频 \ 第 13 章 \13.2.2　对视频画面进行影调调色 .mp4

【操练 + 视频】
——对视频画面进行影调调色

STEP 01 切换至“调色”步骤面板，在“节点”面板中选中 01 节点，如图 13-5 所示。

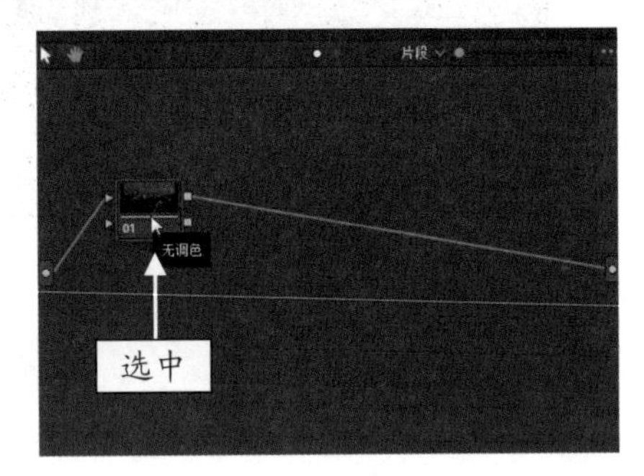

图 13-5　选中 01 节点

STEP 02 在预览窗口的图像画面上，单击鼠标右键，在弹出的快捷菜单中，选择“抓取静帧”命令，待调色后可用作对比，如图 13-6 所示。

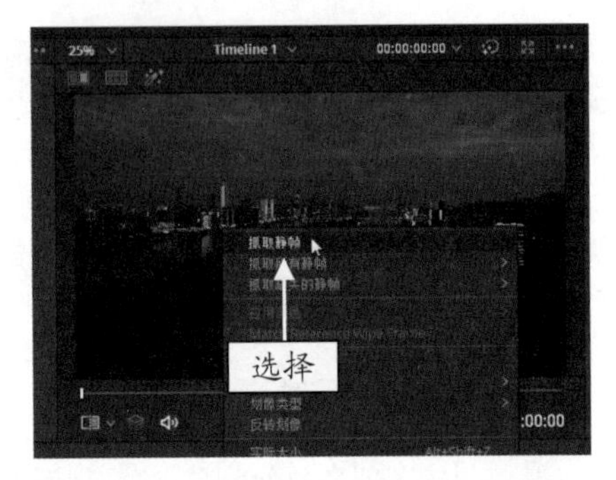

图 13-6　选择“抓取静帧”命令

STEP 03 在界面左上角单击“画廊”按钮，展开“画廊”面板，在其中显示了抓取的静帧图像，如图 13-7 所示。

STEP 04 单击“RGB 混合器”按钮，展开“RGB 混合器”面板，如图 13-8 所示。

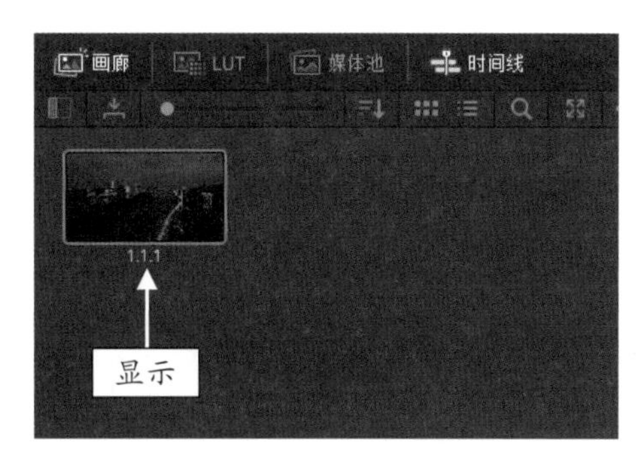

图 13-7　显示了抓取的静帧图像

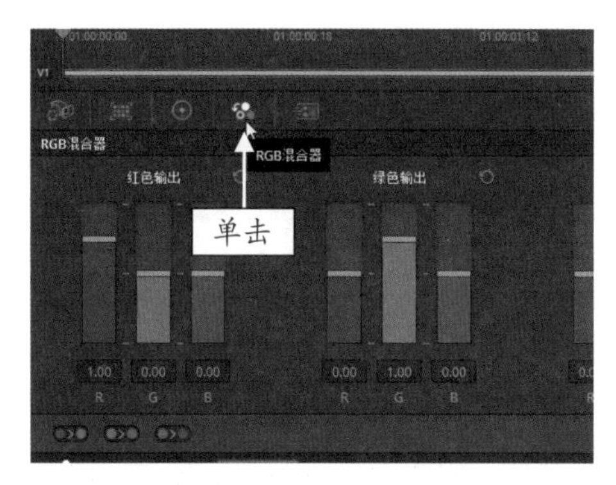

图 13-8　单击“RGB 混合器”按钮

STEP 05 在“红色输出”通道中，设置 R 控制条参数为 1.00、G 控制条参数为 -1.00、B 控制条参数为 1.00，如图 13-9 所示。

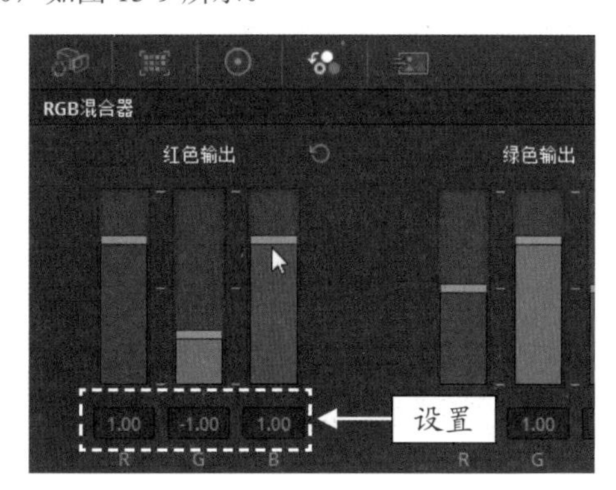

图 13-9　设置“红色输出”通道参数

STEP 06 在“绿色输出”通道中，设置 R 控制条参数为 -1.00、G 控制条参数为 1.00、B 控制条参数为 1.00，如图 13-10 所示。

STEP 07 在“蓝色输出”通道中，设置 R 控制条参数为 -1.00、G 控制条参数为 1.00、B 控制条参数为 1.00，如图 13-11 所示。

STEP 08 执行上述操作后，即可在预览窗口中查看特艺色影调风格视频效果，如图 13-12 所示。

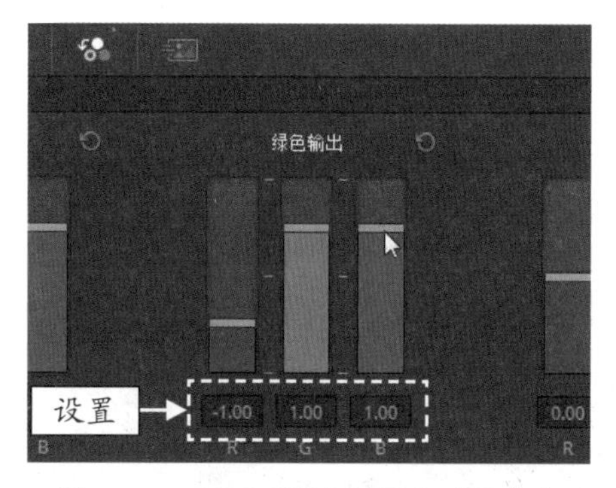

图 13-10　设置“绿色输出”通道参数

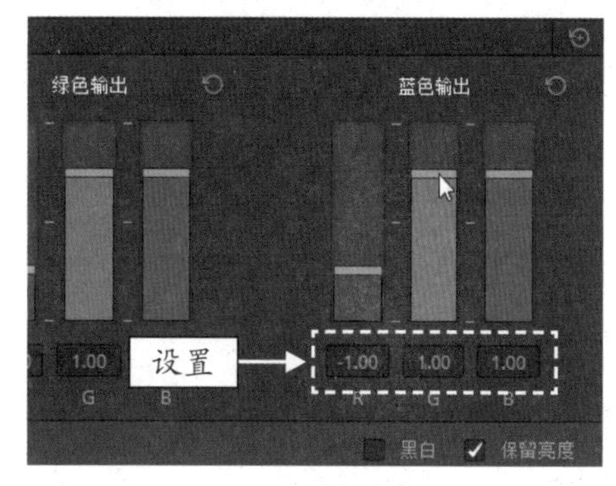

图 13-11　设置“蓝色输出”通道参数

图 13-12　查看特艺色影调风格视频效果

STEP 09 展开“色轮”面板，将“暗部”色轮中心的白色圆圈往青色方向拖曳，直至 YRGB 参数显示为 0.00、-0.05、0.01、0.06，如图 13-13 所示。

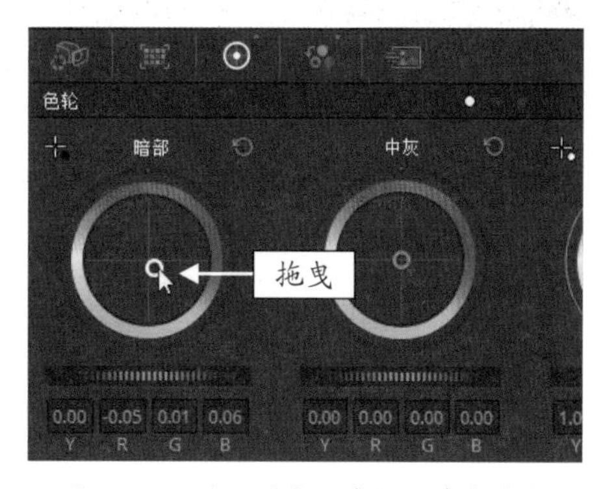

图 13-13　将“暗部”色轮往青色拖曳

STEP 10 然后将“中灰”色轮中心的白色圆圈往青色方向拖曳，直至 YRGB 参数显示为 0.00、-0.04、0.01、0.04，如图 13-14 所示。

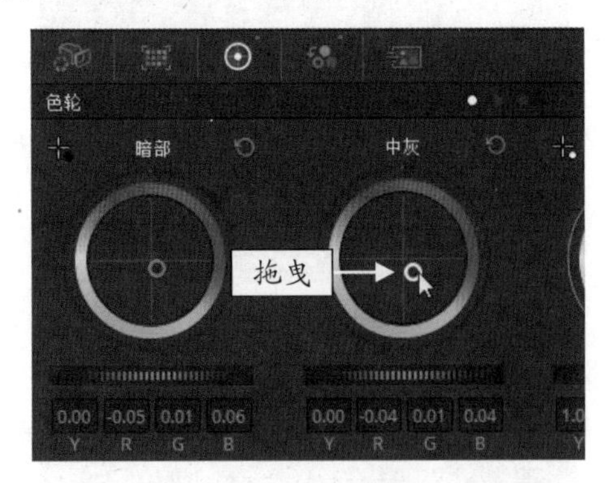

图 13-14 将“中灰”色轮往青色拖曳

STEP 11 执行上述操作后，即可在预览窗口中查看视频色调调整效果，如图 13-15 所示。

图 13-15 查看视频色调调整效果

STEP 12 在“监视器”面板的左上角，单击“划像”按钮，在预览窗口中单击鼠标左键，当光标呈双向箭头形状时，按住鼠标左键左右拖曳光标划像查看调色前后的对比效果，如图 13-16 所示。

图 13-16 查看调色前后的对比效果

13.2.3 为视频画面中的灯光调色

将色调调整完成后，画面中的灯光颜色比较偏暗，需要将视频画面中的灯光调成橙色调并调高亮度，下面介绍具体的操作方法。

	素材文件	无
	效果文件	无
	视频文件	视频 \ 第 13 章 \13.2.3 为视频画面中的灯光调色 .mp4

【操练 + 视频】
——为视频画面中的灯光调色

STEP 01 在“节点”面板中选中 01 节点，单击鼠标右键，在弹出的快捷菜单中，选择“添加节点”|“添加串行节点”命令，如图 13-17 所示。

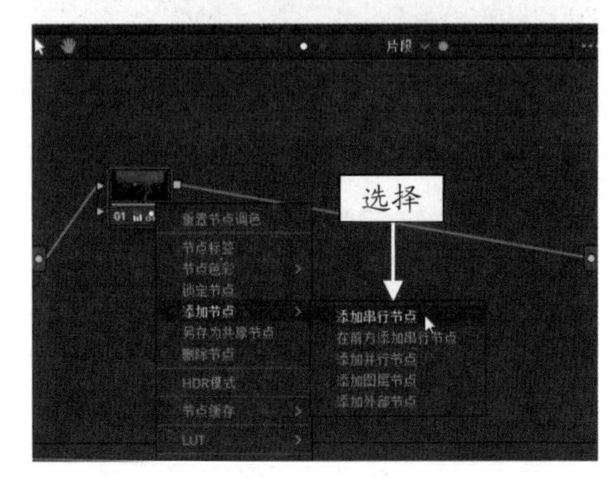

图 13-17 选择“添加串行节点”命令

STEP 02 执行上述操作后，即可在“节点”面板中添加一个编号为 02 的串行节点，如图 13-18 所示。

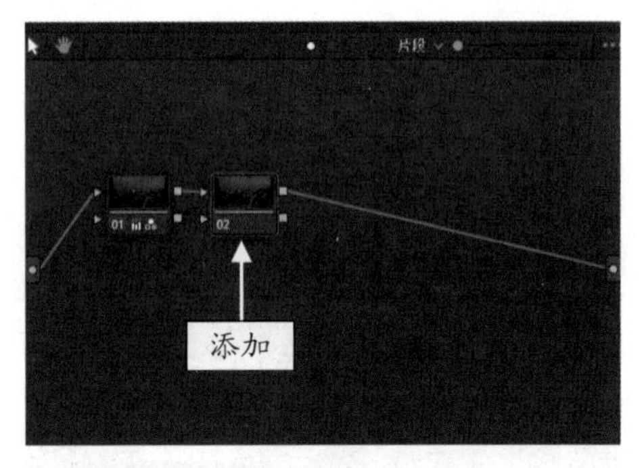

图 13-18 添加 02 串行节点

STEP 03 展开“限定器”面板，在“选择范围”选项区中，单击“拾色器”按钮，如图 13-19 所示。

STEP 04 执行操作后，移动光标至“监视器”面板上方，单击“突出显示”按钮，如图 13-20 所示。

STEP 05 在画面中选取灯光以外的区域画面，如图 13-21 所示。

STEP 06 切换至“限定器”面板，在“选择范围”选项区中，单击“反转”按钮，如图 13-22 所示。

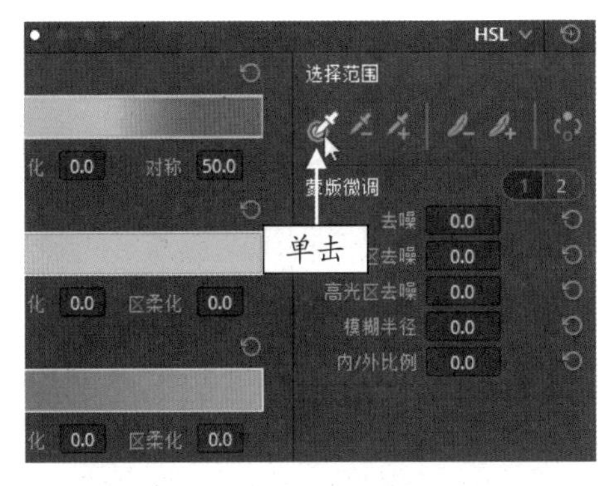

图 13-19 单击“拾色器”按钮

图 13-20 单击“突出显示”按钮

图 13-21 选取灯光以外的区域画面

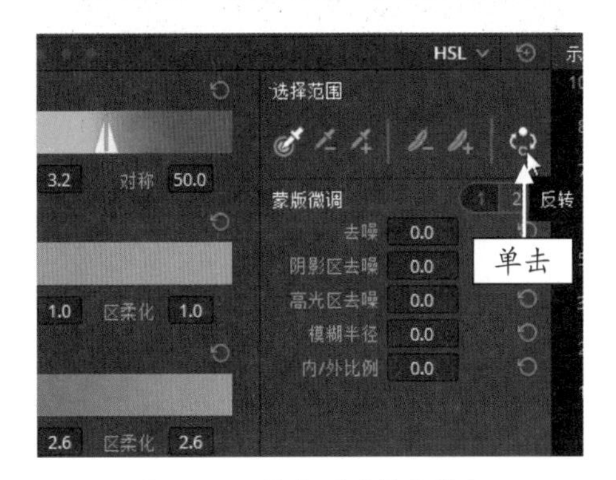

图 13-22 单击“反转”按钮

专家指点

用户也可以直接选取视频画面中的灯光，然后执行调亮、调色等操作，只是在本例中，视频画面中的灯光数量较多且分散不均，因此先选取灯光以外的区域画面，再反选视频画面中的灯光更容易操作一些。

STEP 07 执行操作后，即可反选视频画面中的灯光，效果如图 13-23 所示。

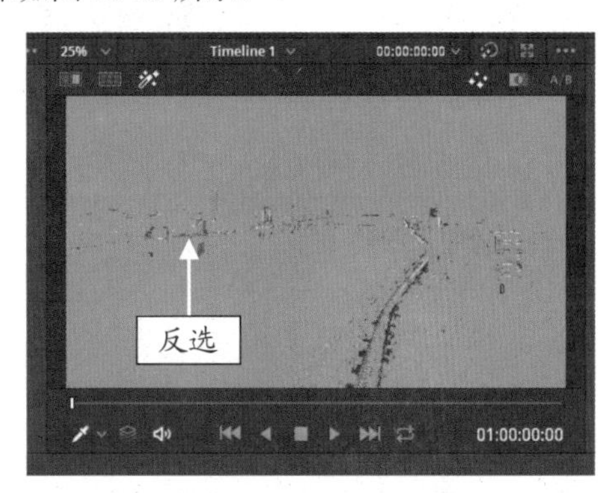

图 13-23 反选视频画面中的灯光

STEP 08 在“色轮”面板中，将“亮部”色轮中心的白色圆圈向红色方向拖曳，直至 YRGB 参数显示为 1.80、2.94、1.50、1.44，如图 13-24 所示。

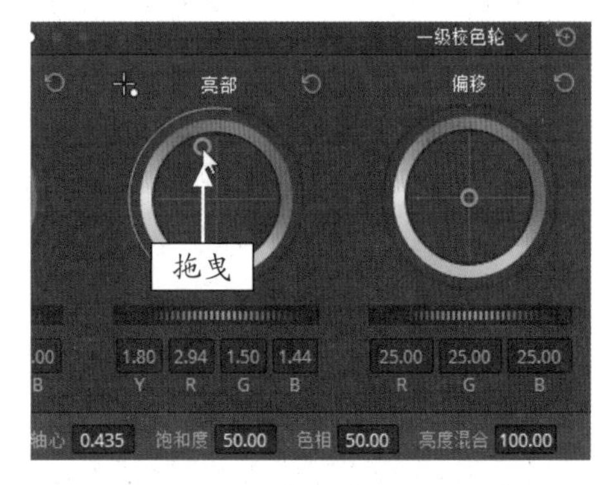

图 13-24 拖曳“亮部”色轮中心的圆圈

STEP 09 然后将“偏移”色轮中心的白色圆圈向橙色方向拖曳，直至 RGB 参数显示为 33.60、23.00、12.80，如图 13-25 所示。

STEP 10 在预览窗口中，即可查看灯光的初调效果，如图 13-26 所示。

STEP 11 在“节点”面板的 02 节点上，单击鼠标右键，在弹出的快捷菜单中，选择“添加节点”|“添加并行节点”命令，如图 13-27 所示。

STEP 12 执行操作后，即可添加一个并行混合器和一个编号为04的并行节点，如图13-28所示。

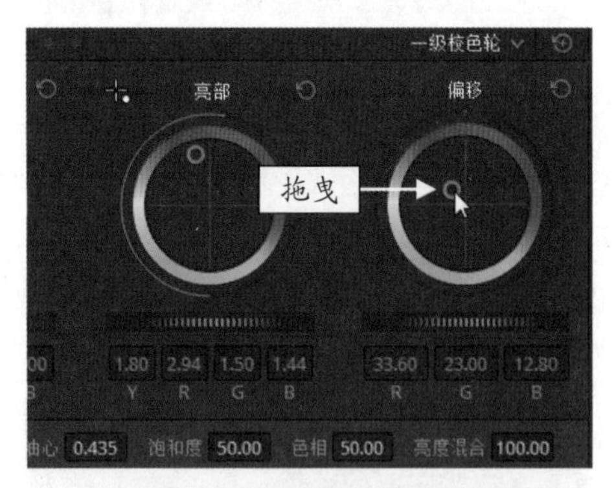

图13-25　设置“偏移”色轮参数

图13-26　查看灯光的初调效果

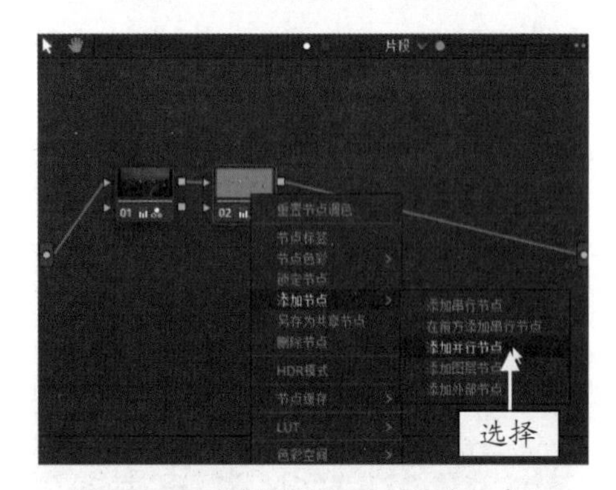

图13-27　选择“添加并行节点”命令

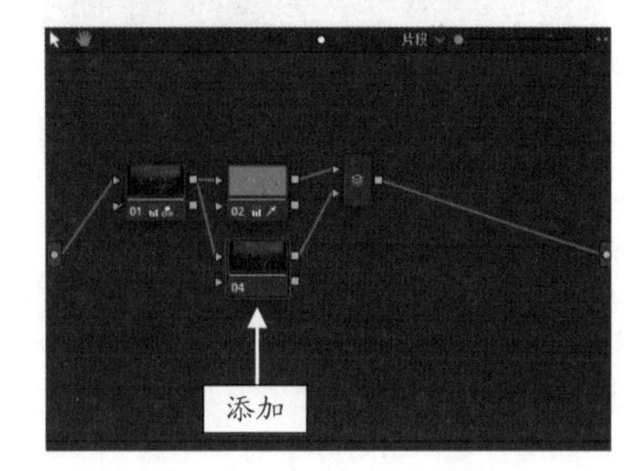

图13-28　添加04并行节点

STEP 13 展开“窗口”面板，单击多边形“窗口激活”按钮，如图13-29所示。

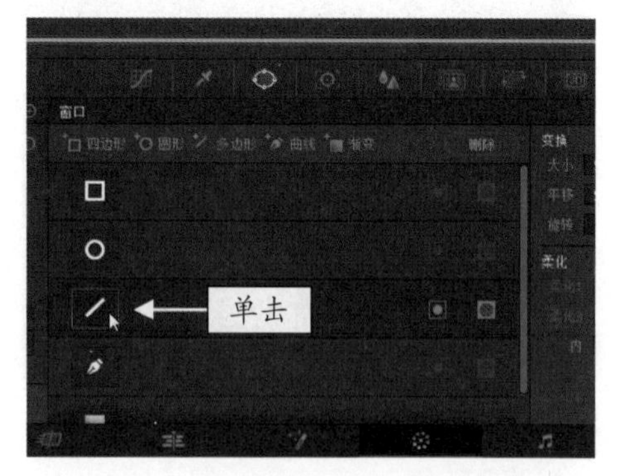

图13-29　单击多边形“窗口激活”按钮

STEP 14 在预览窗口的图像画面上，会出现一个矩形窗口蒙版，如图13-30所示。

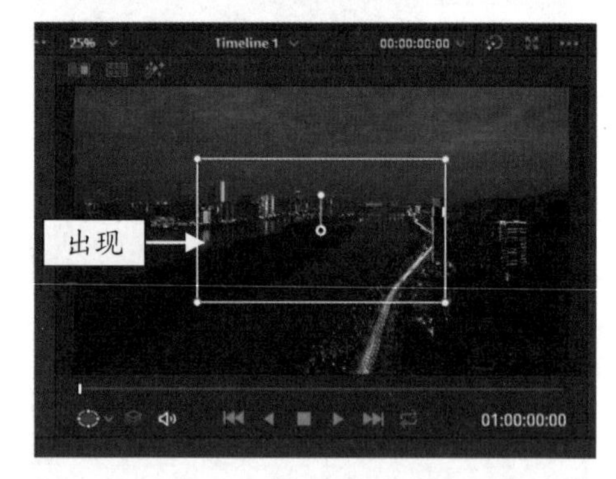

图13-30　出现一个矩形窗口蒙版

STEP 15 拖曳窗口蒙版四周的控制柄，调整窗口蒙版的大小和位置，如图13-31所示。

图13-31　调整窗口蒙版的大小和位置

STEP 16 展开“窗口”面板，在“柔化”选项区中，设置“内”参数为1.14、“外”参数为2.06，如图13-32所示。

STEP 17 在“色轮”面板中，将“亮部”色轮中心的白色圆圈向橙色方向拖曳，直至YRGB参数显示为 1.00、1.64、0.83、0.82，如图 13-33 所示。

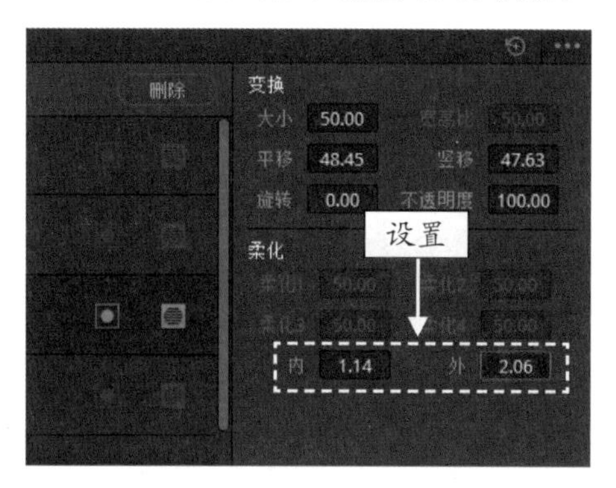

图 13-32 设置“柔化”参数

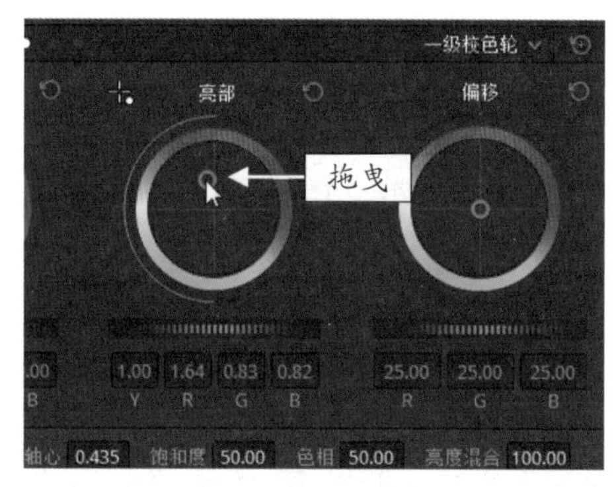

图 13-33 拖曳“亮部”色轮中心的白色圆圈

STEP 18 将“偏移”色轮中心的白色圆圈向橙色方向拖曳，直至 RGB 参数显示为 50.00、18.20、9.00，如图 13-34 所示。

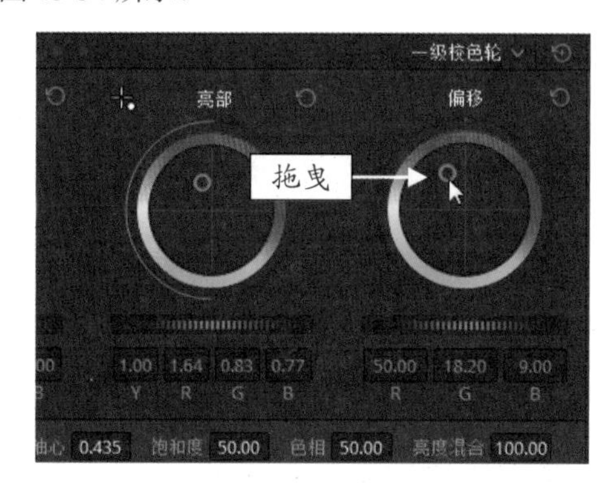

图 13-34 拖曳“偏移”色轮中心的白色圆圈

STEP 19 在导览面板的左下角，单击下拉按钮，在弹出的列表框中，选择“关”选项，如图 13-35 所示。

STEP 20 执行以上操作后，即可关闭显示窗口蒙版，在预览窗口中，可以查看马路上的灯光调整效果，如图 13-36 所示，马路中间的灯光已经调为了橙色调，但是马路边上的路灯颜色比较偏红，需要对其进行调整。

图 13-35 选择“关”选项

图 13-36 查看马路上的灯光调整效果

STEP 21 在“节点”面板的 04 节点上，单击鼠标右键，在弹出的快捷菜单中，选择“添加节点”|“添加串行节点”命令，如图 13-37 所示。

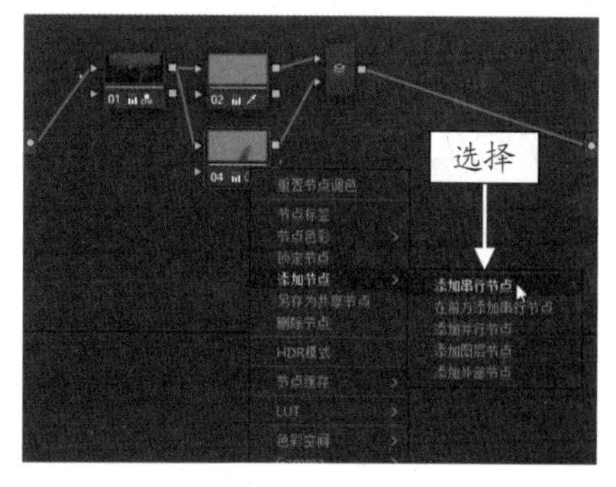

图 13-37 选择“添加串行节点”命令

STEP 22 执行操作后，即可在面板中添加一个编号为 05 的串行节点，如图 13-38 所示。

STEP 23 展开“窗口”面板，单击多边形“窗口激活”按钮，如图 13-39 所示。

STEP 24 在预览窗口的图像画面上，绘制一个多边形窗口蒙版，如图 13-40 所示。

STEP 25 单击“RGB 混合器”按钮，展开“RGB 混合器”面板，如图 13-41 所示。

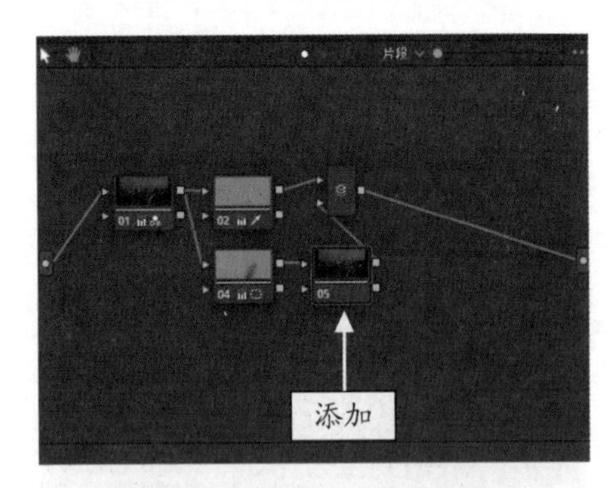

图 13-38　添加 05 串行节点

图 13-39　单击多边形“窗口激活”按钮

图 13-40　绘制一个多边形窗口蒙版

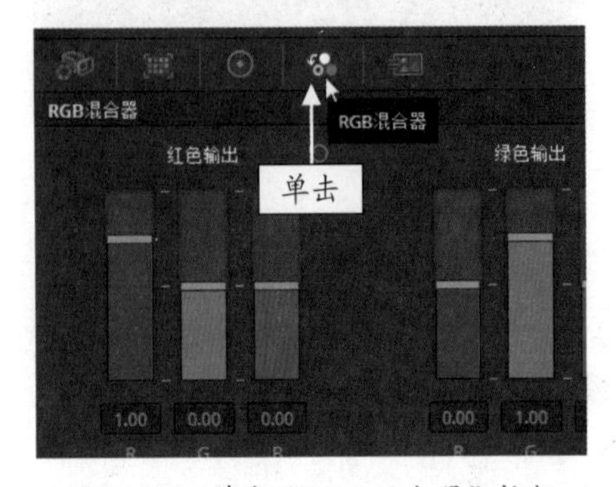

图 13-41　单击“RGB 混合器”按钮

STEP 26 在“红色输出”通道中，将鼠标移至红色控制条上，向下拖曳滑块，直至 R 参数显示为 0.18，如图 13-42 所示。

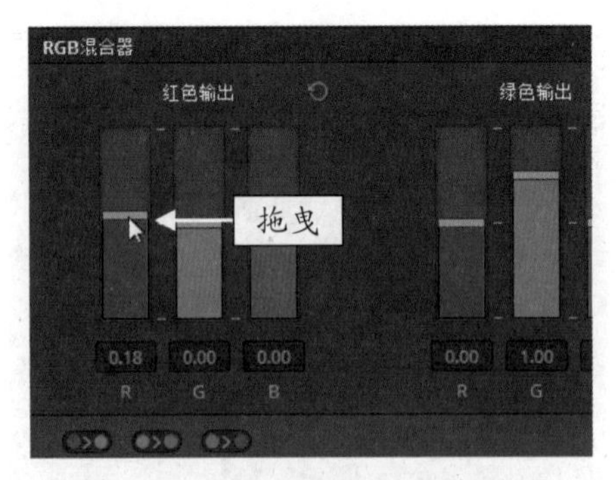

图 13-42　向下拖曳红色控制条滑块

STEP 27 在“绿色输出”通道中，将鼠标移至红色控制条上，向下拖曳滑块，直至 R 参数显示为 -0.03，如图 13-43 所示。

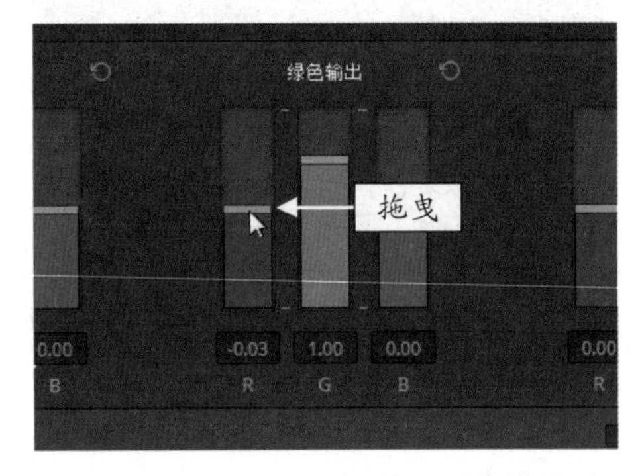

图 13-43　向下拖曳红色控制条滑块

STEP 28 在“蓝色输出”通道中，将鼠标移至蓝色控制条上，向上拖曳滑块，直至 B 参数显示为 1.72，如图 13-44 所示。

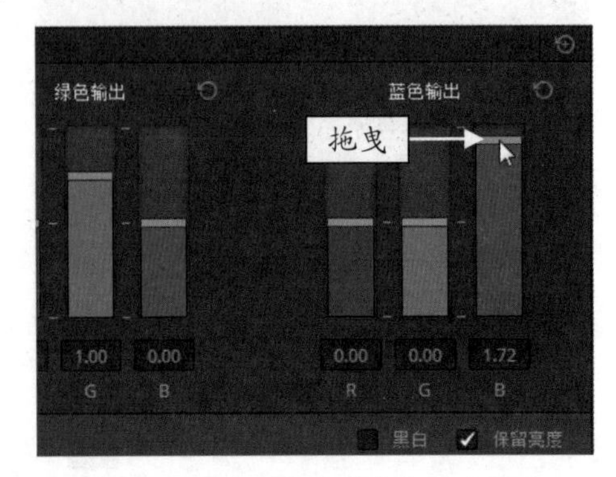

图 13-44　向上拖曳蓝色控制条滑块

STEP 29 执行操作后，在预览窗口中查看马路路灯的调整效果，如图 13-45 所示。

STEP 30 在“节点”面板的 05 节点上，单击鼠标右键，在弹出的快捷菜单中，选择“添加节点”|“添加串

行节点”命令，如图 13-46 所示。

图 13-45　查看马路路灯的调整效果

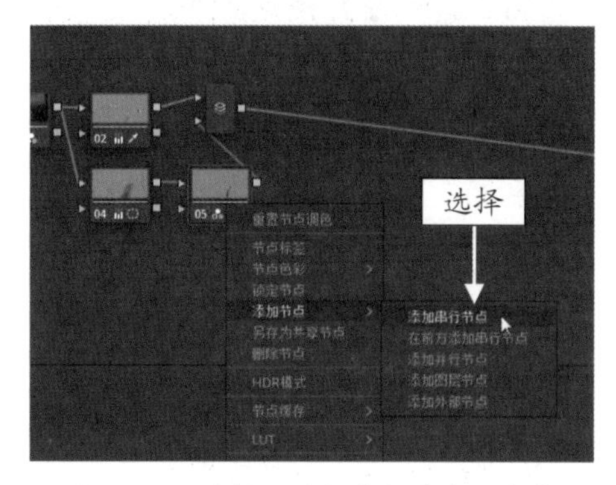

图 13-46　选择“添加串行节点”命令

STEP 31 执行操作后，即可添加一个编号为 06 的串行节点，如图 13-47 所示。

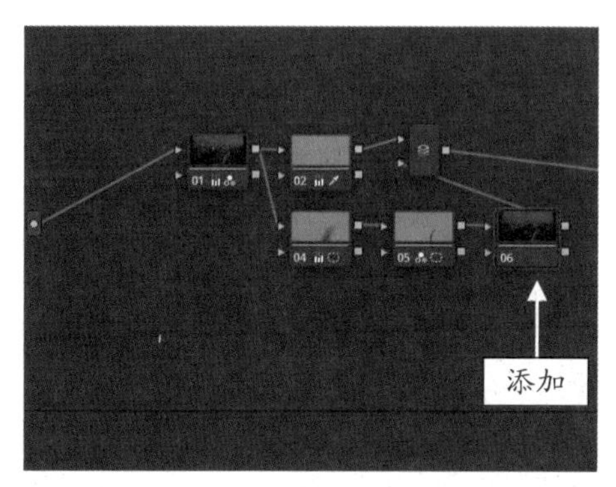

图 13-47　添加 06 串行节点

STEP 32 此时节点面板中的节点有点拥挤，选择“并行混合器”并将其拖曳至右侧的合适位置，使面板中的节点排列有序，如图 13-48 所示。

STEP 33 选择 06 节点，用与上同样的方法，展开“窗口”面板，激活多边形窗口蒙版，在预览窗口中的合适位置处，绘制一个多边形蒙版，如图 13-49 所示。

STEP 34 在“色轮”面板中，将“亮部”色轮中心的白色圆圈向橙色方向拖曳，直至 YRGB 参数显示为 1.00、1.69、0.82、0.72，如图 13-50 所示。

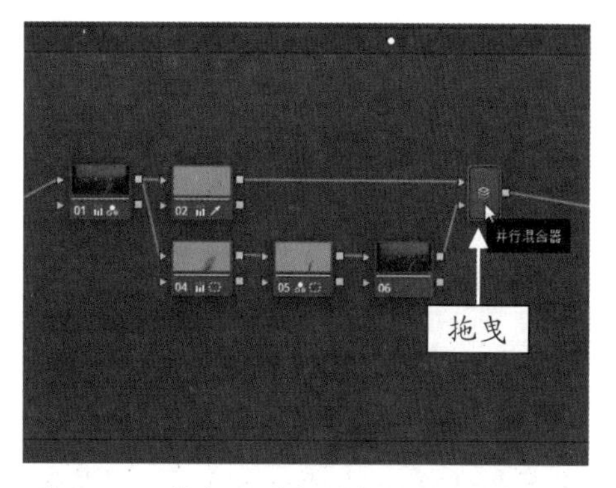

图 13-48　拖曳“并行混合器”至合适位置

图 13-49　绘制一个多边形蒙版

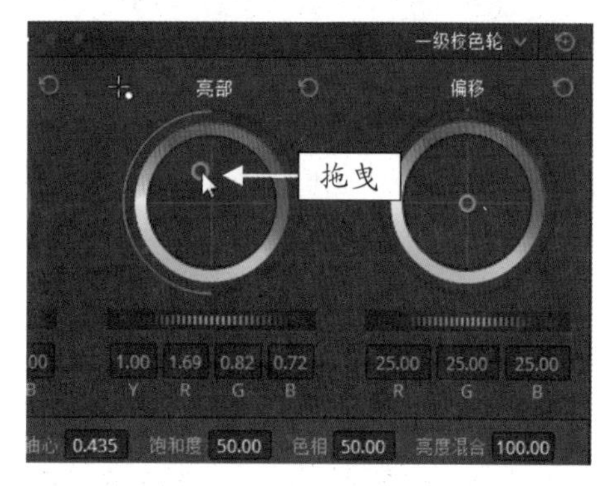

图 13-50　拖曳“亮部”色轮中心的白色圆圈

STEP 35 在预览窗口中查看江岸对面灯光的调整效果，如图 13-51 所示。

图 13-51　查看江岸对面灯光的调整效果

STEP 36 在“节点”面板中的 06 节点上，单击鼠标右键，在弹出的快捷菜单中，选择“添加节点”|“添加串行节点”命令，如图 13-52 所示。

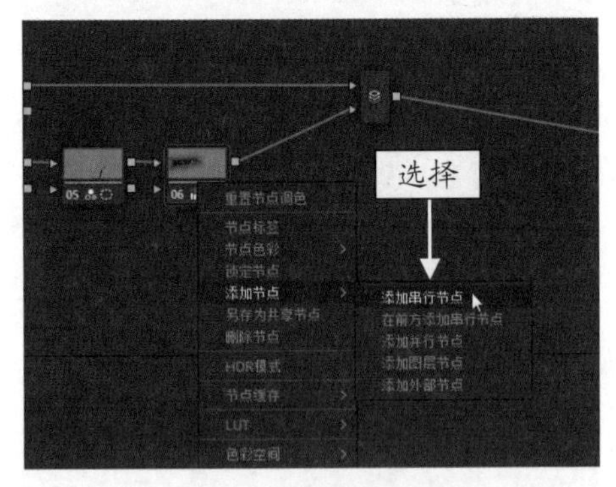

图 13-52 选择“添加串行节点”命令

STEP 37 执行操作后，即可添加一个编号为 07 的串行节点，如图 13-53 所示。

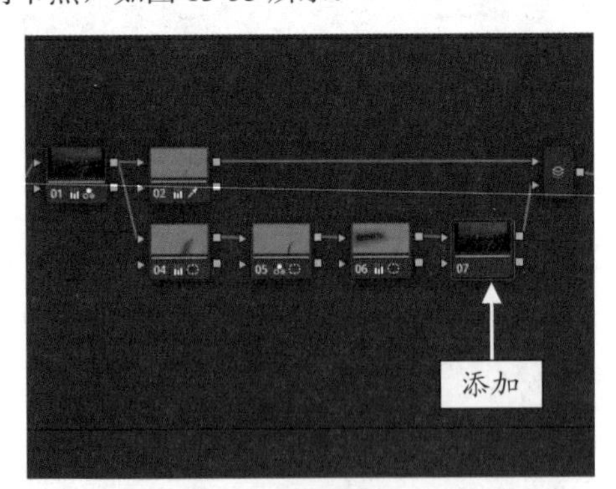

图 13-53 添加 07 串行节点

STEP 38 展开“窗口”面板，单击圆形“窗口激活”按钮，如图 13-54 所示。

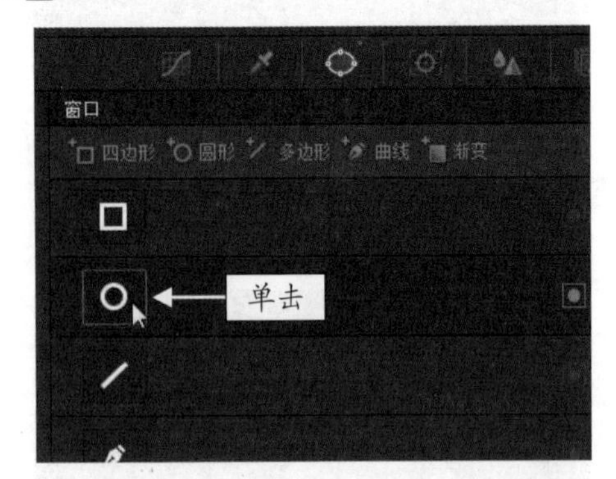

图 13-54 单击圆形“窗口激活”按钮

STEP 39 在预览窗口的右下角，绘制一个圆形窗口蒙版，如图 13-55 所示。

STEP 40 在“窗口”面板的“柔化”选项区中，设置“柔化 1”的参数为 4.03，如图 13-56 所示。

图 13-55 绘制一个圆形窗口蒙版

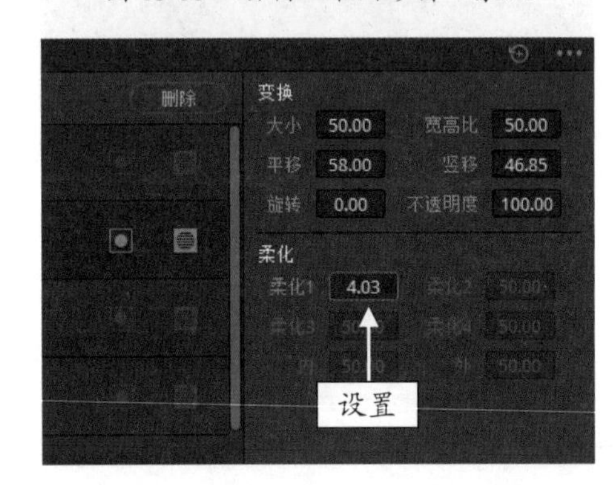

图 13-56 设置“柔化 1”的参数

STEP 41 在“色轮”面板中，向右拖曳“亮部”色轮下方的轮盘，直至 YRGB 参数均显示为 1.36，如图 13-57 所示。

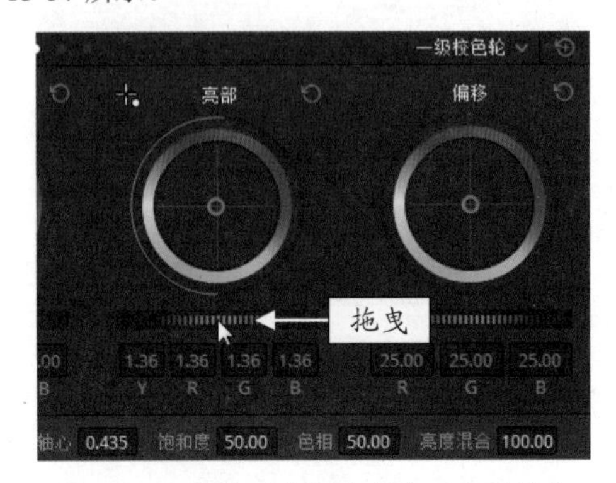

图 13-57 拖曳“亮部”色轮下方的轮盘

STEP 42 在预览窗口中，可以查看画面右下角灯光调亮后的效果，如图 13-58 所示。

STEP 43 在“监视器”面板的左上角，单击“划像”按钮，在预览窗口中单击鼠标左键，当光标呈双向箭头形状时，按住鼠标左键的同时左右拖曳光标划像查看调色前后的对比效果，如图 13-59 所示。

图 13-58　查看画面右下角灯光调亮后的效果

图 13-59　查看调色前后的对比效果

13.2.4　局部调亮视频画面中的天空

完成灯光调亮操作后，即可开始调整视频整体亮度，并局部调亮视频画面中的天空。下面介绍具体的操作方法，希望读者能熟练掌握操作技巧。

	素材文件	无
	效果文件	无
	视频文件	视频 \ 第 13 章 \13.2.4　局部调亮视频画面中的天空 .mp4

【操练 + 视频】
——局部调亮视频画面中的天空

STEP 01 在“节点”面板中，选择“并行混合器”节点，单击鼠标右键，在弹出的快捷菜单中，选择“添加节点”|“添加串行节点”命令，如图 13-60 所示。

STEP 02 执行操作后，即可在“节点”面板中添加一个编号为 08 的串行节点，如图 13-61 所示。

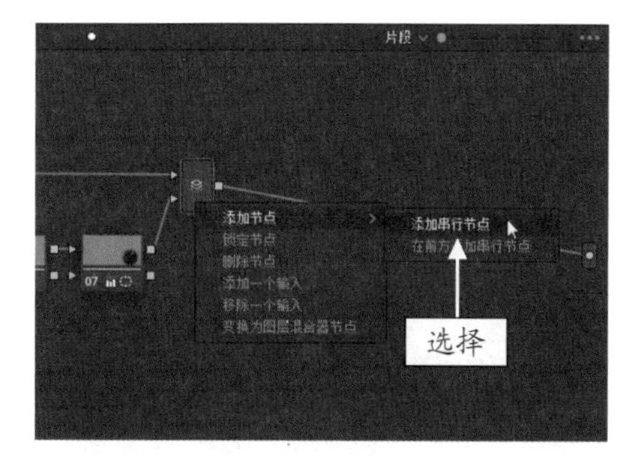

图 13-60　选择“添加串行节点”命令

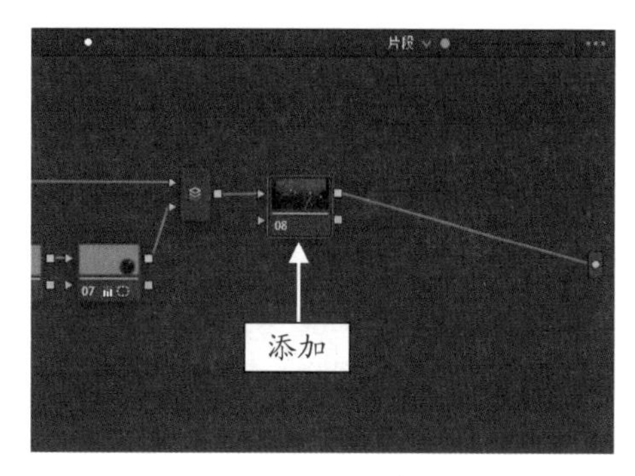

图 13-61　添加 08 串行节点

STEP 03 在“色轮”面板中，向右拖曳“亮部”色轮下方的轮盘，直至 YRGB 参数均显示为 1.37，如图 13-62 所示。

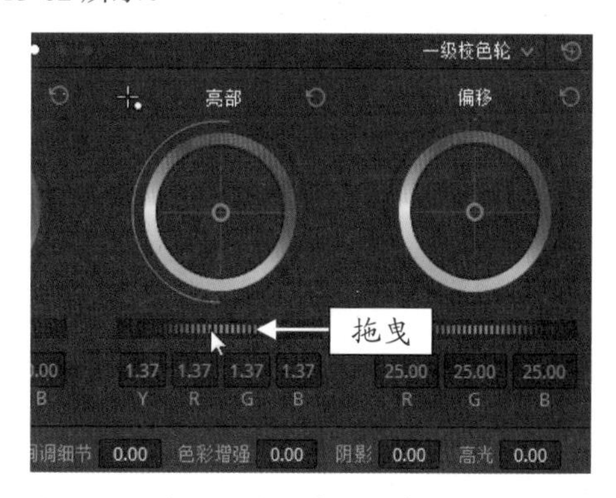

图 13-62　向右拖曳“亮部”色轮下方的轮盘

STEP 04 然后将“偏移”色轮中心的白色圆圈往青色方向拖曳，直至 RGB 参数显示为 15.00、26.00、33.80，如图 13-63 所示。

STEP 05 执行上述操作后，即可在预览窗口中查看画面整体亮度调整效果，如图 13-64 所示。

STEP 06 在“节点”面板中选择 08 节点，单击鼠标右键，在弹出的快捷菜单中，选择“添加节点”|“添加串行节点”命令，如图 13-65 所示。

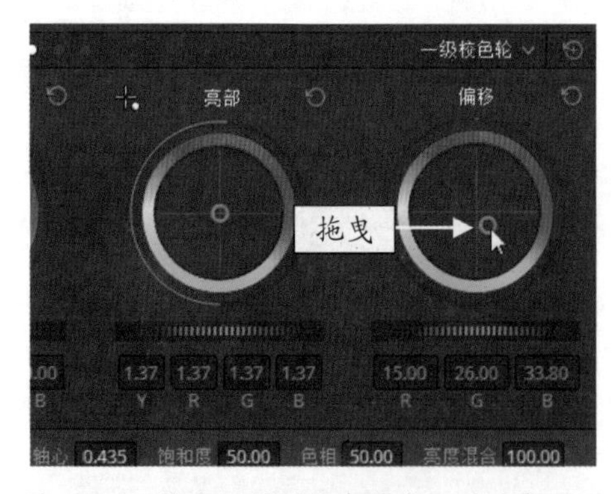

图 13-63　拖曳“偏移”色轮中心的白色圆圈

图 13-64　查看画面整体亮度调整效果

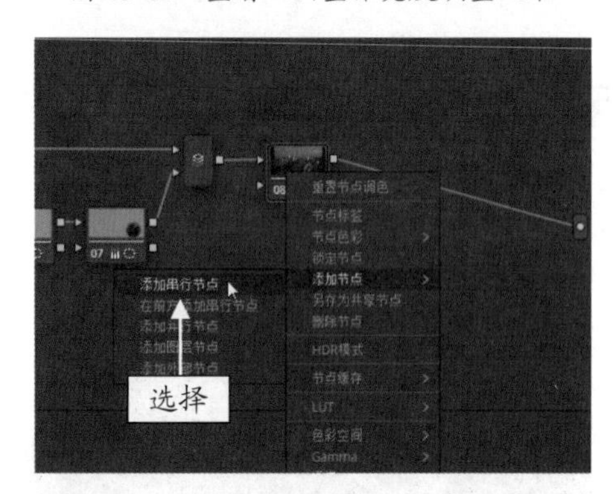

图 13-65　选择“添加串行节点”命令

STEP 07 执行操作后，即可在“节点”面板中添加一个编号为 09 的串行节点，如图 13-66 所示。

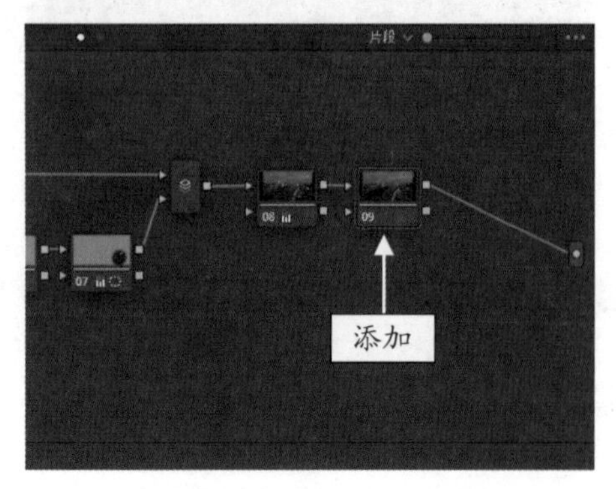

图 13-66　添加 09 串行节点

STEP 08 展开“窗口”面板，单击多边形“窗口激活”按钮，如图 13-67 所示。

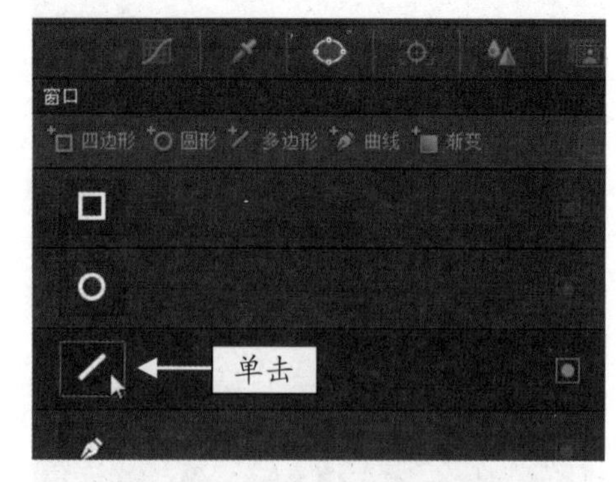

图 13-67　单击多边形“窗口激活”按钮

STEP 09 在预览窗口中绘制一个多边形窗口蒙版，如图 13-68 所示。

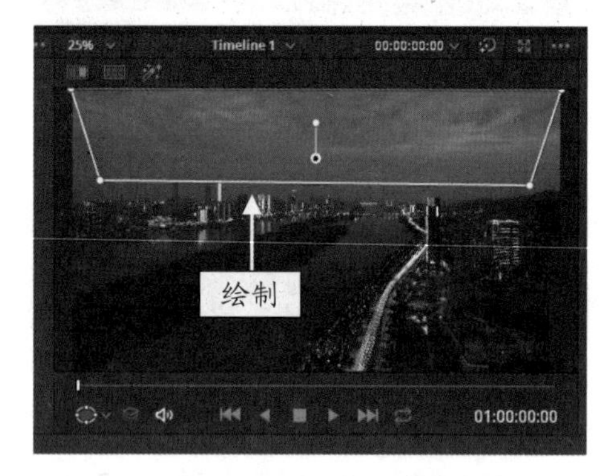

图 13-68　绘制一个多边形窗口蒙版

STEP 10 然后在“窗口”面板的“柔化”选项区中，设置“内”参数为 2.82、“外”参数为 2.62，如图 13-69 所示。

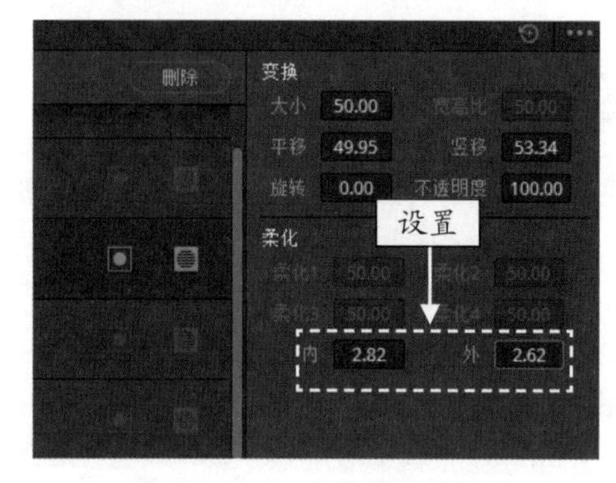

图 13-69　设置“柔化”参数

STEP 11 单击“曲线”按钮，展开“曲线”面板，如图 13-70 所示。

STEP 12 在编辑器的曲线上，按住 Shift 键的同时单击鼠标左键，在曲线上添加一个控制点，如图 13-71 所示。

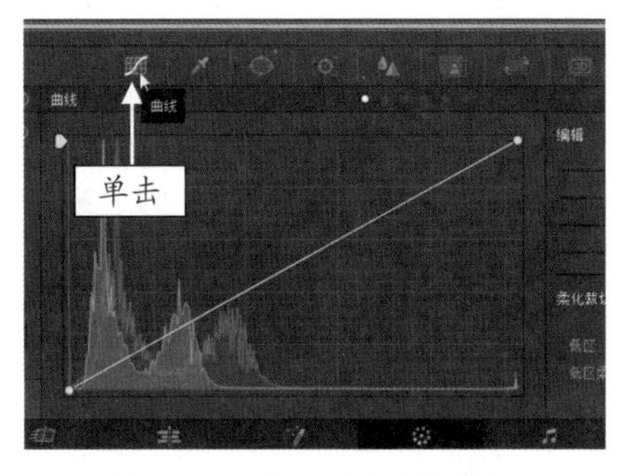

图 13-70　单击“曲线”按钮

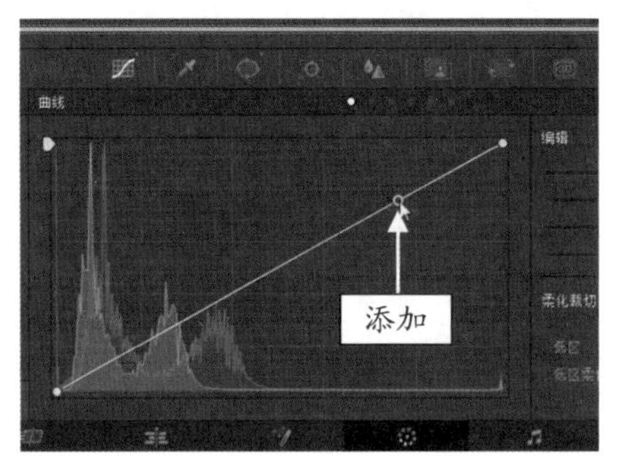

图 13-71　在曲线上添加一个控制点

STEP 13 然后用与上同样的方法，在曲线的合适位置处，再次添加两个控制点，如图 13-72 所示。

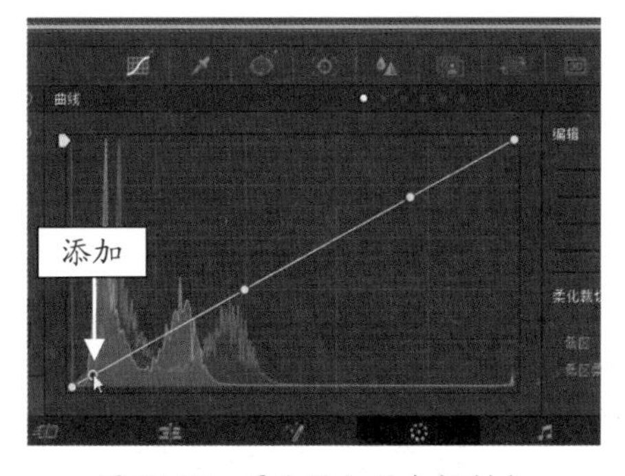

图 13-72　再次添加两个控制点

STEP 14 按住鼠标左键，向上拖曳最后一个添加的控制点，至合适位置处释放鼠标左键，提高天空区域中阴影的亮度，如图 13-73 所示。

STEP 15 用与上同样的方法，拖曳另外两个控制点至合适位置，调整视频画面的亮度，如图 13-74 所示。

STEP 16 切换至“色轮”面板，向右拖曳“亮部”色轮下方的轮盘，直至 YRGB 参数均显示为 1.03，如图 13-75 所示。

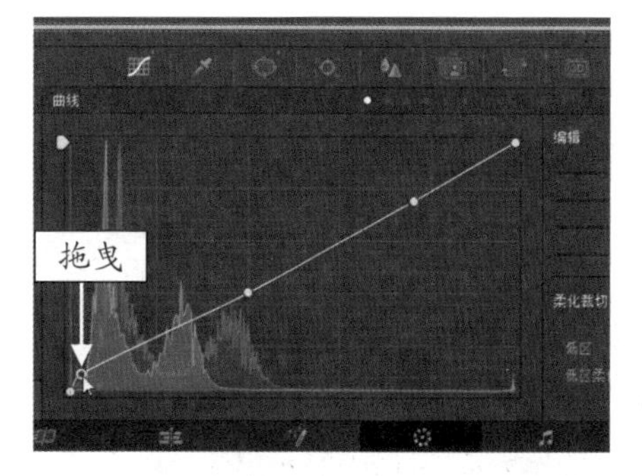

图 13-73　向上拖曳最后一个添加的控制点

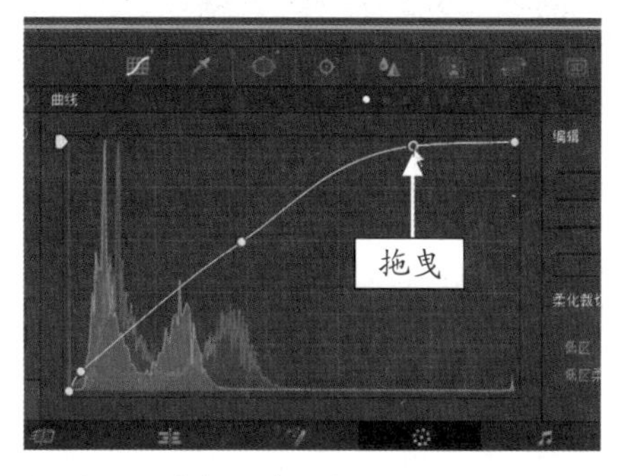

图 13-74　拖曳另外两个控制点至合适位置

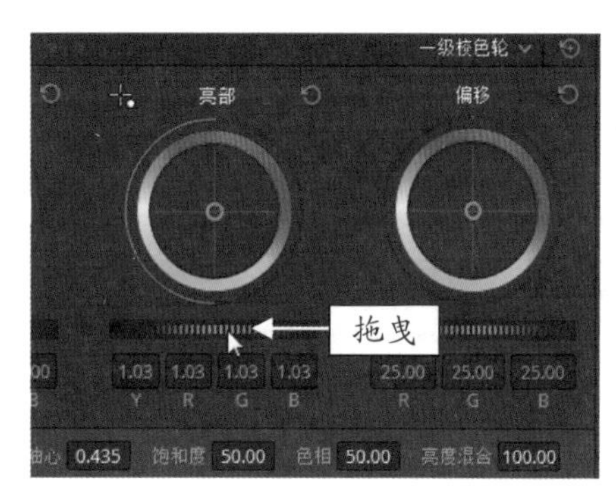

图 13-75　向右拖曳“亮部”色轮下方的轮盘

STEP 17 然后在“色轮”面板下方的面板 1 中，设置“对比度”参数为 1.300，如图 13-76 所示。

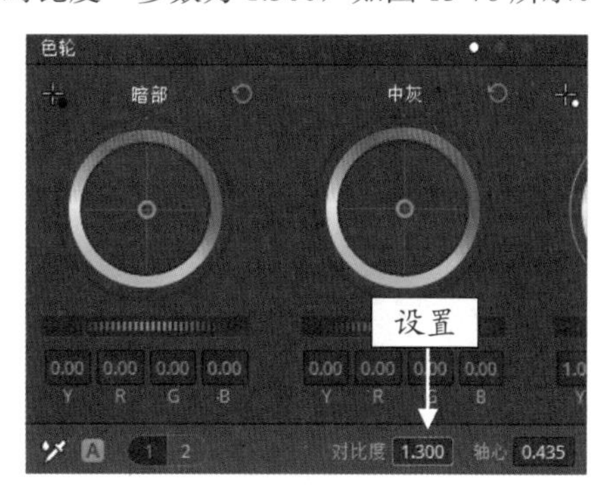

图 13-76　设置“对比度”参数

STEP 18 在面板 2 中，设置“高光”参数为 100.00，如图 13-77 所示。

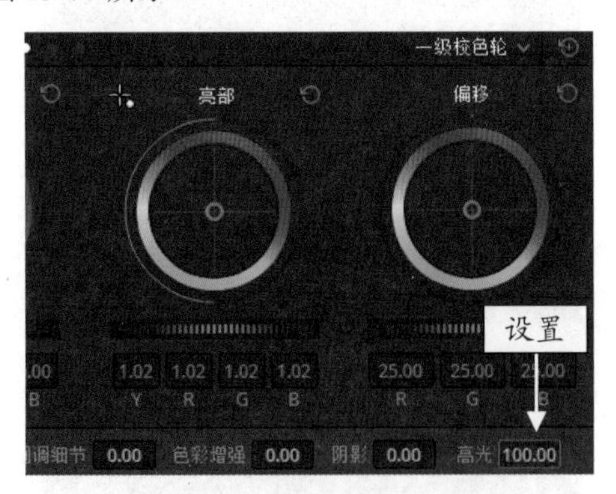

图 13-77 设置“高光”参数

STEP 19 然后设置“阴影”参数为 -76.00，如图 13-78 所示。

STEP 20 在预览窗口中，可以查看青橙色调的调色效果，如图 13-79 所示。

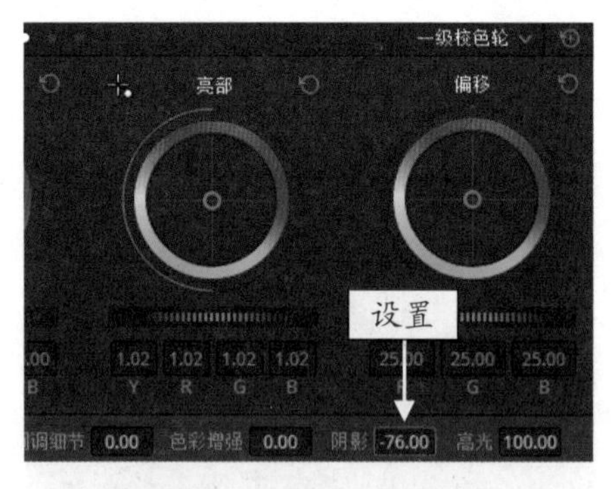

图 13-78 设置“阴影”参数

图 13-79 查看青橙色调的调色效果

专家指点

由于本例应用的视频素材为静置画面，因此绘制窗口蒙版后，并未对窗口蒙版执行跟踪操作，用户在使用自己的素材进行调色时，切记要对绘制的窗口蒙版进行跟踪，否则为窗口蒙版区域制作的调色效果会失效，跟踪操作可以参考第 5 章 5.5 节的内容。

13.3 剪辑输出视频

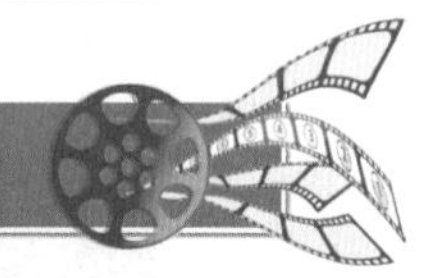

将夜景视频调为青橙色调后，即可为视频素材添加摇动效果和标题字幕效果，并设置背景音乐淡入淡出，待剪辑完成后，可以将制作好的《江边夜景》项目文件输出为视频。

13.3.1 为视频添加摇动效果

本例视频为静置画面，待调色完成后，可以切换至“剪辑”步骤面板中，为视频添加摇动缩放效果，下面介绍具体的操作方法。

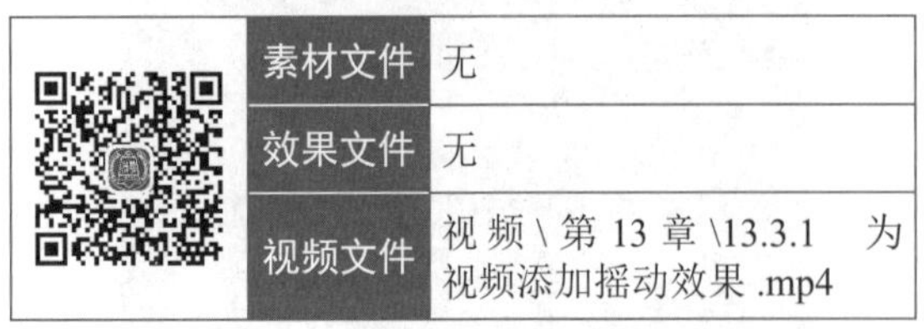

	素材文件	无
	效果文件	无
	视频文件	视频 \ 第 13 章 \13.3.1 为视频添加摇动效果 .mp4

【操练 + 视频】
——为视频添加摇动效果

STEP 01 切换至“剪辑”步骤面板，在“时间线”面板中，选中视频素材，如图 13-80 所示。

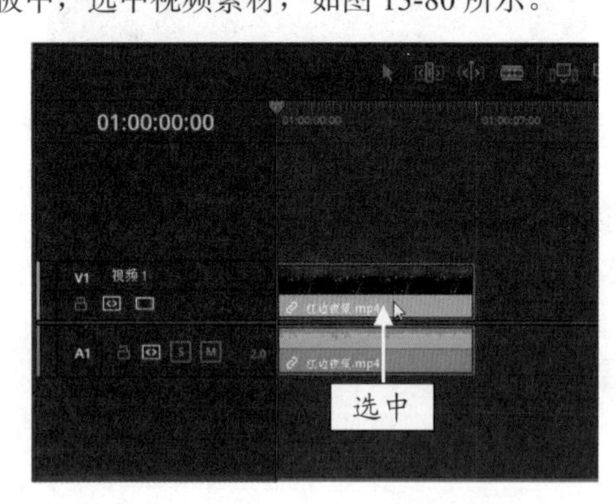

图 13-80 选中视频素材

STEP 02 在界面右上角，单击“检查器”按钮，如

图 13-81 所示。

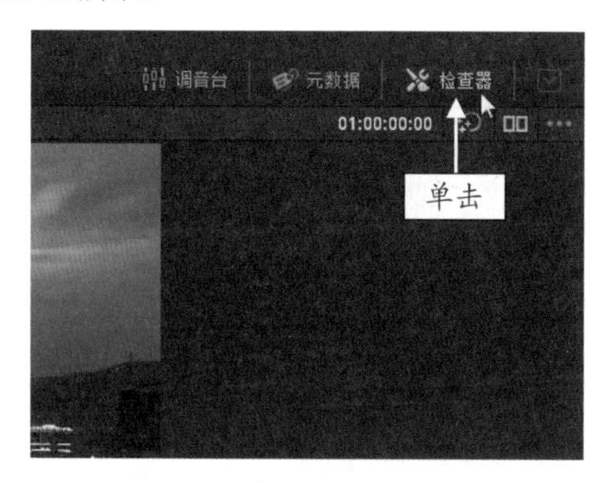

图 13-81　单击“检查器”按钮

STEP 03 执行操作后，即可展开“检查器”|“视频”选项卡，如图 13-82 所示。

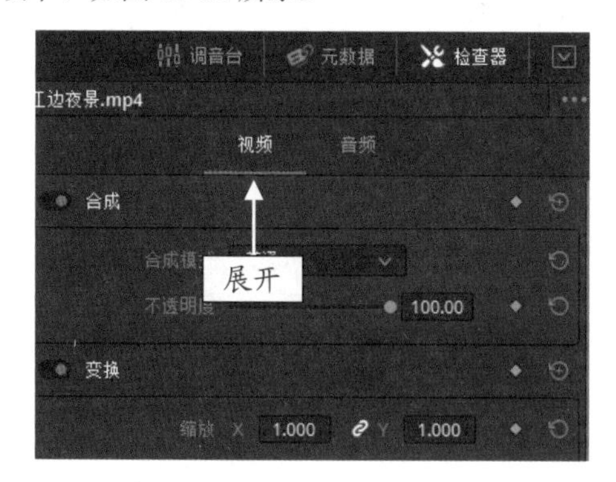

图 13-82　展开“视频”选项卡

STEP 04 在“变换”选项区中，单击“缩放”右侧的关键帧，如图 13-83 所示，在视频的开始位置添加一个缩放关键帧。

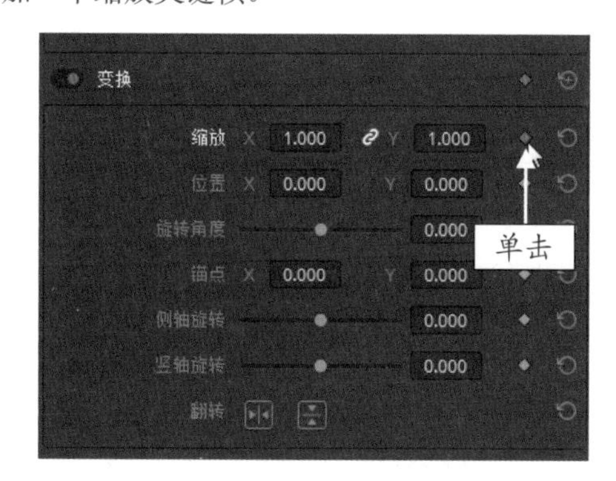

图 13-83　单击“缩放”右侧的关键帧

STEP 05 在“时间线”面板中，按住鼠标左键，将时间指示器拖曳至 01:00:04:10 的位置处，如图 13-84 所示。

STEP 06 切换至“检查器”|“视频”选项卡，设置“缩放”的 X 和 Y 的参数均为 1.540，如图 13-85 所示，即可在时间指示器位置处添加第 2 个缩放关键帧。

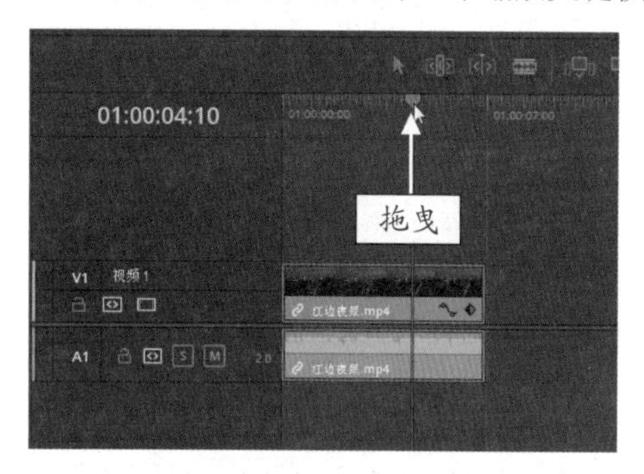

图 13-84　拖曳时间指示器

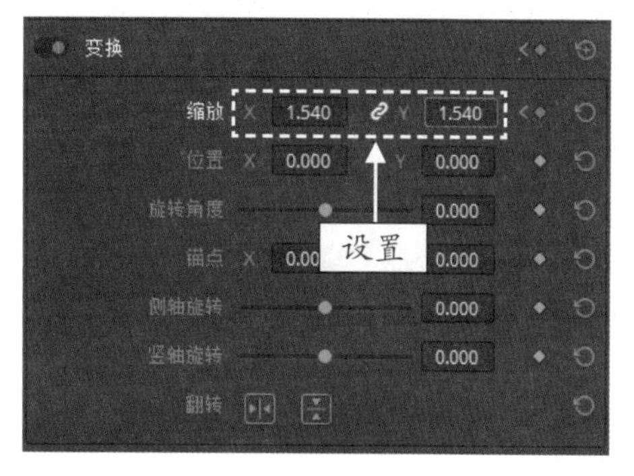

图 13-85　设置“缩放”X 和 Y 的参数

STEP 07 在“时间线”面板中，再次按住鼠标左键，将时间指示器拖曳至 01:00:07:00 的位置处，如图 13-86 所示。

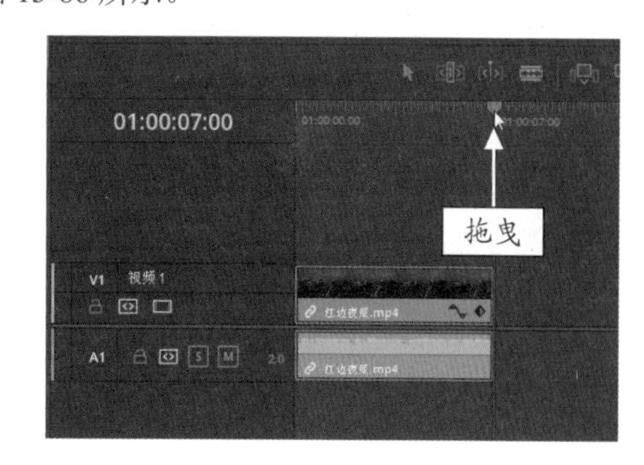

图 13-86　再次拖曳时间指示器

STEP 08 然后在“检查器”|“视频”选项卡中，设置“缩放”的 X 和 Y 的参数均为 1.000，如图 13-87 所示，执行操作后，即可在时间指示器位置处添加第 3 个缩放关键帧。

STEP 09 在“时间线”面板的 V1 轨道上，将鼠标移至视频素材末端位置的关键帧图标上，单击鼠标左键，如图 13-88 所示。

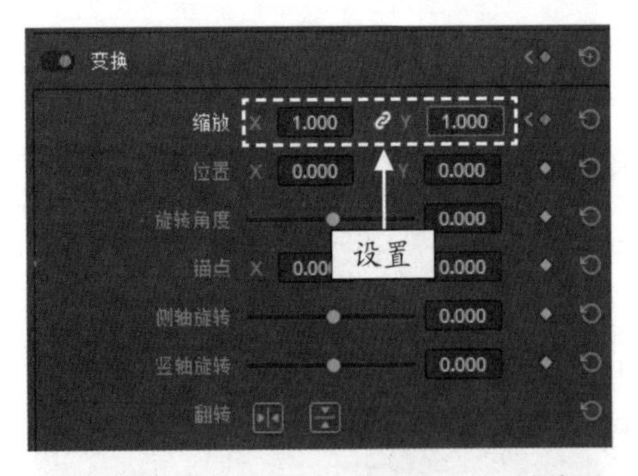

图 13-87　再次设置“缩放”X 和 Y 的参数

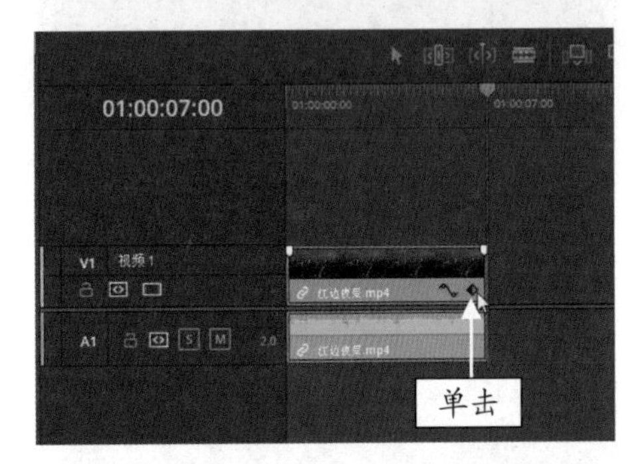

图 13-88　单击关键帧图标

STEP 10 执行操作后，即可在 V1 轨道上，展开视频关键帧面板，在其中显示了添加的 3 个关键帧，如图 13-89 所示。

图 13-89　显示了添加的 3 个关键帧

STEP 11 将鼠标移至视频上，在视频的左上角和右上角分别显示了两个白色标记，将鼠标移至左上角的标记上，如图 13-90 所示。

STEP 12 按住鼠标左键向右拖曳，至合适位置后释放鼠标左键，即可为视频制作淡入效果，如图 13-91 所示。

STEP 13 然后将鼠标移至右上角的标记上，如图 13-92 所示。

STEP 14 按住鼠标左键向左拖曳，至合适位置后释放鼠标左键，即可为视频制作淡出效果，如图 13-93 所示。

图 13-90　将鼠标移至左上角的标记上

图 13-91　向右拖曳标记

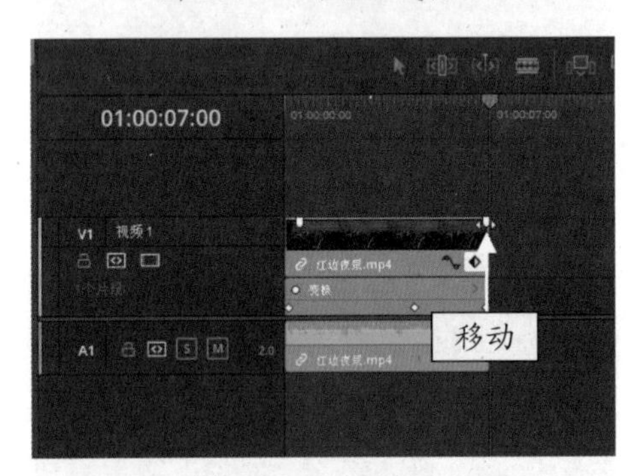

图 13-92　将鼠标移至右上角的标记上

图 13-93　向左拖曳标记

STEP 15 执行上述操作后，即可在预览窗口中查看视频淡入淡出以及摇动缩放效果，如图 13-94 所示。

图 13-94　查看视频淡入淡出以及摇动缩放效果

13.3.2　为视频添加字幕效果

为视频添加摇动缩放效果后，即可为视频添加一个标题字幕文件，并为字幕文件制作淡入淡出特效，下面介绍具体的操作步骤。

	素材文件	无
	效果文件	无
	视频文件	视频 \ 第 13 章 \13.3.2　为视频添加字幕效果 .mp4

【操练 + 视频】
——为视频添加字幕效果

STEP 01 在“剪辑”步骤面板中，展开“特效库”面板，在“工具箱”选项列表中，选择“字幕”选项，展开“字幕”选项面板，如图 13-95 所示。

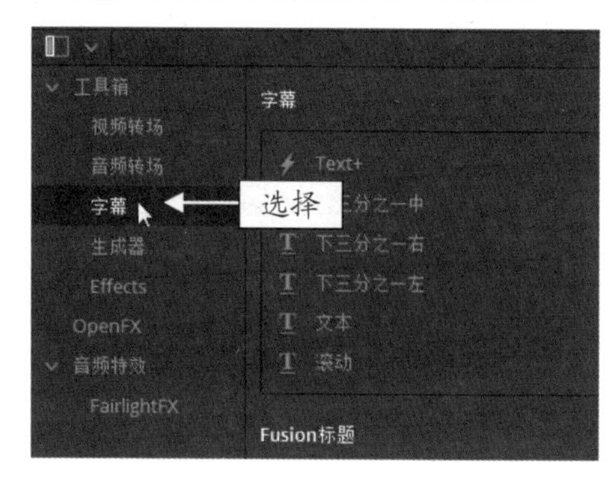

图 13-95　选择“字幕”选项

STEP 02 在“字幕”选项面板中选择“文本”选项，如图 13-96 所示。

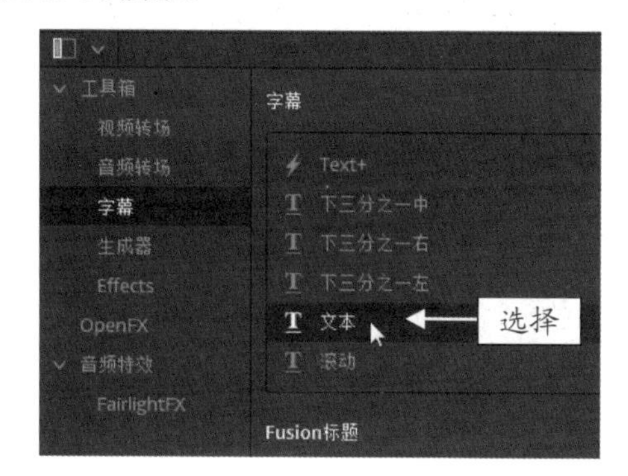

图 13-96　选择“文本”选项

STEP 03 按住鼠标左键将“文本”字幕样式拖曳至 V1 轨道上方，“时间线”面板会自动添加一条 V2 轨道，在合适位置处释放鼠标左键，即可在 V2 轨道上添加一个标题字幕文件，如图 13-97 所示。

图 13-97　添加一个标题字幕文件

STEP 04 选中V2轨道中的字幕文件，将鼠标移至字幕文件的末端，按住鼠标左键并向右拖曳，至合适位置后释放鼠标左键，即可调整字幕区间时长，如图13-98所示。

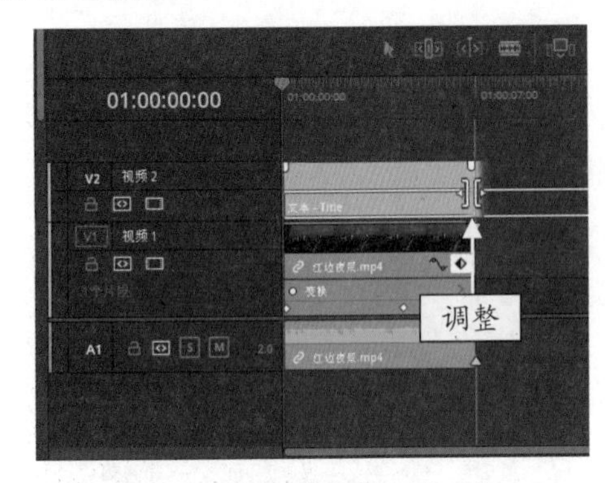

图13-98 调整字幕区间时长

STEP 05 双击添加的"文本"字幕，展开"检查器"|"文本"选项卡，如图13-99所示。

图13-99 展开"文本"选项卡

STEP 06 在"多信息文本"下方的编辑框中输入文字"江边夜景"，如图13-100所示。

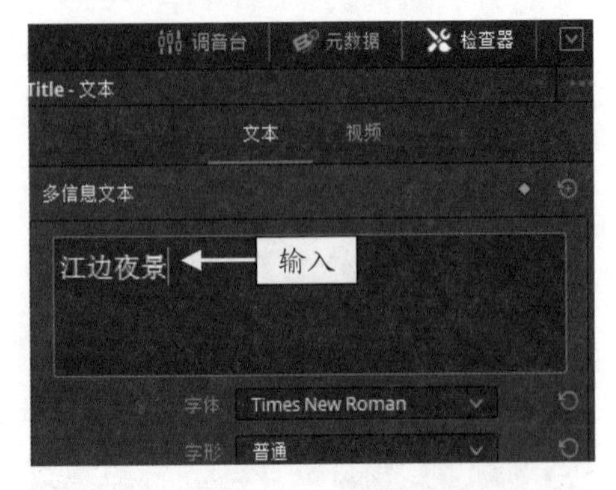

图13-100 输入文字内容

STEP 07 在预览窗口中，可以查看添加的字幕效果，如图13-101所示。

图13-101 查看添加的字幕效果

STEP 08 单击"字体"右侧的下拉按钮，设置字体类型，如图13-102所示。

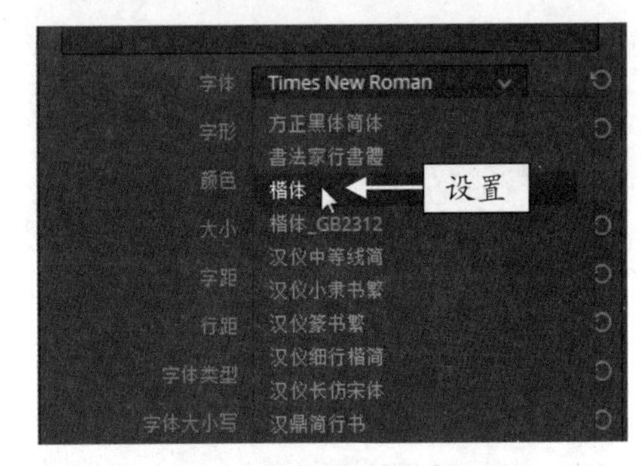

图13-102 设置字体类型

STEP 09 在预览窗口中，查看字体类型更改后的字幕效果，如图13-103所示。

图13-103 查看字体类型更改后的字幕效果

STEP 10 单击"颜色"右侧的色块，如图13-104所示。

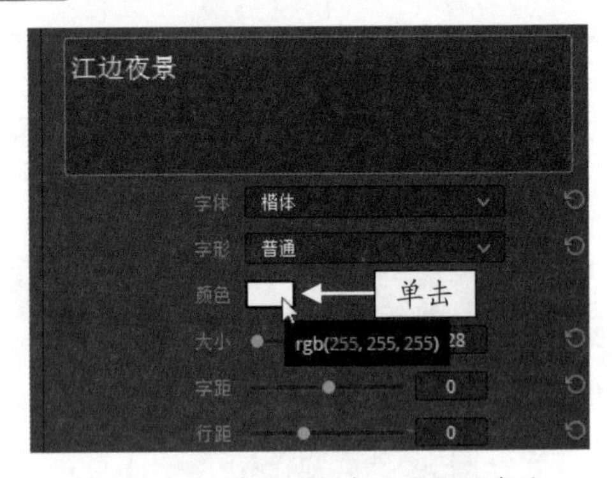

图13-104 单击"颜色"右侧的色块

STEP 11 弹出“选择颜色”对话框，在“基本颜色”选项区中，选择橙色色块，如图 13-105 所示。

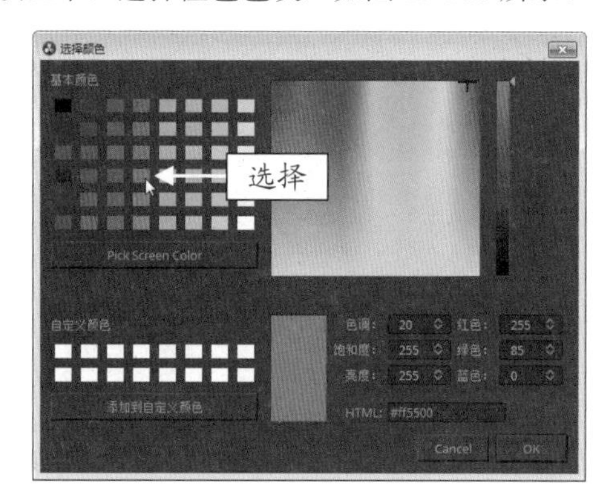

图 13-105　选择橙色色块

STEP 12 单击 OK 按钮，返回“检查器”|“文本”选项卡，在“大小”右侧的文本框中输入参数 145，如图 13-106 所示。

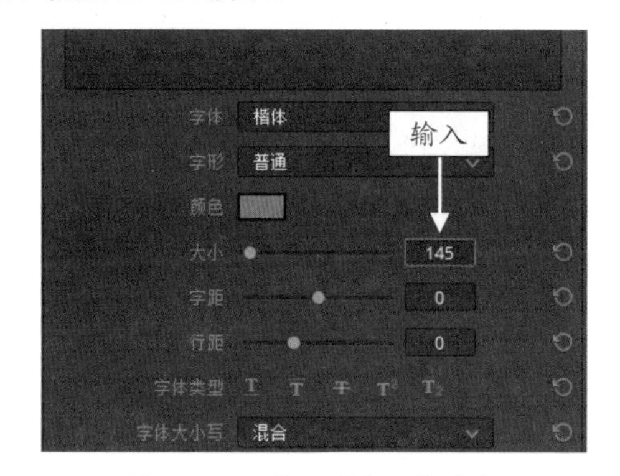

图 13-106　输入“大小”参数

STEP 13 在下方面板中，设置“位置”X 参数为 640.000、Y 参数为 320.000，调整字幕的位置，如图 13-107 所示。

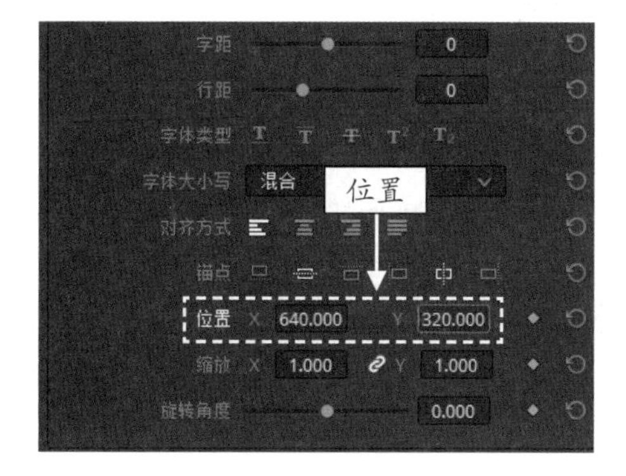

图 13-107　设置“位置”参数

STEP 14 执行上述操作后，在预览窗口中查看字幕颜色更改以及位置调整后的效果，如图 13-108 所示。

图 13-108　查看字幕调整后的效果

STEP 15 在“描边”选项区中，单击“色彩”右侧的色块，如图 13-109 所示。

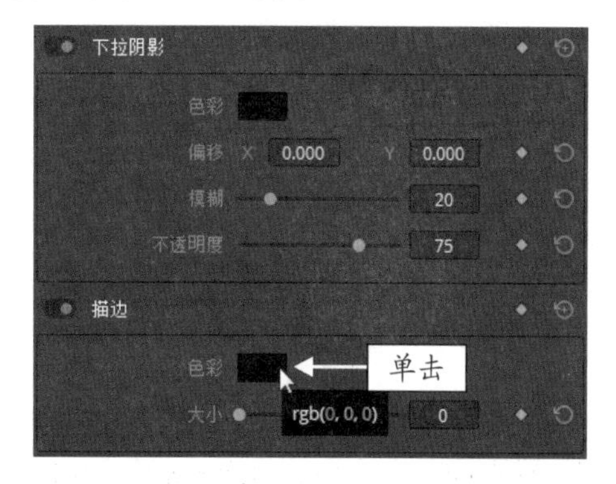

图 13-109　单击“色彩”右侧的色块

STEP 16 弹出“选择颜色”对话框，在“基本颜色”选项区中，选择白色色块，如图 13-110 所示，单击 OK 按钮，返回上一个面板。

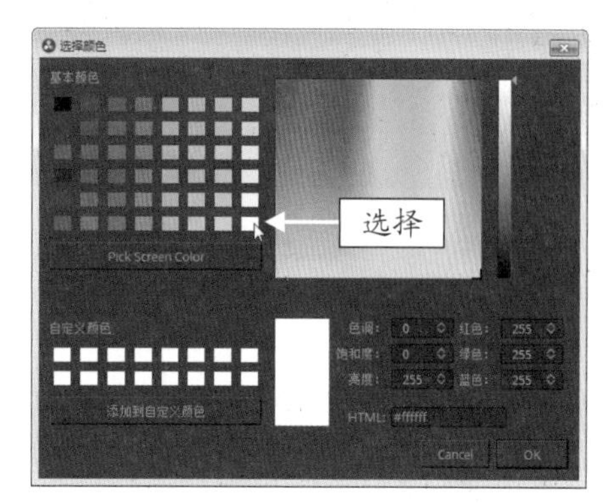

图 13-110　选择白色色块

STEP 17 在“描边”选项区中，设置“大小”参数为 2，如图 13-111 所示。

STEP 18 执行操作后，在预览窗口中查看制作的字幕效果，如图 13-112 所示。

STEP 19 将时间指示器拖曳至开始位置处，在“检查器”面板中，单击“视频”标签，展开“视频”

选项卡，如图 13-113 所示。

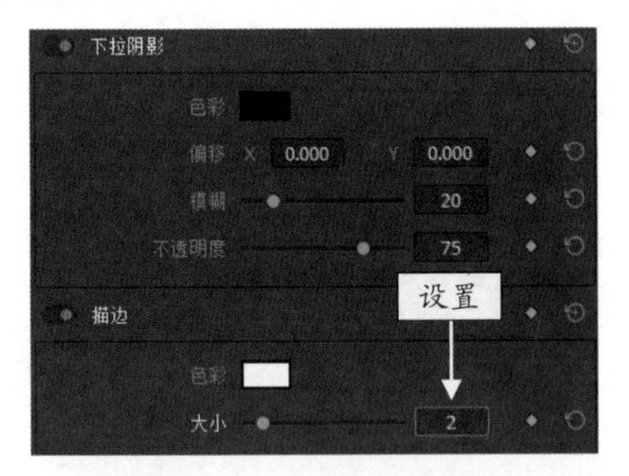

图 13-111　设置“大小”参数

图 13-112　查看制作的字幕效果

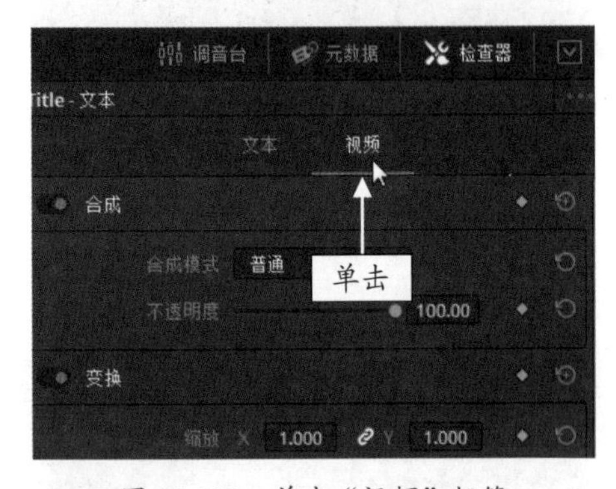

图 13-113　单击“视频”标签

STEP 20 在“裁切”选项区中，设置“裁切右侧”参数为 1570.000，如图 13-114 所示。

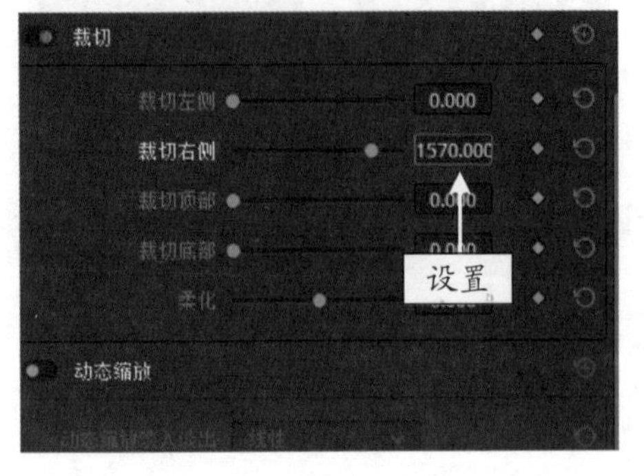

图 13-114　设置“裁切右侧”参数

STEP 21 单击“裁切右侧”关键帧按钮，添加一个关键帧，如图 13-115 所示。

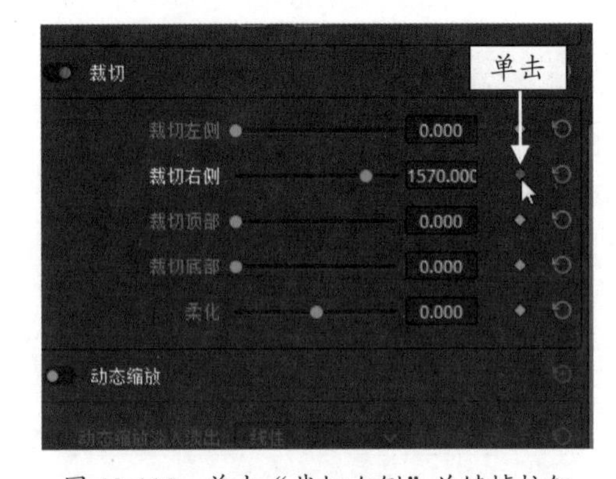

图 13-115　单击“裁切右侧”关键帧按钮

STEP 22 在“时间线”面板中，拖曳时间指示器至 01:00:04:10 的位置处，如图 13-116 所示。

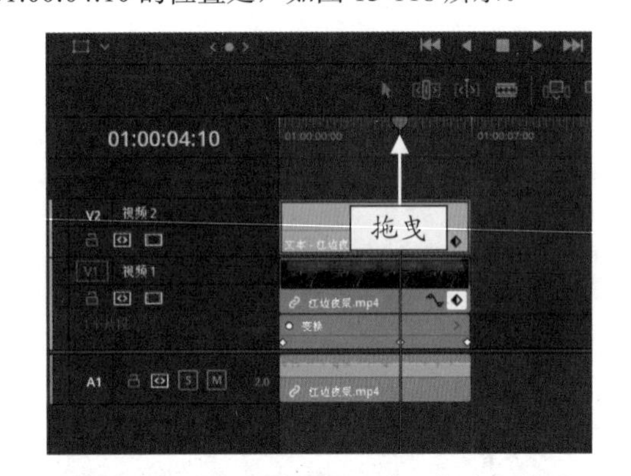

图 13-116　拖曳时间指示器至相应位置处

STEP 23 在“裁切”选项区中，设置“裁切右侧”参数为 1000.000，此时可以自动添加一个“裁切右侧”关键帧，如图 13-117 所示。

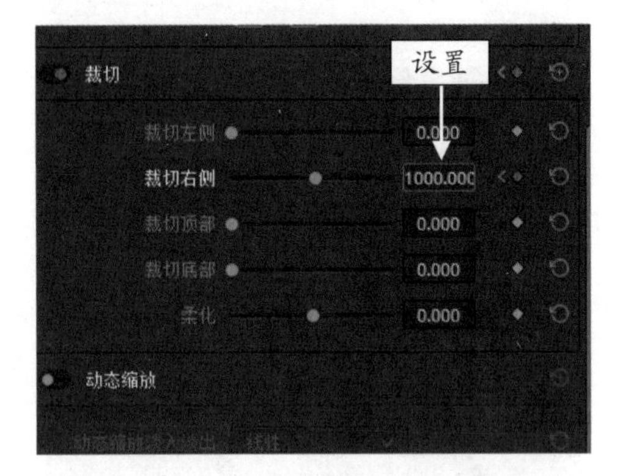

图 13-117　设置“裁切右侧”参数

STEP 24 在“合成”选项区中，单击“不透明度”右侧的关键帧，如图 13-118 所示。

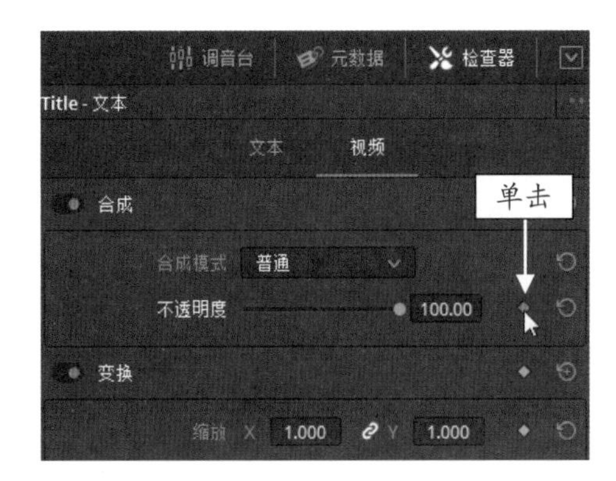

图 13-118　单击“不透明度”关键帧

STEP 25 在“时间线”面板中，拖曳时间指示器至 01:00:06:22 的位置处，如图 13-119 所示。

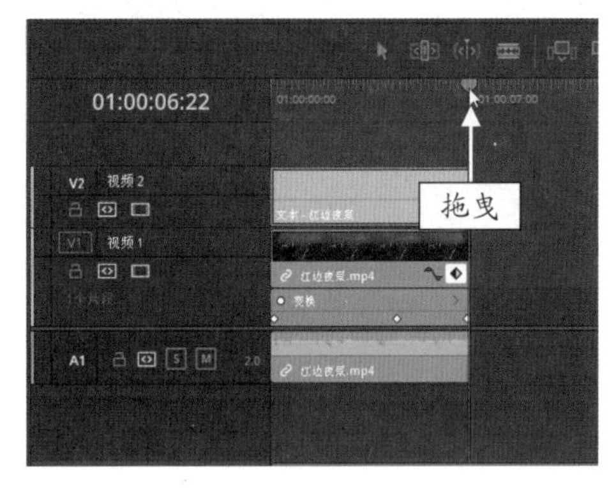

图 13-119　拖曳时间指示器至相应位置处

STEP 26 切换至“检查器”面板的“合成”选项区中，设置“不透明度”参数为 0.00，此时可以自动添加一个“不透明度”关键帧，如图 13-120 所示。

图 13-120　设置“不透明度”参数

STEP 27 执行上述操作后，即可为字幕文件添加运动效果，在预览窗口中可以查看字幕运动效果，如图 13-121 所示。

图 13-121　查看字幕运动效果

13.3.3　设置音乐的淡入淡出

添加字幕文件后，可以为视频链接的背景音乐制作淡入淡出特效，下面介绍具体的操作步骤。

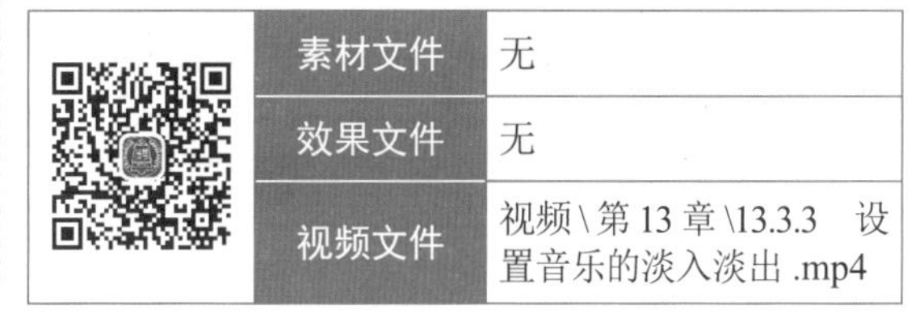

	素材文件	无
	效果文件	无
	视频文件	视频\第 13 章\13.3.3　设置音乐的淡入淡出 .mp4

【操练 + 视频】
——设置音乐的淡入淡出

STEP 01 将鼠标移至音频上，在音频的左上角和右上角分别显示了两个白色标记，将鼠标移至左上角的标记上，如图 13-122 所示。

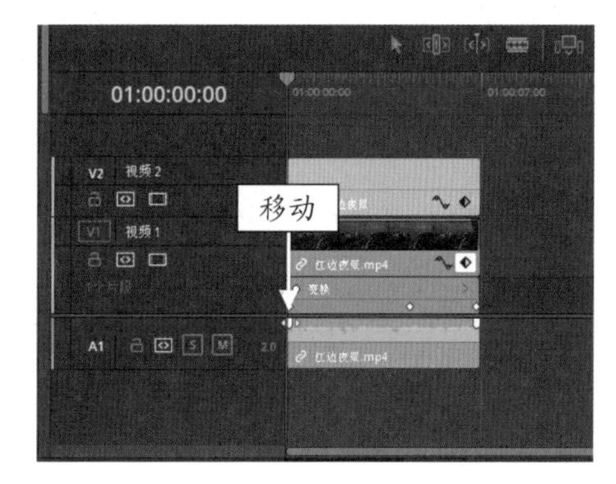

图 13-122　将鼠标移至左上角的标记上

STEP 02 按住鼠标左键向右拖曳，至合适位置后释放鼠标左键，即可为音频制作淡入效果，如

图 13-123 所示。

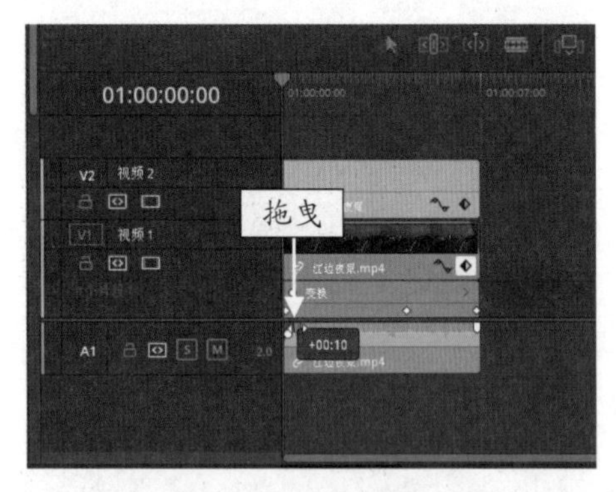

图 13-123　向右拖曳标记

STEP 03 然后将鼠标移至右上角的标记上，如图 13-124 所示。

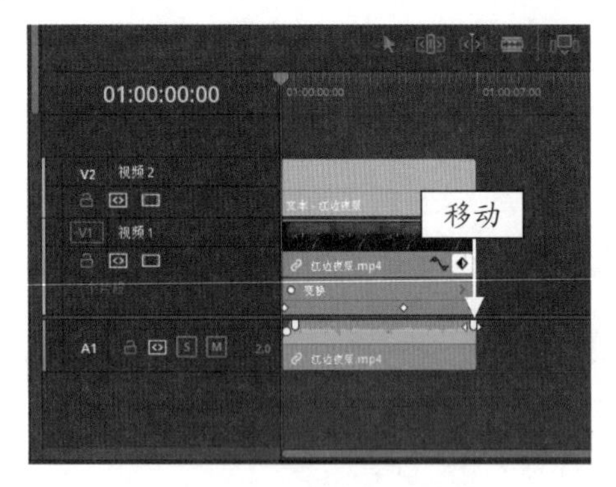

图 13-124　将鼠标移至右上角的标记上

STEP 04 按住鼠标左键向左拖曳，至合适位置后释放鼠标左键，即可为音频制作淡出效果，如图 13-125 所示。

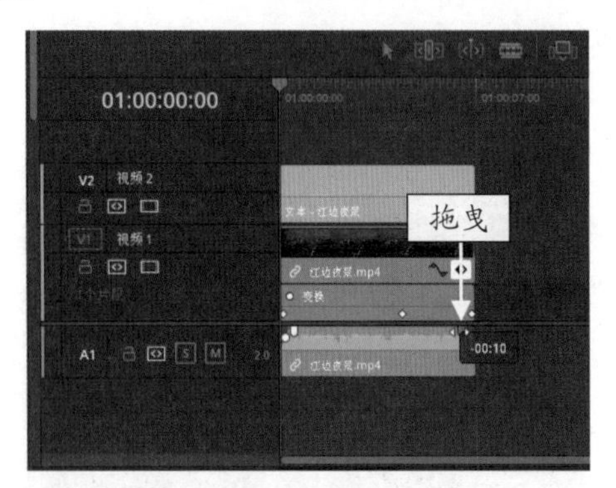

图 13-125　向左拖曳标记

13.3.4　交付输出制作的视频

待视频剪辑完成后，即可切换至"交付"面板中，将制作的成品输出为一个完整的视频文件，下面介绍具体的操作方法。

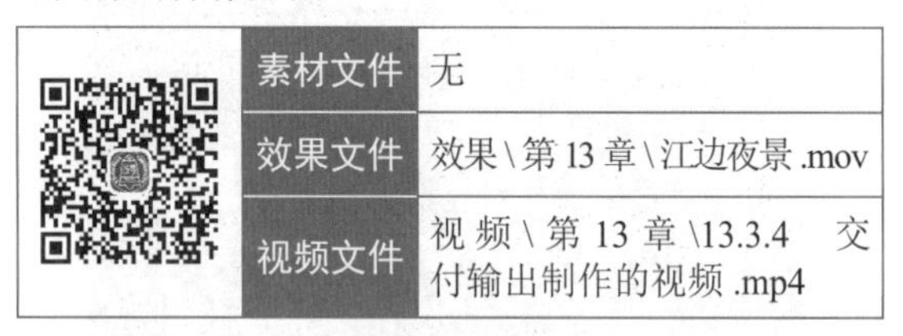

	素材文件	无
	效果文件	效果\第 13 章\江边夜景.mov
	视频文件	视频\第 13 章\13.3.4　交付输出制作的视频.mp4

【操练 + 视频】
——交付输出制作的视频

STEP 01 切换至"交付"步骤面板，展开"渲染设置"|"渲染设置 - 自定义"选项面板，在"文件名"右侧的文本框中，输入内容"江边夜景"，设置渲染输出的文件名称，如图 13-126 所示。

图 13-126　输入内容

STEP 02 单击"位置"右侧的"浏览"按钮，如图 13-127 所示。

图 13-127　单击"浏览"按钮

STEP 03 弹出"文件目标"对话框，在其中设置文件的保存位置，单击"保存"按钮，如图 13-128 所示。

STEP 04 执行操作后，即可在"位置"右侧的文本框中显示保存路径，如图 13-129 所示。

STEP 05 单击"添加到渲染队列"按钮，如图 12-130 所示。

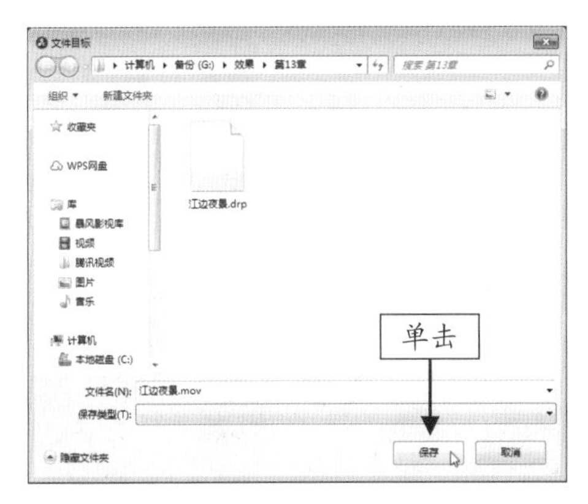

图 12-128　单击“保存”按钮

图 12-129　显示保存路径

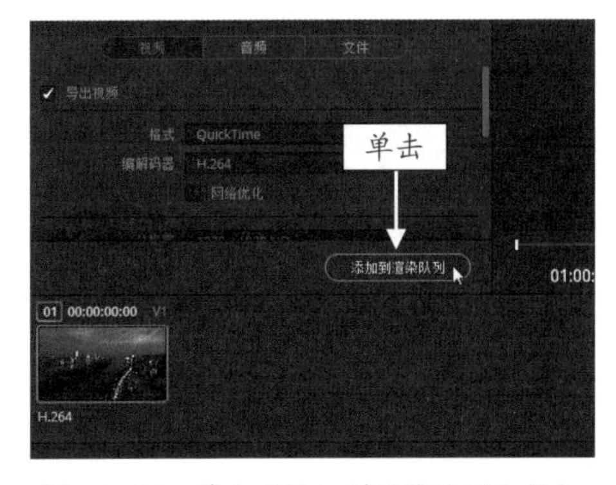

图 13-130　单击“添加到渲染队列”按钮

STEP 06 执行操作后，即可将视频文件添加到右上角的“渲染队列”面板中，单击面板下方的“开始渲染”按钮，如图 13-131 所示。

STEP 07 开始渲染视频文件，并显示了视频渲染进度，如图 13-132 所示。

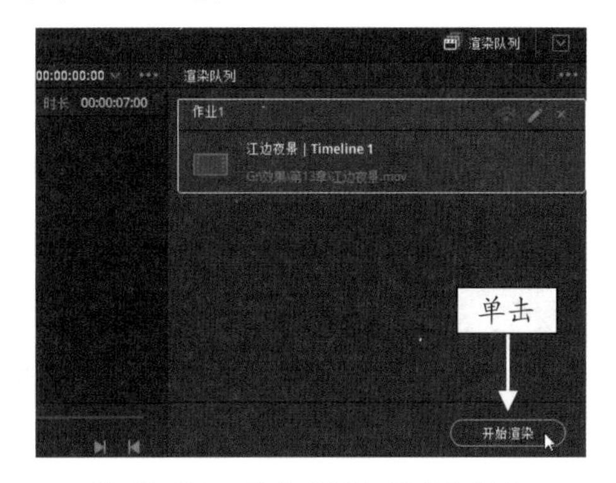

图 13-131　单击“开始渲染”按钮

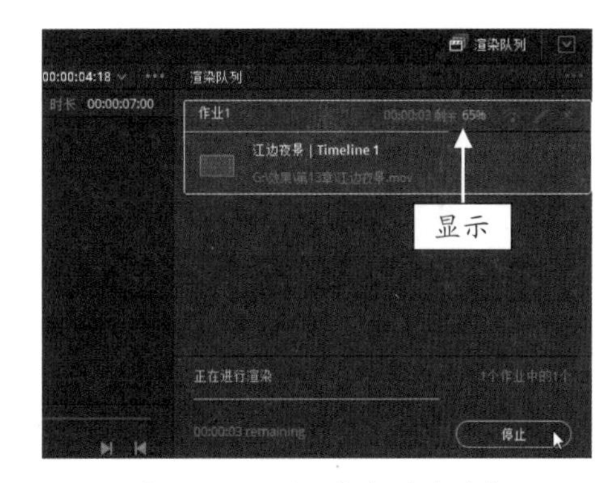

图 13-132　显示视频渲染进度

STEP 08 待渲染完成后，在渲染列表上会显示完成用时，表示渲染成功，如图 13-133 所示，在视频渲染保存的文件夹中，可以查看渲染输出的视频。

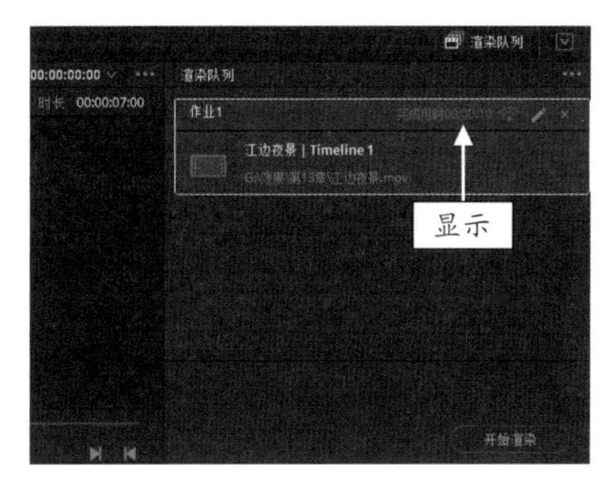

图 13-133　显示完成用时

附　录
达芬奇调色常用快捷键

在 DaVinci Resolve16 中，下面这些常用的快捷键，可以帮助用户在对影视文件进行剪辑调色时更方便、更快捷。

01 项目文件设置

项目文件设置		
序 号	快捷键	功 能
1	Ctrl+Shift+N	在“媒体池”面板中新建一个媒体文件夹
2	Ctrl+N	新建一个时间线
3	Ctrl+S	保存项目文件
4	Ctrl+Shift+S	另存项目文件
5	Ctrl+I	导入媒体文件
6	Ctrl+E	导出项目文件
7	Shift+1	打开“项目管理器”对话框
8	Shift+9	打开“项目设置”对话框

02 项目编辑设置

项目编辑设置		
序 号	快捷键	功 能
1	Ctrl+Z	撤销上一步操作
2	Ctrl+Shift+Z	重新编辑操作
3	Ctrl+Alt+Z	撤销修复操作
4	Ctrl+X	剪切
5	Ctrl+Shift+X	波纹剪切
6	Ctrl+C	复制
7	Ctrl+V	粘贴
8	Ctrl+Shift+V	粘贴插入
9	Alt+V	粘贴属性
10	Alt+Shift+V	粘贴值
11	Backspace	删除所选素材
12	Delete	波纹删除所选素材
13	Ctrl+A	全选当前面板中的素材
14	Ctrl+Shift+A	取消全选
15	F9	在时间指示器位置插入所选素材
16	F10	覆盖时间指示器位置的素材片段
17	F11	替换当前所选素材

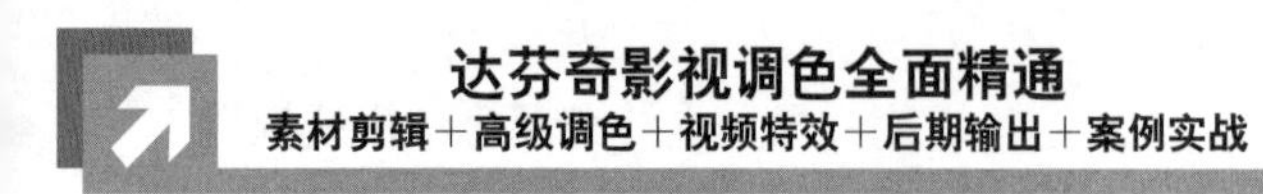

续表

项目编辑设置		
序　号	快捷键	功　能
18	F12	在时间指示器上位置的素材上方的轨道上添加叠加素材
19	Shift+F10	波纹覆盖时间指示器位置的素材片段
20	Shift+F11	在素材轨道空白位置处适配填充所选素材
21	Shift+F12	快速附加到时间线结束位置素材片段的末端
22	Ctrl+Shift+，	与当前所选素材左边的片段进行位置交换
23	Ctrl+Shift+.	与当前所选素材右边的片段进行位置交换
24	Alt+Shift+Q	编辑后切换到时间线

03　视频修剪操作

视频修剪操作		
序　号	快捷键	功　能
1	A	快速切换至普通编辑模式
2	T	快速切换至修剪模式
3	R	快速切换至范围选择模式
4	W	快速切换至动态修剪模式
5	S	快速切换滑移 / 滑动模式
6	B	快速切换至刀片编辑模式
7	E	扩展编辑
8	V	选择最近的编辑点
9	Alt+E	选择最近的视频编辑点
10	Shift+E	选择最近的音频编辑点
11	Shift+V	选择最近的片段 / 空隙
12	Alt+U	切换 V+A/V/A
13	Shift+【	修剪视频开始位置
14	Shift+】	修剪视频结束位置

04　时间线面板设置

时间线面板设置		
序　号	快捷键	功　能
1	Ctrl+T	为当前所选素材自动添加视频和音频转场效果
2	Alt+T	为当前所选素材自动添加视频转场效果
3	Shift+T	为当前所选素材自动添加音频转场效果

续表

时间线面板设置		
序 号	快捷键	功 能
4	Ctrl+B 或 Ctrl+\	在时间指示器所在位置，分割所选素材片段
5	N	开启 / 关闭吸附功能
6	Ctrl+Shift+L	开启 / 关闭链接选择功能
7	Shift+S	开启 / 关闭音频链接功能
8	Alt+1/2/3	选择 V1/V2/V3 轨道
9	Alt+Shift+1/2/3	锁定或解锁 V1/V2/V3 轨道
10	Ctrl+Shift+1/2/3	启用或禁用 V1/V2/V3 轨道

05 视频片段设置

视频片段设置		
序 号	快捷键	功 能
1	Ctrl+Shift+C	显示关键帧编辑器
2	Shift+C	显示曲线编辑器
3	Ctrl+D	更改片段时长
4	Shift+R	冻结帧
5	Ctrl+R	变速控制视频片段
6	Ctrl+Alt+R	重置变速
7	Alt+F	在“媒体池”面板中查找视频片段

06 视频标记设置

视频标记设置		
序 号	快捷键	功 能
1	I	在时间指示器位置处标记入点
2	O	在时间指示器位置处标记出点
3	Alt+Shift+I	标记视频入点
4	Alt+Shift+O	标记视频出点
5	Ctrl+Alt+I	标记音频入点
6	Ctrl+Alt+O	标记音频出点
7	Alt+I	清除入点
8	Alt+O	清除出点
9	Alt+X	清除入点与出点
10	Alt+Shift+X	清除视频入点和出点

续表

视频标记设置		
序　号	快捷键	功　能
11	Ctrl+Alt+X	清除音频入点和出点
12	X	标记片段
13	Shift+A	标记所选内容
14	Alt+B	创建子片段
15	Ctrl+【	添加关键帧
16	Ctrl+】	添加静态关键帧
17	Alt+】	删除关键帧
18	Ctrl+Left	向左移动所选关键帧
19	Ctrl+Right	向右移动所选关键帧
20	Ctrl+Up	向上移动所选关键帧
21	Ctrl+Down	向下移动所选关键帧
22	Ctrl+M	添加并修改标记
23	Alt+M	删除标记

07　显示预览画面

显示预览画面		
序　号	快捷键	功　能
1	Ctrl+Alt+G	在“调色”步骤面板的预览窗口中抓取原素材静帧画面
2	Ctrl+Alt+F	播放抓取的静帧画面
3	Ctrl+Alt+B	切换至上一个静帧
4	Ctrl+Alt+N	切换至下一个静帧
5	Ctrl+W	快速开启划像功能，显示参考划像
6	Alt+W	反转显示的划像
7	Alt+Shift+Z	使监视器调整至实际大小
8	Shift+Q	在剪辑时启用 / 关闭预览
9	Ctrl+F	影院模式显示预览窗口
10	Shift+F	全屏模式显示预览窗口
11	Shift+Z	快速恢复画面大小到屏幕适配
12	空格	暂停 / 开始回放视频文件
13	J	从片尾方向开始倒放素材
14	K	停止正在播放的素材
15	L	从片头方向开始正放素材

续表

显示预览画面		
序 号	快捷键	功 能
16	Alt+L	再次播放素材文件
17	Alt+K	快速停止播放，并跳转素材至结束位置处
18	Shift+J	快退
19	Shift+L	快进
20	Ctrl+/	使播放中的素材连续循环播放

08 调色节点设置

调色节点设置		
序 号	快捷键	功 能
1	Alt+Shift+;	上一个节点
2	Alt+Shift+`	下一个节点
3	Alt+S	添加串行节点
4	Shift+S	在当前节点前添加串行节点
5	Alt+P	添加并行节点
6	Alt+L	添加图层节点
7	Alt+K	附加节点
8	Alt+O	添加外部节点
9	Alt+Y	添加分离器 / 结合器节点
10	Alt+C	添加带有圆形窗口的串行节点
11	Alt+Q	添加带有四边形窗口的串行节点
12	Alt+G	添加带有多边形窗口的串行节点
13	Alt+B	添加带有 PowerCurve 曲线窗口的串行节点
14	Ctrl+D	启用或禁用已选节点
15	Alt+D	启用或禁用所有节点
16	Alt+A	自动调色
17	Shift+Home	对当前所选节点重置调色
18	Ctrl+Shift+Home	重置调色操作并保留节点
19	Ctrl+Home	重置所有节点和调色操作
20	Ctrl+Y	添加调色版本
21	Ctrl+U	切换至默认的调色版本
22	Ctrl+B	切换至上一个调色版本
23	Ctrl+N	切换至下一个调色版本

09　打开工作区面板

打开工作区面板		
序　号	快捷键	功　能
1	Shift+2	切换至“媒体”步骤面板
2	Shift+3	切换至 Cut（剪切）步骤面板
3	Shift+4	切换至“剪辑”步骤面板
4	Shift+5	切换至 Fusion 步骤面板
5	Shift+6	切换至“调色”步骤面板
6	Shift+7	切换至 Fairlight 步骤面板
7	Shift+8	切换至“交付”步骤面板
8	Ctrl+1	展开“媒体池”面板
9	Ctrl+6	展开“特效库”面板
10	Ctrl+7	展开“编辑索引”面板
11	Ctrl+9	展开“检查器”面板
12	Ctrl+Shift+F	展开“光箱”面板
13	Ctrl+Shift+W	开启视频“示波器”面板